수학리더 기본

지피

BOOK 1

4-1

리더가 되기 위한
공부 비법

교과서 바로 알기
한 번 더! 반복학습
+ 서술형 하수

익힘책 바로 풀기
익힘책 유형
+ 서술형 중수

서술형 바로 쓰기
키워드 문제
+ 서술형 고수

수학 교과서 출판사별 단원명

출판사	3-1	3-2	4-1	4-2
천재교과서 (한대희)	1. 덧셈과 뺄셈 2. 평면도형 3. 나눗셈 4. 곱셈 5. 길이와 시간 6. 분수와 소수	1. 곱셈 2. 나눗셈 3. 원 4. 분수 5. 무게와 들이 6. 자료와 그림그래프	1. 큰 수 2. 각도 3. 곱셈과 나눗셈 4. 평면도형의 이동 5. 자료와 막대그래프 6. 규칙 찾기	1. 분수의 덧셈과 뺄셈 2. 삼각형 3. 소수의 덧셈과 뺄셈 4. 사각형 5. 자료와 꺾은선그래프 6. 다각형
아이스크림미디어	1. 덧셈과 뺄셈 2. 평면도형 3. 나눗셈 4. 곱셈 5. 길이와 시간 6. 분수와 소수	1. 곱셈 2. 나눗셈 3. 원 4. 분수 5. 들이와 무게 6. 그림그래프	1. 큰 수 2. 각도 3. 곱셈과 나눗셈 4. 평면도형의 이동 5. 막대그래프 6. 규칙과 관계	1. 분수의 덧셈과 뺄셈 2. 삼각형 3. 소수의 덧셈과 뺄셈 4. 사각형 5. 꺾은선그래프 6. 다각형
동아출판	1. 덧셈과 뺄셈 2. 평면도형 3. 나눗셈 4. 곱셈 5. 길이와 시간 6. 분수와 소수	1. 곱셈 2. 나눗셈 3. 원 4. 분수 5. 들이와 무게 6. 그림그래프	1. 큰 수 2. 각도 3. 곱셈과 나눗셈 4. 평면도형의 이동 5. 막대그래프 6. 규칙 찾기	1. 분수의 덧셈과 뺄셈 2. 삼각형 3. 소수의 덧셈과 뺄셈 4. 사각형 5. 꺾은선그래프 6. 다각형
천재교과서 (박만구)	1. 평면도형 2. 덧셈과 뺄셈 3. 길이와 시간 4. 나눗셈 5. 곱셈 6. 분수와 소수	1. 곱셈 2. 나눗셈 3. 원 4. 들이와 무게 5. 분수 6. 그림그래프	1. 각도 2. 큰 수 3. 평면도형의 이동 4. 곱셈과 나눗셈 5. 규칙 찾기 6. 막대그래프	1. 삼각형 2. 분수의 덧셈과 뺄셈 3. 사각형 4. 소수의 덧셈과 뺄셈 5. 다각형 6. 꺾은선그래프
디딤돌	1. 덧셈과 뺄셈 2. 평면도형 3. 나눗셈 4. 곱셈 5. 길이와 시간 6. 분수와 소수	1. 곱셈 2. 원 3. 나눗셈 4. 들이와 무게 5. 분수 6. 그림그래프	1. 큰 수 2. 각도 3. 곱셈과 나눗셈 4. 평면도형의 이동 5. 막대그래프 6. 규칙 찾기	1. 분수의 덧셈과 뺄셈 2. 삼각형 3. 소수의 덧셈과 뺄셈 4. 사각형 5. 꺾은선그래프 6. 다각형
미래엔	1. 덧셈과 뺄셈 2. 평면도형 3. 나눗셈 4. 곱셈 5. 길이와 시간 6. 분수와 소수	1. 곱셈 2. 원 3. 나눗셈 4. 무게와 들이 5. 분수 6. 그림그래프	1. 큰 수 2. 각도 3. 곱셈과 나눗셈 4. 평면도형의 이동 5. 분수의 덧셈과 뺄셈 6. 막대그래프	1. 소수의 덧셈과 뺄셈 2. 삼각형 3. 규칙 찾기와 식 만들기 4. 사각형 5. 꺾은선그래프 6. 다각형
비상교육	1. 덧셈과 뺄셈 2. 평면도형 3. 나눗셈 4. 곱셈 5. 길이와 시간 6. 분수와 소수	1. 곱셈 2. 나눗셈 3. 원 4. 분수와 소수 5. 들이와 무게 6. 그림그래프	1. 큰 수 2. 각도 3. 곱셈과 나눗셈 4. 삼각형 5. 막대그래프 6. 관계와 규칙	1. 분수의 덧셈과 뺄셈 2. 사각형 3. 소수의 덧셈과 뺄셈 4. 다각형 5. 꺾은선그래프 6. 평면도형의 이동
와이비엠	1. 덧셈과 뺄셈 2. 평면도형 3. 나눗셈 4. 곱셈 5. 길이와 시간 6. 분수와 소수	1. 곱셈 2. 원 3. 나눗셈 4. 분수 5. 들이와 무게 6. 그림그래프	1. 큰 수 2. 각도 3. 곱셈과 나눗셈 4. 평면도형의 이동 5. 막대그래프 6. 규칙 찾기	1. 분수의 덧셈과 뺄셈 2. 삼각형 3. 소수의 덧셈과 뺄셈 4. 사각형 5. 꺾은선그래프 6. 다각형
지학사	1. 덧셈과 뺄셈 2. 평면도형 3. 나눗셈 4. 곱셈 5. 길이와 시간 6. 분수와 소수	1. 곱셈 2. 원 3. 나눗셈 4. 무게와 들이 5. 분수 6. 그림그래프	1. 큰 수 2. 각도 3. 곱셈과 나눗셈 4. 평면도형의 이동 5. 막대그래프 6. 규칙 찾기	1. 분수의 덧셈과 뺄셈 2. 삼각형 3. 소수의 덧셈과 뺄셈 4. 사각형 5. 꺾은선그래프 6. 다각형

▷ 출판사별 22개정 검정 교과서에 따라 발생하는 결손 단원의 자료는 아카 사이트(aca.chunjae.co.kr)에서 내려받으세요.

수학리더
기본

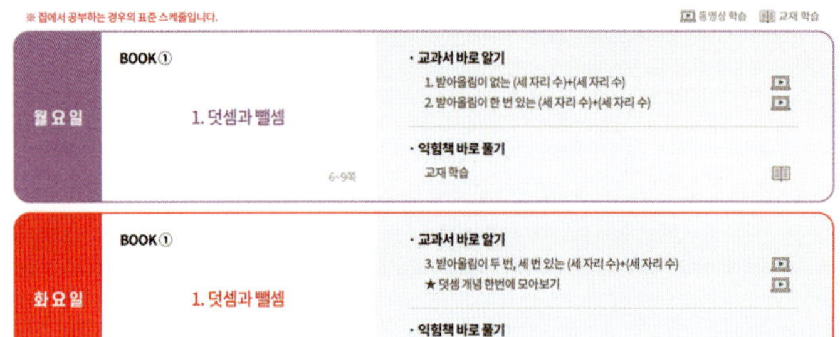

ACA 홈페이지

aca.chunjae.co.kr

⇨ 수학리더 기본 홈스쿨링

천재교육 교재 홈페이지

book.chunjae.co.kr

⇨ 수학리더 기본 홈스쿨링

Chunjae
Makes
Chunjae

기획총괄	박금옥
편집개발	윤경옥, 박초아, 조은영, 김연정, 김수정
	임희정, 이혜지, 최민주, 허인영
디자인총괄	김희정
표지디자인	윤순미, 박민정, 이수민
내지디자인	박희춘
제작	황성진, 조규영

발행일	2024년 9월 1일 3판 2025년 9월 1일 2쇄
발행인	(주)천재교육
주소	서울시 금천구 가산로9길 54
신고번호	제2001-000018호
고객센터	1577-0902
교재 구입 문의	1522-5566

수학 리더 기본 4-1

BOOK **1**

지피지기 **차례**

BOOK 1
구성과 특징

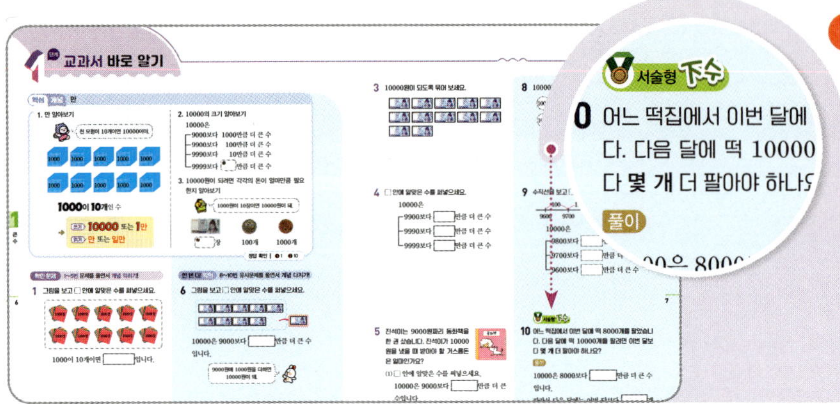

쉬운 문장제 문제를 식을 쓰거나,
단계별로 풀면서 서술형의 기본을 익혀~

교과서 바로 알기

왼쪽 확인 문제를 먼저 풀어 본 후, 개념을
상기하면서 오른쪽 한 번 더! 확인 문제를
반복해서 풀어 봐!

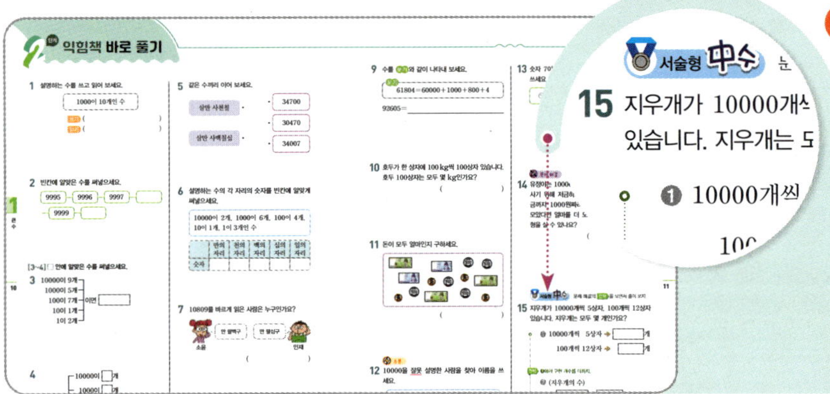

중상 수준의 문제를 단계별로 풀면서
수학 실력을 키워!

익힘책 바로 풀기

앞에서 배운 교과서 개념과 연계된 익힘책
문제를 풀어 봐!

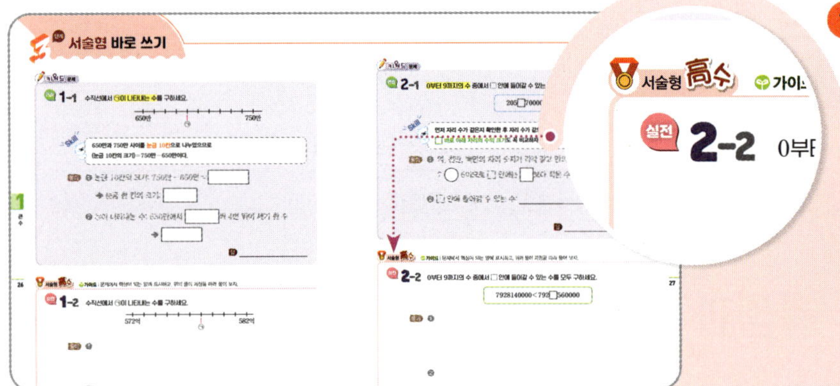

문제의 핵심 키워드에 표시한 후 풀이를 써 보며
서술형 문제에 대한 자신감을 가져~

서술형 바로 쓰기

실력 문제에서 키워드를 찾아내고
풀이를 따라 쓰면서 서술형 문제를 풀어 봐!

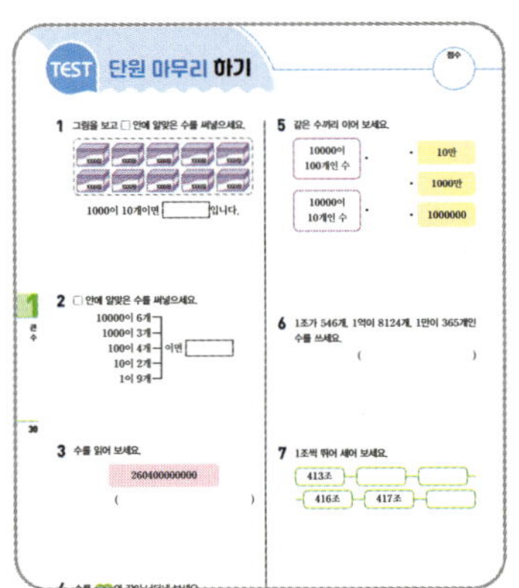
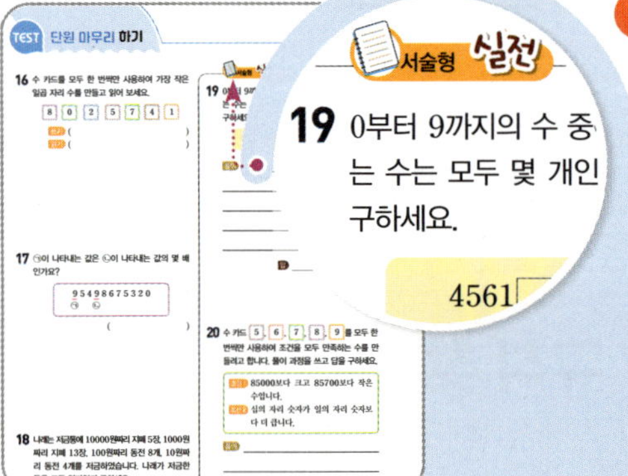

단원을 마무리하면서 실전 서술형 문제를
풀어 봐~

단원 마무리 하기

자주 출제되는 문제를 풀면서 한 단원을
마무리해 봐!

BOOK ❷ 구성과 특징

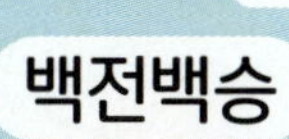

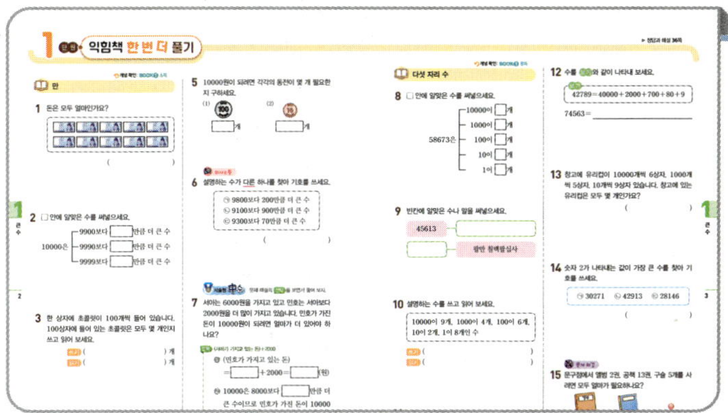

익힘책 한 번 더 풀기

익힘책 기본 문제와 응용 문제를 수록하여
실력을 쑥쑥!

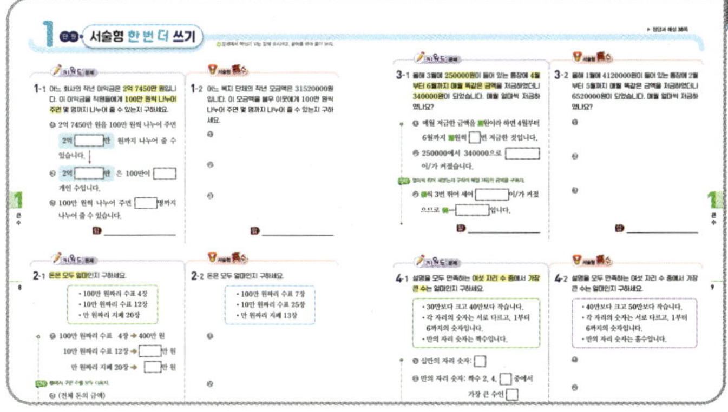

서술형 한 번 더 쓰기

실력 문제를 단계별로 풀면서 수학적 문제
해결력을 기르고, 유사 문제의 풀이를 직접
써 보며 서술형 완벽 마스터!

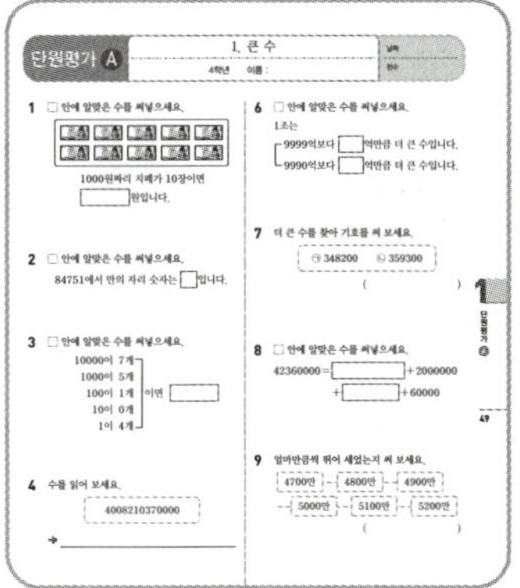

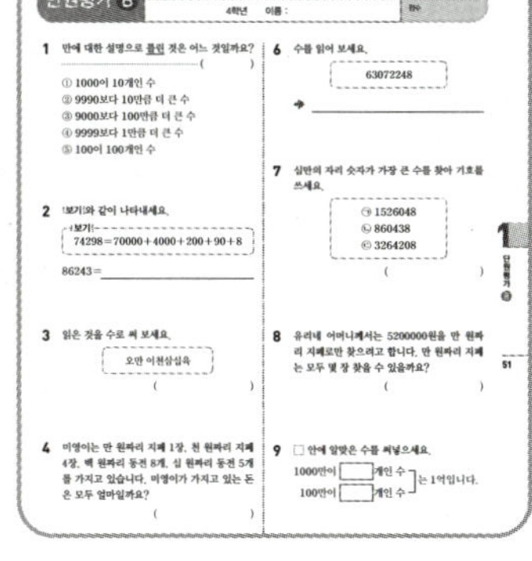

단원평가 A · B

단원평가 A형, B형으로 학교 단원평가에
완벽하게 대비해~

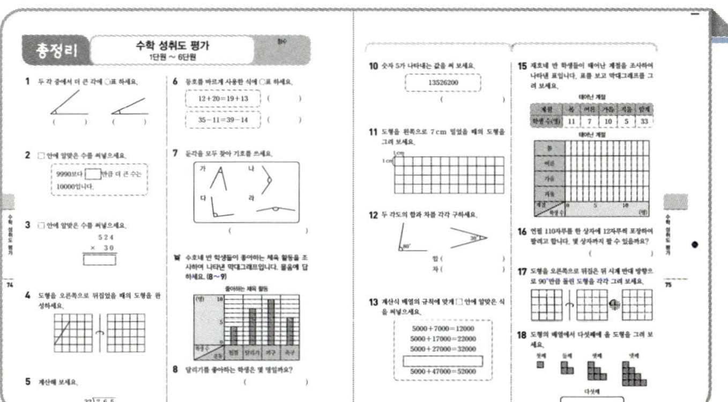

수학 성취도 평가

과정을 모두 끝낸 후에 풀어 보고 내 실력을
확인해 봐!

1 큰 수

선생님~ 심한 변비 환자 입니다!
으~ 배에 가스가... 똥 싸고 싶어요~!! 그런데 안 나와요ㅠㅠ
뿡
뿡
뿌웅
관장 치료 시작~!!
확
칙
칙
Dr.
잠시 후~
응급실
촤아악
촤악

큐알 코드를 찍으면 개념 학습 영상을 볼 수 있어요.

핵심 개념 만

1. 만 알아보기

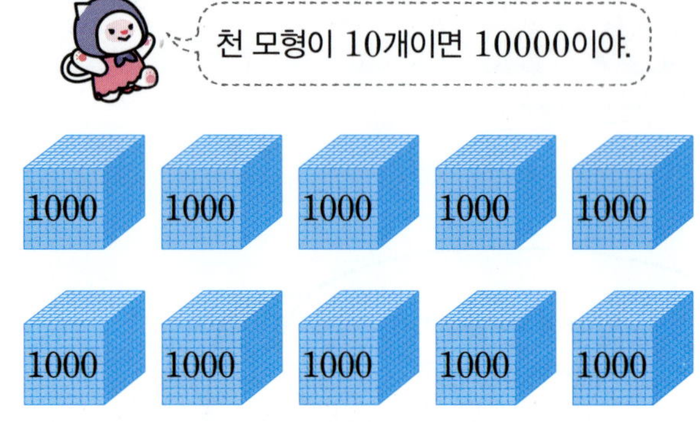

1000이 **10**개인 수

→ 쓰기 **10000** 또는 **1만**
　 읽기 **만** 또는 **일만**

2. 10000의 크기 알아보기

10000은
- 9000보다　1000만큼 더 큰 수
- 9900보다　 100만큼 더 큰 수
- 9990보다　　10만큼 더 큰 수
- 9999보다　❶　만큼 더 큰 수

3. 10000원이 되려면 각각의 돈이 얼마만큼 필요한지 알아보기

 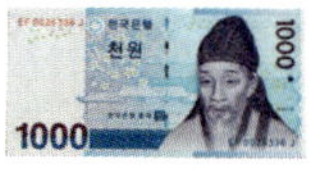  

❷　장　　　100개　　　1000개

정답 확인 | ❶ 1　❷ 10

확인 문제 1~5번 문제를 풀면서 개념 익히기!

1 그림을 보고 □ 안에 알맞은 수를 써넣으세요.

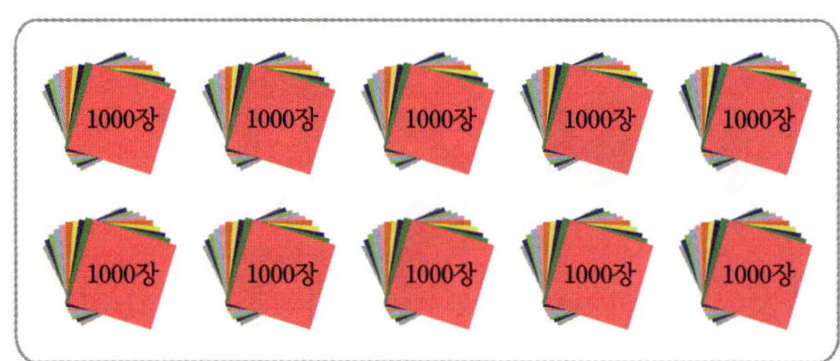

1000이 10개이면 □ 입니다.

2 읽은 것을 수로 쓰세요.

만 → (　　　　　　　)

한 번 더! 확인 6~10번 유사문제를 풀면서 개념 다지기!

6 그림을 보고 □ 안에 알맞은 수를 써넣으세요.

10000은 9000보다 □ 만큼 더 큰 수입니다.

7 수를 읽어 보세요.

10000

(　　　　　　　)

큰 수

3 10000원이 되도록 묶어 보세요.

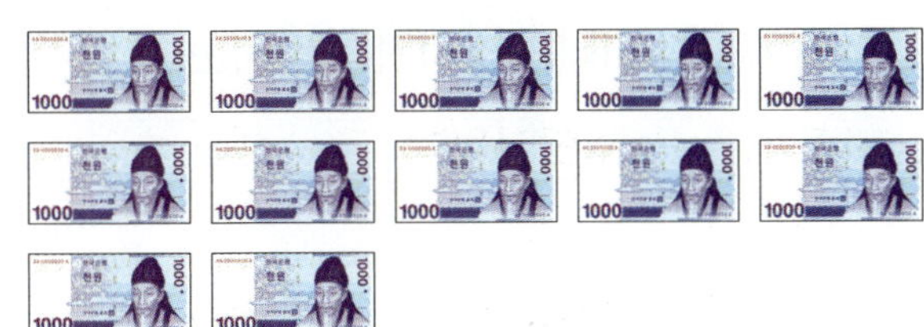

4 □ 안에 알맞은 수를 써넣으세요.

10000은
- 9900보다 □ 만큼 더 큰 수
- 9990보다 □ 만큼 더 큰 수
- 9999보다 □ 만큼 더 큰 수

5 진석이는 9000원짜리 동화책을 한 권 샀습니다. 진석이가 10000원을 냈을 때 받아야 할 거스름돈은 얼마인가요?

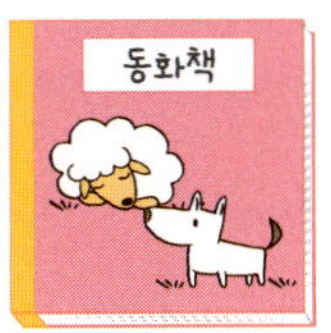

(1) □ 안에 알맞은 수를 써넣으세요.

10000은 9000보다 □ 만큼 더 큰 수입니다.

(2) 진석이가 10000원을 냈을 때 받아야 할 거스름돈은 얼마인가요?

꼭 단위까지 따라 쓰세요.

(　　　　　원)

8 10000만큼 색칠해 보세요.

(1000) (1000) (1000) (1000) (1000) (1000)

(1000) (1000) (1000) (1000) (1000) (1000)

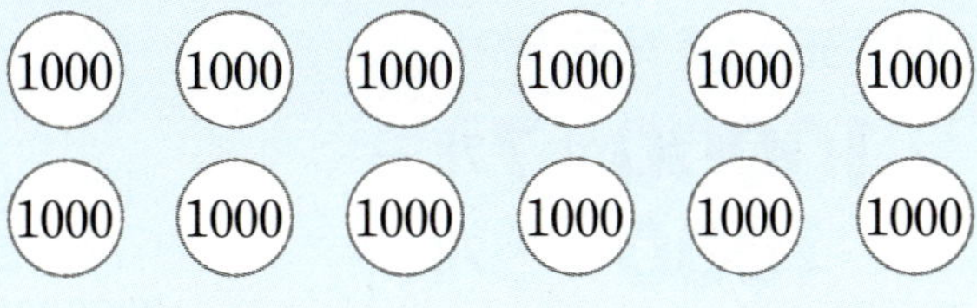

9 수직선을 보고 □ 안에 알맞은 수를 써넣으세요.

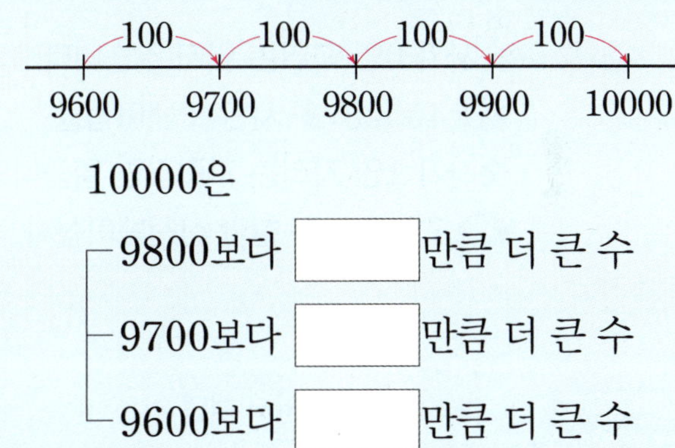

10000은
- 9800보다 □ 만큼 더 큰 수
- 9700보다 □ 만큼 더 큰 수
- 9600보다 □ 만큼 더 큰 수

서술형 下수

10 어느 떡집에서 이번 달에 떡 8000개를 팔았습니다. 다음 달에 떡 10000개를 팔려면 이번 달보다 **몇 개** 더 팔아야 하나요?

풀이

10000은 8000보다 □ 만큼 더 큰 수입니다.

따라서 다음 달에는 이번 달보다 □ 개 더 팔아야 합니다.

답 ____________ 개

1 큰 수

핵심 개념 다섯 자리 수

1. 73542를 쓰고 읽기

쓰기 ▶ **73542**

읽기 ▶ 칠만 삼천오백사십이

주의
- 숫자가 0인 자리는 읽지 않습니다.
  - 예) 40528 ➡ 사만 오백이십팔
- 숫자가 1인 자리는 자릿값만 읽습니다.
  - 예) 73124 ➡ 칠만 삼천백이십사

2. 73542의 각 자리의 숫자가 나타내는 값 알아보기

만의 자리	천의 자리	백의 자리	십의 자리	일의 자리
7	3	5	4	2
7	0	0	0	0
	3	0	0	0
		5	0	0
			4	0 ❶

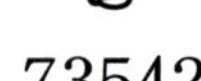

$$73542 = 70000 + 3000 + \boxed{❷} + 40 + 2$$

정답 확인 | ❶ 2   ❷ 500

확인 문제 1~6번 문제를 풀면서 개념 익히기!

1 □ 안에 알맞은 수를 써넣으세요.

> 10000이 6개, 1000이 8개, 100이 7개, 10이 9개, 1이 5개인 수는 □ 입니다.

2 수를 읽어 보세요.

(1) 14068

읽기 (   )

(2) 35400

읽기 (   )

한 번 더! 확인 7~12번 유사문제를 풀면서 개념 다지기!

7 □ 안에 알맞은 수를 써넣으세요.

8 같은 수끼리 이어 보세요.

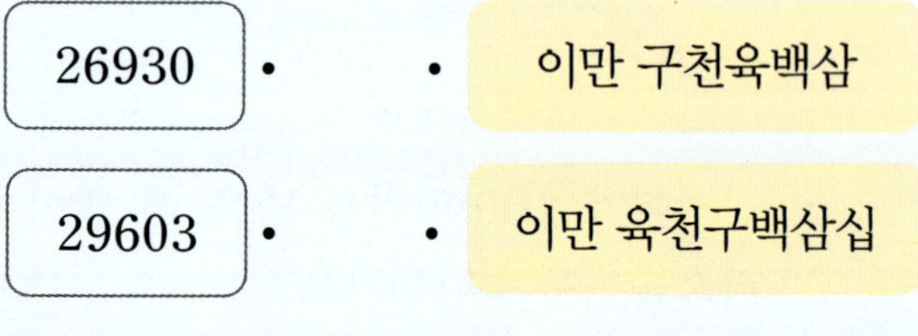

26930	•	•	이만 구천육백삼
29603	•	•	이만 육천구백삼십

3 읽은 것을 수로 쓰세요.

오만 육백삼십이

(   )

4 십의 자리 숫자가 9인 수에 ◯표 하세요.

34195   93216

(   )   (   )

5 □ 안에 알맞은 수를 써넣으세요.

만의 자리	천의 자리	백의 자리	십의 자리	일의 자리
8	6	7	1	4

86714

$= \boxed{} + 6000 + \boxed{} + 10 + 4$

6 공책이 10000권씩 3상자, 1000권씩 4상자, 100권씩 8상자, 10권씩 5상자 있습니다. 공책은 모두 **몇 권**인가요?

(1) □ 안에 알맞은 수를 써넣으세요.

10000권씩 3상자 ➡ $\boxed{}$ 권

1000권씩 4상자 ➡ $\boxed{}$ 권

100권씩 8상자 ➡ 800권

10권씩 5상자 ➡ 50권

(2) 공책은 모두 몇 권인가요? **꼭 단위까지 따라 쓰세요.**

(권   )

9 읽은 것을 수로 쓰세요.

팔만 칠천삼십

(   )

10 천의 자리 숫자가 4인 수의 기호를 쓰세요.

㉠ 76481
㉡ 14956

(   )

11 51963의 각 자리의 숫자와 숫자가 나타내는 값을 빈칸에 알맞게 써넣으세요.

	만의 자리	천의 자리	백의 자리	십의 자리	일의 자리
숫자	5	1		6	3
나타내는 값		1000	900		3

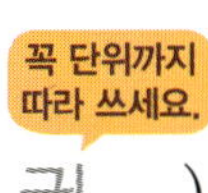

12 클립이 10000개씩 2상자, 1000개씩 7상자, 100개씩 1상자, 10개씩 6상자 있습니다. 클립은 모두 **몇 개**인가요?

풀이

10000개씩 2상자는 20000개,

1000개씩 7상자는 7000개,

100개씩 1상자는 $\boxed{}$ 개,

10개씩 6상자는 $\boxed{}$ 개이므로

클립은 모두 $\boxed{}$ 개입니다.

답 ______________ 개

1 설명하는 수를 쓰고 읽어 보세요.

> 1000이 10개인 수

쓰기 (　　　　　　　　　)
읽기 (　　　　　　　　　)

2 규칙에 따라 빈칸에 알맞은 수를 써넣으세요.

9995 ─ 9996 ─ 9997 ─ ☐
☐ ─ 9999 ─ ☐

[3~4] ☐ 안에 알맞은 수를 써넣으세요.

3
100000이 9개
10000이 5개
1000이 7개 ─ 이면 ☐
100이 1개
1이 2개

4
49836은
100000이 ☐ 개
10000이 ☐ 개
1000이 ☐ 개
100이 ☐ 개
10이 ☐ 개
1이 ☐ 개

5 같은 수끼리 이어 보세요.

삼만 사천칠 ・ 　 ・ 34700
　 　 ・ 30470
삼만 사백칠십 ・ 　 ・ 34007

6 설명하는 수의 각 자리의 숫자를 빈칸에 알맞게 써넣으세요.

> 10000이 2개, 1000이 6개, 100이 4개,
> 10이 1개, 1이 3개인 수

	만의 자리	천의 자리	백의 자리	십의 자리	일의 자리
숫자					

7 10809를 바르게 읽은 사람은 누구인가요?

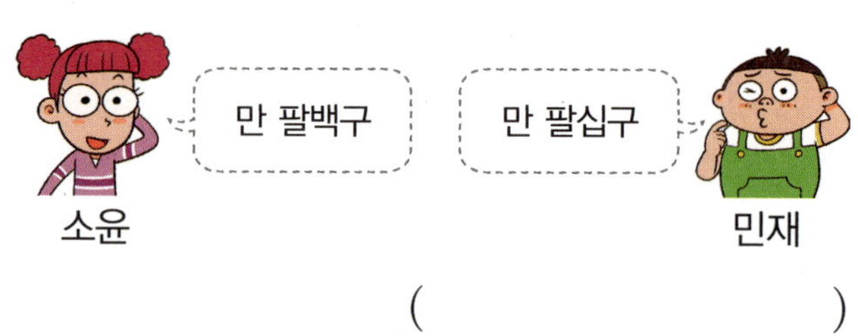

(　　　　　　　　　)

8 숫자 3이 300을 나타내는 수를 찾아 쓰세요.

> 63209　　72315　　35178

(　　　　　　　　　)

1 큰 수

9 수를 보기와 같이 나타내 보세요.

> **보기**
> $61804 = 60000 + 1000 + 800 + 4$

$92605 = $ _______________

10 호두가 한 상자에 100 kg씩 100상자 있습니다. 호두 100상자는 모두 몇 kg인가요?

( )

11 돈이 모두 얼마인지 구하세요.

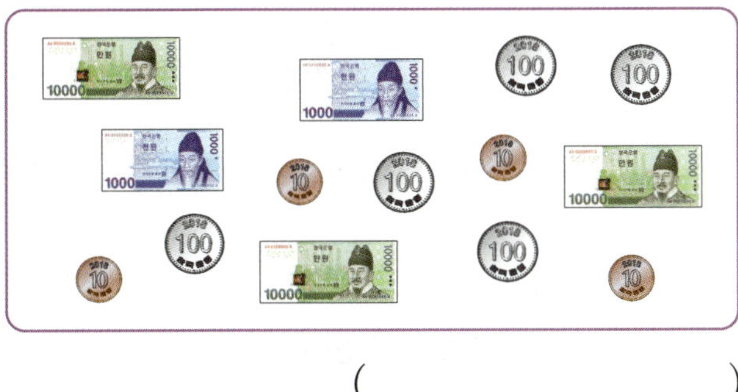

( )

12 10000을 잘못 설명한 사람을 찾아 이름을 쓰세요.

> • 예준: 10이 100개인 수야.
> • 윤아: 8000보다 2000만큼 더 큰 수야.
> • 소희: 9500보다 500만큼 더 큰 수야.

( )

13 숫자 7이 나타내는 값이 가장 큰 수의 기호를 쓰세요.

> ㉠ 49072 ㉡ 17538 ㉢ 54716

( )

14 유정이는 10000원짜리 곰 인형을 사기 위해 저금하고 있습니다. 지금까지 1000원짜리 지폐를 7장 모았다면 얼마를 더 모아야 곰 인형을 살 수 있나요?

( )

15 지우개가 10000개씩 5상자, 100개씩 12상자 있습니다. 지우개는 모두 몇 개인가요?

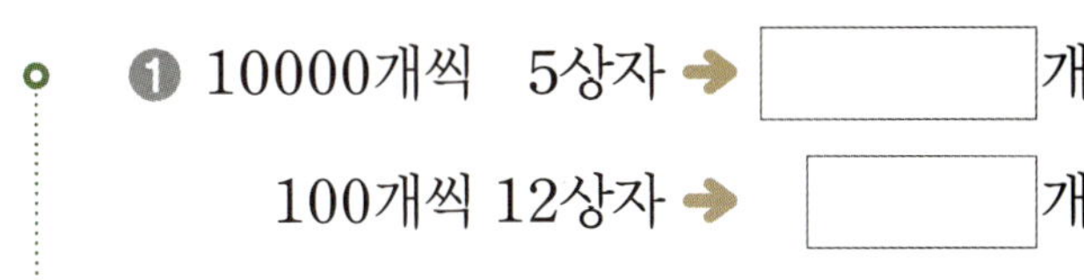

❶ 10000개씩 5상자 ➡ ☐ 개

100개씩 12상자 ➡ ☐ 개

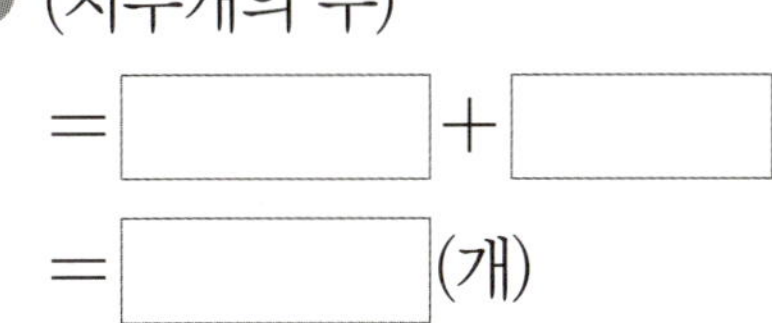

전략 ❶에서 구한 개수를 더하자.

❷ (지우개의 수)

= ☐ + ☐

= ☐ (개)

답 _______________

BOOK❷ 2~3쪽에서 한 번 더 풀기!

핵심 개념 십만, 백만, 천만

1. 십만, 백만, 천만 알아보기

	쓰기		읽기
10000이 **10**개인 수	**100000** 또는 **10**만		**십**만
10000이 **100**개인 수	**1000000** 또는 **100**만		**백**만
10000이 **1000**개인 수	**10000000** 또는 **1000**만		**천**만

10배 10배

2. 35420000은 얼마만큼의 수인지 알아보기

(1) **10000**이 **3542**개인 수

쓰기 **35420000** 또는 **3542**만

읽기 **삼천오백사십이만**

(2) 각 자리의 숫자와 숫자가 나타내는 값 알아보기

3	5	4	2	0	0	0	0
천	백	십	일	천	백	십	일
			만				일

$$35420000 = 30000000 + 5000000 + 400000 + 20000$$

	숫자	나타내는 값
천만의 자리	3	30000000
백만의 자리	❶	5000000
십만의 자리	4	400000
만의 자리	❷	20000

정답 확인 | ❶ 5 ❷ 2

12

확인 문제 1~6번 문제를 풀면서 개념 익히기!

1 □ 안에 알맞은 수를 보기 에서 찾아 써넣으세요.

보기

10만 100만

(1) 10000이 10개이면 [　　] 입니다.

(2) 10000이 100개이면 [　　] 입니다.

2 빈칸에 알맞은 수를 써넣으세요.

56800000	오천육백팔십만
	십삼만

한 번 더! 확인 7~12번 유사문제를 풀면서 개념 다지기!

7 설명하는 수는 얼마인지 □ 안에 알맞은 수를 써넣으세요.

10000이 1000개인 수

➜ [　　] 만

8 빈칸에 알맞은 수를 써넣으세요.

팔십이만	820000
사백칠십팔만	

큰 수

3 빈칸에 알맞은 수를 써넣으세요.

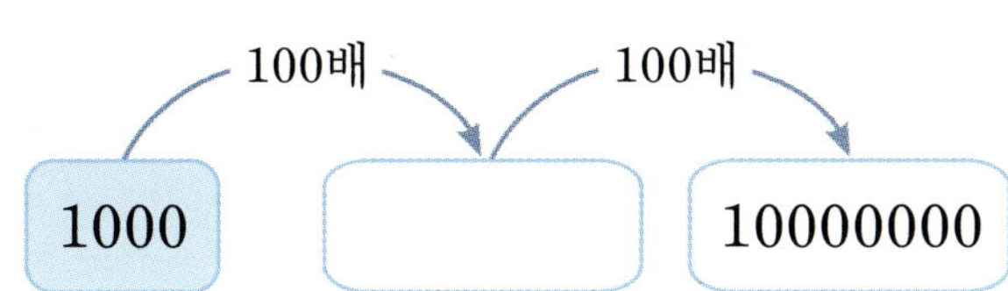

4 건우가 말한 수에서 천만의 자리 숫자를 쓰세요.

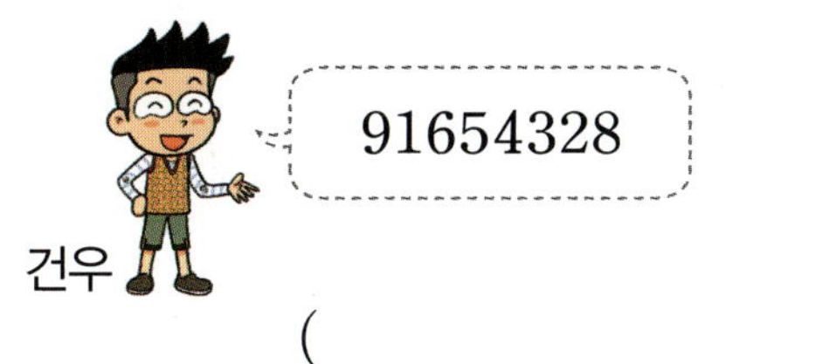

( )

5 밑줄 친 숫자 8이 나타내는 값을 쓰세요.

( )

6 기태 아버지께서는 은행에 가서 저금되어 있는 돈 300만 원을 만 원짜리 지폐로 찾으려고 합니다. 만 원짜리 지폐로 **몇 장** 찾을 수 있나요?

(1) 300만은 1만이 몇 개인 수인가요?

꼭 단위까지 따라 쓰세요.

(개)

(2) 300만 원을 만 원짜리 지폐로 몇 장 찾을 수 있나요?

(장)

9 빈칸에 알맞은 수를 써넣으세요.

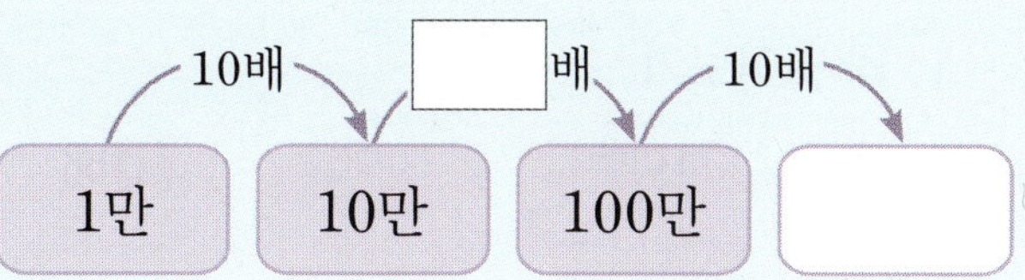

10 백만의 자리 숫자가 7인 수에 ○표 하세요.

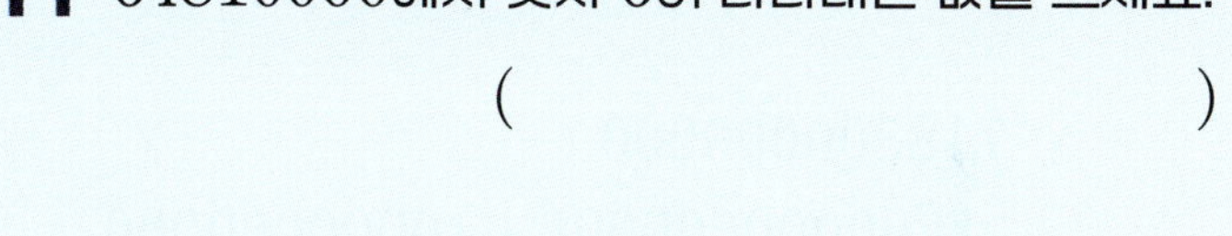

( ) ( )

11 64810000에서 숫자 6이 나타내는 값을 쓰세요.

( )

🥉 서술형 下수

12 수아 고모는 은행에 가서 저금되어 있는 돈 90만 원을 만 원짜리 지폐로 찾으려고 합니다. 만 원짜리 지폐로 **몇 장** 찾을 수 있나요?

풀이

90만은 1만이 ☐ 개인 수입니다.

따라서 90만 원을 만 원짜리 지폐로 ☐ 장 찾을 수 있습니다.

답 ＿＿＿＿＿＿＿＿＿ 장

핵심 개념 억

1. 억 알아보기

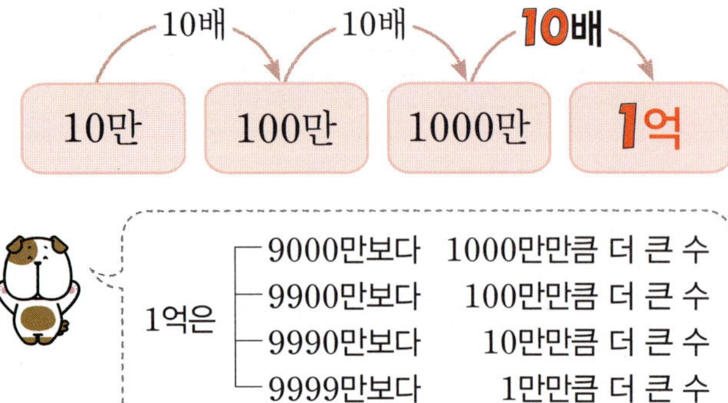

1000만이 **10**개인 수

쓰기 ▷ **100000000** 또는 **1억**

읽기 ▷ **억** 또는 **일억**

2. 718300000000은 얼마만큼의 수인지 알아보기

(1) **1**억이 **7183**개인 수

쓰기 ▷ **7183**00000000 또는 **7183**억   읽기 ▷ **칠천백팔십삼억**

(2) 각 자리의 숫자와 숫자가 나타내는 값 알아보기

7	1	8	3	0	0	0	0	0	0	0	0
천	백	십	일	천	백	십	일	천	백	십	일
			억				만				일

718300000000
=700000000000+10000000000
+8000000000+300000000

	숫자	나타내는 값
천억의 자리	❶	700000000000
백억의 자리	1	10000000000
십억의 자리	8	8000000000
억의 자리	❷	300000000

정답 확인 | ❶ 7 ❷ 3

확인 문제 1~6번 문제를 풀면서 **개념 익히기!**

1 알맞은 수에 ○표 하세요.

1억은 9000만보다 (100만 , 1000만)만큼 더 큰 수입니다.

2 1000만이 10개인 수를 쓰고 읽어 보세요.

쓰기 [   ] 또는 1억

읽기 억 또는 [   ]

한 번 더! 확인 7~12번 유사문제를 풀면서 **개념 다지기!**

7 □ 안에 알맞은 수를 써넣으세요.

1억은 9900만보다 [   ]만큼 더 큰 수입니다.

8 1억이 4개인 수를 쓰고 읽어 보세요.

쓰기 [   ] 또는 4억

읽기 [   ]

3 □ 안에 알맞은 수를 써넣으세요.

357600000000은 1억이 ☐ 개인 수입니다.

4 수를 읽어 보세요.

5400000000

(   )

5 다음 수의 각 자리의 숫자와 숫자가 나타내는 값을 알아보고 표를 완성해 보세요.

148932000000

	백억의 자리	억의 자리
숫자		9
나타내는 값	40000000000	

6 인터넷 기사의 일부입니다. 밑줄 친 부분을 수로 쓰세요.

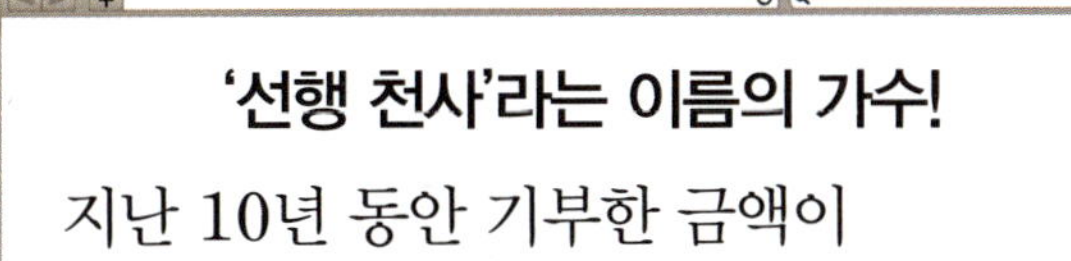

(   )

9 □ 안에 알맞은 수를 써넣으세요.

476321050000은
1억이 ☐ 개
1만이 ☐ 개 인 수입니다.

10 수를 읽어 보세요.

261780000000

(   )

11 다음 수의 각 자리의 숫자와 숫자가 나타내는 값을 알아보고 표를 완성해 보세요.

726514300000

	천억의 자리	십억의 자리
숫자	7	
나타내는 값		6000000000

12 글을 읽고 밑줄 친 부분을 수로 쓰세요.

증가하는 천재 게임 회사의 매출액
올해 천재 게임 회사에서 만든 게임의 매출액은 사천삼백이억 원입니다.

(   )

핵심 개념 조

1. 조 알아보기

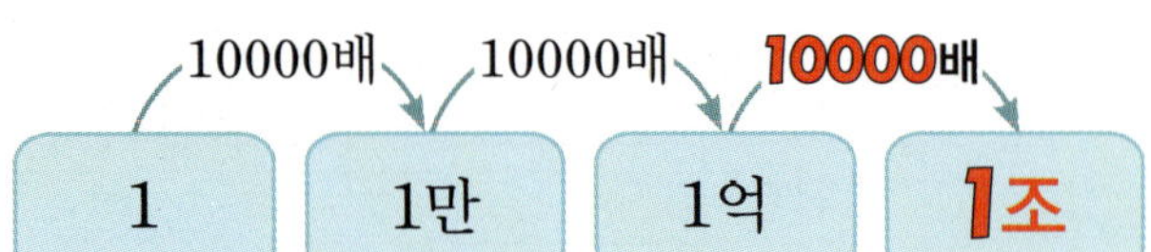

| 1 | 1만 | 1억 | **1조** |

10000배 → 10000배 → **10000배**

1000억이 **10**개인 수
쓰기 ▶ **1000000000000** 또는 **1**조
읽기 ▶ **조** 또는 **일조**

2. 2615000000000000는 얼마만큼의 수인지 알아보기

(1) **1**조가 **2615**개인 수

쓰기 ▶ **2615000000000000** 또는 **2615**❶[ ]   읽기 ▶ **이천육백십오조**

(2) 각 자리의 숫자와 숫자가 나타내는 값 알아보기

2	6	1	5	0	0	0	0	0	0	0	0	0	0	0	0
천	백	십	일	천	백	십	일	천	백	십	일	천	백	십	일
		조				억				만				일	

$$2615000000000000$$
$$= 2000000000000000 + 600000000000000$$
$$+ 10000000000000 + ❷[\ ]000000000000$$

정답 확인 | ❶ 조 ❷ 5

확인 문제 1~6번 문제를 풀면서 개념 익히기!

1 1000억이 10개인 수에 ◯표 하세요.

| 1억 | 1조 | 10조 |

한 번 더! 확인 7~12번 유사문제를 풀면서 개념 다지기!

7 수를 읽어 보세요.

1000000000000

읽기 조 또는 [ ]

2 빈칸에 알맞은 수를 써넣으세요.

1억 →(10배)→ 10억 →(10배)→ 100억
→(10배)→ [ ] →(10배)→ [ ]

8 빈칸에 알맞은 수를 써넣으세요.

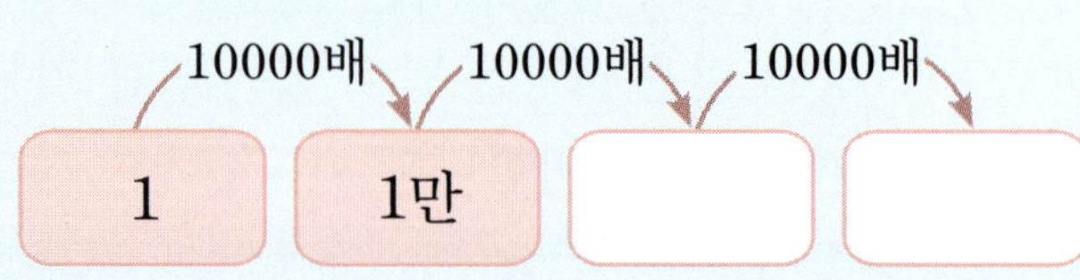

| 1 | 1만 | [ ] | [ ] |

10000배 → 10000배 → 10000배

3 □ 안에 알맞은 수를 써넣으세요.

1조는 9999억보다 ☐억만큼 더 큰 수입니다.

4 설명하는 수를 쓰고 읽어 보세요.

> 1조가 827개인 수

쓰기 (   )
읽기 (   )

5 3425492600000000에서 숫자 3은 어느 자리 숫자이고 얼마를 나타내나요?

자리: ☐의 자리 숫자

나타내는 값: ____________________

6 숫자 4가 40조를 나타내는 수의 기호를 쓰세요.

> ㉠ 43800000000000
> ㉡ 415372000000000

(1) 숫자 4가 나타내는 값을 각각 쓰세요.
   ㉠ (   )
   ㉡ (   )

(2) 숫자 4가 40조를 나타내는 수의 기호를 쓰세요.

(   )

9 □ 안에 알맞은 수를 써넣으세요.

1조는 9000억보다 ☐억만큼 더 큰 수입니다.

10 설명하는 수를 쓰고 읽어 보세요.

> 1조가 46개, 1억이 1932개인 수

쓰기 (   )
읽기 (   )

11 밑줄 친 숫자 7이 나타내는 값을 쓰세요.

> 6278450000000000

(   )

서술형 下수

12 숫자 8이 800조를 나타내는 수의 기호를 쓰세요.

> ㉠ 8130574000000000
> ㉡ 852460000000000

풀이

숫자 8이 나타내는 값을 알아보면

㉠ ____________________,

㉡ ____________________입니다.

따라서 숫자 8이 800조를 나타내는 수의 기호는 ☐입니다.

답 ____________________

1 같은 수끼리 이어 보세요.

10000이 10개인 수	·	·	100만
10000이 1000개인 수	·	·	1000만
10000이 100개인 수	·	·	10만

2 수를 읽어 보세요.

974501260000

( )

3 ☐ 안에 알맞은 수를 써넣으세요.

397600

$= 300000 + \boxed{} + \boxed{} + 600$

4 은우가 설명하는 수를 쓰세요.

1억이 180개, 1만이 3510개, 1이 64개인 수

은우

( )

5 ☐ 안에 알맞은 수를 써넣으세요.

1조는
- 9000억보다 1000억만큼 더 큰 수
- 9900억보다 ☐ 만큼 더 큰 수
- 9990억보다 ☐ 만큼 더 큰 수
- 9999억보다 ☐ 만큼 더 큰 수

6 수를 보고 십억의 자리 숫자를 쓰세요.

594003687321

( )

7 수를 보기와 같이 나타내 보세요.

보기
43124086592317
➜ 43조 1240억 8659만 2317

36716245807432
➜ _______________________

8 1826372600000000에서 숫자 8은 어느 자리 숫자이고 얼마를 나타내나요?

자리: ☐ 의 자리 숫자

나타내는 값: _______________________

9 나타내는 수가 <u>다른</u> 하나를 찾아 기호를 쓰세요.

> ㉠ 1000만이 10개인 수
> ㉡ 9000만보다 10000만큼 더 큰 수
> ㉢ 9900만보다 100만만큼 더 큰 수

(   )

10 실험용 접시 한 개에 세균이 1000억 마리씩 있습니다. 연구에 필요한 세균 수가 1조 마리일 때 실험용 접시는 몇 개 있어야 하나요?

(   )

11 밑줄 친 부분을 수로 쓰세요.

> 프랑스의 인구수는 약 <u>육천사백팔십팔만</u> 명입니다.
> 2024 통계청 조사

약 (   )명

추론

12 8504억을 계산기로 입력하려면 0을 모두 몇 번 눌러야 하는지 구하세요.

(   )

---

13 숫자 4가 나타내는 값이 가장 큰 수를 찾아 기호를 쓰세요.

> ㉠ 5<u>4</u>40627100000000
> ㉡ <u>4</u>25786109168036
> ㉢ 54687190001320

(   )

14 1억이 4869개, 1만이 145개인 수에서 숫자 6이 나타내는 값은 얼마인가요?

(   )

문제 해결의 **전략** 을 보면서 풀어 보자.

15 ㉠이 나타내는 값은 ㉡이 나타내는 값의 몇 배인가요?

> 7 3 7 <u>5</u> 9 0 0 0
>   ㉠ ㉡

전략 ㉠과 ㉡이 각각 어느 자리 숫자인지 알아보고 얼마를 나타내는지 구하자.

❶ ㉠이 나타내는 값:

____

㉡이 나타내는 값:

____

❷ ㉠이 나타내는 값은 ㉡이 나타내는 값의 ☐ 배입니다.

답 _______________

BOOK❷ 4～5쪽에서 한 번 더 풀기!

핵심 개념 뛰어 세기

1. 10000씩 뛰어 세기

예 3월부터 6월까지 매월 10000원씩 저금한다면 전체 금액이 얼마가 되는지 알아보기

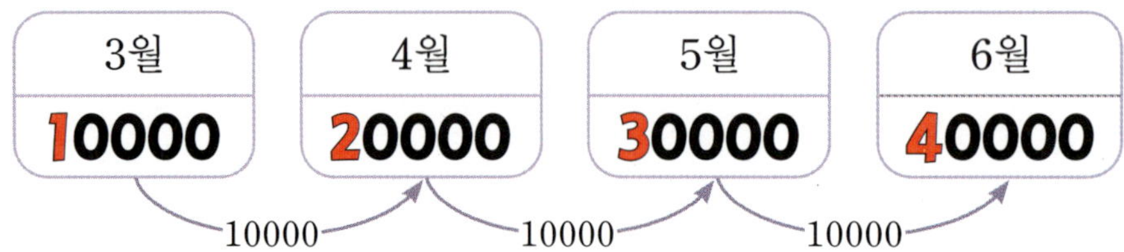

(1) 매월 10000원씩 늘어납니다.

(2) **10000**씩 뛰어 세면 **만**의 자리 수가 ❶ 씩 커집니다.

➡ 3월부터 6월까지 모은 전체 금액은 40000원입니다.

2. 얼마씩 뛰어 세었는지 알아보기

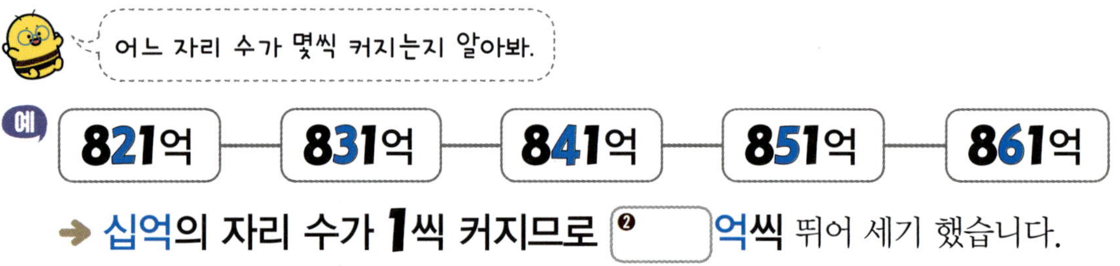

➡ **십억**의 자리 수가 **1**씩 커지므로 ❷ 억씩 뛰어 세기 했습니다.

정답 확인 | ❶ 1 ❷ 10

 1~5번 문제를 풀면서 **개념 익히기!**

1 10000씩 뛰어 세어 보세요.

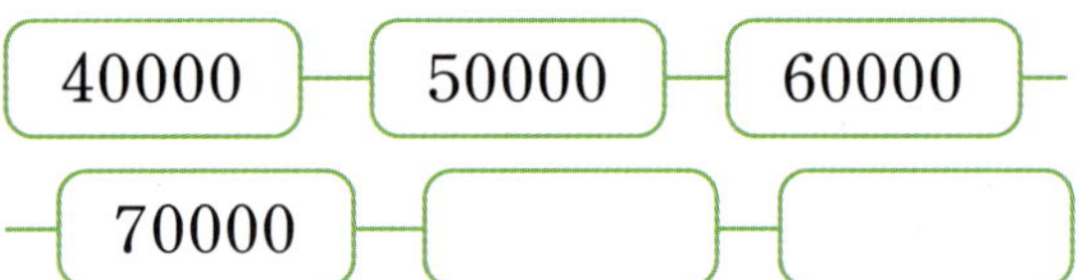

2 얼마씩 뛰어 세었는지 쓰세요.

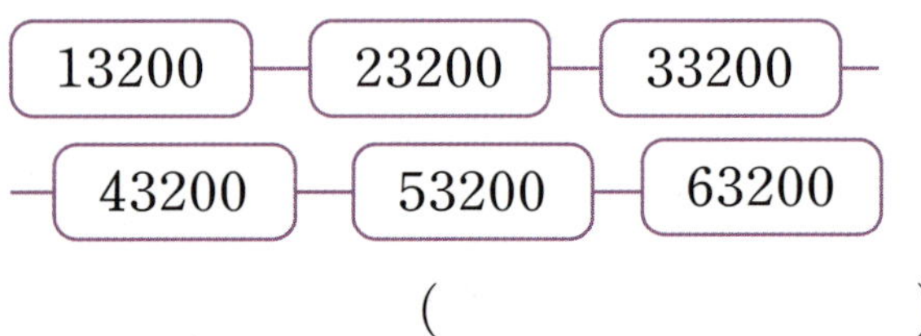

( )

 6~10번 유사문제를 풀면서 **개념 다지기!**

6 1억씩 뛰어 세어 보세요.

7 얼마씩 뛰어 세었는지 쓰세요.

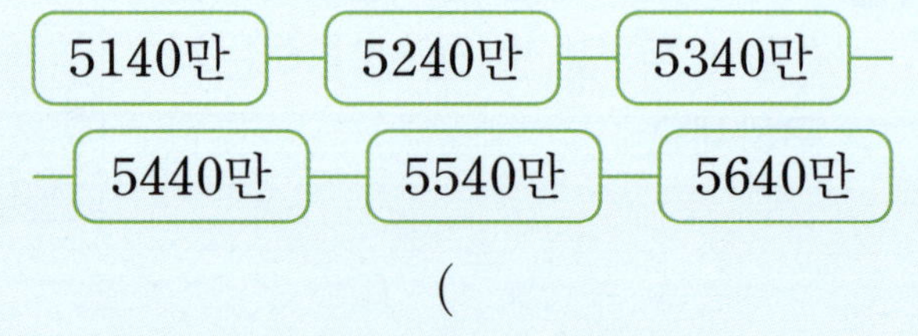

( )

3 10조씩 뛰어 센 것의 기호를 쓰세요.

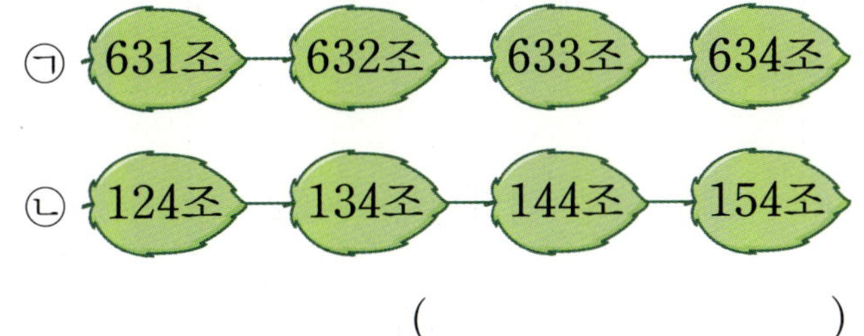

(   )

4 뛰어 센 규칙에 따라 빈칸에 알맞은 수를 써넣으려고 합니다. 물음에 답하세요.

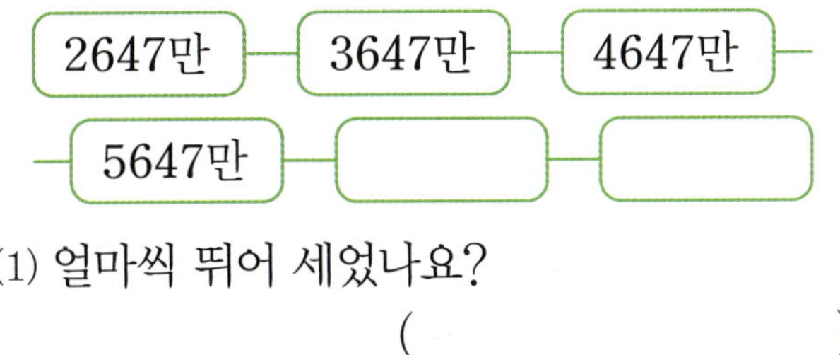

(1) 얼마씩 뛰어 세었나요?

(   )

(2) 빈칸에 알맞은 수를 써넣으세요.

5 어느 회사의 2021년 매출액은 2805억 원이었습니다. 이 회사의 매출액이 매년 30억 원씩 늘었다면 2024년 매출액은 얼마인가요?

(1) 2805억에서 30억씩 뛰어 세어 보세요.

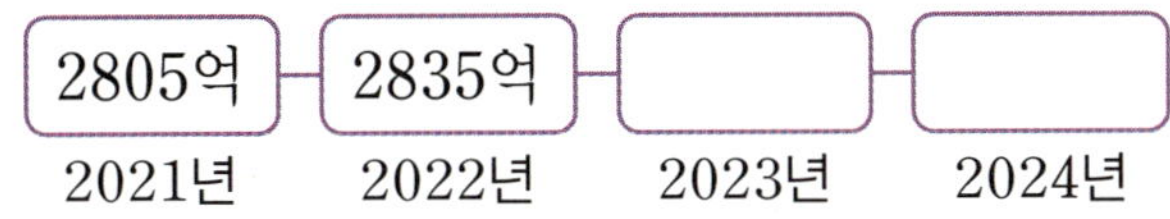

(2) 이 회사의 2024년 매출액은 얼마인가요?

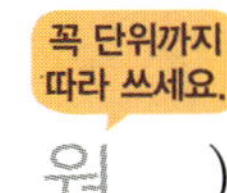

(원   )

8 100조씩 뛰어 센 것의 기호를 쓰세요.

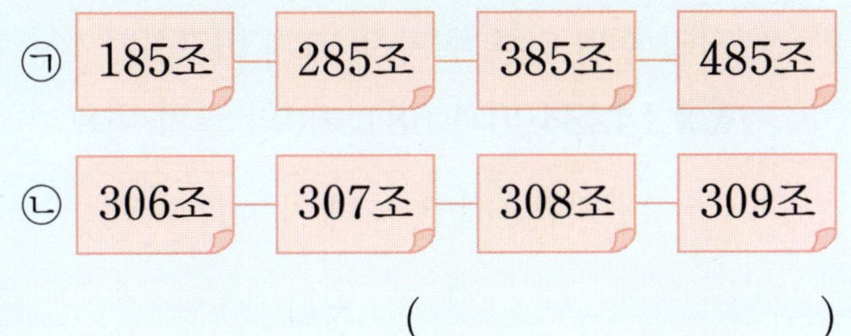

(   )

9 뛰어 센 규칙에 따라 빈칸에 알맞은 수를 써넣으려고 합니다. 물음에 답하세요.

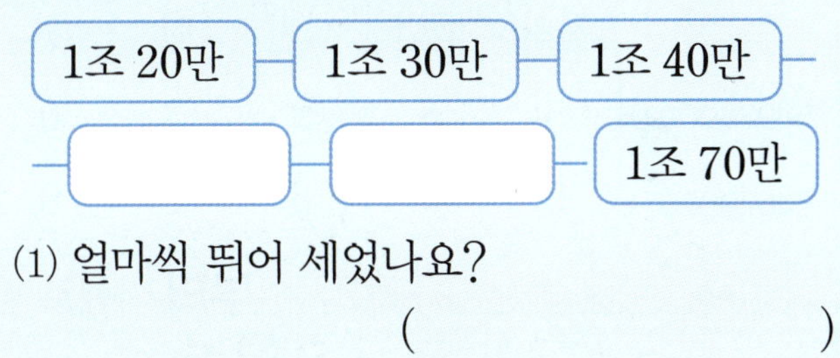

(1) 얼마씩 뛰어 세었나요?

(   )

(2) 빈칸에 알맞은 수를 써넣으세요.

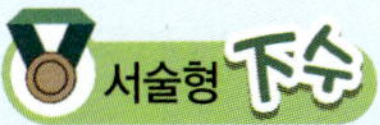

10 2021년까지 달린 거리가 10000 km인 트럭이 있습니다. 이 트럭이 2022년부터 1년에 20000 km씩 달렸다면 2024년까지 달린 거리는 **몇 km**인가요?

풀이

20000씩 뛰어 세면 만의 자리 수가 ☐씩 커집니다.

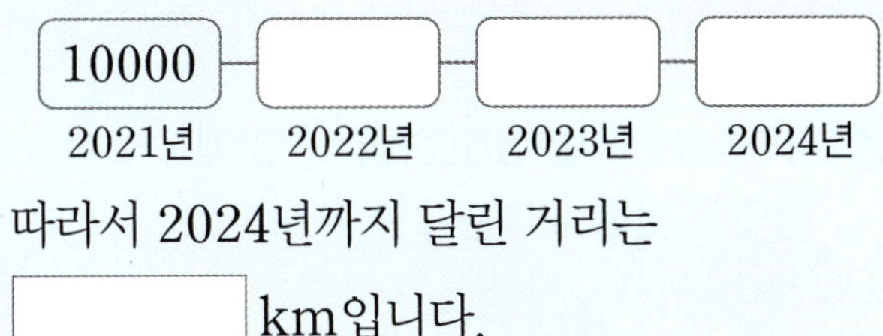

따라서 2024년까지 달린 거리는

☐ km입니다.

답 _______________ km

핵심 개념 수의 크기 비교하기

1. 자리 수가 다른 두 수의 크기 비교하기

예 1423400과 681300의 크기 비교

백만	십만	만	천	백	십	일
1	4	2	3	4	0	0
	6	8	1	3	0	0

1423400 → (첫째 줄)
681300 → (둘째 줄)

➜ 자리 수가 **많은** 쪽이 더 **큰** 수입니다.

1423400  681300

일곱 자리 수 **>** **여섯** 자리 수

먼저 자리 수가 같은지 확인해.

2. 자리 수가 같은 두 수의 크기 비교하기

예 58930000과 54670000의 크기 비교

천만	백만	십만	만	천	백	십	일
5	8	9	3	0	0	0	0
5	4	6	7	0	0	0	0

58930000 → (첫째 줄)
54670000 → (둘째 줄)

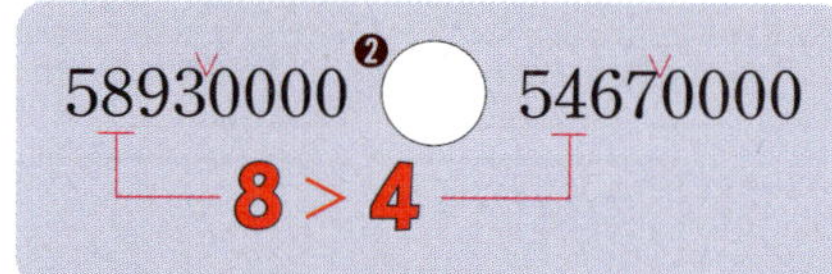

➜ **가장 높은 자리의 수**부터 차례로 비교했을 때 **수가 큰** 쪽이 더 **큰** 수입니다.

정답 확인 | ❶ > ❷ >

확인 문제 1~5번 문제를 풀면서 **개념 익히기!**

1 두 수의 크기를 비교하여 ○ 안에 >, =, < 중 알맞은 것을 써넣으세요.

십만	만	천	백	십	일
5	3	1	9	0	0
	9	7	8	2	0

531900 ◯ 97820

2 두 수의 크기를 비교하여 ○ 안에 >, =, < 중 알맞은 것을 써넣으세요.

678105 ◯ 873240
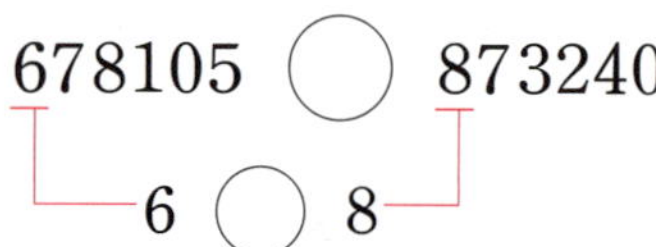

한 번 더! 확인 6~10번 유사문제를 풀면서 **개념 다지기!**

6 두 수의 크기를 비교하여 ○ 안에 >, =, < 중 알맞은 것을 써넣으세요.

십만	만	천	백	십	일
2	9	3	1	0	0
6	2	3	7	0	0

293100 ◯ 623700

7 두 수의 크기를 비교하여 ○ 안에 >, =, < 중 알맞은 것을 써넣으세요.

5081590 ◯ 4269270

1 큰 수

3 두 수를 수직선에 •으로 나타내고, 두 수의 크기를 비교하여 알맞은 말에 ○표 하세요.

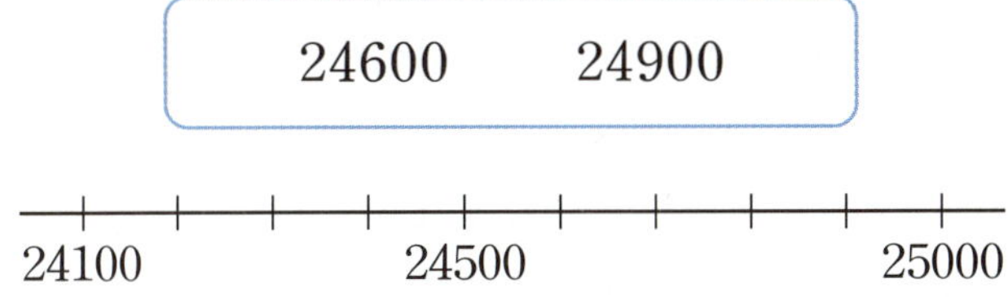

24100   24500   25000

→ 24600은 24900보다
  　더 (큽니다 , 작습니다).

4 두 수의 크기를 비교하여 ○ 안에 >, =, < 중 알맞은 것을 써넣으세요.

(1) 3271900000 ○ 38420540000

(2) 1697억 ○ 916억 4000만

5 침대와 옷장 중에서 더 비싼 것은 어느 것인가요?

침대　　　　옷장

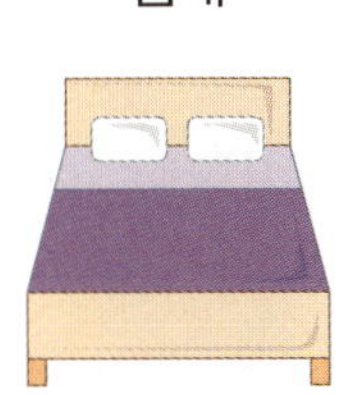

1057800원　　　896400원

(1) 두 수의 크기를 비교하여 ○ 안에 >, =, < 중 알맞은 것을 써넣으세요.

　　1057800 ○ 896400

(2) 더 비싼 것은 어느 것인가요?

　　　　　(　　　　　　　　)

8 두 수를 수직선에 •으로 나타내고, 두 수의 크기를 비교하여 □ 안에 알맞은 수를 써넣으세요.

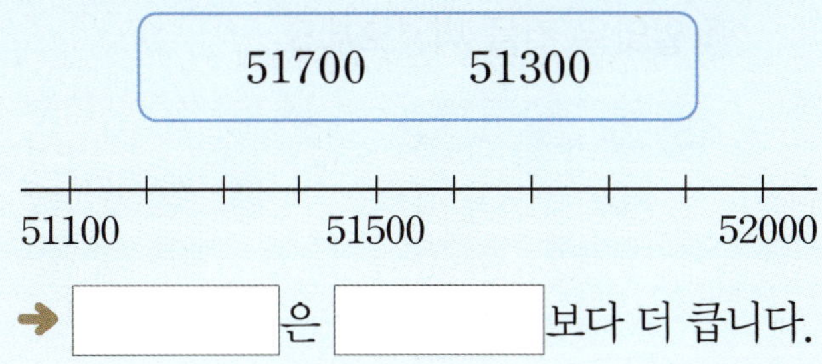

51100   51500   52000

→ □ 은 □ 보다 더 큽니다.

9 두 수의 크기를 비교하여 ○ 안에 >, =, < 중 알맞은 것을 써넣으세요.

(1) 7380000000 ○ 7820000000

(2) 126조 500억 ○ 126조 50억

서술형 下수

10 서준이와 유찬이는 다음과 같이 세뱃돈을 모았습니다. 세뱃돈을 더 많이 모은 사람은 누구인가요?

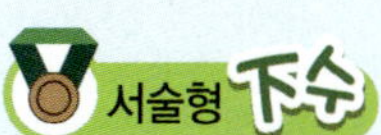

풀이

두 수의 자리 수가 (같으므로 , 다르므로)
가장 높은 자리의 수부터 차례로 크기를 비교합니다.

→ 182600 ○ 169000
　　　└ 8 ○ 6 ┘

따라서 세뱃돈을 더 많이 모은 사람은

□ 입니다.

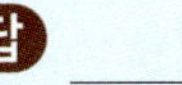
답 ______________________

1 두 수의 크기를 비교하여 ○ 안에 >, =, < 중 알맞은 것을 써넣으세요.

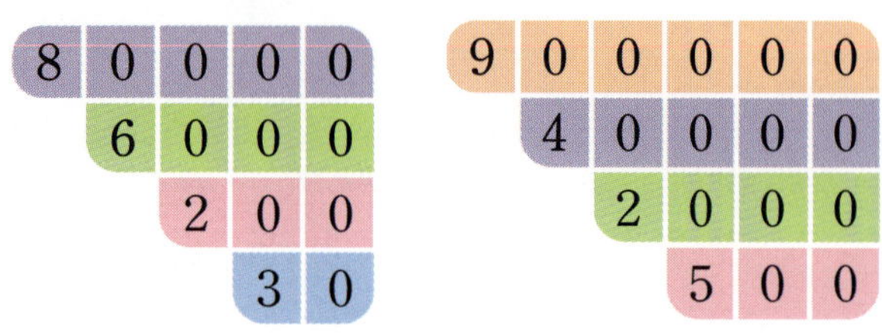

86230 ○ 942500

2 10000씩 뛰어 세어 보세요.

3 10억씩 뛰어 세어 보세요.

4 두 수의 크기를 비교하여 ○ 안에 >, =, < 중 알맞은 것을 써넣으세요.

761156349 ○ 2567800123

5 얼마씩 뛰어 세었는지 쓰세요.

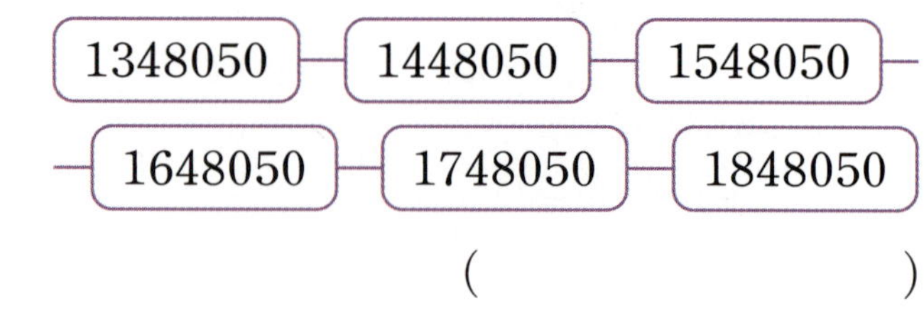

( )

6 ㉠과 ㉡이 나타내는 수를 수직선에 •으로 나타내고, 두 수의 크기를 비교하여 □ 안에 알맞은 기호를 써넣으세요.

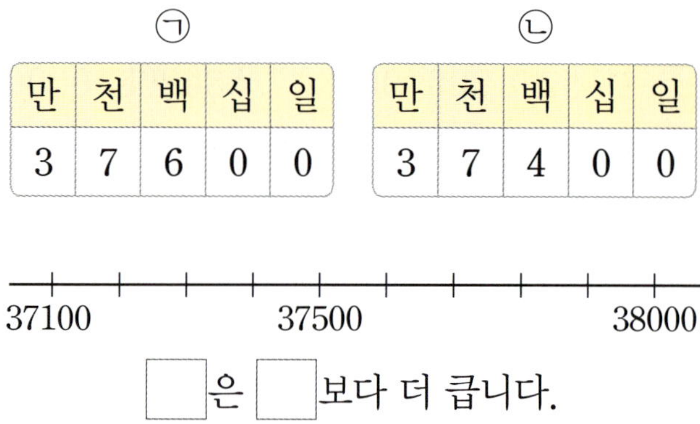

만	천	백	십	일
3	7	6	0	0

㉠

만	천	백	십	일
3	7	4	0	0

㉡

37100   37500   38000

□ 은 □ 보다 더 큽니다.

7 두 수의 크기를 바르게 비교한 것의 기호를 쓰세요.

㉠ 12조 6972만 > 14조 9510만
㉡ 624조 300만 < 624조 500만

( )

8 뛰어 센 규칙에 따라 빈칸에 알맞은 수를 써넣으세요.

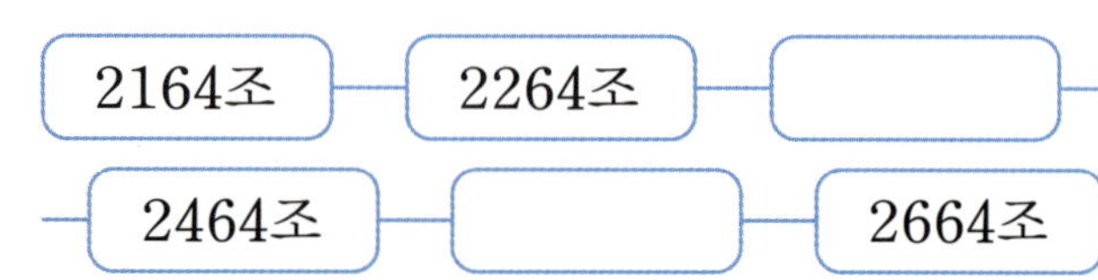

1 큰 수

9 두 영상의 조회 수를 나타낸 것입니다. 조회 수가 더 많은 영상에 ◯표 하세요.

(   )   (   )

10 현재 현우의 저금통에는 70000원이 들어 있습니다. 다음 달부터 매월 10000원씩 모은다면 10만 원을 모을 때까지 몇 개월이 걸리나요?

(   )

11 200억씩 뛰어 세어 보세요.

1조 220억	1조 420억	
		1조 1220억

12 가장 작은 수의 기호를 쓰세요.

> ㉠ 육만 칠천구백오십
> ㉡ 687050
> ㉢ 백이십삼만 육천백

(   )

13 수 카드를 모두 한 번씩만 사용하여 가장 큰 여섯 자리 수를 만들고 읽어 보세요.

| 4 | 0 | 9 | 2 | 3 | 6 |

쓰기 (   )
읽기 (   )

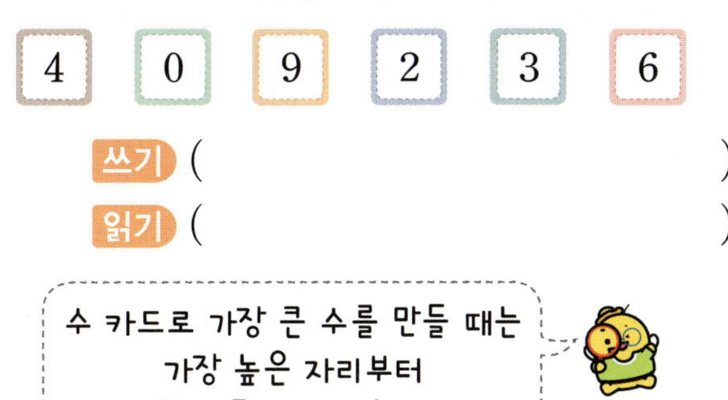

 문제 해결의 전략 을 보면서 풀어 보자.

14 태양과 각 행성 사이의 거리를 나타낸 표입니다. 태양에서 먼 순서대로 행성의 이름을 쓰세요.

수성	5791만 km
지구	149590000 km
화성	227940000 km

전략 거리를 수로 써서 세 수의 크기를 비교하자.

❶ 태양과 수성 사이의 거리를 수로 쓰고, 큰 수부터 □ 안에 1, 2, 3 쓰기:

수성	km	⋯ □
지구	149590000 km	⋯ □
화성	227940000 km	⋯ □

전략 거리를 나타내는 수가 클수록 태양에서 더 먼 행성이다.

❷ 태양에서 먼 순서대로 행성의 이름 쓰기:

□ , □ , □

답 ___________

BOOK❷ 6~7쪽에서 한 번 더 풀기!

키워드 문제

연습 1-1 수직선에서 ㉠이 나타내는 수를 구하세요.

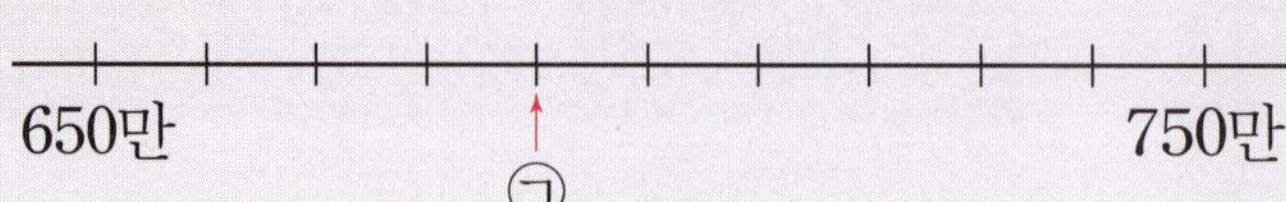

Skill 650만과 750만 사이를 눈금 10칸으로 나누었으므로
(눈금 10칸의 크기)=750만−650만이다.

풀이 ❶ 눈금 10칸의 크기: 750만−650만=⬚

➡ 눈금 한 칸의 크기: ⬚

❷ ㉠이 나타내는 수: 650만에서 ⬚ 씩 4번 뛰어 세기 한 수

➡ ⬚

답 ________________

서술형 高수 🌱 **가이드** | 문제에서 핵심이 되는 말에 표시하고, 위의 풀이 과정을 따라 풀어 보자.

실전 1-2 수직선에서 ㉠이 나타내는 수를 구하세요.

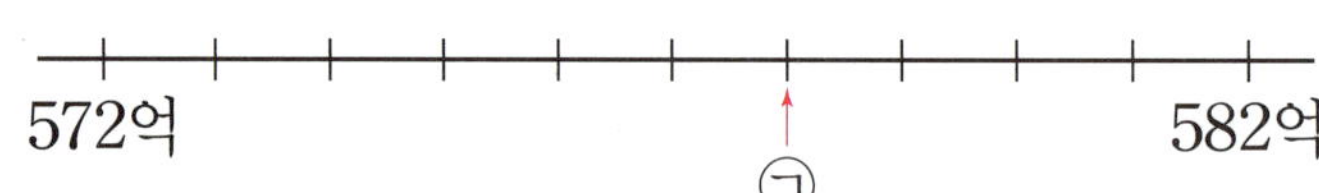

풀이 ❶

❷

답 ________________

키워드 문제

연습 2-1 0부터 9까지의 수 중에서 □ 안에 들어갈 수 있는 수를 모두 구하세요.

$$205\boxed{}70000 < 205460000$$

Skill 먼저 자리 수가 같은지 확인한 후 자리 수가 같으면 가장 높은 자리의 수부터 차례로 비교하고 □ 바로 아래 자리의 수의 크기도 꼭 비교하자.

풀이 ❶ 억, 천만, 백만의 자리 숫자가 각각 같고 만의 자리 수의 크기를 비교하면

7 ◯ 6이므로 □ 안에는 ☐ 보다 작은 수가 들어갈 수 있습니다.

❷ □ 안에 들어갈 수 있는 수: ___________________

답 ___________________

서술형 高수   🌱 가이드 | 문제에서 핵심이 되는 말에 표시하고, 위의 풀이 과정을 따라 풀어 보자.

실전 2-2 0부터 9까지의 수 중에서 □ 안에 들어갈 수 있는 수를 모두 구하세요.

$$7928140000 < 792\boxed{}560000$$

풀이 ❶

❷

답 ___________________

✏️ 키워드 문제

연습 3-1 어떤 수에서 10억씩 3번 뛰어 세기를 하였더니 8160억이 되었습니다. 어떤 수는 얼마인가요?

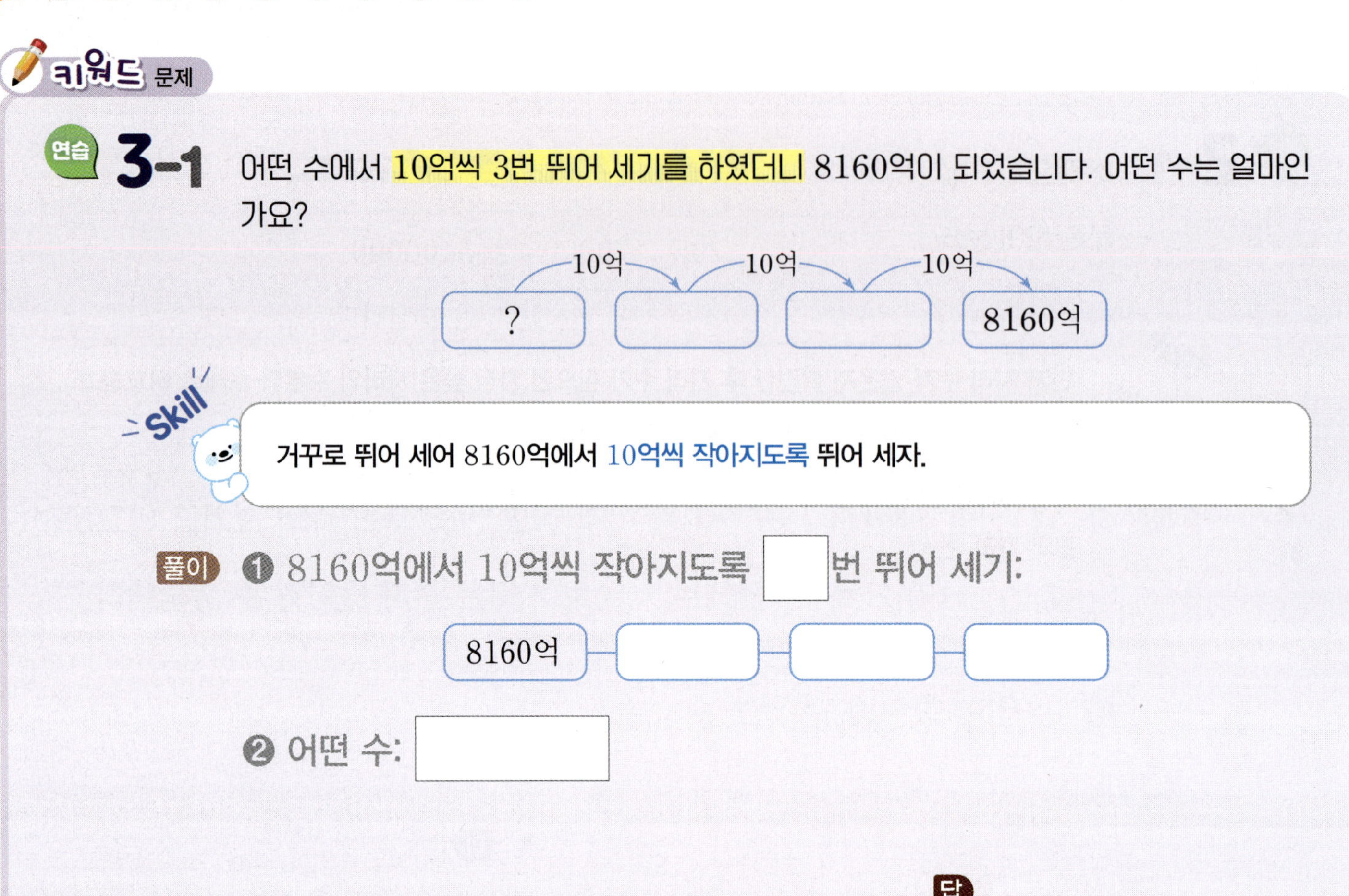

Skill 거꾸로 뛰어 세어 8160억에서 10억씩 작아지도록 뛰어 세자.

풀이 ❶ 8160억에서 10억씩 작아지도록 ☐ 번 뛰어 세기:

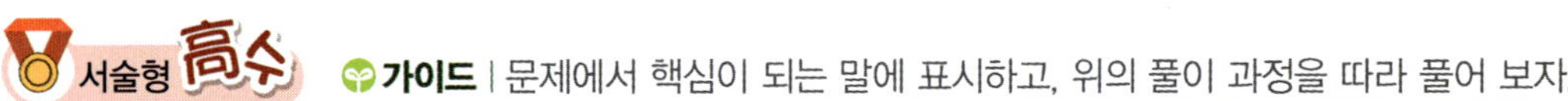

❷ 어떤 수:

답 _______________

🏅 서술형 高수 🌱 가이드 │ 문제에서 핵심이 되는 말에 표시하고, 위의 풀이 과정을 따라 풀어 보자.

실전 3-2 어떤 수에서 1000조씩 3번 뛰어 세기를 하였더니 4950조가 되었습니다. 어떤 수는 얼마인가요?

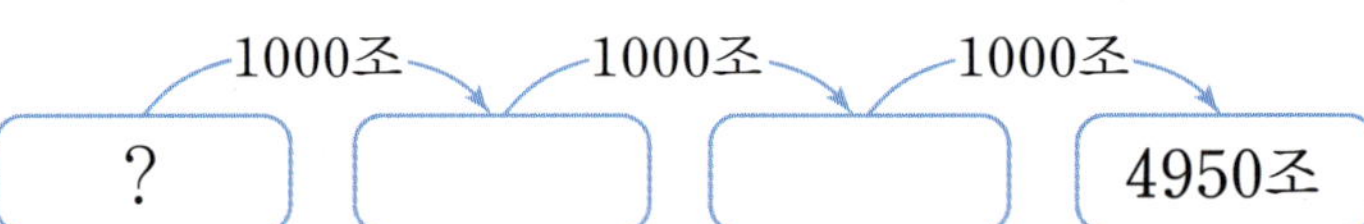

풀이 ❶

❷

답 _______________

키워드 문제

연습 4-1 수 카드 1 , 2 , 3 , 4 , 5 를 모두 한 번씩만 사용하여 조건을 모두 만족하는 수를 만들어 보세요.

> **조건1** 25000보다 크고 25500보다 작은 수입니다.
> **조건2** 백의 자리 숫자는 짝수이고, 일의 자리 숫자는 1입니다.

Skill **조건1**에서 25000보다 크고 25500보다 작은 수는 25001부터 25499까지의 수이므로 만의 자리, 천의 자리 숫자를 알 수 있다.

풀이 ❶ **조건1**에서 25001부터 25499까지의 수이므로 만의 자리 숫자는 2, 천의 자리 숫자는 ☐ 입니다.

❷ **조건2**에서 백의 자리 숫자는 짝수이므로 ☐, 일의 자리 숫자는 1, 십의 자리 숫자는 남은 수인 ☐ 입니다.

➡ 조건을 모두 만족하는 수: 2 ☐ ☐ ☐ 1

답 ______________

서술형 高수

🌱 **가이드** | 문제에서 핵심이 되는 말에 표시하고, 위의 풀이 과정을 따라 풀어 보자.

실전 4-2 수 카드 2 , 3 , 4 , 5 , 6 을 모두 한 번씩만 사용하여 조건을 모두 만족하는 수를 만들어 보세요.

> **조건1** 65000보다 크고 65500보다 작은 수입니다.
> **조건2** 백의 자리 숫자는 홀수이고, 십의 자리 숫자는 4입니다.

풀이 ❶

❷

답 ______________

BOOK❷ 8~9쪽에서 한 번 더 풀기!

1 그림을 보고 ☐ 안에 알맞은 수를 써넣으세요.

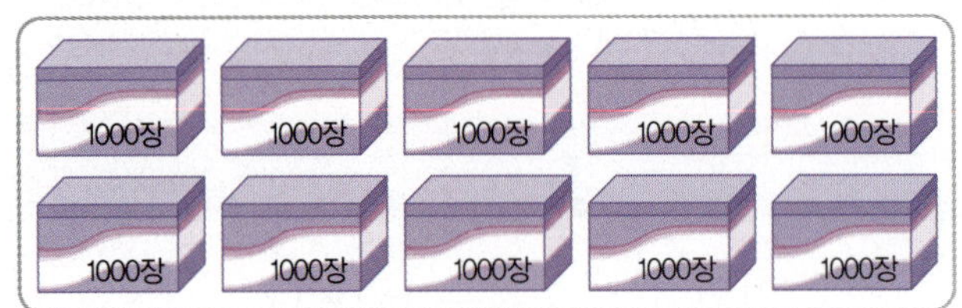

1000이 10개이면 ☐ 입니다.

2 ☐ 안에 알맞은 수를 써넣으세요.

10000이 6개
1000이 3개
100이 4개 ─ 이면 ☐
10이 2개
1이 9개

3 수를 읽어 보세요.

260400000000

( )

4 수를 보기와 같이 나타내 보세요.

보기
15849＝10000＋5000＋800＋40＋9

36915＝ _______________

5 같은 수끼리 이어 보세요.

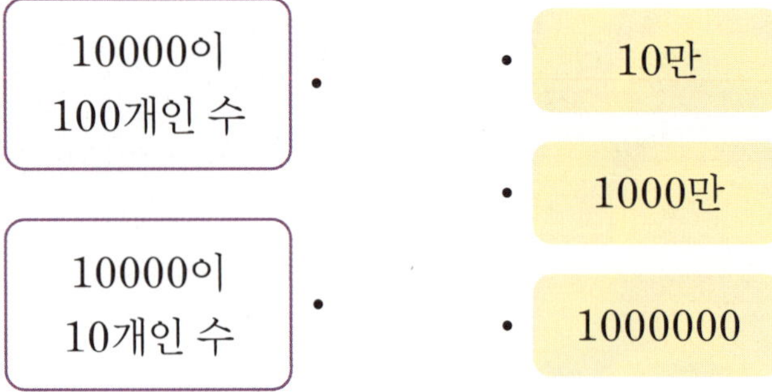

10000이
100개인 수 ·

· 10만

· 1000만

10000이
10개인 수 ·

· 1000000

6 1조가 546개, 1억이 8124개, 1만이 365개인 수를 쓰세요.

( )

7 1조씩 뛰어 세어 보세요.

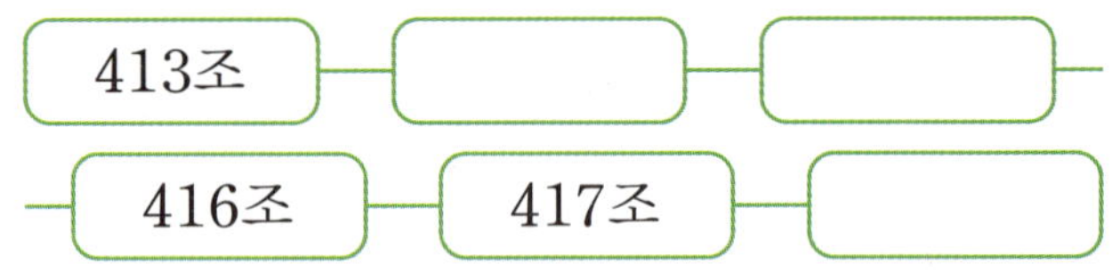

8 밑줄 친 숫자가 나타내는 값을 쓰세요.

32145680

( )

9 두 수의 크기를 비교하여 ○ 안에 >, =, < 중 알맞은 것을 써넣으세요.

882543060240 ○ 89015476054

10 지안이가 말한 수를 보고 조의 자리 숫자와 그 숫자가 나타내는 값을 각각 쓰세요.

숫자	
나타내는 값	

11 한나는 7000원이 들어 있는 저금통에 3000원을 더 저금하였습니다. 저금통에 들어 있는 돈은 모두 얼마인가요?

(   )

12 어느 회사의 두 달 동안 우유 판매량을 나타낸 표입니다. 판매량이 더 많은 달은 언제인가요?

5월	6월
843181개	859785개

(   )

13 뛰어 센 규칙에 따라 빈칸에 알맞은 수를 써넣으세요.

2540000	3540000		
	6540000		

14 민규가 사려고 하는 무선 이어폰은 90000원입니다. 민규가 가지고 있는 돈은 10000원이고 다음 달부터 매월 20000원씩 모으면 몇 개월 후에 무선 이어폰을 살 수 있나요?

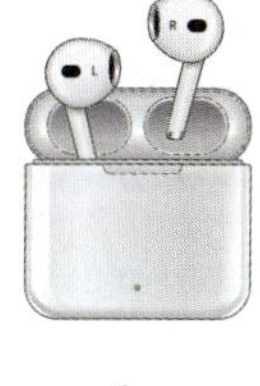

(   )

15 어느 편의점에서 잘 팔리는 상품 세 종류의 한 달 매출액입니다. 한 달 매출액이 가장 높은 상품을 찾아 쓰세요.

- 라면: 2080000원
- 도시락: 2651000원
- 생수: 953000원

(   )

추론

16 수 카드를 모두 한 번씩만 사용하여 가장 작은 일곱 자리 수를 만들고 읽어 보세요.

| 8 | 0 | 2 | 5 | 7 | 4 | 1 |

쓰기 (   )

읽기 (   )

17 ㉠이 나타내는 값은 ㉡이 나타내는 값의 몇 배인가요?

9 5 4 9 8 6 7 5 3 2 0
  ㉠   ㉡

(   )

18 나래는 저금통에 10000원짜리 지폐 5장, 1000원짜리 지폐 13장, 100원짜리 동전 8개, 10원짜리 동전 4개를 저금하였습니다. 나래가 저금한 돈은 모두 얼마인지 구하세요.

(   )

서술형 실전

19 0부터 9까지의 수 중에서 □ 안에 들어갈 수 있는 수는 모두 몇 개인지 풀이 과정을 쓰고 답을 구하세요.

$$4561\square0000 < 456140000$$

풀이 ______________________________

____

____

____

답 ______________________________

20 수 카드 5 , 6 , 7 , 8 , 9 를 모두 한 번씩만 사용하여 조건을 모두 만족하는 수를 만들려고 합니다. 풀이 과정을 쓰고 답을 구하세요.

조건1 85000보다 크고 85700보다 작은 수입니다.

조건2 십의 자리 숫자가 일의 자리 숫자보다 더 큽니다.

풀이 ______________________________

____

____

____

답 ______________________________

1 큰 수

틀린 그림을 찾아라!

자동차 박람회에서 멋진 자동차를 구경하고 있어요. 두 그림에서 서로 다른 3곳을 찾아 ○표 하세요.

2 각도

회진 시간
입니다~
얘야! 아버지
회진 받으시게 침대를
50도만큼 세워
줄 수 있니?
네!
문제 없죠~
짜
안
헤헤~
이 각도기가 있으니
말이에요~!!
Dr.

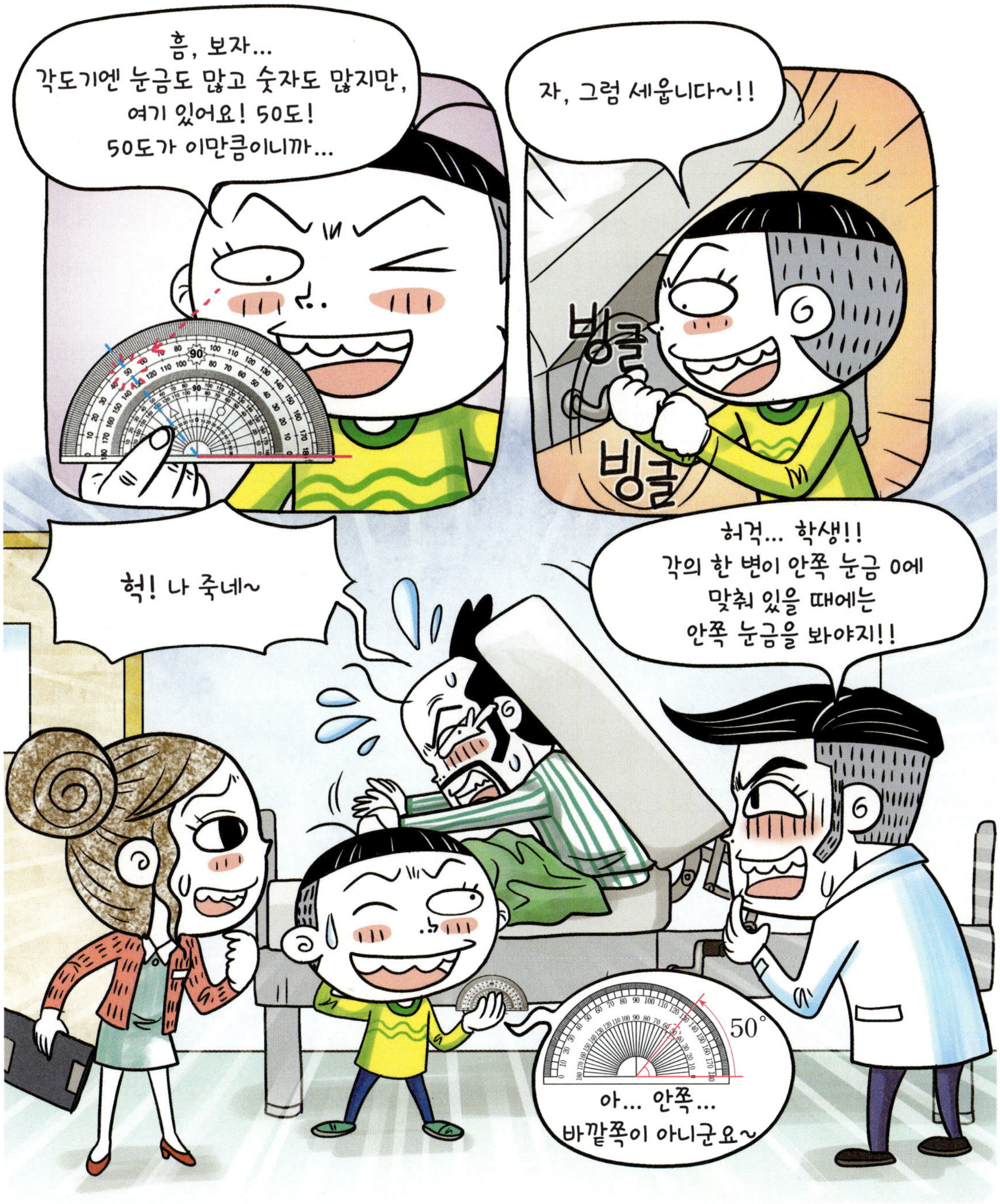

큐알 코드를 찍으면 개념 학습 영상을
볼 수 있어요.

핵심 개념 각의 크기 비교하기

1. 각의 크기 비교하기

가   나

나의 각의 두 변이 가의 각의 두 변보다 더 많이 벌어졌습니다.

→ 각의 크기가 더 큰 것은 ❶□ 입니다.

각의 크기는 **두 변이 벌어진 정도가 클수록 큰 각**입니다.

투명 종이에 가를 본떠서 나에 겹쳐 두 각의 크기를 비교할 수도 있어.

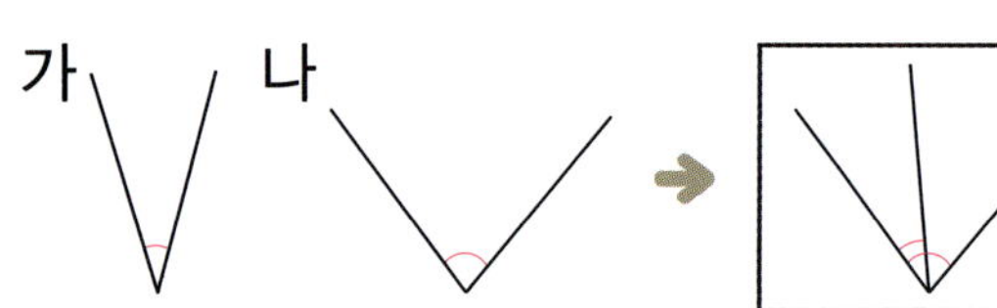

2. 두 각의 크기를 여러 가지 단위로 비교하기

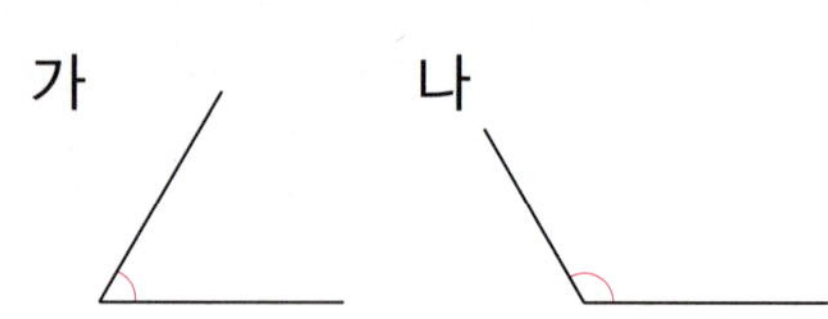
가   나

단위	가	나
<	3개	6개
<	2개	4개

→ 나는 가보다 < 3개만큼 더 큽니다.

나는 가보다 < ❷□ 개만큼 더 큽니다.

단위가 다르면 각의 크기를 정확하게 비교할 수 없으므로 같은 단위를 이용하여 각의 크기를 재어서 비교해야 해.

정답 확인 | ❶ 나   ❷ 2

확인 문제 1~5번 문제를 풀면서 개념 익히기!

1 두 각 중에서 더 큰 각에 ◯표 하세요.

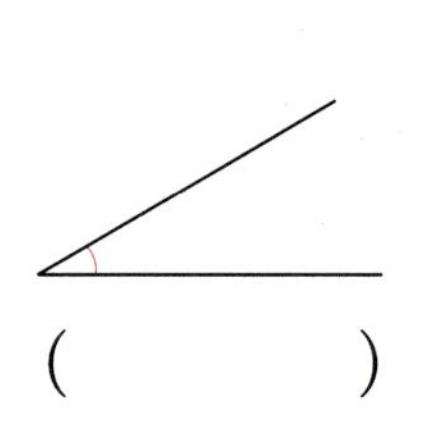
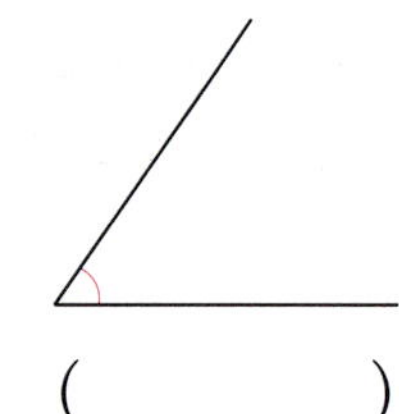

(   ) (   )

2 투명 종이에 가를 본떠서 나에 겹쳐 보았습니다. □ 안에 알맞은 기호를 써넣으세요.

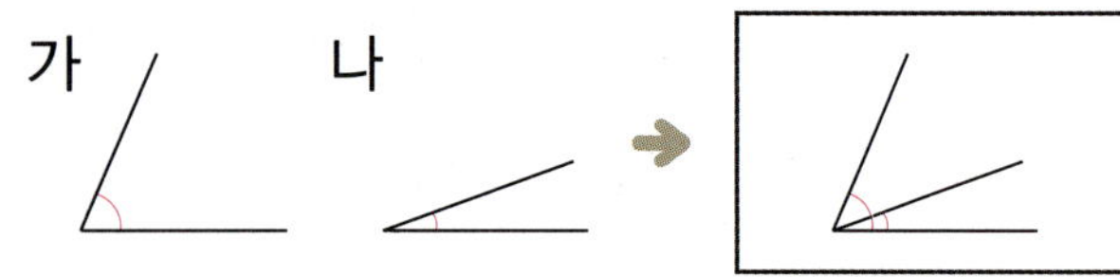
가   나

→ 가와 나 중에서 더 큰 각은 □ 입니다.

한 번 더! 확인 6~10번 유사문제를 풀면서 개념 다지기!

6 두 각 중에서 더 큰 각에 ◯표 하세요.

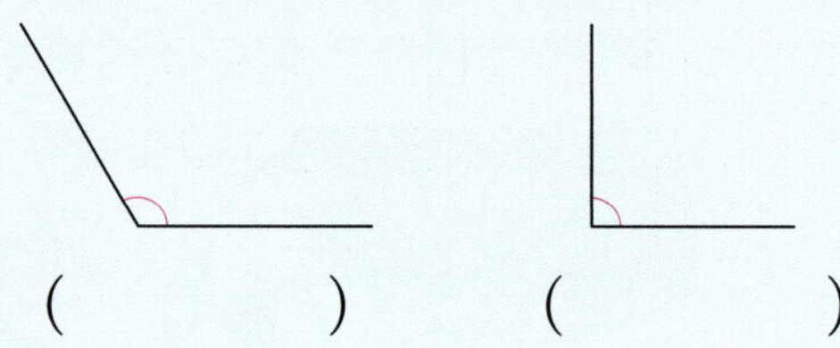

(   ) (   )

7 투명 종이에 가를 본떠서 나에 겹쳐 보았습니다. □ 안에 알맞은 기호를 써넣으세요.

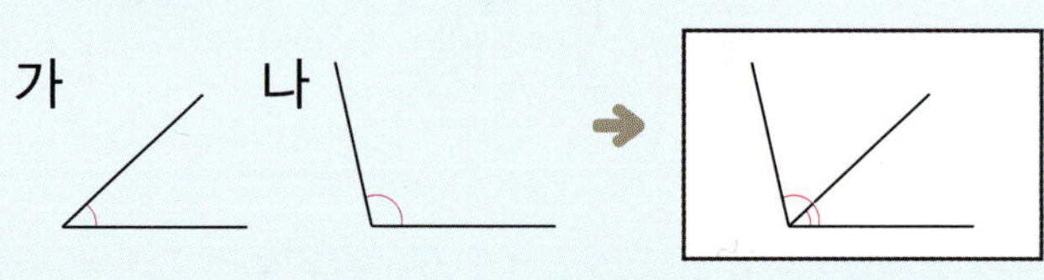
가   나

→ 가와 나 중에서 더 큰 각은 □ 입니다.

3 가장 많이 벌어진 부채에 ○표 하세요.

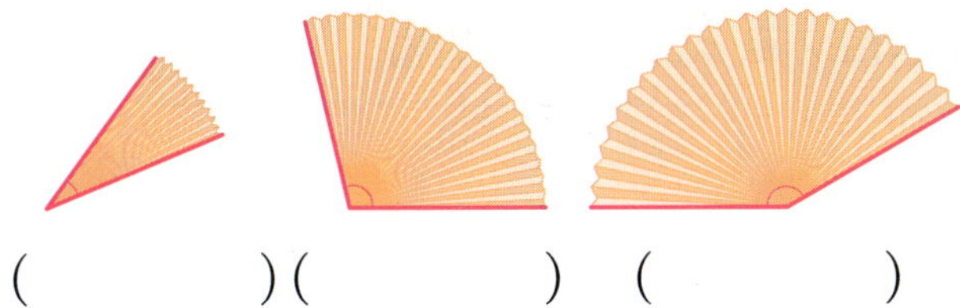

(   ) (   ) (   )

4 보기 의 각보다 더 큰 각에 ○표 하세요.

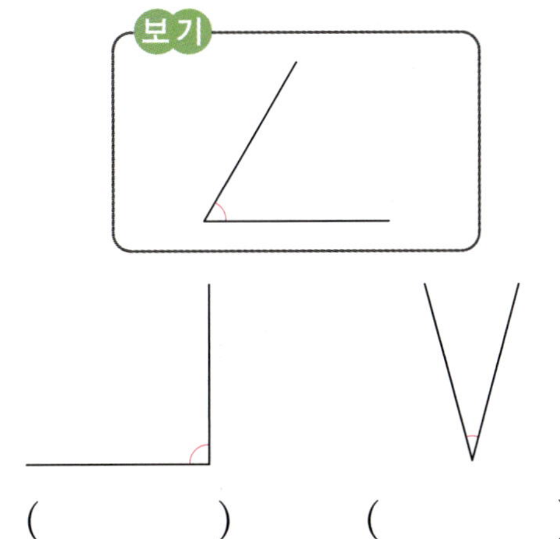

(   ) (   )

5 왼쪽 부챗살을 이용하여 가와 나의 크기를 재었습니다. 어느 각이 더 작은지 구하세요.

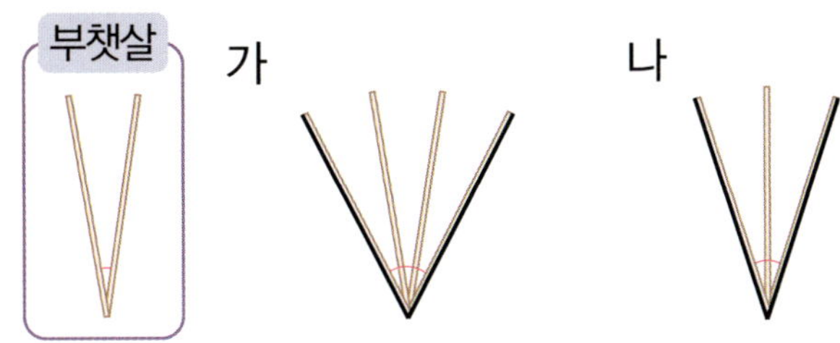

(1) 가와 나의 크기는 각각 부챗살 **몇 개**의 크기와 같은지 구하세요.

꼭 단위까지 따라 쓰세요.

가 (개   )
나 (개   )

(2) 더 작은 각의 기호를 쓰세요.

(   )

8 가장 많이 벌어진 가위에 ○표 하세요.

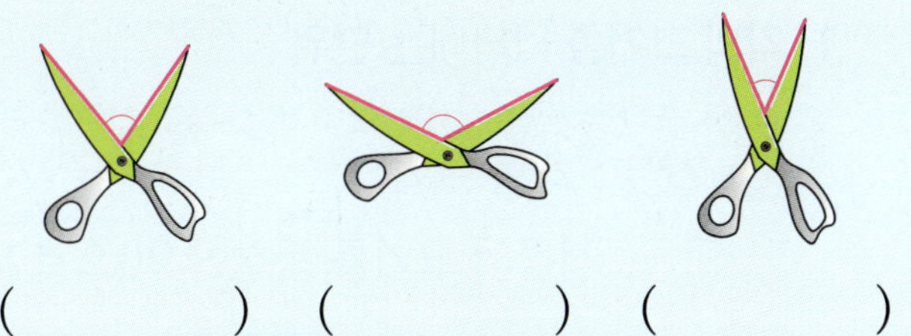

(   ) (   ) (   )

9 보기 의 각보다 더 작은 각의 기호를 쓰세요.

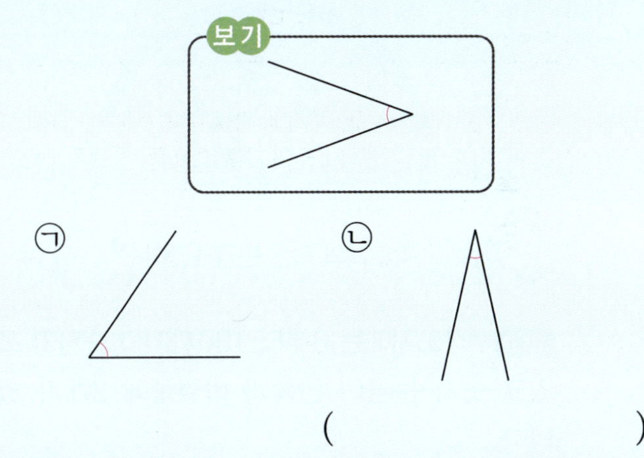

(   )

서술형 下수

10 왼쪽 부챗살을 이용하여 가와 나의 크기를 재었습니다. 어느 각이 더 큰지 구하세요. .

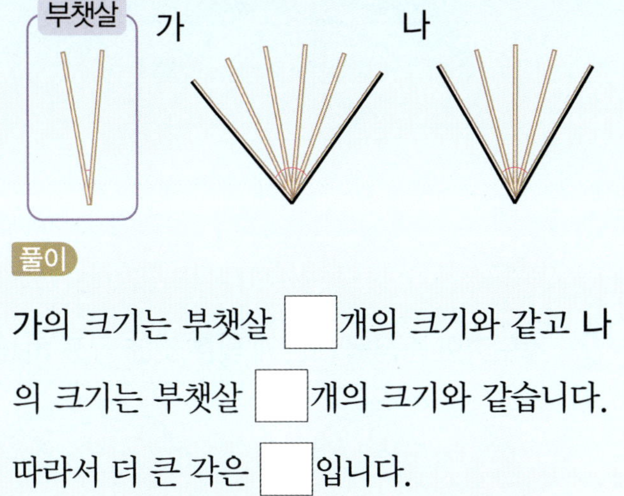

풀이

가의 크기는 부챗살 ☐ 개의 크기와 같고 나의 크기는 부챗살 ☐ 개의 크기와 같습니다.

따라서 더 큰 각은 ☐ 입니다.

답 _______________

핵심 개념 각의 크기 재기

1. 각의 크기를 나타내는 단위

- **각도**: 각의 크기
- **1도**: 직각의 크기를 똑같이 90으로 나눈 것 중 하나 ➡ **쓰기** **1°**
- 직각의 크기: **90°**

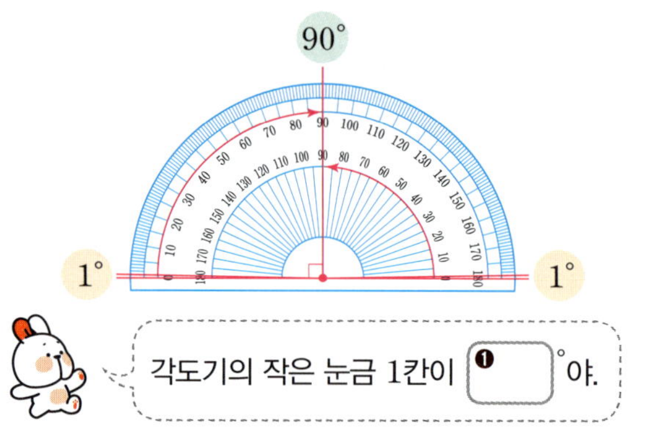

참고 각도기에는 0부터 180까지의 숫자가 쓰여 있고 숫자 눈금이 안쪽과 바깥쪽에 2개가 있습니다.

2. 각도기로 각도를 재는 방법

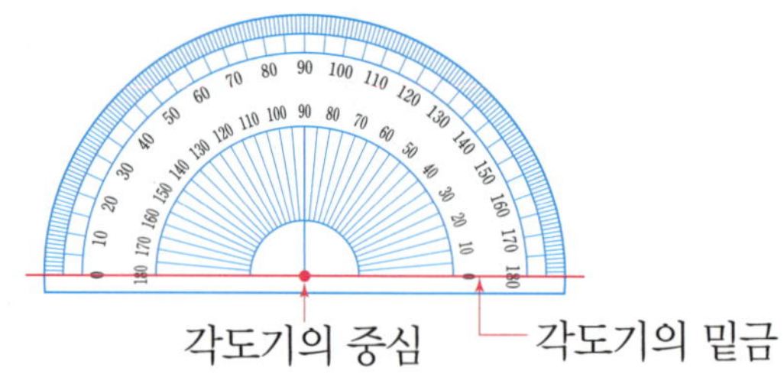

① 각도기의 중심을 각의 꼭짓점에 맞춥니다.
② 각도기의 밑금을 각의 한 변에 맞춥니다.
③ 각의 나머지 한 변과 만나는 각도기의 눈금을 읽습니다.

예

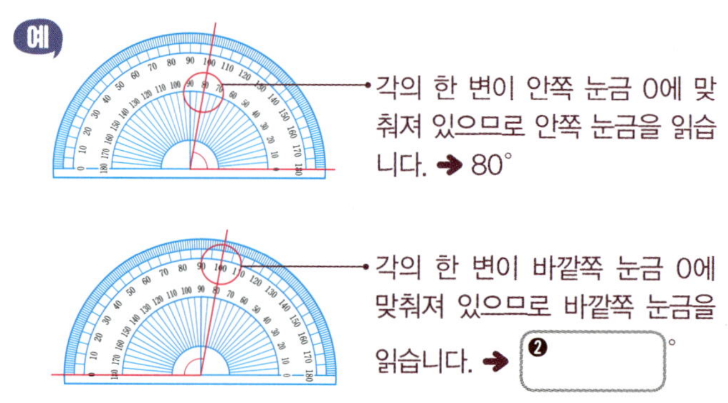

정답 확인 | ❶ 1 ❷ 100

확인 문제 1~5번 문제를 풀면서 개념 익히기!

1 각도기의 작은 눈금 한 칸은 몇 도를 나타내나요?

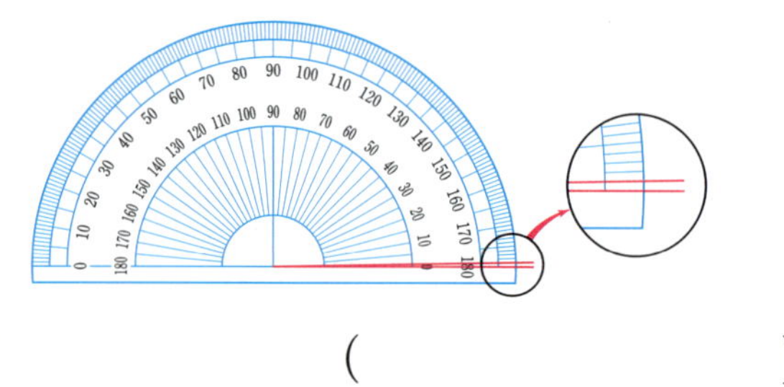

(   )

2 각도기의 중심을 바르게 맞춘 것에 ◯표 하세요.

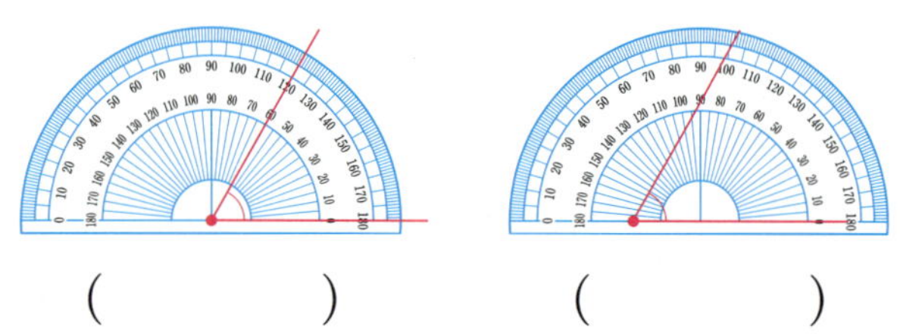

(   )   (   )

한 번 더! 확인 6~10번 유사문제를 풀면서 개념 다지기!

6 ☐ 안에 알맞은 수를 써넣으세요.

직각의 크기를 똑같이 90으로 나눈 것 중 하나를 ☐도라 하고, ☐°라고 씁니다.

7 각도기의 밑금을 바르게 맞춘 것에 ◯표 하세요.

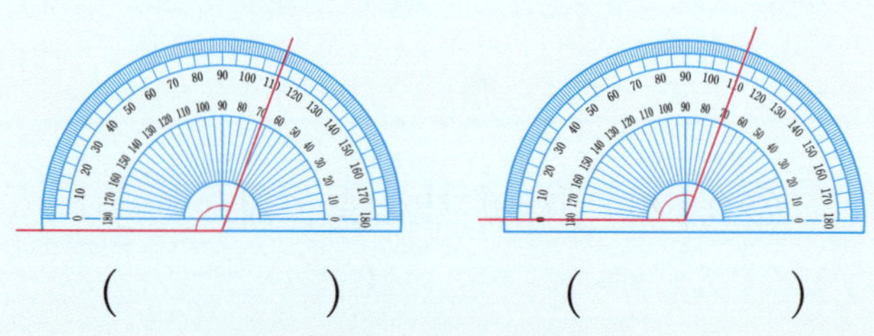

(   )   (   )

3 각도를 잴 때 각도기의 눈금 70과 110 중 어느 것을 읽어야 하나요?

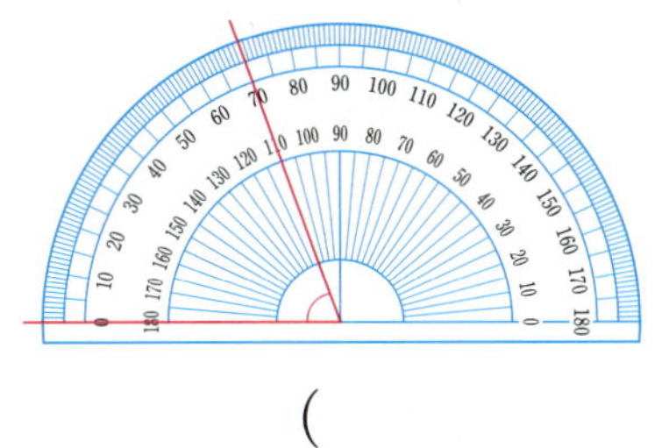

(   )

4 각도를 읽어 보세요.

(1)

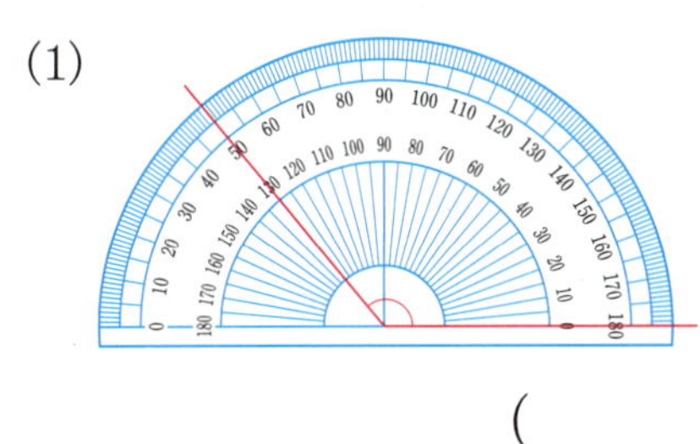

(   )

(2)

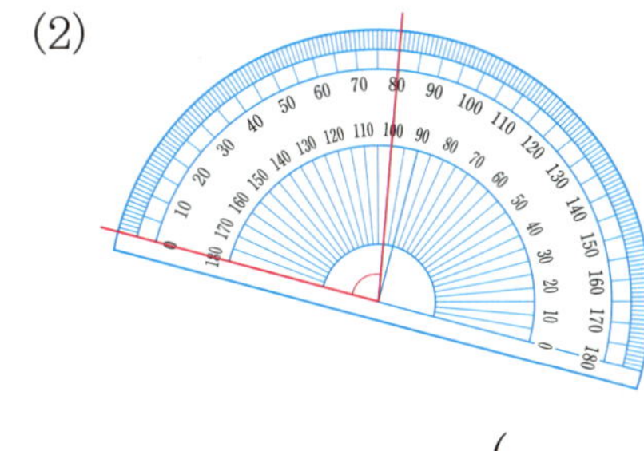

(   )

5 각도기를 이용하여 각도를 재어 보세요.

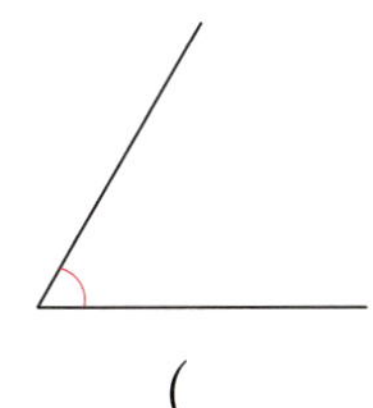

(   )

8 각도를 잴 때 각도기의 눈금 140과 40 중 어느 것을 읽어야 하나요?

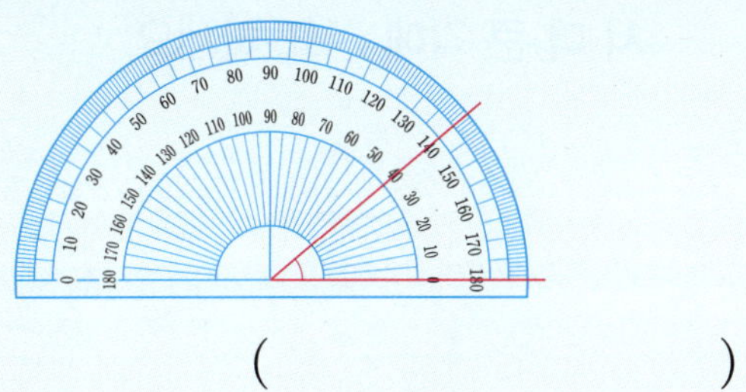

(   )

9 각도를 읽어 보세요.

(1)

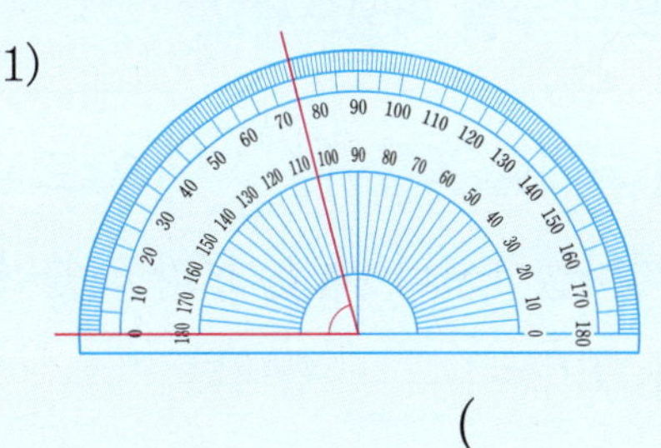

(   )

(2)

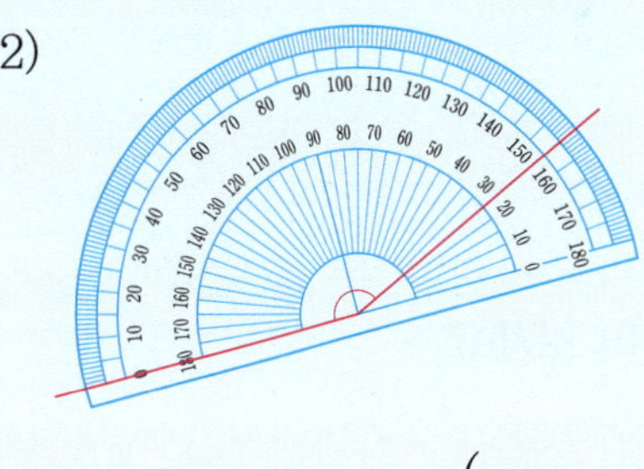

(   )

10 각도기를 이용하여 각도를 재어 보세요.

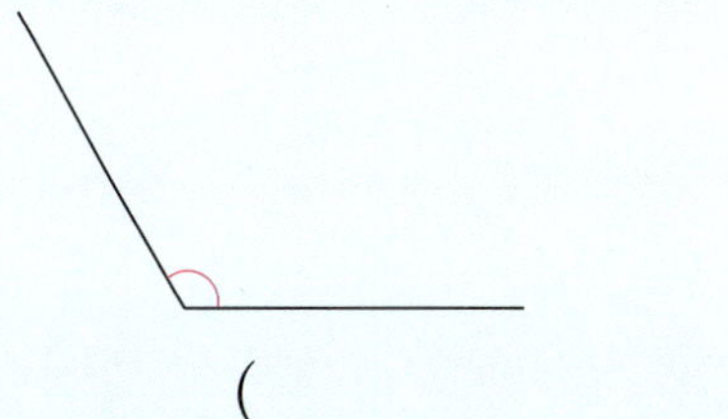

(   )

2

각
도

1 피자 조각이 2개 있습니다. 두 조각의 각 중에서 더 큰 각에 ◯표 하세요.

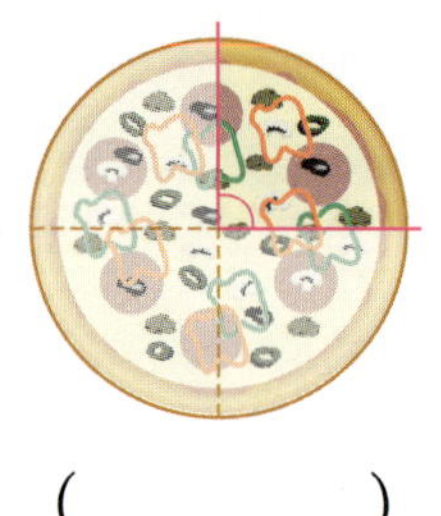 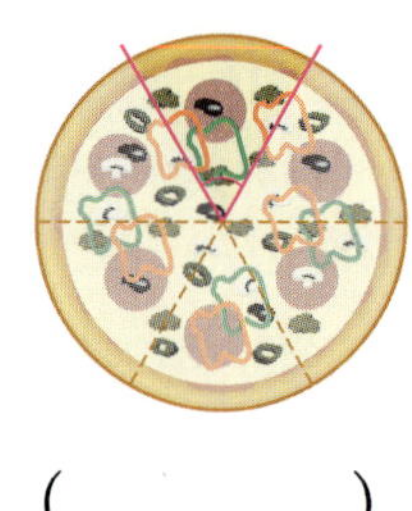

(   )   (   )

2 □ 안에 알맞은 수를 써넣으세요.

- 직각의 크기를 똑같이 □ (으)로 나눈 것 중 하나를 1도라 하고, 1°라고 씁니다.
- 직각의 크기는 □ °입니다.

각도

40

[3~4] 각도를 읽어 보세요.

3

➡ □ °

4
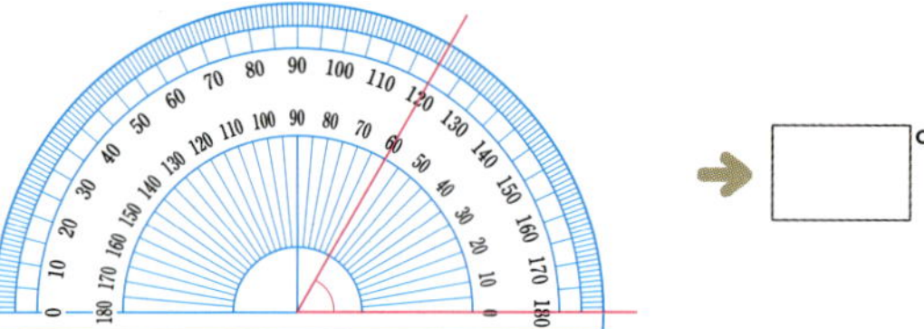
➡ □ °

5 각도기를 이용하여 각도를 바르게 잰 사람은 누구인가요?

(   )

[6~7] 각도기를 이용하여 각도를 재어 보세요.

6
(   )

7
(   )

8 각도기를 이용하여 다음과 같이 각도를 재었습니다. 잘못된 점을 쓰세요.

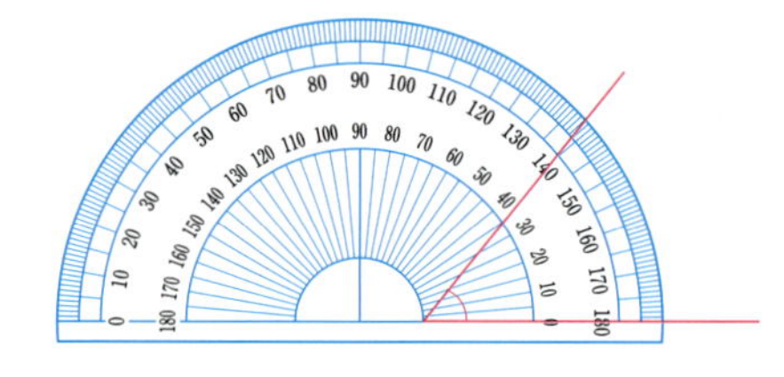

각도기의 □ 과 각의 □ 을 맞추지 않았습니다.

9 보기의 각을 이용하여 가와 나의 크기를 비교해 보세요.

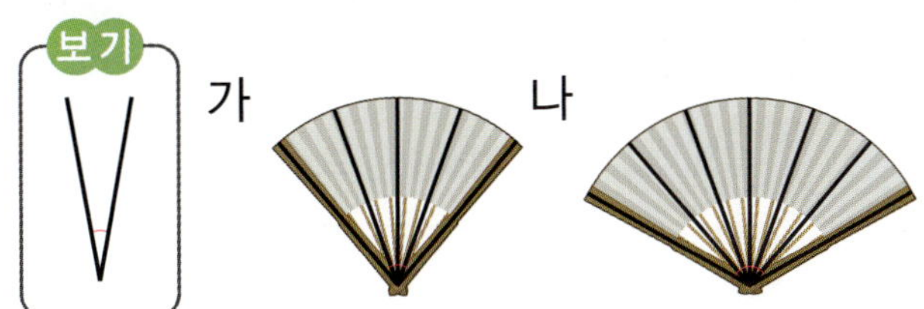

➡ ☐ 의 크기는 ☐ 의 크기보다 보기의 각 ☐ 개만큼 더 큽니다.

연결

10 각도기를 이용하여 도형의 각도를 재어 보세요.

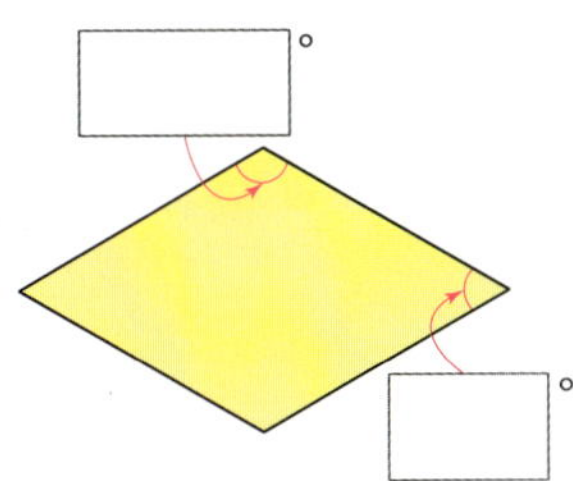

11 보기의 각보다 작은 각을 모두 찾아 기호를 쓰세요.

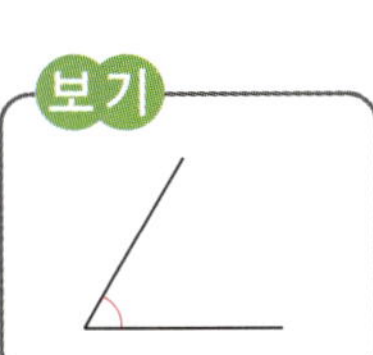
보기

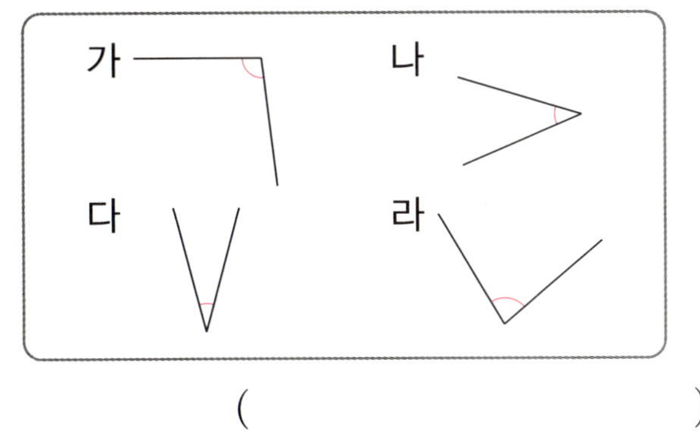

( )

12 삼각형의 세 각 중에서 가장 큰 각에 ◯표 하세요.

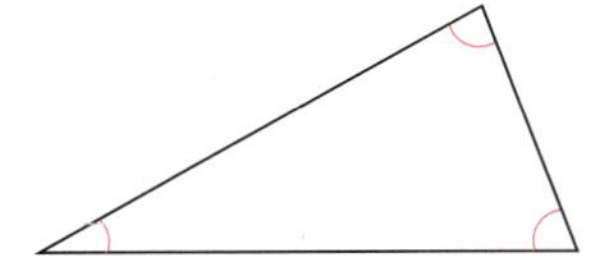

13 각도기를 이용하여 각도를 재어 더 큰 각의 기호를 쓰고, 각도는 몇 도인지 쓰세요.

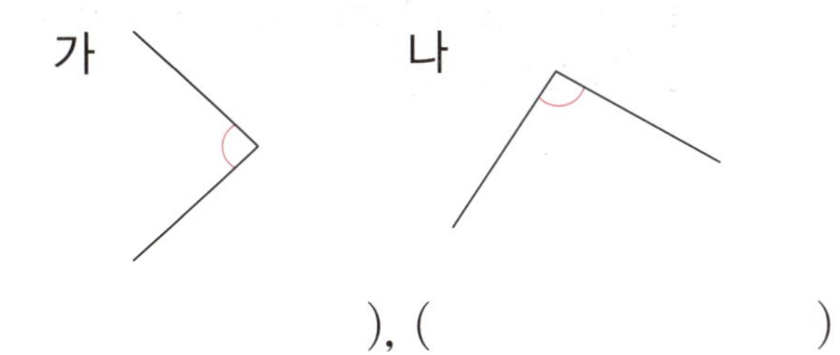

( ), ( )

서술형

14 세 각의 크기를 비교해 보세요.

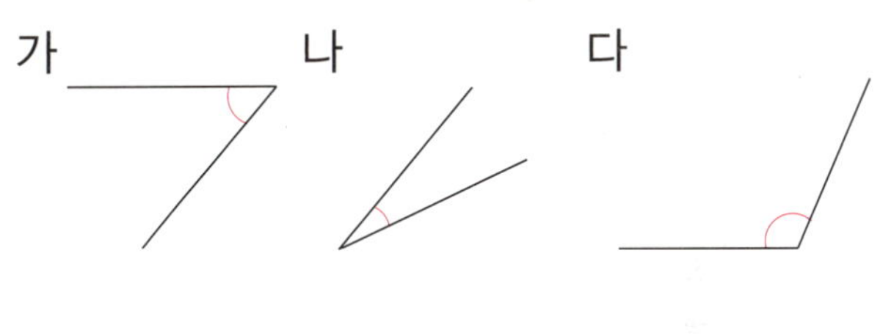

____

서술형 中수 문제 해결의 전략을 보면서 풀어 보자.

15 각 ㄱㄴㄷ의 크기는 몇 도인지 구하세요.

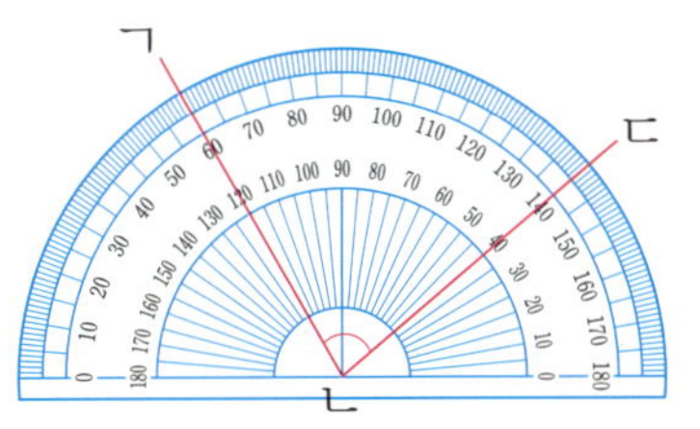

전략 숫자가 쓰여 있는 큰 눈금이 몇 칸인지 알아보자.

❶ 각 ㄱㄴㄷ은 각도기의 바깥쪽 눈금 60에서 ☐ 까지이므로 숫자가 쓰여 있는 큰 눈금이 ☐ 칸입니다.

❷ 숫자가 쓰여 있는 큰 눈금 한 칸의 각도가 ☐ °이므로

(각 ㄱㄴㄷ)= ☐ °입니다.

답 _______________

BOOK❷ 10~11쪽에서 한 번 더 풀기!

핵심 개념 직각보다 작은 각과 큰 각

1. **예각**: 각도가 **0°**보다 크고 **직각**보다 작은 각

$$0° < (예각) < 90°$$

2. **둔각**: 각도가 **직각**보다 크고 **180°**보다 작은 각

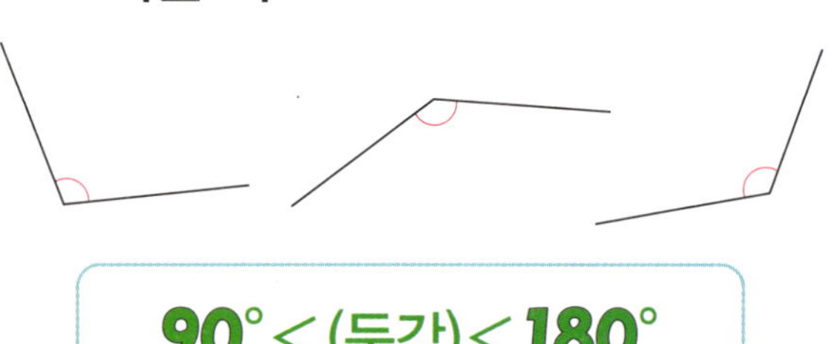

$$90° < (둔각) < 180°$$

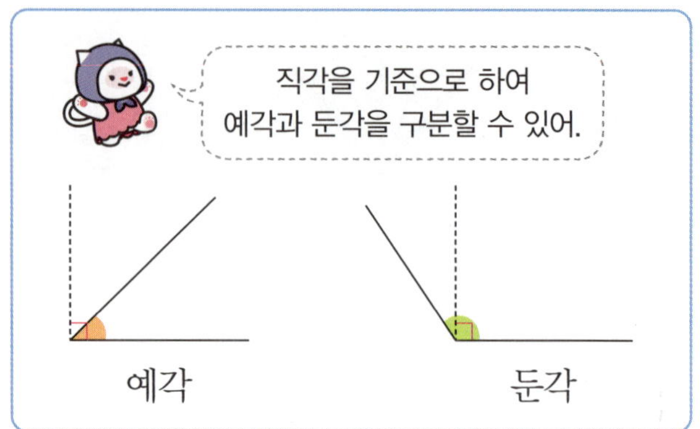

참고 시계의 긴바늘과 짧은바늘이 이루는 작은 쪽의 각 알아보기

정답 확인 | ❶ 예각 ❷ 둔각

확인 문제 1~6번 문제를 풀면서 **개념 익히기!**

1 ☐ 안에 알맞은 말을 써넣으세요.

> 각도가 0°보다 크고 직각보다 작은 각을 ☐ 이라고 합니다.

2 주어진 각이 예각이면 '예', 둔각이면 '둔'이라고 쓰세요.

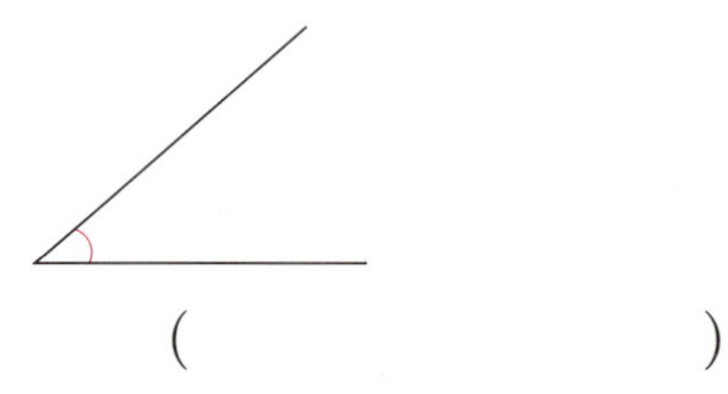

(   )

한 번 더! 확인 7~12번 유사문제를 풀면서 **개념 다지기!**

7 ☐ 안에 알맞은 말을 써넣으세요.

> 각도가 직각보다 크고 180°보다 작은 각을 ☐ 이라고 합니다.

8 주어진 각이 예각이면 '예', 둔각이면 '둔'이라고 쓰세요.

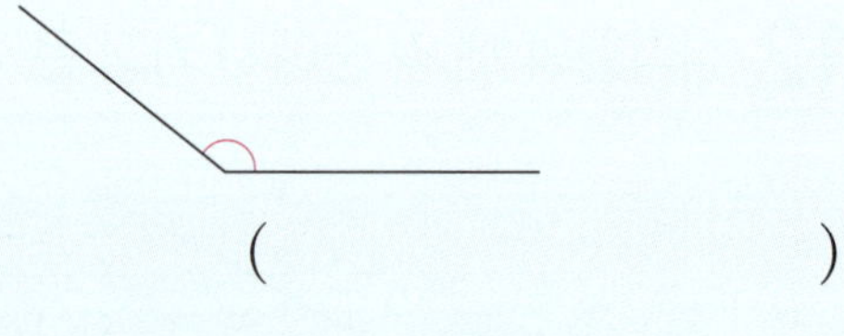

(   )

2 각도

3 시계의 긴바늘과 짧은바늘이 이루는 작은 쪽의 각이 예각과 둔각 중에서 어느 것인지 쓰세요.

(   )

4 주어진 각을 예각, 둔각으로 분류하여 기호를 쓰세요.

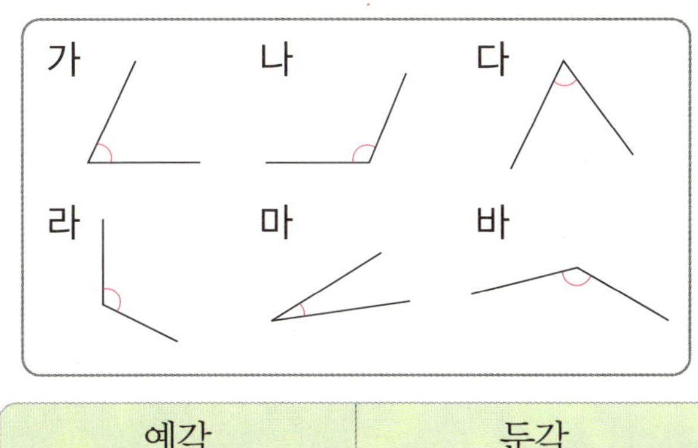

예각	둔각

5 예각은 모두 **몇** 개인가요?

70°　145°　85°　30°

꼭 단위까지 따라 쓰세요.

(개   )

6 주어진 선분을 이용하여 예각을 그려 보세요.

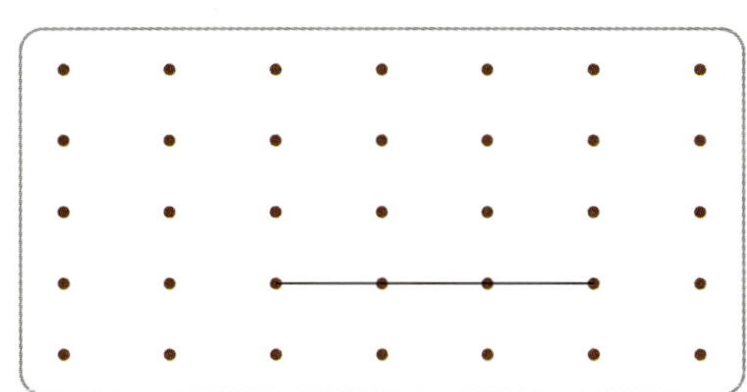

9 시계의 긴바늘과 짧은바늘이 이루는 작은 쪽의 각이 예각과 둔각 중에서 어느 것인지 쓰세요.

(   )

10 주어진 각을 예각, 둔각으로 분류하여 기호를 쓰세요.

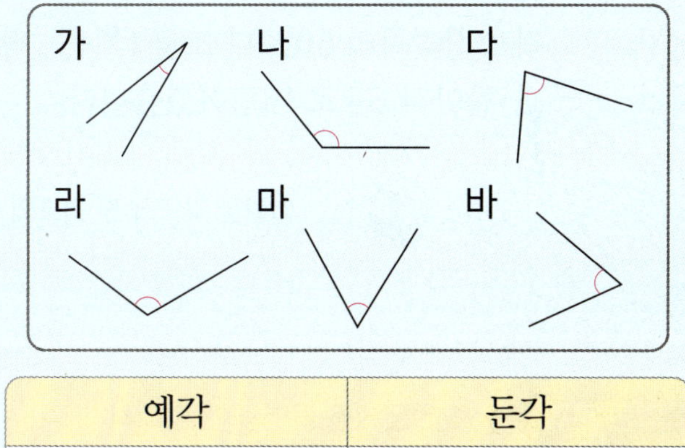

예각	둔각

11 둔각은 모두 **몇** 개인가요?

120°　15°　60°　135°

(개   )

12 주어진 선분을 이용하여 둔각을 그려 보세요.

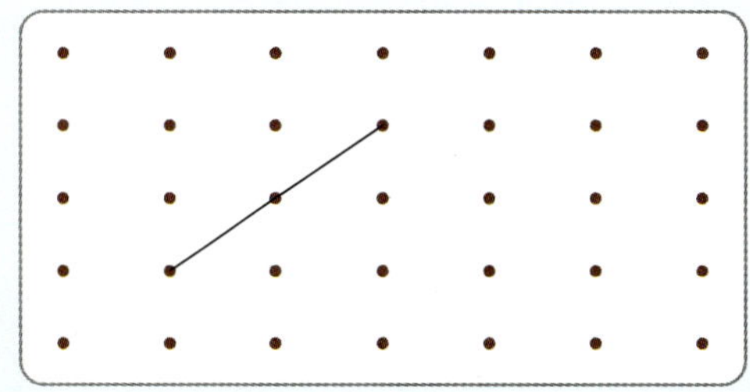

2

각
도

핵심 개념 각도 어림하기

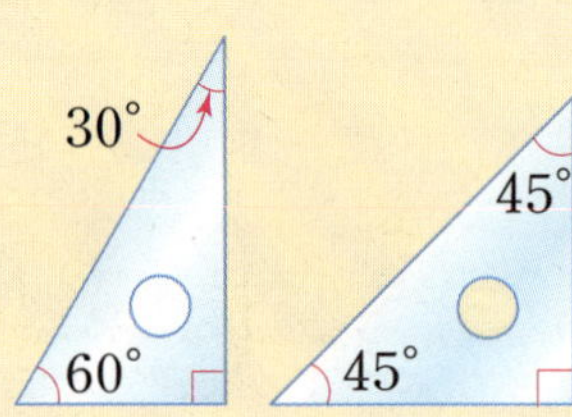

각의 크기를 어림한 후에는 각도기로 재어 확인해 봅니다.

예

어림한 각도: 약 65°

잰 각도: 65°

직각 삼각자의 60°보다 조금 (❶ 큰 , 작은) 것 같아서 65°로 어림하였습니다.

예

어림한 각도: 약 40°

잰 각도: 40°

직각 삼각자의 45°보다 조금 (❷ 큰 , 작은) 것 같아서 40°로 어림하였습니다.

어림한 각도와 잰 각도의 차이가 작을수록 실제 각도에 더 가깝게 어림한 거야.

정답 확인 | ❶ 큰에 ◯표 ❷ 작은에 ◯표

확인 문제 1~5번 문제를 풀면서 **개념 익히기!**

1 직각 삼각자의 각과 비교하여 주어진 각도를 어림해 보세요.

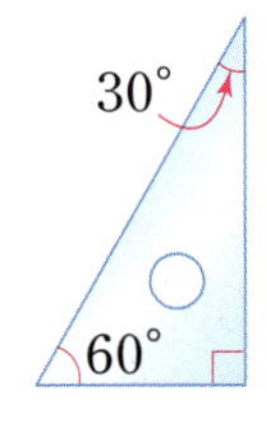

약 (   )

2 직각 삼각자의 각과 비교하여 주어진 각도를 어림해 보세요.

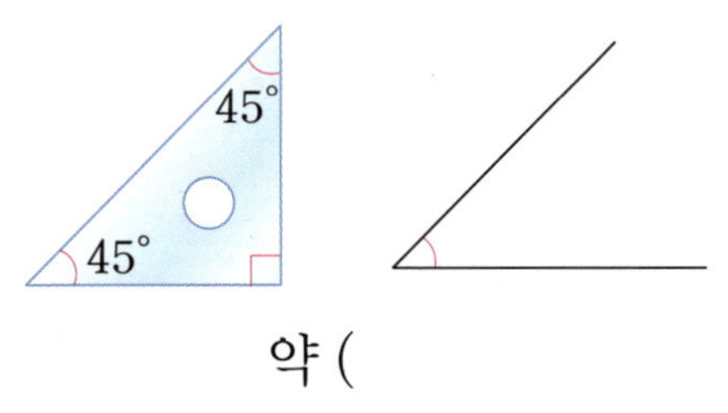

약 (   )

한 번 더! 확인 6~10번 유사문제를 풀면서 **개념 다지기!**

6 직각 삼각자의 각과 비교하여 주어진 각도를 어림해 보세요.

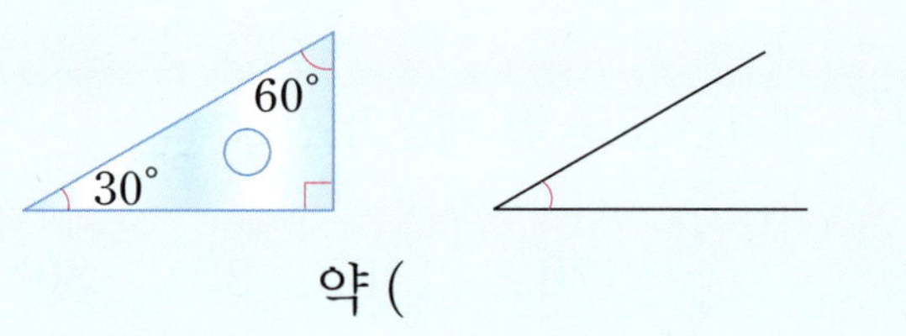

약 (   )

7 직각 삼각자의 각과 비교하여 주어진 각도를 어림해 보세요.

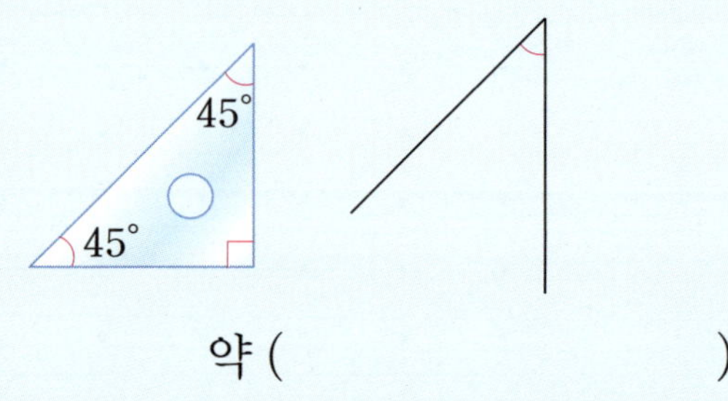

약 (   )

2 각도

3 각도를 어림하고, 각도기로 재어 확인해 보세요.

(1)
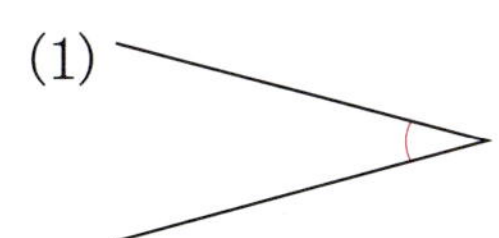

어림한 각도: 약 [ ]°

잰 각도: [ ]°

(2)

어림한 각도: 약 [ ]°

잰 각도: [ ]°

4 그림에 표시된 각도를 어림하고, 각도기로 재어 확인해 보세요.

어림한 각도: 약 [ ]°

잰 각도: [ ]°

5 삼각형에서 ㉠과 ㉡의 각도를 각각 어림하고, 각도기로 재어 확인해 보세요.

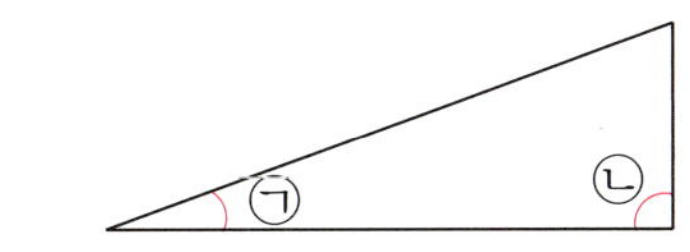

	㉠	㉡
어림한 각도	약 [ ]°	약 [ ]°
잰 각도	[ ]°	[ ]°

8 각도를 어림하고, 각도기로 재어 확인해 보세요.

(1)
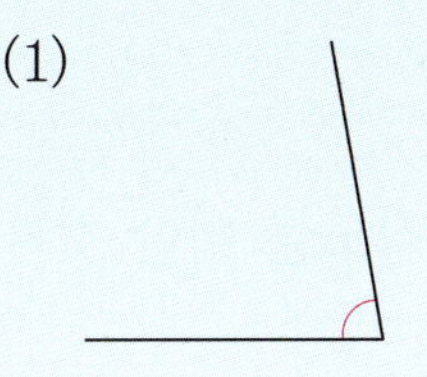

어림한 각도: 약 [ ]°

잰 각도: [ ]°

(2)
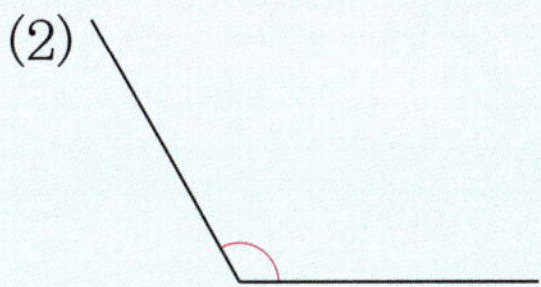

어림한 각도: 약 [ ]°

잰 각도: [ ]°

9 그림에 표시된 각도를 어림하고, 각도기로 재어 확인해 보세요.

어림한 각도: 약 [ ]°

잰 각도: [ ]°

10 삼각형 모양의 쿠키에서 ㉠과 ㉡의 각도를 각각 어림하고, 각도기로 재어 확인해 보세요.

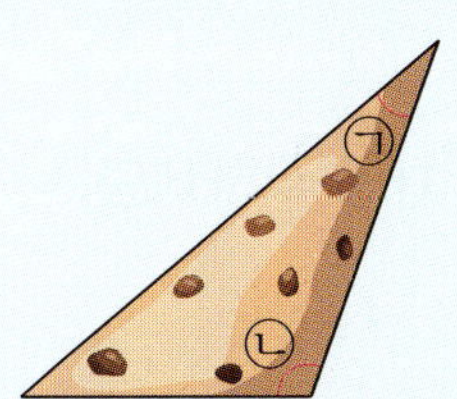

	㉠	㉡
어림한 각도	약 [ ]°	약 [ ]°
잰 각도	[ ]°	[ ]°

2

각도

핵심 개념 각도의 합과 차

1. 각도의 합

(1) 각도의 합은 각각의 각도를 더한 것과 같습니다.
(2) 자연수의 덧셈과 같이 계산합니다.

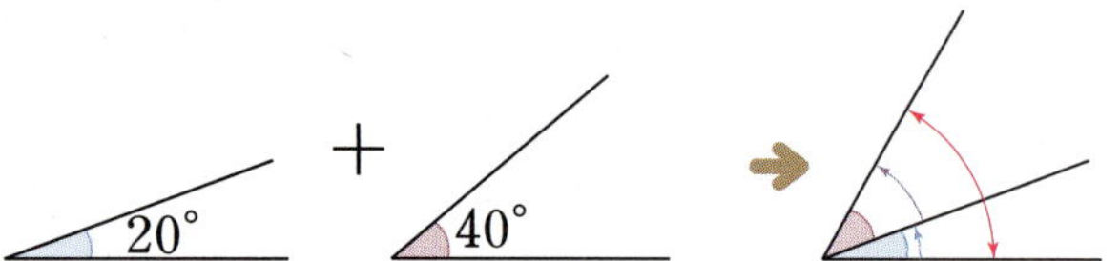

➡ **20°** + **40°** = ❶ ☐°

$20+40=60$

2. 각도의 차

(1) 각도의 차는 큰 각도에서 작은 각도를 빼는 것과 같습니다.
(2) 자연수의 뺄셈과 같이 계산합니다.

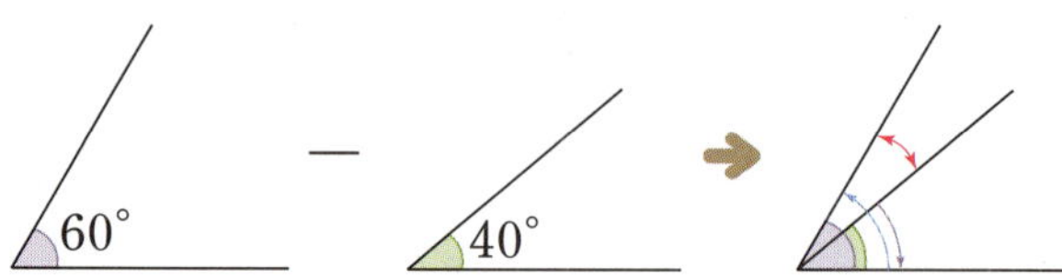

➡ **60°** − **40°** = ❷ ☐°

$60-40=20$

정답 확인 | ❶ 60 ❷ 20

확인 문제 1~6번 문제를 풀면서 개념 익히기!

1 두 각도의 합을 구하세요.

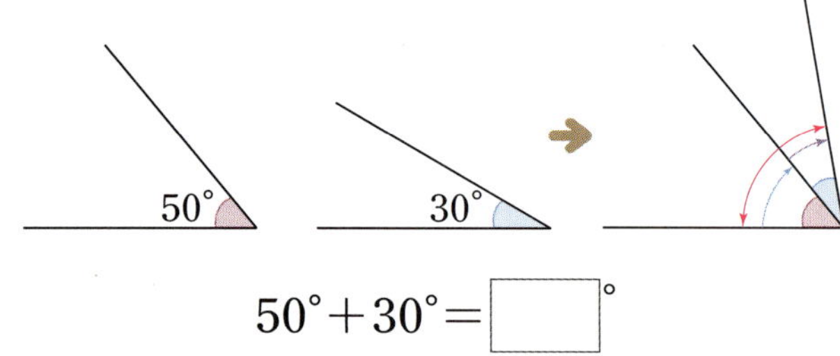

$$50° + 30° = \boxed{}°$$

2 두 각도의 차를 구하세요.

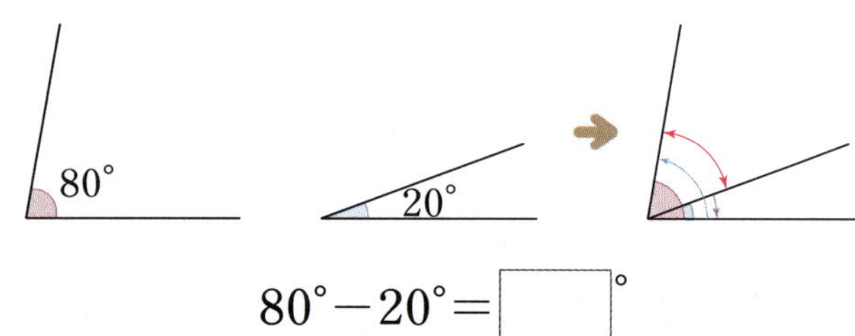

$$80° - 20° = \boxed{}°$$

한 번 더! 확인 7~12번 유사문제를 풀면서 개념 다지기!

7 두 각도의 합을 구하세요.

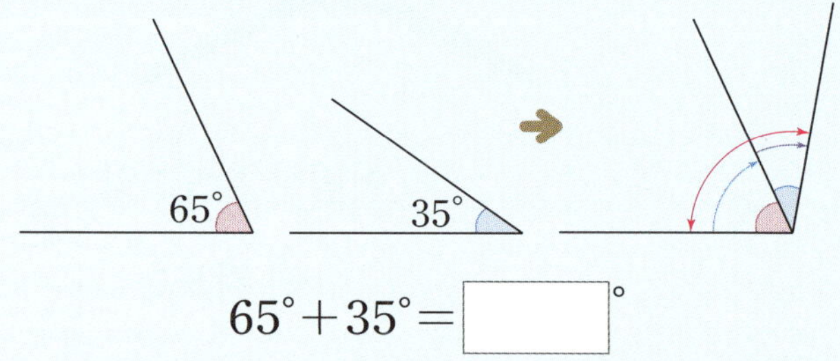

$$65° + 35° = \boxed{}°$$

8 두 각도의 차를 구하세요.

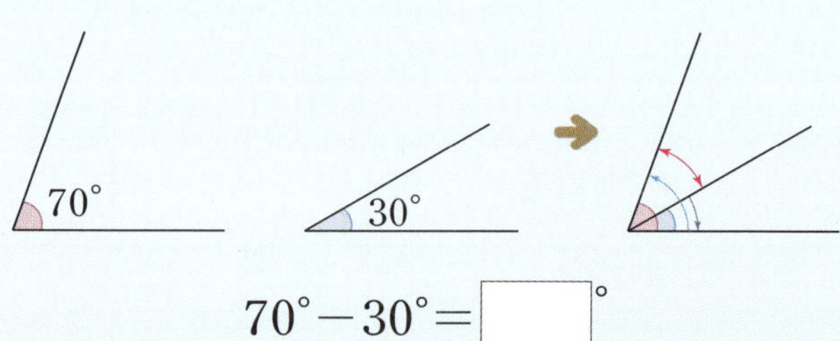

$$70° - 30° = \boxed{}°$$

2 각도

3 각도의 합을 구하세요.

(1) $40° + 60° = \boxed{}°$

(2) $70° + 50° = \boxed{}°$

4 각도의 차를 구하세요.

(1) $140° - 70° = \boxed{}°$

(2) $150° - 50° = \boxed{}°$

5 두 각도의 합과 차를 각각 구하세요.

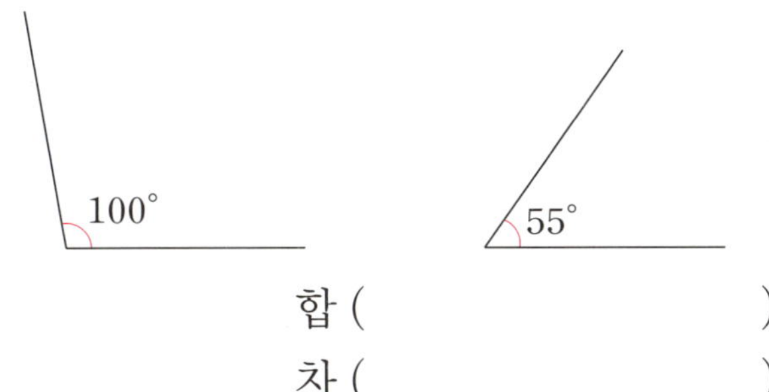

합 (   )

차 (   )

6 민재가 말하는 각도는 **몇 도**인가요?

(1) 직각은 몇 도인가요?

(   )

(2) 민재가 말하는 각도는 몇 도인가요?

(   )

9 각도의 합을 구하세요.

(1) $80° + 30° = \boxed{}°$

(2) $20° + 90° = \boxed{}°$

10 각도의 차를 구하세요.

(1) $120° - 40° = \boxed{}°$

(2) $130° - 60° = \boxed{}°$

11 두 각도의 합과 차를 각각 구하세요.

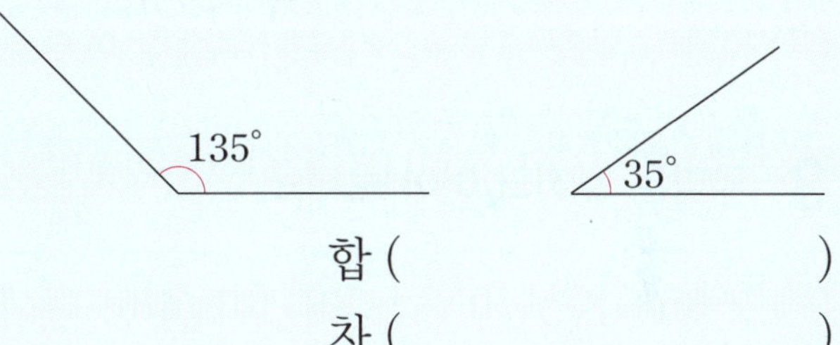

합 (   )

차 (   )

서술형 下수

12 지성이는 부챗살을 이용하여 직각보다 25°만큼 더 작은 각을 만들려고 합니다. 지성이가 만들 각도는 **몇 도**인가요?

풀이

직각보다 25°만큼 더 작은 각은
직각에서 25°를 (더한 , 뺀) 각입니다.
따라서 지성이가 만들 각도를 구하면
$\boxed{}° - 25° = \boxed{}°$입니다.

 **답** ___________

1 그림과 같이 각도가 0°보다 크고 직각보다 작은 각을 무엇이라고 하나요?

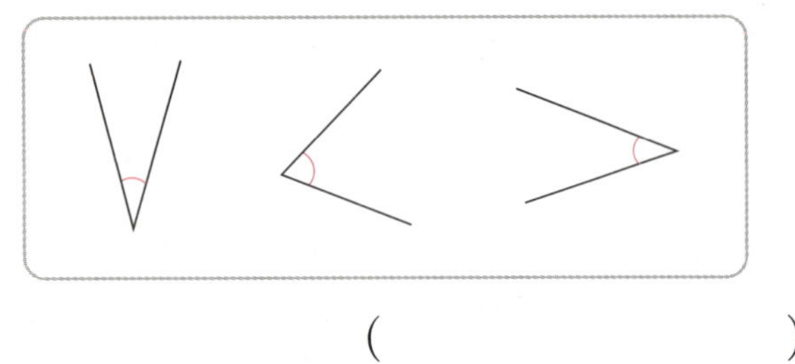

( )

2 각도의 합과 차를 각각 구하세요.

(1) $65° + 80° = $ ◻ °

(2) $130° - 75° = $ ◻ °

3 알맞은 것끼리 이어 보세요.

| 55° | 170° | 30° | 48° | 115° |

예각   둔각

4 주어진 선분을 한 변으로 하는 둔각을 그리려고 합니다. 점 ㄱ과 이어야 하는 점은 어느 것인가요? ( )

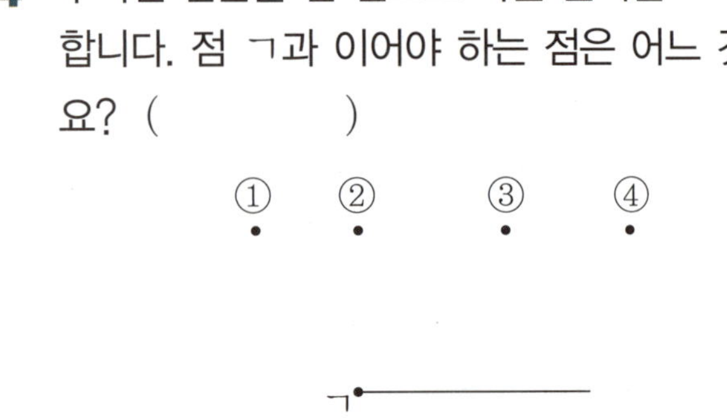

① ② ③ ④

5 그림에 표시된 각을 보고 예각, 직각, 둔각 중에서 어느 것인지 ◻ 안에 써넣으세요.

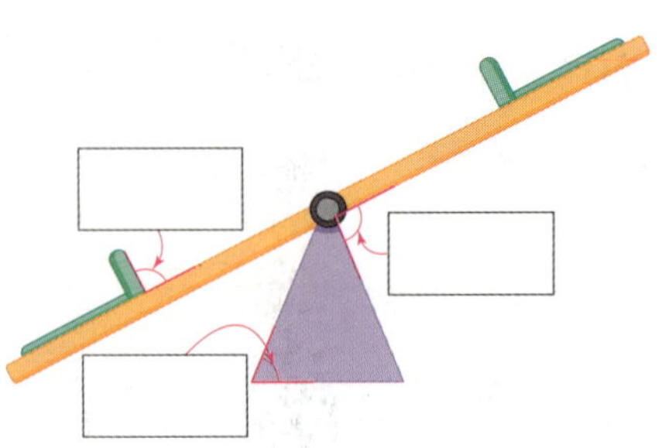

6 그림에 표시된 각도를 어림하고, 각도기로 재어 확인해 보세요.

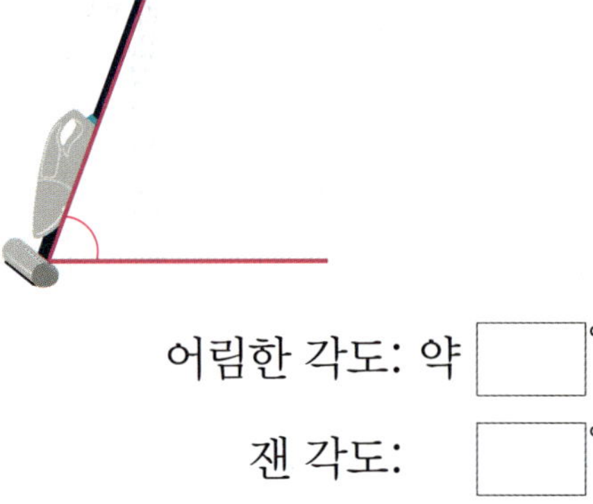

어림한 각도: 약 ◻ °

잰 각도: ◻ °

7 그림을 보고 ◻ 안에 알맞은 수를 써넣으세요.

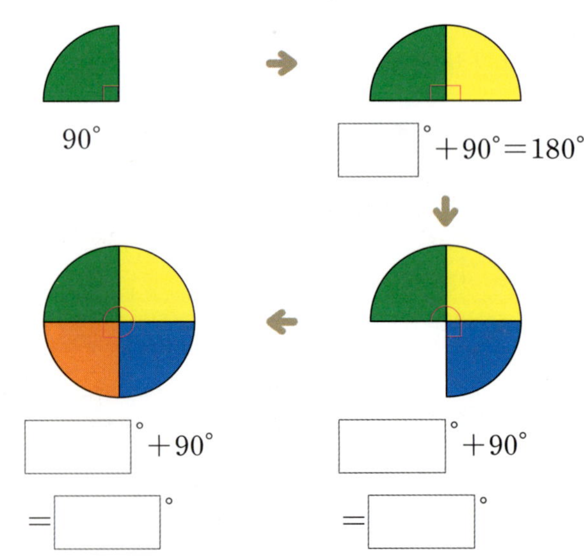

8 각도를 비교하여 ○ 안에 >, =, < 중 알맞은 것을 써넣으세요.

$$45° + 60° \qquad ○ \qquad 180° - 70°$$

9 각도기를 이용하여 두 각도를 각각 재어 두 각도의 합을 구하세요.

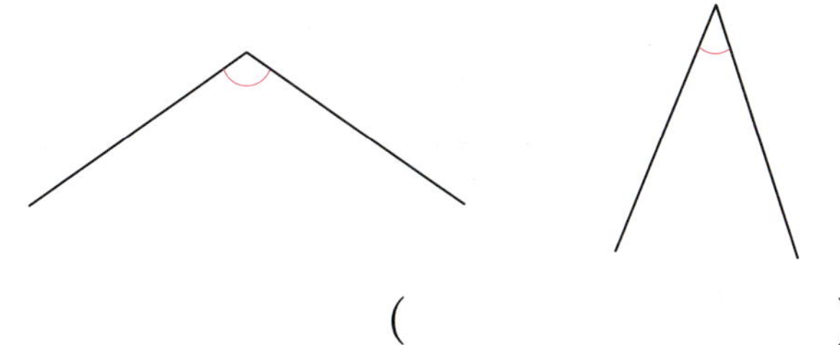

( )

10 지안이와 유찬이가 각도를 어림했습니다. 각도기를 이용하여 각도를 재어 보고, 누가 실제 각도에 더 가깝게 어림했는지 차례로 쓰세요.

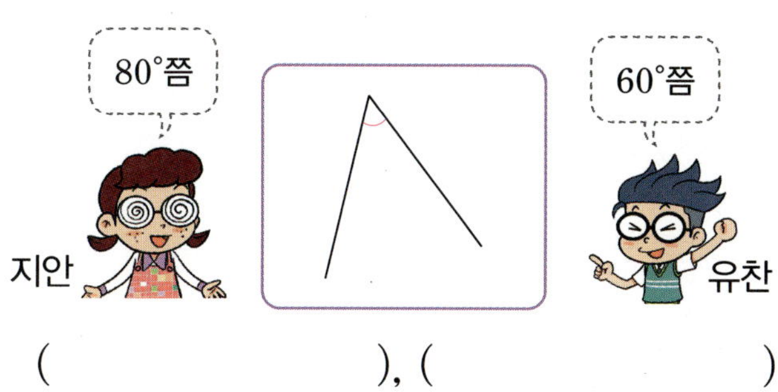

( ), ( )

11 둔각은 예각보다 몇 개 더 많나요?

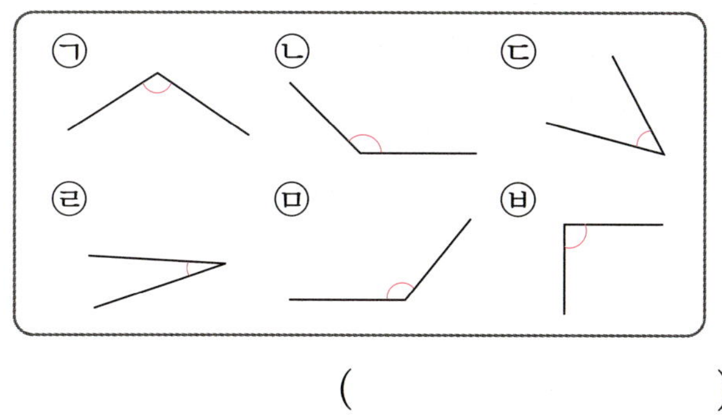

( )

---

12 지금 시각은 10시입니다. 시계의 긴바늘과 짧은 바늘이 이루는 작은 쪽의 각은 예각, 직각, 둔각 중 어느 것인지 쓰세요.

( )

13 ㉠의 각도를 구하세요.

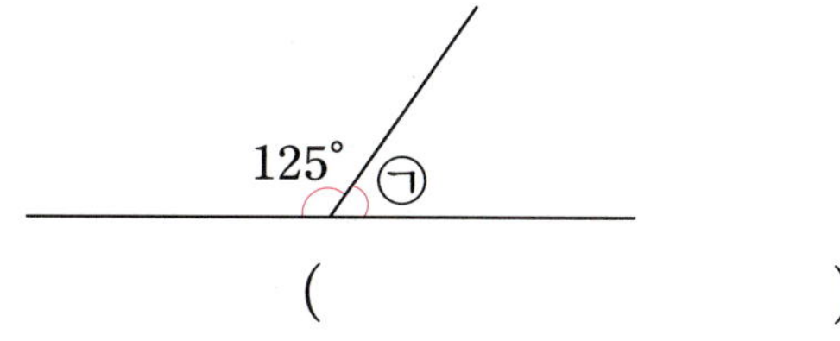

( )

서술형 中수 문제 해결의 전략 을 보면서 풀어 보자.

14 진호는 상황에 따라 의자의 등받이를 조절합니다. 진호가 텔레비전을 볼 때는 책을 읽을 때보다 등받이를 몇 도 더 눕혔는지 구하세요.

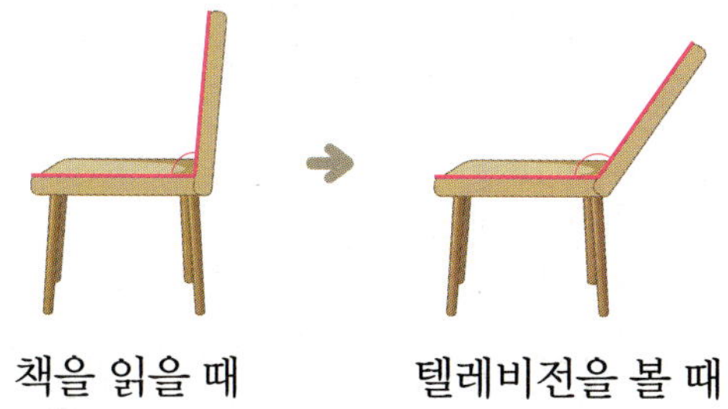

전략 각도기를 이용하여 각각 각도를 재어 보자.

❶ 책을 읽을 때의 각도: ☐°,

텔레비전을 볼 때의 각도: ☐°

전략 각도의 차를 구하여 얼마나 더 등받이를 눕혔는지 알아보자.

❷ 텔레비전을 볼 때는 책을 읽을 때보다 등받이를 ☐° − ☐° = ☐° 더 눕혔습니다.

답 ________

핵심 **개념** **삼각형의 세 각의 크기의 합**

1. 각도기로 재어 세 각의 크기의 합 구하기

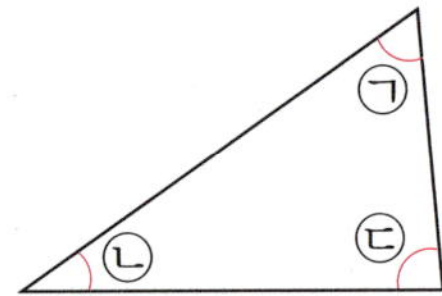

(1) 삼각형의 세 각의 크기 재기

	㉠	㉡	㉢
각의 크기	60°	35°	85°

(2) 삼각형의 세 각의 크기의 합 구하기

$$㉠+㉡+㉢=60°+35°+\boxed{❶}°$$

$$=\boxed{❷}°$$

삼각형의 모양과 크기가 달라도
모든 삼각형의 세 각의 크기의 합은 180°야.

2. 삼각형을 잘라서 세 각의 크기의 합 구하기

삼각형의 세 각을 서로 다른 색으로 칠하기	삼각형을 세 조각으로 자르기	세 꼭짓점이 한 점에 모이도록 이어 붙이기

삼각형을 그림과 같이 잘라서 세 각의 꼭짓점
이 한 점에 모이도록 겹치지 않게 이어 붙이면
직선 위에 꼭 맞춰집니다.

180°   직선이 이루는 각도는
180°야.

➜ **(삼각형의 세 각의 크기의 합)=180°**

정답 확인 | ❶ 85 ❷ 180

확인 문제 1~5번 문제를 풀면서 **개념 익히기!**

1 삼각형의 세 각의 크기의 합을 구하세요.

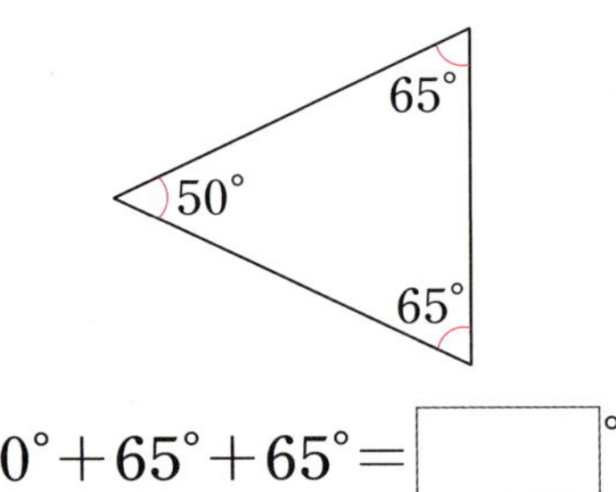

$$50°+65°+65°=\boxed{}°$$

2 설명이 바르면 ◯표, 틀리면 ✕ 표 하세요.

삼각형의 모양과 크기가 달라도 모든 삼각
형의 세 각의 크기의 합은 180°입니다.

(   )

한 번 더! 확인 6~10번 유사문제를 풀면서 **개념 다지기!**

6 삼각형의 세 각의 크기의 합을 구하세요.

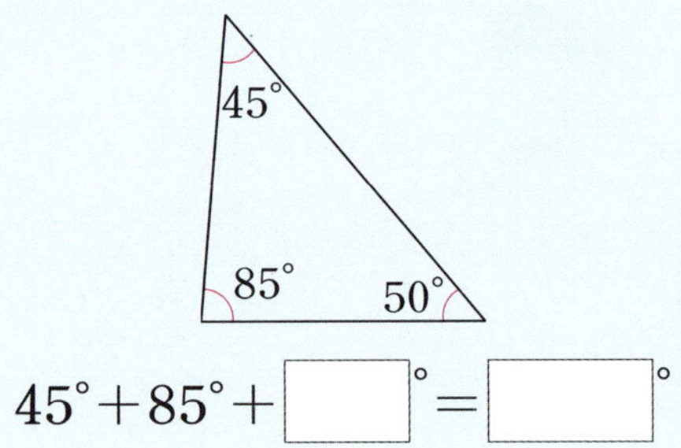

$$45°+85°+\boxed{}°=\boxed{}°$$

7 서준이가 말한 설명이 바르면 ◯표, 틀리면 ✕ 표
하세요.

(   )

3 각도기로 삼각형의 세 각의 크기를 각각 재어 빈 칸에 써넣고, 합을 구하세요.

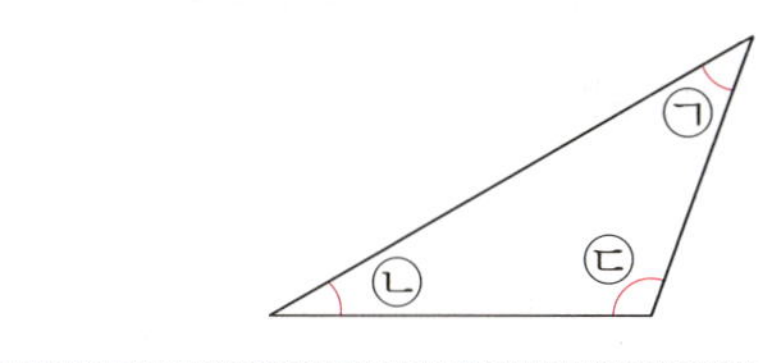

각	㉠	㉡	㉢	합
각도	40°			

4 □ 안에 알맞은 수를 써넣으세요.

(1)

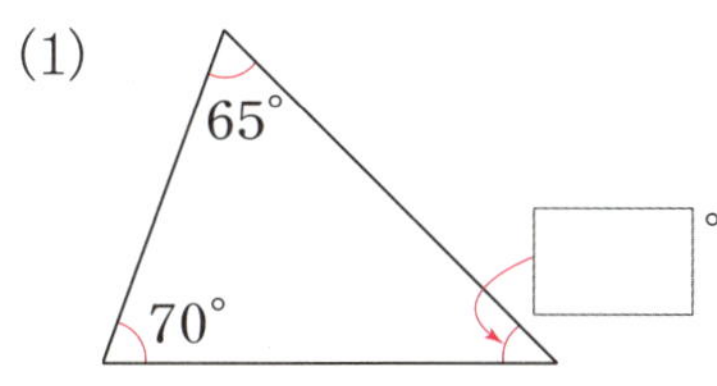

삼각형의 세 각의 크기의 합이 180° 라는 것을 이용해.

(2)

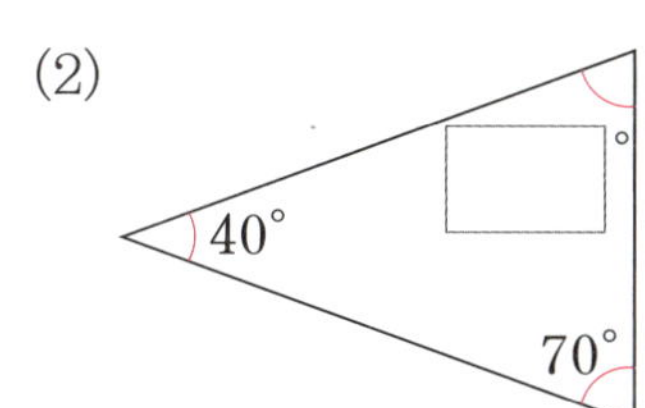

5 직각 삼각자에서 ㉠의 각도를 구하세요.

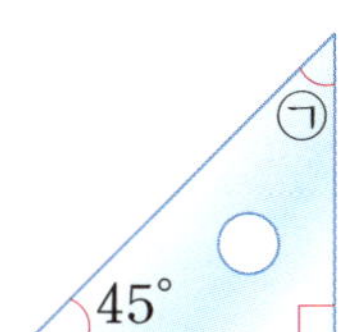

(1) 직각 삼각자에서 ⌐ 표시된 각도는 몇 도 인가요?

( )

(2) ㉠의 각도를 구하세요.

( )

8 각도기로 삼각형의 세 각의 크기를 각각 재어 빈 칸에 써넣고, 합을 구하세요.

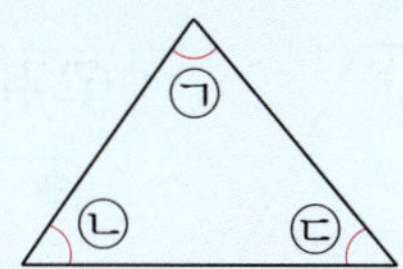

각	㉠	㉡	㉢	합
각도	75°			

9 □ 안에 알맞은 수를 써넣으세요.

(1)

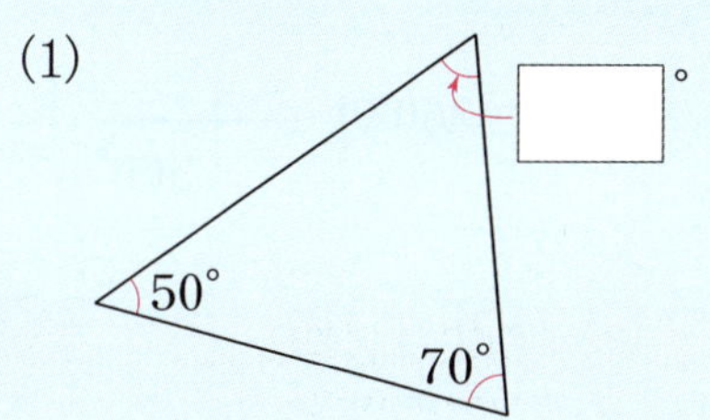

(2)

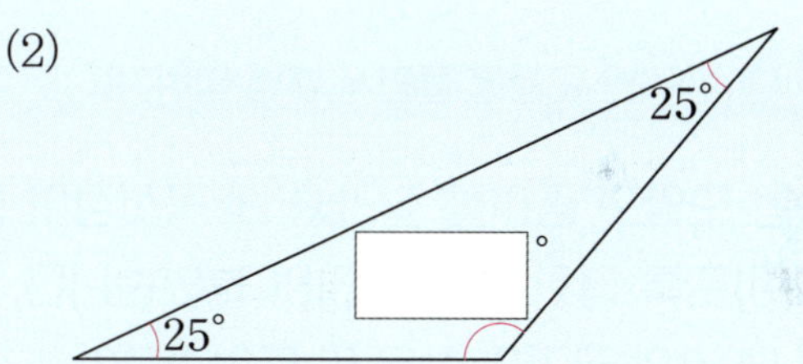

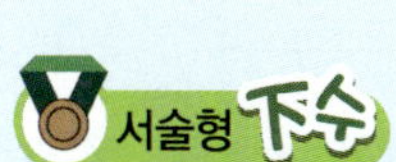 서술형 下수

10 직각 삼각자에서 ㉠의 각도를 구하세요.

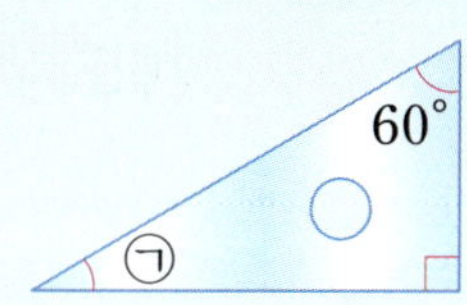

풀이

$$60° + ㉠ + 90° = \boxed{}°$$

$$➡ ㉠ = \boxed{}° - 60° - 90°$$

$$= \boxed{}°$$

답 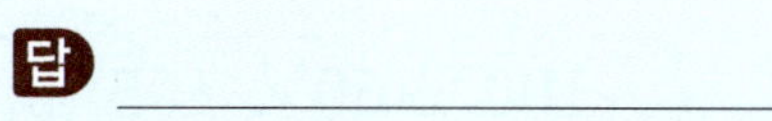

핵심 개념 사각형의 네 각의 크기의 합

1. 각도기로 재어 네 각의 크기의 합 구하기

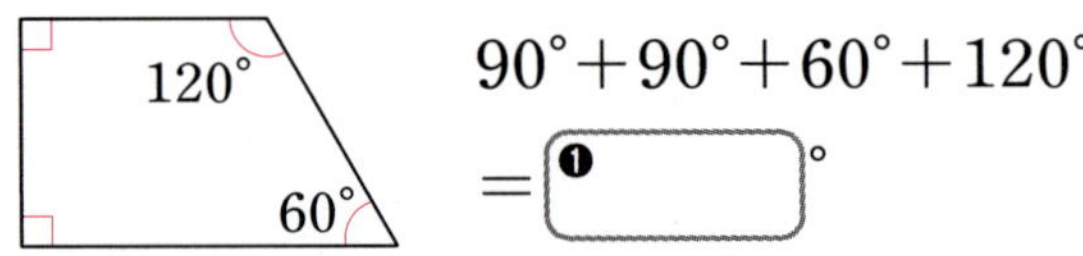

$90° + 90° + 60° + 120°$
$= \boxed{❶} °$

2. 사각형을 잘라서 네 각의 크기의 합 구하기

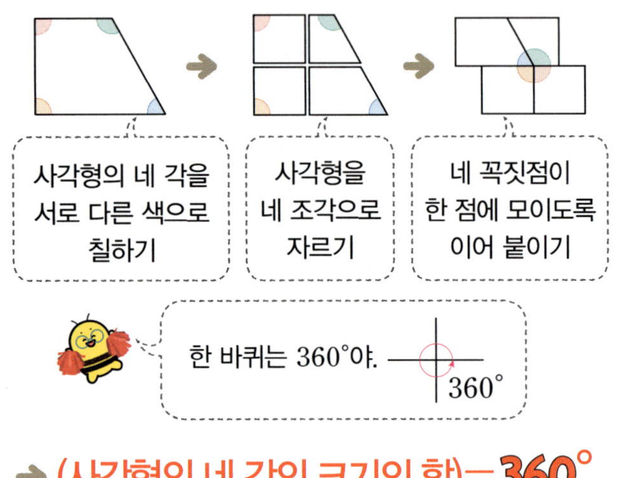

사각형의 네 각을 서로 다른 색으로 칠하기

사각형을 네 조각으로 자르기

네 꼭짓점이 한 점에 모이도록 이어 붙이기

→ **(사각형의 네 각의 크기의 합)=360°**

3. 사각형을 삼각형 2개로 나누어 사각형의 네 각의 크기의 합 구하기

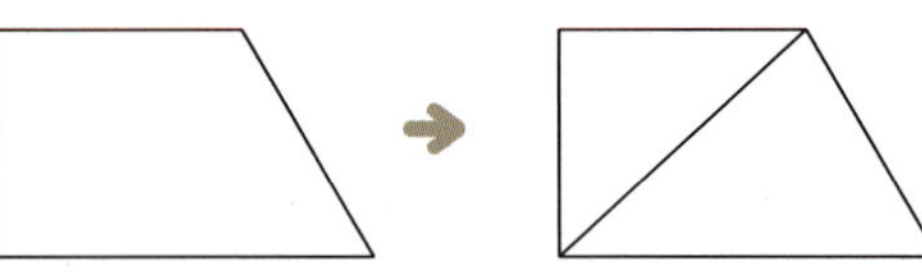

(사각형의 네 각의 크기의 합)
= (삼각형의 세 각의 크기의 합) × 2
= $\boxed{❷} ° × 2 = 360°$

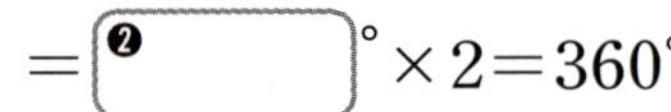

정답 확인 | ❶ 360 ❷ 180

확인 문제 1~5번 문제를 풀면서 **개념 익히기!**

1 사각형 모양의 종이를 잘라서 네 꼭짓점이 한 점에 모이도록 겹치지 않게 이어 붙였습니다. 사각형의 네 각의 크기의 합은 몇 도인가요?

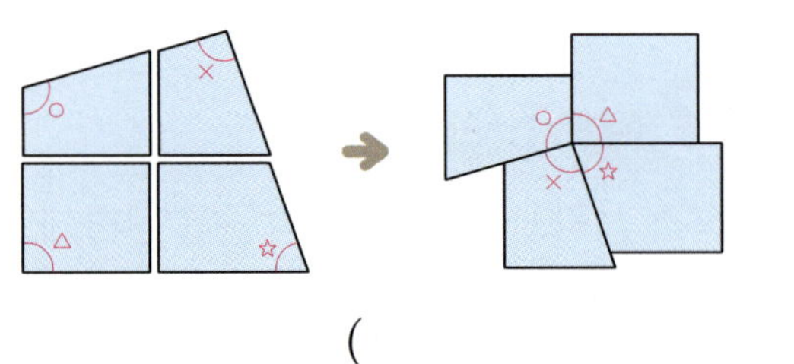

(   )

2 사각형의 네 각의 크기의 합을 구하세요.

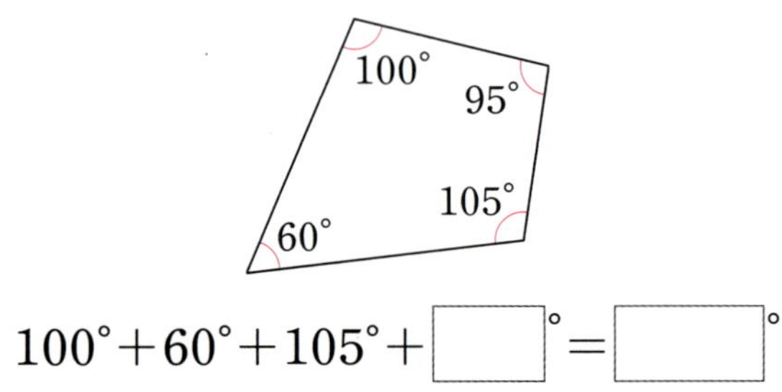

$100° + 60° + 105° + \boxed{}° = \boxed{}°$

한 번 더! 확인 6~10번 유사문제를 풀면서 **개념 다지기!**

6 ☐ 안에 알맞은 수를 써넣으세요.

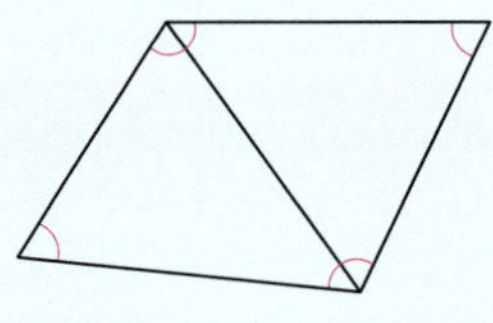

(사각형의 네 각의 크기의 합)
= (삼각형의 세 각의 크기의 합) × 2
= $180° × 2 = \boxed{}°$

7 사각형의 네 각의 크기의 합을 구하세요.

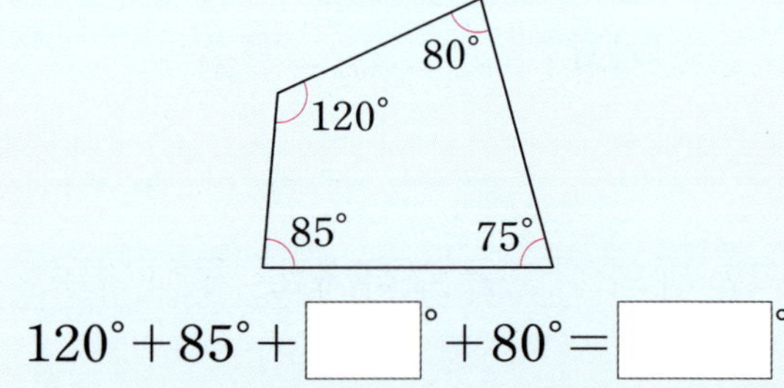

$120° + 85° + \boxed{}° + 80° = \boxed{}°$

2 각도

3 각도기로 사각형의 네 각의 크기를 각각 재어 빈 칸에 써넣고, 합을 구하세요.

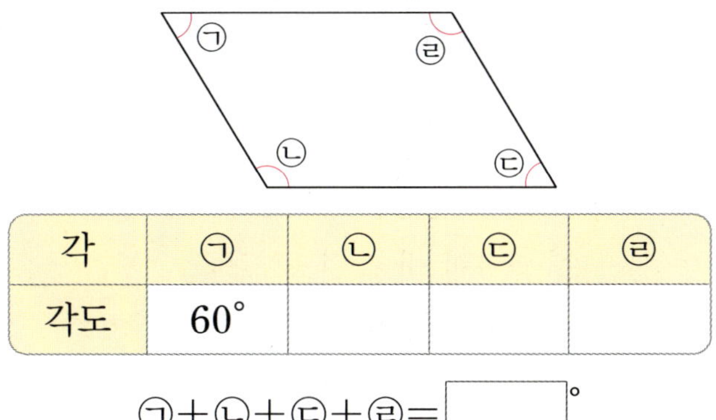

각	㉠	㉡	㉢	㉣
각도	60°			

㉠＋㉡＋㉢＋㉣＝ ☐ °

4 ☐ 안에 알맞은 수를 써넣으세요.

(1)

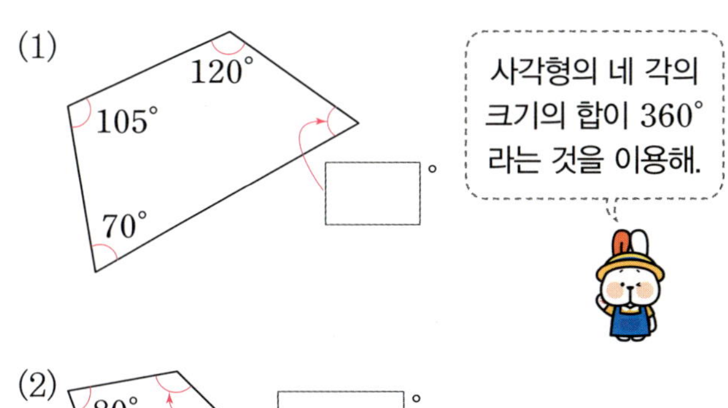

사각형의 네 각의
크기의 합이 360°
라는 것을 이용해.

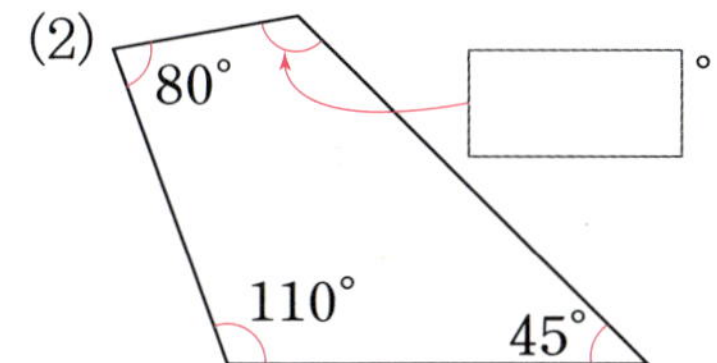

(2)

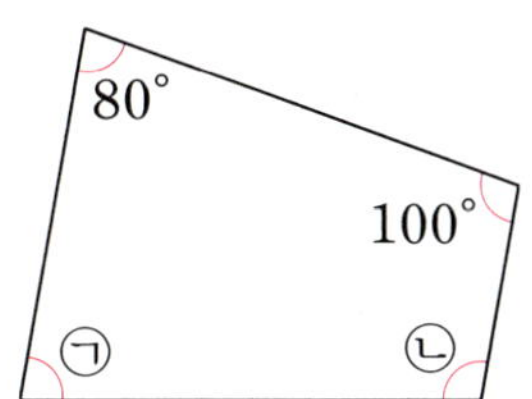

5 ㉠과 ㉡의 각도의 합을 구하세요.

(1) ☐ 안에 알맞은 수를 써넣으세요.

$$80° + ㉠ + ㉡ + 100° = \boxed{}°$$

(2) ㉠과 ㉡의 각도의 합을 구하세요.

(   )

8 각도기로 사각형의 네 각의 크기를 각각 재어 빈 칸에 써넣고, 합을 구하세요.

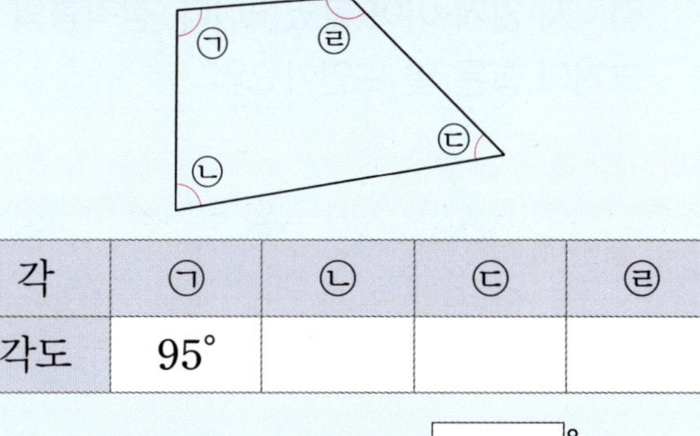

각	㉠	㉡	㉢	㉣
각도	95°			

㉠＋㉡＋㉢＋㉣＝ ☐ °

9 ☐ 안에 알맞은 수를 써넣으세요.

(1)

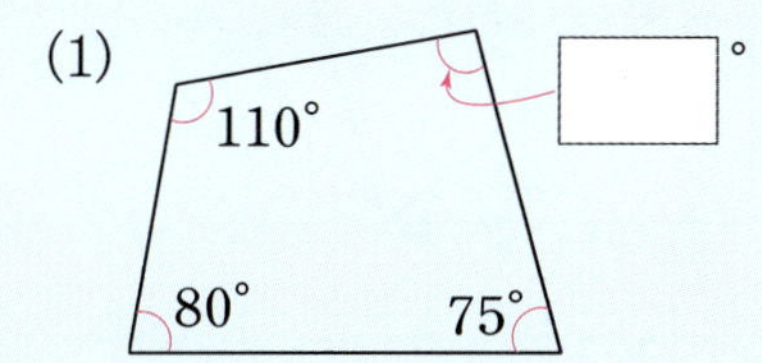

(2)

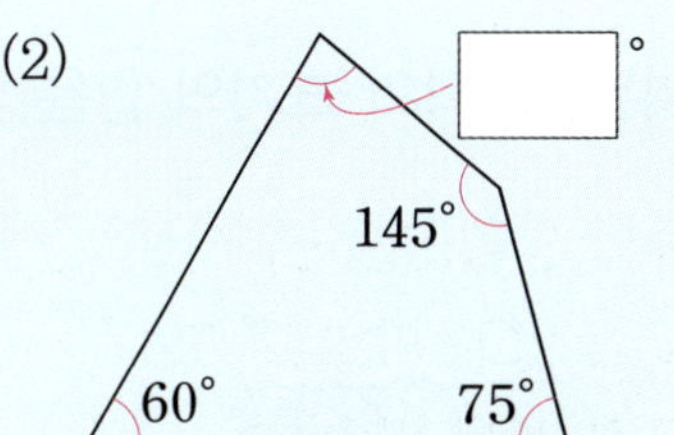

🏅 서술형 下수

10 ㉠과 ㉡의 각도의 합을 구하세요.

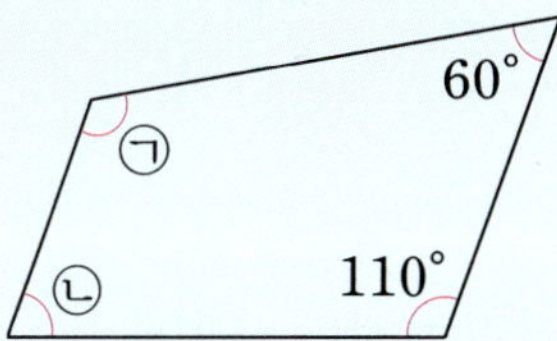

풀이

$$㉠ + ㉡ + 110° + 60° = \boxed{}°$$

➡ $㉠ + ㉡ = \boxed{}° - 110° - 60°$

$= \boxed{}°$

답 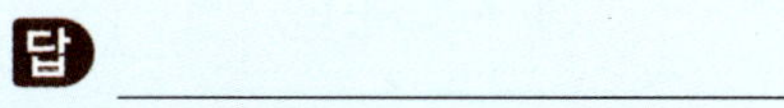 ________________

1 삼각형을 잘라서 세 꼭짓점이 한 점에 모이도록 겹치지 않게 이어 붙였습니다. 삼각형의 세 각의 크기의 합은 몇 도인가요?

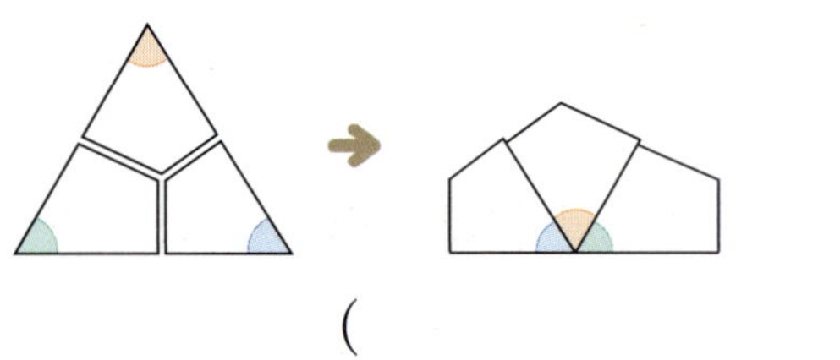

( )

2 삼각형의 세 각의 크기의 합을 이용하여 사각형의 네 각의 크기의 합을 구하세요.

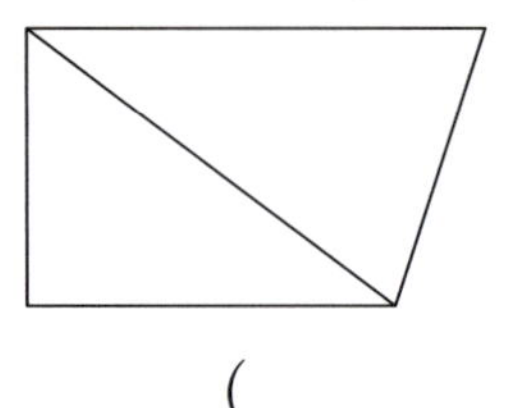

( )

3 퍼즐 조각에 표시된 네 각의 크기의 합은 몇 도인가요?

( )

4 각도를 비교하여 ◯ 안에 >, =, < 중 알맞은 것을 써넣으세요.

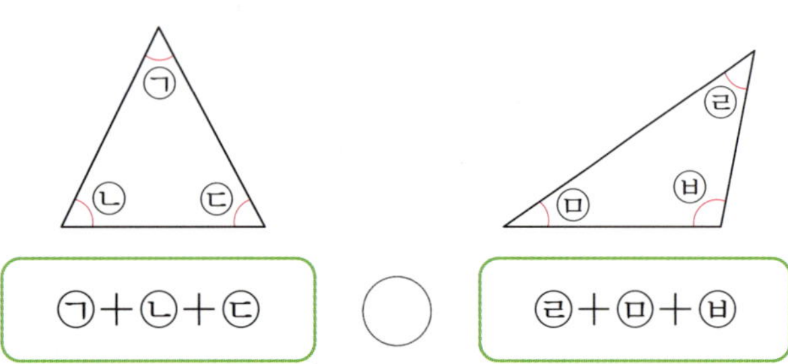

5 □ 안에 알맞은 수를 써넣으세요.

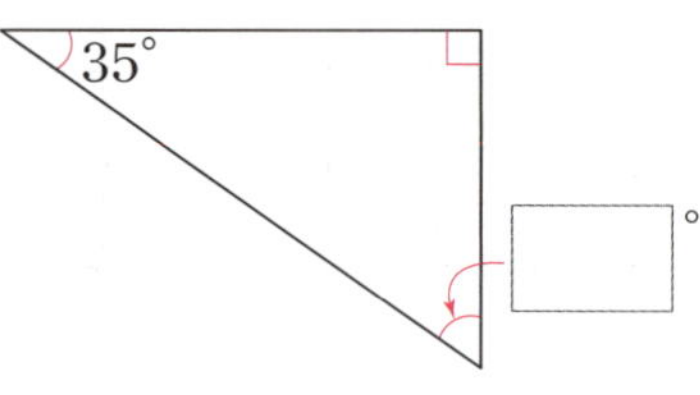

6 ㉠의 각도를 구하세요.

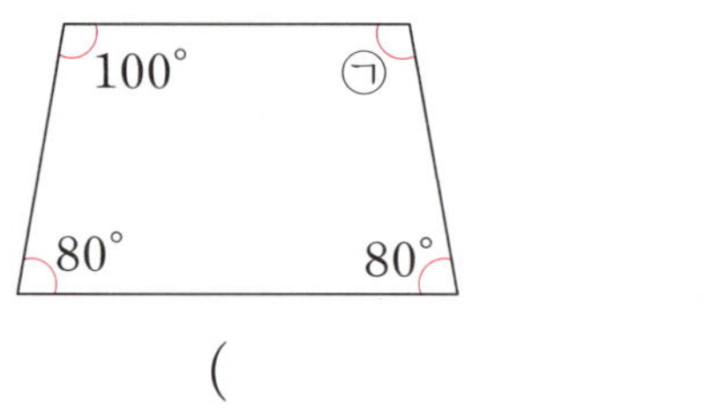

( )

7 은우가 사각형의 네 각의 크기를 바르게 재었으면 ◯표, 그렇지 않으면 ✕표 하세요.

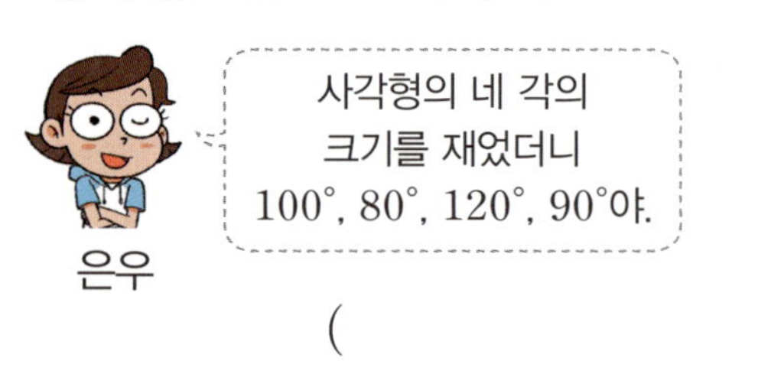

( )

8 ㉠과 ㉡의 각도의 합을 구하세요.

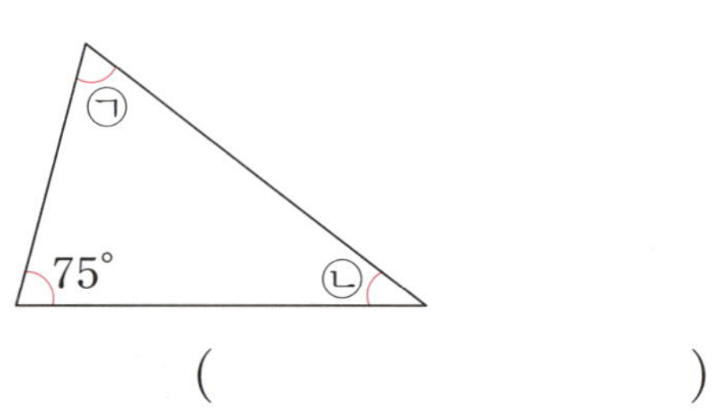

( )

2
각
도

9 도형판에 만든 두 사각형의 네 각의 크기의 합을 비교해 보세요.

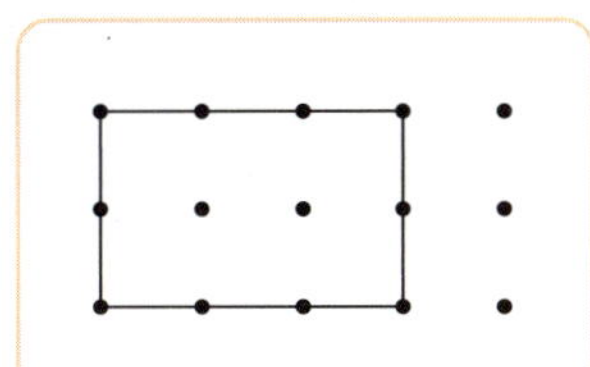 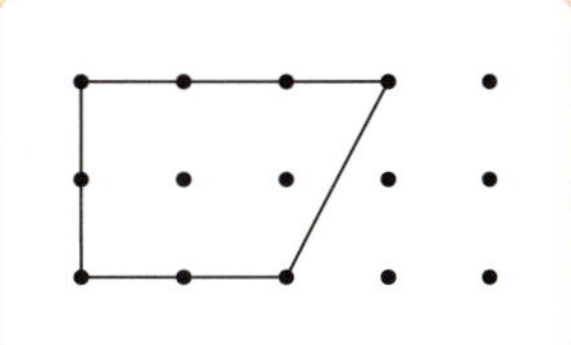

____

____

10 ㉠과 ㉡의 각도의 합을 구하세요.

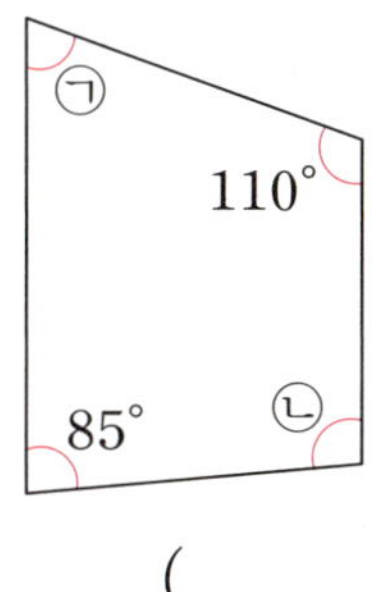

(   )

[11~12] □ 안에 알맞은 수를 써넣으세요.

11

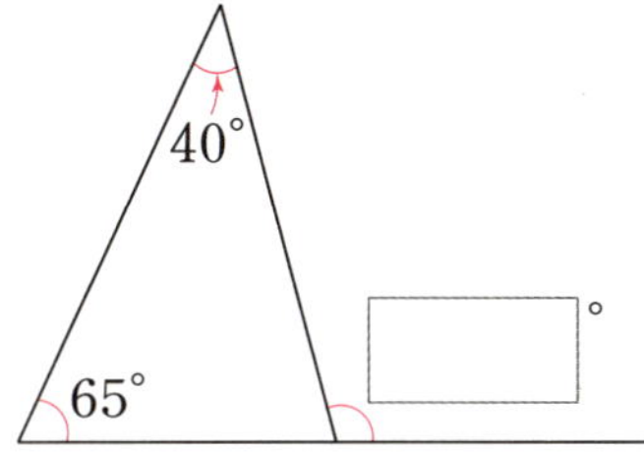

12

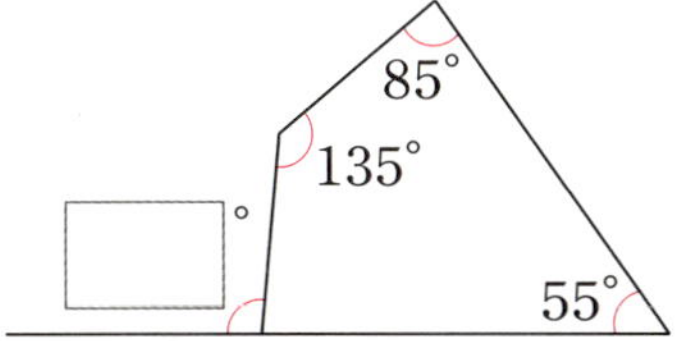

13 정우가 가지고 있는 직각 삼각자의 한 각의 크기는 30°입니다. 나머지 다른 두 각의 크기는 각각 몇 도인가요?

(   ), (   )

14 두 연에서 ㉠과 ㉡의 각도의 차를 구하세요.

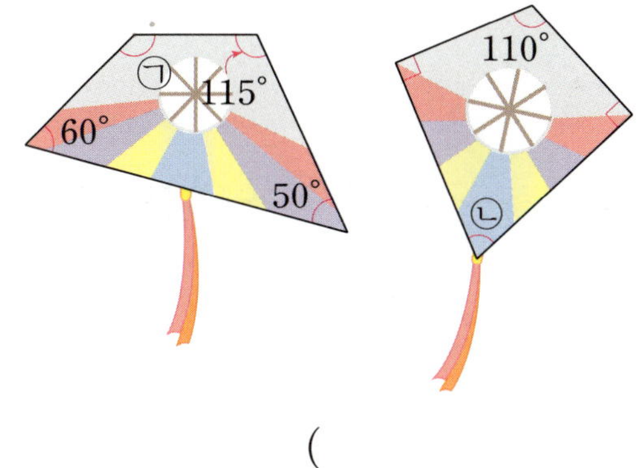

(   )

 문제 해결의 **전략**을 보면서 풀어 보자.

15 두 직각 삼각자를 겹쳐 놓은 것입니다. ㉠의 각도를 구하세요.

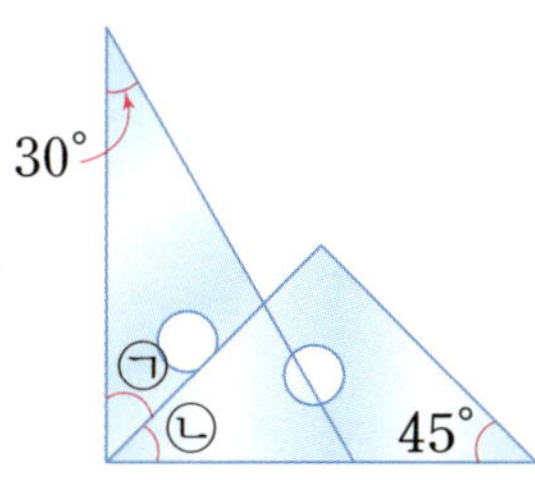

전략 직각 삼각자의 한 각이 직각임을 이용하여 ㉡의 각도를 먼저 구하자.

❶ ㉡ $= 180° - 45° - \boxed{}°$

   $= \boxed{}°$

전략 ㉠+㉡=(직각)

❷ ㉠ $= 90° - ㉡$

   $= 90° - \boxed{}° = \boxed{}°$

답 ___________________________

BOOK❷ 14~15쪽에서 한 번 더 풀기!

2

각도

 키워드 문제

연습 **1-1** 각 ㄱㄴㄷ의 크기는 몇 도인지 구하세요.

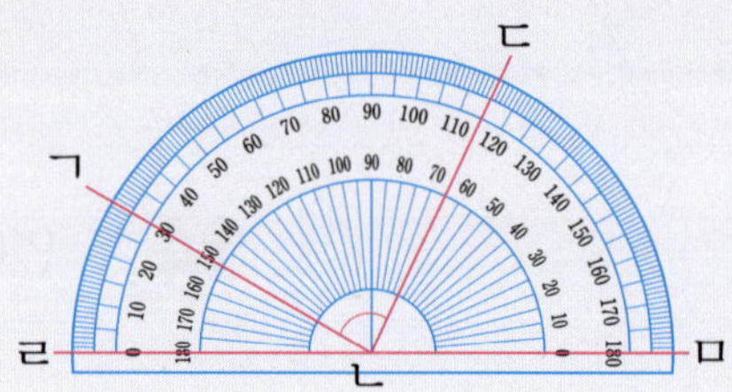

Skill

(각 ㄱㄴㄷ)=(각 ㄷㄴㄹ)−(각 ㄱㄴㄹ)을 이용하여 구하자.

풀이 ❶ (각 ㄱㄴㄹ)= ⬚ °

❷ (각 ㄷㄴㄹ)= ⬚ °

❸ (각 ㄱㄴㄷ)=(각 ㄷㄴㄹ)−(각 ㄱㄴㄹ)

= ⬚ ° − ⬚ ° = ⬚ °

답 ____________________

서술형 高수 가이드 | 문제에서 핵심이 되는 말에 표시하고, 위의 풀이 과정을 따라 풀어 보자.

실전 **1-2** 각 ㄱㄴㄷ의 크기는 몇 도인지 구하세요.

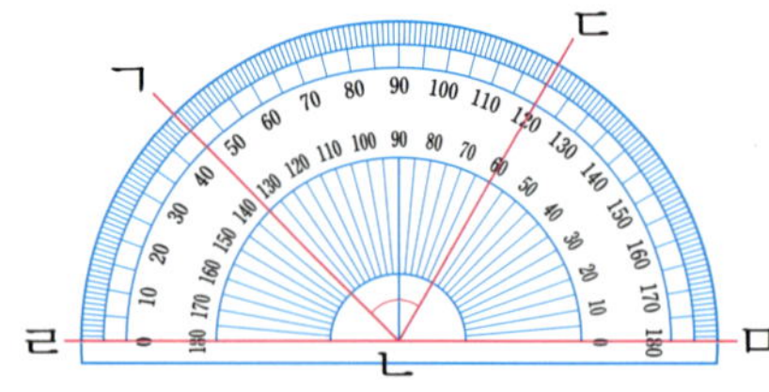

풀이 ❶

❷

❸

답 ____________________

2
각
도

 **키워드** 문제

 연습 **2-1** 각 ㄱㄴㄷ의 크기는 몇 도인지 구하세요.

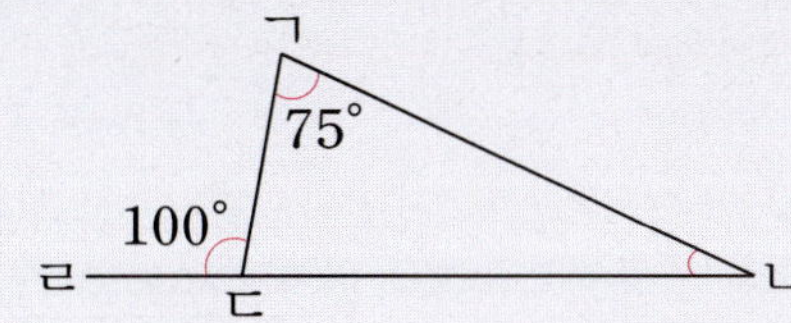

 Skill

(직선이 이루는 각도)$=180°$, (삼각형의 세 각의 크기의 합)$=180°$임을 이용하자.

풀이 ❶ (각 ㄱㄷㄴ)$=180°-$ ⬚ $°=$ ⬚ $°$

❷ (각 ㄱㄴㄷ)$=$ ⬚ $°-75°-$(각 ㄱㄷㄴ)

$=$ ⬚ $°-75°-$ ⬚ $°=$ ⬚ $°$

답 ___________________

 서술형 **高수**  **가이드** | 문제에서 핵심이 되는 말에 표시하고, 위의 풀이 과정을 따라 풀어 보자.

실전 **2-2** 각 ㄱㄴㄷ의 크기는 몇 도인지 구하세요.

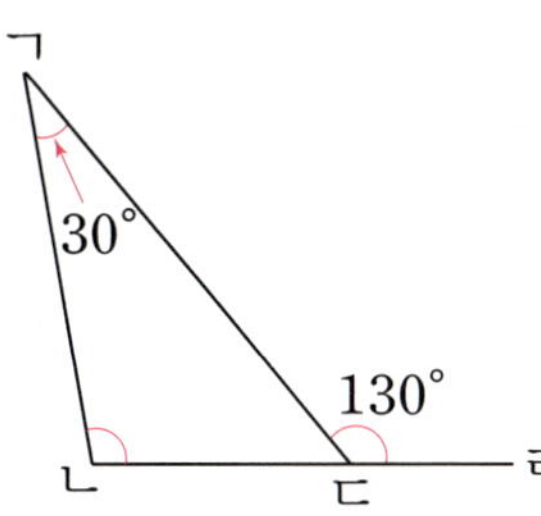

풀이 ❶

❷

답 ___________________

2 각도

키워드 문제

연습 3-1 그림에서 찾을 수 있는 크고 작은 둔각은 모두 몇 개인지 구하세요.

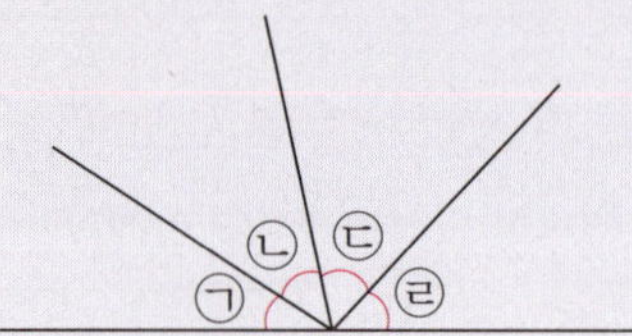

Skill 작은 각 2개, 3개로 이루어진 둔각을 각각 찾아보자.

풀이 ❶ 작은 각 2개로 이루어진 둔각: ㉡+☐ , ☐+☐

❷ 작은 각 3개로 이루어진 둔각: ㉠+☐+☐ , ☐+☐+☐

❸ 찾을 수 있는 크고 작은 둔각의 수: ☐ 개

답 ________________

서술형 高수 🌱**가이드** | 문제에서 핵심이 되는 말에 표시하고, 위의 풀이 과정을 따라 풀어 보자.

실전 3-2 그림에서 찾을 수 있는 크고 작은 둔각은 모두 몇 개인지 구하세요.

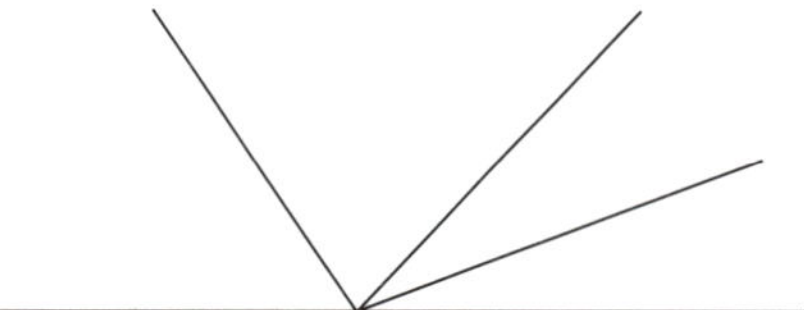

풀이 ❶

❷

❸

답 ________________

2 각도

키워드 문제

연습 **4-1** 도형에 표시된 다섯 각의 크기의 합을 구하세요.

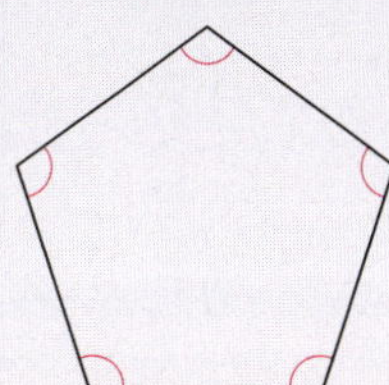

Skill

도형을 삼각형으로 나눌 때는 한 꼭짓점을 정한 후, 그 꼭짓점에서 이웃하지 않은 다른 꼭짓점까지 모두 선분을 그어 나누자.

풀이 ① 도형을 삼각형으로 나누면 삼각형 ☐ 개로 나눌 수 있습니다.

② (도형에서 다섯 각의 크기의 합)

= (삼각형의 세 각의 크기의 합) × ☐

= 180° × ☐ = ☐°

답 ___________

서술형 高수  **가이드** | 문제에서 핵심이 되는 말에 표시하고, 위의 풀이 과정을 따라 풀어 보자.

실전 **4-2** 도형에 표시된 여섯 각의 크기의 합을 구하세요.

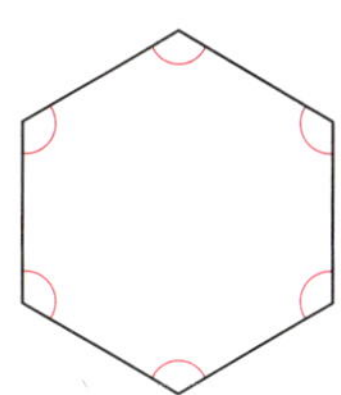

풀이 ①

②

답 ___________

BOOK② 16~17쪽에서 한 번 더 풀기!

1 두 각 중에서 더 큰 각에 ◯표 하세요.

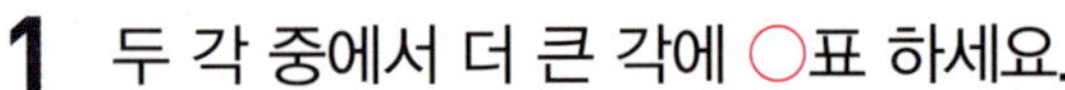

(   )   (   )

2 각도를 읽어 보세요.

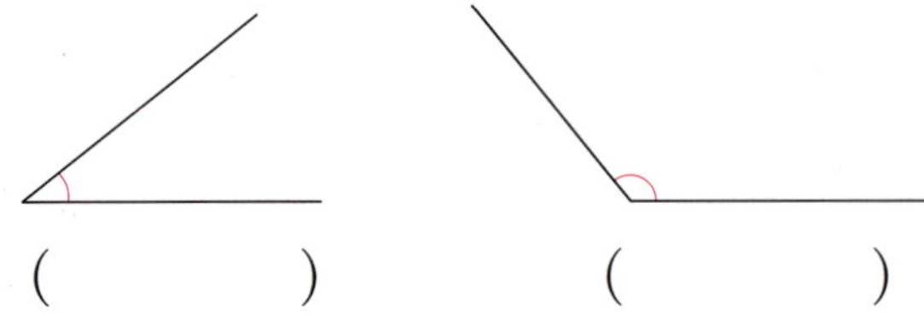

➡ ◻ °

3 둔각을 찾아 기호를 쓰세요.

가   나   다

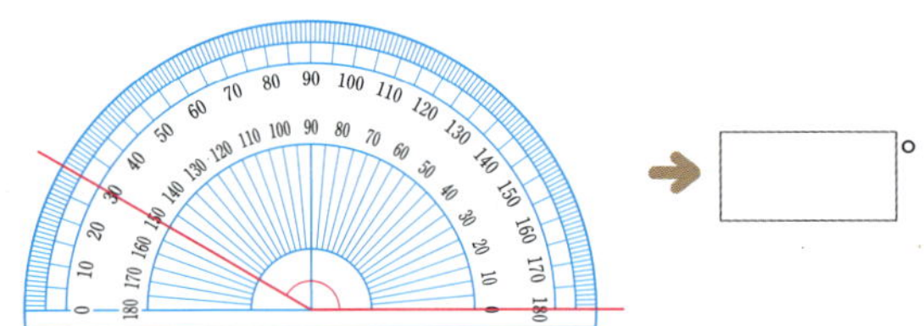

(   )

4 삼각형의 세 각의 크기의 합을 구하세요.

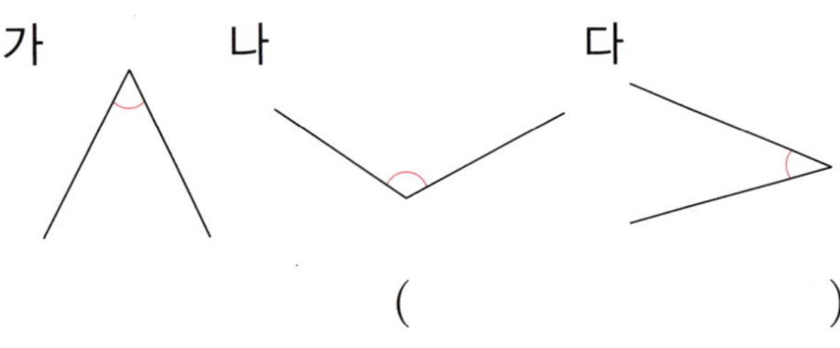

$130° + 35° + \boxed{}° = \boxed{}°$

5 예각을 모두 찾아 ◯표 하세요.

65°	100°	75°	180°

6 각도기를 이용하여 각도를 재어 보세요.

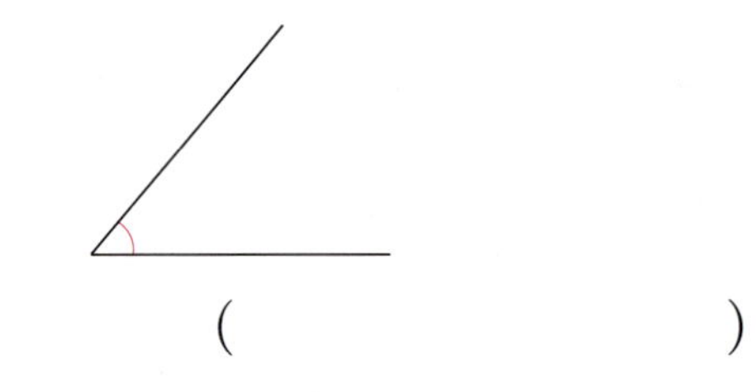

(   )

7 두 각도의 합과 차를 각각 구하세요.

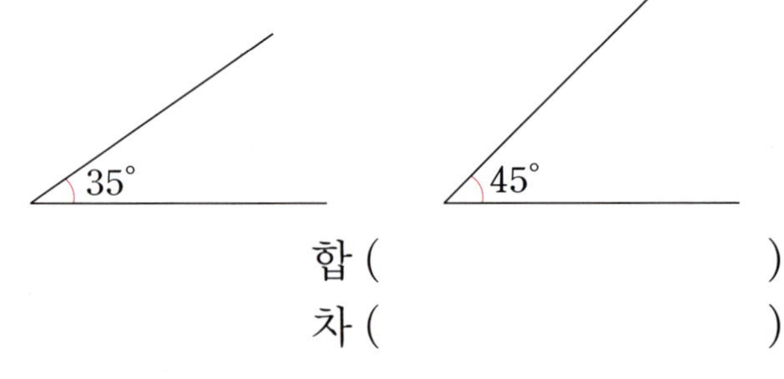

합 (   )

차 (   )

8 각도를 어림하고, 각도기로 재어 확인해 보세요.

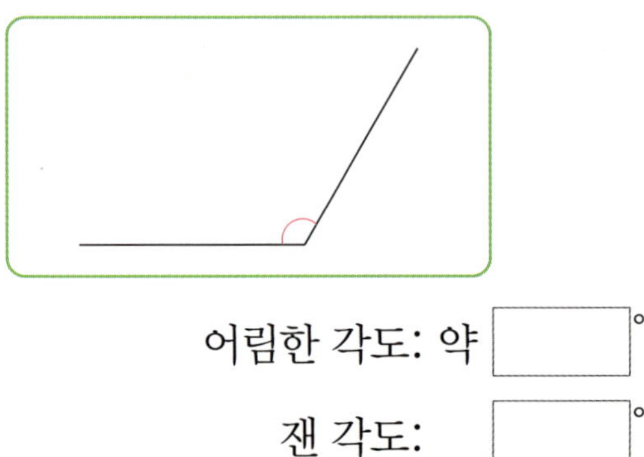

어림한 각도: 약 $\boxed{}$ °

잰 각도: $\boxed{}$ °

각도 2

9 각의 크기가 큰 것부터 □ 안에 순서대로 1, 2, 3을 써넣으세요.

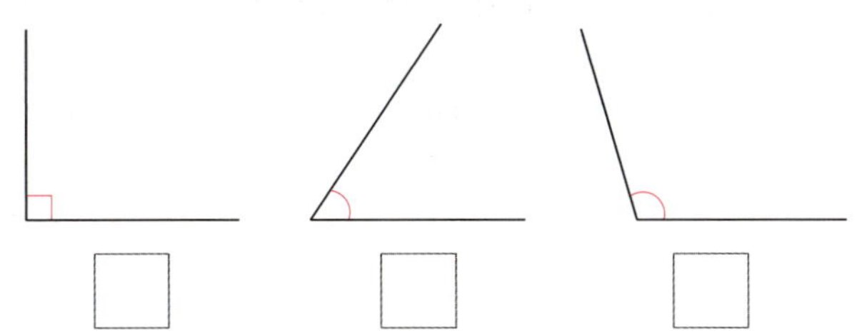

10 관계있는 것끼리 이어 보세요.

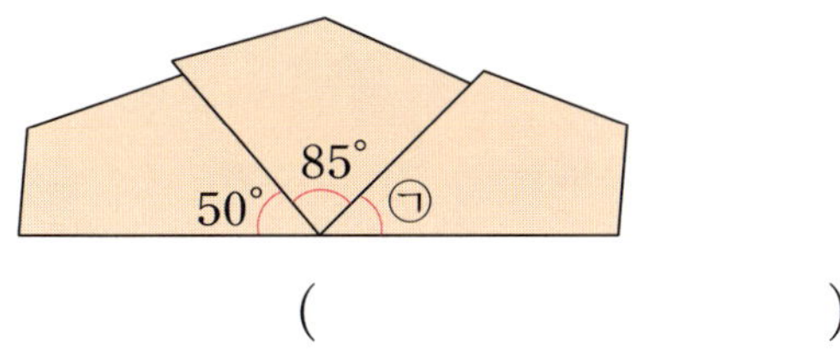

11 민수가 삼각형을 종이에 그린 후 그림과 같이 잘라서 세 꼭짓점이 한 점에 모이도록 겹치지 않게 이어 붙였습니다. ㉠의 각도를 구하세요.

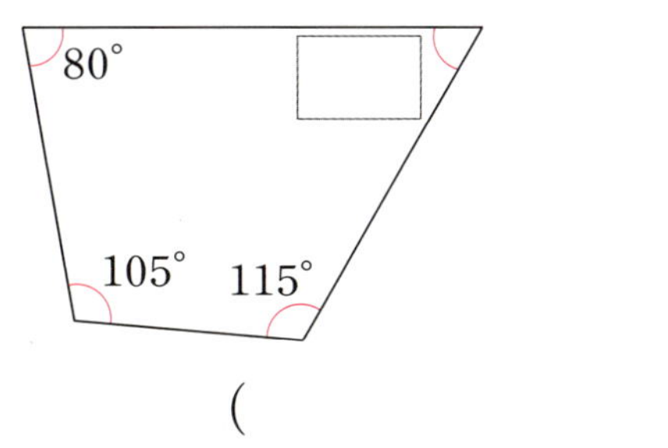

(   )

12 □ 안에 알맞은 각도를 구하세요.

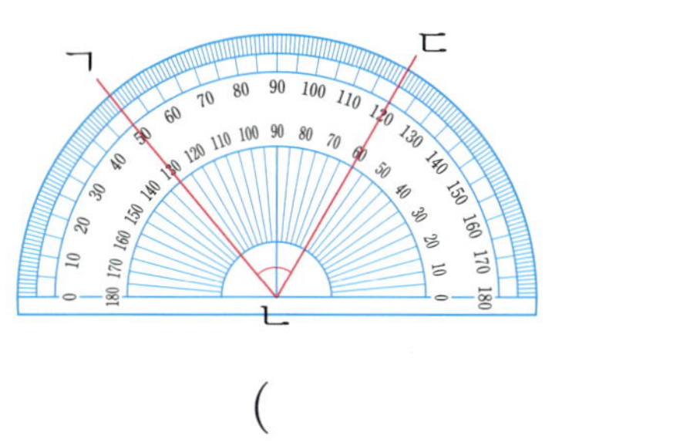

(   )

13 현서와 서아가 각도를 어림했습니다. 각도기를 이용하여 각도를 재어 보고, 누가 실제 각도에 더 가깝게 어림했는지 쓰세요.

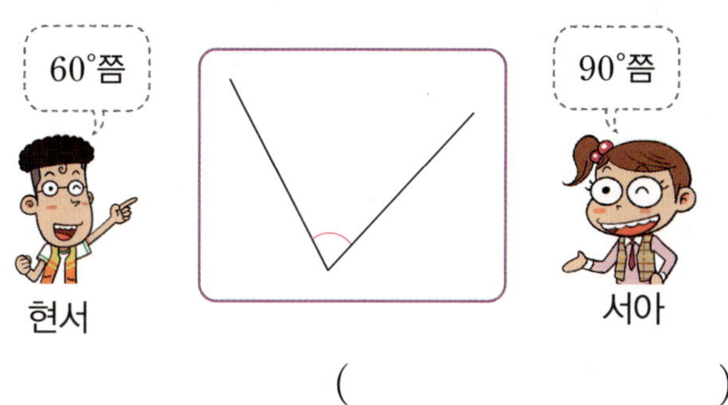

(   )

14 각 ㄱㄴㄷ의 크기는 몇 도인지 구하세요.

(   )

15 시계의 긴바늘과 짧은바늘이 이루는 작은 쪽의 각이 둔각인 것을 찾아 기호를 쓰세요.

㉠ 4시 30분　　㉡ 9시
㉢ 8시　　㉣ 7시 30분

(   )

16 ㉠의 각도를 구하세요.

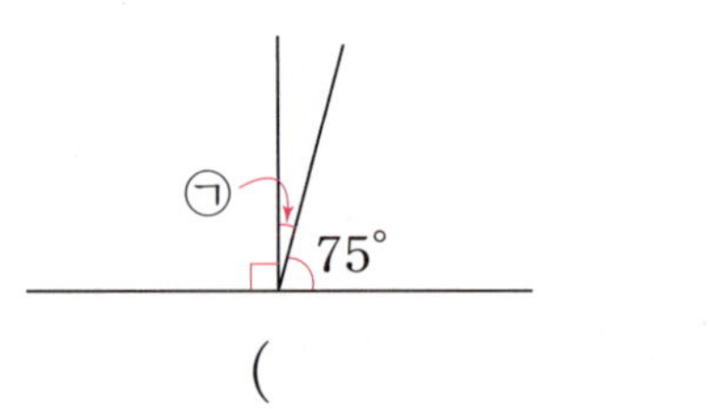

( )

17 직각 삼각자 2개를 겹쳐 놓은 것입니다. ㉠의 각도를 구하세요.

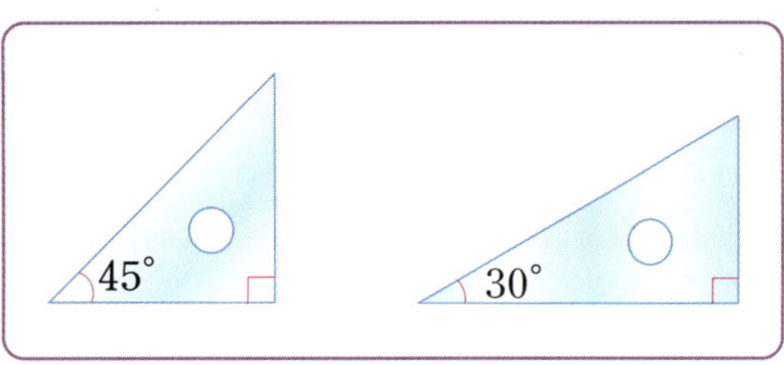

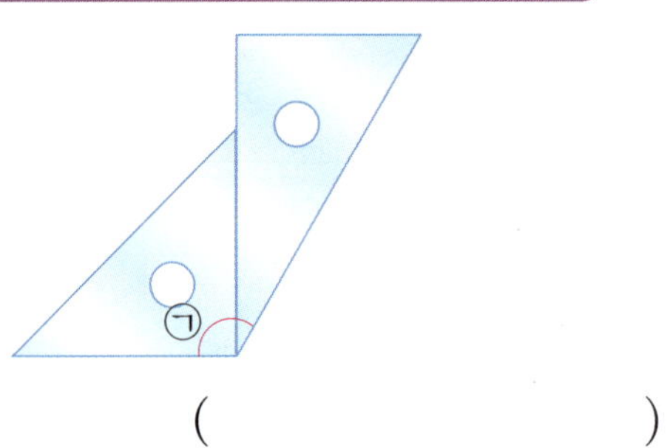

( )

18 각 ㄱㄹㄷ의 크기는 몇 도인지 구하세요.

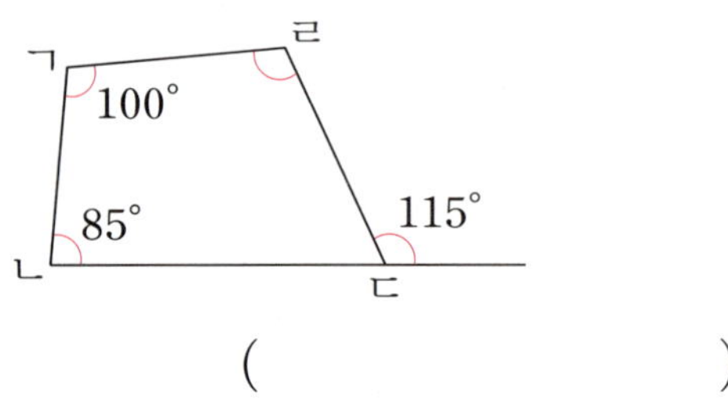

( )

19 그림에서 찾을 수 있는 크고 작은 예각은 모두 몇 개인지 풀이 과정을 쓰고 답을 구하세요.

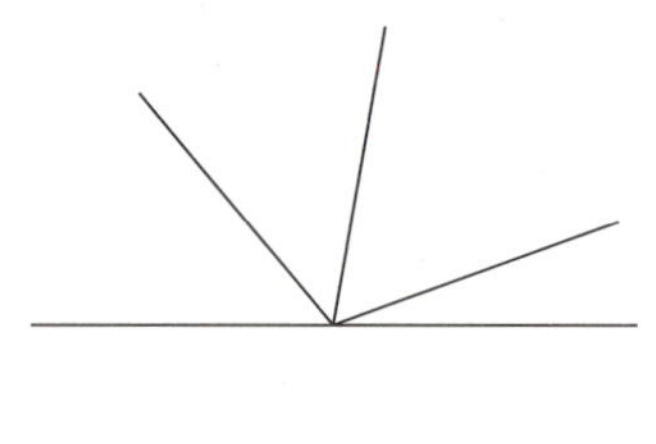

풀이

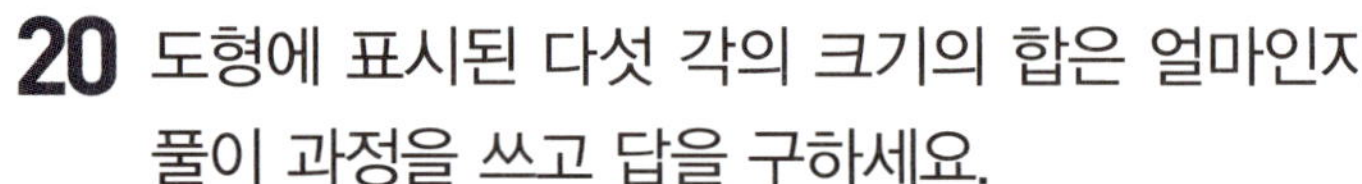

답

20 도형에 표시된 다섯 각의 크기의 합은 얼마인지 풀이 과정을 쓰고 답을 구하세요.

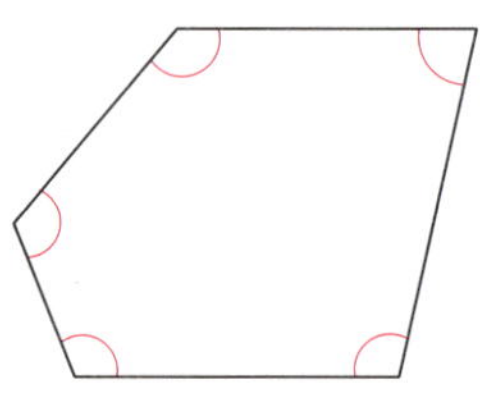

풀이

답

가로 세로 개념 낱말 퍼즐

 가로, 세로 낱말 퍼즐을 완성해 보세요.

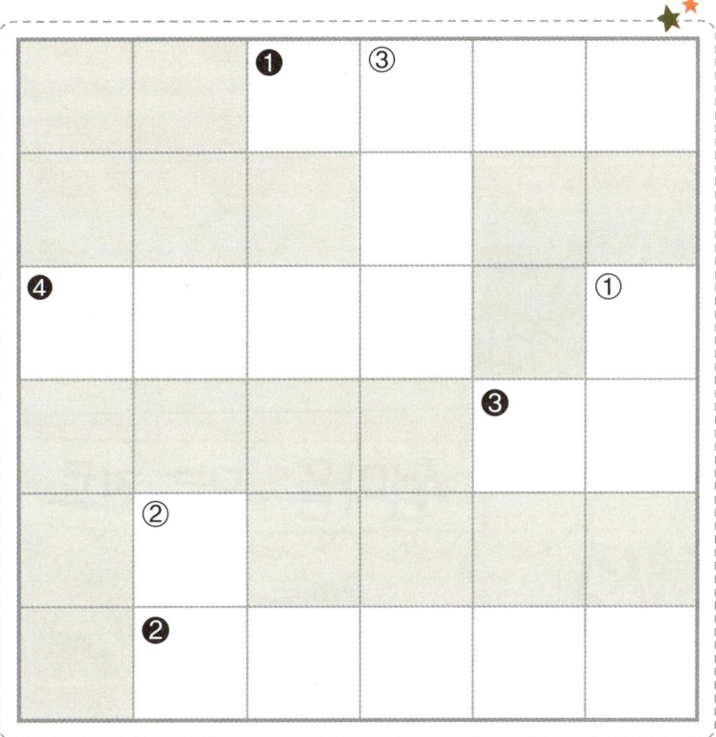

가로 낱말 퀴즈 →

❶ 난센스 퀴즈! 딸기가 회사에서 잘리면?

❷ 각의 크기를 잴 때 각도기의 중심과 맞추는 곳은?

❸ 각도가 0°보다 크고 직각보다 작은 각은?

❹ 일곱 번 넘어져도 여덟 번째 일어난다는 뜻의 사자성어는?

세로 낱말 퀴즈 ↓

① 각도가 직각보다 크고 180°보다 작은 각은?

② 시계가 3시를 가리킬 때 긴바늘과 짧은바늘이 이루는 작은 쪽의 각은 예각, 직각, 둔각 중 어느 것인가요?

③ 매우 무거운 물건을 집어 올려 옮기는 장치는?

3 곱셈과 나눗셈

끼룩
끼룩
섬마을 무료 진료
웅성
웅성
지난 번에 준 알약 다 먹었어요. 또 줘요. 선생님~
네? 한 병에 130개가 든 알약을 하루에 한 알씩 드시라고 했는데 벌써요?
네? 아침, 점심, 저녁에 한 알씩 하루에 세 알 먹는 거 아니었어요?

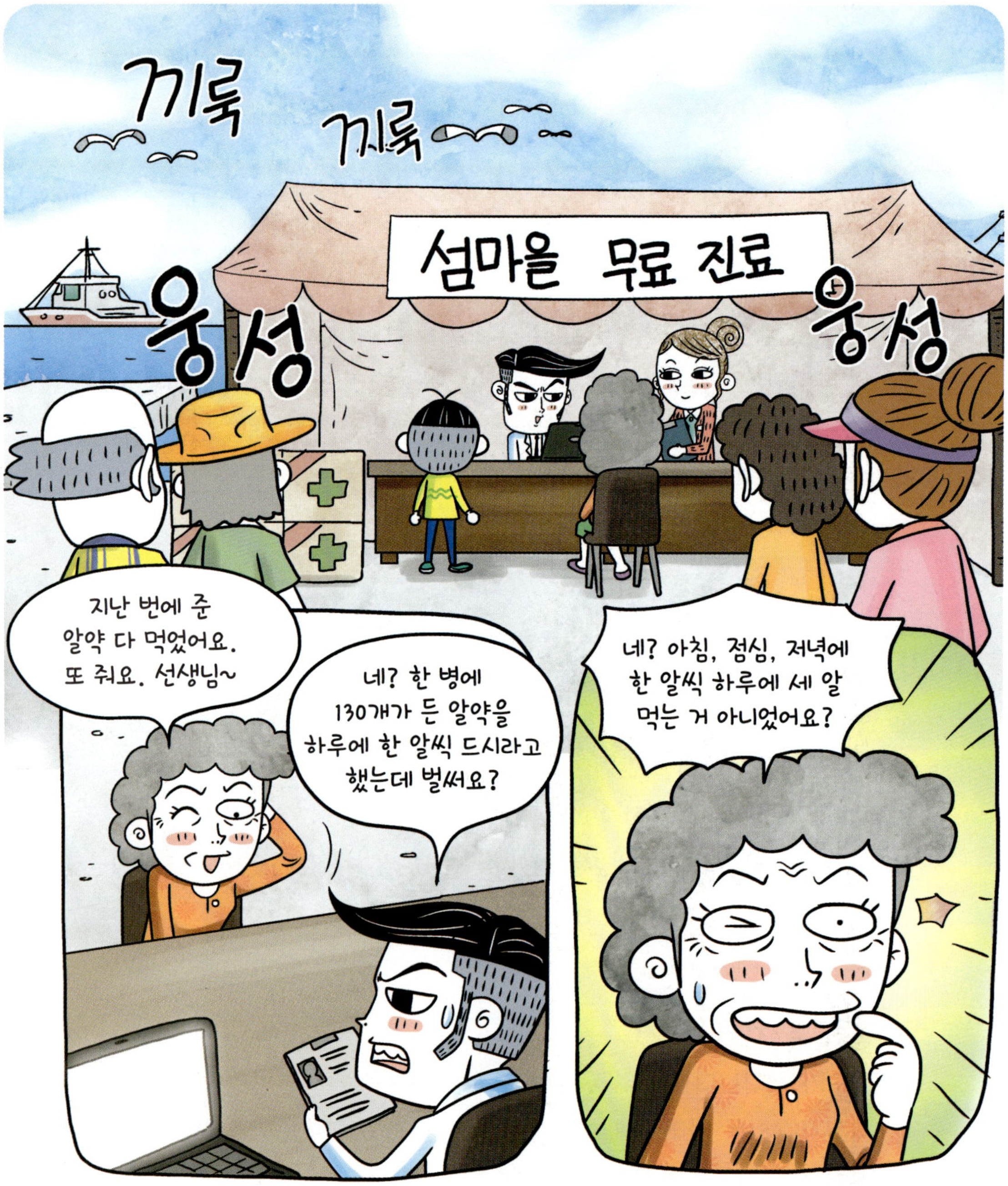

수학 처방전

큐알 코드를 찍으면 개념 학습 영상을
볼 수 있어요.

핵심 개념 (세 자리 수)×(몇십)

예 312×20의 계산

(1) 그림으로 알아보기

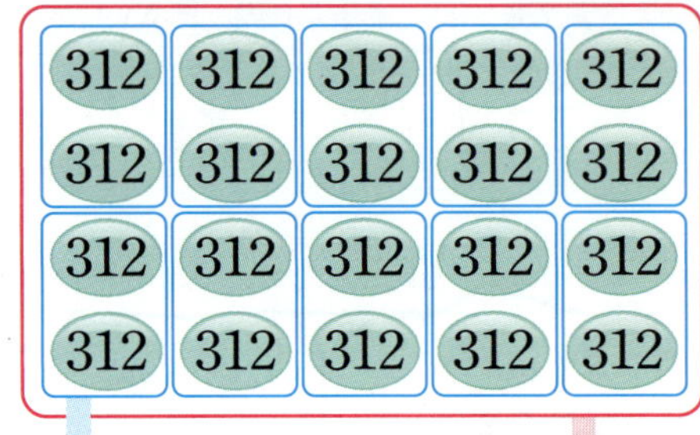

312×2=624 —10배→ 312×20=6240

(2) 계산 방법 알아보기

$$\begin{array}{r} 312 \\ \times\ \ 2 \\ \hline 624 \end{array}$$ → $$\begin{array}{r} 312 \\ \times\ 20 \\ \hline \boxed{❶} \end{array}$$

10배

예 300×50의 계산

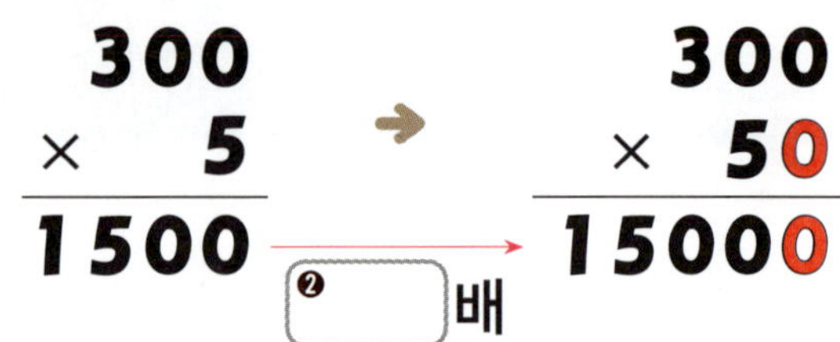

$$\begin{array}{r} 300 \\ \times\ \ \ 5 \\ \hline 1500 \end{array}$$ → $$\begin{array}{r} 300 \\ \times\ 50 \\ \hline 15000 \end{array}$$

300×50의 계산 결과는 300×5를 계산한 값에 0을 하나 붙여.

참고 (몇백)×(몇십)을 계산할 때는 (몇)×(몇)의 값에 곱하는 두 수의 0의 개수만큼 0을 붙입니다.

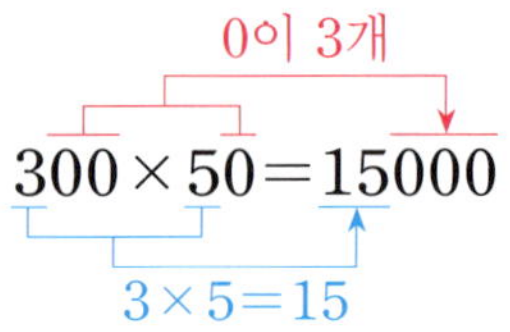

(세 자리 수)×(몇십)은 (세 자리 수)×(몇)을 계산한 결과에 **0을 1개 붙입니다.**

정답 확인 | ❶ 6240 ❷ 10

66

확인 문제 1~6번 문제를 풀면서 개념 익히기!

1 □ 안에 알맞은 수를 써넣으세요.

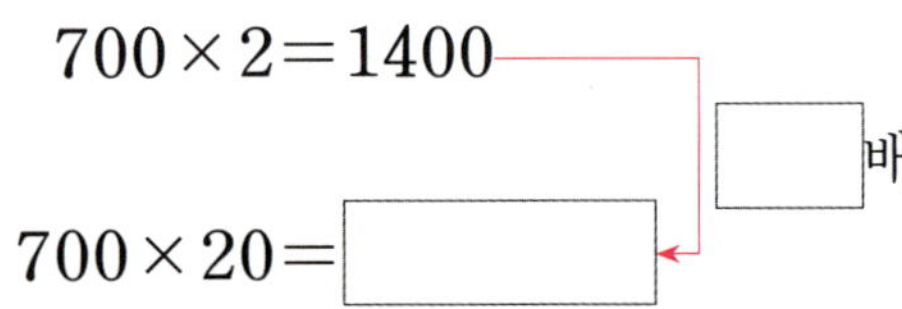

$$\begin{array}{r} 4\,5\,3 \\ \times\ \ 2 \\ \hline \boxed{} \end{array}$$ → $$\begin{array}{r} 4\,5\,3 \\ \times\ 20 \\ \hline \boxed{}0 \end{array}$$

10배

2 □ 안에 알맞은 수를 써넣으세요.

700×2=1400 ─┐
             └ □ 배
700×20= □ ←┘

한 번 더! 확인 7~12번 유사문제를 풀면서 개념 다지기!

7 □ 안에 알맞은 수를 써넣으세요.

326×3=978 ─┐
            └ □ 배
326×30= □ 0 ←┘

8 □ 안에 알맞은 수를 써넣으세요.

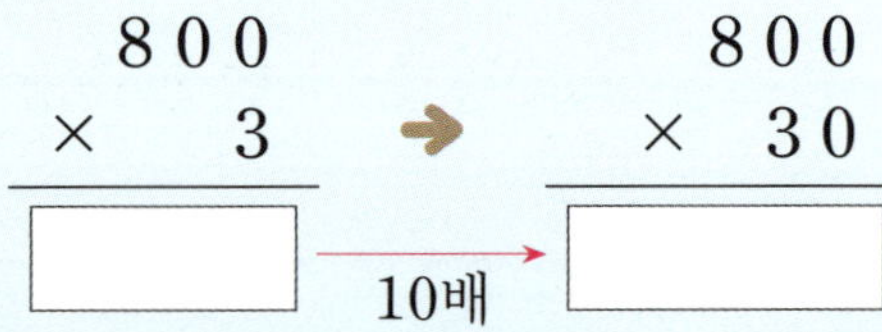

$$\begin{array}{r} 8\,0\,0 \\ \times\ \ 3 \\ \hline \boxed{} \end{array}$$ → $$\begin{array}{r} 8\,0\,0 \\ \times\ 30 \\ \hline \boxed{} \end{array}$$

10배

3 계산해 보세요.

(1)
$$\begin{array}{r} 138 \\ \times\ \ 40 \\ \hline \end{array}$$

(2)
$$\begin{array}{r} 251 \\ \times\ \ 50 \\ \hline \end{array}$$

4 계산 결과를 찾아 이어 보세요.

800×50 •

500×60 •

• 20000

• 30000

• 40000

5 빈칸에 알맞은 수를 써넣으세요.

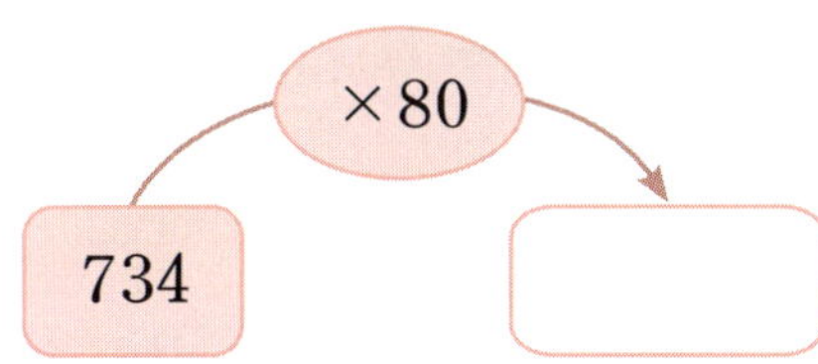

$\times 80$

734

6 승훈이는 하루에 우유를 240 mL씩 마십니다. 승훈이가 20일 동안 마신 우유는 모두 **몇 mL**인가요?

(1) 알맞은 식을 쓰세요.

식 $240 \times \boxed{} = \boxed{}$

(2) 승훈이가 20일 동안 마신 우유는 모두 몇 mL인가요?

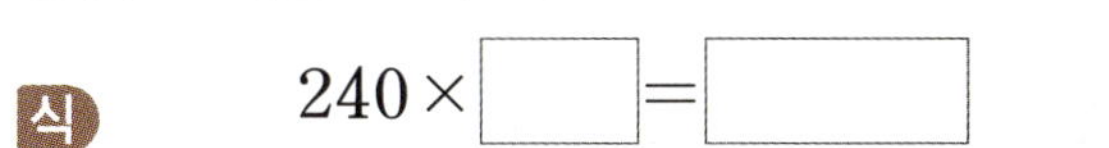

(　　　　　　　mL　　)

9 계산해 보세요.

(1) 436×60

(2) 917×50

10 900×40을 바르게 계산한 사람은 누구인가요?

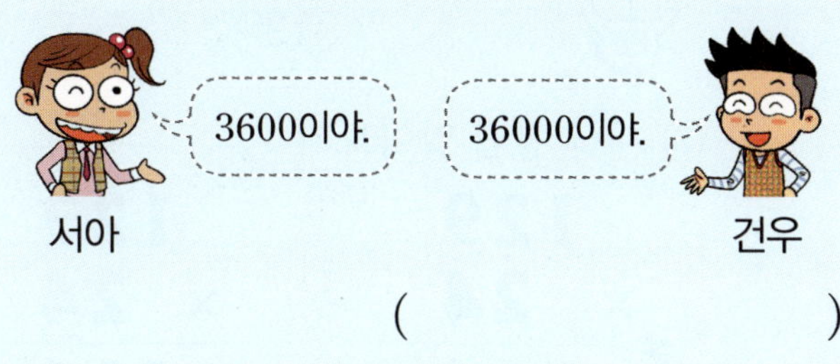

(　　　　　　　　　　)

11 두 수의 곱을 빈칸에 써넣으세요.

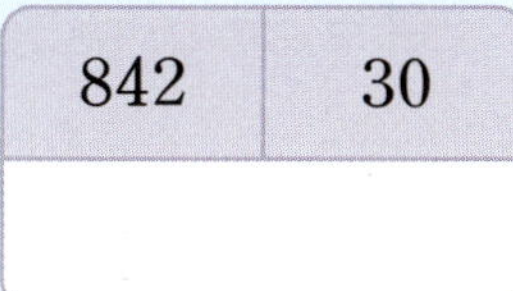

842	30

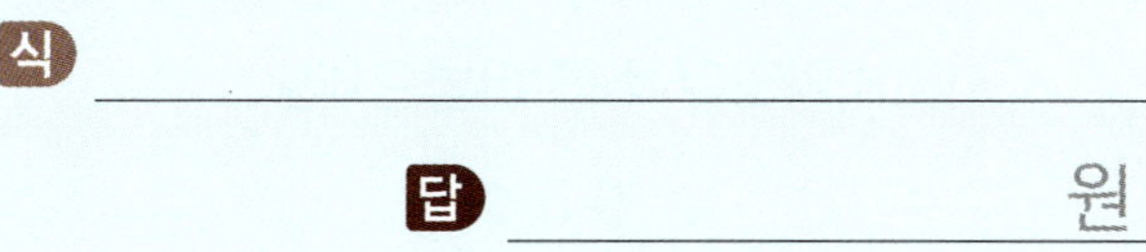

12 민영이는 500원짜리 동전 90개를 모았습니다. 민영이가 모은 동전은 모두 얼마인가요?

식 _______________________

답 _______________ 원

핵심 개념 (세 자리 수)×(몇십몇)

예 129×24의 계산

(1) 그림으로 알아보기

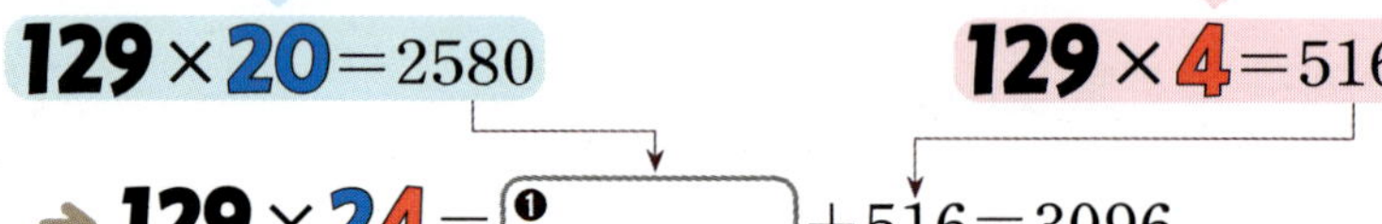

129 × 20 = 2580   **129 × 4** = 516

→ **129 × 24** = **❶** [   ] + 516 = 3096

(2) 계산 방법 알아보기

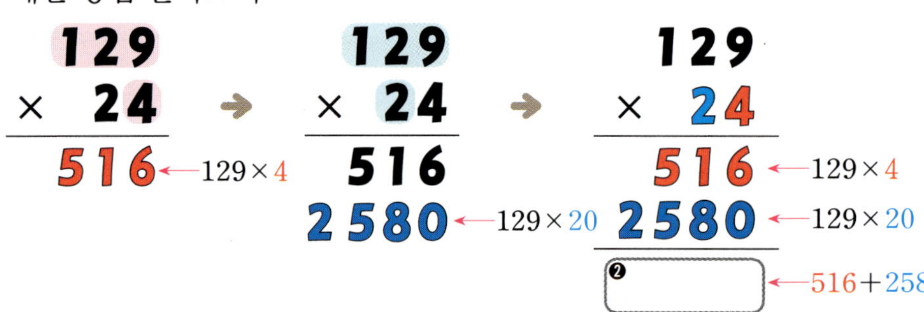

세로 계산에서 십의
자리의 곱을 쓸 때
일의 자리의
0을 생략할 수 있어.

129
× 24
516
258□
3096

정답 확인 | ❶ 2580 ❷ 3096

3 곱셈과 나눗셈

확인 문제 1~6번 문제를 풀면서 **개념 익히기!**

68

1 □ 안에 알맞은 수를 써넣으세요.

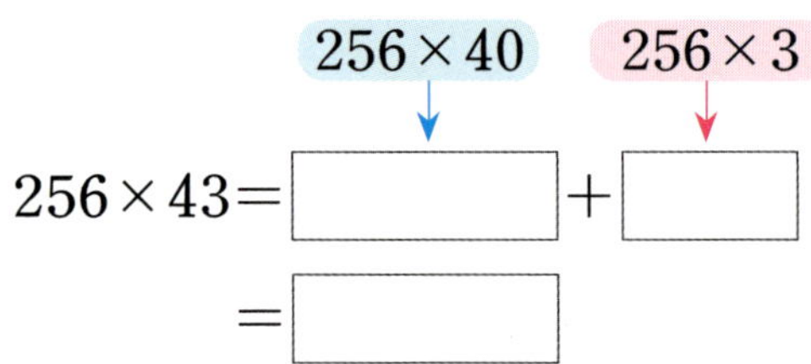

256×43 = [   ] + [   ]
= [   ]

256×40   256×3

2 □ 안에 알맞은 수를 써넣으세요.

954
× 61
[   ] ··· 954×1
[   ] ··· 954×60
[   ]

한 번 더! 확인 7~12번 유사문제를 풀면서 **개념 다지기!**

7 □ 안에 알맞은 수를 써넣으세요.

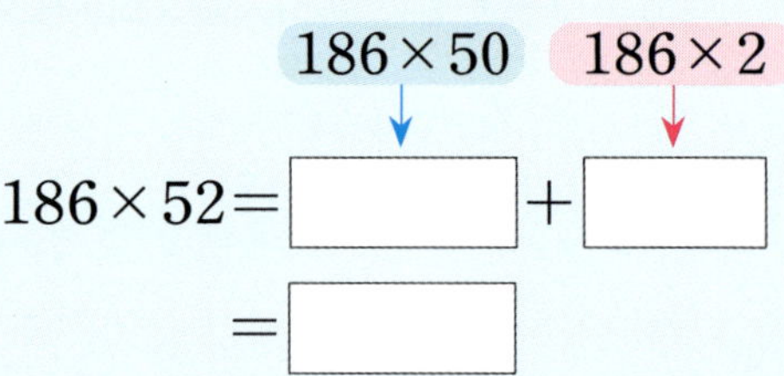

186×52 = [   ] + [   ]
= [   ]

186×50   186×2

8 □ 안에 알맞은 수를 써넣으세요.

432
× 22
[   ]
[   ]
[   ]

3 계산해 보세요.

(1) 　　4 7 5
　　× 　3 4

(2) 　　9 2 6
　　× 　4 8

4 유찬이와 지안이가 쓴 두 수의 곱을 구하세요.

(　　　　　　　　　　)

5 크기를 비교하여 ○ 안에 >, =, < 중 알맞은 것을 써넣으세요.

$$520 \times 23 \bigcirc 12000$$

6 사과 농장에서 사과를 한 상자에 138개씩 47상 자 수확했습니다. 수확한 사과는 모두 **몇 개**인 가요?

(1) 알맞은 식을 쓰세요.

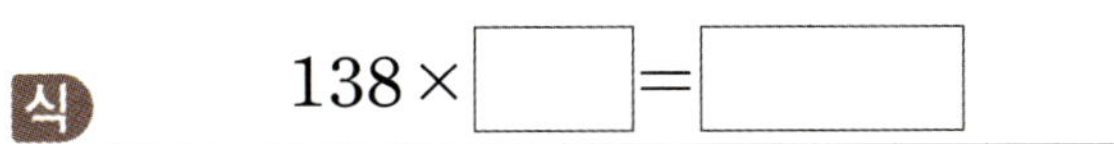

식　　138 × ☐ = ☐

(2) 수확한 사과는 모두 몇 개인가요?

꼭 단위까지 따라 쓰세요.

(　　　　　　개　　)

9 계산해 보세요.

(1) 156×24

(2) 372×31

10 두 수의 곱을 빈 곳에 써넣으세요.

711	64

11 더 큰 것의 기호를 쓰세요.

㉠ 15000
㉡ 480×35

(　　　　　　　　　　)

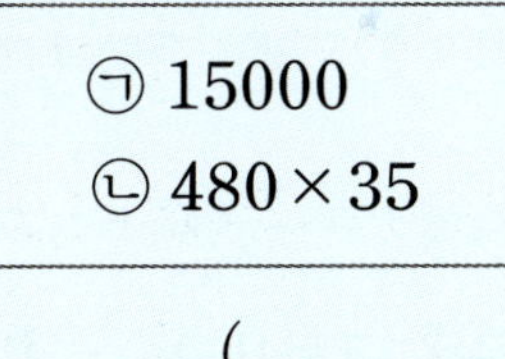

12 하루에 320 km씩 달리는 오토바이가 있습니다. 이 오토바이가 25일 동안 달린 거리는 모두 **몇 km**인가요?

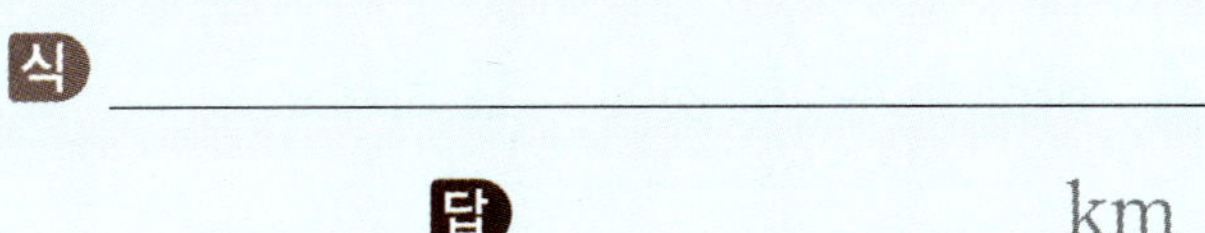

식　__________________

답　__________________ km

3

곱셈과 나눗셈

70

1 245×30의 값을 구하여 빈칸에 각 자리의 숫자를 알맞게 써넣으세요.

	천의 자리	백의 자리	십의 자리	일의 자리
245×3		7	3	5
245×30				

2 386×22를 계산하려고 합니다. □ 안에 알맞은 수를 써넣으세요.

$$386 \times 22 = 386 \times 20 + 386 \times 2$$

$$= \boxed{} + \boxed{}$$

$$= \boxed{}$$

3 두 수의 곱을 구하세요.

477	60

(　　　　　　　　　)

4 바르게 계산한 것에 ◯표 하세요.

400×70=28000　　(　　　)

500×60=3000　　(　　　)

5 빈칸에 알맞은 수를 써넣으세요.

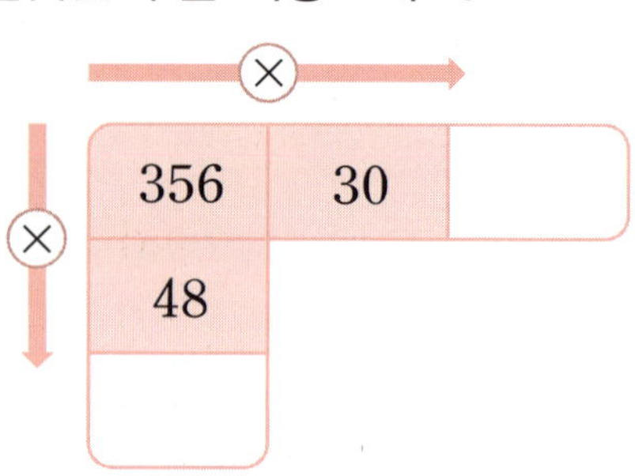

6 계산 결과를 찾아 이어 보세요.

600×40	•	•	40000
720×30	•	•	24000
500×80	•	•	21600

7 지애가 푼 문제를 보고 잘못 계산한 부분을 찾아 바르게 계산하여 답을 구하세요.

문제 퍼즐 조각이 한 통에 861개씩 들어 있습니다. 35통에 들어 있는 퍼즐 조각은 모두 몇 개인가요?

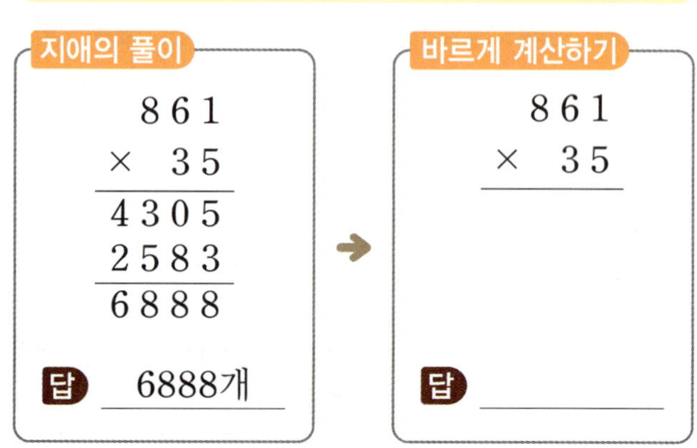

8 민재는 289×86을 다음과 같이 계산했습니다. 민재가 바르게 답을 구할 수 있도록 도움이 되는 말을 완성해 보세요.

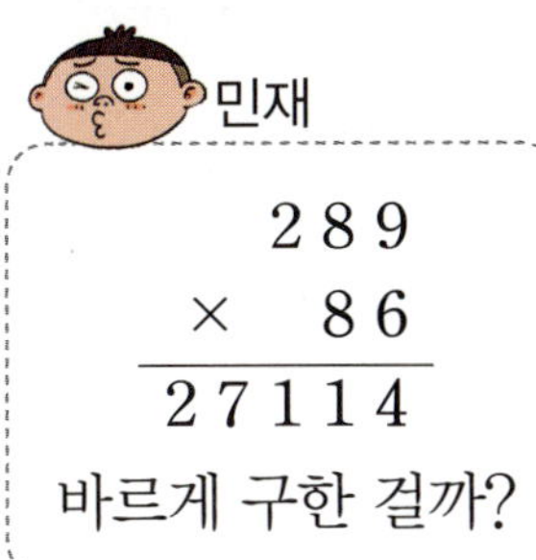

$$
\begin{array}{r}
2\ 8\ 9 \\
\times\quad 8\ 6 \\
\hline
2\ 7\ 1\ 1\ 4
\end{array}
$$

바르게 구한 걸까?

289는 300보다 작고, 86은 90보다 작으므로 289×86의 계산 결과는

300×90= ☐ 보다

(커야 , 작아야) 합니다.

9 마트에서 한 봉지에 950원인 과자를 18봉지 샀습니다. 과자의 값은 모두 얼마인가요?

식 _______________________

답 _______________________

문제 해결

10 '500×36'과 관련된 문제를 완성하고 풀어 보세요.

문제) 콜라 한 병의 들이는 500 mL입니다.

____

____

식 _______________________

답 _______________________

11 계산을 하고 계산 결과가 큰 것부터 ◯ 안에 1, 2, 3을 순서대로 써넣으세요.

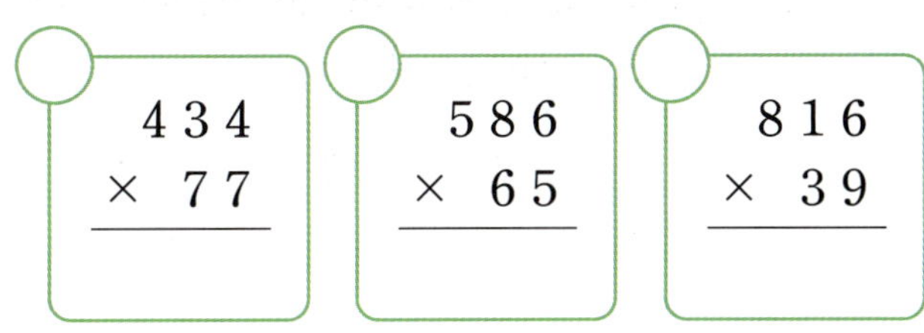

$$
\begin{array}{r}
4\ 3\ 4 \\
\times\quad 7\ 7 \\
\hline
\end{array}
\qquad
\begin{array}{r}
5\ 8\ 6 \\
\times\quad 6\ 5 \\
\hline
\end{array}
\qquad
\begin{array}{r}
8\ 1\ 6 \\
\times\quad 3\ 9 \\
\hline
\end{array}
$$

12 ☐ 안에 알맞은 수를 써넣으세요.

$$
\begin{array}{r}
1\ 2\ 3 \\
\times\quad \boxed{}\ 0 \\
\hline
3\ 6\ 9\ 0
\end{array}
$$

3

곱셈과 나눗셈

서술형 中수 문제 해결의 전략 을 보면서 풀어 보자.

13 진아는 5월 한 달 동안 매일 줄넘기를 126번씩 했습니다. 진아가 5월 한 달 동안 줄넘기를 한 횟수는 모두 몇 번인가요?

전략) 5월은 며칠까지 있는지 알아보자.

❶ 5월의 날수: ☐ 일

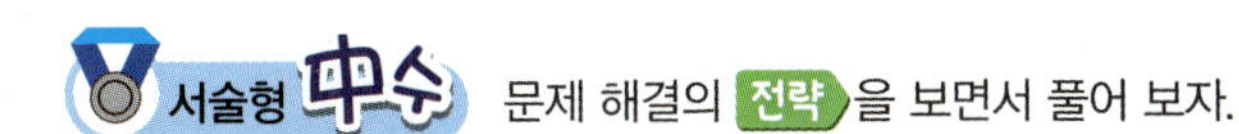

전략) (하루에 하는 줄넘기 횟수)×(❶에서 구한 5월의 날수)

❷ (5월 한 달 동안 줄넘기를 한 횟수)

=126× ☐ = ☐ (번)

답 _______________________

BOOK❷ 18~19쪽에서 한 번 더 풀기!

핵심 개념 (두 자리 수)÷(두 자리 수)

1. (몇십)÷(몇십)

예 60÷20의 계산

(1) 수 모형으로 알아보기

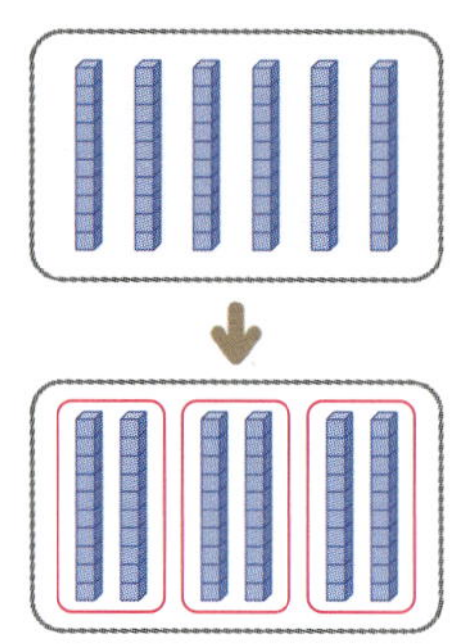

(2) 계산 방법 알아보기

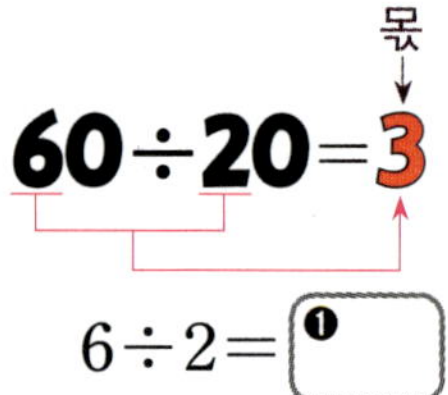

$60÷20=3$

$6÷2=$ ❶

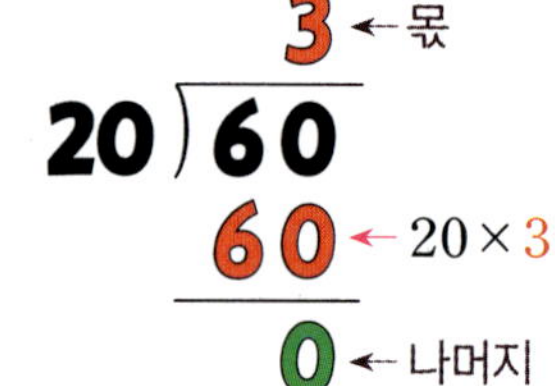

2. (두 자리 수)÷(두 자리 수)

예 83÷15의 계산

(1) 계산 방법 알아보기

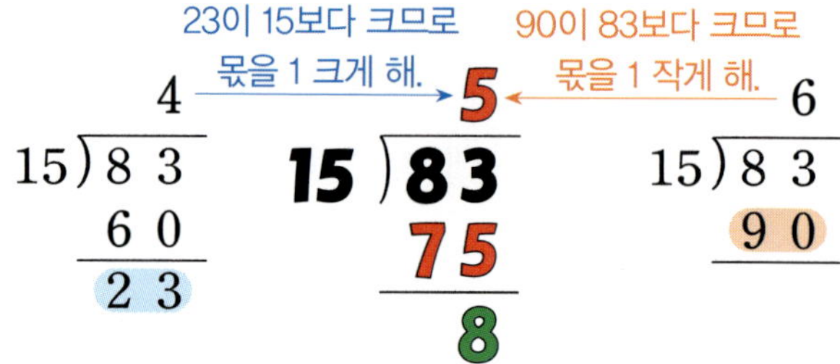

→ $83÷15=5 \cdots 8$

몫   나머지

주의 나머지는 항상 나누는 수보다 작아야 합니다.

(2) 계산한 결과가 맞는지 확인하기

나누는 수와 몫을 곱한 수에 나머지를 더하면 나누어지는 수가 되는지 확인합니다.

$15×5=75, \ 75+8=$ ❷

정답 확인 | ❶ 3   ❷ 83

---

3 곱셈과 나눗셈

72

확인 문제 1~6번 문제를 풀면서 개념 익히기!

1 □ 안에 알맞은 수를 써넣으세요.

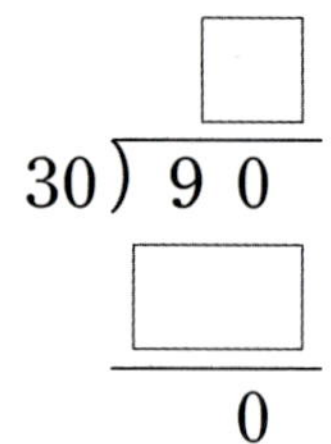

$90÷30=\square$

$9÷3=\square$

30)90

2 보기 에 있는 곱셈식을 보고 나눗셈의 몫이 되는 수를 찾아 □ 안에 알맞은 수를 써넣으세요.

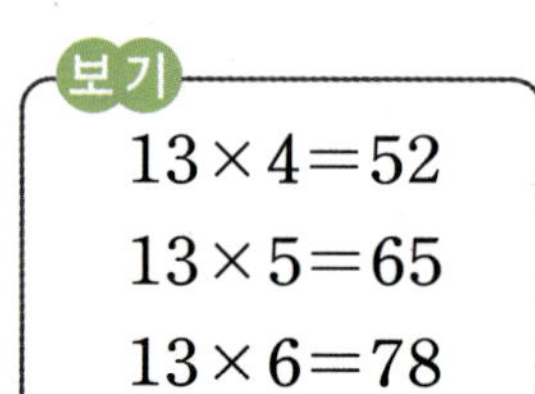

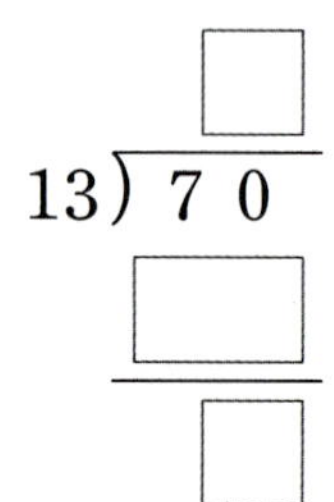

13)70

한 번 더! 확인 7~12번 유사문제를 풀면서 개념 다지기!

7 □ 안에 알맞은 수를 써넣으세요.

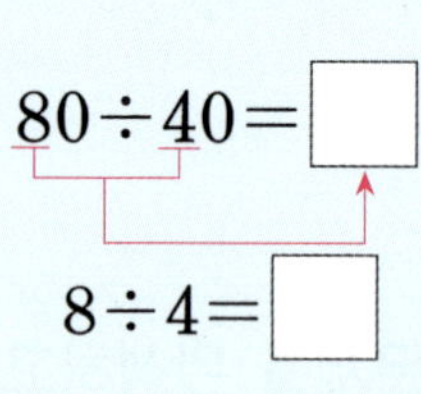

$80÷40=\square$

$8÷4=\square$

40)80

8 □ 안에 알맞은 수를 써넣으세요.

(1) 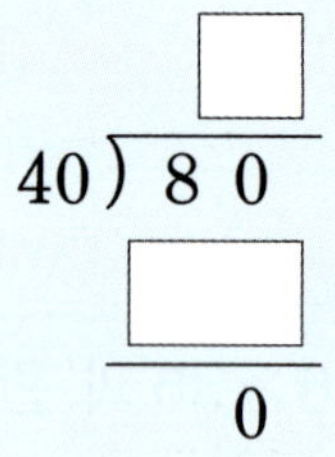

23)90

(2) 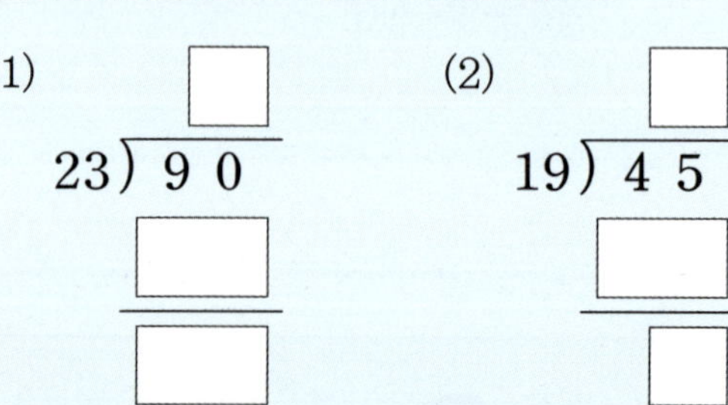

19)45

3 왼쪽은 $59 \div 19$를 <u>잘못</u> 계산한 것입니다. 바르게 계산하는 방법을 말한 사람의 이름을 쓰세요.

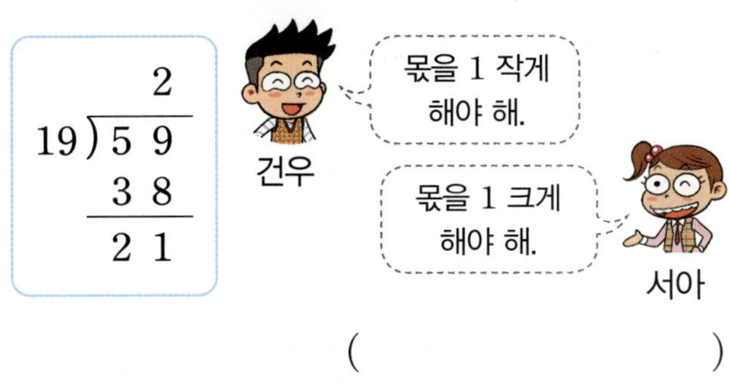

(   )

4 계산해 보세요.

(1) $14 \overline{)5\ 6}$　　　　(2) $27 \overline{)8\ 2}$

5 나눗셈의 몫과 나머지를 각각 구하세요.

$$46 \div 12$$

몫 (   )

나머지 (   )

6 귤 96개를 한 바구니에 12개씩 담으려고 합니다. **귤을 몇 바구니**에 담을 수 있나요?

(1) 알맞은 식을 쓰세요.

식　　　$96 \div \boxed{} = \boxed{}$

(2) 귤을 몇 바구니에 담을 수 있나요?

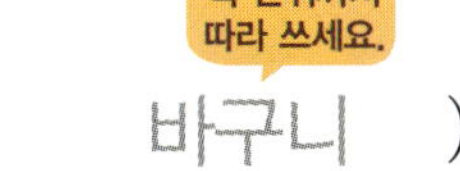

(바구니   )

9 알맞은 말에 ○표 하고, □ 안에 알맞은 수를 써넣으세요.

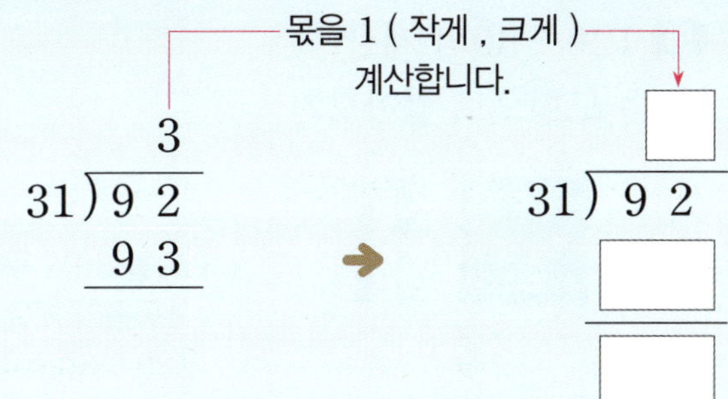

10 계산해 보세요.

(1) $78 \div 26$

(2) $90 \div 32$

11 빈칸에는 몫을 써넣고, ○ 안에는 나머지를 써넣으세요.

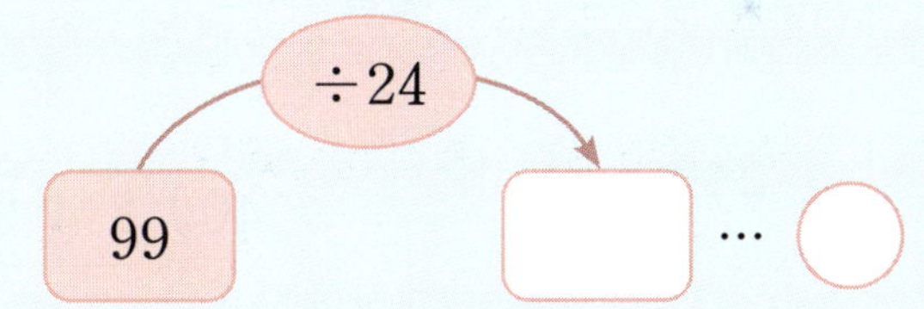

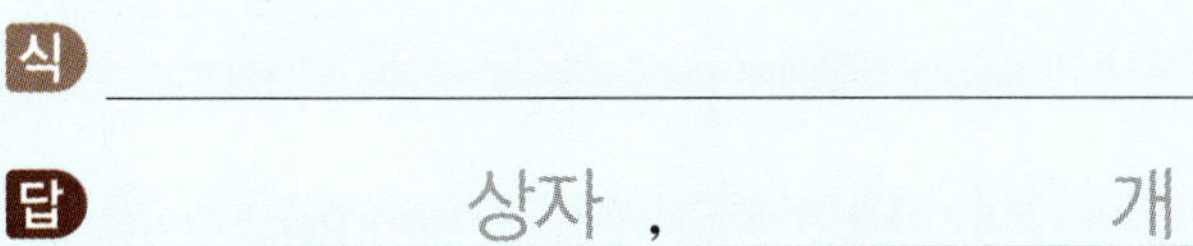

12 탁구공 87개를 한 상자에 15개씩 담으려고 합니다. 탁구공을 **몇 상자**까지 담을 수 있고, 남는 탁구공은 **몇 개**인가요?

식 _______________________________

답 _________ 상자 , _________ 개

핵심 개념 (세 자리 수)÷(몇십)

1. (몇백몇십)÷(몇십)

예 120÷30의 계산

(1) 수 모형으로 알아보기

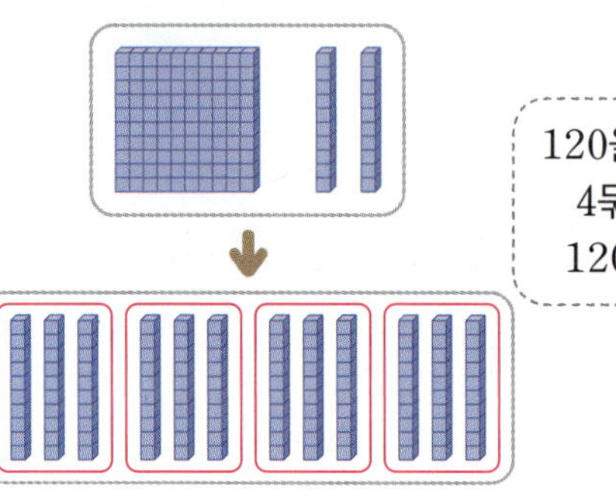

(2) 계산 방법 알아보기

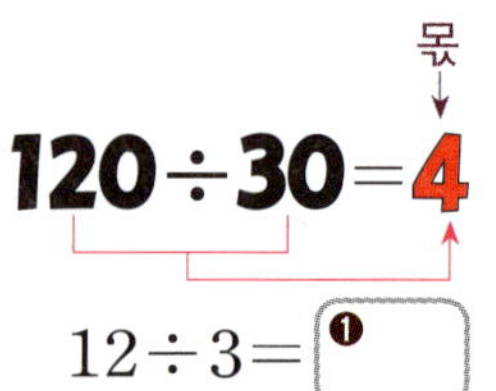

$$120 \div 30 = 4$$

$12 \div 3 =$ ❶

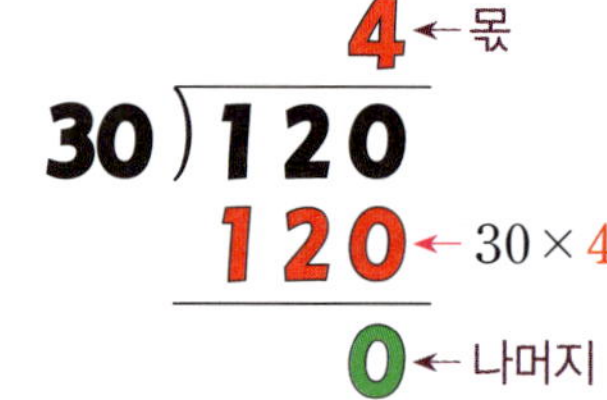

2. (세 자리 수)÷(몇십)

예 165÷40의 계산

(1) 계산 방법 알아보기

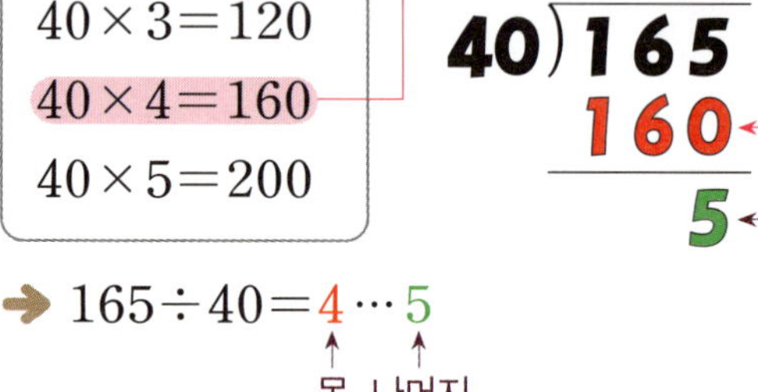

➡ $165 \div 40 = 4 \cdots 5$

몫 나머지

(2) 계산한 결과가 맞는지 확인하기

$40 \times 4 = 160, \quad 160 + 5 =$ ❷

정답 확인 | ❶ 4 ❷ 165

확인 문제 1~6번 문제를 풀면서 **개념 익히기!**

1 □ 안에 알맞은 수를 써넣으세요.

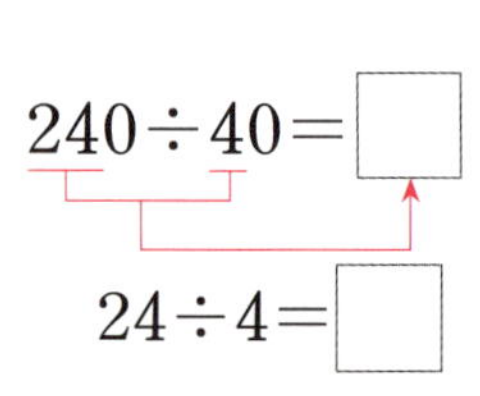

2 스케치북에 적힌 곱셈식을 보고 몫이 되는 수를 찾아 □ 안에 알맞은 수를 써넣으세요.

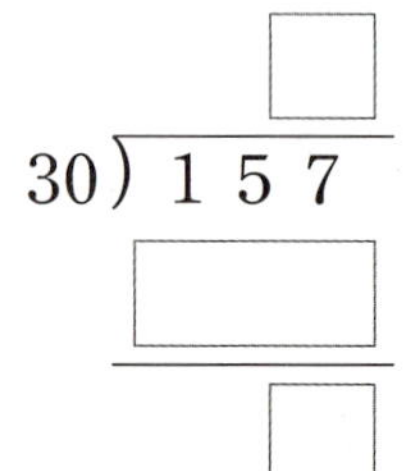

한 번 더! 확인 7~12번 유사문제를 풀면서 **개념 다지기!**

7 □ 안에 알맞은 수를 써넣으세요.

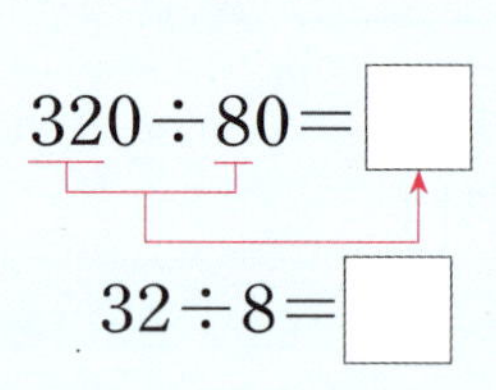

8 □ 안에 알맞은 수를 써넣으세요.

(1)   (2)

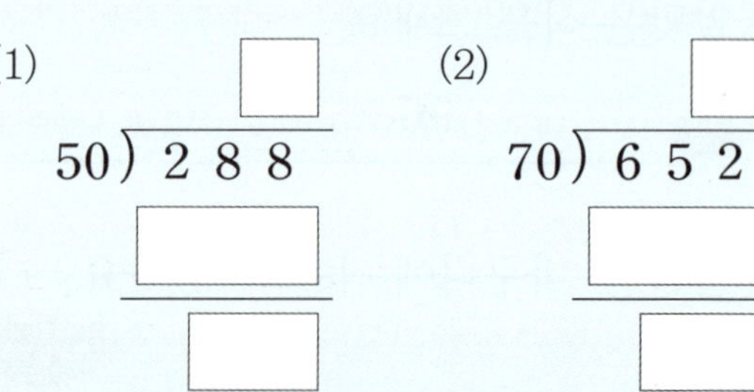

3 계산해 보세요.

(1) $50\,\overline{)\,3\,5\,0\,}$

(2) $30\,\overline{)\,1\,3\,1\,}$

4 나눗셈의 몫과 나머지를 각각 구하세요.

$$467 \div 60$$

몫 (　　　　　　　)
나머지 (　　　　　　)

5 나눗셈의 몫을 찾아 이어 보세요.

$560 \div 70$　・

$360 \div 60$　・

・　6

・　7

・　8

6 길이가 270 cm인 색 테이프를 30 cm씩 자르려고 합니다. 색 테이프는 모두 **몇 도막**이 되나요?

(1) 알맞은 식을 쓰세요.

식　$270 \div \boxed{} = \boxed{}$

(2) 색 테이프는 모두 몇 도막이 되나요?

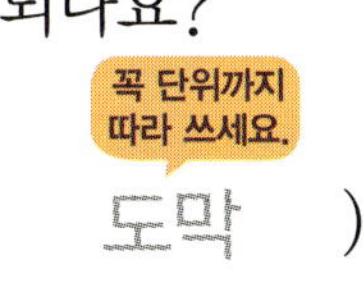

(　　　　도막　　　)

9 계산해 보세요.

(1) $495 \div 60$

(2) $684 \div 80$

10 ㉠을 ㉡으로 나눈 몫과 나머지를 각각 구하세요.

$$㉠ \; 654 \qquad ㉡ \; 90$$

몫 (　　　　　　　)
나머지 (　　　　　　)

11 나눗셈의 나머지를 찾아 이어 보세요.

$132 \div 40$　・

$364 \div 70$　・

・　10

・　12

・　14

12 색종이 490장을 80장씩 묶으려고 합니다. 색종이는 모두 **몇 묶음**까지 묶을 수 있고, 남는 색종이는 **몇 장**인가요?

식　_______________________

답 _________ 묶음 , _________ 장

3

곱셈과 나눗셈

76

1 빈칸에 알맞은 수를 써넣고 $240 \div 60$의 몫을 구하세요.

$\times 60$	1	2	3	4	5
	60	120			

$$240 \div 60 = \boxed{}$$

2 계산을 하고 몫과 나머지를 각각 써넣으세요.

(1)
$$12 \overline{)8\ 9}$$

몫	나머지

(2)
$$40 \overline{)2\ 3\ 5}$$

몫	나머지

3 계산을 하고 계산한 결과가 맞는지 확인해 보세요.

$$80 \overline{)4\ 3\ 7}$$

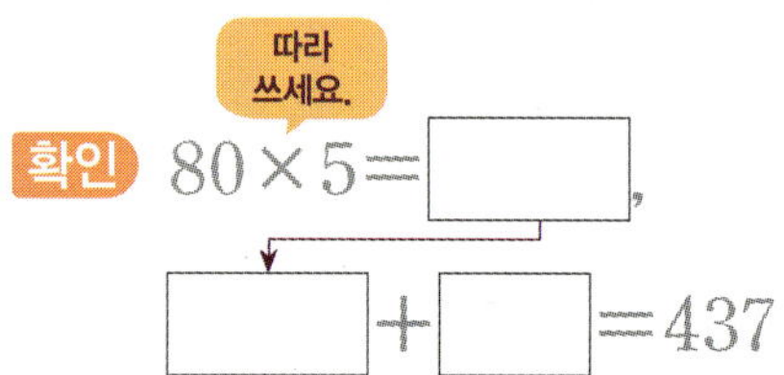

4 빈칸에 알맞은 수를 써넣으세요.

$$85 \rightarrow \boxed{\div 17} \rightarrow \boxed{}$$

5 $450 \div 90$과 몫이 같은 나눗셈의 기호를 쓰세요.

㉠ $360 \div 60$	㉡ $400 \div 80$

$$(\qquad\qquad)$$

의사소통

6 잘못 계산한 부분을 찾아 바르게 계산해 보세요.

$$30 \overline{)2\ 4\ 3} \quad \begin{array}{r} 7 \\ \underline{2\ 1\ 0} \\ 3\ 3 \end{array} \quad \Rightarrow \quad 30 \overline{)2\ 4\ 3}$$

7 나눗셈에서 나머지가 될 수 <u>없는</u> 수에 ○표 하세요.

$$\boxed{} \div 12$$

$$(\ 5\ ,\ 9\ ,\ 10\ ,\ 12\ )$$

8 호두파이 한 개를 만드는 데 호두가 16 g 필요합니다. 호두 80 g으로는 호두파이를 몇 개 만들 수 있나요?

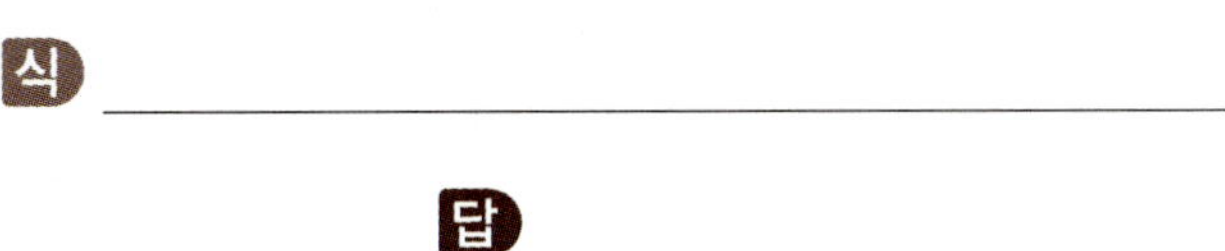

답 ________________________

9 몫의 크기를 비교하여 ○ 안에 >, =, < 중 알맞은 것을 써넣으세요.

$$96 \div 16 \bigcirc 65 \div 13$$

10 가장 큰 수를 가장 작은 수로 나눈 몫과 나머지를 각각 구하세요.

25	14	82	78

몫 (   )
나머지 (   )

문제 해결

11 주말에 서하가 본 연극 공연 시간은 154분이었습니다. 서하가 본 연극 공연 시간은 몇 시간 몇 분인가요?

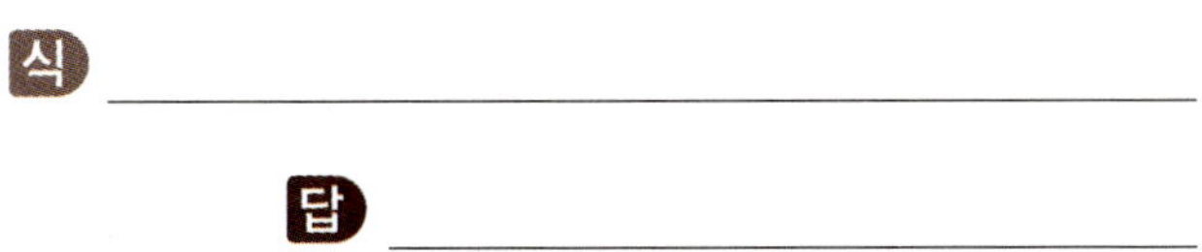

답 ________________________

12 보기에서 수를 골라 나누어떨어지는 나눗셈을 만들려고 합니다. □ 안에 알맞은 수를 써넣으세요.

보기
16   24   28

$$72 \div \boxed{}$$

13 계산을 하고 나머지가 큰 것부터 순서대로 기호를 쓰세요.

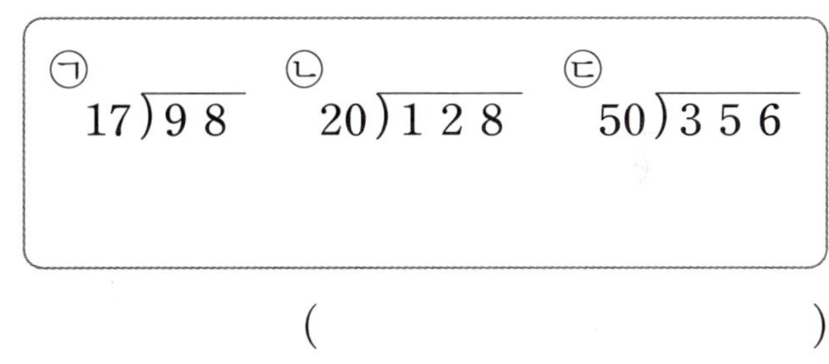

(   )

서술형 中수   문제 해결의 전략 을 보면서 풀어 보자.

14 214쪽짜리 위인전을 하루에 30쪽씩 읽으면 며칠 만에 모두 읽을 수 있나요?

전략 (위인전의 전체 쪽수)÷(하루에 읽는 쪽수)

❶ $214 \div \boxed{} = \boxed{} \cdots \boxed{}$

→ 하루에 30쪽씩 읽으면 $\boxed{}$ 일 동안 읽고, $\boxed{}$ 쪽이 남습니다.

전략 ❶에서 남은 쪽수를 마저 읽으려면 하루가 더 필요하다.

❷ 위인전을 모두 읽는 데 걸리는 날수:
$\boxed{} + 1 = \boxed{}$ (일)

답 ________________________

BOOK❷ 20~21쪽에서 한 번 더 풀기!

핵심 개념 몫이 한 자리 수인 (세 자리 수)÷(몇십몇)

1. 나머지가 없는 (세 자리 수)÷(몇십몇)

예 184÷23의 계산

(1) 계산 방법 알아보기

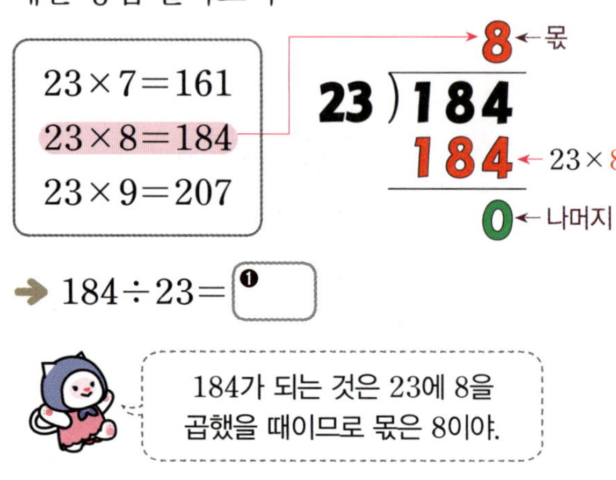

$$23 \times 7 = 161$$
$$23 \times 8 = 184$$
$$23 \times 9 = 207$$

$$23 \overline{)184}$$
$$184 \leftarrow 23 \times 8$$
$$0 \leftarrow 나머지$$

8 ← 몫

➡ 184÷23 = ❶

(2) 계산한 결과가 맞는지 확인하기

$$23 \times 8 = 184$$

2. 나머지가 있는 (세 자리 수)÷(몇십몇)

예 196÷32의 계산

(1) 계산 방법 알아보기

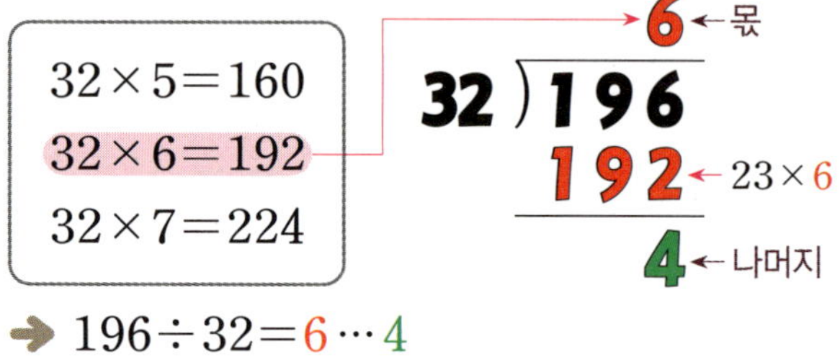

$$32 \times 5 = 160$$
$$32 \times 6 = 192$$
$$32 \times 7 = 224$$

$$32 \overline{)196}$$
$$192 \leftarrow 23 \times 6$$
$$4 \leftarrow 나머지$$

6 ← 몫

➡ 196÷32 = 6 ⋯ 4

(2) 계산한 결과가 맞는지 확인하기

$$32 \times 6 = 192, \quad 192 + 4 = ❷$$

정답 확인 | ❶ 8　❷ 196

확인 문제 1~6번 문제를 풀면서 **개념 익히기!**

1 □ 안에 알맞은 수를 써넣으세요.

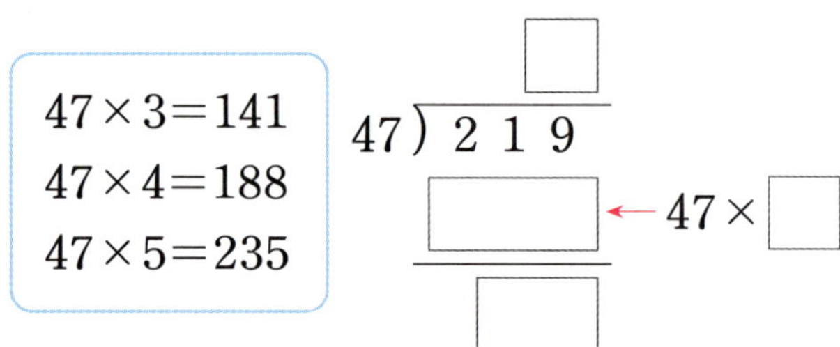

$$47 \times 3 = 141$$
$$47 \times 4 = 188$$
$$47 \times 5 = 235$$

$$47 \overline{)219}$$

← 47 × □

2 알맞은 말에 ○표 하고, □ 안에 알맞은 수를 써넣으세요.

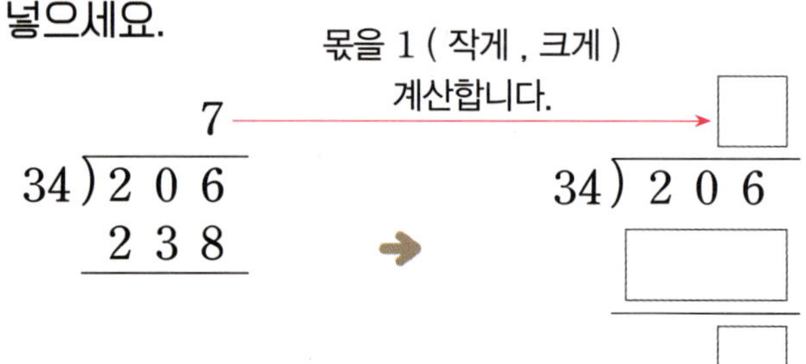

몫을 1 (작게 , 크게)
계산합니다.

$$34 \overline{)206}$$
$$238$$

7

$$34 \overline{)206}$$

한 번 더! 확인 7~12번 유사문제를 풀면서 **개념 다지기!**

7 □ 안에 알맞은 수를 써넣으세요.

(1)
$$14 \overline{)126}$$

(2)
$$72 \overline{)457}$$

8 232÷29를 바르게 계산한 것의 기호를 쓰세요.

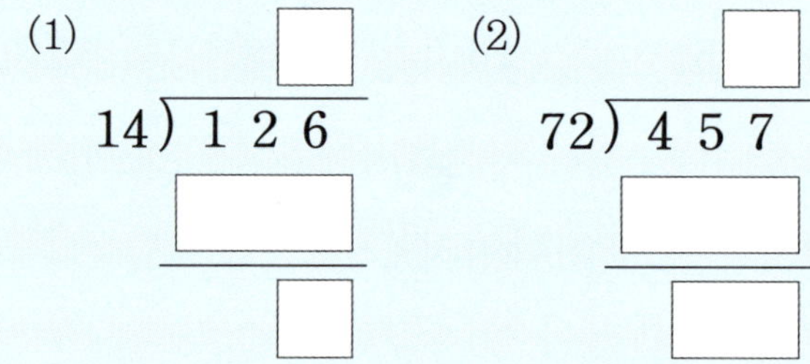

㉠	㉡
$29 \overline{)232}$　7	$29 \overline{)232}$　8
203	232
29	0

(　　　　　　)

3 계산해 보세요.

(1) $32\overline{)256}$　　　　(2) $51\overline{)234}$

4 나눗셈을 보고 계산한 결과가 맞는지 확인해 보세요.

$$156 \div 17 = 9 \cdots 3$$

확인 ___________________

5 나눗셈의 몫과 나머지를 각각 구하세요.

$$223 \div 52$$

몫 (　　　　　　　)

나머지 (　　　　　　　)

6 사료가 387 g 있습니다. 재준이가 반려동물에게 사료를 하루에 43 g씩 준다면 며칠 동안 줄 수 있나요?

(1) 알맞은 식을 쓰세요.

식　　　$387 \div \boxed{} = \boxed{}$

(2) 사료를 며칠 동안 줄 수 있나요?

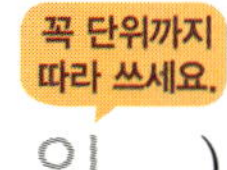

(　　　　일　　)

9 계산해 보세요.

(1) $145 \div 29$

(2) $274 \div 45$

10 서준이가 말한 나눗셈을 보고 계산한 결과가 맞는지 확인해 보세요.

확인 ___________________

11 빈칸에는 몫을 써넣고, ◯ 안에는 나머지를 써넣으세요.

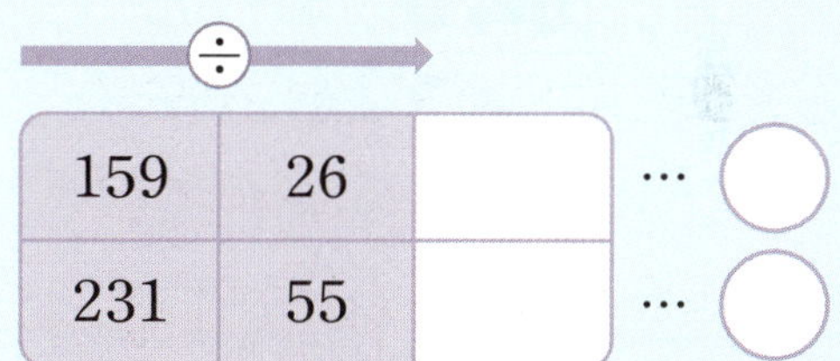

$\div$				
159	26		$\cdots$	◯
231	55		$\cdots$	◯

서술형 우수

12 감자 146개를 한 자루에 24개씩 담으려고 합니다. 감자를 몇 자루까지 담을 수 있고, 남는 감자는 몇 개인가요?

식 ___________________

답 ___________ 자루 , ___________ 개

핵심 개념 몫이 두 자리 수인 (세 자리 수)÷(몇십몇)

1. 몫이 두 자리 수이고, 나머지가 없는 (세 자리 수)÷(몇십몇)

예 504÷24의 계산

50÷24를 생각합니다.

24÷24를 계산합니다.

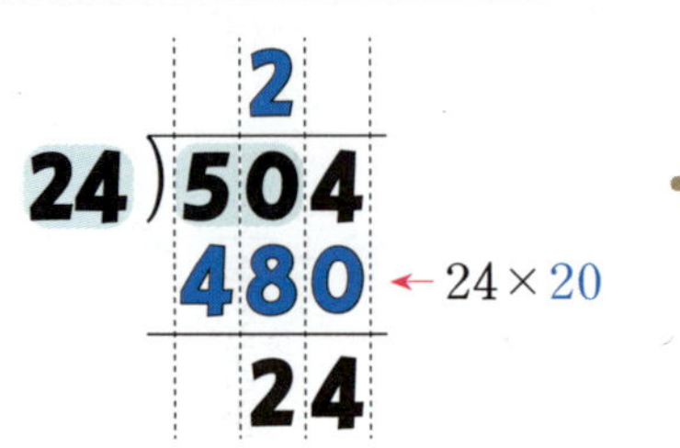

→

504÷24=21이고, 계산한 결과가 맞는지 확인하면

$24 \times 21 = \boxed{❶}$ (이)야.

2. 몫이 두 자리 수이고, 나머지가 있는 (세 자리 수)÷(몇십몇)

예 682÷32의 계산

68÷32를 생각합니다.

42÷32를 계산합니다.

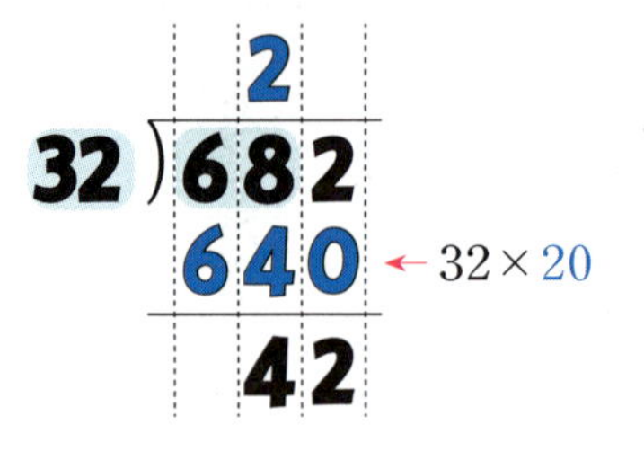

→

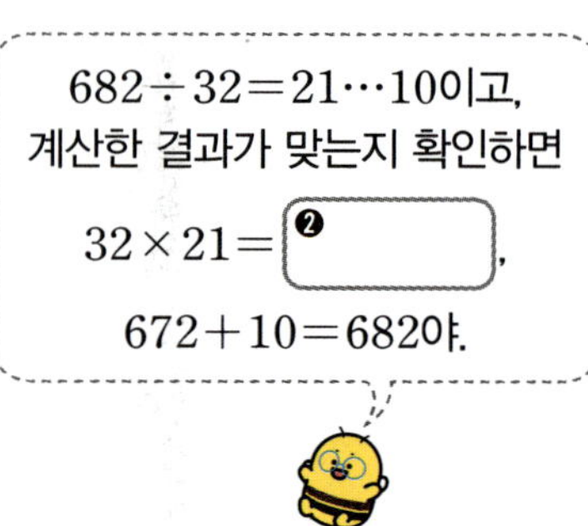

682÷32=21…10이고, 계산한 결과가 맞는지 확인하면

$32 \times 21 = \boxed{❷}$,

672+10=682야.

정답 확인 | ❶ 504 ❷ 672

확인 문제 1~5번 문제를 풀면서 **개념 익히기!**

1 □ 안에 알맞은 수를 써넣으세요.

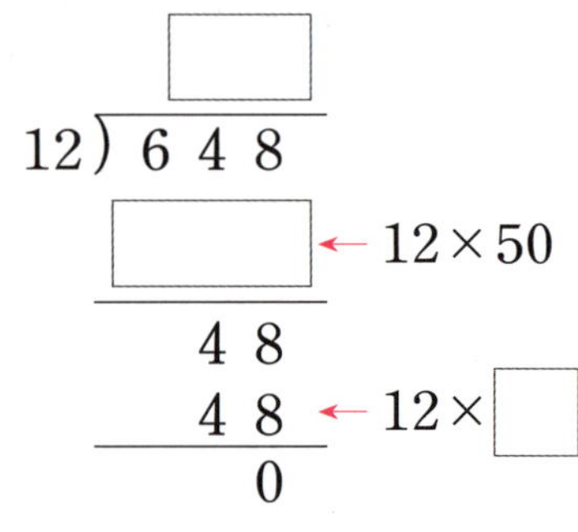

한 번 더! 확인 6~10번 유사문제를 풀면서 **개념 다지기!**

6 □ 안에 알맞은 수를 써넣으세요.

(1)

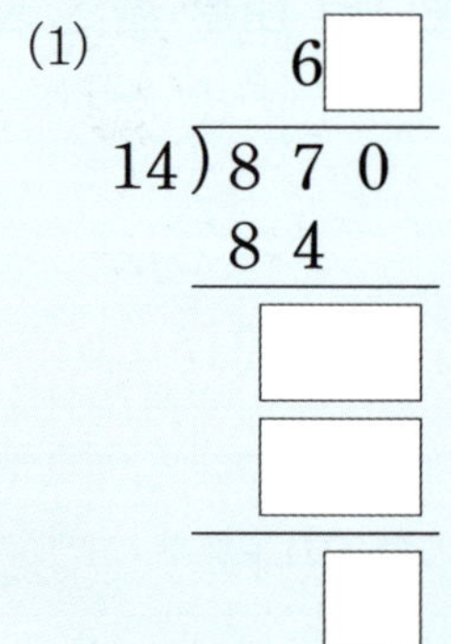

(2)

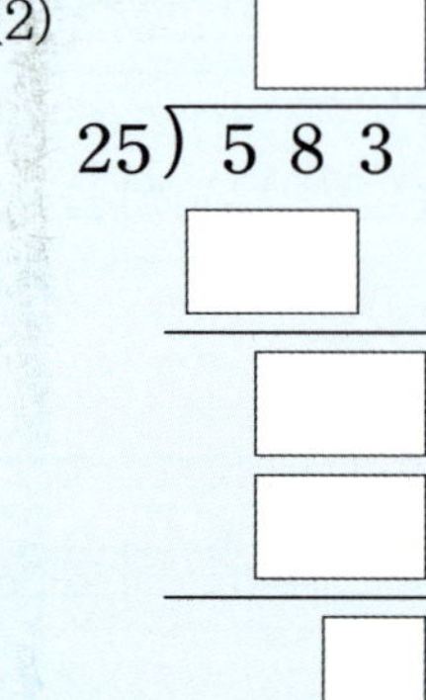

2 계산해 보세요.

(1)
$$16\,\overline{)\,7\ 6\ 8}$$

(2)
$$37\,\overline{)\,5\ 1\ 8}$$

3 나눗셈의 몫과 나머지를 구하세요.

$$675 \div 37$$

몫 (　　　　　　　　)
나머지 (　　　　　　　　)

4 계산을 바르게 한 것에 ○표 하세요.

```
      1 6
43 ) 7 3 1
     4 3
     3 0 1
     2 5 8
         4 3
```

```
       3 4
24 ) 8 1 6
      7 2
       9 6
       9 6
          0
```

(　　　　　)　　　(　　　　　)

5 사탕 637개를 한 사람에게 35개씩 나누어 주려고 합니다. 사탕을 **몇 명**까지 나누어 줄 수 있나요?

(1) 알맞은 식을 쓰세요.

식　637 ÷ ☐ = ☐ ··· ☐

(2) 사탕을 몇 명까지 나누어 줄 수 있나요?

꼭 단위까지
따라 쓰세요.

(　　　　　명　　)

7 계산해 보세요.

(1)
$$42\,\overline{)\,7\ 7\ 2}$$

(2)
$$36\,\overline{)\,5\ 2\ 4}$$

8 빈칸에는 몫을 써넣고, ◯ 안에는 나머지를 써넣으세요.

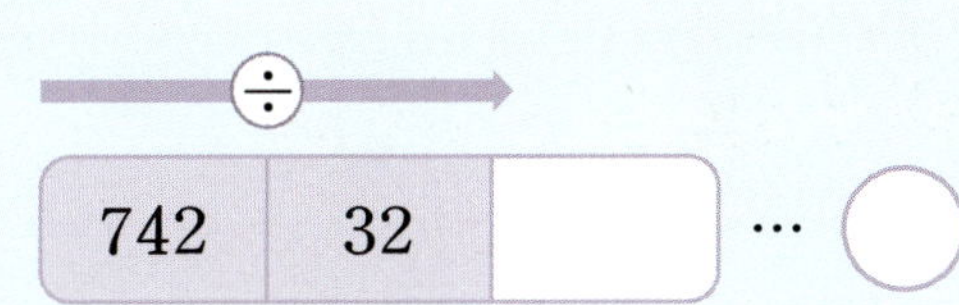

| 742 | 32 | | ··· ◯ |

9 잘못 계산한 부분을 찾아 바르게 계산해 보세요.

```
       2 8
26 ) 7 6 2
      5 2
      2 4 2
      2 0 8
        3 4
```
→
```
26 ) 7 6 2
```

10 4학년 학생 385명이 도자기 체험을 하려고 합니다. 도자기 체험을 하기 위해 11명씩 모둠을 만들면 **몇 모둠**이 되나요?

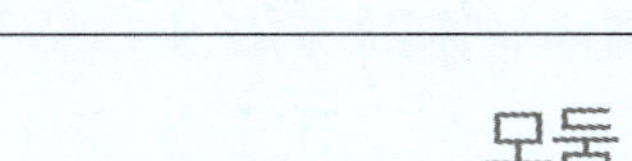
식 ________________________

답 ____________ 모둠

1 계산을 하고 몫과 나머지를 각각 써넣으세요.

$32 \overline{)580}$

몫	나머지

2 계산을 하고 계산한 결과가 맞는지 확인해 보세요.

$56 \overline{)987}$

확인 따라 쓰세요.

$56 \times 17 = \boxed{}$,

$\boxed{} + \boxed{} = 987$

3 빈 곳에 알맞은 수를 써넣으세요.

$272 \div 68 = \boxed{}$

4 □ 안에 알맞은 식의 기호를 써넣으세요.

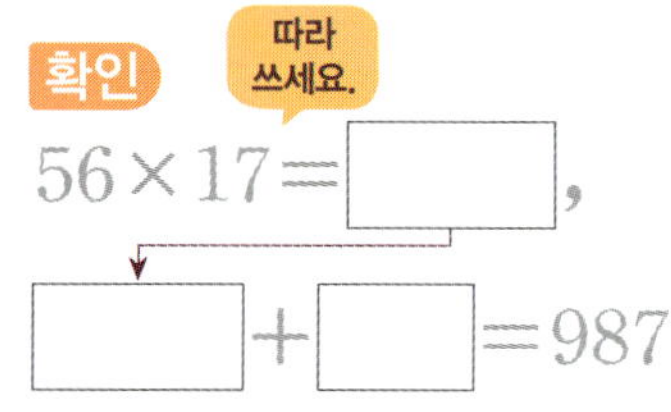

$$17 \overline{)561} \quad \begin{array}{r} 3\,3 \end{array}$$

5 1 0 ← □
5 1 ← □
5 1 ← □
0

㉠ 17×3
㉡ 17×30
㉢ $561 - 510$

5 나눗셈의 몫을 찾아 이어 보세요.

$408 \div 17$ •

$792 \div 36$ •

• 22

• 24

6 가장 큰 수를 가장 작은 수로 나눈 몫을 구하세요.

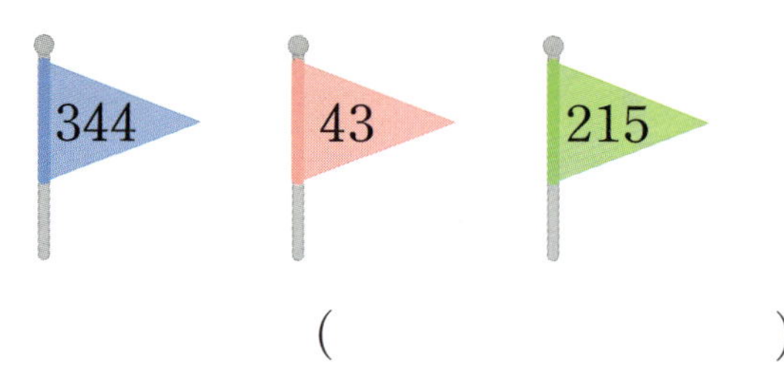

( )

의사소통

7 $200 \div 26$에 대해 바르게 말한 사람의 이름을 쓰세요.

( )

8 나눗셈의 몫이 더 작은 것에 색칠해 보세요.

$225 \div 45$

$354 \div 59$

추론

9 어떤 자연수를 35로 나눌 때 나올 수 있는 가장 큰 나머지는 얼마인가요?

( )

10 머핀을 한 번에 12개씩 구울 수 있습니다. 276개의 머핀을 만들려면 몇 번 구워야 하나요?

식 ____________________

답 ____________________

11 몫이 <u>다른</u> 하나를 찾아 기호를 쓰세요.

> ㉠ $810 \div 26$
> ㉡ $992 \div 32$
> ㉢ $672 \div 22$

( )

12 수확한 고구마 330개를 한 상자에 35개씩 담아 포장하려고 합니다. 고구마를 몇 상자까지 포장할 수 있고, 남는 고구마는 몇 개인가요?

식 ____________________

답 ____________ , ____________

13 □ 안에 알맞은 수를 구하세요.

$$\square \div 24 = 6 \cdots 13$$

( )

계산 결과를 확인하는 방법을 이용해 봐.

14 ㉠, ㉡에 알맞은 수를 구하세요.

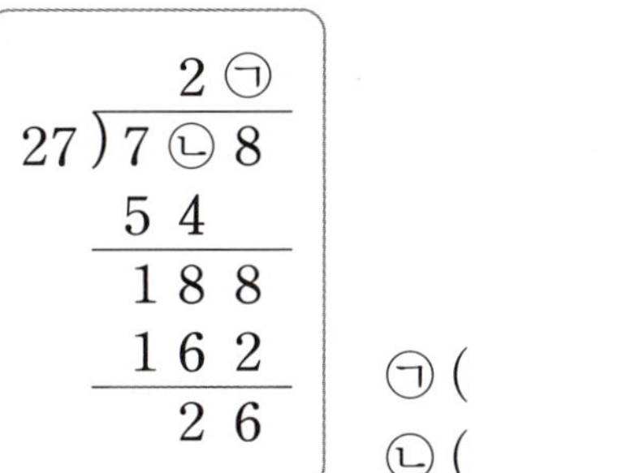

㉠ ( )
㉡ ( )

서술형 **中수** 문제 해결의 **전략** 을 보면서 풀어 보자.

15 ■에 들어갈 수 있는 자연수 중에서 가장 작은 수를 구하세요.

$$24 \times \blacksquare > 360$$

전략 $24 \times \blacksquare = 360$이라 생각하여 ■를 구하자.

❶ $24 \times \blacksquare = 360$

➜ $\blacksquare = 360 \div 24 = \boxed{}$

전략 ■에 들어갈 수 있는 수는 $360 \div 24$의 몫보다 크다.

❷ $24 \times \blacksquare > 360$이므로 $\blacksquare > \boxed{}$

❸ ■에 들어갈 수 있는 자연수 중에서 가장 작은 수: $\boxed{}$

답 ____________________

BOOK❷ 22~23쪽에서 한 번 더 풀기!

3

곱셈과 나눗셈

83

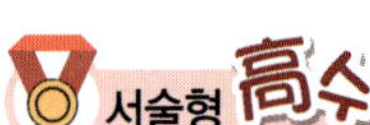

키워드 문제

연습 1-1 한 병에 215개씩 들어 있는 완두콩이 16병 있고, 한 병에 130개씩 들어 있는 강낭콩이 25병 있습니다. 완두콩과 강낭콩 중에서 어느 것의 개수가 더 많은가요?

Skill (한 병에 들어 있는 콩 수) × (병의 수)를 각각 구해 수의 크기를 비교하자.

풀이 ❶ (전체 완두콩 수) $= 215 \times \boxed{} = \boxed{}$ (개)

(전체 강낭콩 수) $= 130 \times \boxed{} = \boxed{}$ (개)

❷ 개수가 더 많은 것: $\boxed{}$

답 ________________

서술형 高수

🌱 **가이드** │ 문제에서 핵심이 되는 말에 표시하고, 위의 풀이 과정을 따라 풀어 보자.

실전 1-2 한 상자에 273개씩 들어 있는 구슬이 30상자 있고, 한 상자에 361개씩 들어 있는 바둑돌이 23상자 있습니다. 구슬과 바둑돌 중에서 어느 것의 개수가 더 많은가요?

풀이 ❶

❷

답 ________________

실전 1-3 한 봉지에 315개씩 들어 있는 딱지가 25봉지 있고, 한 봉지에 256개씩 들어 있는 팽이가 31봉지 있습니다. 딱지와 팽이 중에서 어느 것의 개수가 더 많은가요?

풀이 ❶

❷

답 ________________

3 곱셈과 나눗셈

✏️ 키워드 문제

연습 2-1 5장의 수 카드를 한 번씩만 사용하여 몫이 가장 큰 (세 자리 수)÷(두 자리 수)의 나눗셈식을 만들려고 합니다. 만든 나눗셈식의 몫과 나머지는 각각 얼마인가요?

| 4 | 7 | 2 | 9 | 5 |

Skill 몫이 가장 크려면 가장 큰 세 자리 수를 가장 작은 두 자리 수로 나누자.

풀이 ❶ 수 카드의 수의 크기 비교하기: $9 > 7 > 5 > \boxed{} > \boxed{}$

❷ 만들 수 있는 가장 큰 세 자리 수: 975, 가장 작은 두 자리 수: $\boxed{}$

❸ $975 ÷ 24 = \boxed{} \cdots \boxed{}$

➡ 몫: $\boxed{}$, 나머지: $\boxed{}$

답 몫: _________ , 나머지: _________

🏅 서술형 高수

🌱 **가이드** | 문제에서 핵심이 되는 말에 표시하고, 위의 풀이 과정을 따라 풀어 보자.

실전 2-2 5장의 수 카드를 한 번씩만 사용하여 몫이 가장 큰 (세 자리 수)÷(두 자리 수)의 나눗셈식을 만들려고 합니다. 만든 나눗셈식의 몫과 나머지는 각각 얼마인가요?

| 8 | 1 | 4 | 3 | 6 |

풀이 ❶

❷

❸

답 몫: _________ , 나머지: _________

연습 3-1 200보다 크고 300보다 작은 자연수 중에서 80으로 나누었을 때 나머지가 가장 크게 되는 수는 얼마인가요?

Skill

> 먼저 나머지는 나누는 수보다 항상 작아야 한다는 것을 이용하여 나올 수 있는 가장 큰 나머지를 구하자.

풀이 ❶ 80으로 나누었을 때 나올 수 있는 가장 큰 나머지: ☐

❷ 나머지가 가장 큰 경우에 나누어지는 수를 구합니다.

몫이 2이고 나머지가 가장 클 때: $80 \times 2 = 160$, $160 + 79 = $ ☐

몫이 3이고 나머지가 가장 클 때: $80 \times 3 = 240$, $240 + 79 = $ ☐

❸ 200보다 크고 300보다 작은 자연수 중에서 80으로 나누었을 때

나머지가 가장 크게 되는 수: ☐

답 ___________

3 곱셈과 나눗셈

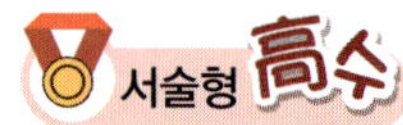 서술형 高수  가이드 | 문제에서 핵심이 되는 말에 표시하고, 위의 풀이 과정을 따라 풀어 보자.

실전 3-2 300보다 크고 400보다 작은 자연수 중에서 70으로 나누었을 때 나머지가 가장 크게 되는 수는 얼마인가요?

풀이 ❶

❷

❸

답 ___________

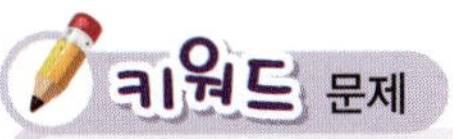 **키워드** 문제

연습 4-1 수진이네 학교 4학년 학생들이 25명씩 모둠을 만들면 7모둠이 되고, 5명이 남는다고 합니다. 수진이네 학교 4학년 학생들이 18명씩 모둠을 만들면 몇 모둠이 되나요?

 **Skill**

먼저 문제에 주어진 것을 이용하여 식을 만들어 4학년 전체 학생 수부터 구하자.

풀이 ❶ 4학년 전체 학생 수를 ●명이라 하면 ● ÷ 25 = 7 ⋯ 5입니다.

→ $25 \times 7 = \boxed{}$, $\boxed{} + 5 = \boxed{}$ 이므로

● = $\boxed{}$ 입니다.

❷ 4학년 학생들이 18명씩 모둠을 만들면

$\boxed{} \div 18 = \boxed{}$ (모둠)이 됩니다.

답 _______________

3

곱셈과 나눗셈

 **서술형 高수**  **가이드** | 문제에서 핵심이 되는 말에 표시하고, 위의 풀이 과정을 따라 풀어 보자.

실전 4-2 소유네 학교 4학년 학생들이 20명씩 모둠을 만들면 8모둠이 되고, 16명이 남는다고 합니다. 소유네 학교 4학년 학생들이 16명씩 모둠을 만들면 몇 모둠이 되나요?

풀이 ❶

❷

답 _______________

BOOK❷ 24~25쪽에서 한 번 더 풀기!

점수

1 □ 안에 알맞은 수를 써넣으세요.

(1) $500 \times 70 =$

(2) $920 \times 30 =$

2 □ 안에 알맞은 수를 써넣으세요.

(1)
$$42 \overline{)98}$$

(2)
$$27 \overline{)950}$$

3 계산해 보세요.

(1)
$$\begin{array}{r} 543 \\ \times\ 72 \\ \hline \end{array}$$

(2)
$$\begin{array}{r} 897 \\ \times\ 46 \\ \hline \end{array}$$

4 빈 곳에 알맞은 수를 써넣으세요.

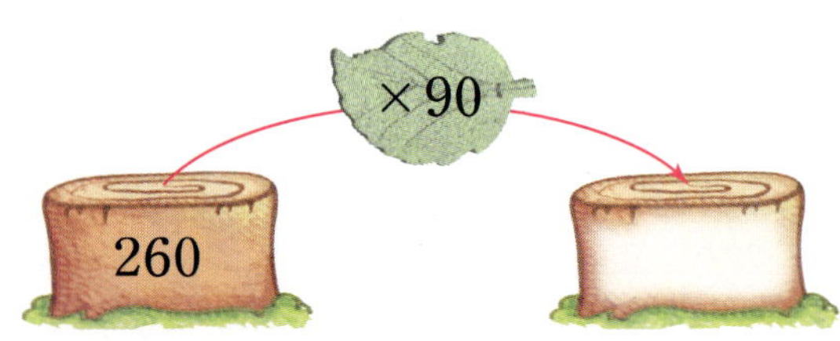

5 나눗셈의 몫과 나머지를 각각 구하세요.

$$610 \div 64$$

몫 (　　　　　　　　)

나머지 (　　　　　　　　)

6 계산을 하고 계산한 결과가 맞는지 확인해 보세요.

$$36 \overline{)501}$$

확인

7 크기를 비교하여 ○ 안에 >, =, < 중 알맞은 것을 써넣으세요.

$$546 \times 34 \bigcirc 20320$$

8 어떤 수를 58로 나누었을 때 나머지가 될 수 <u>없는</u> 수는 어느 것인가요? (　　　　)

① 1　　　② 25　　　③ 58

④ 43　　　⑤ 12

3 곱셈과 나눗셈

9 나눗셈의 몫을 찾아 이어 보세요.

$210 \div 15$ •

$656 \div 41$ •

• 14

• 16

• 18

10 나머지가 더 큰 것의 기호를 쓰세요.

$\bigcirc\ 252 \div 30 \qquad \bigcirc\ 153 \div 24$

(   )

11 잘못 계산한 부분을 찾아 바르게 계산해 보세요.

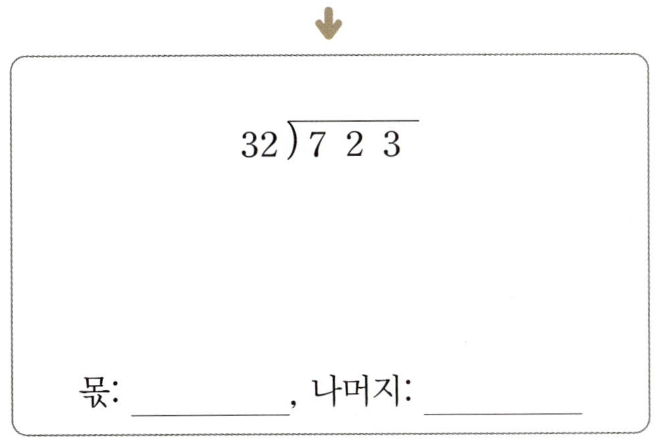

몫: ________ , 나머지: ________

[12~13] 꿀떡 240개를 한 봉지에 15개씩 포장하여 판매하려고 합니다. 물음에 답하세요.

12 꿀떡은 몇 봉지가 되나요?

식 ______________________

답 ______________________

13 한 봉지를 750원에 판다면 얼마를 받을 수 있나요?

식 ______________________

답 ______________________

14 '680×25'와 관련된 문제를 완성하고 풀어 보세요.

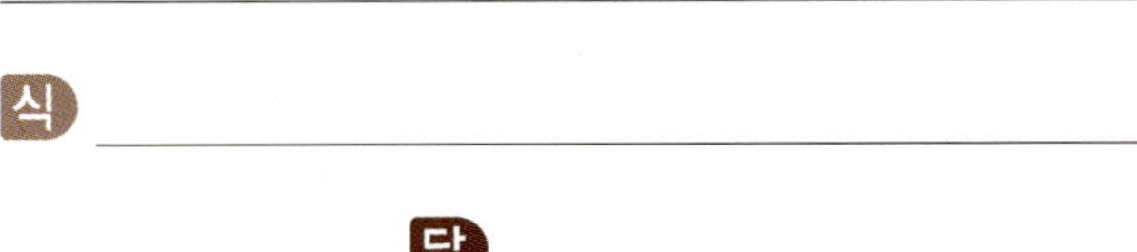

문제 문구점에서 연필 한 자루의 값은 680원입니다. ______________________

____

식 ______________________

답 ______________________

추론

15 나눗셈식이 적혀 있는 종이 일부분이 찢어졌습니다. 나눗셈식에서 나누어지는 수를 구하세요.

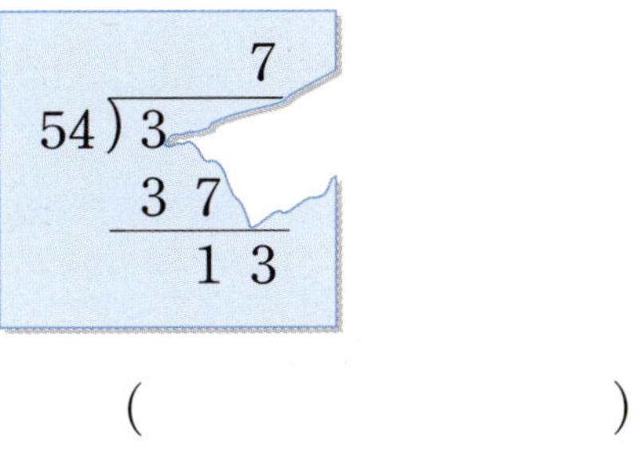

(   )

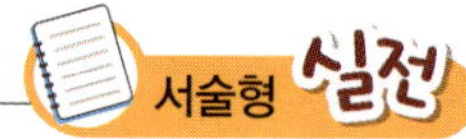

16 도서관에 새로 들어온 책 734권을 정리하려고 합니다. 책꽂이 한 칸에 52권씩 정리한다면 책을 모두 정리하는 데 책꽂이는 적어도 몇 칸이 필요한가요?

식 ___________________________________

답 ___________________________

17 □ 안에 들어갈 수 있는 자연수 중에서 가장 큰 수를 구하세요.

$$12 \times \boxed{} < 420$$

(   )

18 귤과 자두가 다음과 같이 있습니다. 귤과 자두 중 어느 것의 개수가 더 많은가요?

• 귤: 한 상자에 230개씩 36상자
• 자두: 한 상자에 176개씩 48상자

(   )

19 1분에 110 m를 이동하는 해저 탐사 로봇이 있습니다. 이 로봇이 같은 빠르기로 1시간 30분 동안 이동했다면 모두 몇 m를 이동했는지 풀이 과정을 쓰고 답을 구하세요.

풀이 ___________________________________

____

____

____

답 ___________________________

20 5장의 수 카드를 한 번씩만 사용하여 몫이 가장 큰 (세 자리 수)÷(두 자리 수)의 나눗셈식을 만들려고 합니다. 만든 나눗셈식의 몫과 나머지는 각각 얼마인지 풀이 과정을 쓰고 답을 구하세요.

| 6 | 9 | 3 | 5 | 8 |

풀이 ___________________________________

____

____

____

____

답 몫: ___________ , 나머지: ___________

3
곱셈과 나눗셈

틀린 그림을 찾아라!

 빵 가게에서 빵을 팔고 있습니다. 두 그림에서 서로 다른 3곳을 찾아 ◯표 하세요.

왼쪽 그림에 있는 바나나빵을 모두 사려면 얼마를 내야 해?

바나나빵이 11개 있으므로 모두 ☐ × ☐ = ☐ (원)을 내야 해.

그럼, 오른쪽 그림에 있는 바나나빵을 모두 사려면 얼마를 내야 하지?

바나나빵이 12개 있으므로 모두 ☐ × ☐ = ☐ (원)을 내야 해.

4 평면도형의 이동

흑흑… 선생님 고개가 꺾였어요.
헉! 어쩌다가?
빠딱
DY.
도형을 시계 방향으로 90°만큼 돌린 도형 그리기를 했는데 고개를 꺾은 채로 그리다가 그만….
으이구~

큐알 코드를 찍으면 개념 학습 영상을
볼 수 있어요.

핵심 개념 점 이동하기

1. 바둑돌 이동하기

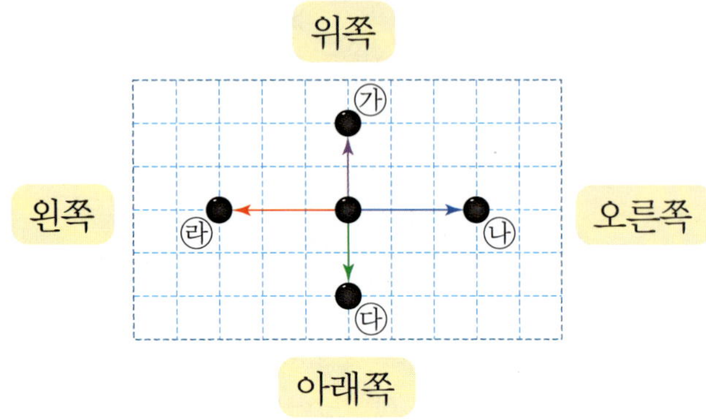

(1) 바둑돌을 **위쪽으로 2칸** 이동하면 ㉮에 도착합니다.

(2) 바둑돌을 **오른쪽으로** ❶칸 이동하면 ㉯에 도착합니다.

(3) 바둑돌을 **아래쪽으로 2칸** 이동하면 ㉰에 도착합니다.

(4) 바둑돌을 **왼쪽으로 3칸** 이동하면 ㉱에 도착합니다.

2. 점 이동하기

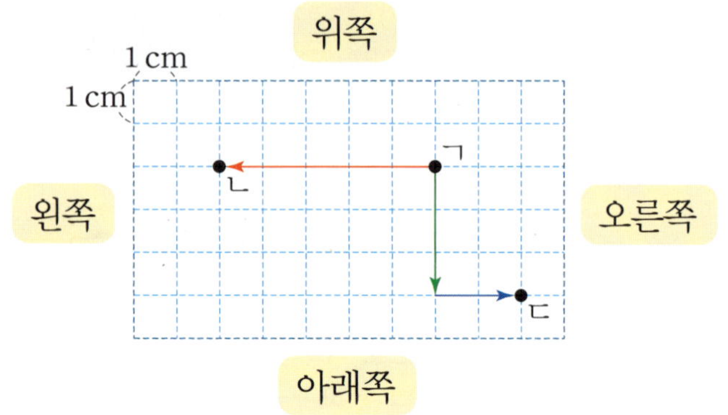

(1) 점 ㄱ을 **왼쪽으로 5 cm** 이동하면 점 ㄴ에 도착합니다.

(2) 점 ㄱ을 **아래쪽으로 3 cm**, **오른쪽으로 2 cm** 이동하면 점 ❷에 도착합니다.

> 이동한 점의 위치는 처음에 있던 점의 위치를 기준으로 설명해야 해.

정답 확인 | ❶ 3 ❷ ㄷ

확인 문제 1~5번 문제를 풀면서 개념 익히기!

[1~2] 알맞은 말에 ○표 하세요.

1 말(♞)을 왼쪽으로 3칸 이동하면 (당근 , 피망)에 도착합니다.

2 말(♞)을 오른쪽으로 3칸 이동하면 (당근 , 피망)에 도착합니다.

한 번 더! 확인 6~10번 유사문제를 풀면서 개념 다지기!

[6~7] 알맞은 말이나 수에 ○표 하세요.

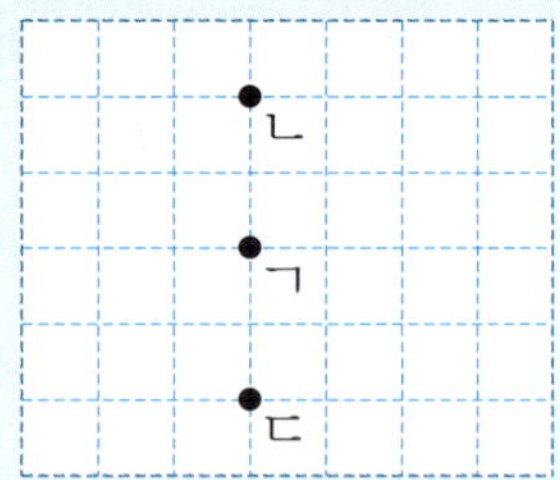

6 점 ㄱ을 (위쪽 , 아래쪽)으로 2칸 이동하면 점 ㄴ에 도착합니다.

7 점 ㄱ이 점 ㄷ에 도착하려면 아래쪽으로 (2 , 3)칸 이동해야 합니다.

3 점을 어떻게 이동했는지 서아의 설명이 바르면
○표, 틀리면 ×표 하세요.

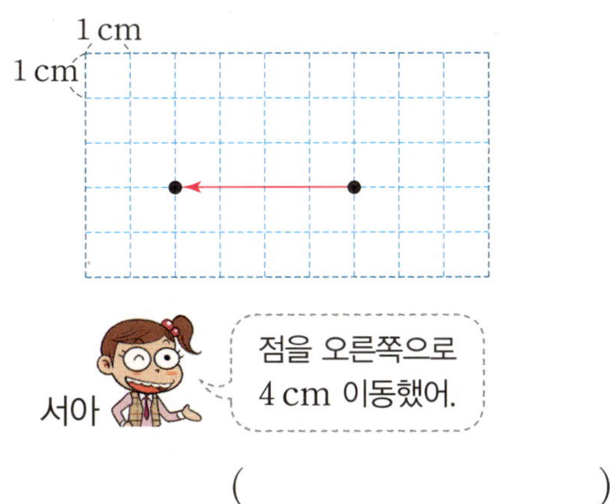

(   )

4 점 ㄱ을 위쪽으로 5 cm 이동했을 때의 위치에
점 ㄴ으로 표시해 보세요.

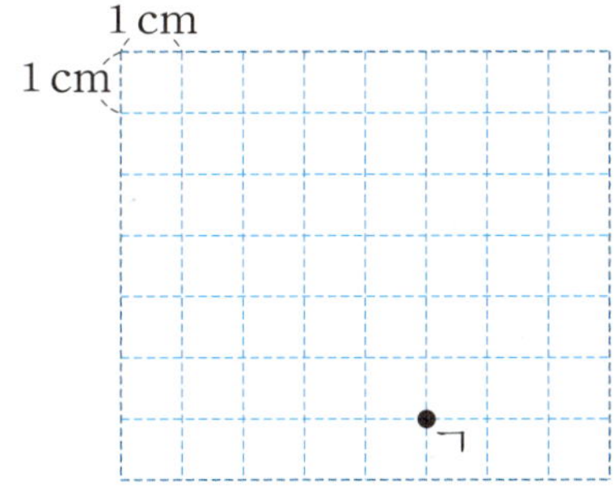

5 점 ㄱ을 어떻게 이동하면 점 ㄴ에 도착하는지
□ 안에 알맞은 말이나 수를 써넣으세요.

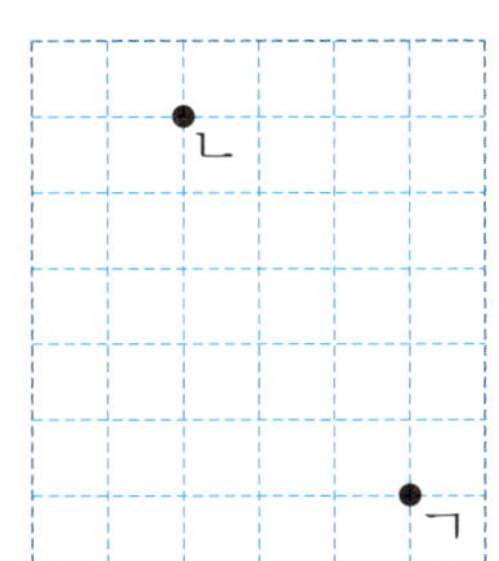

설명 점 ㄱ이 점 ㄴ에 도착하려면 [ ]쪽

으로 5칸, 왼쪽으로 [ ]칸 이동해야 합니다.

8 점을 어떻게 이동했는지 바르게 설명한 것의 기
호를 쓰세요.

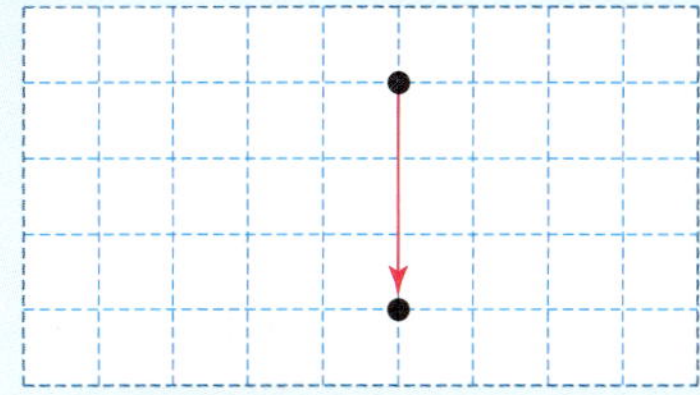

(   )

9 점 ㄱ을 오른쪽으로 4 cm 이동했을 때의 위치
를 찾아 기호를 쓰세요.

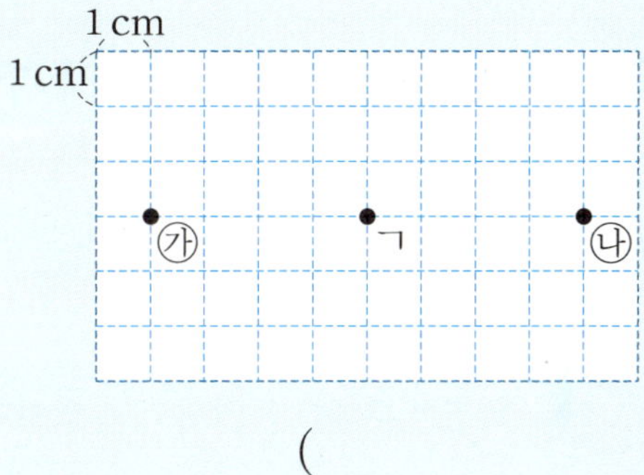

(   )

서술형 下수

10 점 ㄱ을 어떻게 이동하면 점 ㄴ에 도착하는지 설
명해 보세요.

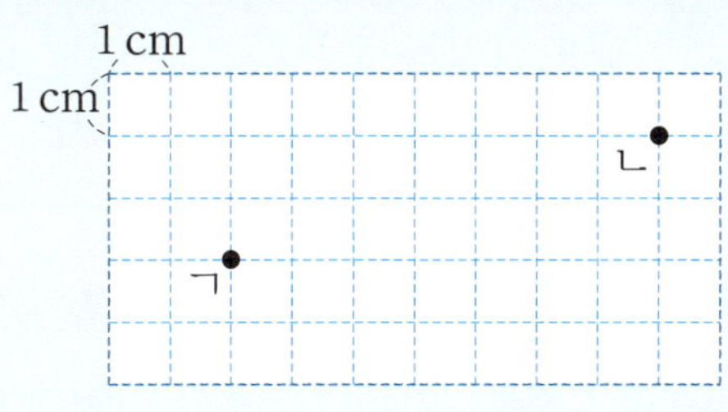

따라
쓰세요.

설명 점 ㄱ이 점 ㄴ에 도착하려면 위쪽

으로 [ ] cm, [ ]쪽으로 7 cm 이동

해야 합니다.

핵심 개념 평면도형 밀기

1. 모양 조각을 여러 방향으로 밀기

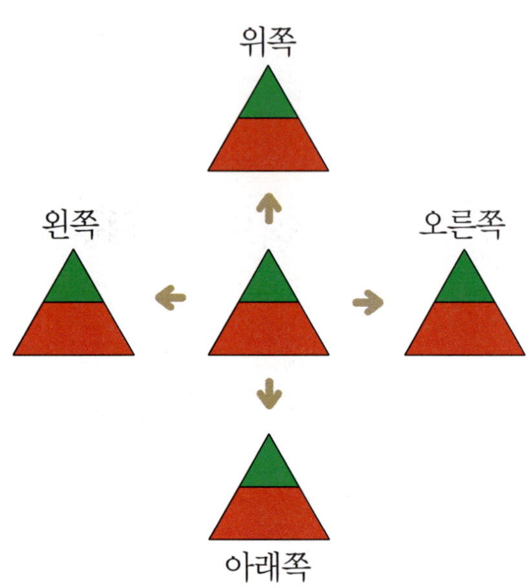

모양 조각을 밀면 미는 방향에 따라 조각의 위치는 바뀌지만 **모양은 변하지 않습니다.**

2. 도형을 밀었을 때의 도형 알아보기

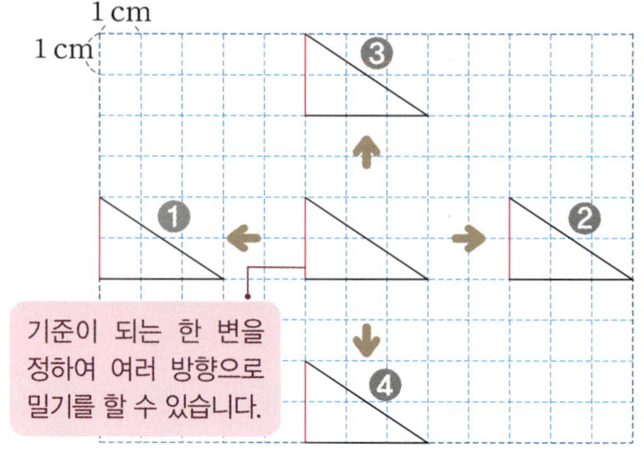

기준이 되는 한 변을 정하여 여러 방향으로 밀기를 할 수 있습니다.

가운데 도형을 ❶은 왼쪽으로 5 cm, ❷는 오른쪽으로 [❶]　 cm 밀었을 때의 도형을 그린 거야.

가운데 도형을 ❸은 위쪽으로 4 cm, ❹는 [❷]　 쪽으로 4 cm 밀었을 때의 도형을 그린 거야.

정답 확인 │ ❶ 5　 ❷ 아래

확인 문제 1~5번 문제를 풀면서 **개념 익히기!**

1 알맞은 말에 ◯표 하세요.

샌드위치를 오른쪽으로 밀면 모양은 (변합니다 , 변하지 않습니다).

2 오른쪽 도형을 왼쪽으로 6칸 밀었을 때의 도형을 완성해 보세요.

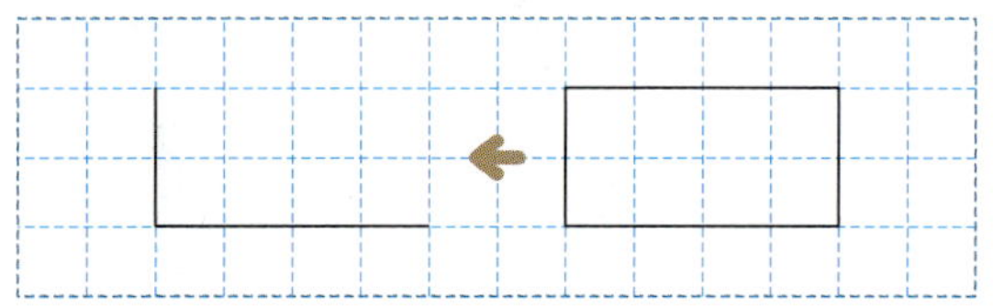

한 번 더! 확인 6~10번 유사문제를 풀면서 **개념 다지기!**

6 알맞은 말에 ◯표 하세요.

자전거를 왼쪽으로 밀면 (모양, 위치 , 크기) 만 변합니다.

7 왼쪽 도형을 오른쪽으로 6칸 밀었을 때의 도형을 완성해 보세요.

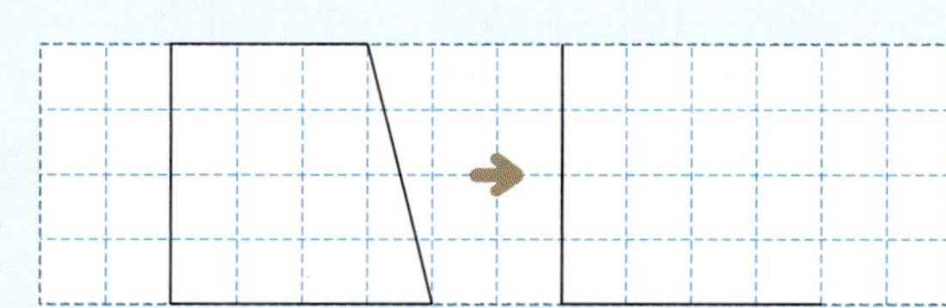

3 왼쪽 모양 조각을 위쪽으로 밀었을 때의 모양에
○표 하세요.

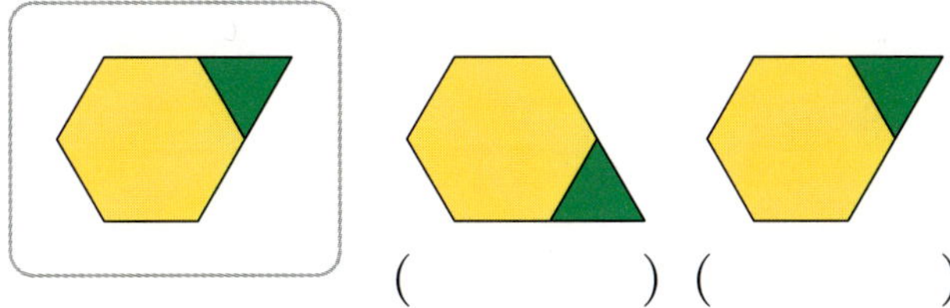

(   ) (   )

8 왼쪽 모양 조각을 오른쪽으로 밀었을 때의 모양을
찾아 기호를 쓰세요.

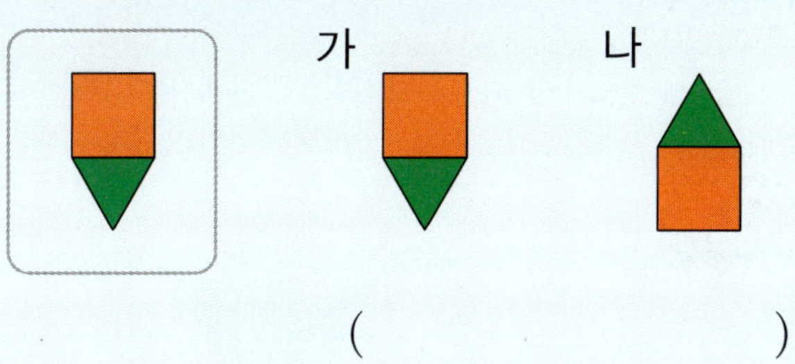

(   )

4 도형을 아래쪽으로 8칸 밀었을 때의 도형을 그려
보세요.

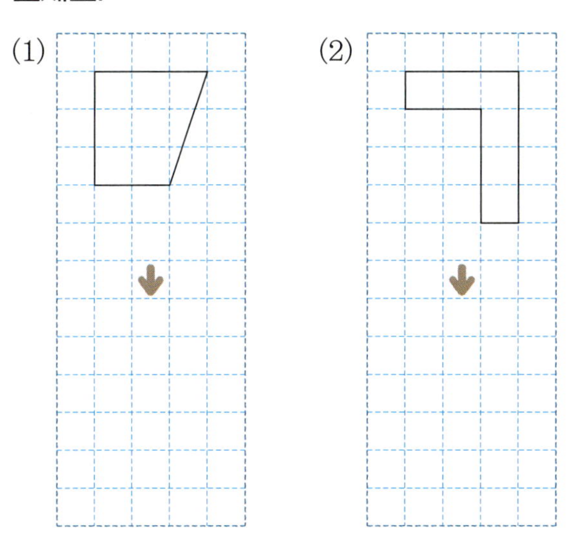

(1)   (2)

9 도형을 위쪽으로 7칸 밀었을 때의 도형을 그려 보
세요.

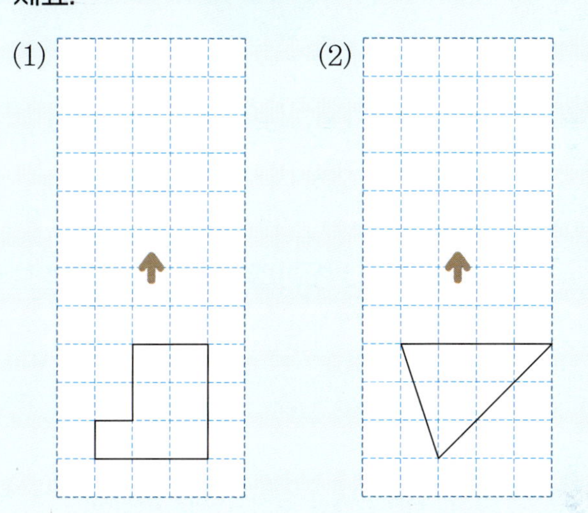

(1)   (2)

5 도형을 오른쪽으로 6 cm 밀었을 때의 도형을 그
려 보세요.

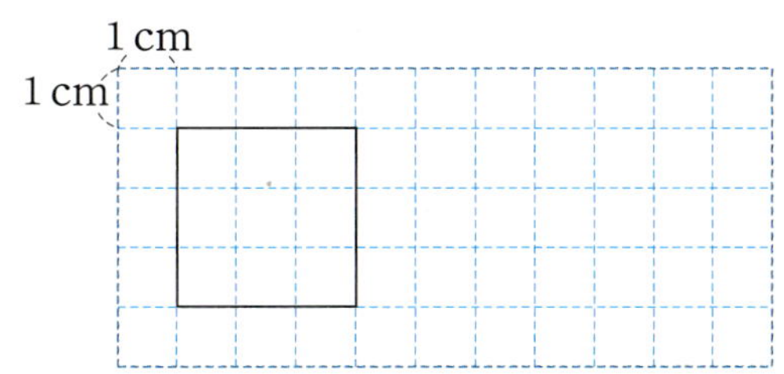

(1) 도형을 밀 때 기준이 되는 한 변을 정하여
○표 하세요.

(2) (1)에서 정한 변을 기준으로 오른쪽으로
6 cm 밀었을 때의 도형을 그려 보세요.

10 도형을 왼쪽으로 9 cm 밀었을 때의 도형을 그
려 보세요.

핵심 개념 평면도형 뒤집기

1. 모양 조각을 여러 방향으로 뒤집기

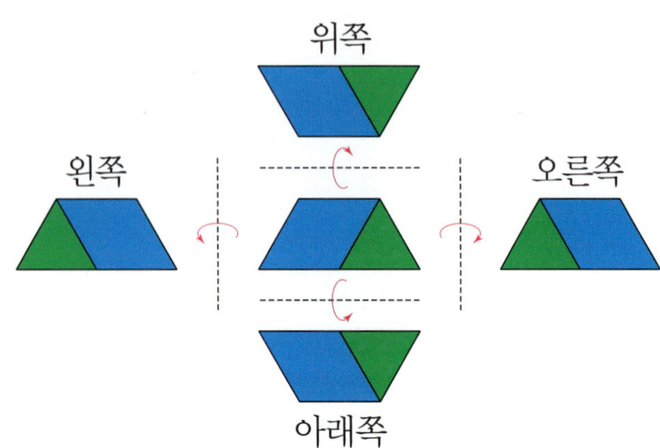

(1) 도형을 **왼쪽**이나 **오른쪽으로 뒤집으면** 도형의 **왼쪽과 ❶ [   ]** 쪽이 서로 바뀝니다.

(2) 도형을 **위쪽**이나 **아래쪽으로 뒤집으면** 도형의 **위쪽과 ❷ [   ]** 쪽이 서로 바뀝니다.

2. 도형을 뒤집었을 때의 도형 알아보기

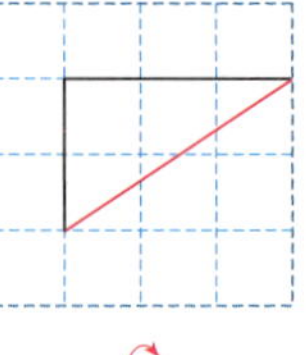

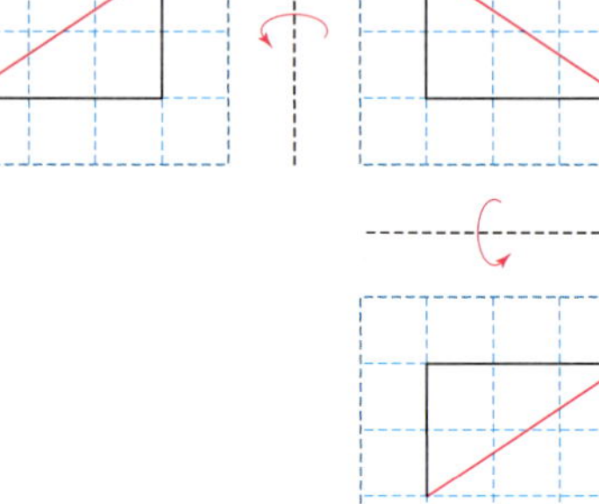

참고 **왼쪽으로** 뒤집은 도형과 **오른쪽으로** 뒤집은 도형은 서로 같습니다.
위쪽으로 뒤집은 도형과 **아래쪽으로** 뒤집은 도형은 서로 같습니다.

정답 확인 | ❶ 오른 ❷ 아래

확인 문제 1~5번 문제를 풀면서 **개념 익히기!**

1 □ 안에 알맞은 말을 써넣으세요.

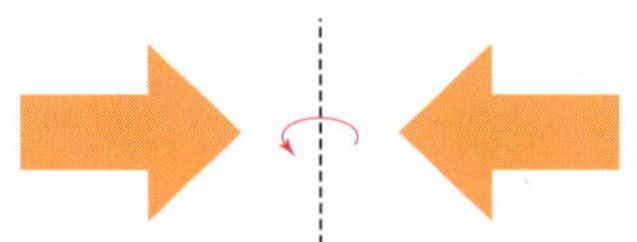

도형을 왼쪽으로 뒤집으면 도형의 왼쪽과 [   ] 쪽이 서로 바뀝니다.

2 왼쪽 도형을 오른쪽으로 뒤집었을 때의 도형을 완성해 보세요.

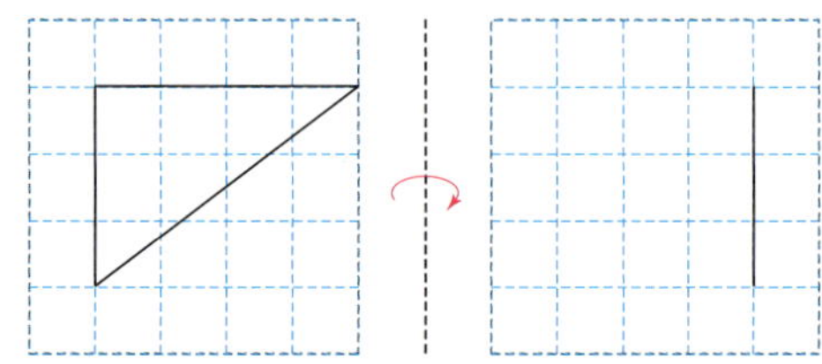

한 번 더! 확인 6~10번 유사문제를 풀면서 **개념 다지기!**

6 □ 안에 알맞은 말을 써넣으세요.

도형을 아래쪽으로 뒤집으면 도형의 [   ] 쪽과 아래쪽 이 서로 바뀝니다.

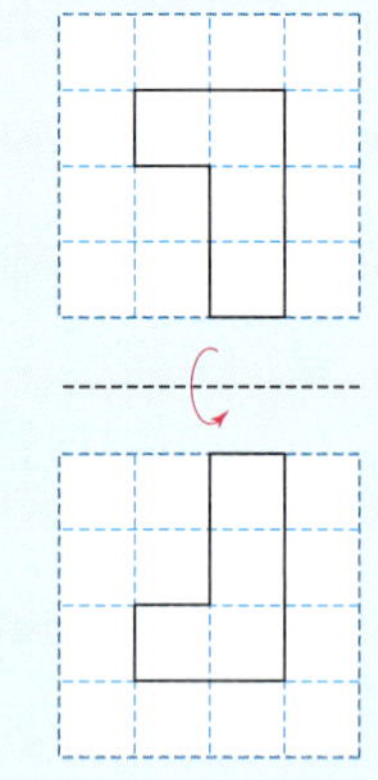

7 오른쪽 도형을 왼쪽으로 뒤집었을 때의 도형을 완성해 보세요.

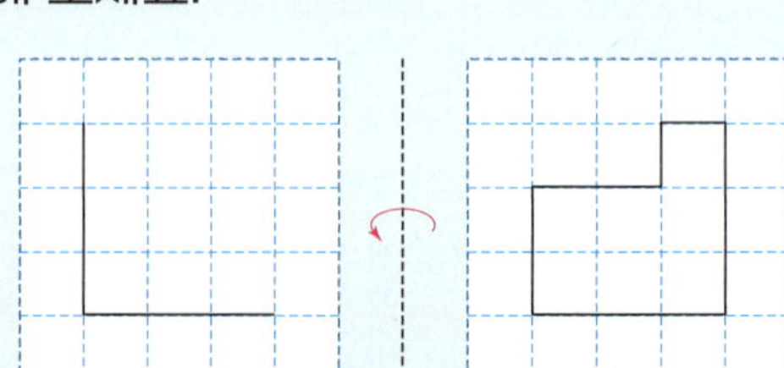

3 모양 조각을 오른쪽으로 뒤집었을 때의 모양에 ◯표 하세요.

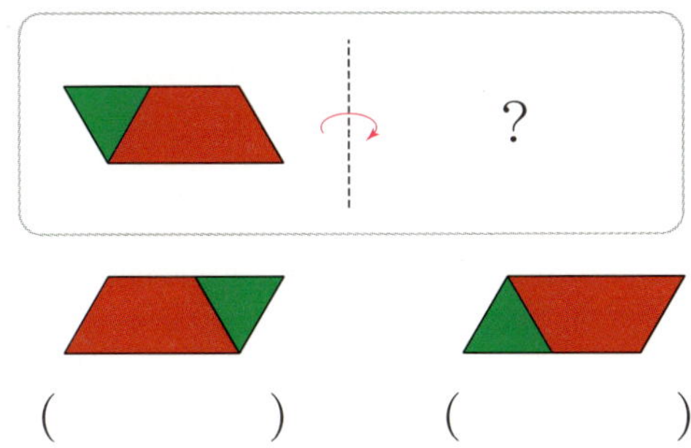

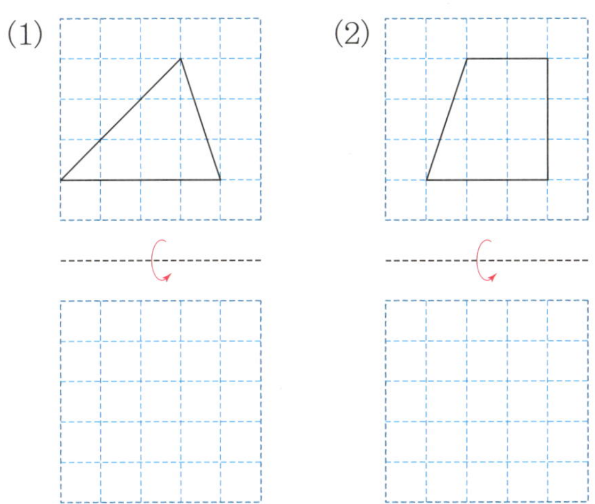

(   )   (   )

4 도형을 아래쪽으로 뒤집었을 때의 도형을 그려 보세요.

(1)   (2)

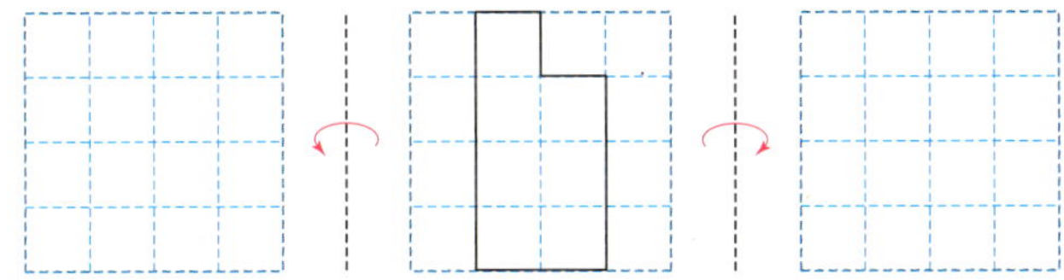

5 가운데 도형을 왼쪽으로 뒤집은 도형과 오른쪽으로 뒤집은 도형을 비교해 보세요.

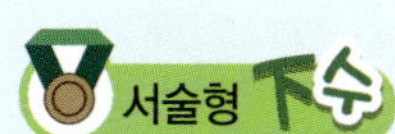

(1) 가운데 도형을 왼쪽으로 뒤집은 도형과 오른쪽으로 뒤집은 도형을 각각 그려 보세요.

(2) 그린 두 도형을 비교해 보세요.

두 도형은 서로 (같습니다 , 다릅니다).

8 모양 조각을 아래쪽으로 뒤집었을 때의 모양을 바르게 그린 사람의 이름을 쓰세요.

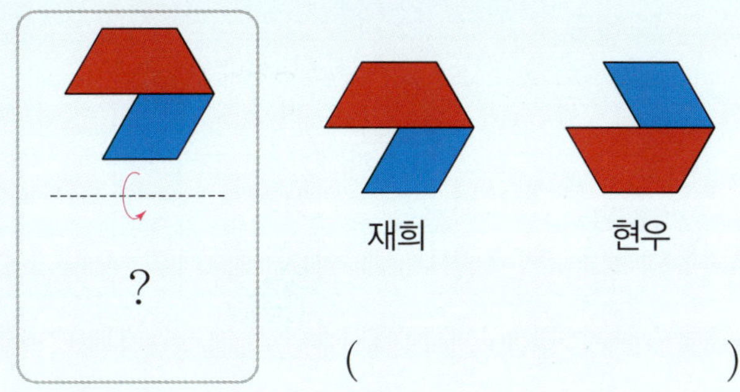

(   )

9 도형을 오른쪽으로 뒤집었을 때의 도형을 그려 보세요.

(1)

(2)

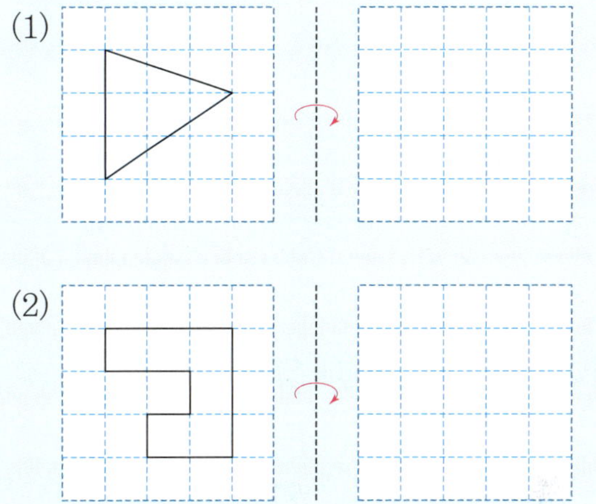

10 가운데 도형을 위쪽으로 뒤집은 도형과 아래쪽으로 뒤집은 도형을 각각 그려 보고, 그린 두 도형을 비교해 보세요.

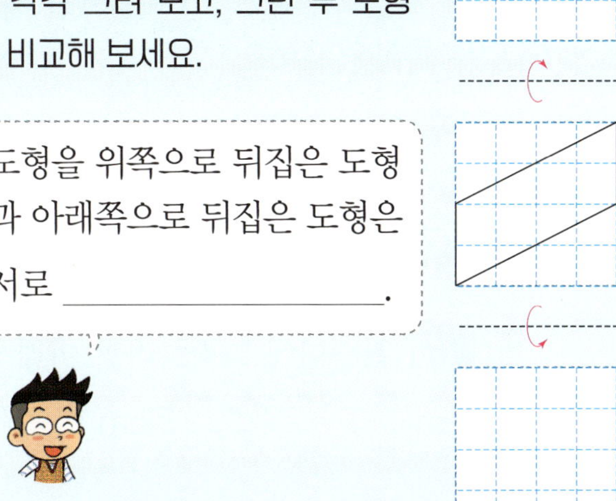

1 왼쪽 도형을 위쪽으로 밀었을 때의 도형에 ◯표 하세요.

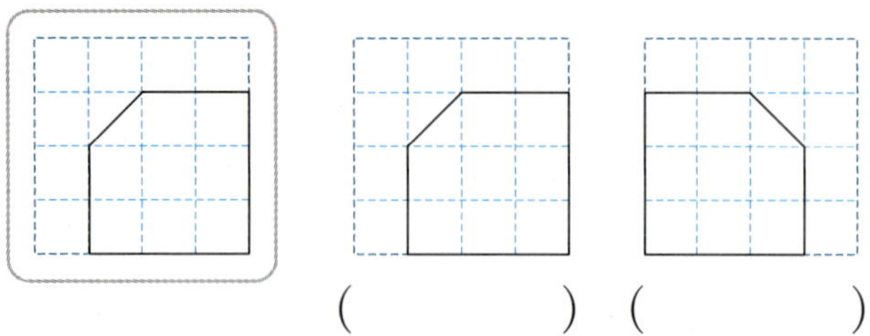

(   ) (   )

2 점 ㄱ이 주어진 방향으로 2칸 이동했을 때의 위치에 점 ㄴ으로 표시해 보세요.

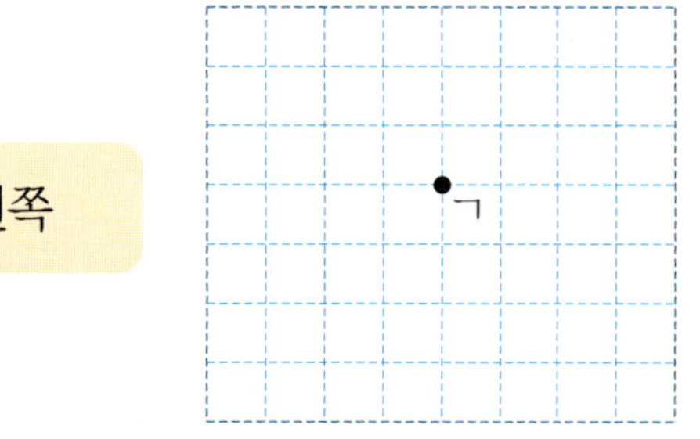

왼쪽

[3~4] 그림을 보고 물음에 답하세요.

3 말(♞)을 오른쪽으로 4 cm 이동했을 때의 위치에 있는 과일을 쓰세요.

(   )

4 ☐ 안에 알맞은 수나 말을 써넣으세요.

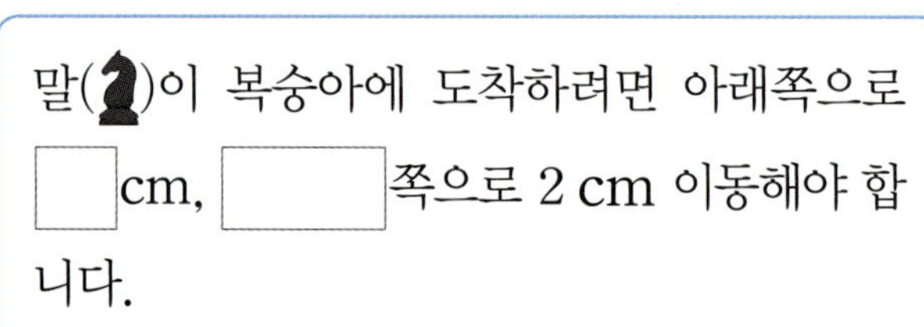

말(♞)이 복숭아에 도착하려면 아래쪽으로 ☐ cm, ☐ 쪽으로 2 cm 이동해야 합니다.

5 도형을 왼쪽으로 5 cm 밀었을 때의 도형을 그려 보세요.

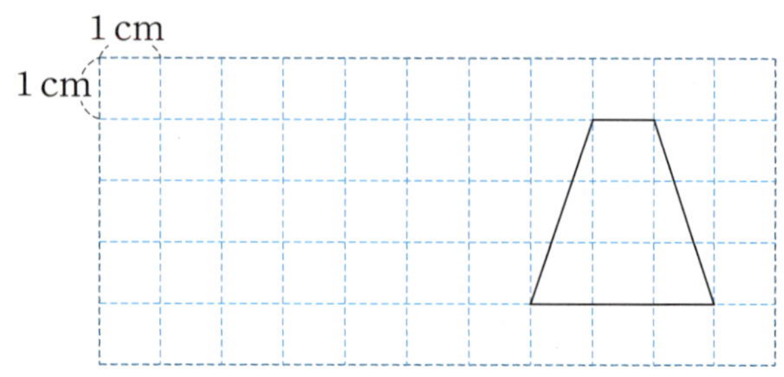

🔖 **문제 해결**

6 가운데 도형을 여러 방향으로 뒤집었을 때의 도형을 각각 그려 보세요.

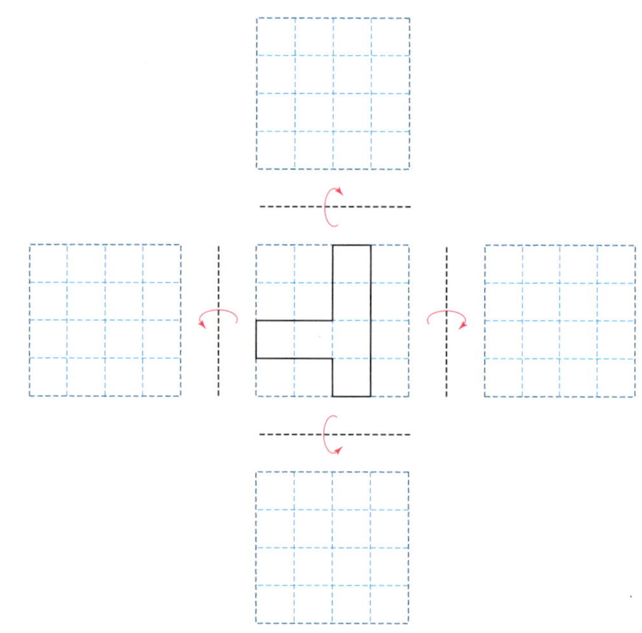

7 도형을 오른쪽으로 2번 뒤집었을 때의 도형을 그려 보고, 알맞은 말에 ◯표 하세요.

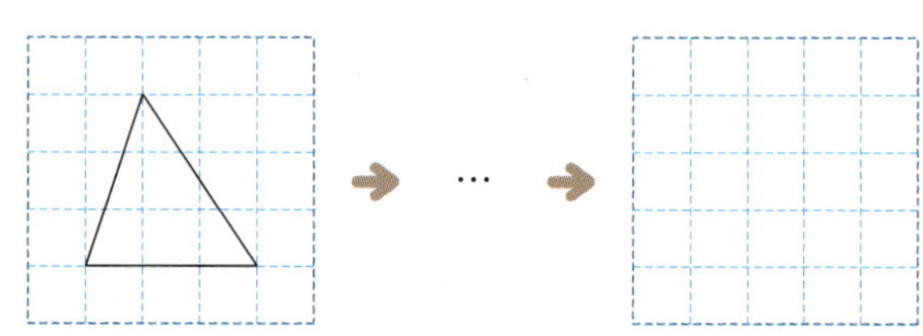

오른쪽으로 2번 뒤집었을 때의 도형은 처음 도형과 (같습니다 , 다릅니다).

8 오른쪽 도형을 각 방향으로 뒤집었을 때의 도형을 찾아 이어 보세요.

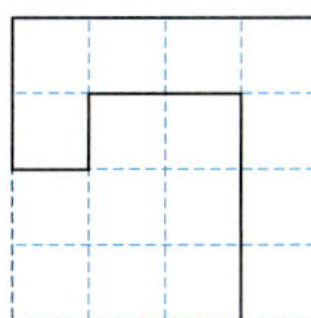

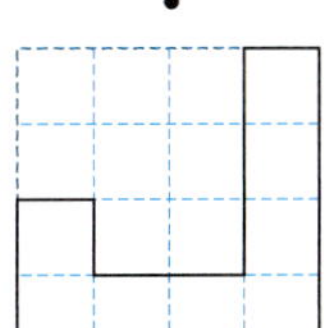 아래쪽

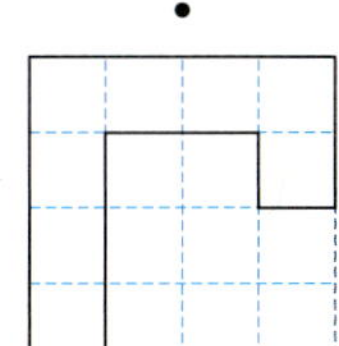 오른쪽

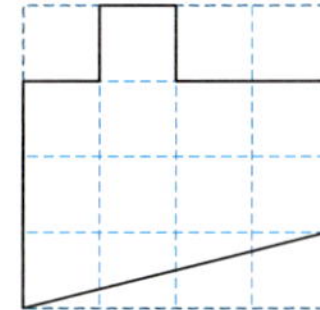

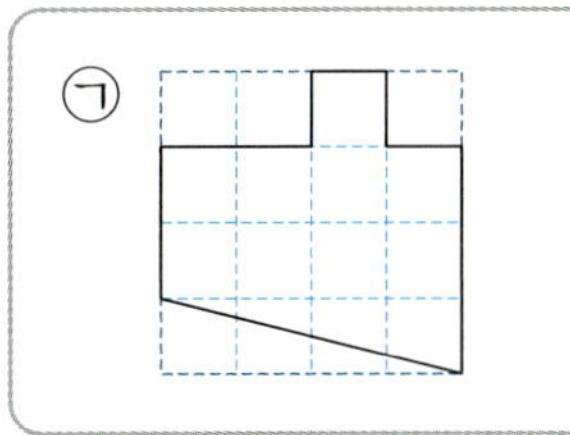

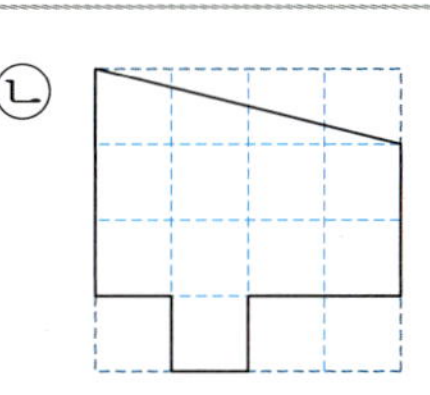

⚡ 추론

9 오른쪽은 어떤 도형을 아래쪽으로 뒤집었을 때의 도형입니다. 뒤집기 전의 도형의 기호를 쓰세요.

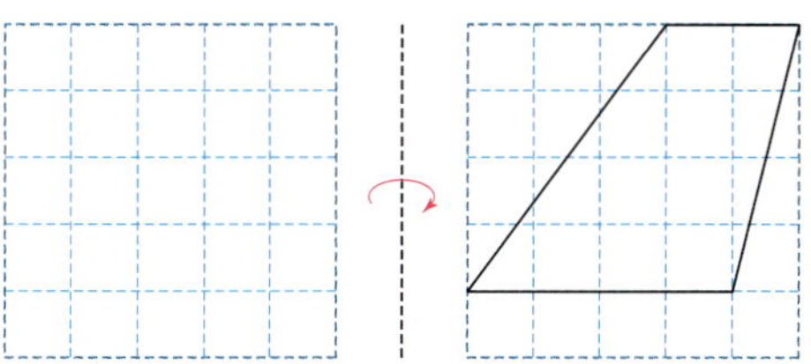

( )

10 도형을 이동한 방법을 설명해 보세요.

1 cm
1 cm

설명 ㉮ 도형은 ㉯ 도형을 [ ] 쪽으로

[ ] cm 밀어서 이동한 도형입니다.

11 왼쪽 도형을 오른쪽으로 뒤집었을 때의 도형입니다. 뒤집기 전의 도형을 그려 보세요.

12 도형을 오른쪽으로 7 cm 밀고 아래쪽으로 4 cm 밀었을 때의 도형을 그려 보세요.

1 cm
1 cm

🏅 서술형 中수   문제 해결의 전략 을 보면서 풀어 보자.

13 두 자리 수가 적힌 오른쪽 투명 카드를 아래쪽으로 뒤집었을 때 만들어지는 수와 처음 수의 합을 구하세요.

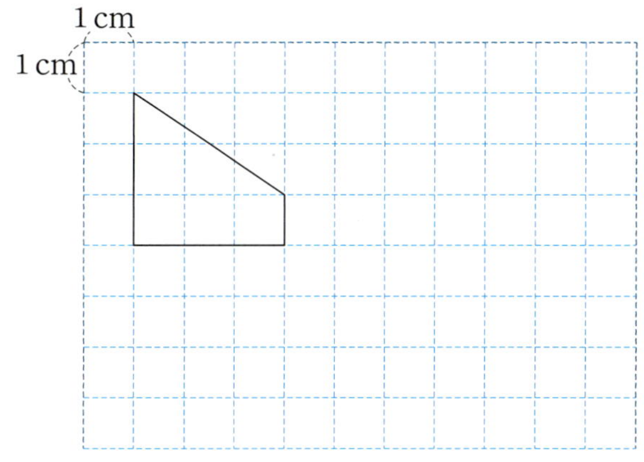

전략 아래쪽으로 뒤집으면 수의 위쪽과 아래쪽이 서로 바뀐다.

❶ 아래쪽으로 뒤집었을 때의 모양 그리기:

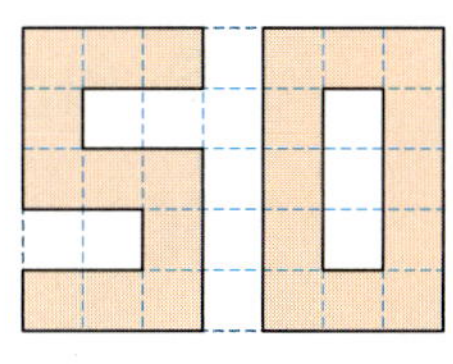

❷ 위 ❶에서 만들어지는 수: [ ]

❸ 위 ❷의 수와 처음 수의 합:

[ ] + 50 = [ ]

답 _______________

BOOK❷ 26~28쪽에서 한 번 더 풀기!

핵심 개념 평면도형 돌리기

┌─ 시곗바늘이 돌아가는 방향
1. 도형을 시계 방향으로 돌리기

┌─ 시곗바늘이 돌아가는 반대 방향
2. 도형을 시계 반대 방향으로 돌리기

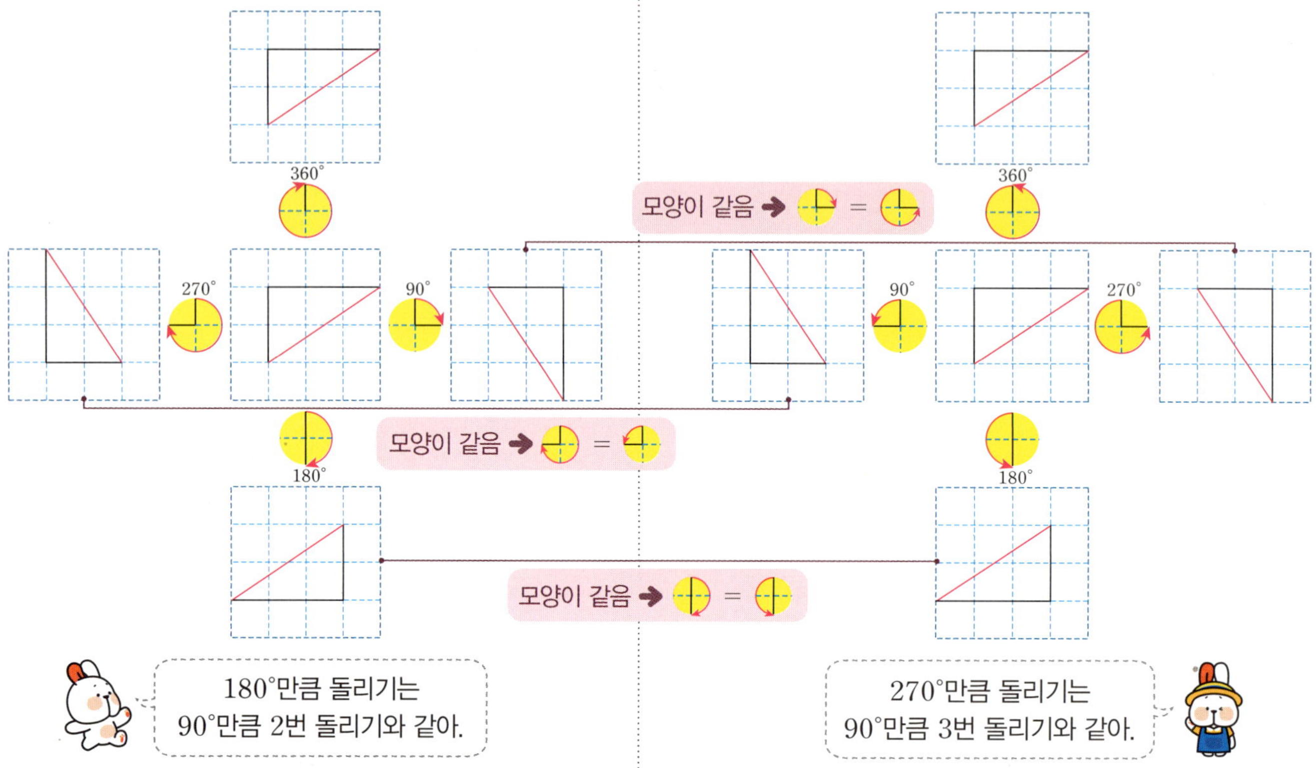

360°

270°　90°

모양이 같음 ➡ 　=

360°

90°　270°

180°

모양이 같음 ➡ 　=

180°

모양이 같음 ➡ 　=

180°만큼 돌리기는
90°만큼 2번 돌리기와 같아.

270°만큼 돌리기는
90°만큼 3번 돌리기와 같아.

⑴ **시계 방향**으로 **90°**만큼 돌리면 도형의 **위쪽 부분이 오른쪽으로 이동합니다**.

⑵ **시계 반대 방향**으로 **90°**만큼 돌리면 도형의 **위쪽 부분이** ❶[　　]쪽으로 이동합니다.

⑶ **360°**만큼 돌리면 **처음 도형과 같아집니다**.

정답 확인 | ❶ 왼

확인 문제 1~4번 문제를 풀면서 **개념 익히기!**

1 모양 조각을 시계 방향으로 90°만큼 돌렸을 때의 모양을 찾아 기호를 쓰세요.

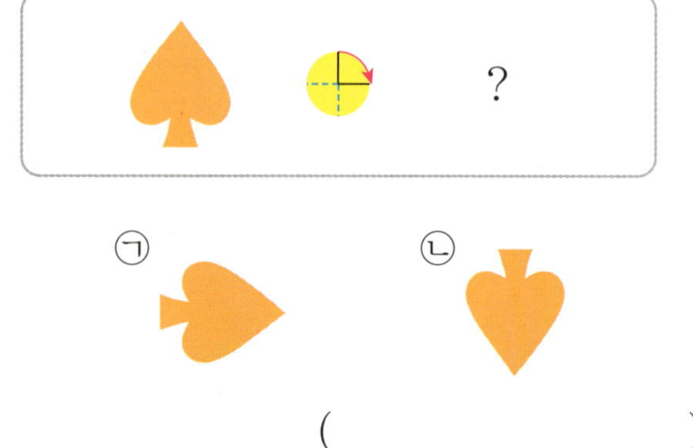

ㄱ　　　　ㄴ

(　　　　　　)

한 번 더! 확인 5~8번 유사문제를 풀면서 **개념 다지기!**

5 모양 조각을 시계 반대 방향으로 90°만큼 돌렸을 때의 모양에 ○표 하세요.

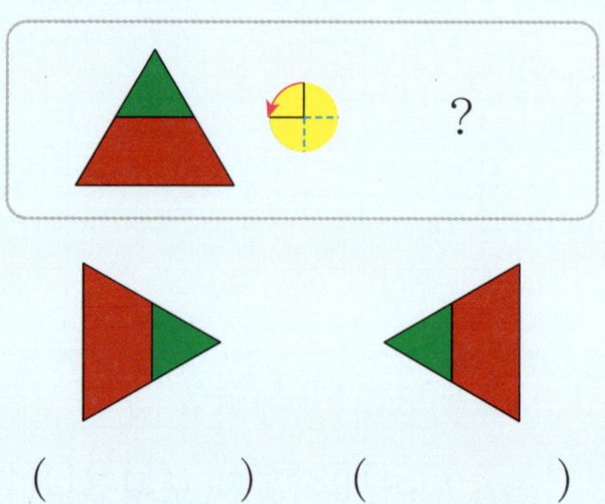

(　　　) (　　　)

4 평면도형의 이동

2 도형을 시계 반대 방향으로 360°만큼 돌렸을 때의
도형을 그려 보세요.

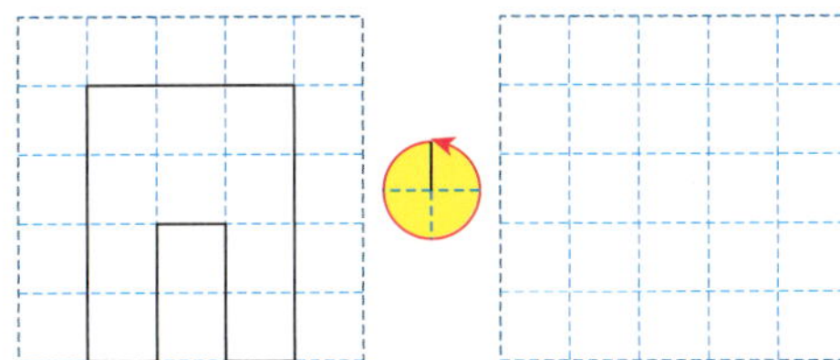

3 도형을 시계 방향으로 180°만큼 돌렸을 때의 도
형을 그려 보세요.

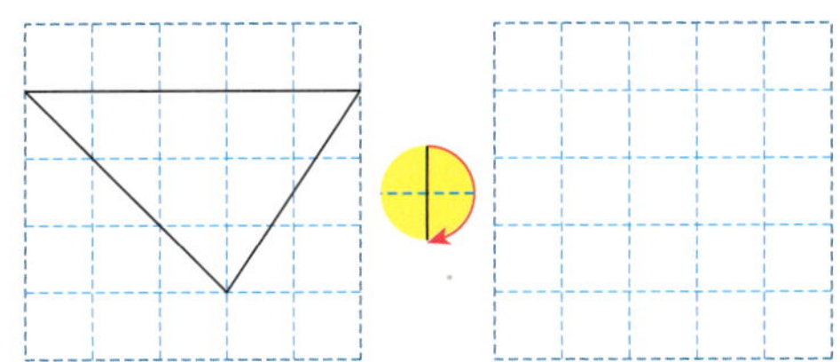

4 도형을 시계 방향으로 180°만큼 돌렸을 때의 도형
과 시계 반대 방향으로 180°만큼 돌렸을 때의 도
형을 비교해 보세요.

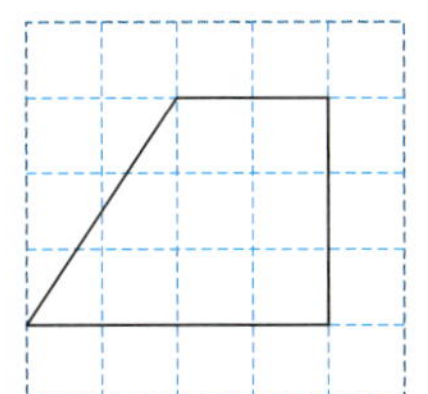

(1) 주어진 각도만큼 돌렸을 때의 도형을 각각
그려 보세요.

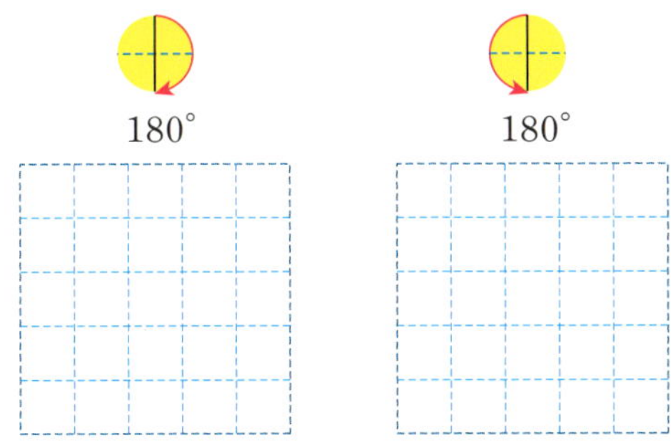

(2) 그린 두 도형을 비교해 보세요.

두 도형은 서로 (같습니다 , 다릅니다).

6 도형을 시계 방향으로 360°만큼 돌렸을 때의 도
형을 그려 보세요.

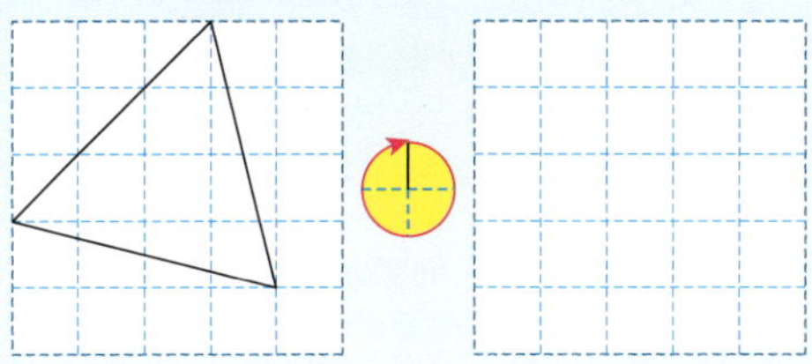

7 도형을 시계 반대 방향으로 90°만큼 돌렸을 때
의 도형을 그려 보세요.

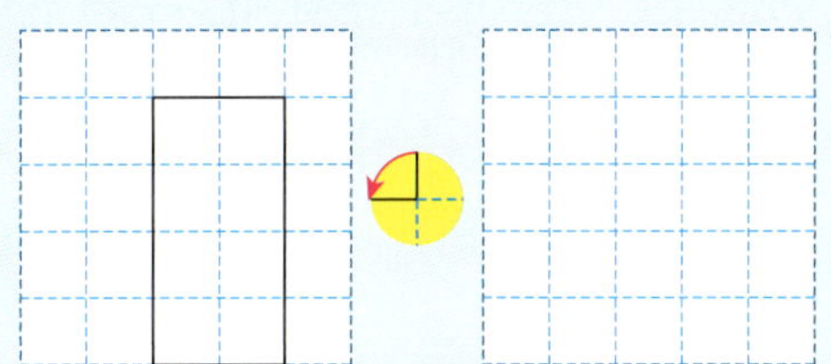

8 도형을 시계 방향으로 90°만큼 돌렸을 때의 도형과
시계 반대 방향으로 270°만큼 돌렸을 때의 도형
을 각각 그려 보고, 그린 두 도형을 비교해 보세요.

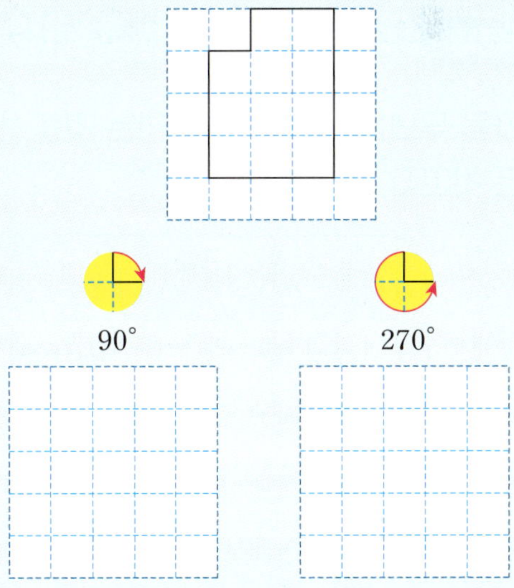

설명 도형을 시계 방향으로 90°만큼 돌렸을 때
의 도형과 시계 반대 방향으로 270°만큼 돌렸
을 때의 도형은 서로 ________________.

핵심 개념 무늬 꾸미기

1. 밀기를 이용하여 규칙적인 무늬 만들기

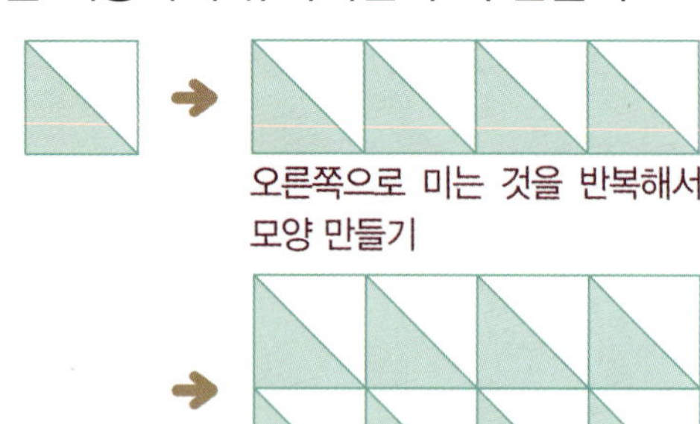

오른쪽으로 미는 것을 반복해서
모양 만들기

만든 모양을 아래쪽으로 밀어서
무늬 만들기

2. 뒤집기를 이용하여 규칙적인 무늬 만들기

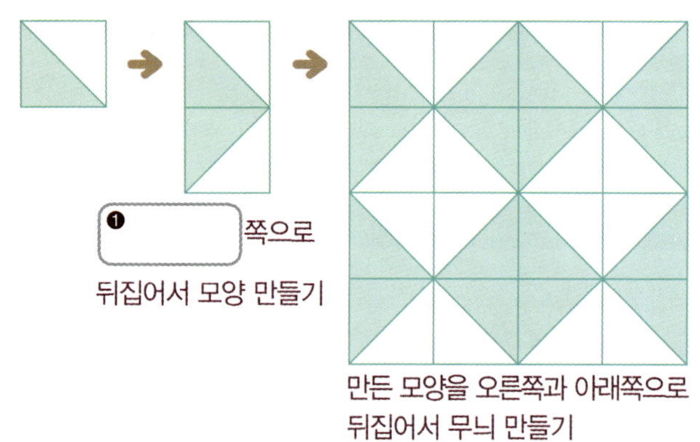

❶ ________ 쪽으로
뒤집어서 모양 만들기

만든 모양을 오른쪽과 아래쪽으로
뒤집어서 무늬 만들기

3. 돌리기와 밀기를 이용하여 규칙적인 무늬 만들기

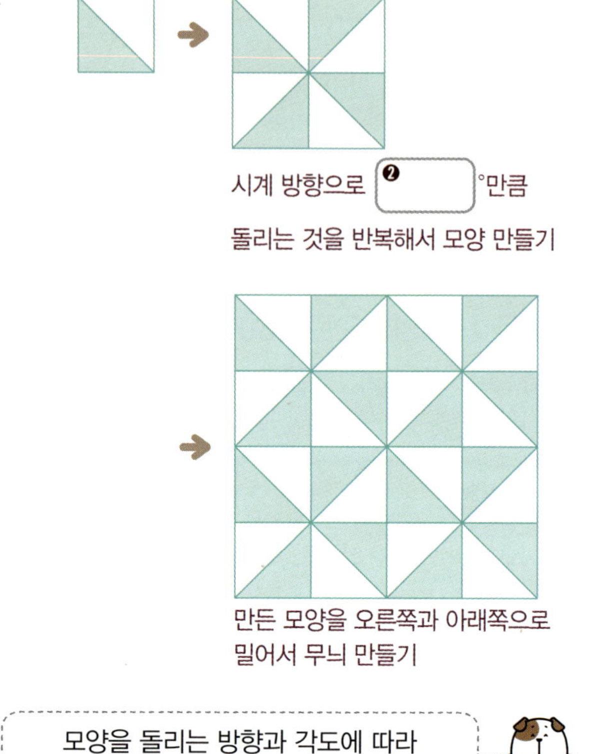

시계 방향으로 ❷ ________ °만큼

돌리는 것을 반복해서 모양 만들기

만든 모양을 오른쪽과 아래쪽으로
밀어서 무늬 만들기

정답 확인 | ❶ 아래 ❷ 90

4 평면도형의 이동

104

확인 문제 1~5번 문제를 풀면서 **개념 익히기!**

1 다음 무늬는 어떤 모양을 미는 것을 반복해서 만
든 것인지 ◯표 하세요.

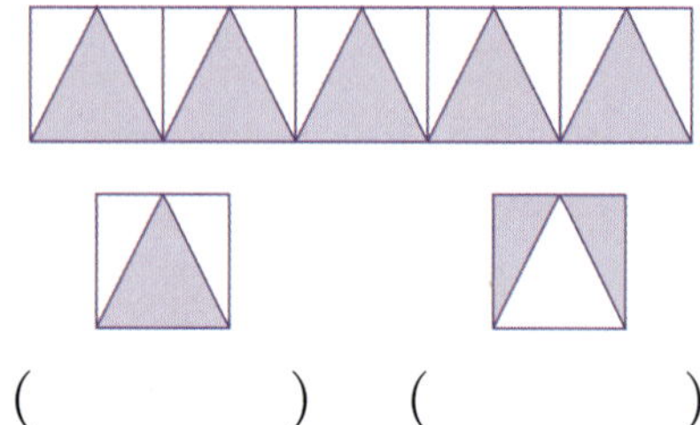

(   ) (   )

2 왼쪽 모양으로 밀기를 이용하여 규칙적인 무늬를
만들어 보세요.

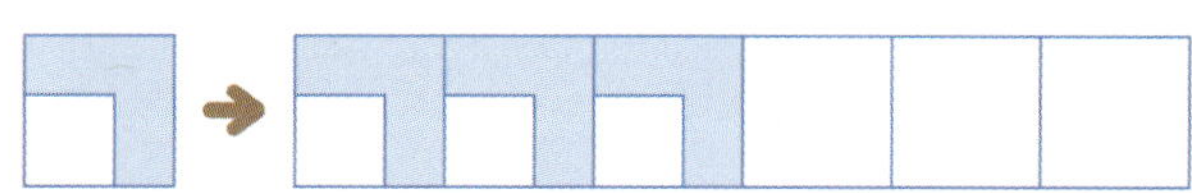

한 번 더! 확인 6~10번 유사문제를 풀면서 **개념 다지기!**

6 다음 무늬는 어떤 모양을 미는 것을 반복해서 만
든 것인지 찾아 기호를 쓰세요.

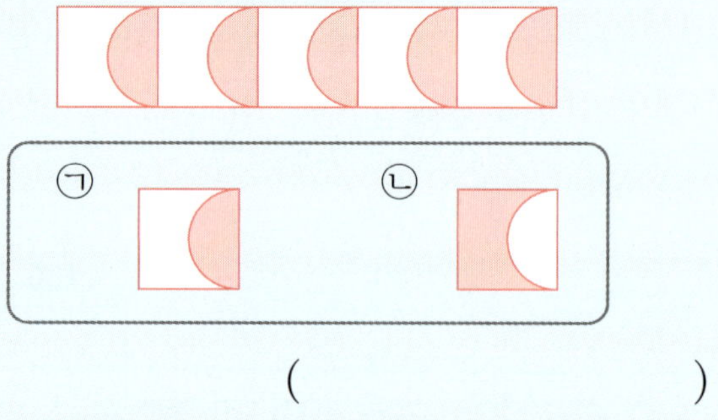

(   )

7 왼쪽 모양으로 밀기를 이용하여 규칙적인 무늬를
만들어 보세요.

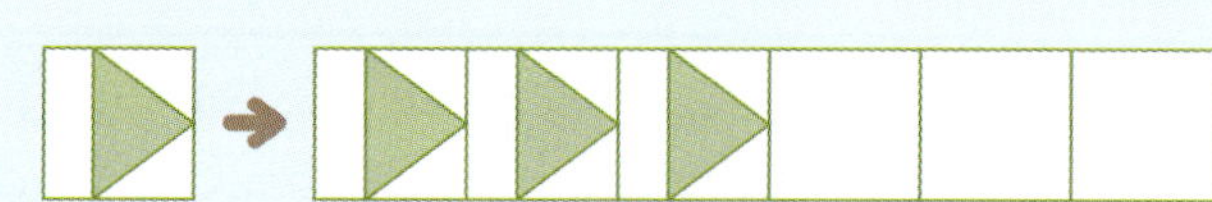

3 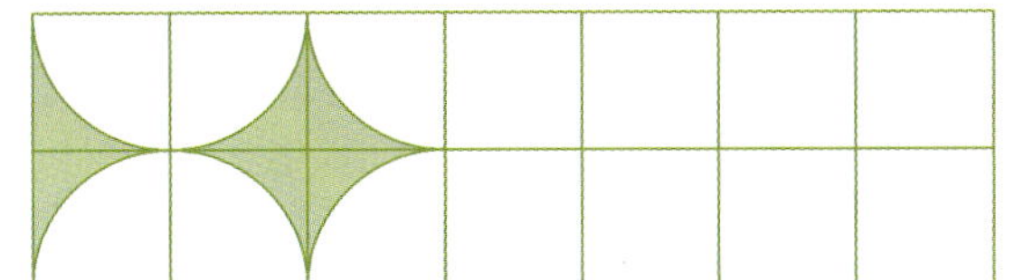 모양으로 뒤집기를 이용하여 규칙적인 무늬를 만들어 보세요.

8 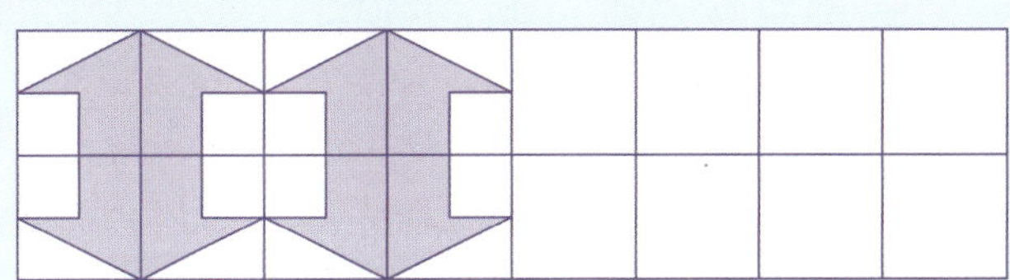 모양으로 뒤집기를 이용하여 규칙적인 무늬를 만들어 보세요.

4 모양을 이용하여 규칙적인 무늬를 만들어 보세요.

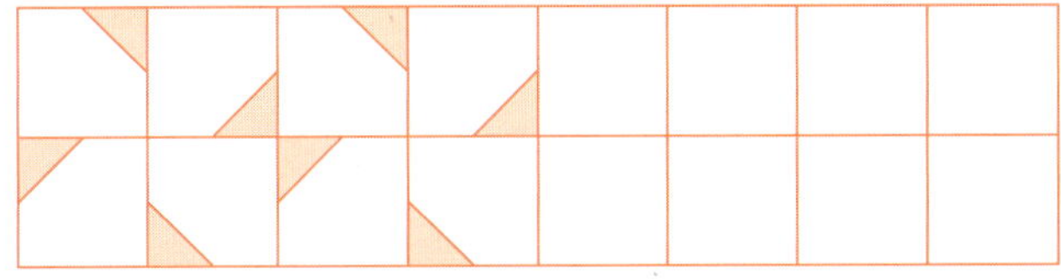

9 모양을 이용하여 규칙적인 무늬를 만들어 보세요.

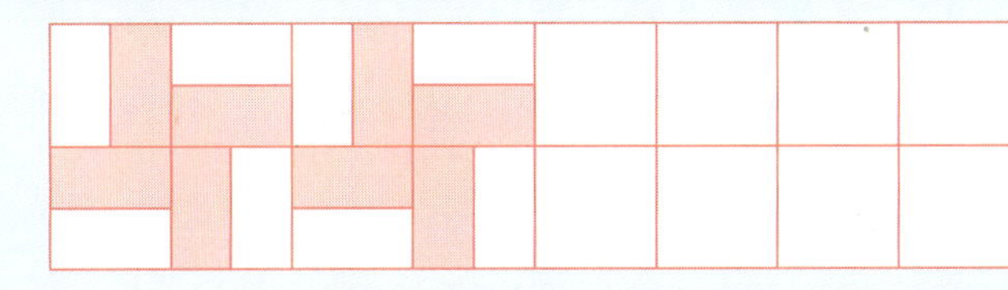

5 다음은 일정한 규칙에 따라 만들어진 무늬입니다. 빈 곳에 알맞은 모양을 그려 보세요.

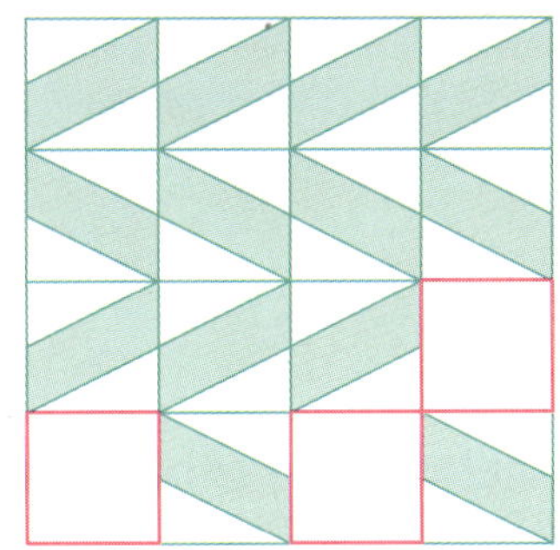

(1) 어떤 모양으로 꾸민 것인지 알맞은 모양에 ◯표 하세요.

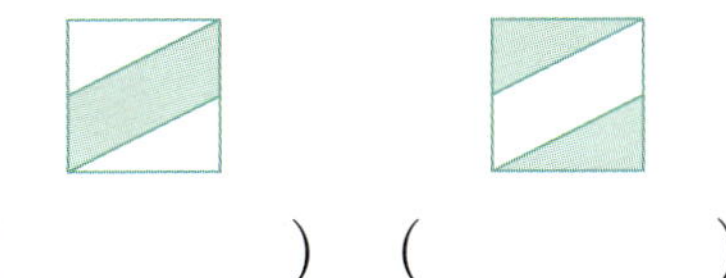

(   )　(   )

(2) 빈 곳에 알맞은 모양을 그려 보세요.

10 다음은 일정한 규칙에 따라 만들어진 무늬입니다. 빈 곳에 알맞은 모양을 그려 보세요.

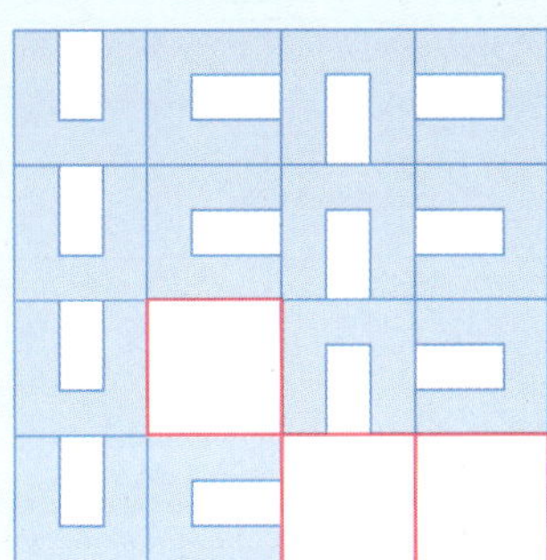

1 왼쪽 도형을 시계 반대 방향으로 90°만큼 돌렸을 때의 도형에 ◯표 하세요.

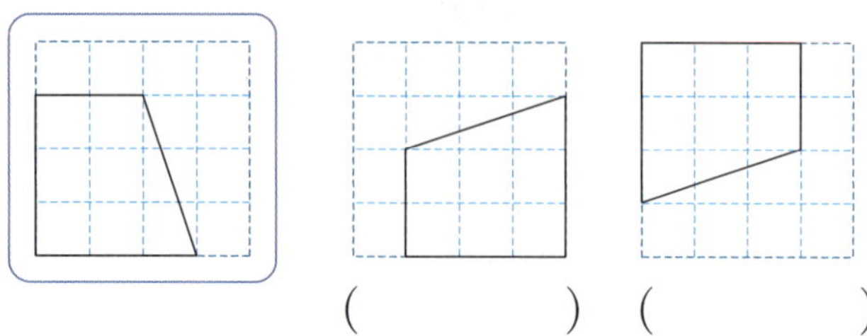

(   ) (   )

2 도형을 시계 방향으로 180°만큼 돌렸을 때의 도형을 그려 보세요.

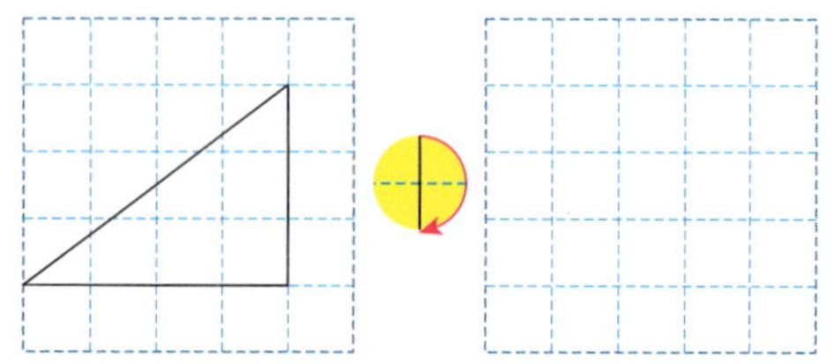

3 다음 무늬는 어떤 모양으로 밀기를 이용하여 만든 것인지 기호를 쓰세요.

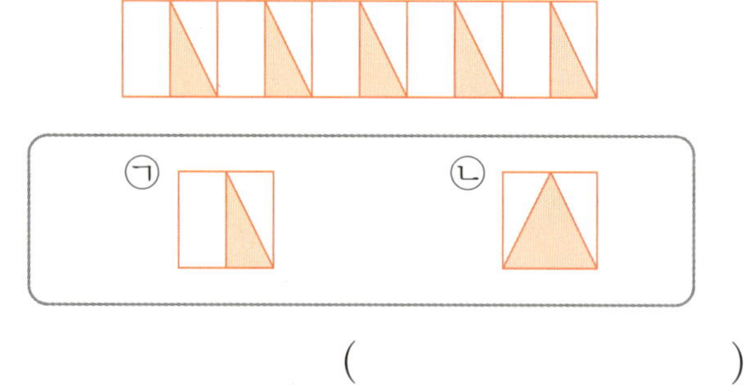

(   )

4 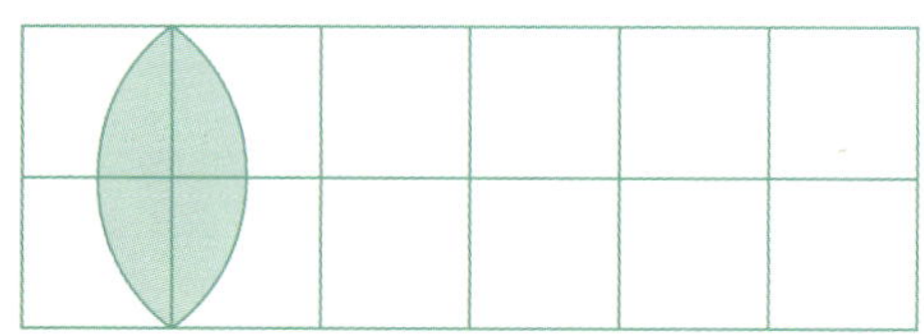 모양으로 뒤집기를 이용하여 규칙적인 무늬를 만들어 보세요.

5 그림을 보고 ☐ 안에 알맞은 수를 써넣으세요.

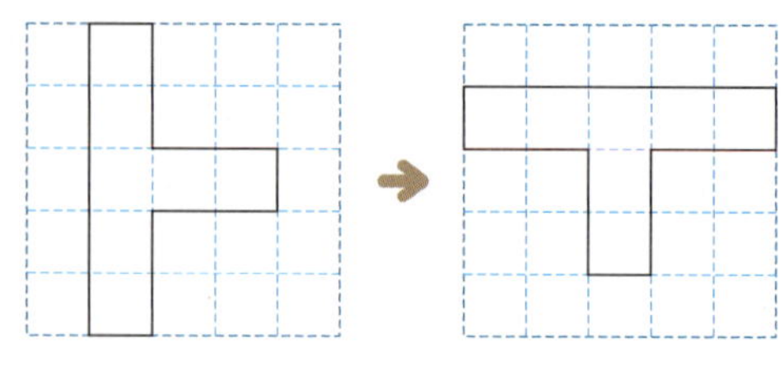

왼쪽 도형을 시계 방향으로 ☐°만큼 돌리면 오른쪽 도형이 됩니다.

6 도형을 시계 반대 방향으로 주어진 각도만큼 돌렸을 때의 도형을 각각 그려 보세요.

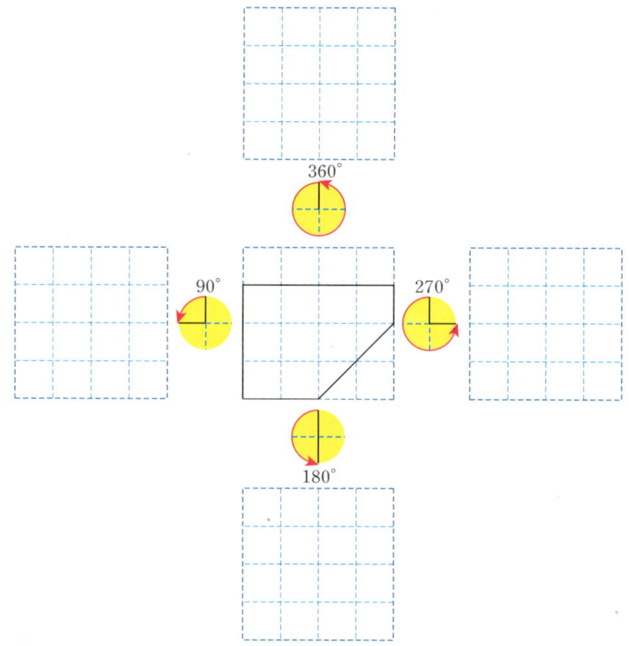

7 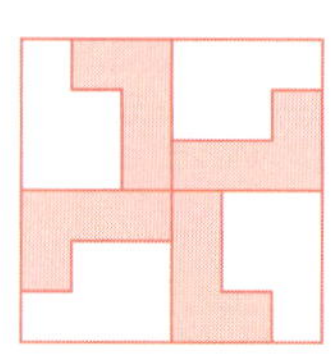 모양으로 한 가지 방법을 이용하여 무늬를 만들었습니다. 만든 방법에 ◯표 하세요.

밀기   뒤집기   돌리기

4 평면도형의 이동

8 어떤 도형을 시계 방향으로 180°만큼 돌린 도형입니다. 처음 도형을 그려 보세요.

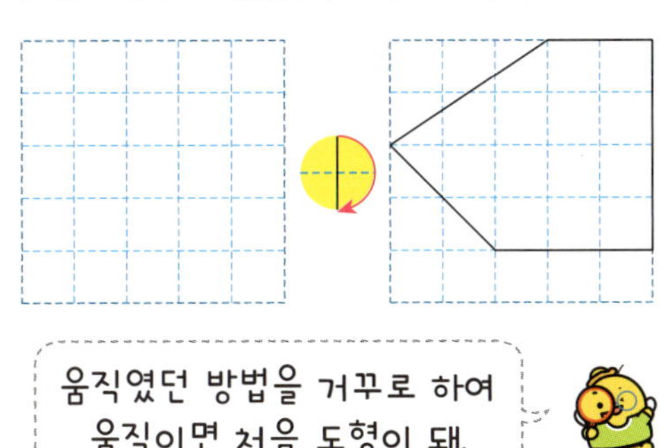

9 보기 에서 알맞은 도형을 골라 □ 안에 기호를 써넣으세요.

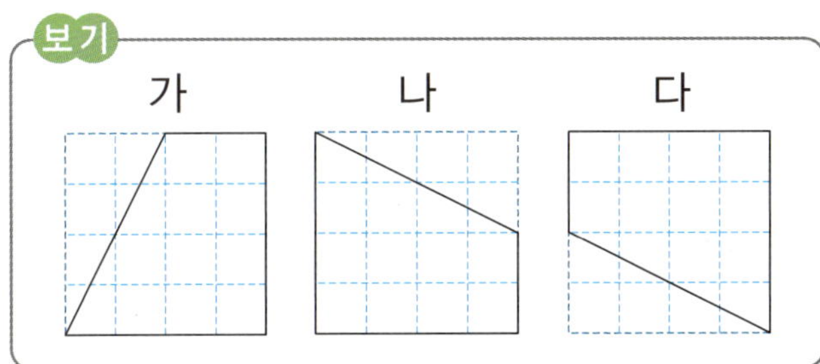

(1) 가 도형을 시계 반대 방향으로 90°만큼 돌리면 □ 도형이 됩니다.

(2) □ 도형을 시계 방향으로 180°만큼 돌리면 다 도형이 됩니다.

10 오른쪽 정사각형을 완성하려면 다음 중 어느 도형을 어떻게 돌려야 하는지 설명해 보세요.

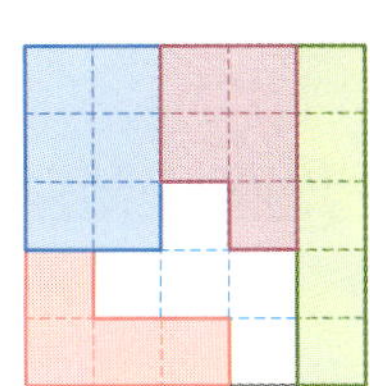

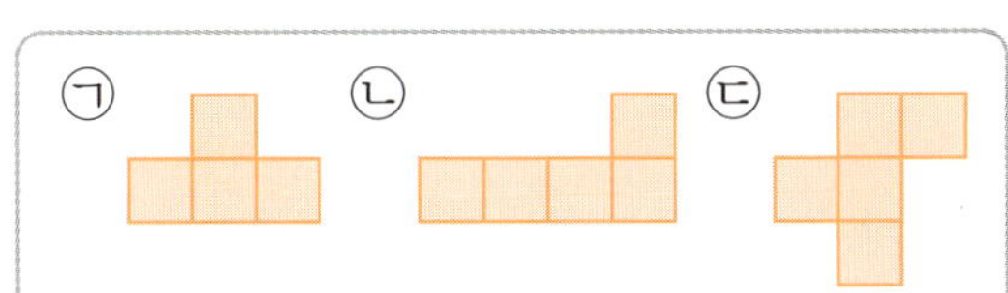

설명 도형 □ 을 시계 방향으로 □ °만큼 돌려야 합니다.

⚡ **추론**

11 보기 에서 알맞은 말을 골라 □ 안에 써넣어 만든 규칙을 설명해 보세요.

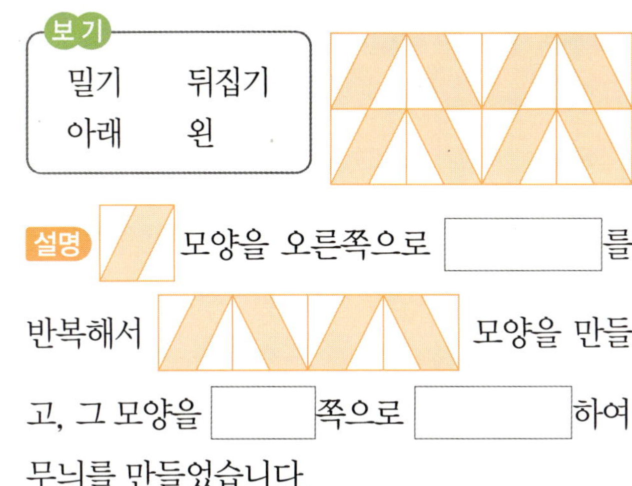

설명 ▱ 모양을 오른쪽으로 □ 를

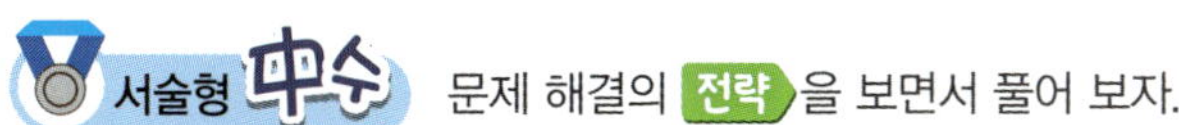

반복해서 □ 모양을 만들고, 그 모양을 □ 쪽으로 □ 하여 무늬를 만들었습니다.

🏅 서술형 **中수**   문제 해결의 **전략** 을 보면서 풀어 보자.

12 다음 알파벳 중 시계 방향으로 180°만큼 돌렸을 때의 모양이 처음과 같은 것을 모두 찾아 기호를 쓰세요.

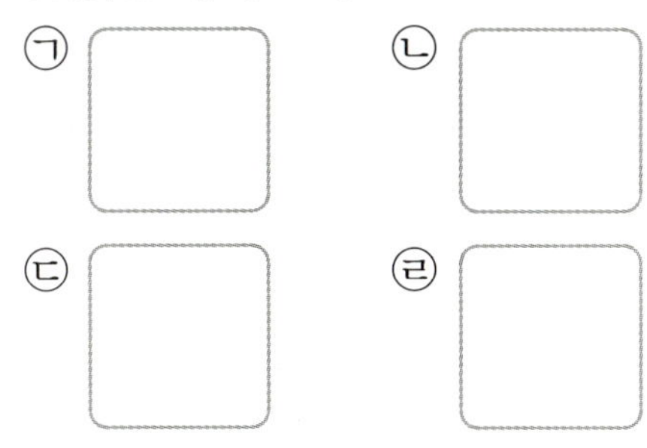

❶ 각 알파벳을 시계 방향으로 180°만큼 돌렸을 때의 모양:

㉠ □   ㉡ □

㉢ □   ㉣ □

전략 위 ❶에서 그린 모양이 처음과 같은 것을 모두 찾자.

❷ 시계 방향으로 180°만큼 돌렸을 때의 모양이 처음과 같은 것의 기호 쓰기:

____

답 _______________

 서술형 바로 쓰기

 키워드 문제

연습 1-1 보기의 낱말을 사용하여 도형을 움직인 방법을 쓰세요.

보기
> 시계 방향, 시계 반대 방향,
> 90°, 180°, 270°, 돌리기

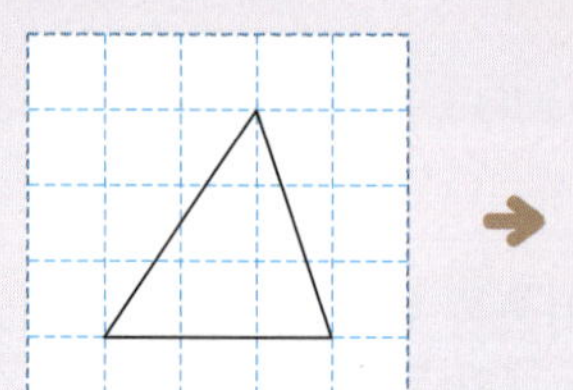 → 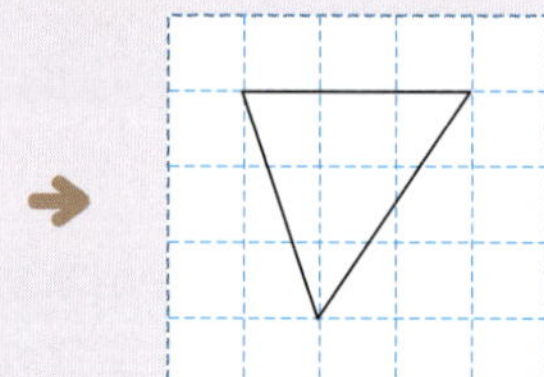

Skill 도형의 위쪽, 아래쪽, 왼쪽, 오른쪽 부분이 각각 어느 쪽으로 이동했는지 살펴보자.

방법 도형을 [　　　　] 방향으로 [　　]° 만큼 [　　　　] 했습니다.

 서술형 高수 🌱 가이드 | 문제에서 핵심이 되는 말에 표시하고, 위의 풀이 과정을 따라 풀어 보자.

실전 1-2 보기의 낱말을 사용하여 도형을 움직인 방법을 쓰세요.

보기
> 오른쪽, 왼쪽, 위쪽,
> 아래쪽, 뒤집기

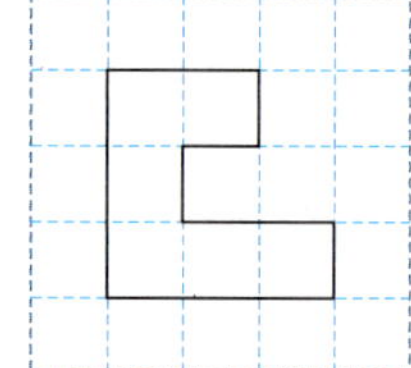 → 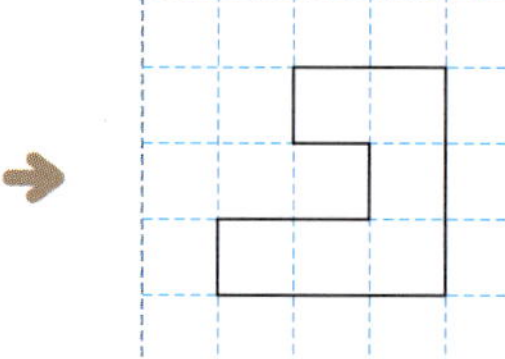

방법 ____

____

실전 1-3 보기의 낱말을 사용하여 도형을 움직인 방법을 쓰세요.

보기
> 시계 방향, 시계 반대 방향,
> 90°, 180°, 270°, 돌리기

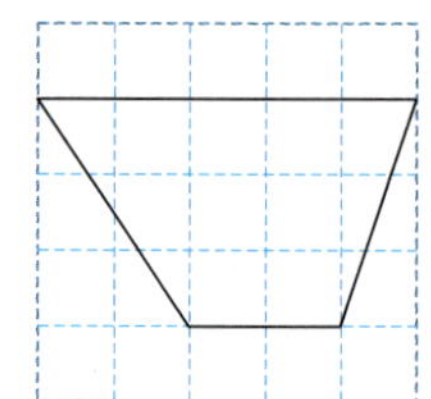 → 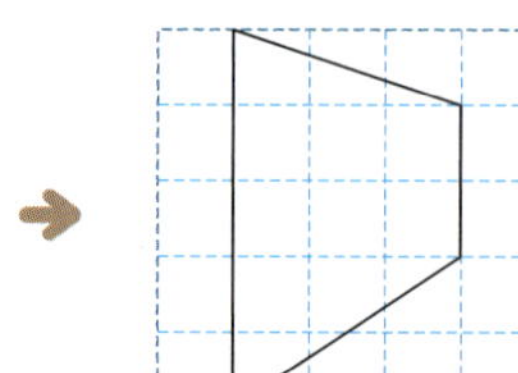

방법 ____

____

 **2-1** 도형을 아래쪽으로 3번 뒤집었을 때의 도형을 그려 보세요.

> 같은 방향으로 2번 뒤집었을 때의 도형은 처음 도형과 같음을 이용하자.

풀이 ❶ 아래쪽으로 3번 뒤집었을 때의 도형은

아래쪽으로 (1 , 2)번 뒤집었을 때의 도형과 같습니다.

❷ 아래쪽으로 ☐ 번 뒤집었을 때의 도형을 그리면 됩니다.

 서술형 高수  **가이드** | 문제에서 핵심이 되는 말에 표시하고, 위의 풀이 과정을 따라 풀어 보자.

2-2 도형을 왼쪽으로 4번 뒤집었을 때의 도형을 그려 보세요.

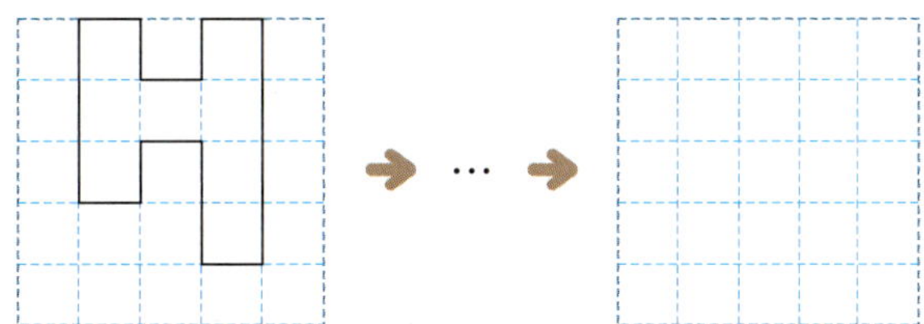

풀이  ❶

❷

 **키워드** 문제

연습 3-1 수 카드를 밀어서 오른쪽 종이에 한 번씩만 붙여서 가장 작은 세 자리 수를 만들었습니다. 만든 세 자리 수를 시계 방향으로 180°만큼 돌렸을 때 나오는 수는 얼마인가요?

8 1 5 → ☐

Skill

- 수 카드를 밀었을 때 수는 변하지 않는다.
- 가장 작은 세 자리 수를 만들려면 백의 자리부터 가장 작은 수를 붙여서 만들자.

풀이 ❶ 수 카드의 수의 크기를 비교하면 **1** < **5** < ☐ 이므로

가장 작은 세 자리 수: ☐

❷ 위 ❶에서 만든 세 자리 수를 시계 방향으로 180°만큼 돌렸을 때

나오는 수: ☐

답 ___________

서술형 高수  **가이드** | 문제에서 핵심이 되는 말에 표시하고, 위의 풀이 과정을 따라 풀어 보자.

실전 3-2 수 카드를 밀어서 오른쪽 종이에 한 번씩만 붙여서 가장 작은 세 자리 수를 만들었습니다. 만든 세 자리 수를 시계 방향으로 180°만큼 돌렸을 때 나오는 수는 얼마인가요?

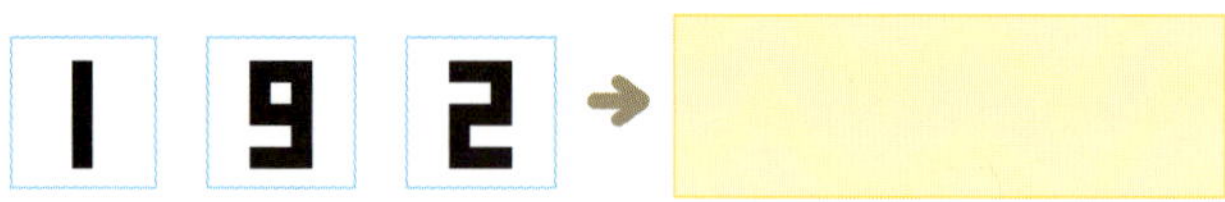
1 9 2 → ☐

풀이 ❶

❷

답 ___________

연습 4-1 도형 ㉠을 시계 방향으로 90°만큼 5번 돌렸더니 도형 ㉡이 되었습니다. ㉠은 어떤 도형이었는지 그려 보세요.

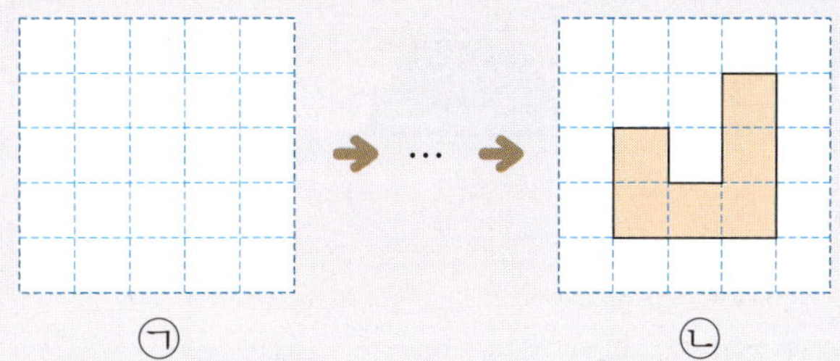

Skill

→360°만큼

• 90°만큼 4번 돌렸을 때의 도형은 처음 도형과 같다.

• 처음 도형을 그리려면 움직였던 방법의 반대로 움직이자.

풀이 ❶ 시계 방향으로 90°만큼 5번 돌렸을 때의 도형은

시계 방향으로 90°만큼 (1 , 2 , 3 , 4)번 돌렸을 때의 도형과 같습니다.

❷ ㉡을 시계 반대 방향으로 90°만큼 (1 , 2 , 3 , 4)번 돌리면 ㉠이 됩니다.

4

평면도형의 이동

서술형 高수 **가이드** | 문제에서 핵심이 되는 말에 표시하고, 위의 풀이 과정을 따라 풀어 보자.

실전 4-2 도형 ㉠을 시계 방향으로 90°만큼 6번 돌렸더니 도형 ㉡이 되었습니다. ㉠은 어떤 도형이었는지 그려 보세요.

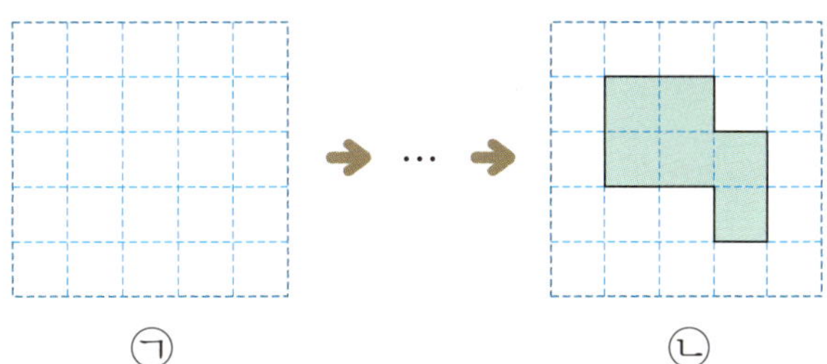

풀이 ❶

❷

BOOK❷ 32~33쪽에서 한 번 더 풀기!

1 왼쪽 모양 조각을 위쪽으로 밀었을 때의 모양에 ◯표 하세요.

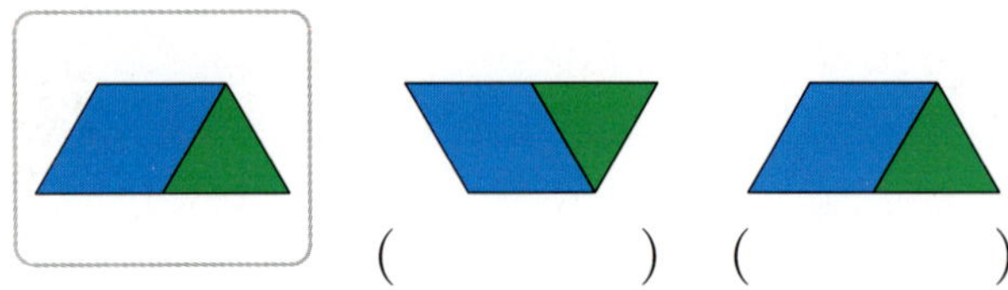

( ) ( )

2 왼쪽 도형을 시계 방향으로 90°만큼 돌렸을 때의 도형을 찾아 기호를 쓰세요.

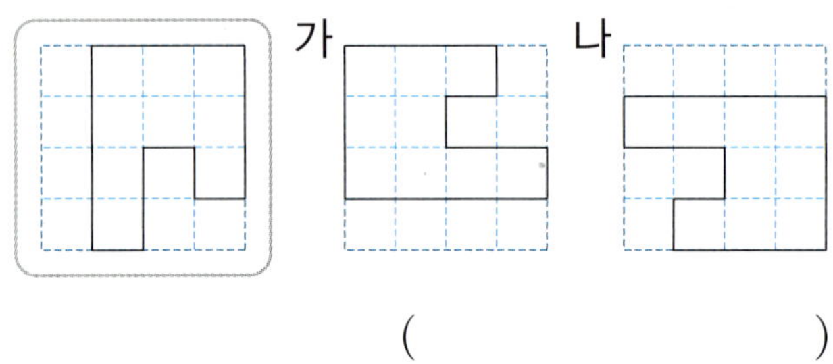

( )

3 알맞은 말에 ◯표 하세요.

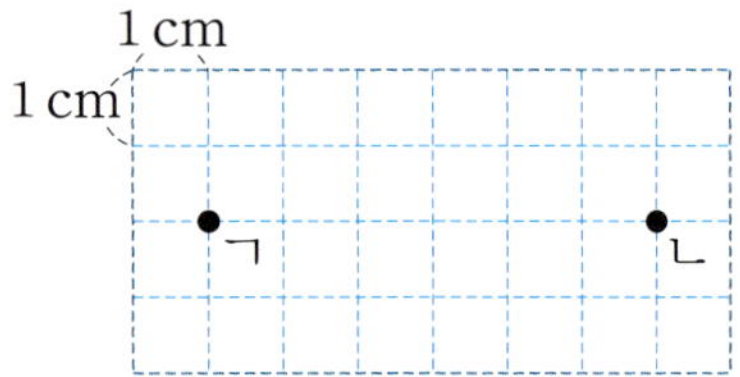

점 ㄱ이 점 ㄴ에 도착하려면 (왼쪽 , 오른쪽) 으로 6 cm 이동해야 합니다.

4 왼쪽 모양으로 밀기를 이용하여 규칙적인 무늬를 만들어 보세요.

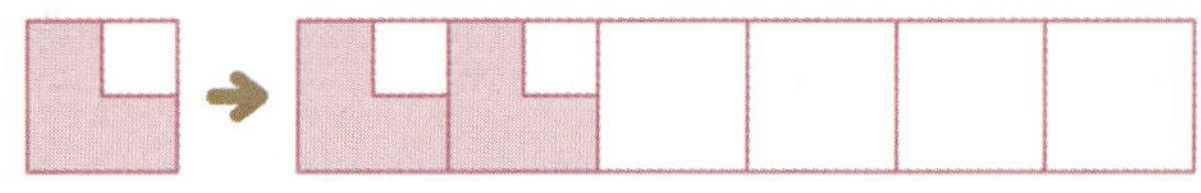

5 도형을 오른쪽으로 6 cm 밀었을 때의 도형을 그려 보세요.

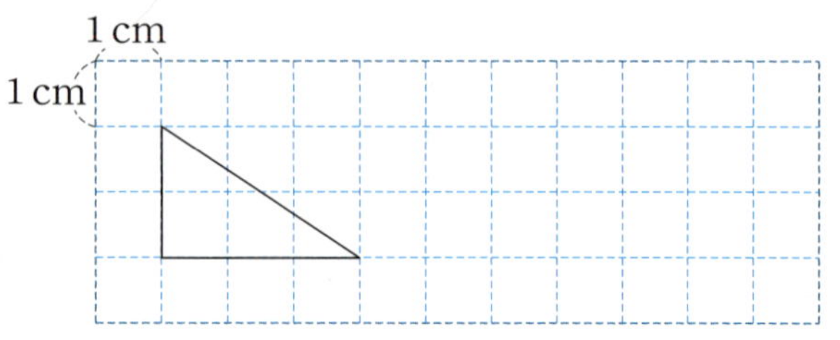

6 도형을 왼쪽으로 뒤집었을 때의 도형을 그려 보세요.

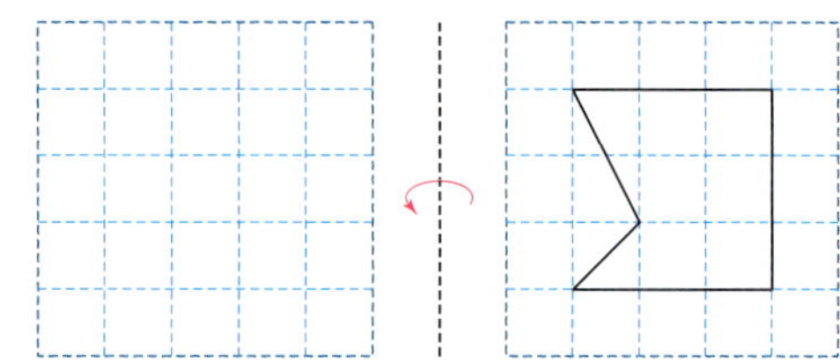

[7~8] 도형을 보고 물음에 답하세요.

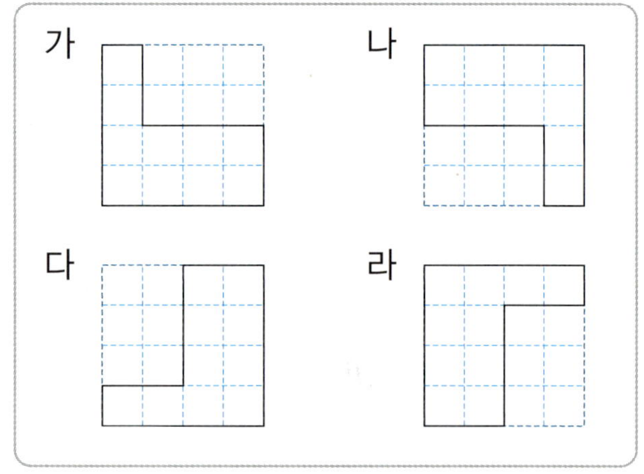

7 가 도형을 시계 방향으로 180°만큼 돌렸을 때의 도형을 찾아 기호를 쓰세요.

( )

8 다 도형을 시계 반대 방향으로 270°만큼 돌렸을 때의 도형을 찾아 기호를 쓰세요.

( )

9 점 ㄱ을 어떻게 움직이면 점 ㄴ의 위치로 옮길 수 있는지 □ 안에 알맞은 수나 말을 써넣으세요.

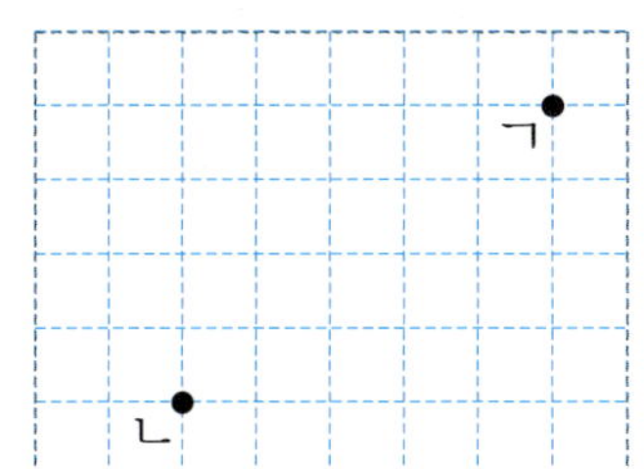

점 ㄱ을 왼쪽으로 □ 칸, □ 쪽으로 □ 칸 이동합니다.

10 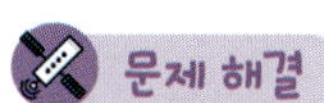 모양으로 규칙적인 무늬를 만들어 보세요.

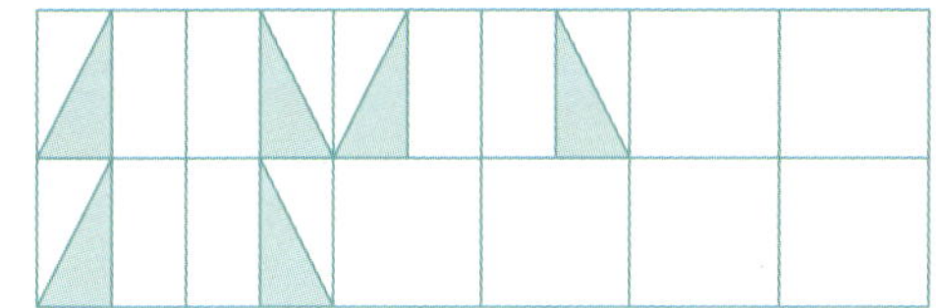

11 도형을 시계 방향으로 주어진 각도만큼 돌렸을 때의 도형을 각각 그려 보세요.

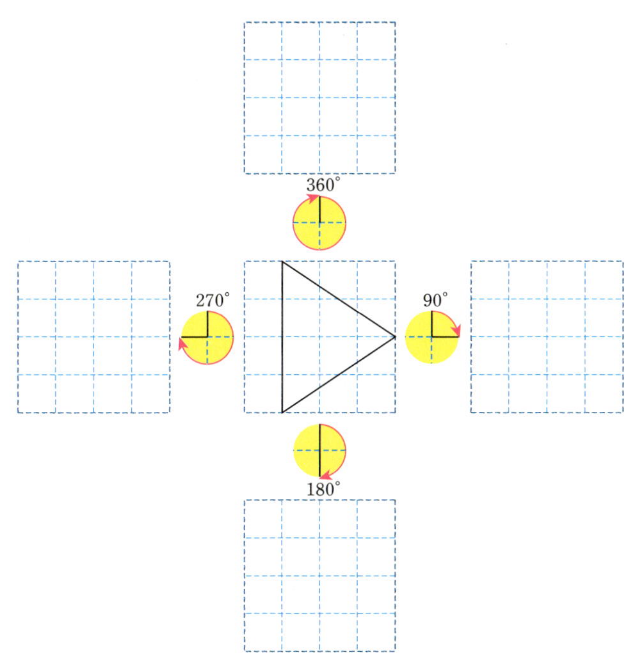

12 일정한 규칙에 따라 만들어진 무늬입니다. 빈 곳에 알맞은 모양은 어느 것인가요? (   )

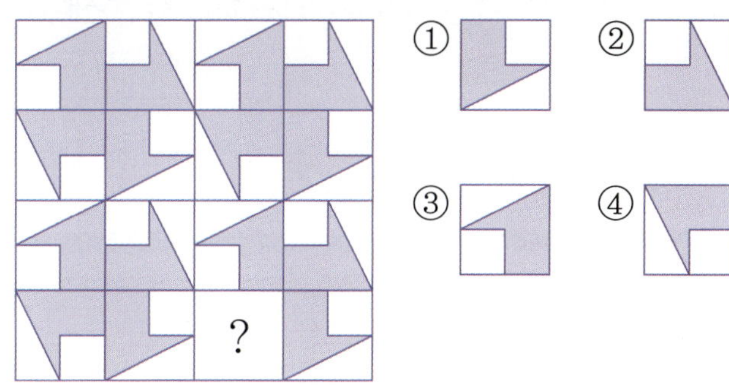

13 도형을 아래쪽으로 뒤집었을 때의 도형이 처음 도형과 같은 것의 기호를 쓰세요.

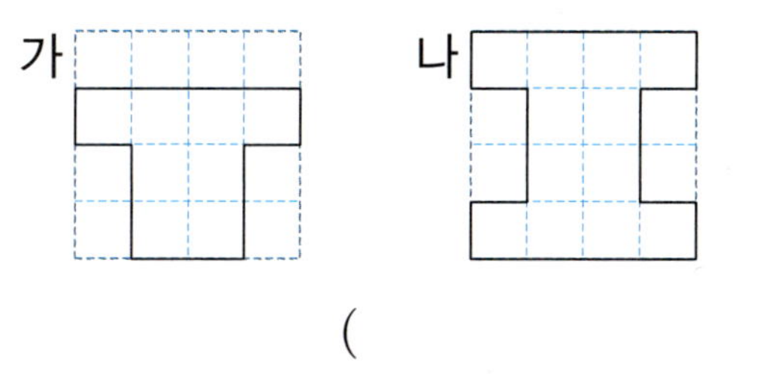

(   )

14 가 조각을 밀어 왼쪽 정사각형 모양을 완성하려고 합니다. 어떻게 밀어야 하는지 설명해 보세요.

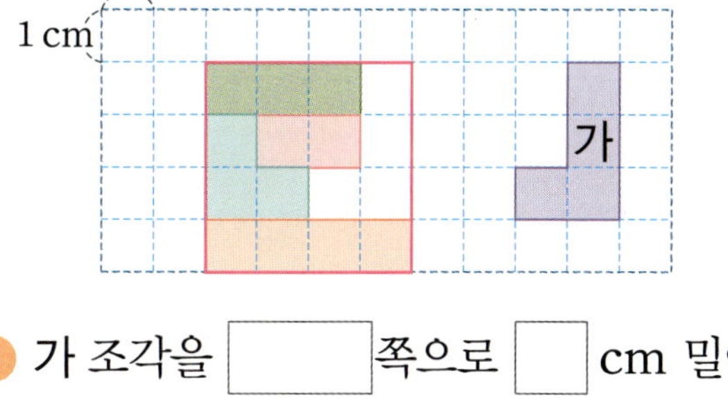

설명 가 조각을 □ 쪽으로 □ cm 밀어야 합니다.

15 도형을 위쪽으로 2번 뒤집었을 때의 도형을 그려 보세요.

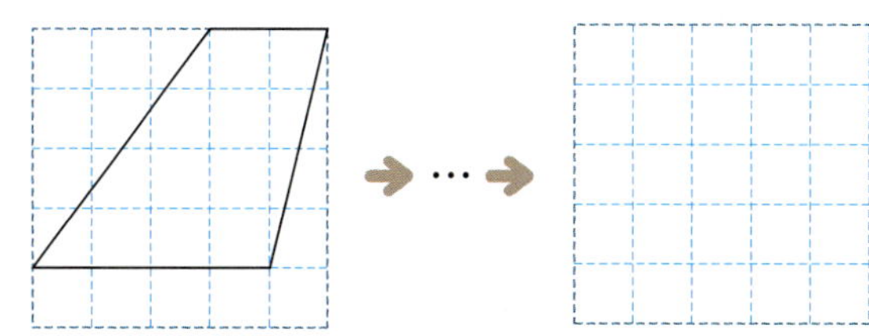

16 왼쪽 도형을 한 번 뒤집어서 오른쪽 도형을 만들었습니다. 어느 쪽으로 뒤집었는지 쓰세요.

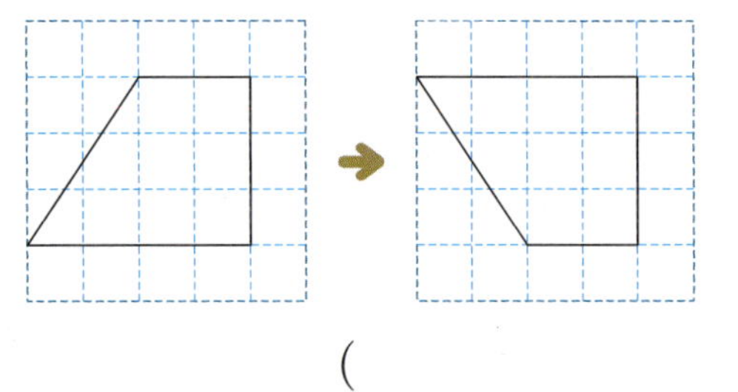

(   )

정보처리

17 순서에 따라 점을 이동한 후, 이동한 점끼리 순서대로 이었을 때 나오는 글자는 무엇인가요?

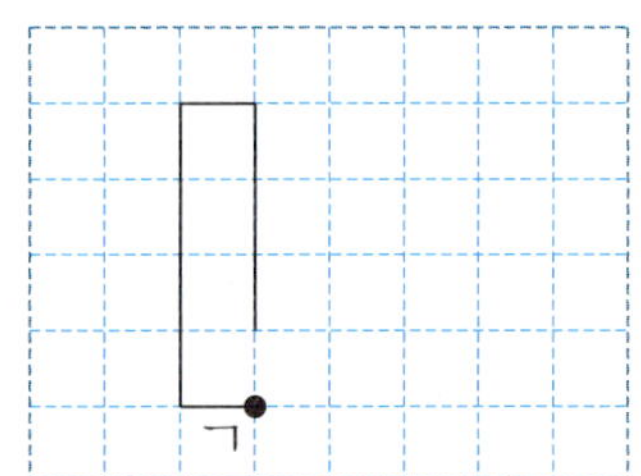

① 점 ㄱ을 오른쪽으로 3칸 이동하기
② 위 ①의 점을 위쪽으로 1칸 이동하기
③ 위 ②의 점을 왼쪽으로 3칸 이동하기

(   )

18 도형 ㉠을 시계 방향으로 90°만큼 5번 돌렸더니 도형 ㉡이 되었습니다. ㉠은 어떤 도형이었는지 그려 보세요.

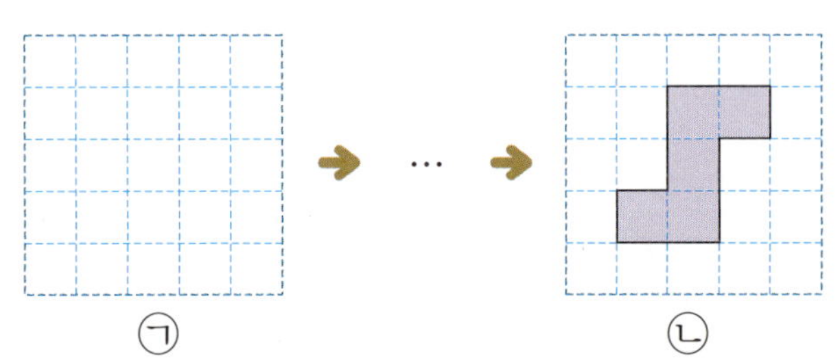

㉠   ㉡

서술형 실전

19 보기에서 알맞은 것을 골라 도형을 움직인 방법을 2가지 쓰세요.

보기

오른쪽, 왼쪽, 위쪽, 아래쪽,
시계 방향, 시계 반대 방향,
90°, 180°, 270°, 뒤집기, 돌리기

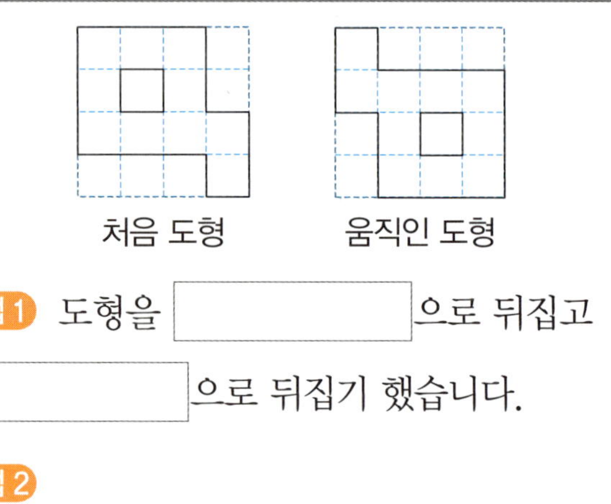

처음 도형   움직인 도형

방법1 도형을 [   ]으로 뒤집고
[   ]으로 뒤집기 했습니다.

방법2 ___________________________

____

20 수 카드를 밀어서 오른쪽 종이에 한 번씩만 붙여 가장 작은 세 자리 수를 만들었습니다. 만든 세 자리 수를 시계 반대 방향으로 180°만큼 돌렸을 때 나오는 수는 얼마인지 풀이 과정을 쓰고 답을 구하세요.

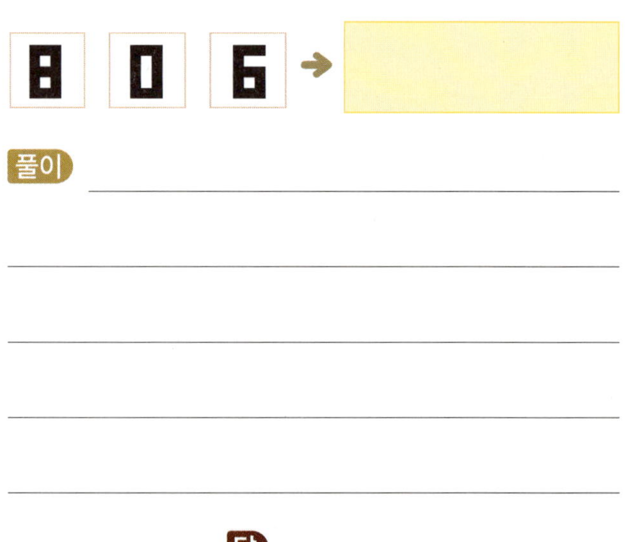

풀이 ___________________________

____

____

____

답 ___________________________

개념 사다리 타기!

스마트폰으로 QR코드를
찍으면 정답이 보여요.

🍎 선을 따라 내려가면서 만나는 빈칸에 답을 쓰고, 도형을 그려 보세요.

Q. 글자 '문'을 시계 방향으로 180°만큼 돌리면?

Q. 인터넷에서 가장 많이 볼 수 있는 색은?

Q. 아몬드가 죽으면?

Q. 세상에서 가장 큰 코는?

Q. 日z를 아래쪽으로 뒤집으면?

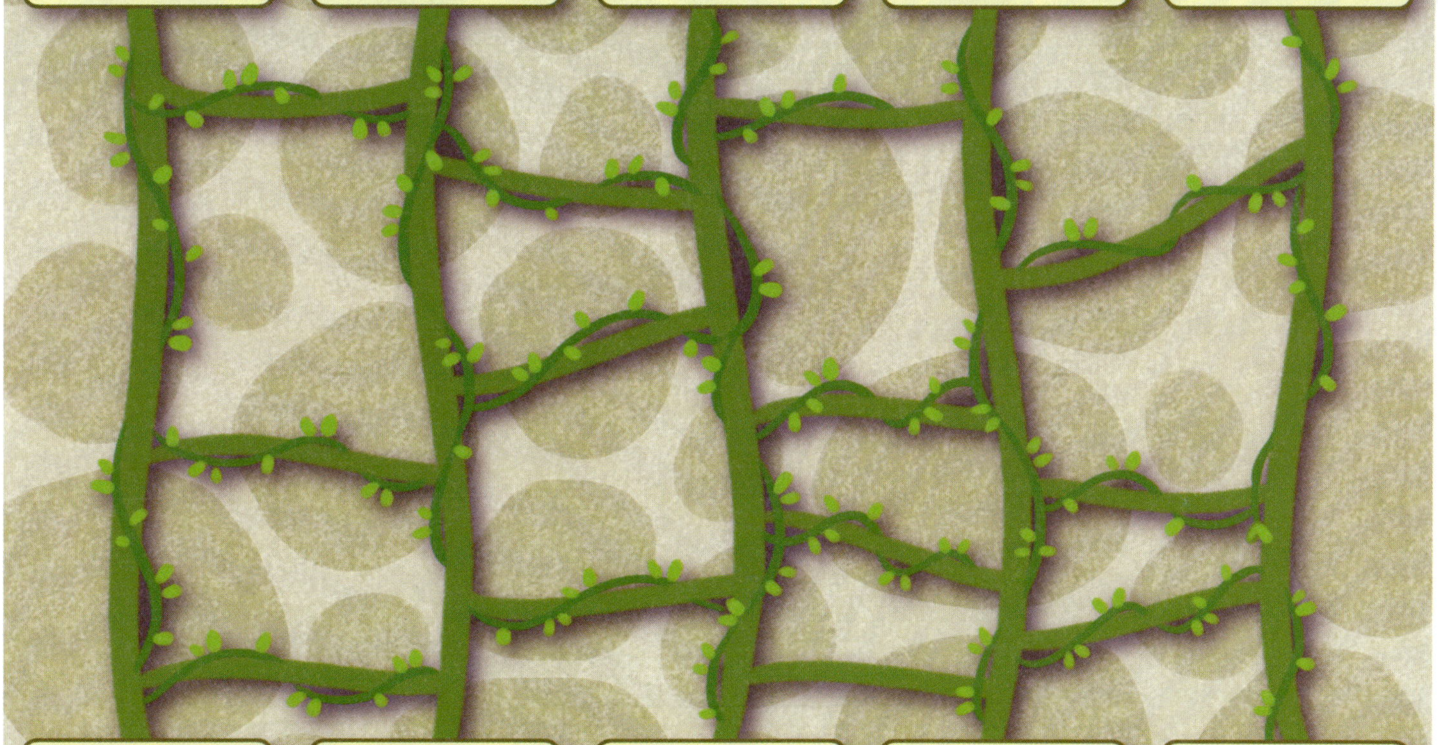

A.

A.

A.

A.

A.

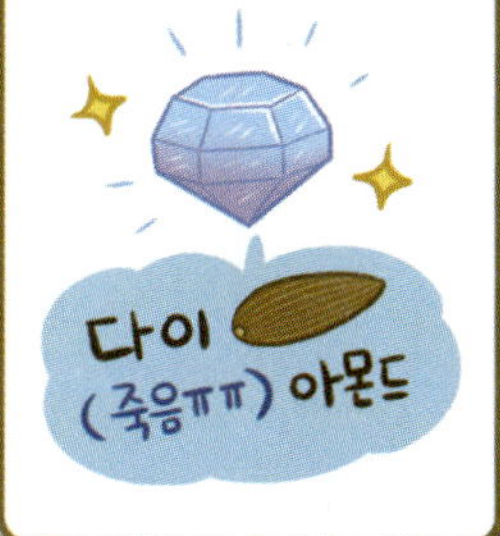

모눈에 그려 보세요.

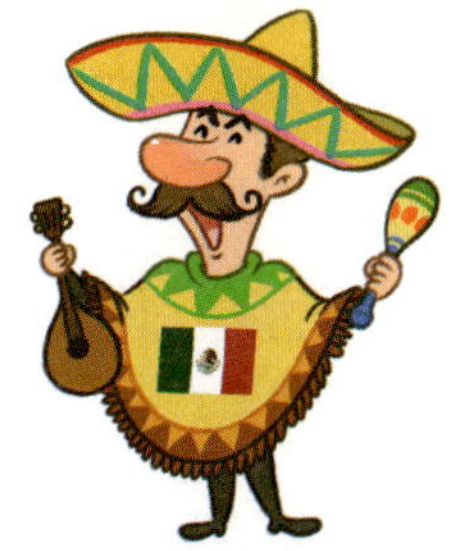

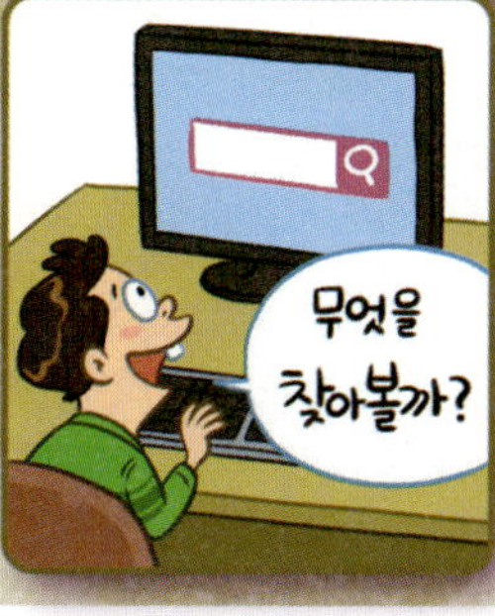

모눈에 그려 보세요.

5 막대그래프

꿈나무 서점
○○ 약국
○○약국
영업 끝~!
남은 약통을 정리해서 막대그래프로 기록해 보자. 우선 약 종류별로 남은 약통 수를 불러 봐!
소화제 7통
기침약 9통
변비약 5통
진통제 10통
왜 진통제는 막대를 안 그린 거야?
눈금이 모자라서~
이그~
종류별 남은 약통 수
(통)
약통 수
종류
소화제
기침약
변비약
진통제
5
0

큐알 코드를 찍으면 개념 학습 영상을
볼 수 있어요.

1. 막대그래프 알아보기

예 좋아하는 동물별 학생 수

동물	사자	호랑이	코끼리	하마	합계
학생 수(명)	4	2	6	3	15

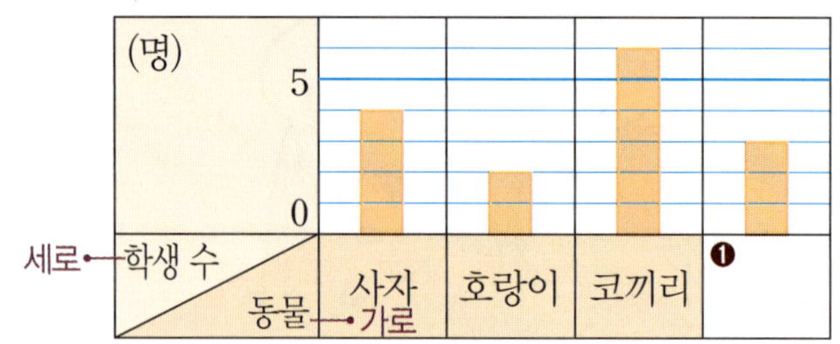

(1) 가로는 **동물**, 세로는 **학생 수**를 나타냅니다.

(2) **막대의 길이는 각 동물을 좋아하는 학생 수**를 나타냅니다.

(3) 세로 눈금 한 칸은 ❷□ 명을 나타냅니다.

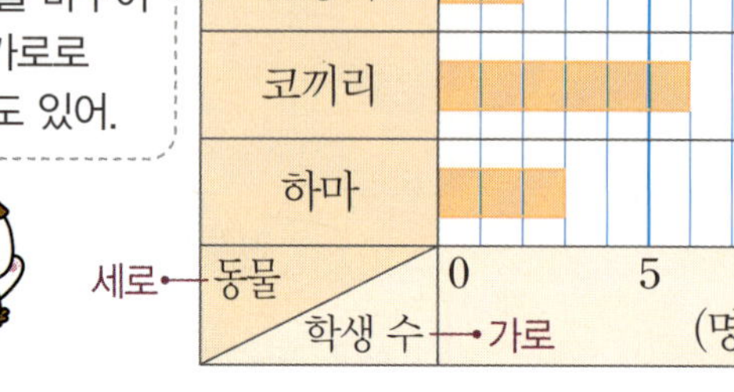

막대그래프: 조사한 자료의 수량을 **막대 모양**으로 나타낸 그래프

2. 표와 막대그래프의 비교

(1) **표**는 자료별 수와 합계를 쉽게 알 수 있습니다.

(2) **막대그래프**는 자료별 수를 한눈에 비교하기 쉽습니다.

정답 확인 | ❶ 하마 ❷ 1

5 막대그래프

[1~2] 지아네 반 학생들이 좋아하는 운동을 조사하여 나타낸 그래프입니다. 물음에 답하세요.

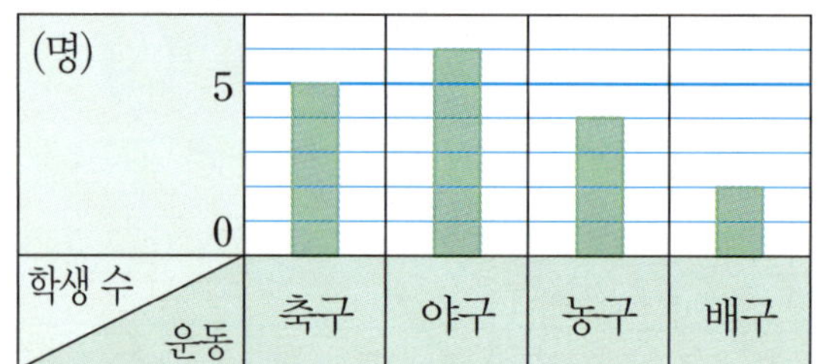

1 위와 같이 조사한 자료의 수량을 막대 모양으로 나타낸 그래프를 무엇이라고 하나요?

(   )

2 막대의 길이가 나타내는 것에 ○표 하세요.

(학생 수 , 운동)

[7~8] 성주네 반 학생들이 맛별 마신 우유를 조사하여 나타낸 막대그래프입니다. 물음에 답하세요.

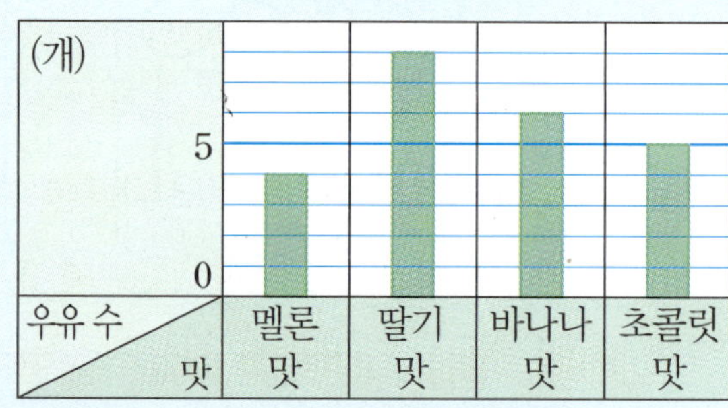

7 자료를 어떤 모양으로 나타낸 그래프인가요?

(   )

8 막대의 길이는 무엇을 나타내나요?

(   )

[3~6] 은호네 반 학생들이 배우는 악기를 조사하여 나타낸 표와 막대그래프입니다. 물음에 답하세요.

배우는 악기별 학생 수

악기	플루트	피아노	단소	바이올린	합계
학생 수(명)	5	8	4	10	27

배우는 악기별 학생 수

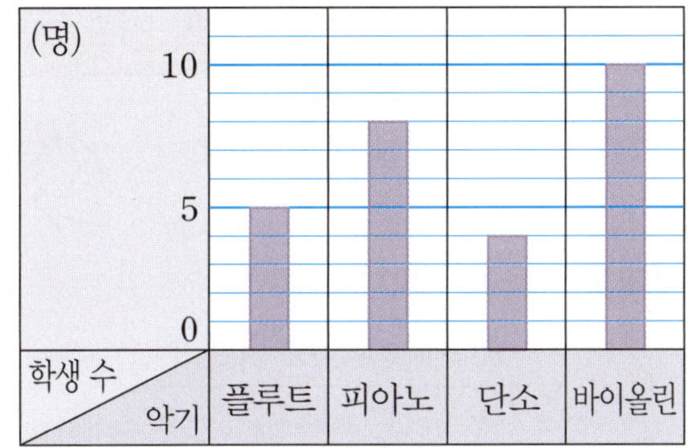

3 막대그래프에서 가로와 세로는 각각 무엇을 나타내는지 이어 보세요.

가로 •　　　　• 학생 수

세로 •　　　　• 악기

4 세로 눈금 한 칸은 **몇 명**을 나타내나요?

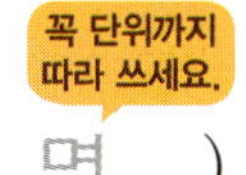

(　　　　명　)

5 피아노를 배우는 학생은 **몇 명**인가요?

(　　　　명　)

6 전체 학생 수를 알아보려면 표와 막대그래프 중 어느 자료가 더 편리한가요?

(　　　　　　)

[9~12] 채윤이네 반 학생들이 좋아하는 음식을 조사하여 나타낸 표와 막대그래프입니다. 물음에 답하세요.

좋아하는 음식별 학생 수

음식	떡볶이	피자	햄버거	치킨	합계
학생 수(명)	3	13	9	7	32

좋아하는 음식별 학생 수

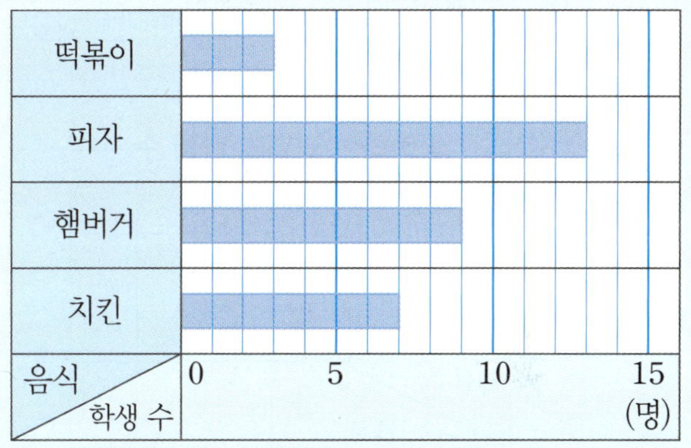

9 막대그래프에서 가로와 세로는 각각 무엇을 나타내는지 쓰세요.

가로 (　　　　　　)
세로 (　　　　　　)

10 가로 눈금 한 칸은 **몇 명**을 나타내나요?

(　　　　명　)

11 좋아하는 학생이 9명인 음식은 무엇인가요?

(　　　　　　)

12 가장 많은 학생이 좋아하는 음식을 알아보려면 표와 막대그래프 중 어느 자료가 한눈에 더 잘 드러나나요?

(　　　　　　)

핵심 개념 막대그래프로 나타내기

예

좋아하는 과일별 학생 수

과일	귤	포도	배	사과	합계
학생 수(명)	4	6	2	6	18

1. 표를 막대그래프로 나타내는 방법 알아보기

가로와 세로에 나타낼 것 정하기
→ 가로: ❶ [   ], 세로: 학생 수

알맞은 제목 쓰기

좋아하는 과일별 학생 수

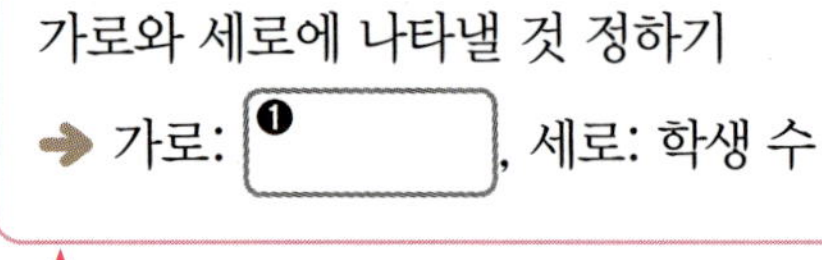
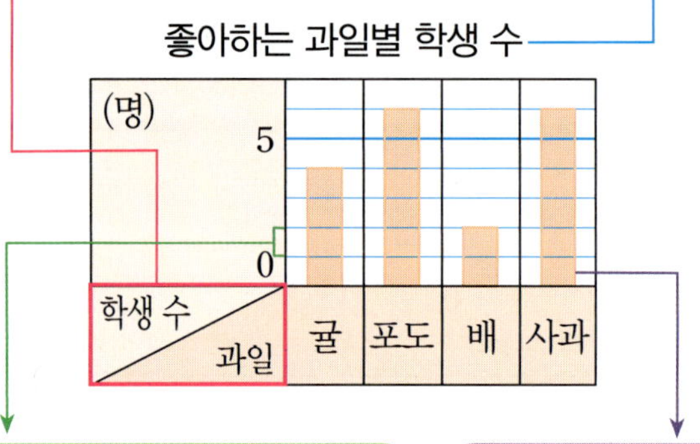

눈금 한 칸의 크기와 눈금 수 정하기
→ 눈금 한 칸의 크기: 1명, 눈금 수: 적어도 6칸

조사한 자료의 수에 맞게 막대 그리기

조사한 수 중 가장 큰 수인 6명을 나타낼 수 있도록 눈금 수를 정합니다.

2. 세로 눈금 한 칸을 2명으로 하여 나타내기

좋아하는 과일별 학생 수

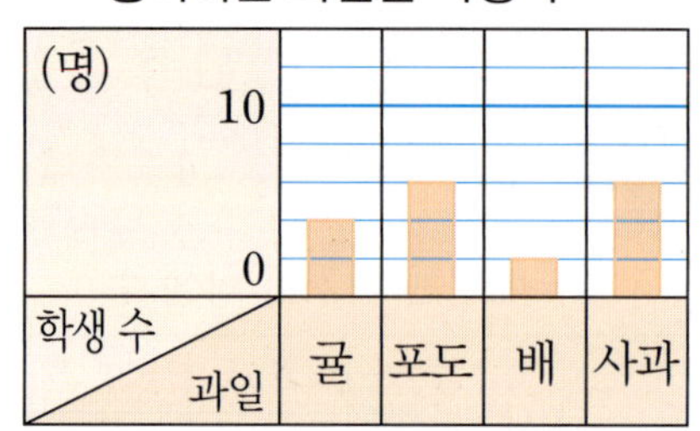

3. 막대를 가로로 나타내기

좋아하는 과일별 학생 수

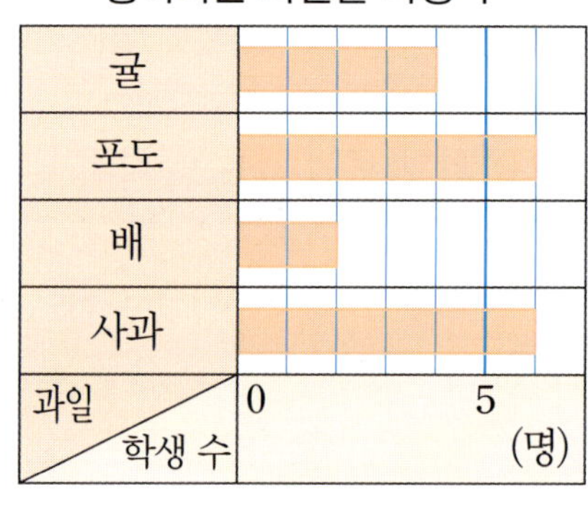

정답 확인 | ❶ 과일 ❷ 학생 수

확인 문제 1~5번 문제를 풀면서 **개념 익히기!**

1 표를 보고 막대그래프를 완성해 보세요.

좋아하는 색깔별 학생 수

색깔	빨강	파랑	보라	초록	합계
학생 수(명)	6	8	4	2	20

좋아하는 색깔별 학생 수

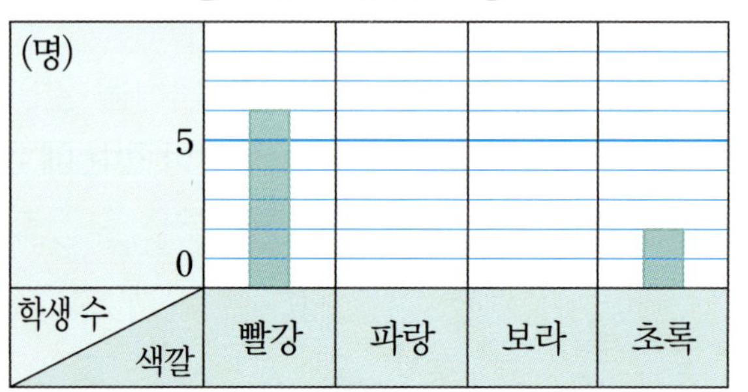

한 번 더! 확인 6~10번 유사문제를 풀면서 **개념 다지기!**

6 표를 보고 막대그래프를 완성해 보세요.

가고 싶어 하는 장소별 학생 수

장소	영화관	놀이공원	동물원	야구장	합계
학생 수(명)	4	8	6	5	23

가고 싶어 하는 장소별 학생 수

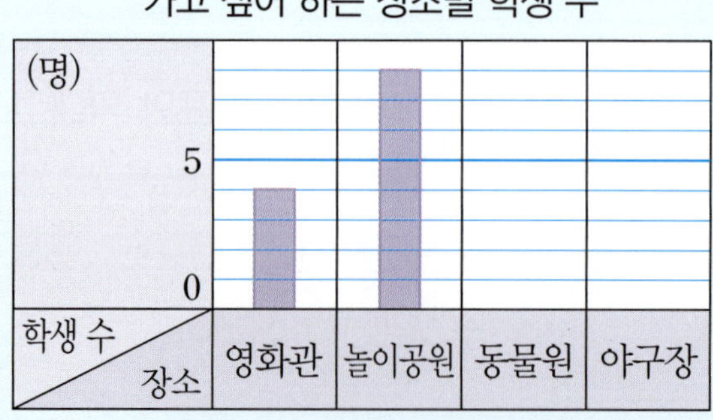

5 막대그래프

[2~5] 지효네 반 학생들이 좋아하는 채소를 조사하여 나타낸 표를 보고 막대그래프로 나타내려고 합니다. 물음에 답하세요.

좋아하는 채소별 학생 수

채소	오이	당근	시금치	상추	합계
학생 수(명)	4	6	7	9	26

2 막대그래프의 가로에 채소를 나타낸다면 세로에는 무엇을 나타내야 하는지 알맞은 것에 ◯표 하세요.

학생 수   합계

(   )   (   )

3 세로 눈금 한 칸이 1명을 나타낸다면 당근을 좋아하는 학생 수는 **몇 칸**으로 나타내야 하나요?

꼭 단위까지 따라 쓰세요.

(칸   )

4 눈금은 적어도 **몇 명**까지 나타낼 수 있어야 하나요?

(명   )

5 위 표를 보고 막대그래프로 나타내 보세요.

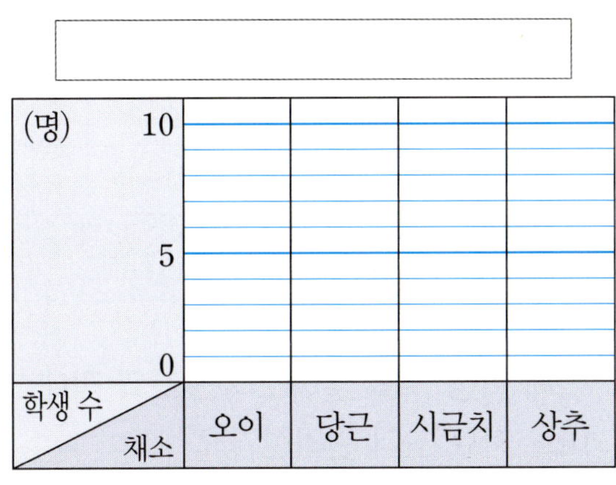

[7~10] 월별 강수량을 조사하여 나타낸 표를 보고 막대그래프로 나타내려고 합니다. 물음에 답하세요.

월별 강수량

월	6	7	8	9	합계
강수량(mm)	100	220	80	40	440

7 막대그래프의 가로에 강수량을 나타낸다면 세로에는 무엇을 나타내야 하나요?

(   )

8 가로 눈금 한 칸이 20 mm를 나타낸다면 6월의 강수량은 **몇 칸**으로 나타내야 하나요?

(칸   )

9 눈금은 적어도 **몇 mm**까지 나타낼 수 있어야 하나요?

(mm   )

10 위 표를 보고 막대그래프로 나타내 보세요.

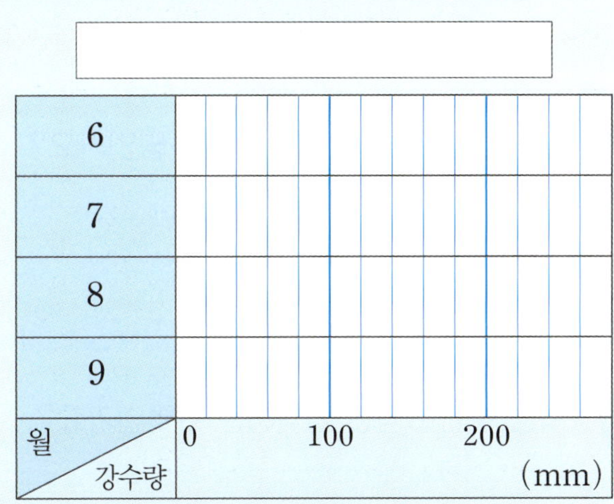

[1~5] 수호네 반 학생들의 혈액형을 조사하여 나타낸 막대그래프입니다. 물음에 답하세요.

혈액형별 학생 수

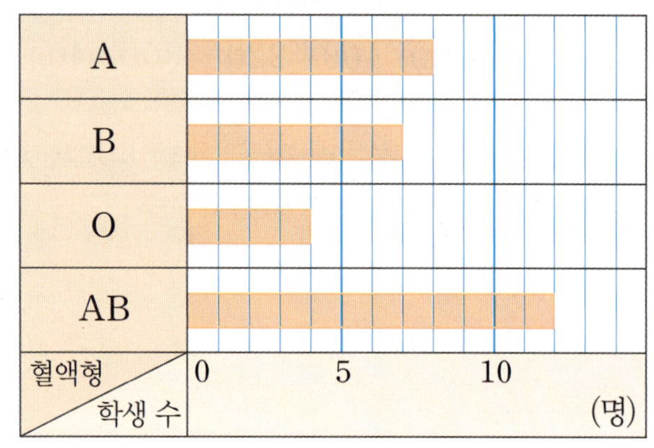

1 막대그래프에서 가로와 세로는 각각 무엇을 나타내는지 쓰세요.

가로 (   )

세로 (   )

2 막대의 길이는 무엇을 나타내나요?

(   )

3 가로 눈금 한 칸은 몇 명을 나타내나요?

(   )

4 혈액형이 AB형인 학생은 몇 명인가요?

(   )

5 학생 수가 8명인 혈액형은 무엇인가요?

(   )

[6~9] 2016년 리우데자네이루 올림픽에서 나라별로 획득한 금메달 수를 조사하여 나타낸 표를 보고 막대그래프로 나타내려고 합니다. 물음에 답하세요.

나라별 금메달 수

나라	대한민국	호주	프랑스	캐나다	합계
금메달 수 (개)	9	8	10	4	31

6 세로 눈금 한 칸이 금메달 1개를 나타낸다면 프랑스의 금메달 수는 몇 칸으로 나타내야 하나요?

(   )

7 위 표를 보고 막대그래프로 나타내 보세요.

나라별 금메달 수

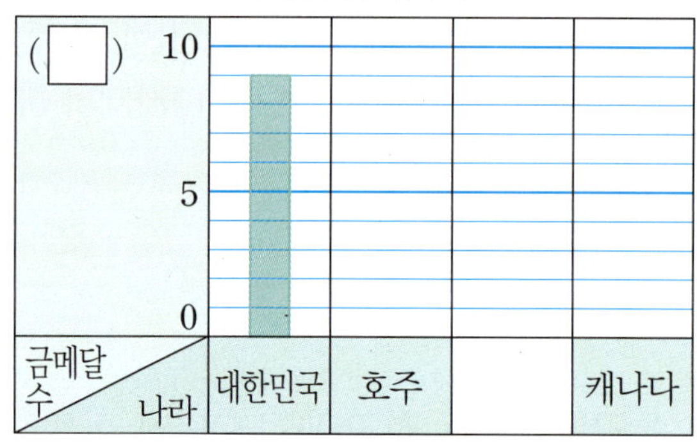

8 위 **7**의 그래프에서 가로와 세로를 서로 바꾸어 막대를 가로로 나타내 보세요.

나라별 금메달 수

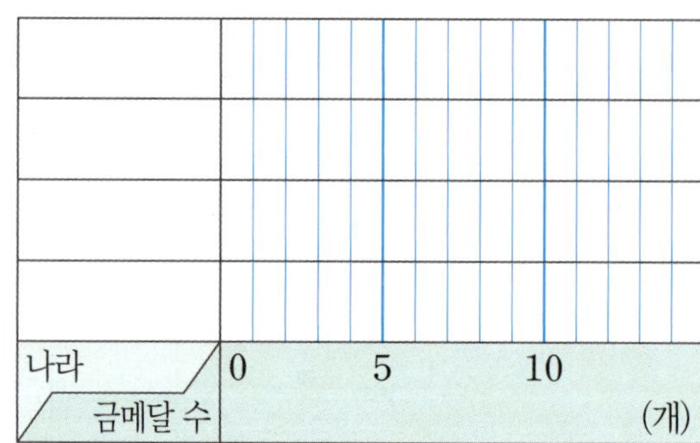

9 전체 학생 수를 알아보려면 표와 막대그래프 중 어느 자료가 더 편리한가요?

(   )

[10~12] 공원에 핀 꽃을 조사하여 나타낸 표를 보고 막대그래프로 나타내려고 합니다. 물음에 답하세요.

공원에 핀 종류별 꽃 수

꽃	민들레	나팔꽃	백합	해바라기	합계
꽃 수(송이)	8		6	4	30

10 공원에 핀 나팔꽃은 몇 송이인가요?

(   )

11 위 **10**에서 구한 나팔꽃의 수와 표를 보고 막대그래프로 나타내 보세요.

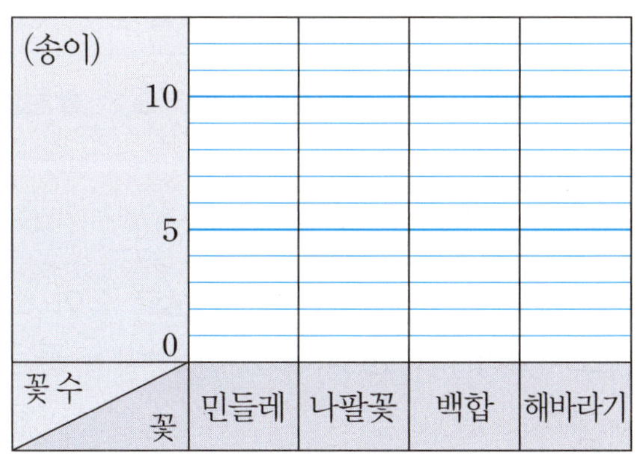
공원에 핀 종류별 꽃 수

문제 해결

12 위 **11**의 그래프에서 세로 눈금 한 칸을 2송이로 하여 나타내 보세요.

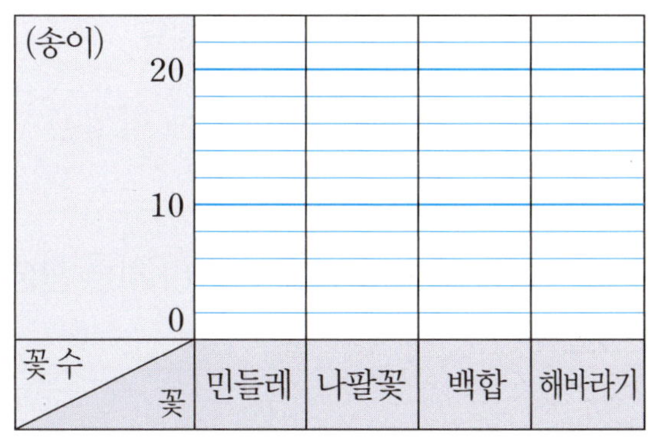
공원에 핀 종류별 꽃 수

13 막대그래프 그리는 방법을 <u>잘못</u> 설명한 것을 찾아 기호를 쓰세요.

> ㉠ 조사한 내용이 잘 나타나도록 제목을 씁니다.
> ㉡ 조사한 수 중 가장 작은 수를 나타낼 수 있도록 눈금의 수를 정합니다.
> ㉢ 가로와 세로 중 어느 쪽에 조사한 수를 나타낼 것인지 정합니다.

(   )

서술형 中수 문제 해결의 **전략** 을 보면서 풀어 보자.

14 동욱이가 가지고 있는 종류별 학용품 수를 조사하여 나타낸 막대그래프입니다. 전체 학용품이 22개일 때, 막대그래프를 완성해 보세요.

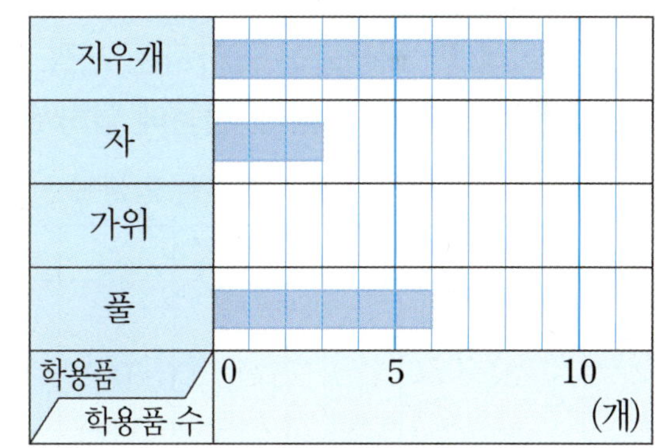
가지고 있는 종류별 학용품 수

전략 가로 눈금 한 칸은 1개를 나타낸다.

❶ 지우개: 9개, 자: ☐개, 풀: ☐개

전략 전체 학용품의 수에서 지우개, 자, 풀의 수를 차례로 빼자.

❷ (가위의 수)

$$=22-9-\boxed{}-\boxed{}=\boxed{}(개)$$

❸ 가로 눈금 한 칸이 1개를 나타내므로 가위는 ☐칸인 막대를 그립니다.

BOOK❷ 34~35쪽에서 한 번 더 풀기!

5 막대그래프

핵심 **개념** 막대그래프로 자료 해석하기

예 영지네 반 학생들이 좋아하는 티셔츠 색깔을 조사하여 나타낸 막대그래프

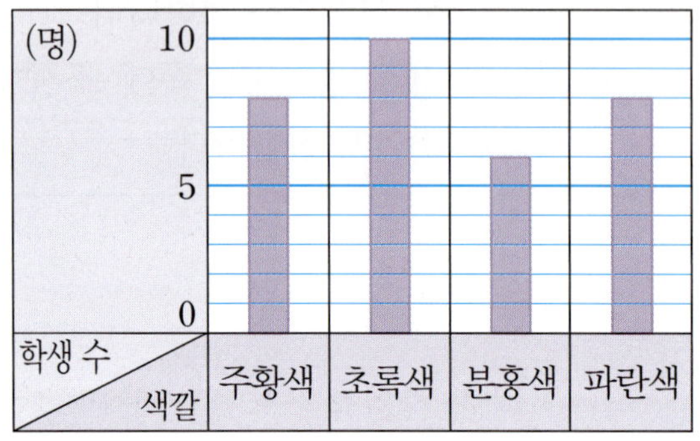

(1) 세로 눈금 한 칸이 나타내는 학생 수:
세로 눈금 5칸이 5명을 나타내므로 세로 눈금 한 칸은 $5 \div 5 =$ **❶** (명)을 나타냅니다.

(2) 가장 **많은** 학생이 좋아하는 티셔츠 색깔:
└ 막대의 길이가 가장 **긴** 색깔   초록색

(3) 가장 **적은** 학생이 좋아하는 티셔츠 색깔:
└ 막대의 길이가 가장 **짧은** 색깔   ❷

(4) 주황색 티셔츠를 좋아하는 학생 수: 8명

(5) 초록색 티셔츠를 좋아하는 학생은 10명으로 주황색 티셔츠를 좋아하는 학생인 8명보다 2명 더 많습니다.
$10 - 8 = 2$(명) ┘

영지네 반이 입을 티셔츠를 준비한다면 가장 많은 학생이 좋아하는 색깔인 초록색 티셔츠를 준비하는 것이 좋을 것 같아.

정답 확인 | ❶ 1 ❷ 분홍색

확인 문제 1~6번 문제를 풀면서 개념 익히기!

[1~2] 주희네 반 학생들이 좋아하는 새를 조사하여 나타낸 막대그래프입니다. 물음에 답하세요.

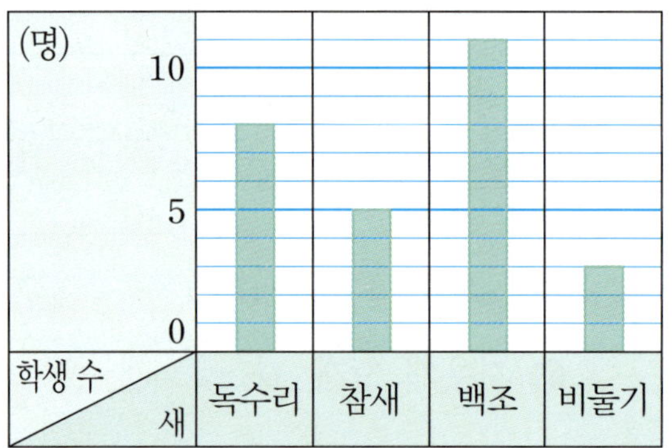

1 ☐ 안에 알맞은 수를 써넣으세요.

참새를 좋아하는 학생은 ☐명입니다.

2 가장 많은 학생이 좋아하는 새는 무엇인가요?

(   )

한 번 더! 확인 7~12번 유사문제를 풀면서 개념 다지기!

[7~8] 현우네 반 학생들이 가 보고 싶어 하는 산을 조사하여 나타낸 막대그래프입니다. 물음에 답하세요.

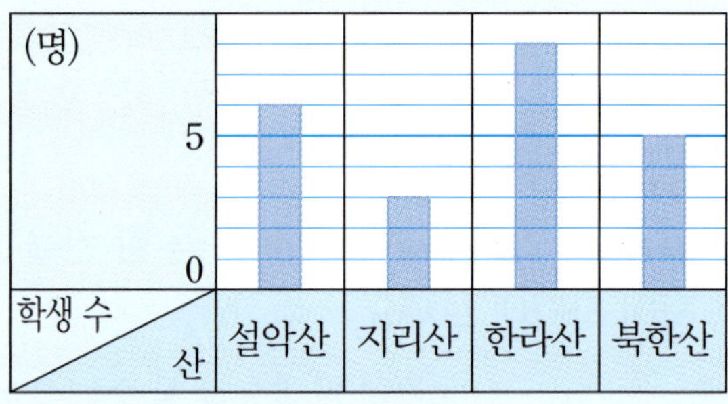

7 ☐ 안에 알맞은 수를 써넣으세요.

설악산을 가 보고 싶어 하는 학생은 ☐명입니다.

8 가장 많은 학생이 가 보고 싶어 하는 산은 어디인가요?

(   )

[3~6] 학교에서 자라는 나무 수를 조사하여 나타낸 막대그래프입니다. 물음에 답하세요.

자라는 나무 수

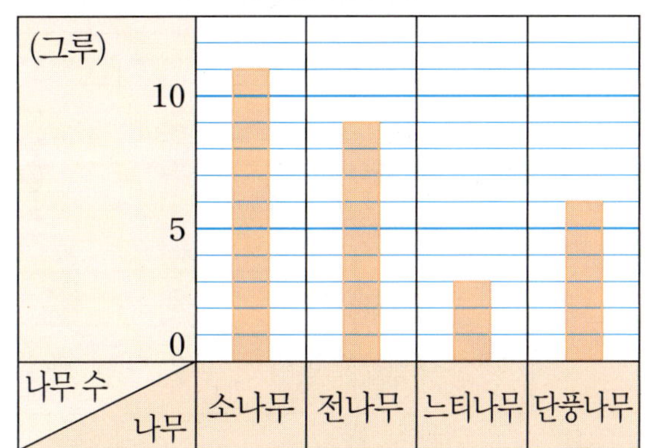

3 세로 눈금 한 칸은 **몇 그루**를 나타내나요?

꼭 단위까지 따라 쓰세요.

(　　　그루　)

4 학교에서 자라는 전나무는 **몇 그루**인가요?

(　　　그루　)

5 학교에서 가장 적게 자라는 나무는 무엇인가요?

(　　　　)

6 학교에서 자라는 나무 수가 느티나무 수의 2배인 나무는 무엇인가요?

⑴ 느티나무는 몇 그루인가요?

(　　　그루　)

⑵ 느티나무 수의 2배인 나무는 무엇인가요?

(　　　　)

[9~12] 농장에서 기르는 동물 수를 조사하여 나타낸 막대그래프입니다. 물음에 답하세요.

기르는 동물 수

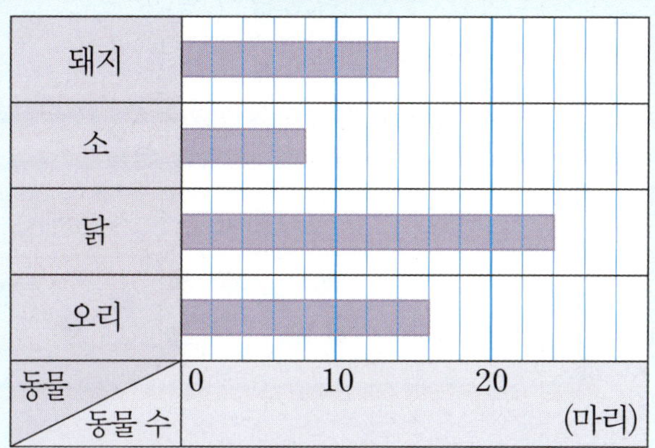

9 가로 눈금 한 칸은 **몇 마리**를 나타내나요?

(　　　마리　)

10 농장에서 기르는 동물 중 16마리가 있는 동물은 무엇인가요?

(　　　　)

11 농장에서 가장 적게 기르는 동물은 무엇인가요?

(　　　　)

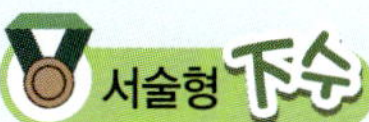

12 농장에서 기르는 동물 수가 소의 수의 3배인 동물은 무엇인가요?

풀이

소는 ☐ 마리이므로 소의 수의 3배인 동물은

☐ 입니다.

답 ___________________

5

막대그래프

125

핵심 개념 ─ 자료를 수집하여 분석하기

1. 조사하고 싶은 내용을 정하고 자료 수집하기

(1) 조사할 내용: 학생들이 받고 싶은 선물

(2) 조사하는 방법: 붙임딱지 붙이기

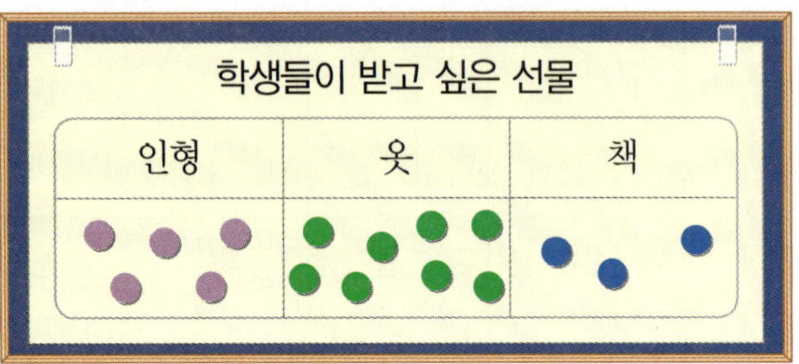

2. 조사한 자료를 표로 나타내기

받고 싶은 선물별 학생 수

선물	인형	옷	책	합계
학생 수(명)	5	8	❶	16

3. 표를 보고 막대그래프로 나타내기

받고 싶은 선물별 학생 수

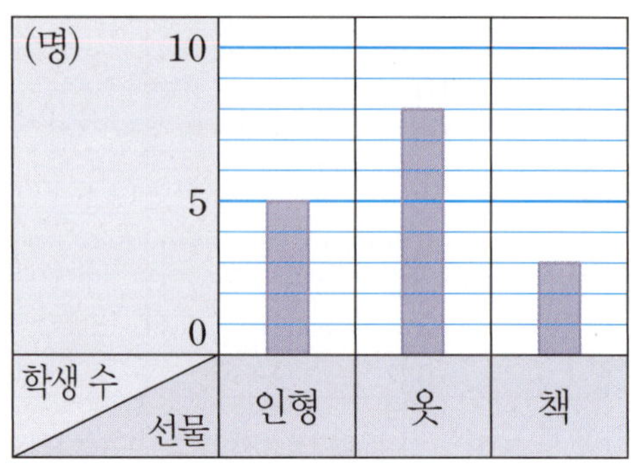

4. 막대그래프로 자료 해석하기

(1) 가장 많은 학생이 받고 싶은 선물은 ❷ ☐ 입니다.

(2) 가장 적은 학생이 받고 싶은 선물은 책입니다.

(3) 인형을 선물로 받고 싶은 학생은 책을 선물로 받고 싶은 학생보다 더 많습니다.

> 정답 확인 | ❶ 3 ❷ 옷

---

1 재현이네 반 학생들의 장래희망을 조사한 자료를 보고 표와 막대그래프로 나타내 보세요.

장래희망

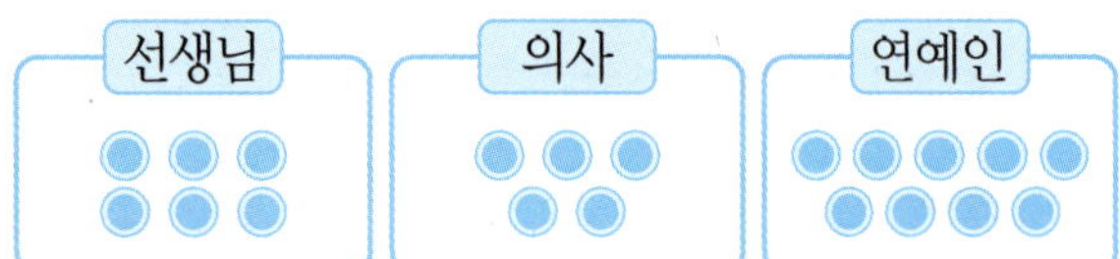

장래희망별 학생 수

장래희망	학생 수(명)
선생님	6
의사	
연예인	
합계	20

장래희망별 학생 수

선생님	
의사	
연예인	

장래희망 / 학생 수 0 5 10 (명)

---

5 소희네 반 학생들이 좋아하는 과목을 조사한 자료를 보고 표와 막대그래프로 나타내 보세요.

좋아하는 과목

과학	국어	수학	국어
국어	과학	수학	수학
국어	국어	국어	국어

좋아하는 과목별 학생 수

과목	학생 수(명)
과학	
국어	7
수학	
합계	12

좋아하는 과목별 학생 수

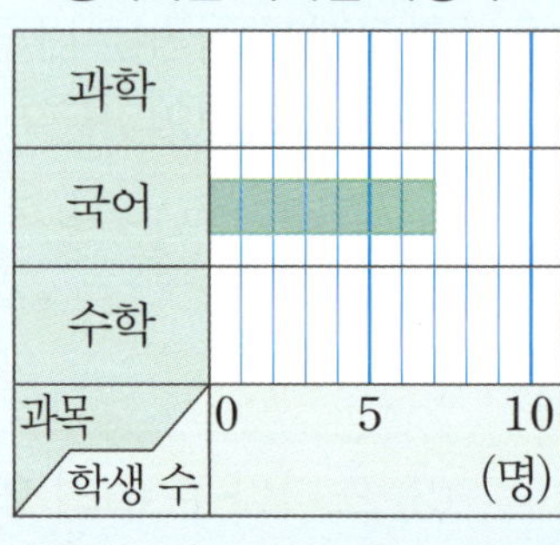

[2~4] 민정이네 반 학생들의 혈액형을 조사한 자료입니다. 물음에 답하세요.

혈액형

A형	O형	B형	AB형	O형
B형	A형	O형	B형	A형
AB형	B형	A형	O형	B형
B형	O형	B형	O형	O형
O형	A형	AB형	O형	A형

2 조사한 자료를 표로 나타내 보세요.

혈액형별 학생 수

혈액형	A형	B형	O형	AB형	합계
학생 수(명)					25

3 위 **2**의 표를 보고 막대그래프로 나타내 보세요.

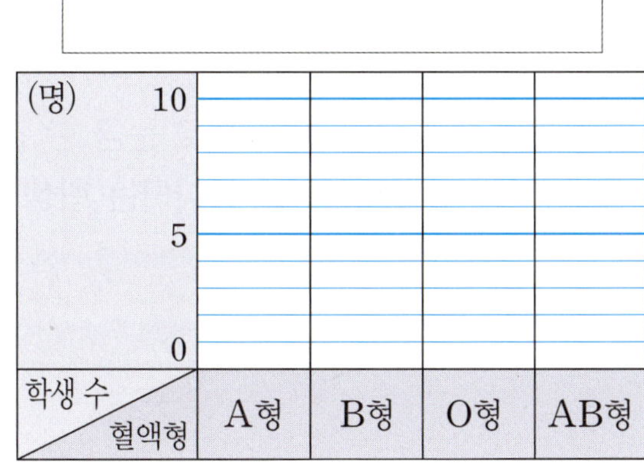

4 위 **3**의 막대그래프를 통해 알 수 있는 내용으로 바른 것의 기호를 쓰세요.

> ㉠ O형인 학생 수가 가장 적습니다.
> ㉡ A형인 학생보다 B형인 학생이 더 많습니다.

( )

[6~8] 지섭이네 반 학생들이 좋아하는 계절을 붙임 딱지 붙이기 방법으로 조사한 자료입니다. 물음에 답하세요.

좋아하는 계절

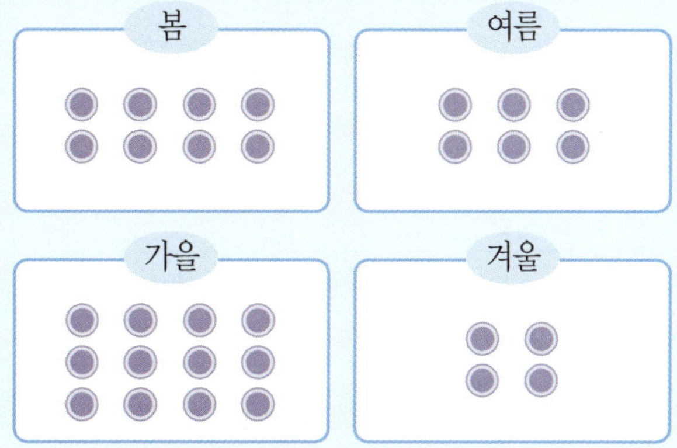

6 조사한 자료를 표로 나타내 보세요.

좋아하는 계절별 학생 수

계절	봄	여름	가을	겨울	합계
학생 수(명)					30

7 위 **6**의 표를 보고 막대그래프로 나타내 보세요.

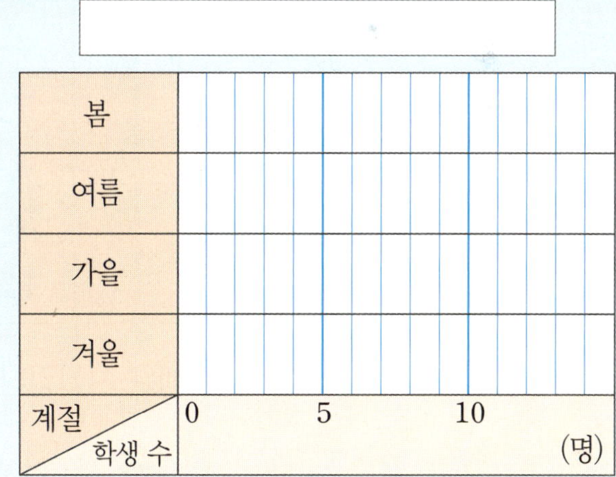

8 위 **7**의 막대그래프를 통해 알 수 있는 내용을 바르게 말한 사람은 누구인가요?

( )

1 상우네 반 학생들이 좋아하는 붕어빵 맛을 조사하여 나타낸 막대그래프입니다. 가장 많은 학생이 좋아하는 맛은 무엇인가요?

좋아하는 붕어빵 맛별 학생 수

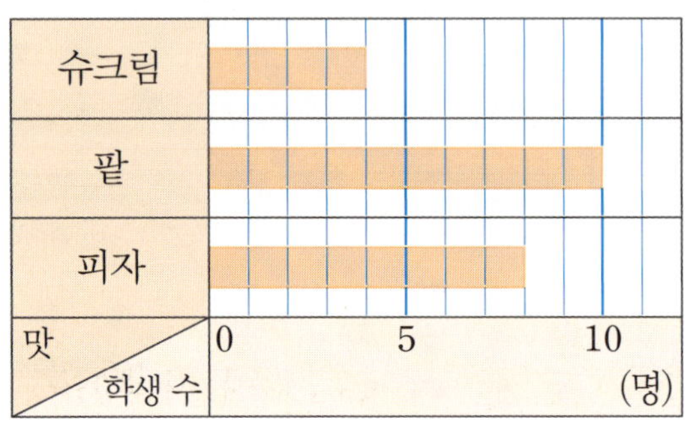

(   )

[2~4] 학급 문고에 있는 책 수를 조사하여 나타낸 막대그래프입니다. 막대그래프를 보고 바르게 설명한 것에 ○표, 잘못 설명한 것에 ×표 하세요.

학급 문고에 있는 종류별 책 수

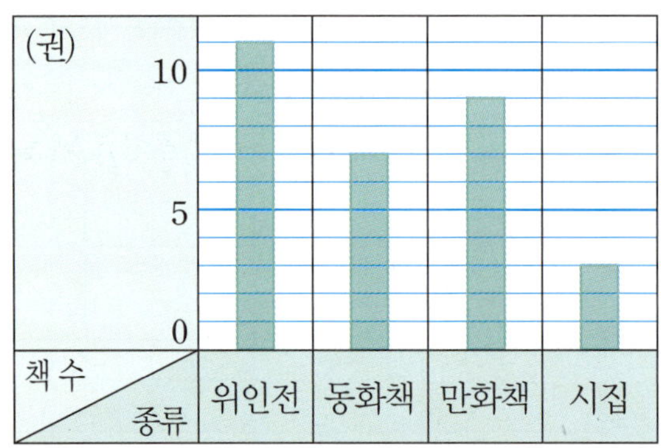

2 학급 문고에 가장 적게 있는 책은 시집입니다.

(   )

3 학급 문고에 만화책보다 더 많이 있는 책은 동화책입니다.

(   )

4 학급 문고에 11권이 있는 책은 만화책입니다.

(   )

[5~7] 선영이네 반 학생들이 기르는 반려동물을 조사한 자료입니다. 물음에 답하세요.

기르는 반려동물

선영	윤호	다솜	경수	세진
병태	혜성	승준	신애	재민
주현	지석	보영	정우	혜수
승민	영희	근영	소연	지호

🐶 : 강아지, 🐱 : 고양이, 🐹 : 햄스터, 🐰 : 토끼

5 조사한 자료를 표로 나타내 보세요.

기르는 반려동물별 학생 수

반려동물	강아지	고양이	햄스터	토끼	합계
학생 수(명)	7				20

6 막대그래프로 나타낼 때 세로 눈금 한 칸이 1명을 나타낸다면 고양이를 좋아하는 학생 수는 몇 칸으로 나타내야 하나요?

(   )

7 위 **5**의 표를 보고 막대그래프로 나타내 보세요.

기르는 반려동물별 학생 수

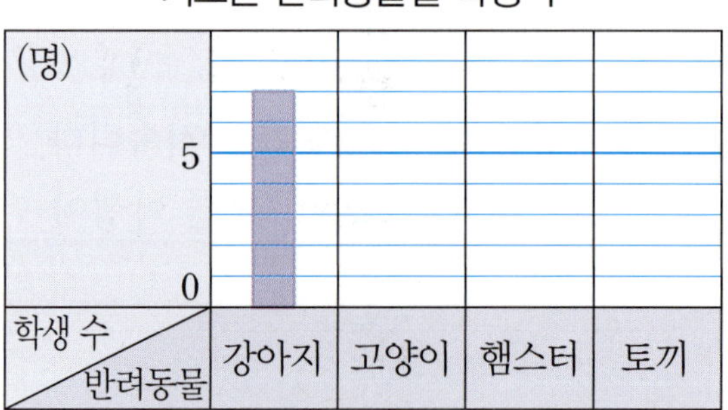

[8~11] 지환이네 학교 4학년 학생들이 좋아하는 생선을 조사하여 나타낸 막대그래프입니다. 물음에 답하세요.

좋아하는 생선별 학생 수

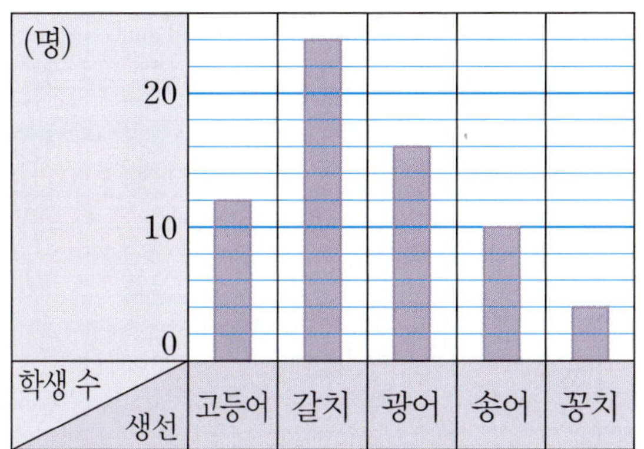

8 꽁치를 좋아하는 학생은 몇 명인가요?

( )

9 두 번째로 많은 학생이 좋아하는 생선은 무엇인가요?

( )

10 고등어와 광어를 좋아하는 학생 수의 차는 몇 명인가요?

( )

문제 해결

11 갈치를 좋아하는 학생 수는 꽁치를 좋아하는 학생 수의 몇 배인가요?

( )

[12~14] 서연이네 모둠 학생들이 모은 붙임딱지 수를 조사하여 나타낸 막대그래프입니다. 물음에 답하세요.

학생별 모은 붙임딱지 수

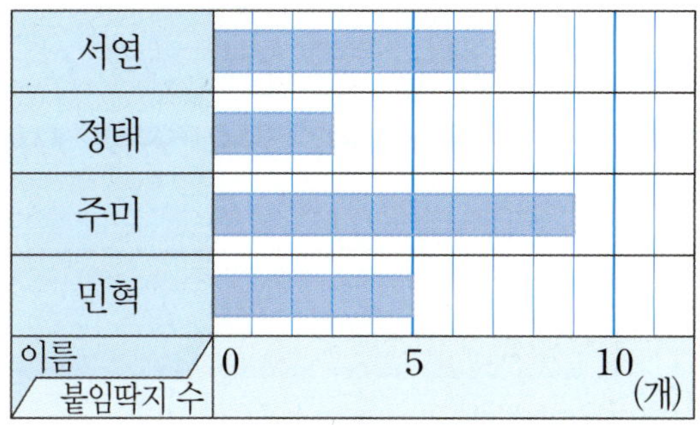

12 모은 붙임딱지 수가 정태의 3배인 사람은 누구인가요?

( )

13 붙임딱지를 가장 많이 모은 사람과 가장 적게 모은 사람의 이름을 차례로 쓰세요.

( ), ( )

서술형 中수 문제 해결의 전략 을 보면서 풀어 보자.

14 서연이네 모둠 학생들이 모은 붙임딱지는 모두 몇 개인가요?

전략 각 학생별 모은 붙임딱지 수를 구하자.

❶ 서연: 7개, 정태: 3개,

주미: ☐개, 민혁: ☐개

전략 위 ❶에서 구한 수를 모두 더하자.

❷ (서연이네 모둠 학생들이 모은 붙임딱지 수)=7+3+☐+☐=☐(개)

답  ________________

[15~18] 오늘 과일 가게의 과일별 판매량을 조사한 자료입니다. 물음에 답하세요.

과일별 판매량

(단위: 상자)

귤: ///// ///// ///// ///// //
사과: ///// ///// ///// ///// ///// /
감: ///// ///
자두: ///// ///// ///// /

15 조사한 자료를 표로 나타내 보세요.

과일별 판매량

과일	귤	사과	감	자두	합계
판매량 (상자)					

16 막대그래프로 나타낼 때 눈금 한 칸은 과일 몇 상자를 나타내는 것이 좋은가요?

( )

17 판매량이 많은 과일이 위쪽부터 차례로 있도록 막대가 가로인 막대그래프로 나타내 보세요.

과일별 판매량

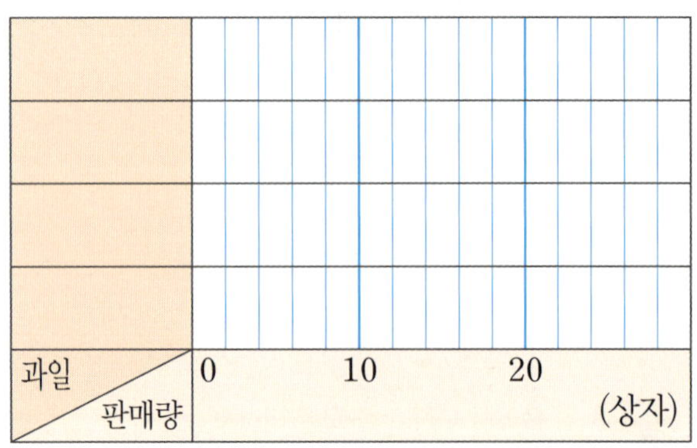

18 내일 판매할 과일을 준비한다면 어떤 과일을 가장 많이 준비하는 것이 좋은가요?

( )

[19~21] 지혜네 모둠의 100 m 달리기 기록을 조사하여 나타낸 막대그래프입니다. 물음에 답하세요.

학생별 100 m 달리기 기록

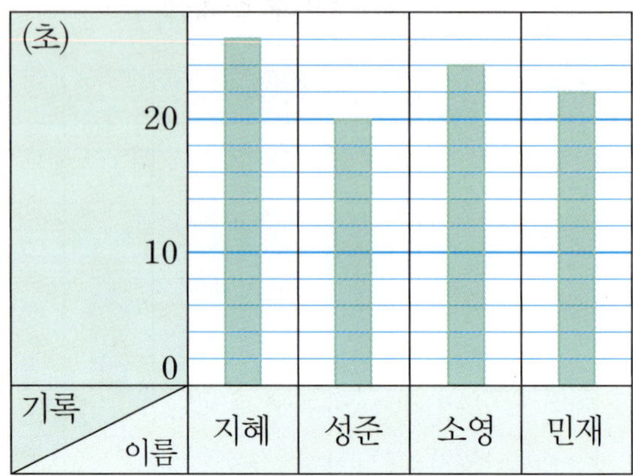

19 민재의 달리기 기록은 몇 초인가요?

( )

의사소통

20 위의 막대그래프를 보고 바르게 이야기한 사람은 누구인가요?

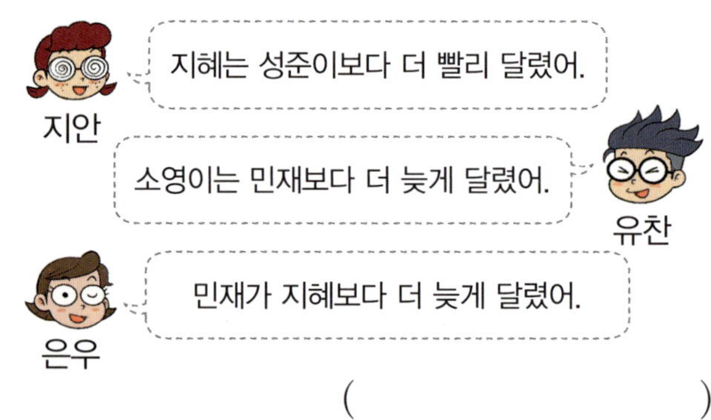

( )

서술형

21 지혜네 모둠에서 달리기 대표 선수를 한 명 뽑는다면 누가 되면 좋을지 쓰고, 그 까닭을 쓰세요.

달리기 대표 선수 ( )

까닭

[22~24] 소희네 학교 4학년 남학생과 여학생이 참여하고 싶은 방과 후 수업을 조사하여 나타낸 막대그래프입니다. 물음에 답하세요.

참여하고 싶은 방과 후 수업별 남학생 수

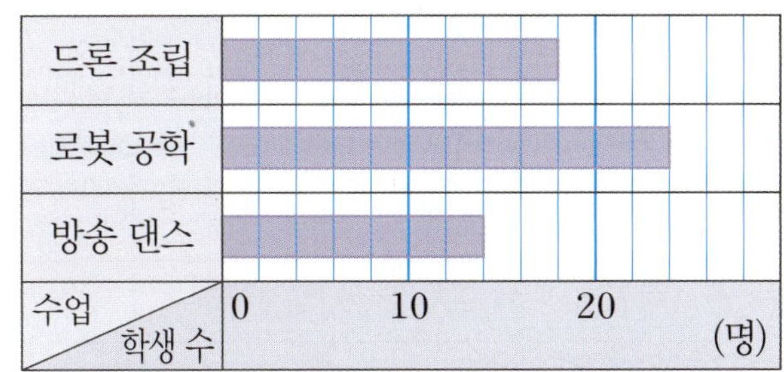

참여하고 싶은 방과 후 수업별 여학생 수

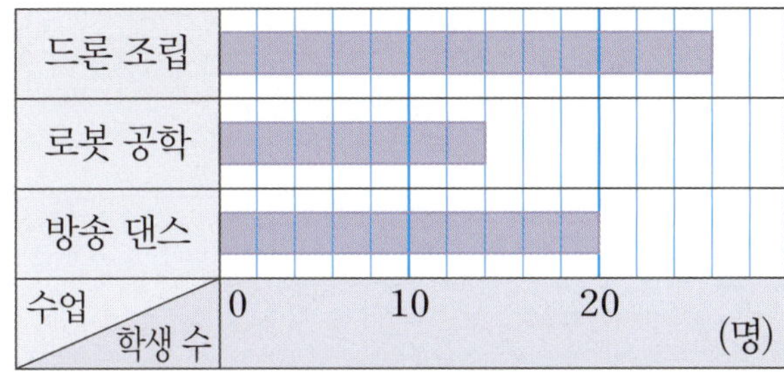

22 참여하고 싶은 학생 수가 가장 많은 방과 후 수업은 무엇인지 남학생과 여학생별로 각각 쓰세요.

남학생 (   )

여학생 (   )

🖉 서술형

23 두 막대그래프를 비교하여 알 수 있는 내용을 한 가지 쓰세요.

____

____

____

24 방과 후 수업으로 로봇 공학을 한다면 남학생과 여학생 중 누가 더 많이 참여할지 쓰세요.

(   )

25 재희네 반과 성주네 반 학생들에게 수학여행으로 가고 싶어 하는 지역을 조사하여 나타낸 막대그래프입니다. 두 반이 함께 수학여행을 갈때 어디로 가는 것이 좋을지 구하세요.

재희네 반에서 가고 싶어 하는 지역별 학생 수

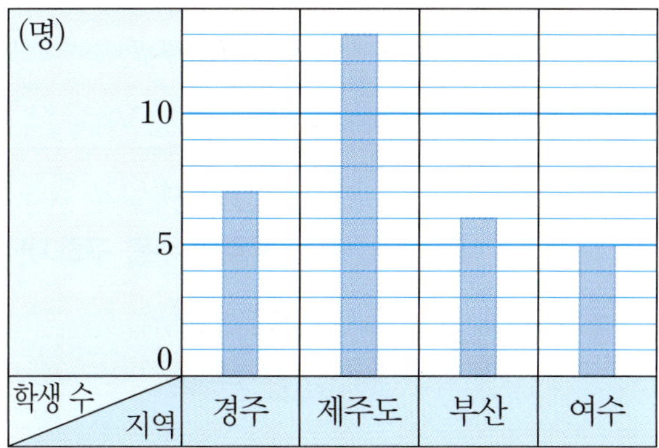

성주네 반에서 가고 싶어 하는 지역별 학생 수

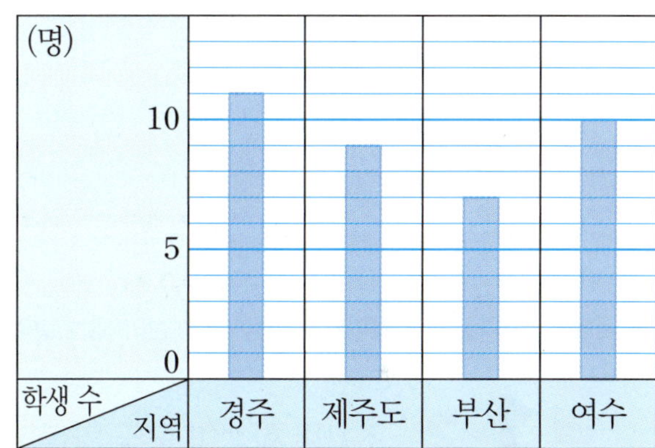

전략 ▶ 지역별 (재희네 반에서 가고 싶어 하는 학생 수)
　　　　　＋(성주네 반에서 가고 싶어 하는 학생 수)

❶ 두 반이 가고 싶어 하는 지역별 학생 수의 합 각각 구하기:

재희네 반┐　┌▶성주네 반

경주 ➡ 7+☐ = ☐ (명)

제주도 ➡ 13+☐ = ☐ (명)

부산 ➡ ☐ +7 = ☐ (명)

여수 ➡ ☐ +10 = ☐ (명)

전략 ▶ 위 ❶에서 구한 학생 수의 크기를 비교하자.

❷ 두 반이 함께 수학여행으로 가면 좋은 지역: ☐

답 _______________

 BOOK❷ 36~37쪽에서 한 번 더 풀기!

키워드 문제

연습 1-1 조사한 학생이 모두 36명일 때 가장 많은 학생이 배우고 싶은 운동은 무엇인가요?

배우고 싶은 운동별 학생 수

운동＼학생 수	0	5	10 (명)
테니스			
수영			
볼링			
태권도			

Skill 먼저 전체에서 알고 있는 수를 빼서 모르는 자료의 수를 구하자!

풀이 ❶ (테니스를 배우고 싶은 학생 수) $= 36 - \boxed{} - \boxed{} - \boxed{} = \boxed{}$ (명)

❷ 가장 많은 학생이 배우고 싶은 운동: $\boxed{}$

답 ________________

서술형 高수 🌱 **가이드** | 문제에서 핵심이 되는 말에 표시하고, 위의 풀이 과정을 따라 풀어 보자.

실전 1-2 조사한 학생이 모두 35명일 때 가장 많은 학생이 좋아하는 채소는 무엇인가요?

좋아하는 채소별 학생 수

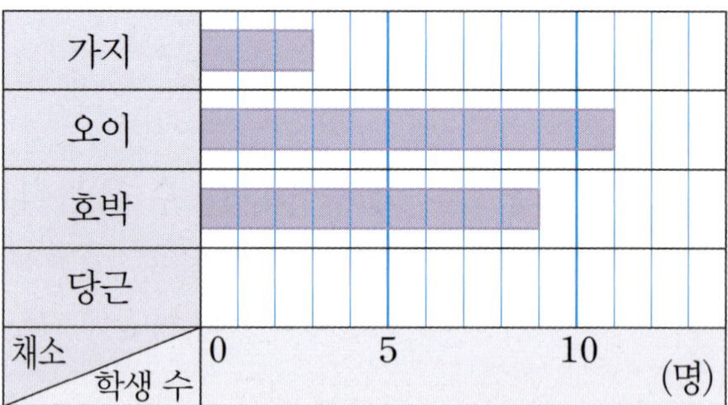

채소＼학생 수	0	5	10 (명)
가지			
오이			
호박			
당근			

풀이 ❶

❷

답 ________________

 **키워드** 문제

연습 2-1 오른쪽은 인영이네 모둠 학생들이 1분 동안 한 윗몸 말아올리기 횟수를 조사하여 나타 낸 막대그래프입니다. **혜진이가 한 윗몸 말 아올리기가 40번일 때** ●에 알맞은 수를 구 하세요.

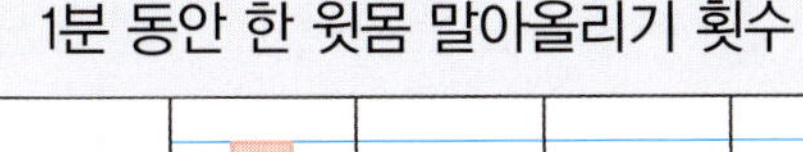

1분 동안 한 윗몸 말아올리기 횟수

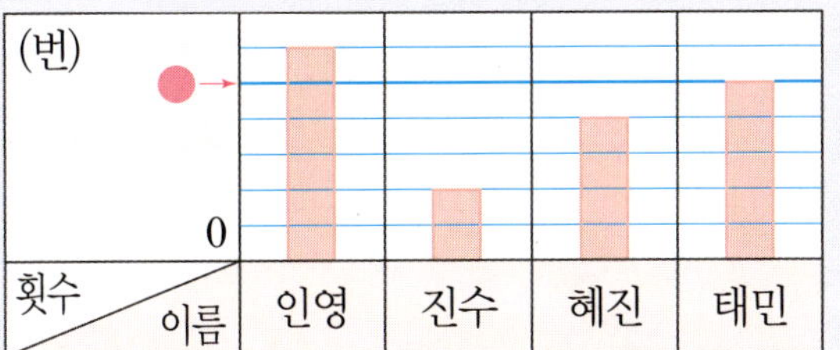

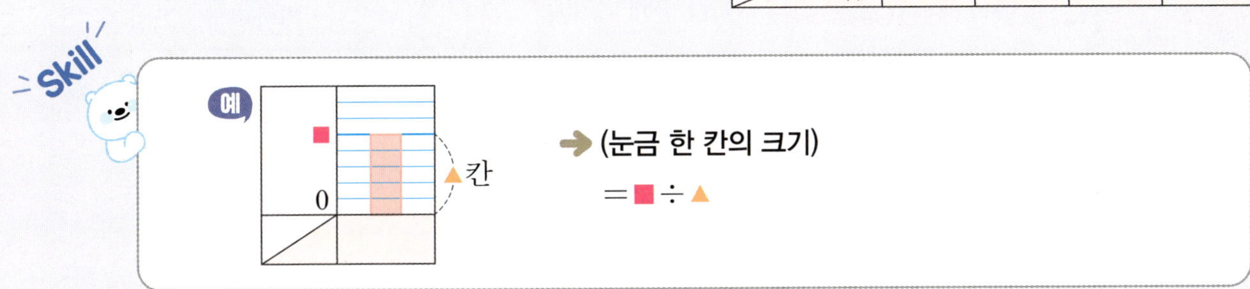

Skill

풀이 ❶ 혜진이의 막대의 길이: 세로 눈금 ☐ 칸

❷ 세로 눈금 한 칸은 40÷☐ = ☐ (번)을 나타냅니다.

❸ ● = ☐ × 5 = ☐

답 _______________

5

막대그래프

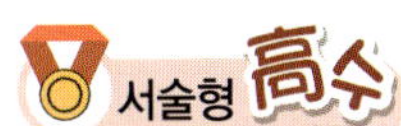 **서술형 高수**  **가이드** | 문제에서 핵심이 되는 말에 표시하고, 위의 풀이 과정을 따라 풀어 보자.

실전 2-2 오른쪽은 지희네 모둠 학생들의 50 m 달리 기 기록을 조사하여 나타낸 막대그래프입니 다. 민재의 기록이 8초일 때 ☐ 안에 알맞은 수를 구하세요.

학생별 50 m 달리기 기록

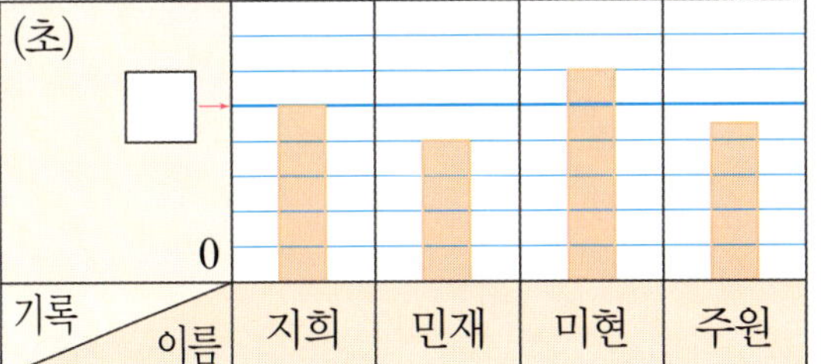

풀이 ❶

❷

❸

답  _______________

연습 **3-1** 오른쪽은 나라별 3월의 최고 기온과 최저 기온을 조사하여 나타낸 막대그래프입니다. **기온 차가 가장 작은 나라**는 어디이고, 몇 도 차이가 나는지 차례로 구하세요.

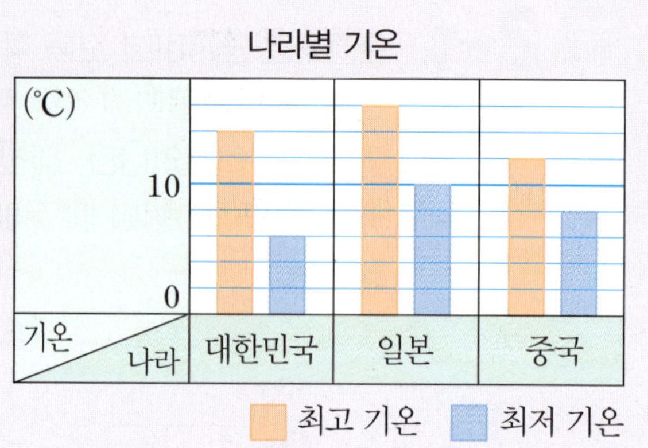

Skill
먼저 세로 눈금 한 칸의 크기를 구해 나라별 기온 차를 구하자.

풀이 ❶ 세로 눈금 한 칸의 크기: $10 \div 5 = \boxed{}$ (℃)

❷ 나라별 기온 차 ➡ 대한민국: 8 ℃, 일본: $\boxed{}$ ℃, 중국: $\boxed{}$ ℃

❸ 기온 차가 가장 작은 나라는 $\boxed{}$ 이고, 기온 차는 $\boxed{}$ ℃입니다.

답 ________________ , ________________

 가이드 | 문제에서 핵심이 되는 말에 표시하고, 위의 풀이 과정을 따라 풀어 보자.

실전 **3-2** 오른쪽은 도시별 1월의 최대 적설량과 최소 적설량을 조사하여 나타낸 막대그래프입니다. 적설량의 차가 가장 큰 도시는 어디이고, 몇 mm 차이가 나는지 차례로 구하세요.

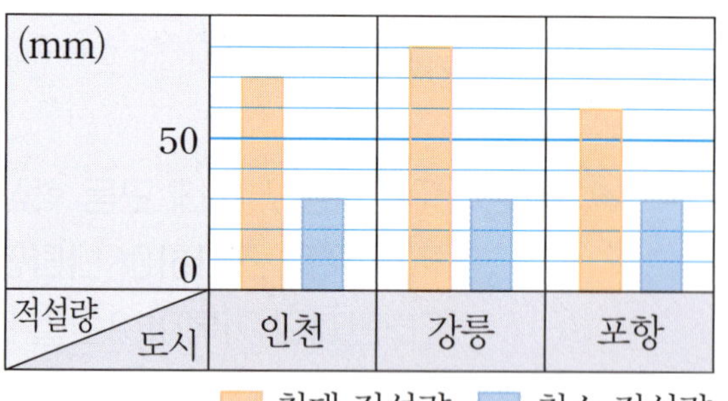

풀이 ❶

❷

❸

답 ________________ , ________________

 **키워드** 문제

연습 4-1 오른쪽은 정현이가 과녁에 맞힌 화살 수를 조사하여 나타낸 막대그래프입니다. 맞힌 화살 1개당 2점일 때 1회부터 4회까지 점수는 모두 몇 점인가요?

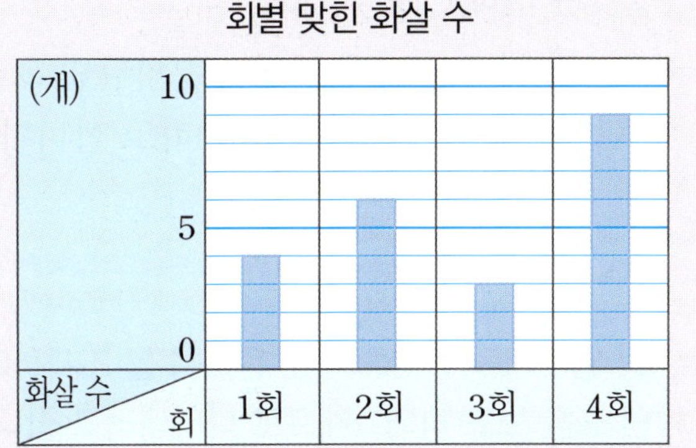

Skill 맞힌 전체 화살 수를 구하여 전체 점수를 구하자.

풀이 ❶ 맞힌 화살 수 ➡ 1회: 4개, 2회: 6개, 3회: ☐개, 4회: ☐개

❷ (1회부터 4회까지 맞힌 전체 화살 수)$=4+6+3+9=$ ☐ (개)

❸ (1회부터 4회까지 점수의 합)$=$ ☐ $\times 2=$ ☐ (점)

답 ___________________

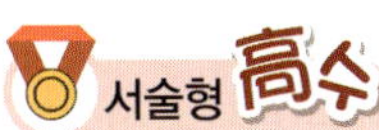 **서술형**  **高수**  **가이드** | 문제에서 핵심이 되는 말에 표시하고, 위의 풀이 과정을 따라 풀어 보자.

실전 4-2 오른쪽은 선미가 골대에 넣은 공의 수를 조사하여 나타낸 막대그래프입니다. 넣은 공 1개당 3점일 때 1회부터 4회까지의 점수는 모두 몇 점인가요?

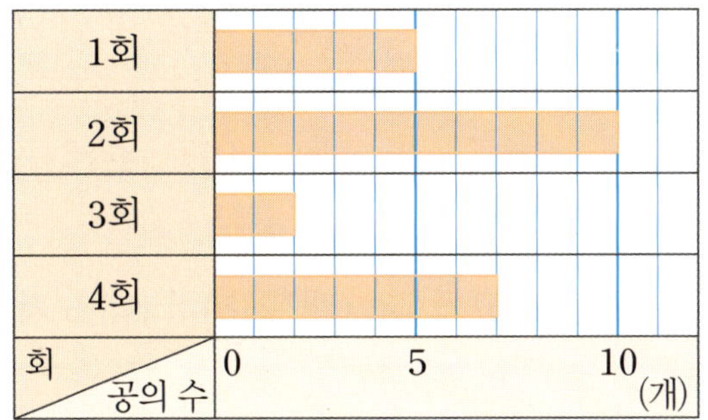

풀이 ❶

❷

❸

답 ___________________

BOOK❷ 38~39쪽에서 한 번 더 풀기!

1 알맞은 말에 ◯표 하세요.

조사한 자료를 막대 모양으로 나타낸 그래프를
(막대그래프 , 그림그래프)라고 합니다.

[2~4] 영주가 동물원에서 본 동물 수를 조사하여 나타낸 표를 보고 막대그래프로 나타내려고 합니다. 물음에 답하세요.

동물원에서 본 동물별 수

동물	사자	곰	사슴	코끼리	합계
동물 수(마리)	9	4	11	5	29

2 막대그래프의 가로에 동물 수를 나타낸다면 세로에는 무엇을 나타내야 하나요?

(   )

3 가로 눈금 한 칸이 1마리를 나타낸다면 곰의 수는 몇 칸으로 나타내야 하나요?

(   )

4 위 표를 보고 막대그래프로 나타내 보세요.

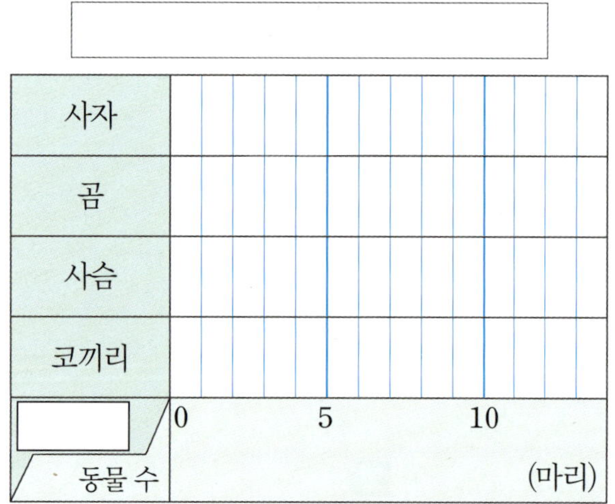

[5~7] 지희네 반 학생들이 좋아하는 김밥을 조사한 자료입니다. 물음에 답하세요.

학생들이 좋아하는 김밥

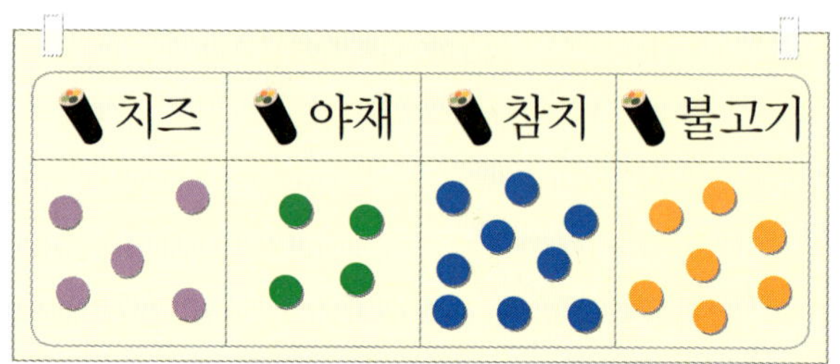

5 조사한 자료를 표로 나타내 보세요.

좋아하는 김밥 종류별 학생 수

김밥	치즈	야채	참치	불고기	합계
학생 수(명)	5			7	25

6 위 **5**의 표를 보고 막대그래프로 나타내 보세요.

좋아하는 김밥 종류별 학생 수

7 가장 많은 학생이 좋아하는 김밥을 한눈에 알아보려면 표와 막대그래프 중 어느 자료가 더 편리한가요?

(   )

[8~9] 서우네 반 학생들이 존경하는 위인을 조사하여 나타낸 막대그래프입니다. 물음에 답하세요.

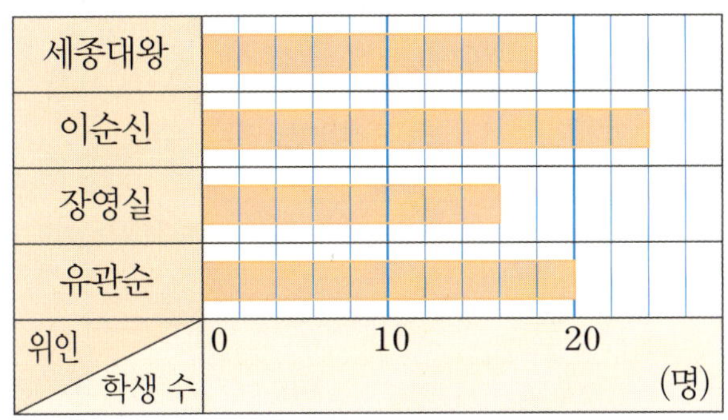

존경하는 위인별 학생 수

8 가로 눈금 한 칸은 몇 명을 나타내나요?

( )

9 가장 적은 학생이 존경하는 위인의 학생 수는 몇 명인가요?

( )

[10~11] 혜수네 반 학생들이 좋아하는 주스를 조사하여 나타낸 표입니다. 물음에 답하세요.

좋아하는 주스 종류별 학생 수

주스	딸기	포도	오렌지	사과	합계
학생 수(명)	12	6	7		35

10 위 표를 완성해 보세요.

11 위 표를 보고 막대그래프로 나타내 보세요.

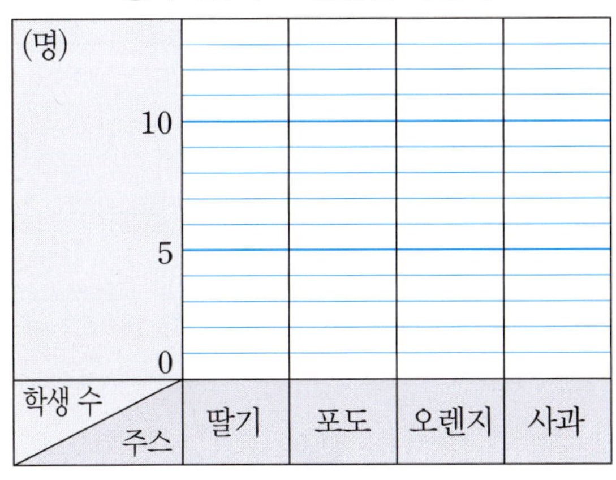

좋아하는 주스 종류별 학생 수

[12~15] 학년별로 휴대 전화를 가지고 있는 학생 수를 조사하여 나타낸 막대그래프입니다. 물음에 답하세요.

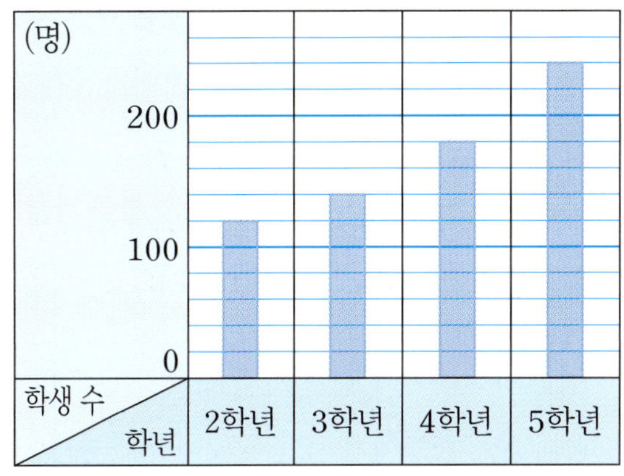

학년별 휴대 전화를 가지고 있는 학생 수

12 휴대 전화를 가지고 있는 2학년 학생은 몇 명인가요?

( )

13 휴대 전화를 가지고 있는 학생 수가 3학년보다 많은 학년을 모두 찾아 쓰세요.

( )

14 휴대 전화를 가지고 있는 4학년과 5학년 학생 수의 차는 몇 명인가요?

( )

의사소통

15 막대그래프를 보고 바르게 말한 사람은 누구인가요?

( )

16 표를 보고 좋아하는 학생 수가 많은 곤충이 왼쪽부터 차례로 있도록 막대그래프로 나타내 보세요.

좋아하는 곤충별 학생 수

곤충	나비	벌	개미	잠자리	합계
학생 수(명)	9	3	7	8	27

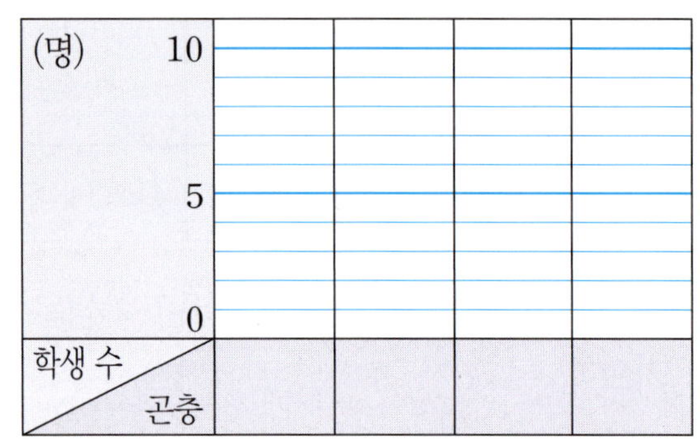

[17~18] 정우네 반 학생들이 즐겨 보는 TV 프로그램을 조사하여 나타낸 막대그래프입니다. 물음에 답하세요.

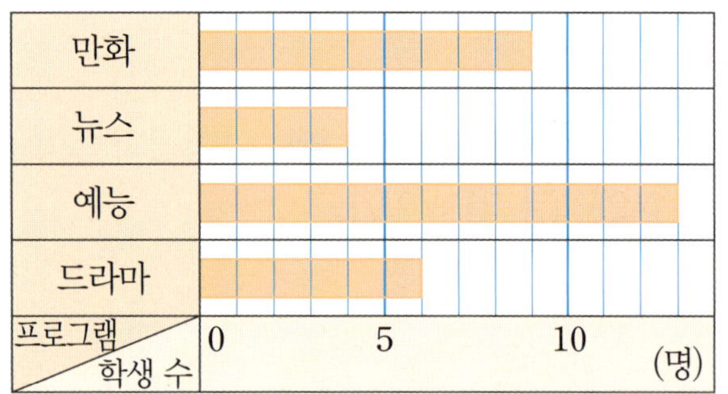

17 정우네 반 학생은 모두 몇 명인가요?

( )

문제 해결

18 가장 많은 학생이 즐겨 보는 TV 프로그램과 가장 적은 학생이 즐겨 보는 TV 프로그램의 학생 수의 차는 몇 명인가요?

( )

서술형 실전

19 조사한 학생이 모두 30명일 때 가장 많은 학생이 등교하는 방법은 무엇인지 풀이 과정을 쓰고 답을 구하세요.

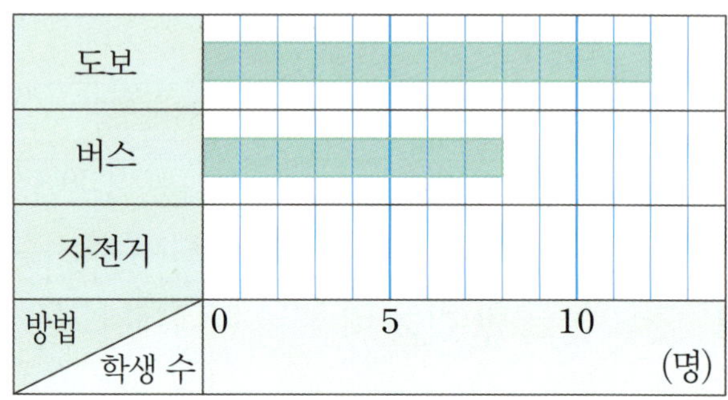

풀이

답

20 찬영이가 가지고 있는 색연필 수를 조사하여 나타낸 막대그래프입니다. 노란색 색연필이 30자루일 때 □ 안에 알맞은 수를 구하는 풀이 과정을 쓰고 답을 구하세요.

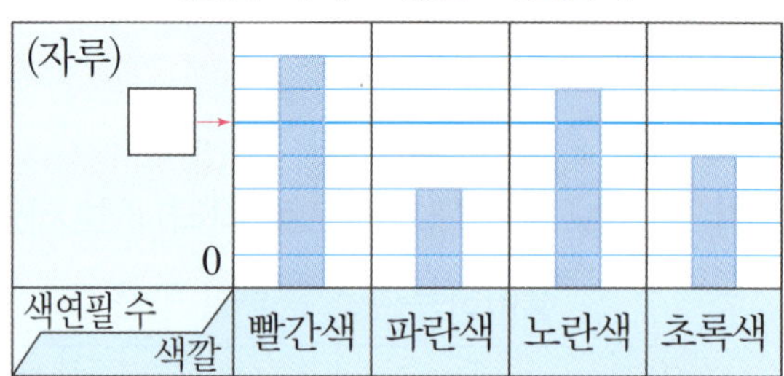

풀이

답

틀린 그림을 찾아라!

준수네 가족이 준수 아버지의 몸무게 기록표를 보고 있습니다. 두 그림에서 서로 다른 세 곳을 찾아
○표 하세요.

왼쪽 그림에서 막대그래프의 가로와 세로는 각각 무엇을 나타낼까?

막대그래프의 가로는 [   ], 세로는 [   ]을/를 나타내.

오른쪽 그림에서 막대그래프의 가로와 세로는 각각 무엇을 나타낼까?

막대그래프의 가로는 [   ], 세로는 [   ]을/를 나타내.

6 규칙 찾기

흠...
이상하네요~
검사 결과는 이상 없는데 왜 어지러움을 느끼는 걸까요?
사... 사실은요~
전 여지껏 어지러움을 한 번도 느껴 보지 못했거든요. 그런데...
빙글
코끼리코 열 바퀴~!!
빙글
비틀
비틀
멀쩡

수학 처방전

이상하게도
수학 문제를 풀다 보니
수가 너무 많아서
어지럽더라구요~

이런... 하하하~
역시, 수학 문제가
원인이었어!

이런 문제는 규칙을 찾으면
간단해요~ 9000에 더하는 수의
만의 자리 숫자가 1씩 커지니까
합은 10000씩 커져요~ 그러니까
9000+69000=78000이라고~

문 제
9000+19000=28000
9000+29000=38000
9000+39000=48000
9000+49000=58000
9000+59000=68000
9000+69000=   ?

Dv.

아하! 규칙을 찾는 게
최고의 치료였네요!
어지러움이 싹 가셨어요~

하하~
진료 끝!!

Dv.

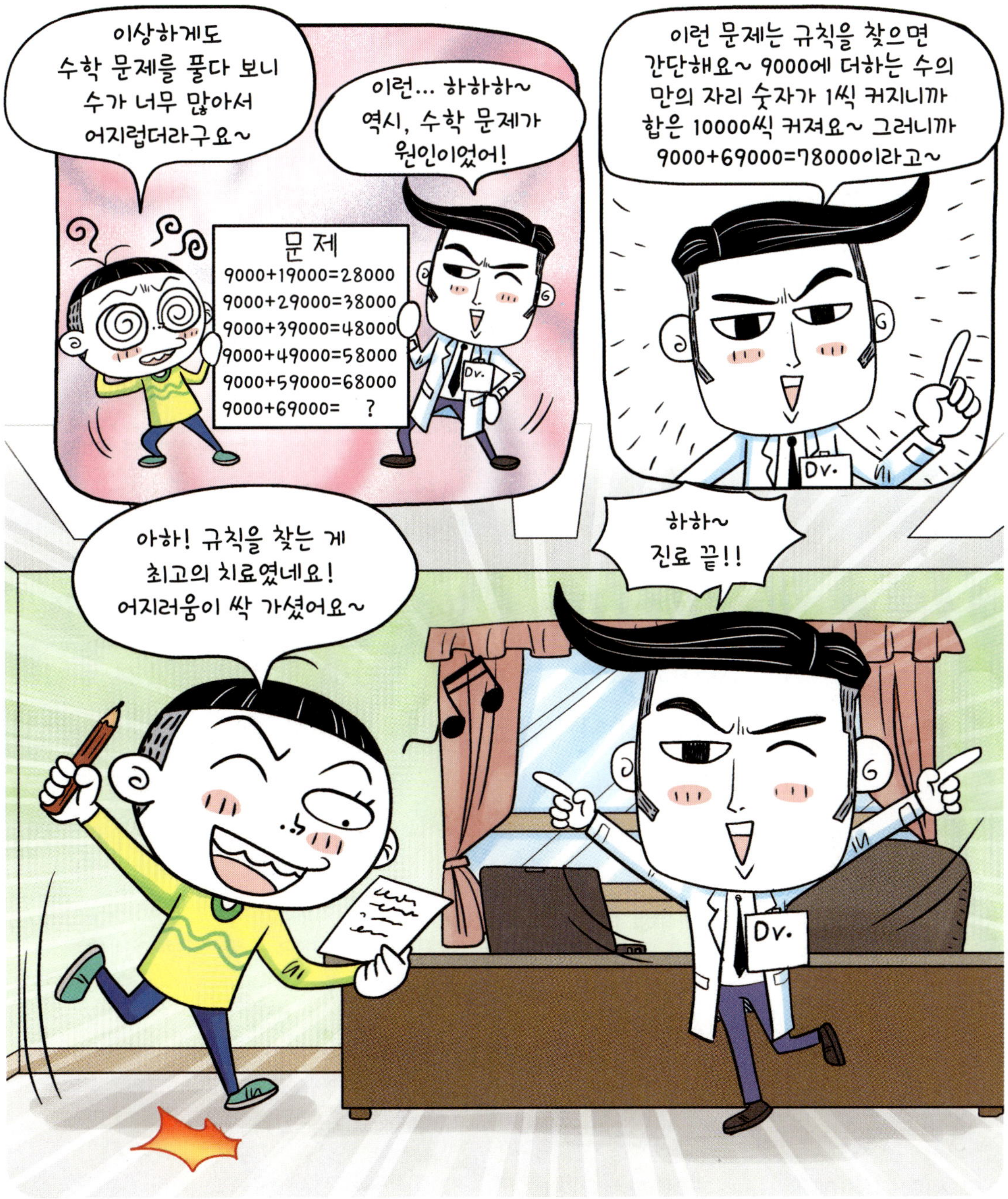

핵심 개념 수의 배열에서 규칙 찾기

1. 수 배열표에서 규칙 찾기

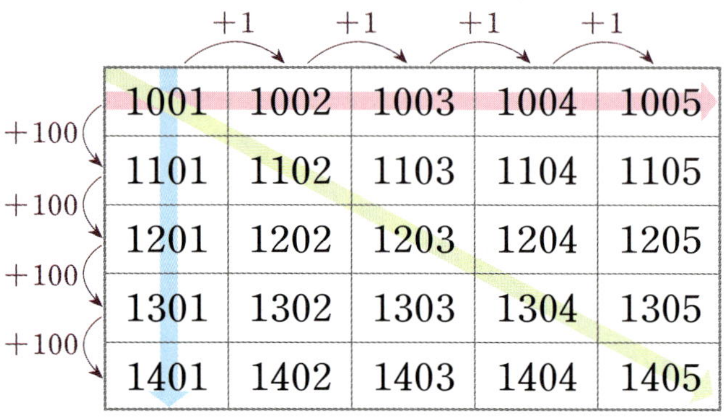

규칙 1 → 방향으로 **1**씩 커집니다.

규칙 2 ↓ 방향으로 **❶** 씩 커집니다.

규칙 3 ↘ 방향으로 **101**씩 커집니다.

1001 1102 1203 1304 1405
+101 +101 +101 +101

2. 벌집 모양 수 배열표에서 규칙 찾기

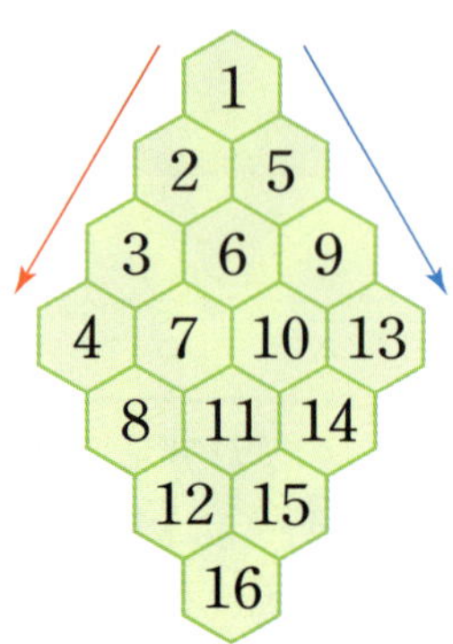

규칙 1 → 방향으로 **3**씩 커집니다.

규칙 2 ↗ 방향으로 **❷** 씩 커집니다.

규칙 3 ↘ 방향으로 **4**씩 커집니다.

1 5 9 13
+4 +4 +4

정답 확인 | ❶ 100 ❷ 1

확인 문제 1~5번 문제를 풀면서 개념 익히기!

[1~2] 수 배열표를 보고 물음에 답하세요.

1001	1011	1021	1031	1041
2001	2011	2021	2031	2041
3001	3011	3021	3031	3041
4001	4011	4021	4031	4041

1 □로 표시된 칸에 있는 수들의 규칙을 찾아 알맞은 수에 ○표 하세요.

규칙 → 방향으로 (10, 1000)씩 커집니다.

2 연두색으로 색칠된 칸에 있는 수들의 규칙을 찾아 알맞은 수에 ○표 하세요.

규칙 ↓ 방향으로 (10, 1000)씩 커집니다.

한 번 더! 확인 6~10번 유사문제를 풀면서 개념 다지기!

[6~7] 수 배열표를 보고 물음에 답하세요.

101	111	121	131	141
201	211	221	231	241
301	311	321	331	341
401	411	421	431	441

6 □로 표시된 칸에 있는 수들의 규칙을 찾아 □ 안에 알맞은 수를 써넣으세요.

규칙 → 방향으로 ☐ 씩 커집니다.

7 분홍색으로 색칠된 칸에 있는 수들의 규칙을 찾아 □ 안에 알맞은 수를 써넣으세요.

규칙 ↓ 방향으로 ☐ 씩 커집니다.

[3~4] 벌집 모양 수 배열표에서 규칙을 찾아 알맞은 수에 ◯표 하세요.

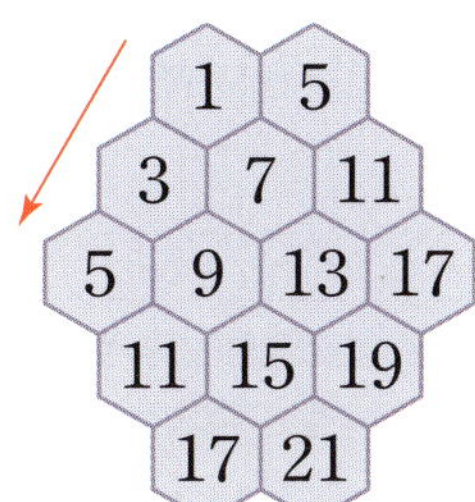

3 → 방향으로 (2 , 3 , 4)씩 커집니다.

4 ↙ 방향으로 (1 , 2 , 3)씩 커집니다.

5 좌석 번호에서 규칙을 찾아 민재의 좌석 번호를 구하세요.

(1) 좌석 번호에서 규칙을 찾아 쓰세요.

규칙 → 방향으로 ☐ 씩 커지고, ↓ 방향으로 ☐ 씩 작아집니다.

(2) 민재의 좌석 번호를 구하세요.

(   )

[8~9] 벌집 모양 수 배열표에서 규칙을 찾아 ☐ 안에 알맞은 수를 써넣으세요.

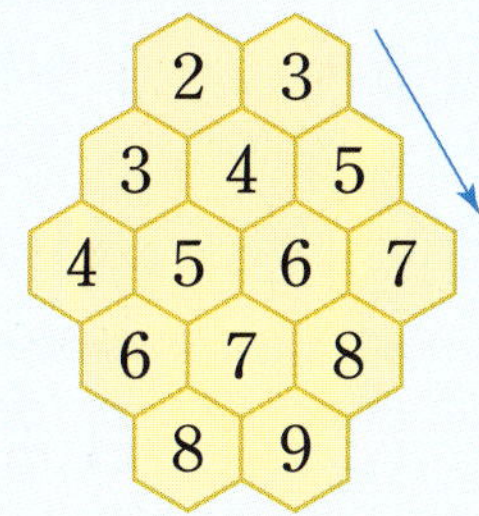

8 ← 방향으로 ☐ 씩 작아집니다.

9 ↘ 방향으로 ☐ 씩 커집니다.

서술형 下수

10 물품 보관함의 번호에서 규칙을 찾아 서아의 물품 보관함의 번호를 구하세요.

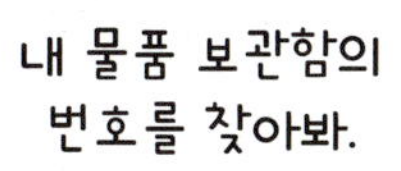

풀이

물품 보관함 번호의 규칙을 찾아 쓰면 → 방향으로 ☐ 씩 커지고, ↓ 방향으로 ☐ 씩 커집니다.

➡ 서아의 물품 보관함의 번호: ☐

답 _______________

핵심 **개념** 규칙을 찾아 수로 나타내기

1. 원의 배열에서 규칙을 찾아 수로 나타내기

첫째　둘째　셋째　넷째

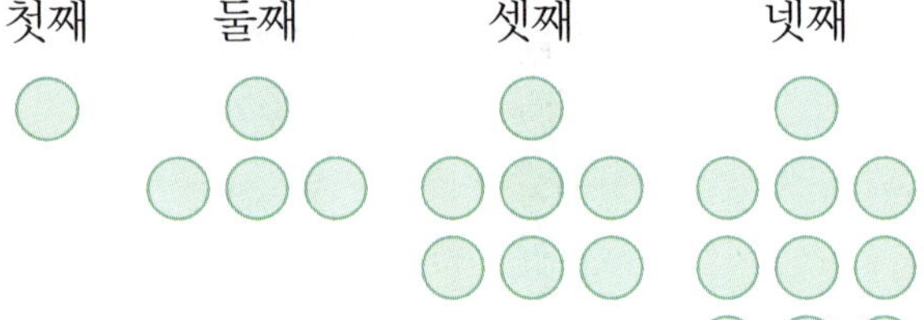

규칙을 찾아 수로 나타내기

순서	첫째	둘째	셋째	넷째
원의 수(개)	1	4	7	❶

$+3$　$+3$　$+3$

규칙 • 원이 **아래쪽으로** 3개씩 늘어납니다.
• 원의 수가 1개부터 시작하여 **3개씩** 늘어납니다.

➡ 다섯째 모양의 원의 수: $10+3=13$(개)

2. 사각형의 배열에서 규칙을 찾아 수로 나타내기

첫째　둘째　셋째　넷째

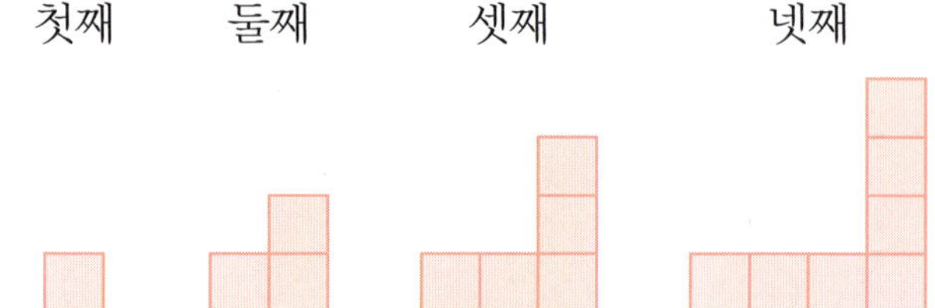

규칙을 찾아 수로 나타내기

순서	첫째	둘째	셋째	넷째
사각형의 수(개)	1	3	❷	7

$+2$　$+2$　$+2$

규칙 • 사각형이 **왼쪽과 위쪽으로** 1개씩 늘어납니다.
• 사각형의 수가 1개부터 시작하여 **2개씩** 늘어납니다.

➡ 다섯째 모양의 사각형의 수: $7+2=9$(개)

정답 확인 | ❶ 10　❷ 5

확인 문제 1~5번 문제를 풀면서 **개념 익히기!**

[1~2] 삼각형의 배열을 보고 물음에 답하세요.

첫째　둘째　셋째

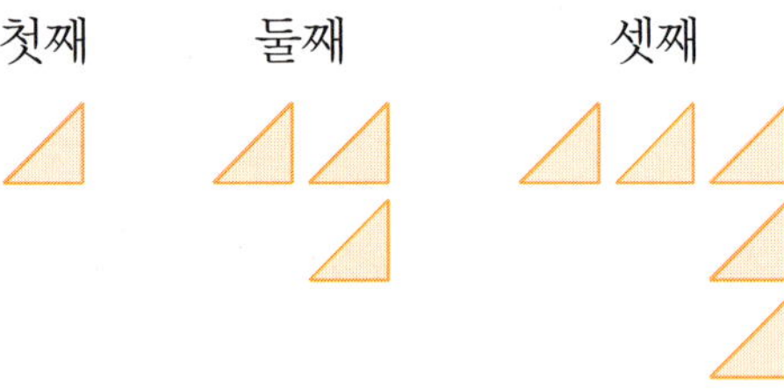

1 삼각형의 수를 세어 보고 표를 완성해 보세요.

순서	첫째	둘째	셋째
삼각형의 수(개)	1		

2 규칙을 찾아 □ 안에 알맞은 수를 써넣으세요.

규칙 삼각형의 수가 1개부터 시작하여 □개씩 늘어납니다.

한 번 더! 확인 6~10번 유사문제를 풀면서 **개념 다지기!**

[6~7] 원의 배열을 보고 물음에 답하세요.

첫째　둘째　셋째

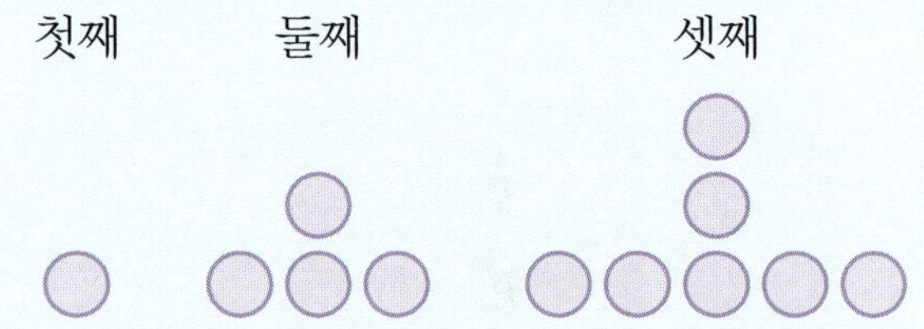

6 원의 수를 세어 보고 표를 완성해 보세요.

순서	첫째	둘째	셋째
원의 수(개)	1		

7 규칙을 찾아 □ 안에 알맞은 수를 써넣으세요.

규칙 원의 수가 1개부터 시작하여 □개씩 늘어납니다.

6

규칙 찾기

144

[3~4] 바둑돌의 배열을 보고 물음에 답하세요.

3 넷째에 알맞은 바둑돌 모양에 ○표 하세요.

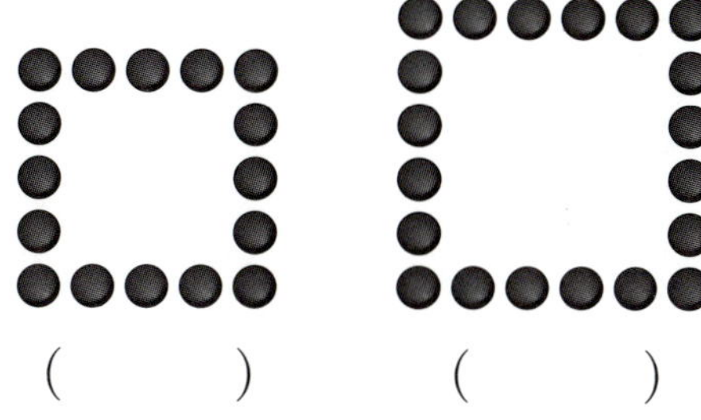

(   )   (   )

4 다섯째 모양을 만드는 데 필요한 바둑돌은 **몇 개**인가요?

꼭 단위까지 따라 쓰세요.

(개   )

5 사각형의 배열에서 규칙을 찾아 넷째 모양을 만드는 데 필요한 사각형은 **몇 개**인지 구하세요.

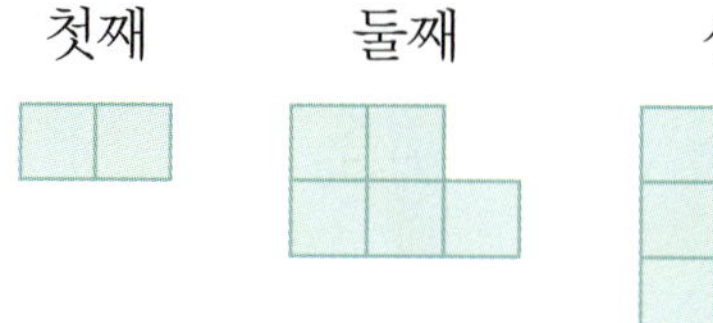

(1) 사각형의 배열에서 규칙을 찾아 쓰세요.

규칙 사각형의 수가 2개부터 시작하여 ▢ 개씩 늘어납니다.

(2) 넷째 모양을 만드는 데 필요한 사각형은 몇 개인가요?

(개   )

[8~9] 모형의 배열을 보고 물음에 답하세요.

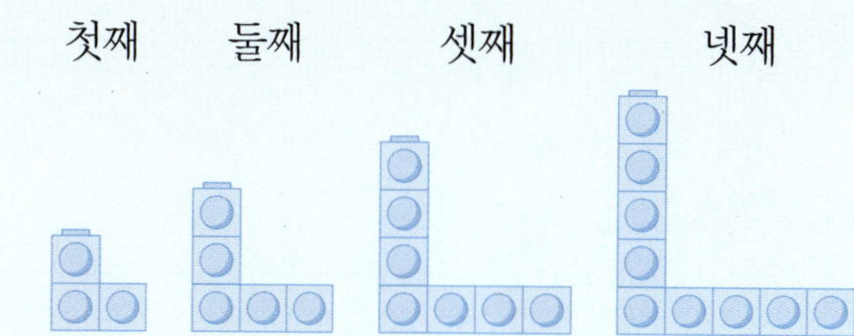

8 다섯째에 알맞은 모양에 ○표 하세요.

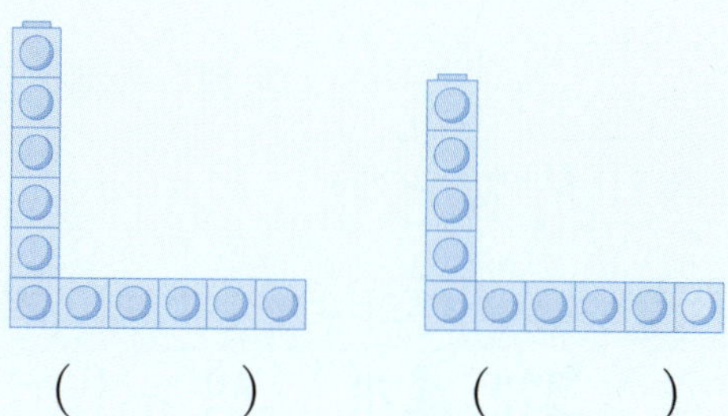

(   )   (   )

9 여섯째 모양을 만드는 데 필요한 모형은 **몇 개**인가요?

(개   )

서술형 下수

10 사각형의 배열에서 규칙을 찾아 넷째 모양을 만드는 데 필요한 사각형은 **몇 개**인지 구하세요.

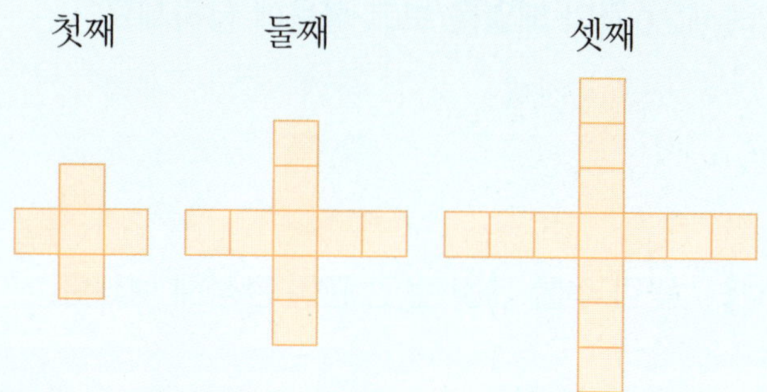

풀이

사각형의 수가 5개부터 시작하여 ▢ 개씩 늘어납니다.

➡ 넷째 모양을 만드는 데 필요한 사각형은 ▢ 개입니다.

답 ______________ 개

핵심 개념 규칙을 찾아 식으로 나타내기

1. 쌓기나무의 배열에서 규칙을 찾아 식으로 나타내기

 첫째  둘째  셋째  넷째

순서	첫째	둘째	셋째	넷째
쌓기나무의 수(개)	1	3	6	10

규칙 쌓기나무의 수가 1개부터 시작하여 **2개, 3개, 4개, …**씩 늘어납니다.

규칙을 찾아 식으로 나타내기

순서	첫째	둘째	셋째	넷째
식	1	1+2	1+2+3	1+2+3+4

➜ 다섯째 모양의 쌓기나무의 수를 식으로 나타내기: 1+2+3+4+5

2. 모형의 배열에서 규칙을 찾아 식으로 나타내기

 첫째 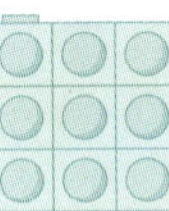 둘째  셋째

순서	첫째	둘째	셋째
모형의 수(개)	4	9	16

규칙 한 줄에 놓이는 모형의 수가 각각 **2개, 3개, 4개, …**인 정사각형 모양입니다.

규칙을 찾아 식으로 나타내기

순서	첫째	둘째	셋째
식	2×2	3×3	4×4

➜ 넷째 모양의 모형의 수를 식으로 나타내기: 5×❶□

정답 확인 | ❶ 5

---

6 규칙 찾기

146

확인 문제 1~5번 문제를 풀면서 **개념 익히기!**

[1~2] 원의 배열을 보고 물음에 답하세요.

 첫째  둘째 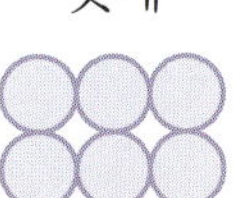 셋째

1 원의 수를 세어 보고 표를 완성해 보세요.

순서	첫째	둘째	셋째
원의 수(개)	2		

2 셋째에 놓인 원의 수를 식으로 바르게 나타낸 것에 ○표 하세요.

2+2	3×2
( )	( )

한 번 더! 확인 6~10번 유사문제를 풀면서 **개념 다지기!**

[6~7] 사각형의 배열을 보고 물음에 답하세요.

첫째 둘째 셋째

6 사각형의 수를 세어 보고 표를 완성해 보세요.

순서	첫째	둘째	셋째
사각형의 수(개)	1		

7 셋째에 놓인 사각형의 수를 식으로 바르게 나타낸 것의 기호를 쓰세요.

㉠ 1+2+2	㉡ 1+2+3

( )

[3~4] 삼각형의 배열을 보고 물음에 답하세요.

첫째　둘째　셋째　넷째

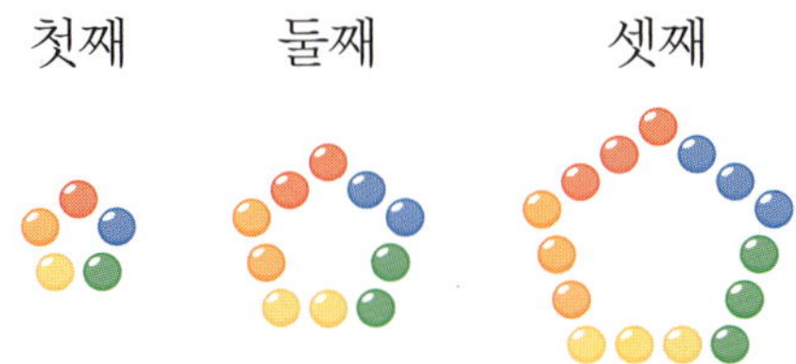

3 규칙을 찾아 □ 안에 알맞은 수를 써넣으세요.

순서	첫째	둘째	셋째	넷째
삼각형의 수(개)	3	6	9	
식	$1×3$	$2×3$	$3×\square$	$4×\square$

4 다섯째 모양을 만드는 데 필요한 삼각형은 **몇 개** 인가요?

꼭 단위까지 따라 쓰세요.

(　　　 개 　)

5 구슬의 배열을 보고 넷째 모양을 만드는 데 필요한 구슬은 **몇 개**인지 식으로 나타내 구하세요.

첫째　　둘째　　셋째

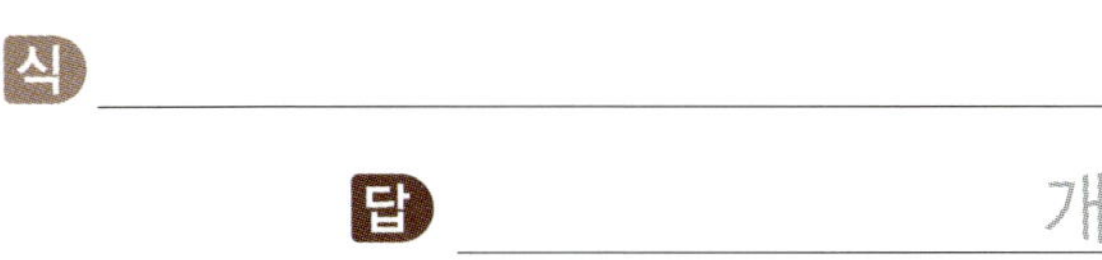

(1) 구슬 수의 규칙을 찾아 표를 완성해 보세요.

순서	첫째	둘째	셋째
식	$1×5$	$2×5$	

(2) 넷째 모양을 만드는 데 필요한 구슬은 몇 개인지 식으로 나타내 구하세요.

식 ________________

답 __________ 개

[8~9] 쌓기나무의 배열을 보고 물음에 답하세요.

첫째　　둘째　　셋째　　　넷째

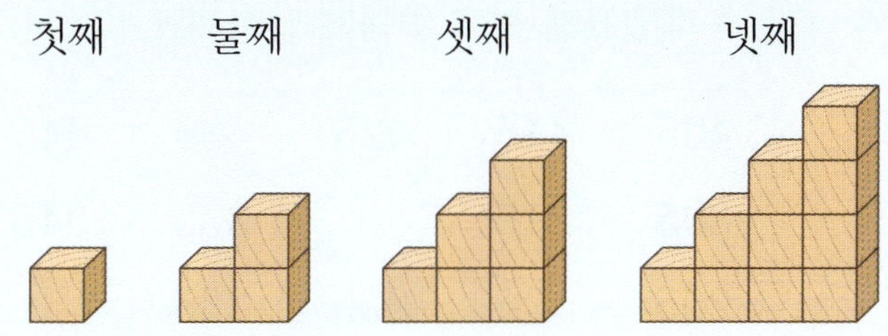

8 규칙을 찾아 표를 완성해 보세요.

순서	첫째	둘째	셋째	넷째
쌓기나무의 수(개)	1	3	6	
식	1	$1+2$		

9 다섯째 모양을 만드는 데 필요한 쌓기나무는 **몇 개** 인가요?

(　　　 개 　)

서술형 下수

10 바둑돌의 배열을 보고 넷째 모양을 만드는 데 필요한 바둑돌은 **몇 개**인지 식으로 나타내 구하세요.

첫째　　　둘째　　　　셋째

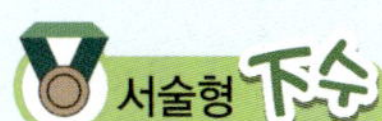

풀이

바둑돌 수의 규칙을 찾아 식으로 나타냅니다.

순서	첫째	둘째	셋째
식	$2×2$	$4×2$	

➜ 넷째 모양을 만드는 데 필요한 바둑돌은
　$\square×2=\square$ (개)입니다.

답 __________ 개

6

규칙 찾기

147

[1~2] 수 배열표를 보고 물음에 답하세요.

405	415	425	435	445
305	315		335	345
205		225	235	

1 수 배열표의 빈칸에 알맞은 수를 써넣으세요.

2 수 배열표의 규칙을 찾아 □ 안에 알맞은 수를 써넣으세요.

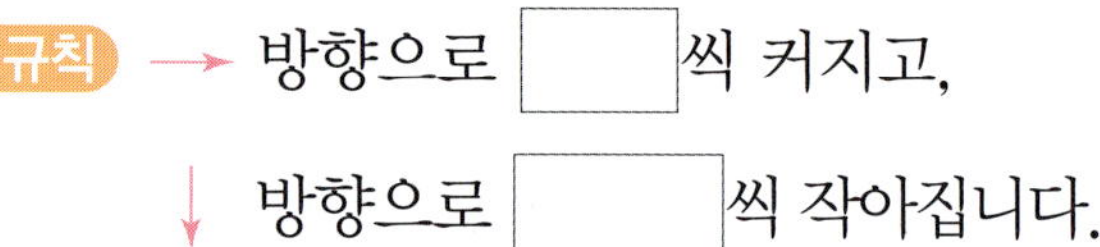

규칙 → 방향으로 [ ]씩 커지고,

↓ 방향으로 [ ]씩 작아집니다.

[3~4] 바둑돌의 배열을 보고 물음에 답하세요.

첫째   둘째   셋째

3 바둑돌의 수를 세어 보고 표를 완성해 보세요.

순서	첫째	둘째	셋째
바둑돌의 수(개)	1		

4 넷째에 알맞은 모양에 ○표 하세요.

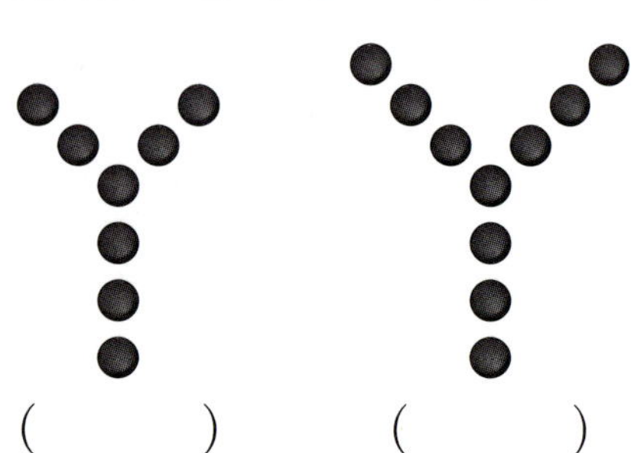

(   )   (   )

5 수 배열의 규칙에 맞게 ●, ▲에 알맞은 수를 각각 구하세요.

3321	3331	●	3351
2321	2331	2341	2351
1321	▲	1341	1351

● (   )

▲ (   )

6 사각형의 배열에서 규칙을 찾아 □ 안에 알맞은 수를 써넣으세요.

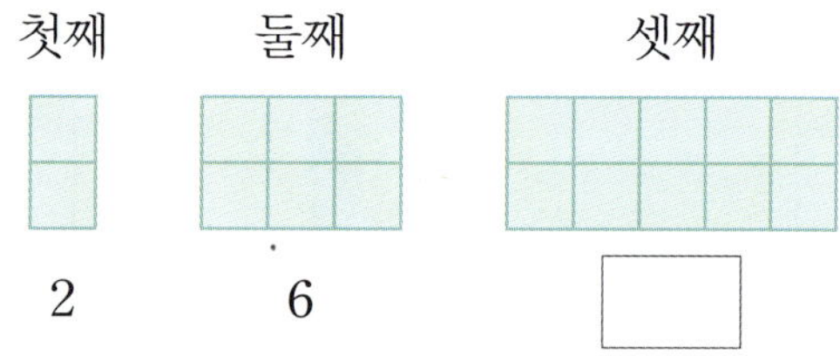

첫째   둘째   셋째

2   6   [ ]

규칙 사각형의 수가 2개부터 시작하여 □개씩 늘어납니다.

의사소통

7 벌집 모양 수 배열표에서 규칙을 찾아 □ 안에 알맞은 수를 써넣으세요.

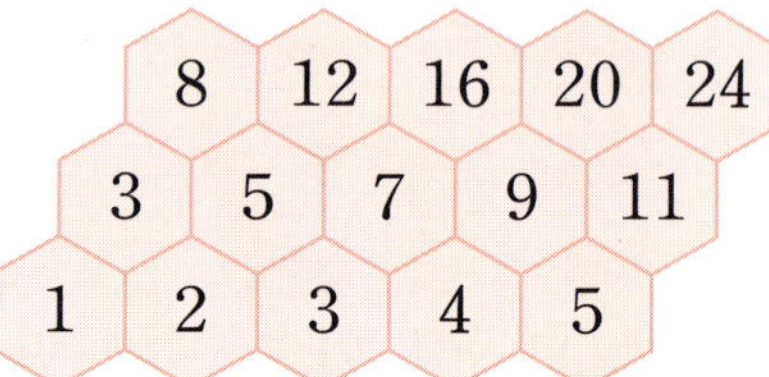

규칙 → 방향으로 아래에서 첫째 줄은 1씩 커지고, 둘째 줄은 [ ]씩 커지고, 셋째 줄은 [ ]씩 커집니다.

6 규칙 찾기

[8~9] 사각형의 배열에서 규칙을 찾아 물음에 답하세요.

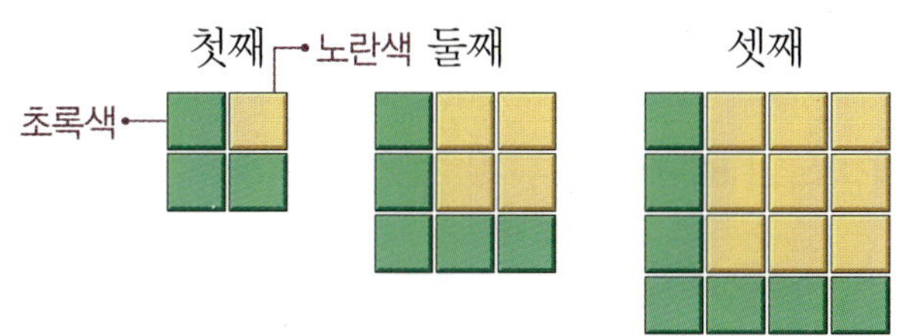

순서	첫째	둘째	셋째
초록색 사각형의 규칙	3	3+2	3+2+2
노란색 사각형의 규칙	1	2×2	

8 규칙을 찾아 위의 빈칸에 식으로 나타내 보세요.

9 넷째 모양을 만드는 데 필요한 사각형의 수를 식으로 나타내고 개수를 구하세요.

사각형	초록색	노란색
식		
개수(개)		

10 수 배열표에서 다음을 만족하는 규칙적인 수의 배열을 찾아 색칠해 보세요.

> • 가장 작은 수는 202입니다.
> • 11씩 커지는 규칙이 있습니다.

201	202	203	204	205
211	212	213	214	215
221	222	223	224	225
231	232	233	234	235

추론

11 도형 속에 있는 수의 배열에서 규칙을 찾아 알맞은 말에 ○표 하고 빈 곳에 알맞은 수를 써넣으세요.

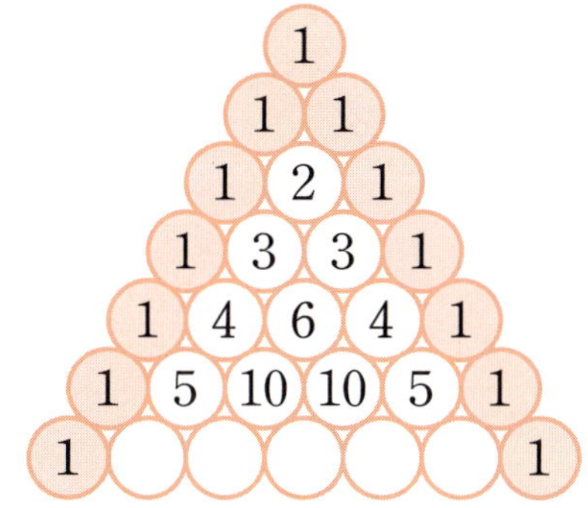

규칙 위쪽의 두 수의 (합 , 차)을/를 아래쪽에 씁니다.

서술형 **中수** 문제 해결의 **전략** 을 보면서 풀어 보자.

12 성냥개비의 배열에서 규칙을 찾아 다섯째 모양을 만드는 데 필요한 성냥개비는 몇 개인지 구하세요.

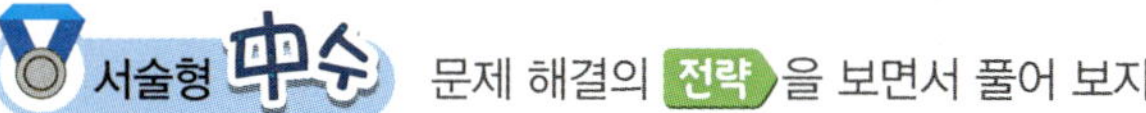

전략 성냥개비의 수를 세어 규칙을 찾아 식으로 나타내자.

❶ 성냥개비의 수를 세어 식으로 나타냅니다.

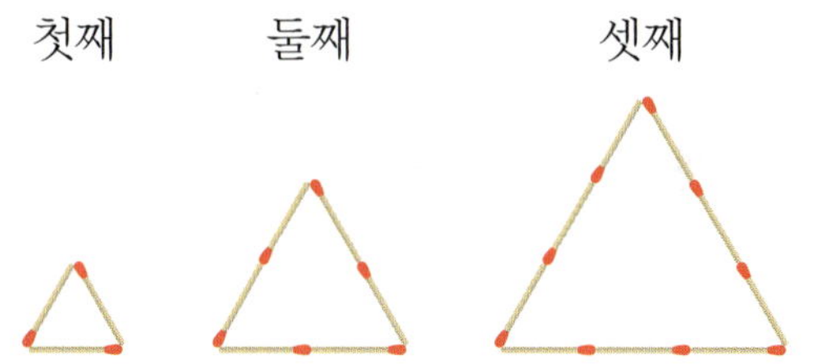

순서	첫째	둘째	셋째
식	1×3		

전략 ❶에서 구한 식에서 규칙을 찾아 다섯째 모양을 만드는 데 필요한 성냥개비의 수를 구하자.

❷ 넷째 모양은 4× ☐ = ☐ (개),

다섯째 모양은 5× ☐ = ☐ (개)의 성냥개비가 필요합니다.

답 ___________

BOOK❷ 40~ 41쪽에서 한 번 더 풀기!

핵심 개념 덧셈식, 뺄셈식의 배열에서 규칙 찾기

1. 덧셈식의 배열에서 규칙 찾기

(1)
$$1+6=7$$
$$2+5=7$$
$$3+4=7$$
$$4+3=7$$
$$+1 \quad -1$$

규칙 더해지는 수가 **1**씩 커지고, 더하는 수가 **1**씩 작아지면 계산 결과는 7로 같습니다.

(2)

순서	덧셈식
첫째	$520+210=730$
둘째	$520+220=740$
셋째	$520+230=750$
넷째	$520+240=760$

$$+10 \quad +10$$

규칙 520에 **10**씩 커지는 수를 더하면 계산 결과도 ❶ □ 씩 커집니다.

2. 뺄셈식의 배열에서 규칙 찾기

(1)
$$13-5=8$$
$$12-4=8$$
$$11-3=8$$
$$10-2=8$$
$$-1 \quad -1$$

규칙 빼지는 수가 **1**씩 작아지고, 빼는 수도 **1**씩 작아지면 계산 결과는 ❷ □ (으)로 같습니다.

(2)

순서	뺄셈식
첫째	$350-110=240$
둘째	$350-120=230$
셋째	$350-130=220$
넷째	$350-140=210$

$$+10 \quad -10$$

규칙 350에서 **10**씩 커지는 수를 빼면 계산 결과는 **10**씩 작아집니다.

정답 확인 | ❶ 10 ❷ 8

확인 문제 1~4번 문제를 풀면서 개념 익히기!

1 덧셈식의 배열에서 규칙을 찾아 □ 안에 알맞은 수를 써넣으세요.

순서	덧셈식
첫째	$120+15=135$
둘째	$120+25=145$
셋째	$120+35=155$
넷째	$120+45=165$

규칙 120에 □ 씩 커지는 수를 더하면 계산 결과는 □ 씩 커집니다.

한 번 더! 확인 5~8번 유사문제를 풀면서 개념 다지기!

5 뺄셈식의 배열에서 규칙을 찾아 □ 안에 알맞은 수를 써넣으세요.

순서	뺄셈식
첫째	$135-11=124$
둘째	$135-12=123$
셋째	$135-13=122$
넷째	$135-14=121$

규칙 135에서 □ 씩 커지는 수를 빼면 계산 결과는 □ 씩 작아집니다.

[2~3] 뺄셈식의 배열을 보고 물음에 답하세요.

순서	뺄셈식
첫째	$300-120=180$
둘째	$400-220=180$
셋째	$500-320=180$

2 뺄셈식의 규칙을 찾아 쓰세요.

규칙 ☐ 씩 커지는 수에서 ☐ 씩 커지는 수를 빼면 계산 결과는 ☐ (으)로 같습니다.

3 넷째에 알맞은 뺄셈식을 쓰세요.

뺄셈식 ______________________________

4 덧셈식의 배열에서 규칙을 찾아 다섯째에 알맞은 식을 쓰세요.

순서	덧셈식
첫째	$101+10=111$
둘째	$201+11=212$
셋째	$301+12=313$
넷째	$401+13=414$

(1) 덧셈식의 규칙을 찾아 쓰세요.

규칙 100씩 커지는 수에 ☐ 씩 커지는 수를 더하면 계산 결과는 ☐ 씩 커집니다.

(2) 다섯째에 알맞은 덧셈식을 쓰세요.

덧셈식 ______________________________

[6~7] 덧셈식의 배열을 보고 물음에 답하세요.

순서	덧셈식
첫째	$410+150=560$
둘째	$420+140=560$
셋째	$430+130=560$

6 덧셈식의 규칙을 찾아 쓰세요.

규칙 ☐ 씩 커지는 수에 ☐ 씩 작아지는 수를 더하면 계산 결과는 ☐ (으)로 같습니다.

7 넷째에 알맞은 덧셈식을 쓰세요.

덧셈식 ______________________________

서술형 下수

8 뺄셈식의 배열에서 규칙을 찾아 다섯째에 알맞은 식을 쓰세요.

순서	뺄셈식
첫째	$100-10=90$
둘째	$200-20=180$
셋째	$300-30=270$
넷째	$400-40=360$

풀이

100씩 커지는 수에서 ☐ 씩 커지는 수를 빼면 계산 결과는 ☐ 씩 커집니다.

➜ 다섯째에 알맞은 뺄셈식:

☐

뺄셈식 ______________________________

핵심 개념 곱셈식, 나눗셈식의 배열에서 규칙 찾기

1. 곱셈식의 배열에서 규칙 찾기

(1)
$$5 \times 16 = 80$$
$$10 \times 8 = 80$$
$$20 \times 4 = 80$$
$$40 \times 2 = 80$$

규칙 곱해지는 수가 **2배가 되고**, 곱하는 수가 **반이 되면** 계산 결과는 ❶ □ (으)로 같습니다.

(2)

순서	곱셈식
첫째	$10 \times 220 = 2200$
둘째	$20 \times 220 = 4400$
셋째	$30 \times 220 = 6600$
넷째	$40 \times 220 = 8800$

규칙 곱해지는 수가 **10씩 커지고**, 곱하는 수가 220으로 같으면 계산 결과는 **2200씩 커집니다.**

2. 나눗셈식의 배열에서 규칙 찾기

(1)
$$6 \div 2 = 3$$
$$12 \div 4 = 3$$
$$24 \div 8 = 3$$
$$48 \div 16 = 3$$

규칙 나누어지는 수가 **2배가 되고**, 나누는 수도 **2배가 되면** 계산 결과는 ❷ □ (으)로 같습니다.

(2)

순서	나눗셈식
첫째	$200 \div 2 = 100$
둘째	$400 \div 2 = 200$
셋째	$600 \div 2 = 300$
넷째	$800 \div 2 = 400$

규칙 나누어지는 수가 **200씩 커지고**, 나누는 수가 2로 같으면 계산 결과는 **100씩 커집니다.**

정답 확인 | ❶ 80 ❷ 3

6 규칙 찾기

152

확인 문제 1~4번 문제를 풀면서 개념 익히기!

1 곱셈식의 배열에서 규칙을 찾아 □ 안에 알맞은 수를 써넣으세요.

순서	곱셈식
첫째	$50 \times 10 = 500$
둘째	$50 \times 20 = 1000$
셋째	$50 \times 30 = 1500$
넷째	$50 \times 40 = 2000$

규칙 곱해지는 수가 50으로 같고, 곱하는 수 □ 씩 커지면 계산 결과는 □ 씩 커집니다.

한 번 더! 확인 5~8번 유사문제를 풀면서 개념 다지기!

5 나눗셈식의 배열에서 규칙을 찾아 □ 안에 알맞은 수를 써넣으세요.

순서	나눗셈식
첫째	$330 \div 3 = 110$
둘째	$630 \div 3 = 210$
셋째	$930 \div 3 = 310$
넷째	$1230 \div 3 = 410$

규칙 나누어지는 수가 □ 씩 커지고, 나누는 수가 3으로 같으면 계산 결과는 □ 씩 커집니다.

[2~3] 나눗셈식의 배열을 보고 물음에 답하세요.

순서	나눗셈식
첫째	$240 \div 20 = 12$
둘째	$360 \div 30 = 12$
셋째	$480 \div 40 = 12$

2 나눗셈식에서 규칙을 찾아 쓰세요.

> 규칙 나누어지는 수가 120씩 커지고, 나누는 수가 [　]씩 커지면 계산 결과는 [　](으)로 같습니다.

3 넷째에 알맞은 나눗셈식을 쓰세요.

나눗셈식 ___________________

4 곱셈식의 배열에서 규칙을 찾아 다섯째에 알맞은 식을 쓰세요.

순서	곱셈식
첫째	$101 \times 11 = 1111$
둘째	$201 \times 11 = 2211$
셋째	$301 \times 11 = 3311$
넷째	$401 \times 11 = 4411$

(1) 곱셈식의 규칙을 찾아 쓰세요.

> 규칙 곱해지는 수가 [　]씩 커지고, 곱하는 수가 11로 같으면 계산 결과는 [　]씩 커집니다.

(2) 다섯째에 알맞은 곱셈식을 쓰세요.

곱셈식 ___________________

[6~7] 곱셈식의 배열을 보고 물음에 답하세요.

순서	곱셈식
첫째	$128 \times 2 = 256$
둘째	$64 \times 4 = 256$
셋째	$32 \times 8 = 256$

6 곱셈식에서 규칙을 찾아 쓰세요.

> 규칙 곱해지는 수가 반이 되고, 곱하는 수가 [　]배가 되면 계산 결과는 [　](으)로 같습니다.

7 넷째에 알맞은 곱셈식을 쓰세요.

곱셈식 ___________________

8 나눗셈식의 배열에서 규칙을 찾아 다섯째에 알맞은 식을 쓰세요.

순서	나눗셈식
첫째	$1110 \div 37 = 30$
둘째	$2220 \div 37 = 60$
셋째	$3330 \div 37 = 90$
넷째	$4440 \div 37 = 120$

풀이

나누어지는 수가 [　]씩 커지고, 나누는 수가 37로 같으면 계산 결과는 [　]씩 커집니다.

➡ 다섯째에 알맞은 나눗셈식:

[　]

나눗셈식 ___________________

[1~2] 덧셈식의 배열을 보고 물음에 답하세요.

순서	덧셈식
첫째	$50+\ \ 60=110$
둘째	$50+160=210$
셋째	$50+260=310$
넷째	$50+360=410$

1 덧셈식에서 규칙을 찾아 쓰세요.

규칙 50에 [ ]씩 커지는 수를 더하면

계산 결과가 [ ]씩 커집니다.

2 다섯째에 알맞은 덧셈식을 쓰세요.

덧셈식 $50+$ [ ] $=$ [ ]

3 설명에 맞는 계산식을 찾아 기호를 쓰세요.

빼지는 수가 같고 빼는 수가 100씩 커지면 계산 결과는 100씩 작아집니다.

㉠

$300+200=500$
$310+210=520$
$320+220=540$
$330+230=560$

㉡

$904-102=802$
$904-202=702$
$904-302=602$
$904-402=502$

( )

[4~5] 계산식을 보고 물음에 답하세요.

$6\times5=30$	$1100\div22=50$
$26\times5=130$	$880\div22=40$
$46\times5=230$	$660\div22=▲$
$★\times5=330$	$440\div22=20$

4 ★와 ▲에 알맞은 수를 각각 구하세요.

★ ( ), ▲ ( )

5 곱셈식과 나눗셈식에서 규칙을 찾아 쓰세요.

곱셈식의 규칙 곱해지는 수가 [ ]씩 커지고,

곱하는 수가 5로 같으면 계산 결과는 [ ]씩

커집니다.

나눗셈식의 규칙 나누어지는 수가 [ ]씩

작아지고, 나누는 수가 22로 같으면 계산 결과

는 [ ]씩 작아집니다.

[6~7] 곱셈식의 배열을 보고 물음에 답하세요.

순서	곱셈식
첫째	$6\times103=618$
둘째	$6\times1003=6018$
셋째	$6\times10003=60018$
넷째	

6 곱셈식에서 규칙을 찾아 쓰세요.

규칙 곱하는 수의 1과 3 사이에 0이 [ ]개씩

늘어나면 계산 결과의 6과 1 사이에 0이

[ ]개씩 늘어납니다.

7 넷째에 알맞은 곱셈식을 써넣으세요.

8 나눗셈식의 배열에서 규칙을 찾아 넷째에 알맞은 나눗셈식을 써넣으세요.

순서	나눗셈식
첫째	$64 \div 8 = 8$
둘째	$128 \div 16 = 8$
셋째	$256 \div 32 = 8$
넷째	

9 곱셈식을 보고 규칙적인 나눗셈식을 쓰세요.

$$11 \times 20 = 220$$
$$22 \times 20 = 440$$
$$33 \times 20 = 660$$
$$44 \times 20 = 880$$

220	÷	11	=	20
440	÷	22	=	20
	÷		=	
	÷		=	

10 뺄셈식의 배열에서 규칙을 찾아 다섯째에 알맞은 뺄셈식을 쓰세요.

순서	뺄셈식
첫째	$89 - 1 = 88$
둘째	$789 - 12 = 777$
셋째	$6789 - 123 = 6666$
넷째	$56789 - 1234 = 55555$

뺄셈식 ______________________

[11~12] 계산식의 배열을 보고 물음에 답하세요.

순서	계산식
첫째	$123 + 30 - 20 = 133$
둘째	$123 + 40 - 30 = 133$
셋째	$123 + 50 - 40 = 133$

11 계산식에서 규칙을 찾아 쓰세요.

규칙 123에 ☐씩 커지는 수를 더하고, ☐씩 커지는 수를 빼면 계산 결과가 같습니다.

12 다섯째에 알맞은 계산식을 쓰세요.

계산식 $123 + ☐ - ☐ = ☐$

13 곱셈식에서 규칙을 찾아 111111×111111의 계산 결과를 구하세요.

순서	곱셈식
첫째	$11 \times 11 = 121$
둘째	$111 \times 111 = 12321$
셋째	$1111 \times 1111 = 1234321$

전략 곱하는 두 수에서 규칙을 찾아보자.

❶ 곱하는 두 수의 1이 ☐개씩 늘어납니다.

전략 계산 결과에서 규칙을 찾아보자.

❷ 계산 결과의 가운데 숫자는 곱하는 수의 ☐의 개수만큼 숫자가 오고 가운데를 중심으로 접으면 같은 숫자가 만납니다.

❸ $111111 \times 111111 = ☐$

답 ______________________

BOOK② 42~43쪽에서 한 번 더 풀기!

핵심 개념 등호를 사용하여 식으로 나타내기

1. 등호의 의미 알아보기

$9 \bigcirc = 5+4$

로봇 9 kg
인형 5 kg 수박 4 kg

> **크기가 같은 두 양을 등호(=)**를 사용하여 $9=5+4$와 같이 식으로 나타낼 수 있습니다.

2. 저울 양쪽의 무게를 같게 만들어 식으로 나타내기

예 모형을 올리거나 내려서 저울 양쪽의 무게를 같게 만들기

방법 1

> 왼쪽 접시에 4개 올리고 오른쪽 접시에 1개 올렸더니 양쪽 무게가 같아.

$$6+4=9+1$$

방법 2

> 왼쪽 접시에 2개 올리고 오른쪽 접시에서 1개 내렸더니 양쪽 무게가 같아.

$$6+2=9-1$$

3. 등호를 사용한 식에서 계산하지 않고 □의 값 구하기

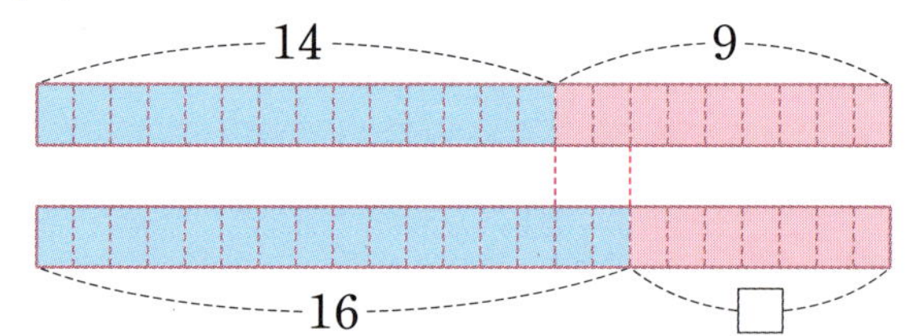

14에서 16으로 2만큼 커졌으므로 등호의 양쪽에 있는 두 식의 계산 결과가 같으려면 □는 9보다 **❶** 만큼 작아야 합니다.

$$14 + 9 = 16 + \square \;\rightarrow\; \square = 7$$

$+2$ / -2

정답 확인 | ❶ 2

확인 문제 1~4번 문제를 풀면서 **개념 익히기!**

1 그림을 보고 ○ 안에 등호(=)를 사용하여 식으로 바르게 나타낸 것에 ○표 하세요.

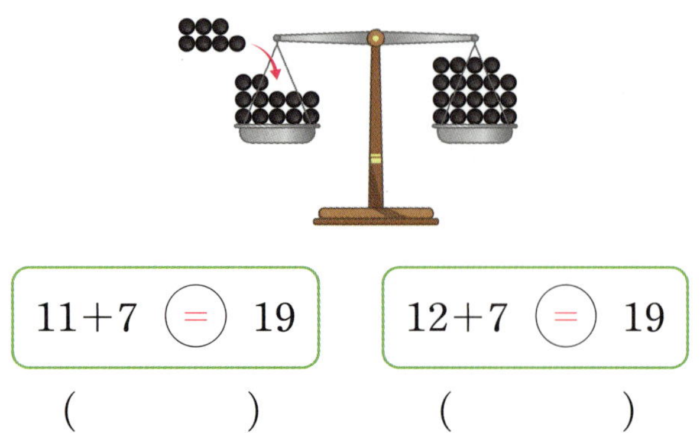

$11+7 \bigcirc 19$ （　　　）

$12+7 \bigcirc 19$ （　　　）

한 번 더! 확인 5~8번 유사문제를 풀면서 **개념 다지기!**

5 그림을 보고 ○ 안에 등호(=)를 사용하여 식으로 바르게 나타낸 것을 찾아 기호를 쓰세요.

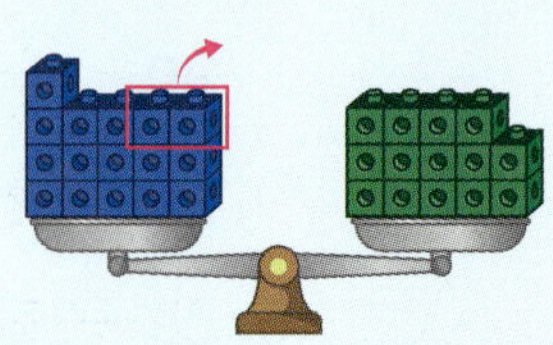

㉠ $15-2 \bigcirc 12$　　㉡ $16-2 \bigcirc 14$

（　　　　　）

2 그림을 보고 저울 양쪽의 무게가 같도록 등호를 사용하여 식으로 나타내 보세요.

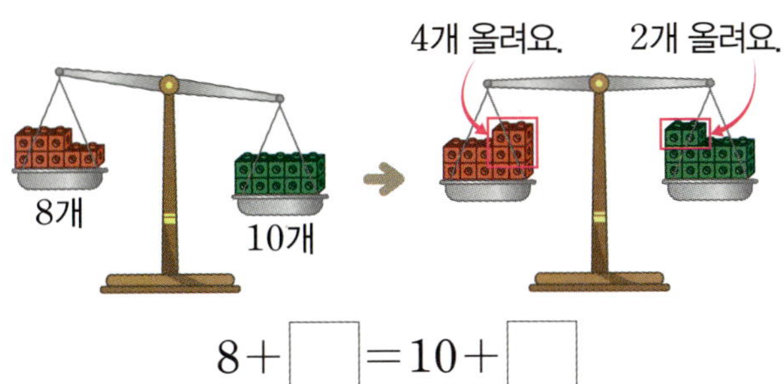

$$8 + \boxed{} = 10 + \boxed{}$$

3 등호를 바르게 사용한 식에 ◯표 하세요.

$$31 - 5 = 26 \qquad (\qquad)$$

$$5 = 15 - 5 \qquad (\qquad)$$

4 그림을 보고 $4 + 12 = 9 + \bullet$ 에서 $\bullet$에 알맞은 수를 구하세요.

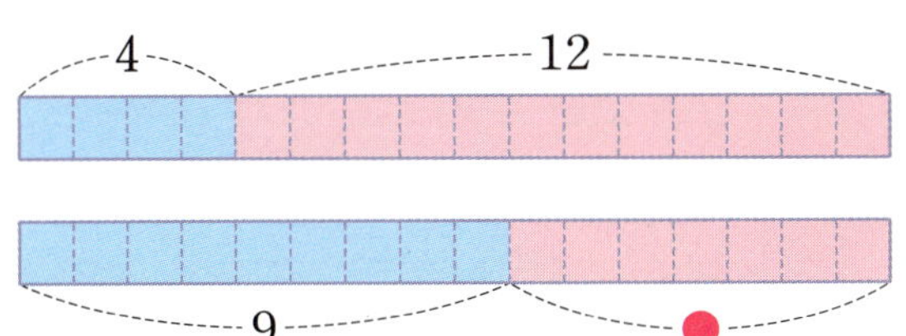

(1) □ 안에 알맞은 수를 써넣으세요.

4에서 9로 $\boxed{}$만큼 커졌으므로 등호의 양쪽에 있는 두 식의 계산 결과가 같으려면 ●는 12보다 $\boxed{}$만큼 작아야 합니다.

(2) ●에 알맞은 수를 구하세요.

$$(\qquad\qquad)$$

6 그림을 보고 저울 양쪽의 무게가 같도록 등호를 사용하여 식으로 나타내 보세요.

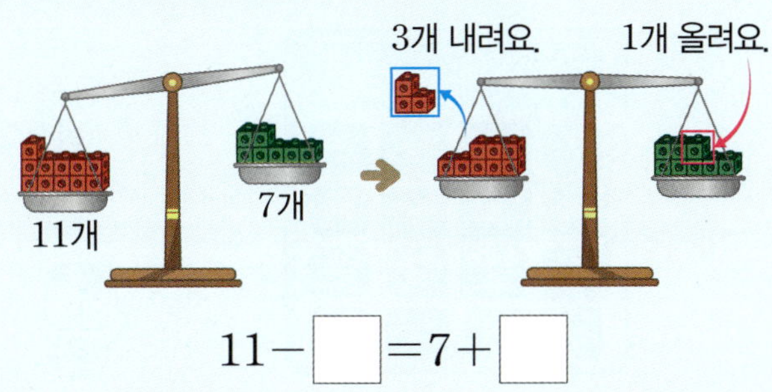

$$11 - \boxed{} = 7 + \boxed{}$$

7 등호를 바르게 사용한 식을 찾아 기호를 쓰세요.

$$\begin{aligned}&\bigcirc\ 30 + 5 = 33 - 5\\&\bigcirc\!\!\!\bigcirc\ 8 + 25 = 9 + 24\end{aligned}$$

$$(\qquad\qquad)$$

서술형 下수

8 그림을 보고 $15 - 9 = 11 - \blacktriangle$ 에서 $\blacktriangle$에 알맞은 수를 구하세요.

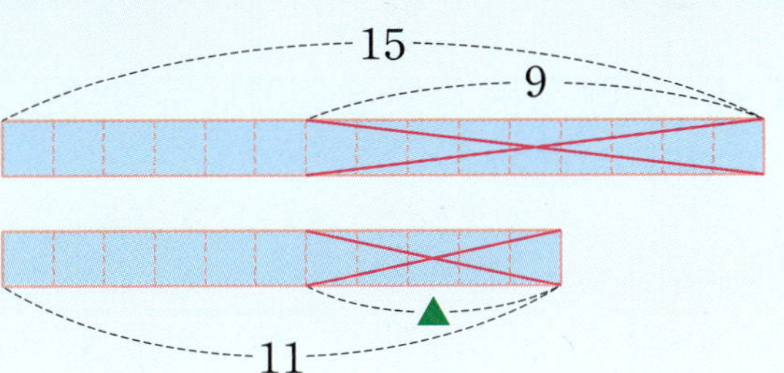

풀이

15에서 11로 $\boxed{}$만큼 작아졌으므로 등호의 양쪽에 있는 두 식의 계산 결과가 같으려면 $\blacktriangle$는 9보다 $\boxed{}$만큼 작아야 합니다.

➡ $\blacktriangle$에 알맞은 수: $\boxed{}$

답 _______________

핵심 개념 실생활에서 규칙적인 계산식 만들기

1. 계산기의 숫자 배열에서 규칙적인 계산식 만들기

계산식 1

$$7+9=8\times2$$
$$1+3=2\times2$$

➡ 연결된 세 수 중에서 양쪽 끝에 있는 두 수의 합은 가운데 수의 2배와 같습니다.

계산식 2

$$8+6=9+5$$
$$4+2=\boxed{①}\ +1$$

➡ ↘ **방향**과 ↗ **방향**에 있는 두 수의 합이 같습니다.

2. 달력에서 규칙적인 계산식 만들기

일	월	화	수	목	금	토
		1	2	3	4	5
6	7	8	9	10	11	12
13	14	15	16	17	18	19
20	21	22	23	24	25	26
27	28	29	30			

계산식 1

$$6+7+8=7\times3$$
$$7+8+9=8\times3$$

➡ 연결된 세 수의 합은 가운데 수의 3배와 같습니다.

계산식 2

$$7+23=15\times2$$
$$10+26=18\times\boxed{②}$$

➡ ↘ **방향**의 세 수 중 양쪽 끝에 있는 두 수의 합은 가운데 수의 2배와 같습니다.

정답 확인 | ❶ 5 ❷ 2

6 규칙 찾기

확인 문제 1~4번 문제를 풀면서 **개념 익히기!**

1 □ 안에 있는 수의 배열에서 규칙적인 계산식을 찾아 쓰세요.

일	월	화	수	목	금	토
			1	2	3	4
5	6	7	8	9	10	11
12	13	14	15	16	17	18
19	20	21	22	23	24	25
26	27	28	29	30		

$$1+\ 1\ =2$$
$$8+\boxed{}=9$$
$$15+\boxed{}=16$$

한 번 더! 확인 5~8번 유사문제를 풀면서 **개념 다지기!**

5 □ 안에 있는 수의 배열에서 규칙적인 계산식을 찾아 쓰세요.

일	월	화	수	목	금	토
	1	2	3	4	5	6
7	8	9	10	11	12	13
14	15	16	17	18	19	20
21	22	23	24	25	26	27
28	29	30	31			

$$15-\ 7\ =8$$
$$16-\boxed{}=9$$
$$17-\boxed{}=10$$

2 사물함에 있는 수 배열을 보고 노란색으로 색칠한 부분에서 규칙적인 계산식을 찾아 쓰세요.

1	2	3	4	5	6
7	8	9	10	11	12
13	14	15	16	17	18
19	20	21	22	23	24

$$7+21=14\times\boxed{}$$

$$10+24=\boxed{}\times 2$$

6 신발장에 있는 수 배열을 보고 분홍색으로 색칠한 부분에서 규칙적인 계산식을 찾아 쓰세요.

11	12	13	14	15
16	17	18	19	20
21	22	23	24	25
26	27	28	29	30

$$16+17+18=17\times\boxed{}$$

$$23+24+25=\boxed{}\times 3$$

[3~4] 오른쪽 승강기 숫자판의 수 배열을 보고 물음에 답하세요.

3 ↑ 방향의 수 배열에서 규칙적인 계산식을 찾아 쓰세요.

$$1+2+3=2\times 3$$
$$2+3+4=3\times 3$$
$$3+4+5=4\times\boxed{}$$
$$6+7+8=\boxed{}\times 3$$

[7~8] 승강기 숫자판의 수 배열을 보고 물음에 답하세요.

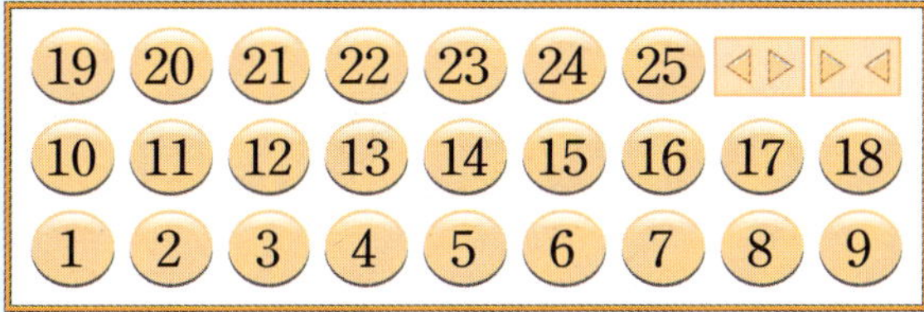

7 ↑ 방향의 수 배열에서 규칙적인 계산식을 찾아 쓰세요.

$$1+10+19=10\times 3$$
$$2+11+20=11\times 3$$
$$3+12+21=12\times\boxed{}$$
$$4+13+22=\boxed{}\times 3$$

4 ↗ 방향과 ↙ 방향의 수 배열에서 규칙적인 계산식을 찾아 쓰세요.

$$1+7=6+2$$
$$2+8=7+\boxed{}$$
$$3+9=8+\boxed{}$$

8 ↘ 방향의 수 배열에서 규칙적인 계산식을 찾아 쓰세요.

$$19+3=11\times 2$$
$$21+5=13\times\boxed{}$$
$$23+7=15\times\boxed{}$$

6 규칙 찾기

1 크기를 비교하여 ○ 안에 >, =, < 중 알맞은 것을 써넣으세요.

(1) $10+7$ ○ $9+7$

(2) $28-6$ ○ $27-5$

[2~3] 아파트 안내도의 수의 배열에서 규칙을 찾아 □ 안에 알맞은 수를 써넣으세요.

아파트 안내도				
301동	302동	303동	304동	305동
201동	202동	203동	204동	205동
101동	102동	103동	104동	105동

2

$301+202=302+201$

$302+203=303+\boxed{}$

$303+204=304+\boxed{}$

3

$301+202+103=303+202+101$

$302+203+104=304+203+\boxed{}$

$303+204+105=305+\boxed{}+103$

4 식이 옳도록 □ 안에 알맞은 수를 써넣으세요.

(1) $12+\boxed{}=10+9$

(2) $43-5=53-\boxed{}$

의사소통

5 계산 결과가 같은 두 식을 등호를 사용하여 하나의 식으로 나타내 보세요.

$3+4+5$ 

$7+5$

식 ________________

[6~7] 승강기 숫자판의 수 배열을 보고 물음에 답하세요.

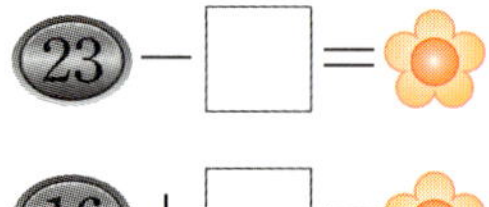

6 □ 안에 알맞은 수를 써넣으세요.

㉓ $-\boxed{}=$ 🌼

⑯ $+\boxed{}=$ 🌼

7 보기와 같이 숫자판에서 세 수를 골라 규칙적인 계산식을 2개 만들어 보세요.

보기

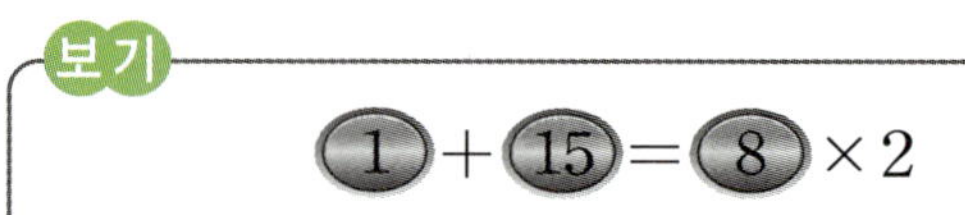

계산식 1 ________________

계산식 2 ________________

8 같은 값을 나타내는 두 카드를 찾아 이어 보고 등호를 사용하여 식으로 나타내 보세요.

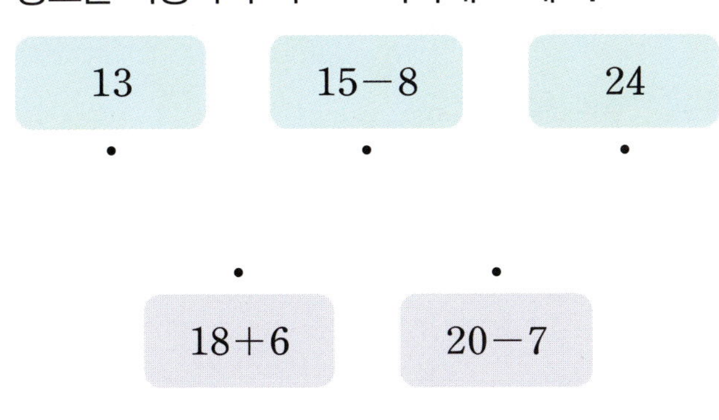

식 _____________

식 _____________

9 저울 양쪽의 무게가 같도록 □ 안에 알맞은 수를 써넣고, 등호를 사용하여 식으로 나타내 보세요.

검은 돌: 35개　　검은 돌: 38개
덜어낸 돌: 11개　　덜어낸 돌: □개

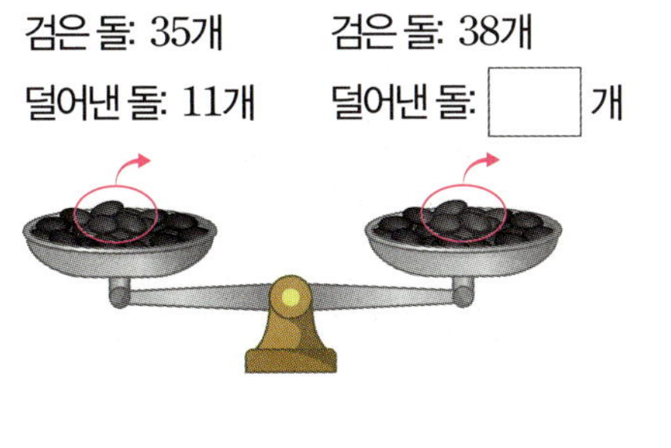

식 _____________________________

 연결

10 사물함에 있는 수 배열을 보고 보기와 같이 세 수를 골라 규칙적인 계산식을 만들어 보세요.

4	8	12	16
3	7	11	15
2	6	10	14
1	5	9	13

보기

| 4 | 7 | 10 | ➡ $4+10=7\times2$ |

□ □ □ ➡ _____________

11 달력을 보고 조건을 만족하는 수를 찾아 쓰세요.

일	월	화	수	목	금	토
				1	2	3
4	5	6	7	8	9	10
11	12	13	14	15	16	17
18	19	20	21	22	23	24
25	26	27	28	29	30	

조건

- ✚ 안에 있는 5개의 수 중 하나입니다.
- ✚ 안에 있는 5개의 수의 합을 5로 나눈 몫과 같습니다.

(　　　　　　　　　　　　)

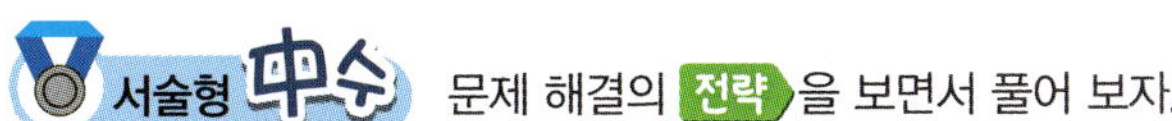 서술형 中수　문제 해결의 전략을 보면서 풀어 보자.

12 4장의 수 카드 중에서 가와 나에 들어갈 수 있는 수 카드는 무엇인지 각각 구하세요.

| 1 | 2 | 3 | 4 |

가 + 15 = 18 + 나

전략 등호의 양쪽에서 15와 18의 수의 크기를 비교하자.

❶ 가＋15＝18＋나에서 18은 15보다 □ 만큼 더 큰 수입니다.

전략 등호의 양쪽에 있는 두 수의 합이 같아야 한다.

❷ 가는 나보다 □ 만큼 더 큰 수여야 합니다.
수 카드 중에서 차가 3인 두 수를 찾으면 □ 와/과 □ 입니다.

➡ 가: □ , 나: □

답 가: _________　　나: _________

BOOK❷ 44~45쪽에서 한 번 더 풀기!

키워드 문제

연습 1-1 덧셈식의 배열에서 **규칙을 찾아 다섯째에 올 덧셈식**을 쓰세요.

순서	덧셈식
첫째	$2030+1040=3070$
둘째	$2130+1140=3270$
셋째	$2230+1240=3470$
넷째	$2330+1340=3670$

Skill 더해지는 수와 더하는 수가 각각 **몇씩 커지는지** 또는 **몇씩 작아지는지** 살펴보자.

풀이 ❶ 더해지는 수와 더하는 수가 각각 100씩 커지면

계산 결과가 ☐ 씩 커지는 규칙입니다.

❷ 다섯째에 올 덧셈식: $2430+$ ☐ $=$ ☐

덧셈식 ___________

162

6
규칙 찾기

서술형 高수 **가이드** | 문제에서 핵심이 되는 말에 표시하고, 위의 풀이 과정을 따라 풀어 보자.

실전 1-2 나눗셈식의 배열에서 규칙을 찾아 다섯째에 올 나눗셈식을 쓰세요.

순서	나눗셈식
첫째	$111111111 \div 9 = 12345679$
둘째	$222222222 \div 18 = 12345679$
셋째	$333333333 \div 27 = 12345679$
넷째	$444444444 \div 36 = 12345679$

풀이 ❶

❷

**나눗셈식** ___________

키워드 문제

연습 2-1

사각형의 배열에서 ==규칙을 찾아 여섯째== 모양을 만드는 데 필요한 ==사각형은 몇== 개인지 구하세요.

첫째 둘째 셋째

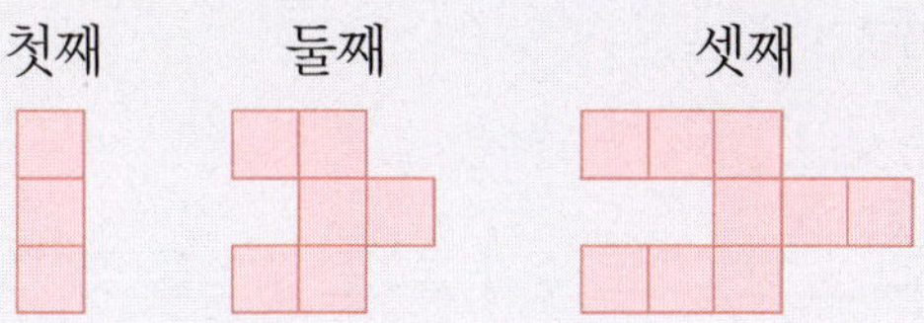

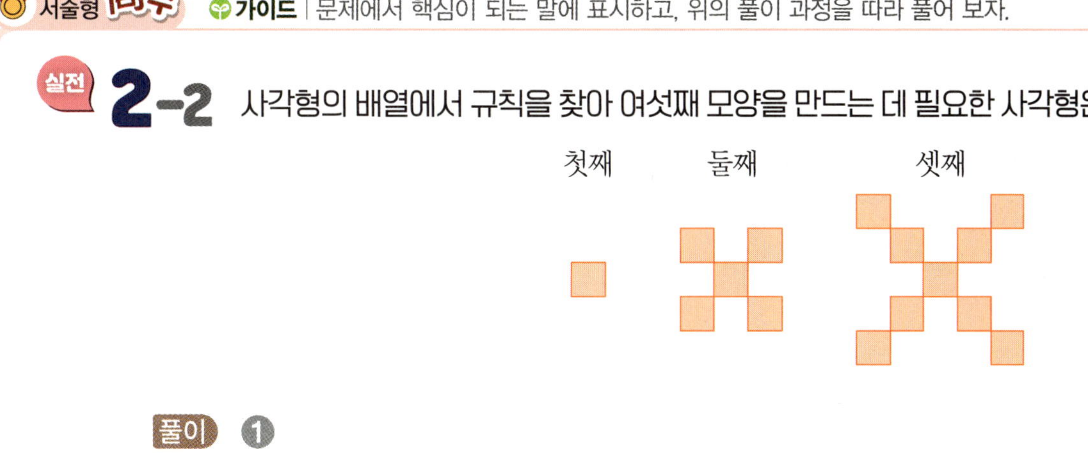

Skill 사각형이 몇 개씩 늘어나는지 규칙을 찾아보자.

풀이 ❶

순서	첫째	둘째	셋째
사각형의 수(개)	3		

→ 사각형의 수가 3개부터 시작하여 ☐ 개씩 늘어나는 규칙입니다.

❷ 여섯째 모양을 만드는 데 필요한 사각형의 수: ☐ 개

답 ____________________

서술형 高수

🌱 **가이드** | 문제에서 핵심이 되는 말에 표시하고, 위의 풀이 과정을 따라 풀어 보자.

실전 2-2

사각형의 배열에서 규칙을 찾아 여섯째 모양을 만드는 데 필요한 사각형은 몇 개인지 구하세요.

첫째 둘째 셋째

풀이 ❶

❷

답 ____________________

6 규칙 찾기

 키워드 문제

연습 3-1 벌집 모양 수 배열표를 보고 규칙을 찾아 ㉠과 ㉡에 알맞은 수의 합을 구하세요.

> **Skill** → 방향과 ↘ 방향으로 수가 놓이는 규칙을 찾아보자.

풀이

❶ → 방향으로 3씩 커지는 규칙이므로

㉠ = 10 + ☐ = ☐ 입니다.

❷ ↘ 방향으로 ☐씩 커지는 규칙이므로

㉡ = 14 + ☐ = ☐ 입니다.

❸ ㉠ + ㉡ = ☐ + ☐ = ☐

답 ______________________

6

규칙 찾기

164

 서술형 高수 　 **가이드** | 문제에서 핵심이 되는 말에 표시하고, 위의 풀이 과정을 따라 풀어 보자.

실전 3-2 벌집 모양 수 배열표를 보고 규칙을 찾아 ㉠과 ㉡에 알맞은 수의 합을 구하세요.

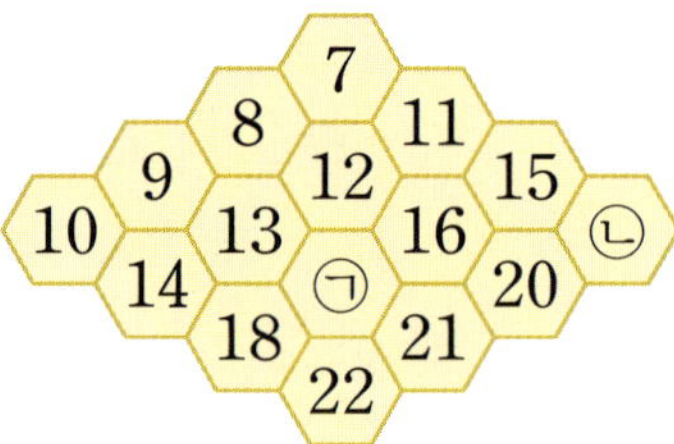

풀이 ❶

❷

❸

답 ______________________

연습 4-1 오른쪽 곱셈식의 배열에서 규칙을 찾아 계산 결과가 777777이 되는 곱셈식은 몇째인지 구하고, 곱셈식을 쓰세요.

순서	곱셈식
첫째	$8547 \times 13 = 111111$
둘째	$8547 \times 26 = 222222$
셋째	$8547 \times 39 = 333333$
넷째	$8547 \times 52 = 444444$

Skill 곱해지는 수가 같고 곱하는 수가 일정하게 커질 때 계산 결과의 변화를 살펴 보자.

풀이 ❶ 8547에 ☐ 씩 커지는 수를 곱하면 계산 결과가 ☐ 씩 커지는 규칙입니다.

❷ 계산 결과 777777은 ☐ 째 곱셈식입니다.

→ 곱셈식: ☐

답 ＿＿＿＿＿＿＿ , ＿＿＿＿＿＿＿

6

규칙 찾기

 **가이드** | 문제에서 핵심이 되는 말에 표시하고, 위의 풀이 과정을 따라 풀어 보자.

실전 4-2 오른쪽 계산식의 배열에서 규칙을 찾아 계산 결과가 1110이 되는 계산식은 몇째인지 구하고, 계산식을 쓰세요.

순서	계산식
첫째	$900 - 20 + 8 = 888$
둘째	$800 - 30 + 7 = 777$
셋째	$700 - 40 + 6 = 666$
넷째	$600 - 50 + 5 = 555$

풀이 ❶

❷

답 ＿＿＿＿＿＿＿ , ＿＿＿＿＿＿＿

BOOK❷ 46~47쪽에서 한 번 더 풀기!

[1~3] 수 배열표를 보고 물음에 답하세요.

5005	5006	5007	5008	5009
6005	6006	6007	6008	6009
7005	7006	7007	7008	7009
8005	8006	8007	8008	8009
9005	9006	9007	9008	9009

1 ☐로 표시된 칸에 있는 수들은 → 방향으로 몇씩 커지나요?

( )

2 ☐로 표시된 칸에 있는 수들은 ↓방향으로 몇씩 커지나요?

( )

3 초록색으로 색칠된 칸에 있는 수들은 ↘ 방향으로 몇씩 커지나요?

( )

4 수 배열의 규칙에 맞게 빈칸에 알맞은 수를 써넣으세요.

243	244	245	246	
343	344	345	346	347
	444		446	447
543	544	545		547
643	644	645	646	647

[5~7] 규칙적인 계산식을 보고 물음에 답하세요.

순서	계산식
첫째	$1+2+1=2\times2$
둘째	$1+2+3+2+1=3\times3$
셋째	$1+2+3+4+3+2+1=4\times4$
넷째	$1+2+3+4+5+4+3+2+1=5\times5$

5 계산식에서 규칙을 찾아 쓰세요.

규칙 덧셈의 결과는 덧셈의 가운데 수를 ☐번 곱한 결과와 같습니다.

6 다섯째에 알맞은 계산식을 쓰세요.

$1+2+3+4+5+6+5+4+3+2+1$
$=$ ☐ $\times$ ☐

7 결과가 7×7과 같게 되는 덧셈식을 ☐ 안에 써넣으세요.

$=7\times7$

8 저울 양쪽의 무게가 같도록 ☐ 안에 알맞은 수를 써넣고, 등호를 사용하여 식으로 나타내 보세요.

흰 돌: 25개   흰 돌: ☐ 개

검은 돌: 10개   검은 돌: 13개

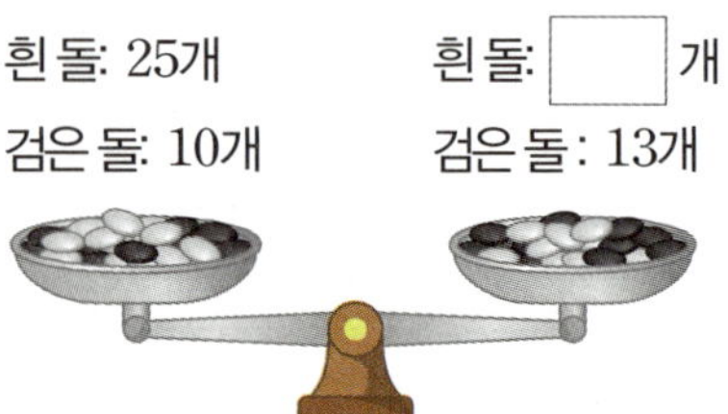

 식

6 규칙 찾기

[9~10] 모형의 배열을 보고 물음에 답하세요.

첫째	둘째	셋째	넷째
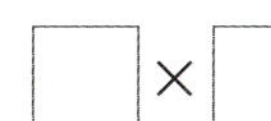			

1×2 2×3 $3 \times \square$ $\square \times \square$

9 규칙을 찾아 식으로 나타내려고 합니다. 위의 □ 안에 알맞은 수를 써넣으세요.

10 여섯째 모양을 만드는 데 필요한 모형은 몇 개 인가요?

(   )

11 곱셈식 배열의 규칙에 맞게 □ 안에 알맞은 식 을 써넣으세요.

$$8 \times 1005 = 8040$$

$$\boxed{}$$

$$8 \times 100005 = 800040$$
$$8 \times 1000005 = 8000040$$
$$8 \times 10000005 = 80000040$$

12 등호를 바르게 사용한 사람의 이름을 쓰세요.

> • 유희: $19 + 11 = 13 + 18$
> • 지윤: $50 - 15 = 54 - 16$
> • 민재: $32 + 19 = 20 + 31$

(   )

---

13 벌집 모양 수 배열표에서 규칙을 찾아 ㉠에 알 맞은 수를 구하세요.

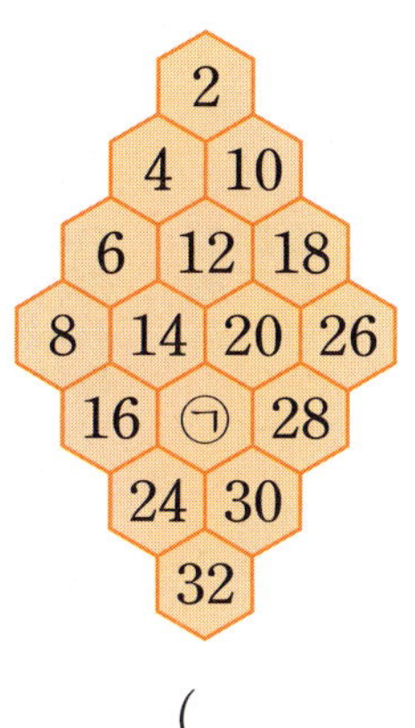

(   )

[14~15] 신발장에 있는 수 배열을 보고 물음에 답하 세요.

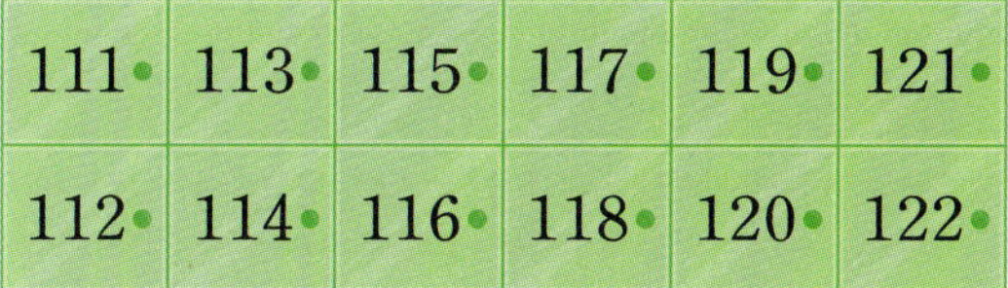

111	113	115	117	119	121
112	114	116	118	120	122

14 ↘ 방향과 ↗ 방향의 수 배열에서 규칙적인 계 산식을 찾아 쓰세요.

$$111 + 114 = 113 + 112$$
$$113 + 116 = 115 + 114$$
$$115 + 118 = 117 + 116$$

$$\boxed{}$$

15 → 방향의 수 배열에서 규칙적인 계산식을 찾아 나타낸 것입니다. ●에 공통으로 들어갈 수를 구하세요.

> $$112 + 114 + 116 = 114 \times ●$$
> $$118 + 120 + 122 = 120 \times ●$$

(   )

TEST 단원 마무리 하기

16 바둑돌의 배열에서 규칙을 찾아 다섯째 모양의 바둑돌을 그리고, 식으로 나타내 보세요.

첫째　둘째　셋째　넷째　　　　다섯째

1×1　2×2　3×3　$4 \times \boxed{}$　$\boxed{} \times \boxed{}$

추론

17 4장의 수 카드 중에서 가와 나에 들어갈 수 있는 수 카드는 무엇인지 각각 구하세요.

| 3 | 5 | 6 | 9 |

$\boxed{가} + \boxed{18} = \boxed{22} + \boxed{나}$

가 (　　　　　　　　)

나 (　　　　　　　　)

---

18 보기와 같이 달력에서 5개의 수를 골라 규칙적인 계산식을 만들어 보세요.

일	월	화	수	목	금	토
			1	2	3	4	5
6	7	8	9	10	11	12
13	14	15	16	17	18	19
20	21	22	23	24	25	26
27	28	29	30	31		

보기

$6 + 8 + 14 + 20 + 22 = 14 \times 5$

계산식 ______________________

서술형 실전

19 수수깡의 배열을 보고 다섯째 모양을 만드는 데 필요한 수수깡은 몇 개인지 풀이 과정을 쓰고 답을 구하세요.

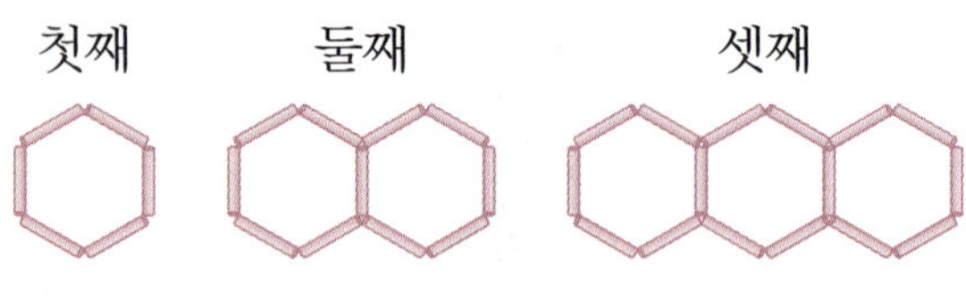

첫째　　　　둘째　　　　　셋째

풀이 ______________________

____

____

____

____

답 ______________________

---

20 곱셈식의 배열에서 규칙을 찾아 계산 결과가 777777777이 되는 곱셈식을 쓰려고 합니다. 풀이 과정을 쓰고 곱셈식을 구하세요.

순서	곱셈식
첫째	$77 \times 1 = 77$
둘째	$77 \times 101 = 7777$
셋째	$77 \times 10101 = 777777$

풀이 ______________________

____

____

____

곱셈식 ______________________

6 규칙 찾기

기본기와 서술형을 한 번에, 확실하게
수학 자신감은 덤으로!

수학리더 시리즈 (초1~6 / 학기용)

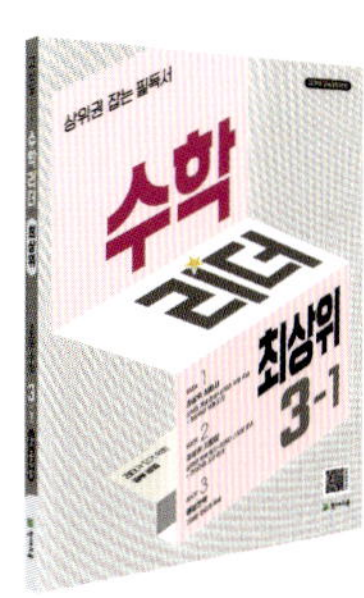

[연산]　　[개념]　　[기본]　　[유형]　　[기본+응용]　　[응용·심화]　　[최상위]
(*예비초~초6/총14단계)　　　　　　　　　　　　　　　　　　　　　　　　　　　　　(*초3~6)

book.chunjae.co.kr

교재 내용 문의 ·········· 교재 홈페이지 ▶ 초등 ▶ 교재상담
교재 내용 외 문의 ·········· 교재 홈페이지 ▶ 고객센터 ▶ 1:1문의
발간 후 발견되는 오류 ·········· 교재 홈페이지 ▶ 초등 ▶ 학습지원 ▶ 학습자료실

수학의 자신감을 키워 주는 **초등 수학 교재**

난이도 한눈에 보기!

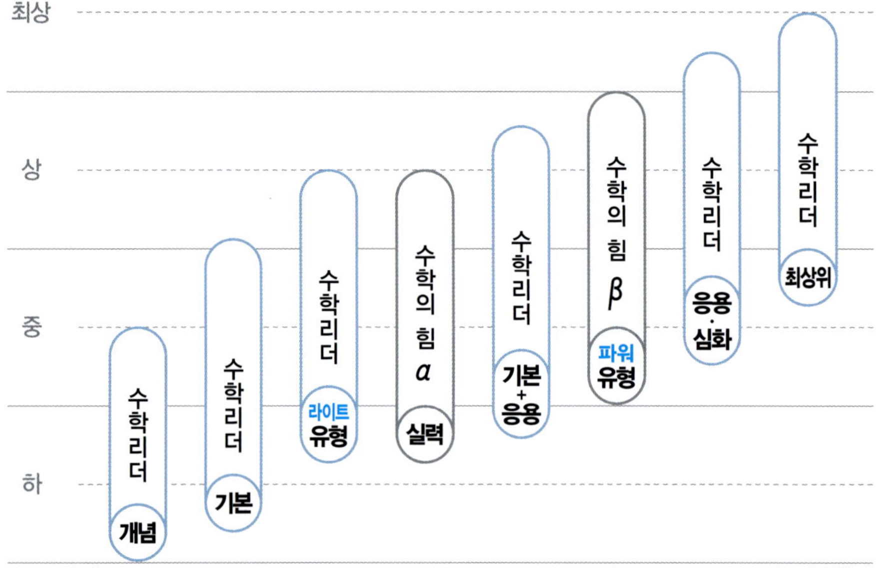

차세대 리더

22개정 교육과정 반영

수학리더 기본
백전
백승

BOOK 2
4-1

리더가 되기 위한
공부 비법

익힘책 한 번 더 풀기
지피지기 익힘책 유형
반복학습

서술형 한 번 더 쓰기
키워드 문제
+ 서술형 고수

단원평가·총정리
단원평가 2회
+ 수학 성취도 평가

천재교육

백전백승 포인트 3가지

- ▶ BOOK1 익힘책 유형 반복 학습
- ▶ 풀이를 따라 풀고, 직접 풀이를 쓰면서 서술형 완성
- ▶ 단원평가와 성취도 평가를 풀면서 실력 체크

↪ 개념 확인: **BOOK①** 6쪽

📖 **만**

1 돈은 모두 얼마인가요?

( )

2 □ 안에 알맞은 수를 써넣으세요.

10000은
— 9900보다 [　] 만큼 더 큰 수
— 9990보다 [　] 만큼 더 큰 수
— 9999보다 [　] 만큼 더 큰 수

3 한 상자에 초콜릿이 100개씩 들어 있습니다. 100상자에 들어 있는 초콜릿은 모두 몇 개인지 쓰고 읽어 보세요.

쓰기 ( ) 개
읽기 ( ) 개

4 규칙에 따라 빈칸에 알맞은 수를 써넣으세요.

9950	9960	
9980	9990	

5 10000원이 되려면 각각의 동전이 몇 개 필요한지 구하세요.

(1) 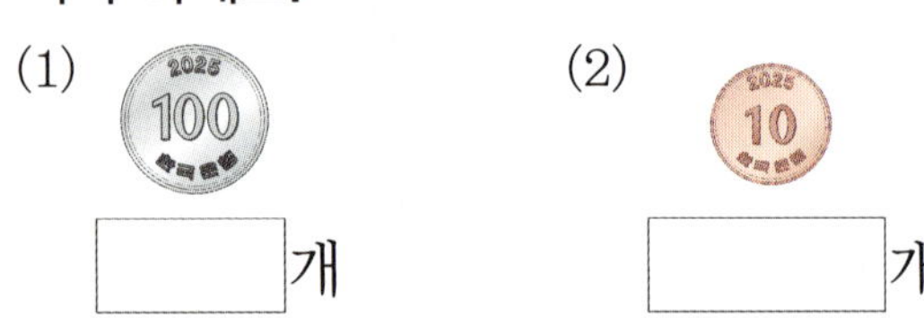
[　] 개

(2)
[　] 개

🗨 **의사소통**

6 설명하는 수가 <u>다른</u> 하나를 찾아 기호를 쓰세요.

> ㉠ 9800보다 200만큼 더 큰 수
> ㉡ 9100보다 900만큼 더 큰 수
> ㉢ 9300보다 70만큼 더 큰 수

( )

🏅 **서술형 中수** 문제 해결의 **전략**을 보면서 풀어 보자.

7 서아는 6000원을 가지고 있고 민호는 서아보다 2000원을 더 많이 가지고 있습니다. 민호가 가진 돈이 10000원이 되려면 얼마가 더 있어야 하나요?

전략 (서아가 가지고 있는 돈)+2000

❶ (민호가 가지고 있는 돈)
= [　] +2000= [　] (원)

❷ 10000은 8000보다 [　] 만큼 더 큰 수이므로 민호가 가진 돈이 10000원이 되려면 [　] 원이 더 있어야 합니다.

답 ______________

2

↻ 개념 확인: **BOOK❶** 8쪽

📖 다섯 자리 수

8 □ 안에 알맞은 수를 써넣으세요.

58673은
- 10000이 □ 개
- 1000이 □ 개
- 100이 □ 개
- 10이 □ 개
- 1이 □ 개

9 빈칸에 알맞은 수나 말을 써넣으세요.

45613 —

□ — 팔만 칠백팔십사

10 설명하는 수를 쓰고 읽어 보세요.

> 10000이 9개, 1000이 4개, 100이 6개, 10이 2개, 1이 8개인 수

쓰기 ( )
읽기 ( )

11 만의 자리 숫자가 6인 수를 찾아 쓰세요.

47936 52648 64572

( )

12 수를 보기와 같이 나타내 보세요.

> 보기
> $42789 = 40000 + 2000 + 700 + 80 + 9$

$74563 = $ ___________

13 창고에 유리컵이 10000개씩 6상자, 1000개씩 5상자, 10개씩 9상자 있습니다. 창고에 있는 유리컵은 모두 몇 개인가요?

( )

14 숫자 2가 나타내는 값이 가장 큰 수를 찾아 기호를 쓰세요.

> ㉠ 30271 ㉡ 42913 ㉢ 28146

( )

🅧 문제 해결

15 문구점에서 앨범 2권, 공책 13권, 구슬 5개를 사려면 모두 얼마가 필요하나요?

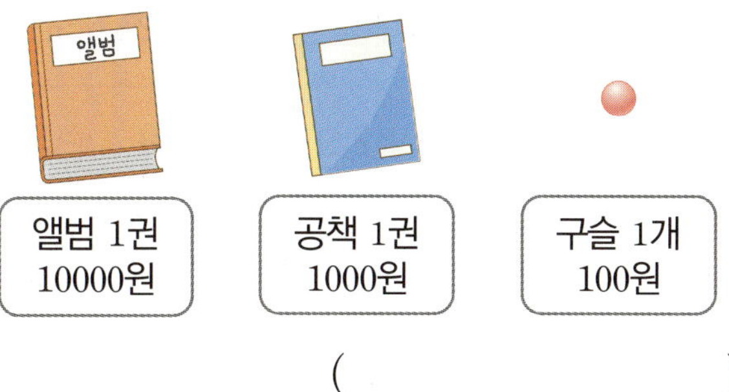

( )

🔄 개념 확인: **BOOK❶** 12쪽

📖 **십만, 백만, 천만**

1 1만이 8540개, 1이 41개인 수를 쓰고 읽어 보세요.

　　　쓰기 (　　　　　　　　　　　　)

　　　읽기 (　　　　　　　　　　　　)

2 밑줄 친 부분을 수로 쓰세요.

> 홍콩의 인구수는 약
> 칠백사십구만 명입니다.
> 　　　　　　2024 통계청 조사

　　　약 (　　　　　　　　　　　)명

3 62350000을 나타낸 것입니다. 빈칸에 알맞은 숫자를 써넣고, 각 자리의 숫자가 나타내는 값의 합으로 나타내 보세요.

6	2	3		0	0	0	0
천	백	십	일	천	백	십	일
			만				일

$62350000 = \boxed{} + 2000000$

$ + \boxed{} + 50000$

4 ㉠과 ㉡이 나타내는 값을 각각 쓰세요.

> 9 2 9 7 5 4 1 8
> 　　㉠　㉡

　　　㉠ (　　　　　　　　　　　)

　　　㉡ (　　　　　　　　　　　)

5 나타내는 수가 나머지와 <u>다른</u> 하나는 어느 것인가요? (　　　　)

① 10000이 100개인 수
② 1000이 1000개인 수
③ 100이 10000개인 수
④ 10000이 1000개인 수
⑤ 100만

💬 **의사소통**

6 두 수를 계산기에 입력할 때, 누가 0을 더 많이 눌러야 하는지 이름을 쓰세요.

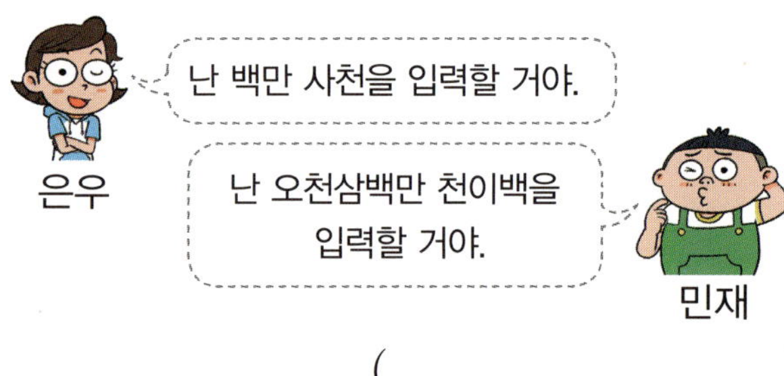

　　　　　(　　　　　　　　　　)

🏅 **서술형 中수**　문제 해결의 **전략**을 보면서 풀어 보자.

7 은행에 예금한 돈 25400000원을 모두 만 원짜리 지폐로 찾으려고 합니다. 만 원짜리 지폐로 몇 장 찾을 수 있나요?

전략 25400000은 1만이 몇 개인 수인지 알아보자.

❶ 25400000
　➡ 2540만
　➡ 1만이 $\boxed{}$ 개인 수

❷ 만 원짜리 지폐로 $\boxed{}$ 장 찾을 수 있습니다.

　　　답 ___________________

↻ 개념 확인: **BOOK①** 14쪽

억

8 빈칸에 알맞은 수를 써넣으세요.

10배 → 10배 → 10배

| 10만 | | 1000만 | |

9 밑줄 친 수를 읽어 보세요.

> 올해 어느 시의 교육복지 예산은
> <u>423600000000</u>원입니다.

( )

10 밑줄 친 숫자 9가 나타내는 값을 쓰세요.

569<u>7</u>21583457

( )

11 설명에 알맞은 수를 말한 사람의 이름을 쓰세요.

> 십억의 자리 숫자와 백억의 자리 숫자를
> 더하면 7이 됩니다.

16920000000

32500000000

지안

유찬

( )

↻ 개념 확인: **BOOK①** 16쪽

조

12 건우와 같이 수를 나타내 보세요.

건우

> 15008445791623
> → 15조 84억 4579만 1623

841390648320459

→ ______________________

13 수를 보고 표를 완성해 보세요.

721815341900000

	백조의 자리	십조의 자리
숫자		2
나타내는 값	700000000000000	

14 숫자 3이 3000조를 나타내는 것의 기호를 쓰세요.

> ㉠ 3416548000000000
> ㉡ 5236000910000000

( )

15 ㉠이 나타내는 값은 ㉡이 나타내는 값의 몇 배인가요?

2<u>1</u>64<u>2</u>75900000000
㉠ ㉡

( )

↺ 개념 확인: **BOOK❶** 20쪽

📖 **뛰어 세기**

1 100만씩 뛰어 세어 보세요.

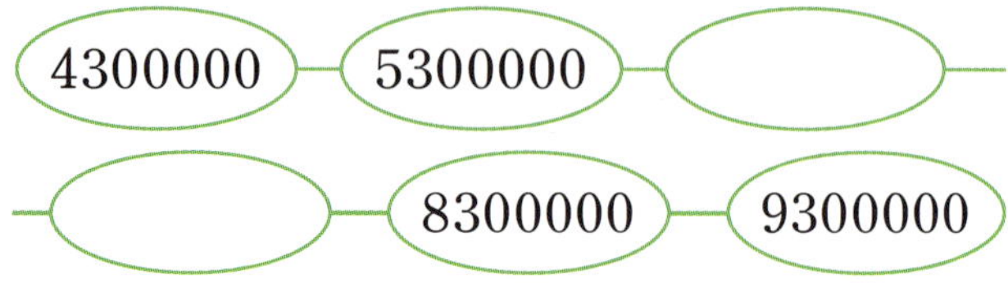

2 10조씩 뛰어 세어 보세요.

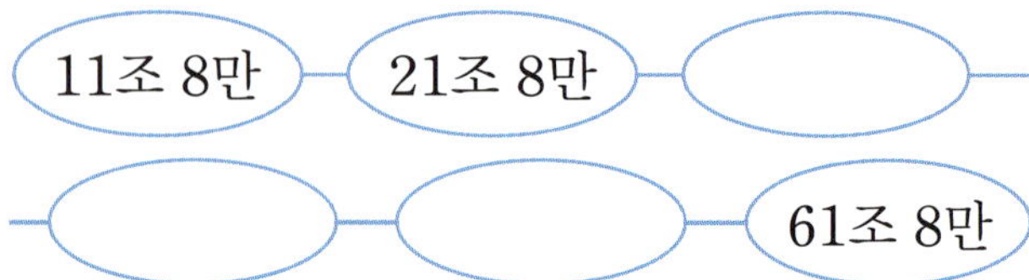

3 얼마씩 뛰어 세었는지 쓰세요.

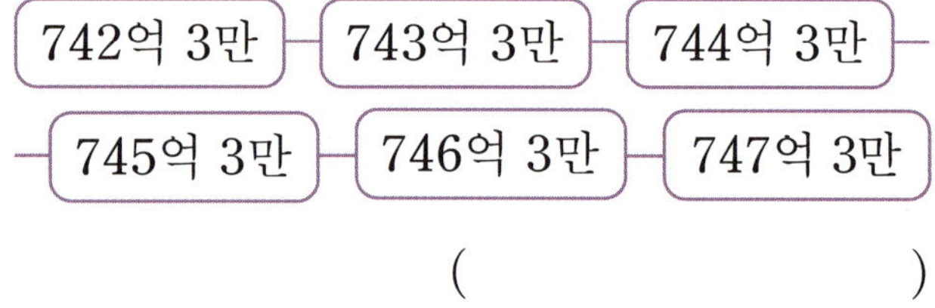

(   )

4 주어진 글에 알맞게 뛰어 세어 보세요.

> 어느 회사의 2021년 수출액은 3160억 원이었고 이후로 1년에 200억 원씩 늘어나고 있습니다.

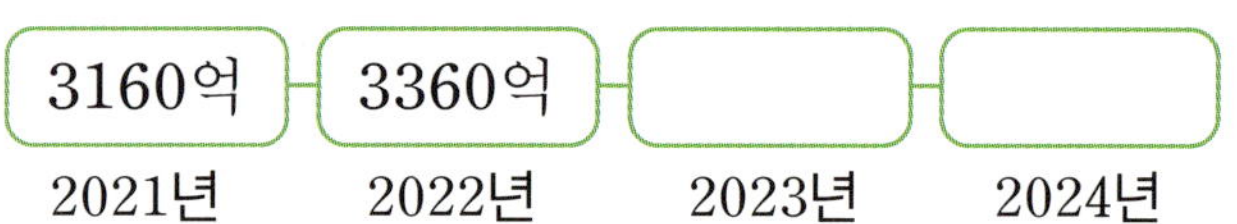

5 뛰어 센 규칙에 따라 빈칸에 알맞은 말을 써넣으세요.

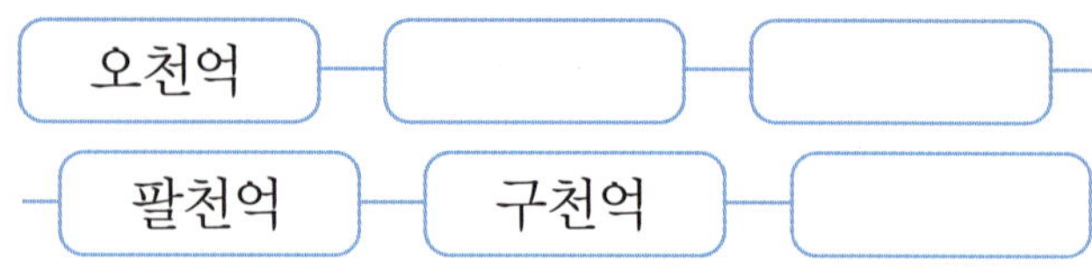

6 규칙에 따라 빈칸에 알맞은 수를 써넣으세요.

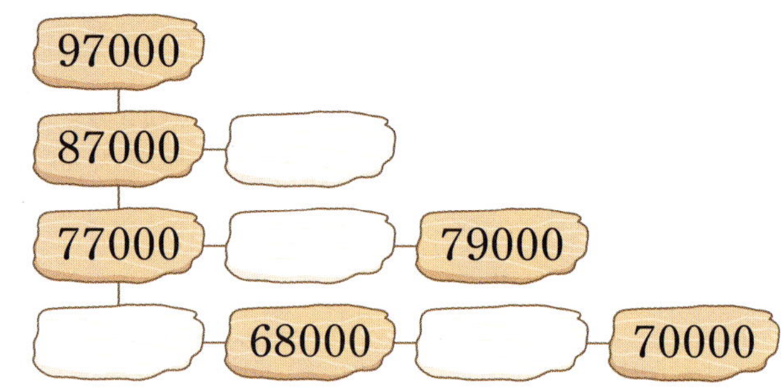

🏅 서술형 **中수** 문제 해결의 **전략**을 보면서 풀어 보자.

7 은채가 지금까지 모은 돈은 86000원입니다. 다음 달부터 매월 2000원씩 저금한다면 94000원짜리 자전거를 사기 위해 몇 개월을 더 저금해야 하나요?

전략 2000씩 뛰어 세기를 하면 천의 자리 수가 2씩 커진다.

❶ 86000에서 2000씩 뛰어 세기:

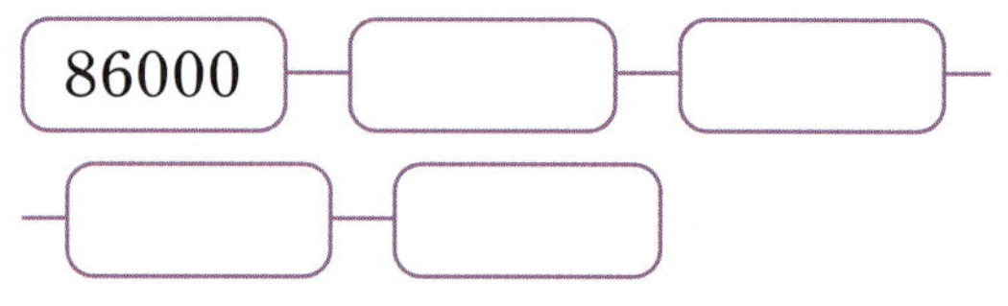

➜ 94000까지 뛰어 센 횟수: ☐ 번

❷ 따라서 자전거를 사기 위해 ☐ 개월을 더 저금해야 합니다.

답 ________________

🔄 개념 확인: BOOK❶ 22쪽

📖 수의 크기 비교하기

8 두 수의 크기를 비교하여 ○ 안에 >, =, < 중 알맞은 것을 써넣으세요.

(1) 48253000 ◯ 421329000

(2) 3660427154 ◯ 36억 6042만

9 ㉠과 ㉡을 수직선에 •으로 나타내고, 두 수의 크기를 비교하여 ☐ 안에 알맞은 기호를 써넣으세요.

> ㉠ 64200　　㉡ 64700

```
|----|----|----|----|----|----|----|
64100      64500           65000
```

☐ 은 ☐ 보다 더 큽니다.

10 유진이네 집에서의 각 장소까지 떨어진 거리를 나타낸 것입니다. 유진이네 집에서 더 먼 곳은 어디인가요?

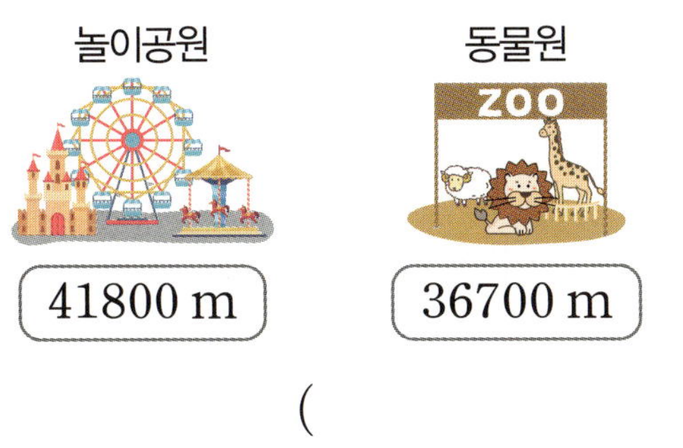

(　　　　　　　)

11 두 수의 크기를 바르게 비교한 것의 기호를 쓰세요.

> ㉠ 852억 2510만 > 8521억 1520만
> ㉡ 645조 5000억 < 6378조 2000억

(　　　　　　　)

12 더 작은 수를 말한 사람은 누구인가요?

(　　　　　　　)

13 인구수가 1억에 더 가까운 나라를 쓰세요.

멕시코 인구수	128000000명
베트남 인구수	97000000명

(　　　　　　　)

🖊 문제 해결

14 가격이 가장 비싼 전자 제품은 어느 것인가요?

공기청정기	세탁기	에어컨
528000원	112만 원	1170000원

(　　　　　　　)

1

큰
수

8

✏️ 키워드 문제

1-1 어느 회사의 작년 이익금은 2억 7450만 원입니다. 이 이익금을 직원들에게 100만 원씩 나누어 주면 몇 명까지 나누어 줄 수 있는지 구하세요.

❶ 2억 7450만 원을 100만 원씩 나누어 주면

　2억 [　　　]만　원까지 나누어 줄 수 있습니다.

❷ 2억 [　　　]만 은 100만이 [　　] 개인 수입니다.

❸ 100만 원씩 나누어 주면 [　　]명까지 나누어 줄 수 있습니다.

답 ________________

🏅 서술형 高수

1-2 어느 복지 단체의 작년 모금액은 31520000원 입니다. 이 모금액을 불우 이웃에게 100만 원씩 나누어 주면 몇 명까지 나누어 줄 수 있는지 구하세요.

❶

❷

❸

답 ________________

✏️ 키워드 문제

2-1 돈은 모두 얼마인지 구하세요.

> • 100만 원짜리 수표 4장
> • 10만 원짜리 수표 12장
> • 만 원짜리 지폐 20장

❶ 100만 원짜리 수표　4장 ➡ 400만 원

　10만 원짜리 수표 12장 ➡ [　　]만 원

　만 원짜리 지폐 20장 ➡ [　　]만 원

전략 ❶에서 구한 수를 모두 더하자.

❷ (전체 돈의 금액)

　=400만 원＋[　　]만 원＋[　　]만 원

　=[　　]만 원

답 ________________

🏅 서술형 高수

2-2 돈은 모두 얼마인지 구하세요.

> • 100만 원짜리 수표 7장
> • 10만 원짜리 수표 25장
> • 만 원짜리 지폐 13장

❶

❷

답 ________________

✏️ 키워드 문제

3-1 올해 3월에 250000원이 들어 있는 통장에 4월부터 6월까지 매월 똑같은 금액을 저금하였더니 340000원이 되었습니다. 매월 얼마씩 저금하였나요?

❶ 매월 저금한 금액을 ■원이라 하면 4월부터 6월까지 ■원씩 ☐ 번 저금한 것입니다.

❷ 250000에서 340000으로 ☐ 이/가 커졌습니다.

전략 얼마씩 뛰어 세었는지 구하여 매월 저금한 금액을 구하자.

❸ ■씩 3번 뛰어 세어 ☐ 이/가 커졌으므로 ■=☐ 입니다.

답 ___________

🏅 서술형 高수

3-2 올해 1월에 4120000원이 들어 있는 통장에 2월부터 5월까지 매월 똑같은 금액을 저금하였더니 6520000원이 되었습니다. 매월 얼마씩 저금하였나요?

❶

❷

❸

답 ___________

✏️ 키워드 문제

4-1 설명을 모두 만족하는 여섯 자리 수 중에서 가장 큰 수는 얼마인지 구하세요.

> • 30만보다 크고 40만보다 작습니다.
> • 각 자리의 숫자는 서로 다르고, 1부터 6까지의 숫자입니다.
> • 만의 자리 숫자는 짝수입니다.

❶ 십만의 자리 숫자: ☐

❷ 만의 자리 숫자: 짝수 2, 4, ☐ 중에서 가장 큰 수인 ☐

전략 나머지 자리에는 남은 숫자를 큰 수부터 높은 자리에 차례로 쓰자.

❸ 여섯 자리 수 중 가장 큰 수: ☐

답 ___________

🏅 서술형 高수

4-2 설명을 모두 만족하는 여섯 자리 수 중에서 가장 큰 수는 얼마인지 구하세요.

> • 40만보다 크고 50만보다 작습니다.
> • 각 자리의 숫자는 서로 다르고, 1부터 6까지의 숫자입니다.
> • 만의 자리 숫자는 홀수입니다.

❶

❷

❸

답 ___________

각의 크기 비교하기

1 가장 넓게 펼친 우산을 찾아 ◯표 하세요.

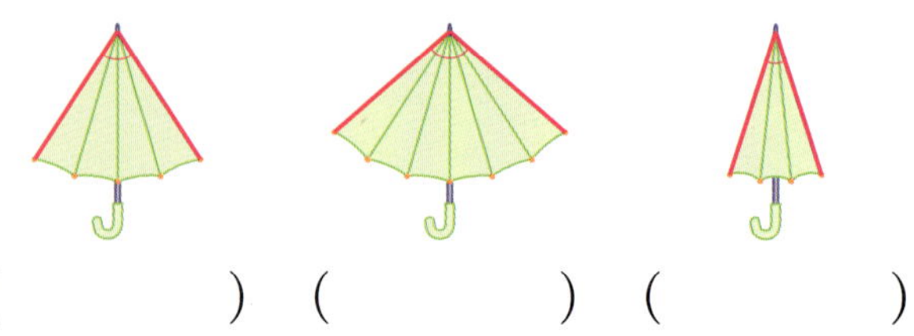

(   ) (   ) (   )

2 두 각 중에서 더 큰 각을 찾아 기호를 쓰세요.

가   나

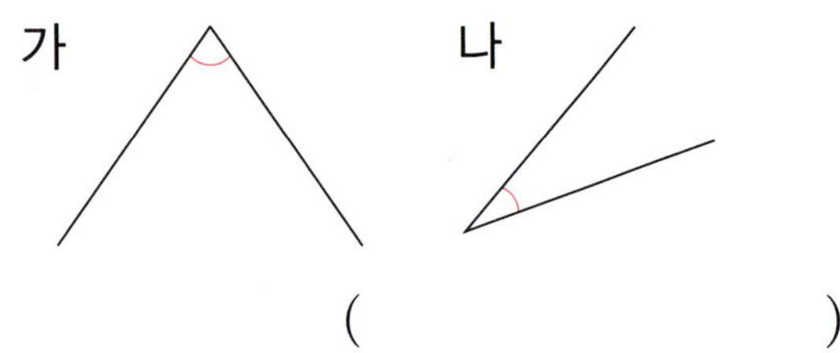

(   )

3 각의 크기를 바르게 비교한 사람은 누구인가요?

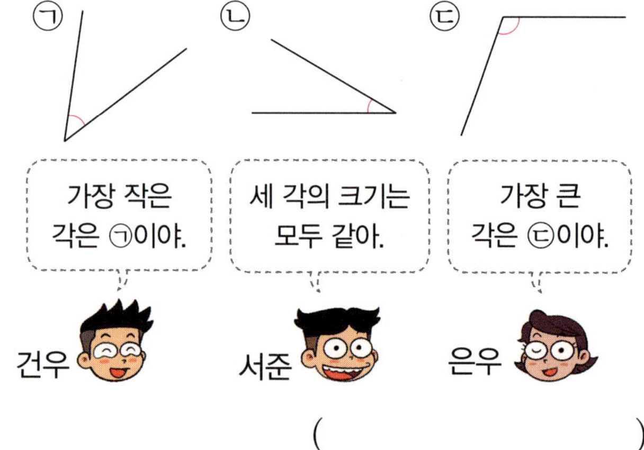

(   )

🔴 추론

4 각 ㄱㅁㄴ보다 작은 각을 찾아 쓰세요.

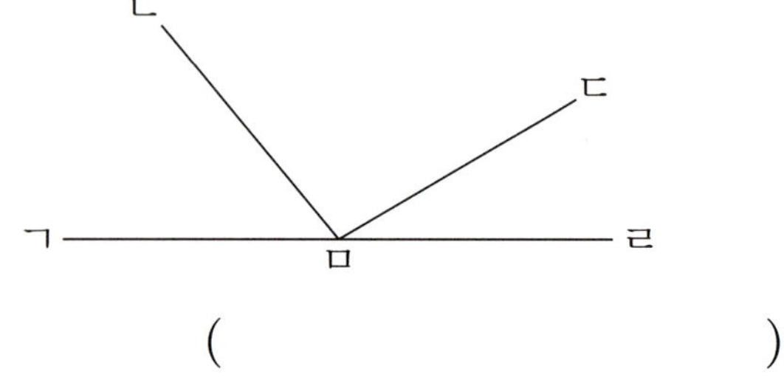

(   )

각의 크기 재기

5 각도를 읽어 보세요.

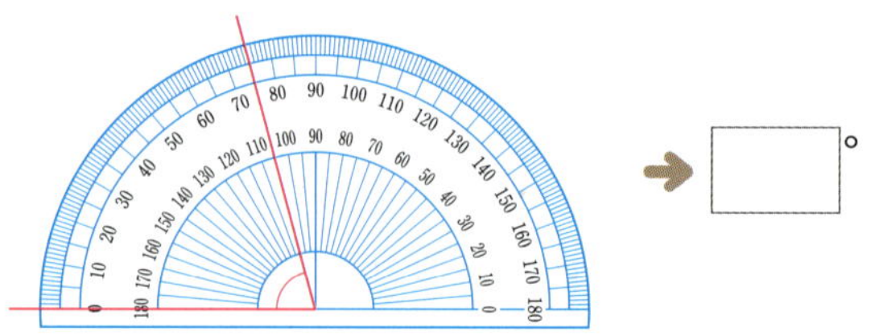

→ ☐°

6 각도기를 이용하여 각도를 재어 보세요.

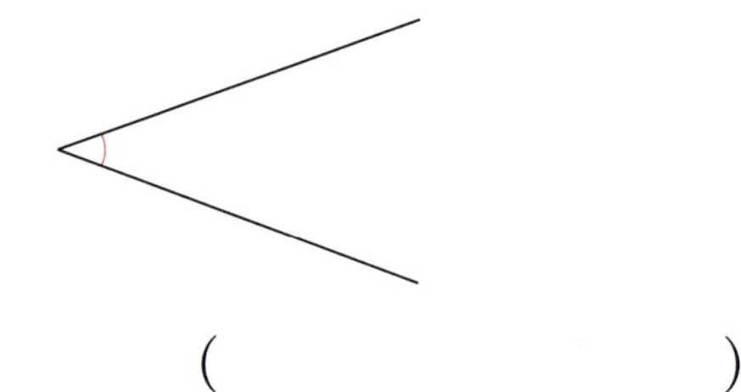

(   )

7 각도기를 이용하여 그림에 표시된 각도를 재어 보세요.

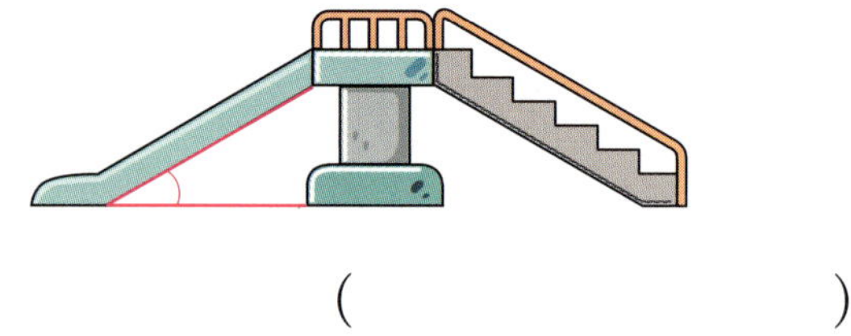

(   )

8 각도기를 이용하여 도형의 각도를 재어 보세요.

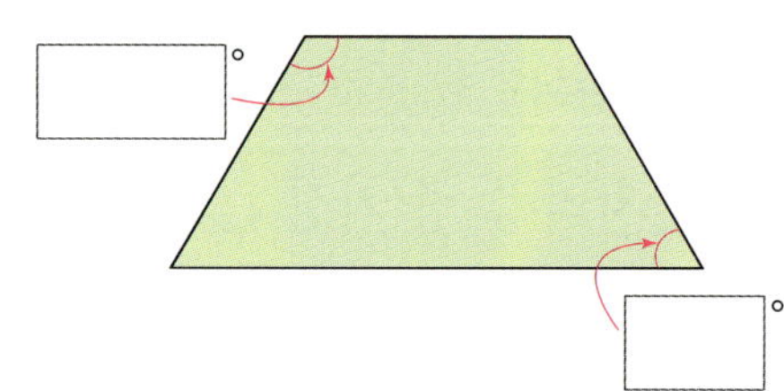

9 각도기를 이용하여 케이크 조각의 각도를 <u>잘못</u> 잰 사람은 누구인가요?

> 은주: 왼쪽 케이크 조각은 50°야.
> 민재: 오른쪽 케이크 조각은 100°야.

(   )

10 각도가 80°인 각을 찾아 기호를 쓰세요.

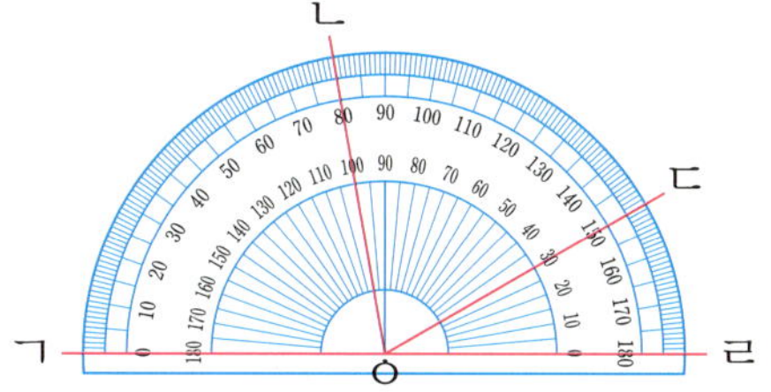

> ㉠ 각 ㄱㅇㄴ   ㉡ 각 ㄴㅇㄷ   ㉢ 각 ㄷㅇㄹ

(   )

서술형 **中수** 문제 해결의 **전략** 을 보면서 풀어 보자.

11 삼각형에서 가장 큰 각을 찾아 각도기를 이용하여 각도를 재어 보세요.

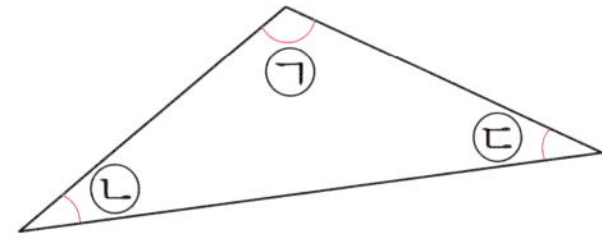

❶ 가장 큰 각은 두 변이 가장 많이 벌어진 ☐ 입니다.

전략 ❶에서 찾은 각의 크기를 각도기로 재어 보자.

❷ 가장 큰 각의 크기는 ☐° 입니다.

답 _______________

🔁 개념 확인: **BOOK❶** 42쪽

📖 **직각보다 작은 각과 큰 각**

[12~13] 다음을 보고 물음에 답하세요.

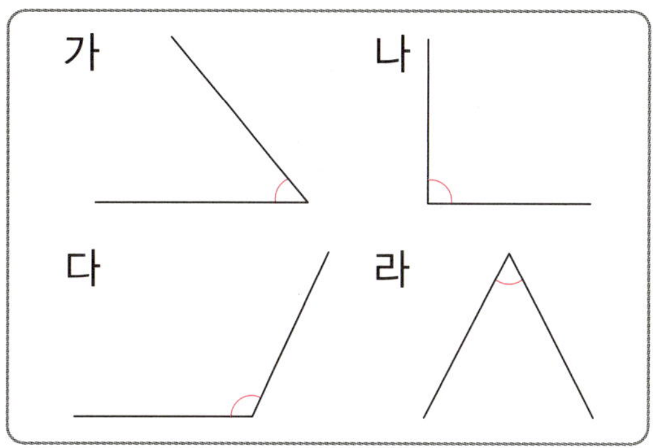

12 둔각을 찾아 기호를 쓰세요.

(   )

13 예각을 모두 찾아 기호를 쓰세요.

(   )

🔍 **정보처리**

14 그림에서 표시된 부분의 각이 예각이면 '예', 직각이면 '직', 둔각이면 '둔'이라고 써넣으세요.

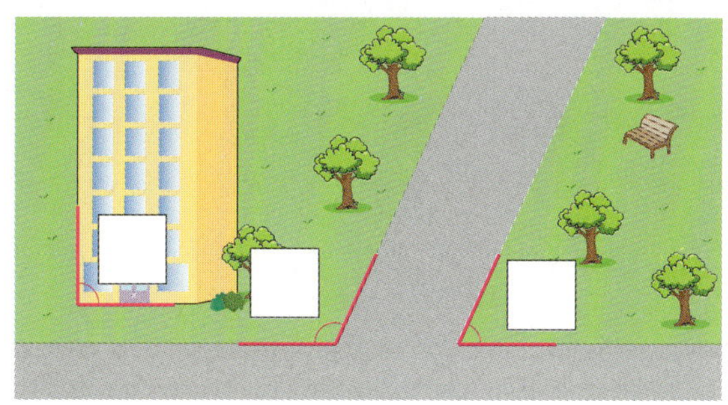

15 예각을 모두 찾아 쓰세요.

> 45°   90°   105°   60°   130°

(   )

16 주어진 선분을 이용하여 예각과 둔각을 각각 그려 보세요.

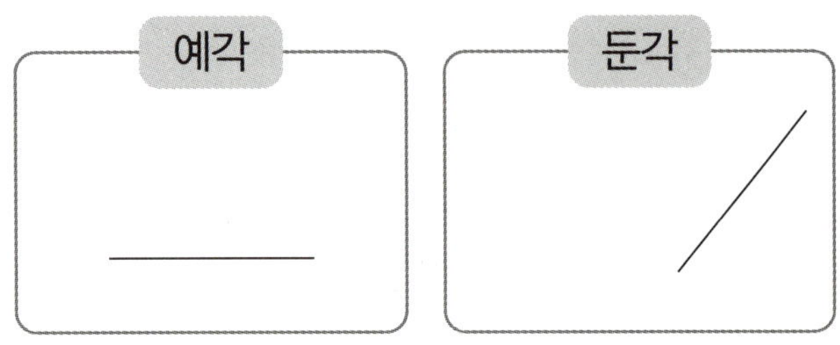

17 관계있는 것끼리 이어 보세요.

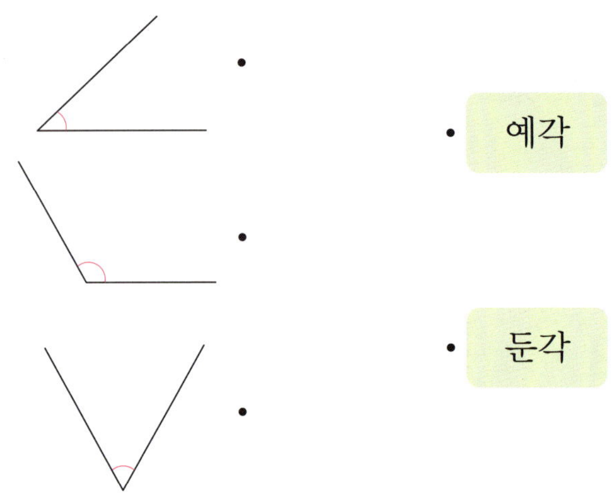

18 7시에 맞게 시곗바늘을 그리고, 긴바늘과 짧은 바늘이 이루는 작은 쪽의 각이 예각, 직각, 둔각 중 어느 것인지 쓰세요.

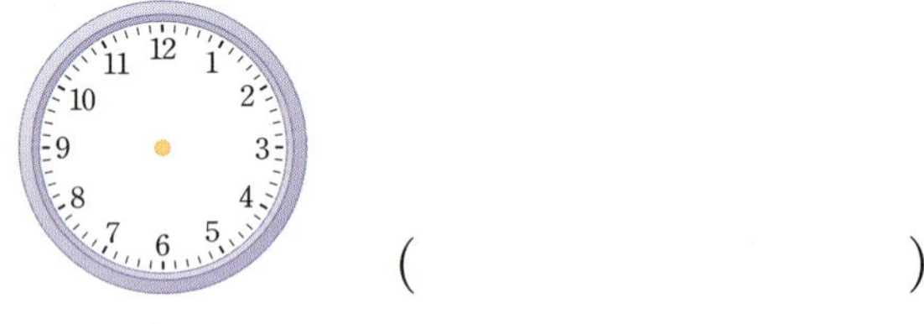

(   )

19 도형에 표시된 각 중에서 둔각은 모두 몇 개인 가요?

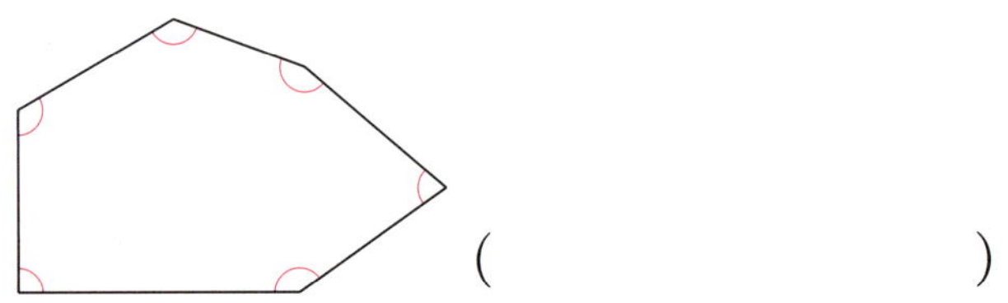

(   )

🔄 개념 확인 : **BOOK❶** *44쪽*

📖 **각도 어림하기**

20 직각 삼각자의 각과 비교하여 주어진 각도를 어림해 보세요.

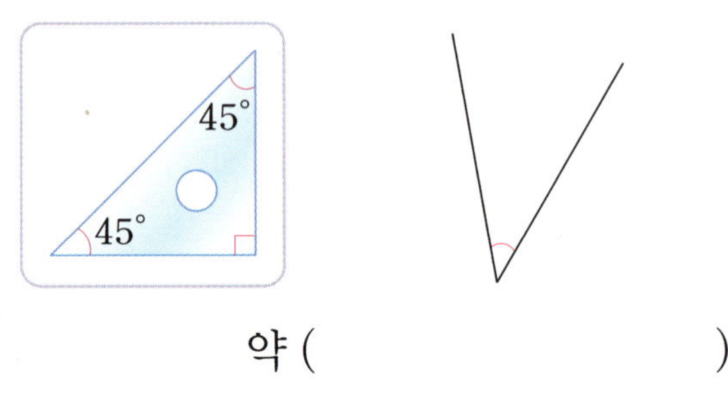

약 (   )

21 소희와 예찬이가 응원봉으로 만든 각도를 어림하고, 각도기로 재어 확인해 보세요.

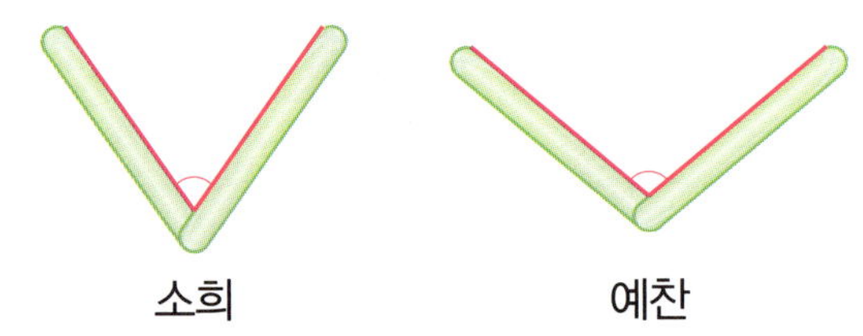

	소희	예찬
어림한 각도	약 [ ]°	약 [ ]°
잰 각도	[ ]°	[ ]°

⚡ 추론

22 민서와 지우가 각도를 어림한 것입니다. 각도기를 이용하여 각도를 재어 보고 누가 실제 각도에 더 가깝게 어림했는지 쓰세요.

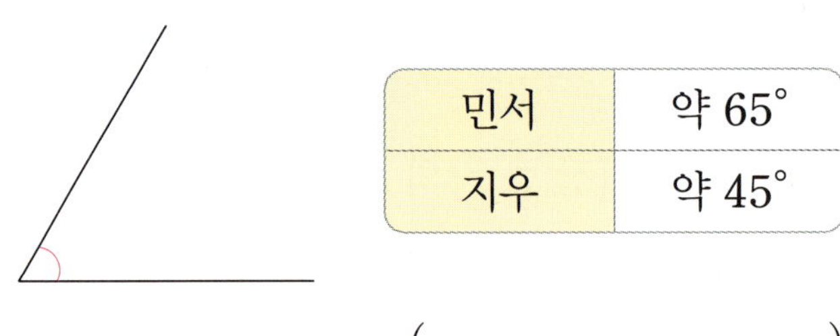

민서	약 65°
지우	약 45°

(   )

↪ 개념 확인: **BOOK❶** *46*쪽

📖 각도의 합과 차

23 각도의 합과 차를 각각 구하세요.

(1) $80° + 25° = \boxed{}°$

(2) $175° - 45° = \boxed{}°$

24 두 각도의 합과 차를 각각 구하세요.

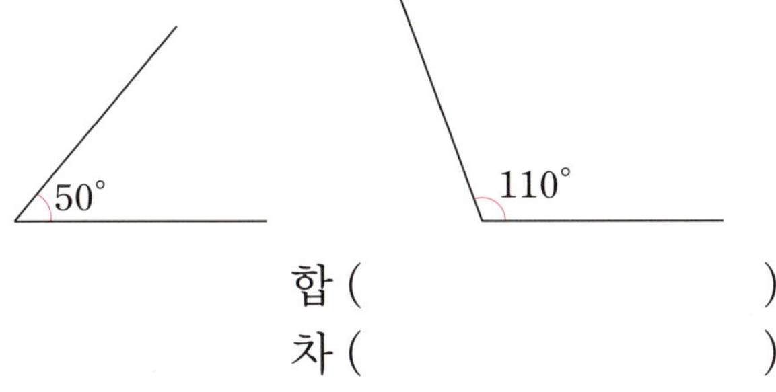

합 (   )

차 (   )

25 각도를 비교하여 ◯ 안에 >, =, < 중 알맞은 것을 써넣으세요.

$$55° + 45° \bigcirc 135° - 40°$$

🔵 연결

26 세윤이와 현우가 태권도 발차기를 했습니다. 현우의 다리는 세윤이의 다리보다 몇 도 더 많이 올라갔나요?

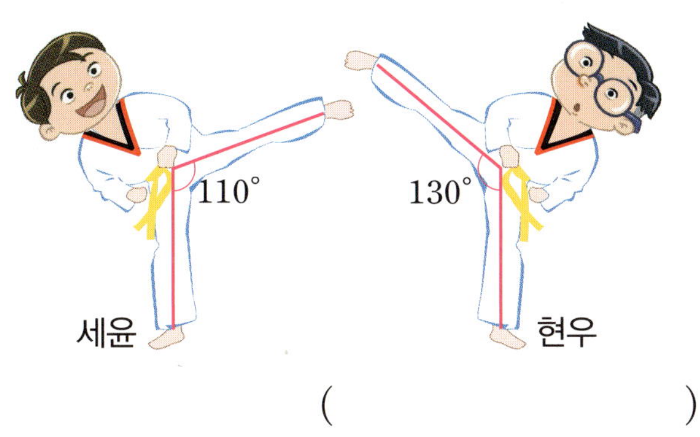

(   )

27 각도기를 이용하여 두 각도를 각각 재어 두 각도의 합을 구하세요.

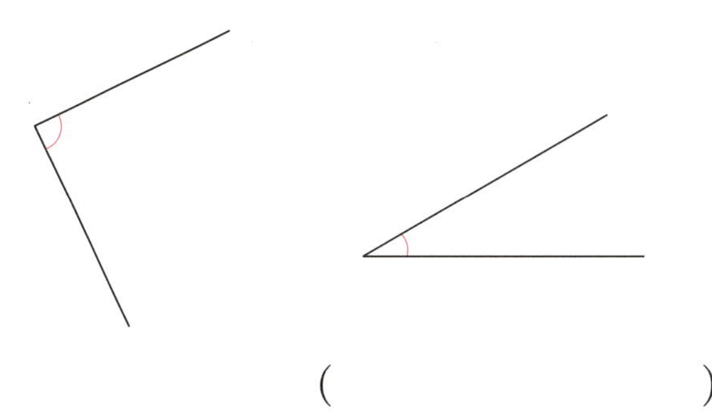

(   )

28 □ 안에 알맞은 수를 써넣으세요.

(1) $60° + \boxed{}° = 115°$

(2) $\boxed{}° - 45° = 80°$

🏅 서술형 **中수**   문제 해결의 **전략**을 보면서 풀어 보자.

29 ㉠의 각도를 구하세요.

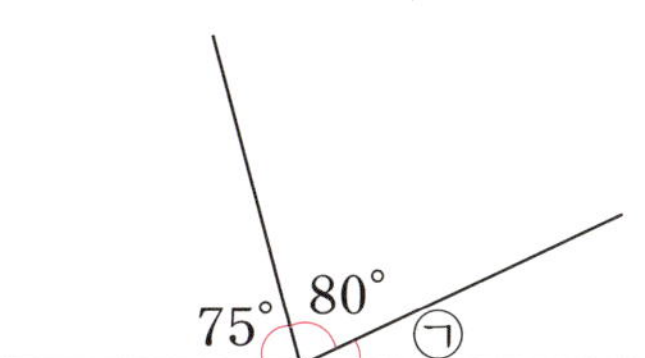

전략 직선이 이루는 각도를 알아보자.

❶ (직선이 이루는 각도) $= \boxed{}°$

전략 (주어진 세 각의 크기의 합) = (직선이 이루는 각도)

❷ $75° + 80° + ㉠ = \boxed{}°$

➡ $㉠ = \boxed{}° - 75° - 80° = \boxed{}°$

답 _______________

↩ 개념 확인: BOOK❶ 50쪽

삼각형의 세 각의 크기의 합

1 각도기로 삼각형의 세 각의 크기를 각각 재어 보고, 합을 구하세요.

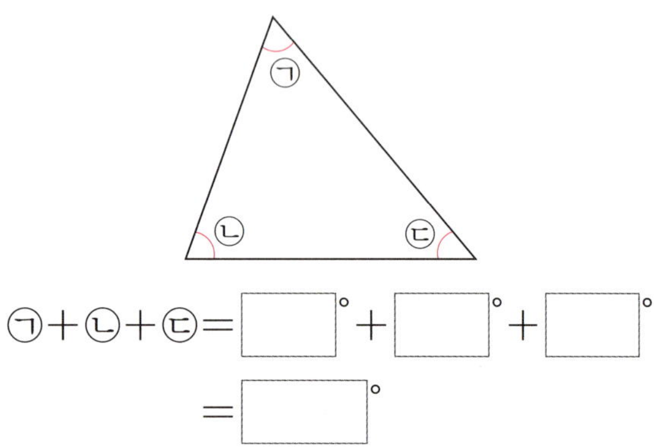

$$㉠ + ㉡ + ㉢ = \boxed{}° + \boxed{}° + \boxed{}°$$

$$= \boxed{}°$$

2 ☐ 안에 알맞은 수를 써넣으세요.

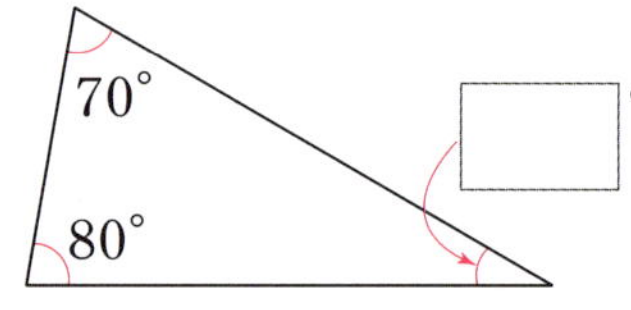

3 그림과 같이 삼각형 모양의 종이 한쪽이 찢어졌습니다. 찢어진 부분에 있던 각도를 구하세요.

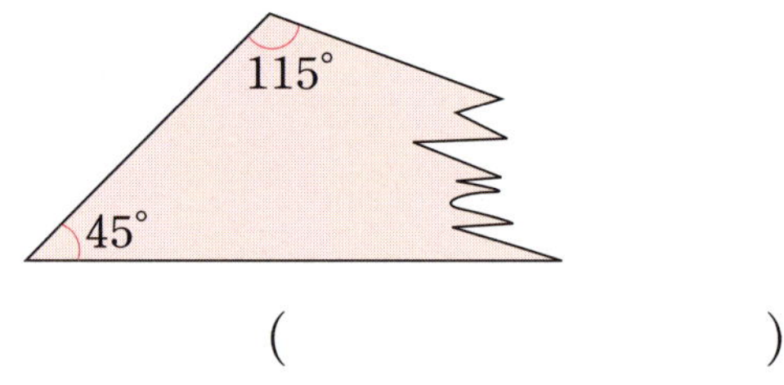

(   )

4 ㉠과 ㉡의 각도의 합을 구하세요.

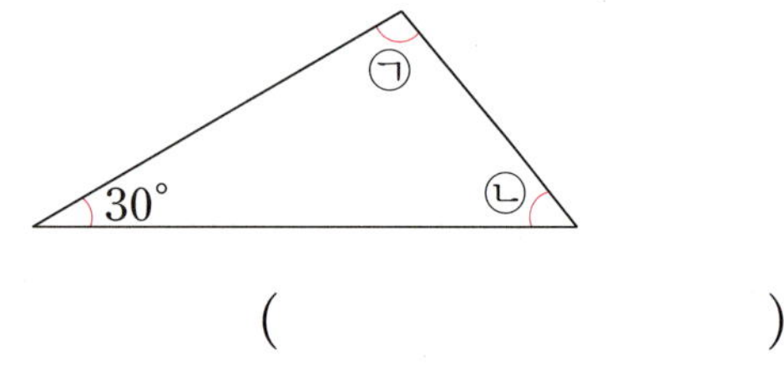

(   )

5 ㉠의 각도를 구하세요.

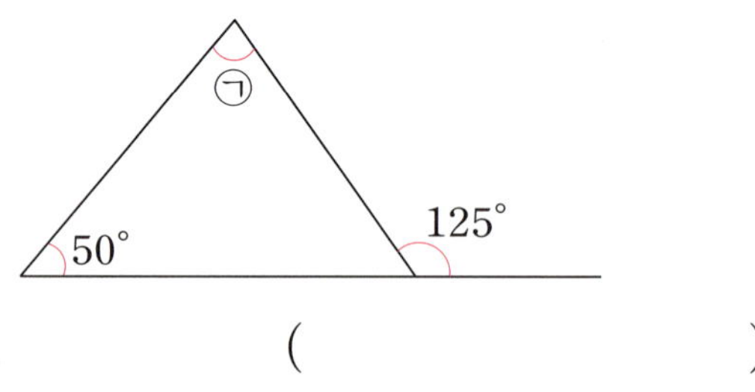

(   )

6 직각 삼각자 2개를 겹쳐 놓은 것입니다. ☐ 안에 알맞은 수를 써넣으세요.

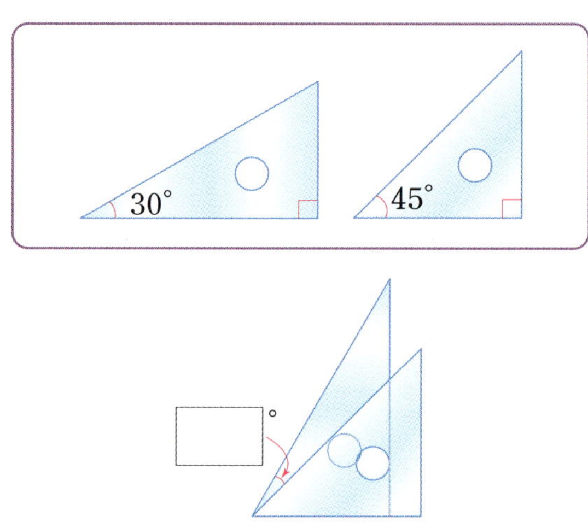

7 다음과 같은 두 직각 삼각자를 겹치지 않게 이어 붙여서 만들 수 <u>없는</u> 각도를 찾아 기호를 쓰세요.

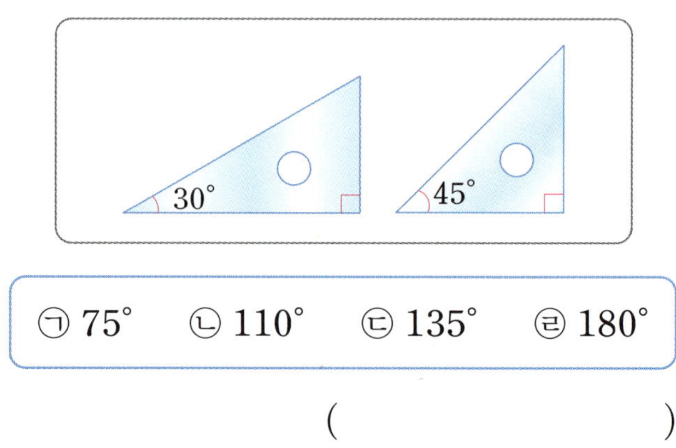

㉠ 75°	㉡ 110°	㉢ 135°	㉣ 180°

(   )

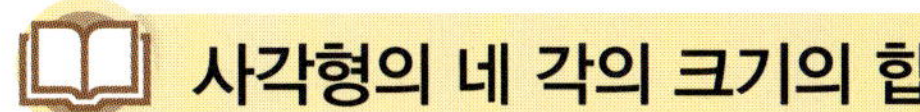

사각형의 네 각의 크기의 합

[8~9] □ 안에 알맞은 수를 써넣으세요.

8
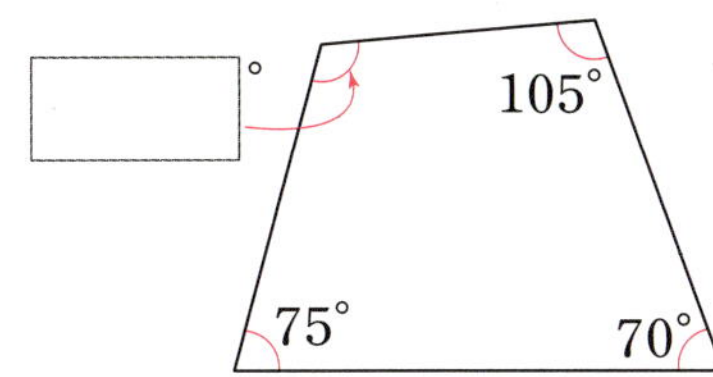

9
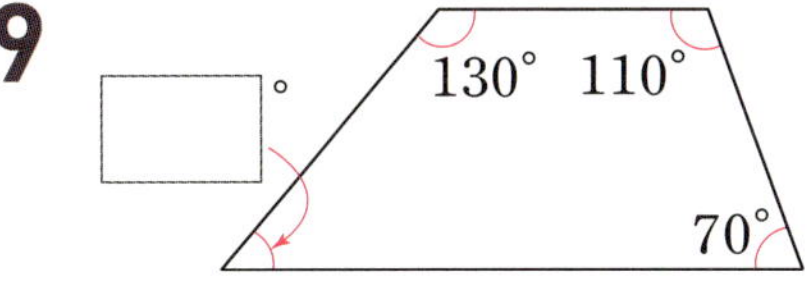

10 장난감 펀치에서 볼 수 있는 사각형의 네 각의 크기의 합에 대해 알게 된 것을 쓰세요.

____

____

11 사각형에서 나머지 두 각도의 합을 구하세요.

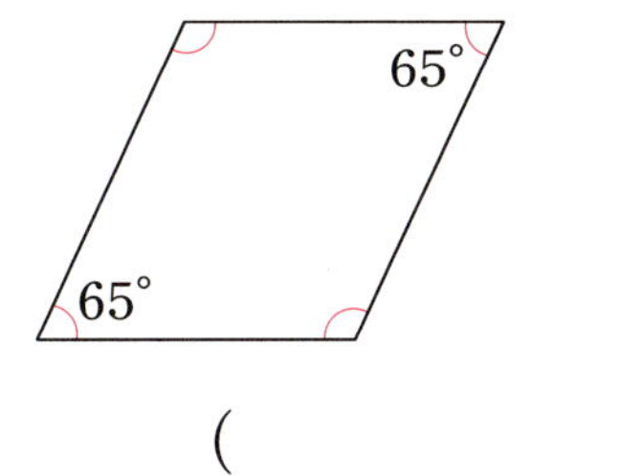

(   )

12 도형에서 ㉠의 각도를 구하세요.

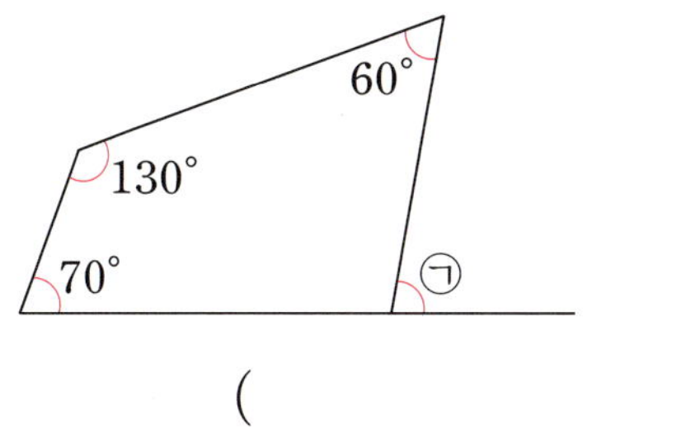

(   )

13 도형에 표시된 여섯 각의 크기의 합을 구하세요.

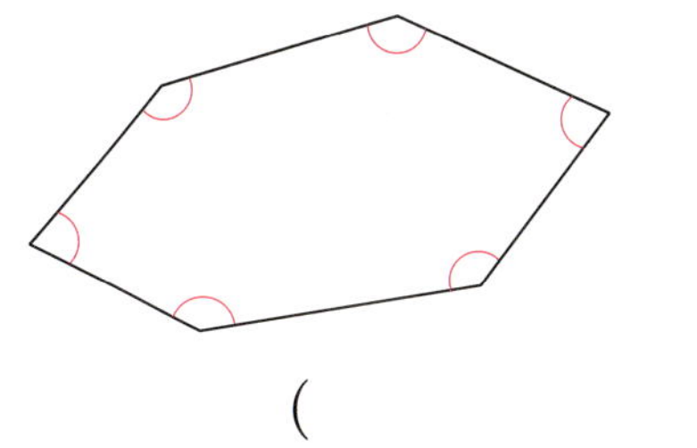

(   )

 문제 해결의 **전략**을 보면서 풀어 보자.

14 반으로 접은 종이를 펼쳤을 때 ㉠과 ㉡의 각도의 합을 구하세요.

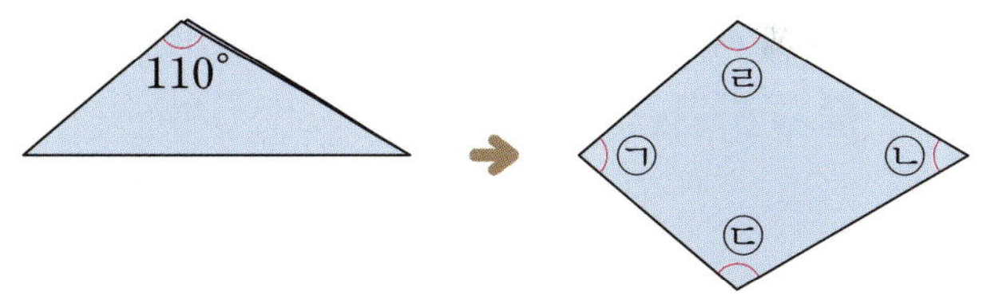

전략 종이를 펼쳤을 때의 모양을 생각하자.

❶ 종이를 펼쳤을 때의 사각형은 종이를 반으로 접었을 때의 삼각형이 마주 보고 있는 모양과 같습니다.

➜ ㉢=㉣=□°

❷ ㉠+㉡=360°−㉢−㉣

=360°−□°−□°

=□°

답 __________________________

✏️ 키워드 문제

1-1 직선을 크기가 같은 각 6개로 나눈 것입니다. 각 ㄱㅇㄴ의 크기는 몇 도인지 구하세요.

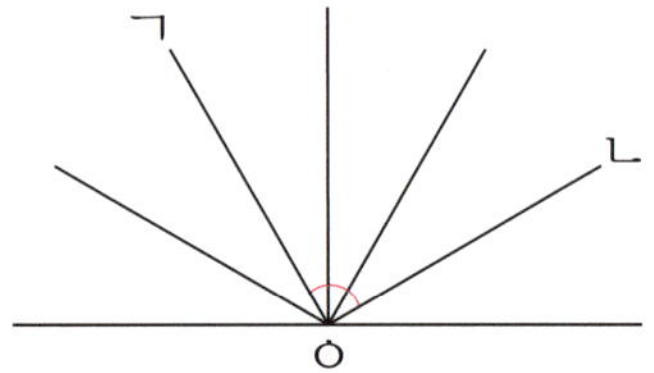

전략 직선이 이루는 각도는 180°임을 이용하자.

❶ 직선을 똑같이 6개의 각으로 나눈 것 중 한 각의 크기: $180° \div \boxed{} = \boxed{}°$

❷ (각 ㄱㅇㄴ) $= \boxed{}° \times \boxed{} = \boxed{}°$

답 ______________

🏅 서술형 高수

1-2 직선을 크기가 같은 각 5개로 나눈 것입니다. 각 ㄱㅇㄴ의 크기는 몇 도인지 구하세요.

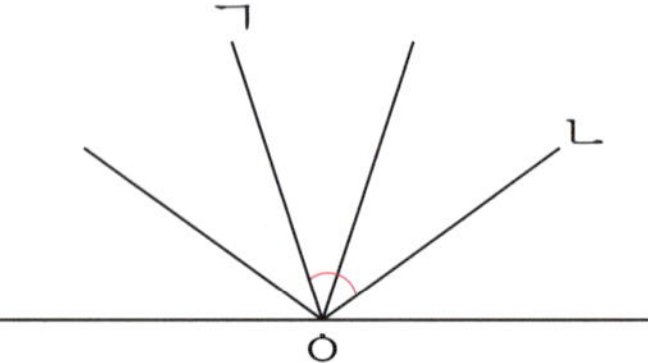

❶

❷

답 ______________

✏️ 키워드 문제

2-1 ㉠의 각도는 ㉡의 각도의 2배입니다. ㉡의 각도를 구하세요.

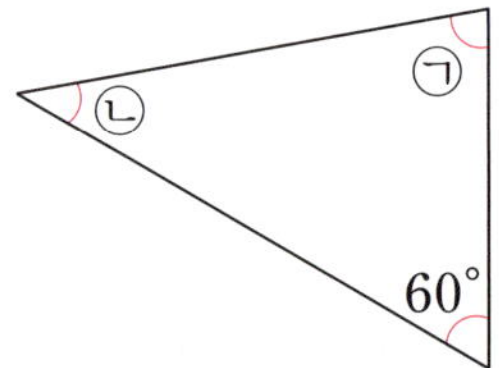

전략 삼각형의 세 각의 크기의 합은 180°이다.

❶ $㉠ + ㉡ + \boxed{}° = 180°$

전략 ㉠의 각도는 ㉡의 각도는 2배임을 이용하자.

❷ $㉠ = ㉡ + ㉡$이므로
$㉡ + ㉡ + ㉡ + 60° = 180°$,
$㉡ + ㉡ + ㉡ = \boxed{}° \Rightarrow ㉡ = \boxed{}°$

답 ______________

🏅 서술형 高수

2-2 ㉠의 각도는 ㉡의 각도의 2배입니다. ㉡의 각도를 구하세요.

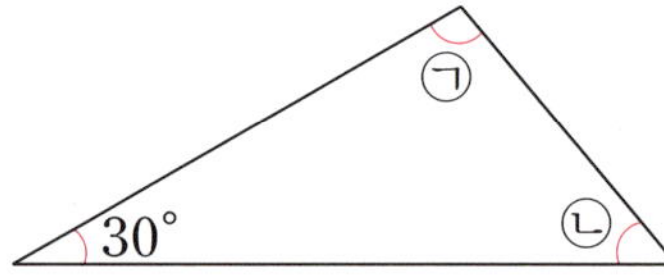

❶

❷

답 ______________

✏️ 키워드 문제

3-1 치즈피자는 똑같이 4조각으로 나누고 파인애플 피자는 똑같이 6조각으로 나누었습니다. 두 피자의 한 조각의 각도의 합을 구하세요.

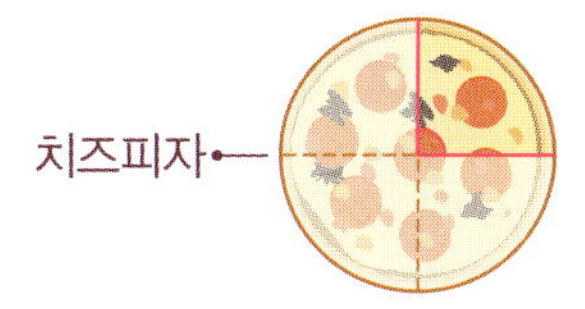

 전략 한 바퀴는 360°이다.

❶ (치즈피자의 한 조각의 각도)

$= \boxed{}° ÷ 4 = \boxed{}°$

(파인애플 피자의 한 조각의 각도)

$= 360° ÷ \boxed{} = \boxed{}°$

❷ 각도의 합: $90° + \boxed{}° = \boxed{}°$

답 ______________

🏅 서술형 高수

3-2 파전은 똑같이 8조각으로 나누고 김치전은 똑같이 9조각으로 나누었습니다. 두 전의 한 조각의 각도의 합을 구하세요.

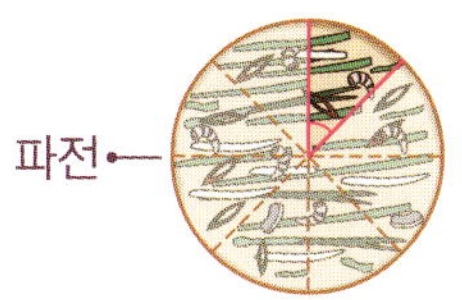

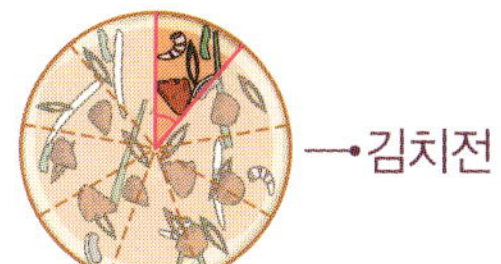

❶

❷

답 ______________

✏️ 키워드 문제

4-1 오른쪽은 삼각형 ㄱㄴㄷ에 선분 ㄹㅁ을 그은 것입니다. ㉠의 각도를 구하세요.

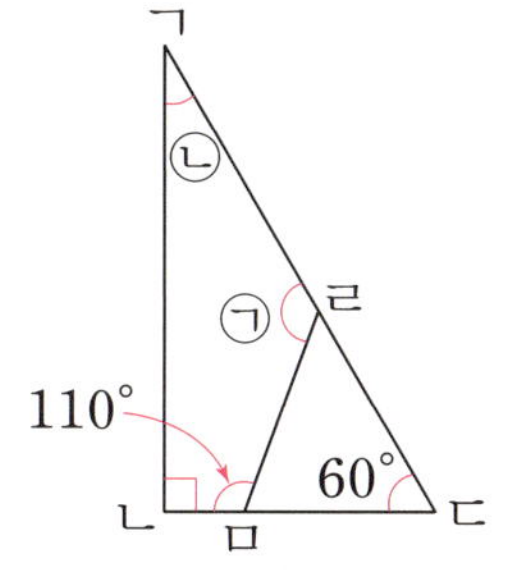

전략 삼각형의 세 각의 크기의 합은 180°이다.

❶ 삼각형 ㄱㄴㄷ에서

$ㄴ = 180° - 90° - \boxed{}° = \boxed{}°$ 입니다.

전략 사각형의 네 각의 크기의 합은 360°이다.

❷ 사각형 ㄱㄴㅁㄹ에서

$㉠ = 360° - \boxed{}° - 90° - 110°$

$= \boxed{}°$ 입니다.

답 ______________

🏅 서술형 高수

4-2 오른쪽은 삼각형 ㄱㄴㄷ에 선분 ㄹㅁ을 그은 것입니다. ㉠의 각도를 구하세요.

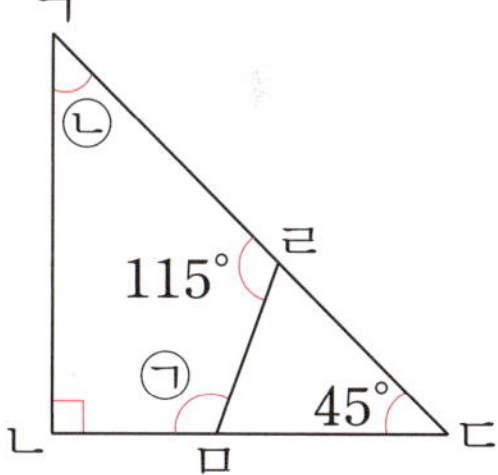

❶

❷

답 ______________

2

각도

17

3단원 · 익힘책 한 번 더 풀기

↩ 개념 확인: BOOK❶ 66쪽

📖 **(세 자리 수)×(몇십)**

1 계산해 보세요.

(1)　　 1 2 6
　　　×　 4 0

(2)　　 4 1 7
　　　×　 6 0

2 바르게 계산한 것에 ○표 하세요.

$300 \times 70 = 2100$ 　　(　　)

$20 \times 600 = 12000$ 　　(　　)

3 $397 \times 8 = 3176$임을 이용하여 397×80의 계산 결과에서 숫자 7을 써야 할 곳을 찾아 기호를 쓰세요.

　　　　 3 9 7
　　　×　 8 0
　　─────────
　　 ㉠ ㉡ ㉢ ㉣ ㉤

(　　　　)

4 가장 큰 수와 가장 작은 수의 곱을 구하세요.

| 671 | 50 | 504 |

(　　　　)

5 400×90과 계산 결과가 같은 것을 찾아 기호를 쓰세요.

㉠ 50×700　　㉡ 600×60　　㉢ 800×30

(　　　　)

6 ☐ 안에 알맞은 수를 써넣으세요.

$600 \times \boxed{} = 42000$

7 땅콩이 한 봉지에 245개씩 들어 있습니다. 90봉지에 들어 있는 땅콩은 모두 몇 개인가요?

 ________________

답 ________________

⚡ **추론**

8 서준이는 8000원을 가지고 있습니다. 서준이가 430원짜리 젤리 20개를 살 수 있을지 알맞은 말에 ○표 하세요.

$400 \times 20 = 8000$이므로
430×20은 8000보다 (커 , 작아).
따라서 나는 8000원으로
430원짜리 젤리 20개를 살 수 (있어 , 없어).

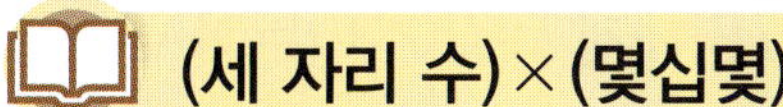 개념 확인: **BOOK❶** 68쪽

📖 (세 자리 수)×(몇십몇)

9 계산해 보세요.

(1)
```
    5 3 6
  ×   7 2
```

(2)
```
    7 1 4
  ×   9 3
```

10 두 수의 곱을 구하세요.

| 553 | 67 |

( )

11 잘못 계산한 부분을 찾아 바르게 계산해 보세요.

```
      4 1 8
    ×   5 6
    2 5 0 8
    2 0 9 0
    4 5 9 8
```
➡
```
      4 1 8
    ×   5 6
```

12 계산 결과가 더 큰 것에 색칠해 보세요.

| 239×51 | 225×56 |

---

13 민지는 자전거를 타고 1분에 285 m를 일정한 빠르기로 갑니다. 민지가 자전거를 타고 11분 동안 쉬지 않고 가는 거리는 몇 m인가요?

[식] ___________________________

[답] ___________________________

 추론

14 ☐ 안에 알맞은 수를 써넣으세요.

```
        3 2 6
    ×     2 ☐
    1 3 0 4
    6 ☐ 2
    7 8 2 4
```

 서술형 中수   문제 해결의 [전략]을 보면서 풀어 보자.

15 영주는 마트에서 650원짜리 아이스크림 14개를 사고 10000원짜리 지폐 1장을 냈습니다. 받아야 하는 거스름돈은 얼마인가요?

[전략] (아이스크림 한 개의 가격)×(아이스크림 수)

❶ (아이스크림 14개의 값)

$=650×☐=☐$ (원)

[전략] 10000−(❶에서 구한 값)

❷ (받아야 하는 거스름돈)

$=10000−☐=☐$ (원)

[답] ___________________________

🔁 개념 확인: BOOK① 72쪽

📖 (두 자리 수)÷(두 자리 수)

1 계산해 보세요.

(1)
$$13\overline{)46}$$

(2)
$$27\overline{)62}$$

2 큰 수를 작은 수로 나누었을 때의 나머지를 구하세요.

15	58

(   )

3 몫이 더 큰 것의 기호를 쓰세요.

㉠ 96÷24 ㉡ 75÷15

(   )

4 소윤이가 쿠키 79개를 다음과 같이 봉지에 나누어 담으려고 합니다. ☐ 안에 알맞은 수를 써넣으세요.

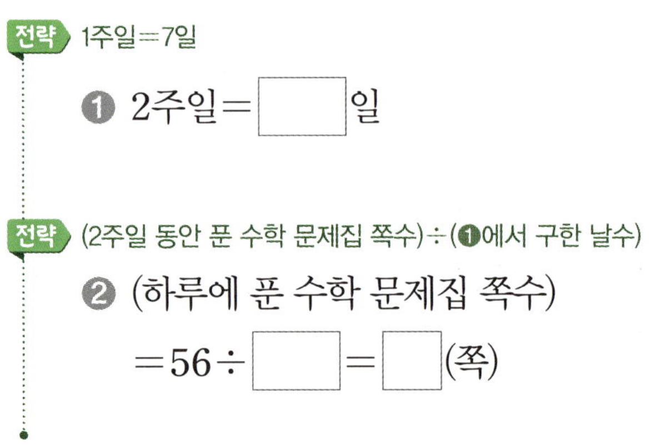

5 스티커 81장을 27명에게 똑같이 나누어 주려고 합니다. 한 명에게 줄 수 있는 스티커는 몇 장인가요?

식 _______________________________

답 _______________________________

6 나머지가 다른 하나를 찾아 ◯표 하세요.

47÷13	52÷23	80÷36

(   ) (   ) (   )

⚡ 추론

7 어떤 수를 25로 나누면 몫은 3이고, 나머지는 11입니다. 어떤 수는 얼마인가요?

(   )

🏅 서술형 中수   문제 해결의 전략을 보면서 풀어 보자.

8 윤우는 2주일 동안 수학 문제집 56쪽을 풀었습니다. 윤우가 매일 같은 쪽수만큼 풀었다면 하루에 푼 수학 문제집은 몇 쪽인가요?

전략 1주일=7일

❶ 2주일 = ☐ 일

전략 (2주일 동안 푼 수학 문제집 쪽수)÷(❶에서 구한 날수)

❷ (하루에 푼 수학 문제집 쪽수)
= 56÷☐ = ☐ (쪽)

답 _______________________________

3
곱셈과 나눗셈

↩ 개념 확인: **BOOK❶ 74**쪽

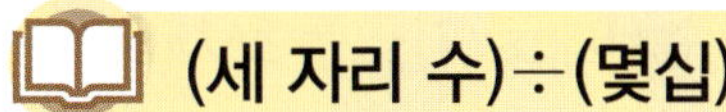

(세 자리 수)÷(몇십)

9 계산해 보세요.

(1)
$$80 \overline{)7\ 4\ 5}$$

(2)
$$60 \overline{)5\ 1\ 4}$$

10 빈칸에 알맞은 수를 써넣으세요.

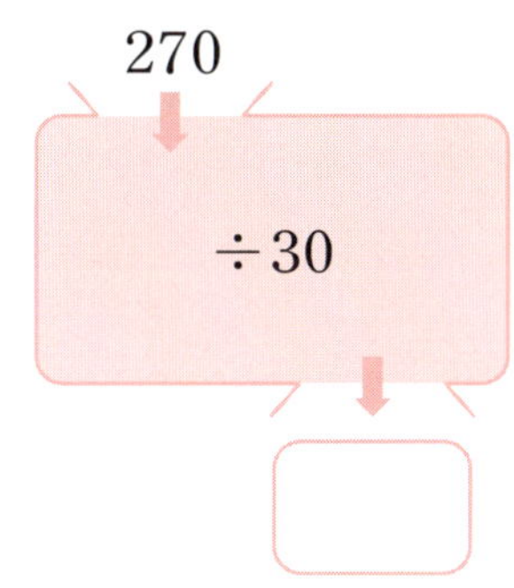

270

÷30

11 나눗셈의 몫과 나머지를 각각 구하세요.

$$426 \div 50$$

몫 (   )

나머지 (   )

12 페트병 60개로 친환경 옷감 1장을 만들 수 있습니다. 페트병이 420개 있다면 친환경 옷감을 몇 장 만들 수 있나요?

식 ________________________________

답 ________________________________

13 장미 182송이를 20송이씩 묶어 꽃다발을 만들려고 합니다. 꽃다발을 몇 개까지 만들 수 있고, 남는 장미는 몇 송이인가요?

식 ________________________________

답 ______________ , ______________

14 나눗셈의 몫과 나머지를 각각 찾아 이어 보세요.

몫	나눗셈	나머지
7	$221 \div 30$	11
8	$374 \div 40$	14
9	$417 \div 50$	17

✏ 문제 해결

15 몫이 큰 순서대로 식에 이어진 글자를 차례로 쓰세요.

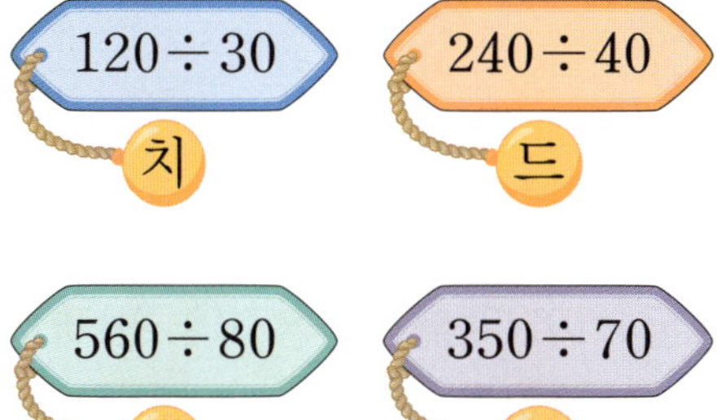

(   )

↪ 개념 확인: **BOOK① 78쪽**

📖 **몫이 한 자리 수인 (세 자리 수)÷(몇십몇)**

1 계산해 보세요.

(1)
$$49)\overline{245}$$

(2)
$$24)\overline{194}$$

2 계산을 하고, 계산한 결과가 맞는지 확인해 보세요.

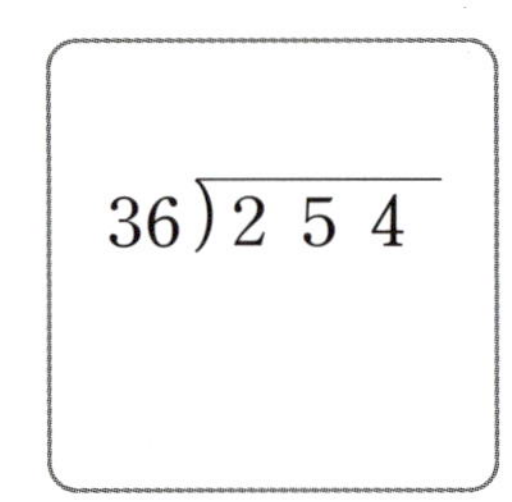

확인 $36 \times \boxed{} = \boxed{}$,

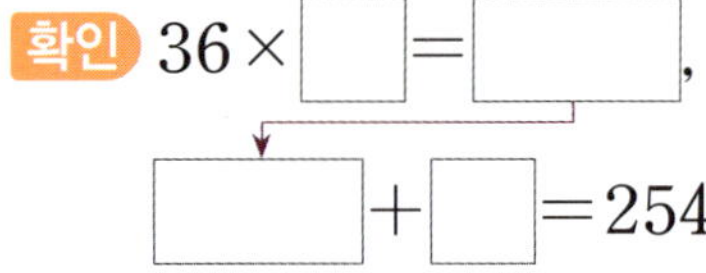

$\boxed{} + \boxed{} = 254$

3 몫의 크기를 비교하여 ◯ 안에 >, =, < 중 알맞은 것을 써넣으세요.

$$216 \div 54 \bigcirc 185 \div 37$$

4 곶감 173개를 한 상자에 28개씩 담으려고 합니다. 곶감을 몇 상자까지 담을 수 있고, 남는 곶감은 몇 개인가요?

식 ________________________________

답 ____________________ , ____________________

5 나머지가 큰 것부터 순서대로 기호를 쓰세요.

> ㉠ $119 \div 13$ ㉡ $152 \div 21$ ㉢ $240 \div 26$

( )

6 200보다 큰 수 중에서 25로 나누었을 때 나머지가 15가 되는 가장 작은 수를 구하세요.

( )

🏅 서술형 **中수** 문제 해결의 **전략**을 보면서 풀어 보자.

7 준영이네 학교 남학생은 185명이고 여학생은 172명입니다. 준영이네 학교 학생들이 한 대에 37명씩 탈 수 있는 버스를 타고 현장 체험 학습을 가려면 버스는 적어도 몇 대 필요한가요?

전략 (남학생 수)+(여학생 수)

❶ (전체 학생 수)=$185 + \boxed{}$

$= \boxed{}$ (명)

전략 (전체 학생 수)÷(버스 한 대에 탈 수 있는 학생 수)

❷ 필요한 버스 수를 구하는 나눗셈식:

$\boxed{} \div 37 = \boxed{} \cdots \boxed{}$

전략 남은 학생들도 버스에 타야 하므로 ❷에서 구한 몫에 1을 더하자.

❸ 버스는 적어도 $\boxed{}$ 대 필요합니다.

답 ____________________

🔄 개념 확인: **BOOK❶** 80쪽

📖 **몫이 두 자리 수인 (세 자리 수)÷(몇십몇)**

8 계산해 보세요.

(1)
$$25\overline{)325}$$

(2)
$$34\overline{)900}$$

9 □ 안에 알맞은 식의 기호를 써넣으세요.

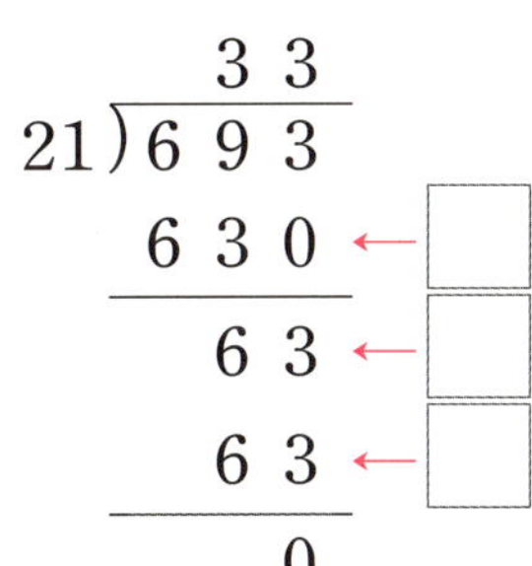

$$21\overline{)693}$$

6 3 0 ←	□
6 3 ←	□
6 3 ←	□
0	

㉠ 21×30
㉡ 21×3
㉢ $693 - 630$

10 빈칸에는 몫을 써넣고, ◯ 안에는 나머지를 써넣으세요.

÷ →

908	41		… ◯
357	23		… ◯

11 밤 482 kg을 한 자루에 24 kg씩 담으려고 합니다. 밤을 몇 자루까지 담을 수 있고, 남는 밤은 몇 kg인가요?

식 _______________________________

답 _______________ , _______________

12 사다리를 타고 내려간 곳에 나눗셈의 몫을 써넣으세요.

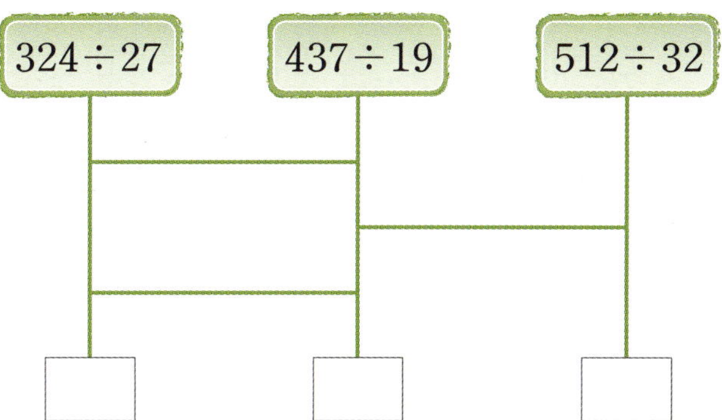

📝 **서술형**

13 631÷14의 계산에서 잘못 계산한 곳을 찾아 잘못된 까닭을 쓰고, 바르게 계산해 보세요.

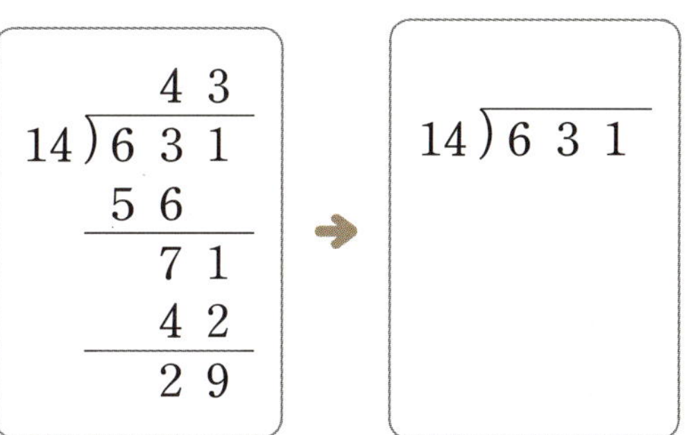

까닭 _______________________________

____

14 다음 5장의 수 카드를 한 번씩만 사용하여 (가장 큰 세 자리 수)÷(가장 작은 두 자리 수)의 나눗셈식을 만들고 몫을 구하세요.

식 _______________________________

몫 _______________________________

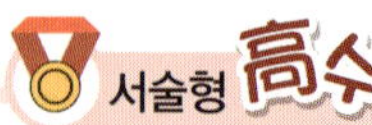
🌱 문제에서 핵심이 되는 말에 표시하고, 풀이를 따라 풀어 보자.

✏ 키워드 문제

1-1 다음이 나타내는 수와 24의 곱은 얼마인가요?

> 100이 2개, 10이 32개, 1이 17개인 수

전략 나타내는 수를 구하자.

❶ 100이 2개인 수: 200

　10이 32개인 수: ☐

　1이 17개인 수: ☐

　　　　　　　　☐

전략 (❶에서 구한 수)×24

❷ ☐ × 24 = ☐

답 ______________

🏅 서술형 高수

1-2 다음이 나타내는 수와 36의 곱은 얼마인가요?

> 100이 3개, 10이 16개, 1이 28개인 수

❶

❷

답 ______________

✏ 키워드 문제

2-1 공에 적힌 수 중에서 5개를 골라 한 번씩만 사용하여 가장 큰 세 자리 수와 가장 작은 두 자리 수를 만들어 두 수의 곱을 구하세요.

전략 공에 적힌 수의 크기를 비교하자.

❶ 8>6>5>4>3>1

➡ 가장 큰 세 자리 수: ☐

　가장 작은 두 자리 수: ☐

❷ ☐ × ☐ = ☐

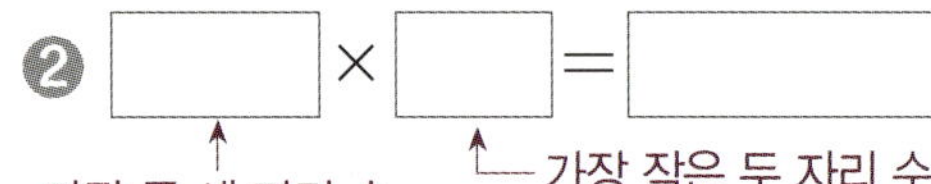
　가장 큰 세 자리 수　　가장 작은 두 자리 수

답 ______________

🏅 서술형 高수

2-2 공에 적힌 수 중에서 5개를 골라 한 번씩만 사용하여 가장 큰 세 자리 수와 가장 작은 두 자리 수를 만들어 두 수의 곱을 구하세요.

❶

❷

답 ______________

 키워드 문제

3-1 ●가 될 수 있는 자연수 중에서 가장 큰 수를 구하세요.

$$●÷36=8⋯★$$

전략 (가장 큰 나머지)=(나누는 수)−1

❶ ★이 될 수 있는 가장 큰 자연수: ◻

전략 계산한 결과가 맞는지 확인하는 방법을 이용하자.

❷ ★이 ❶에서 구한 수일 때 ●의 값:

$$36×8=288, \ 288+◻=◻$$

❸ ●가 될 수 있는 자연수 중 가장 큰 수:

◻

답 ______________

서술형 高수

3-2 ●가 될 수 있는 자연수 중에서 가장 큰 수를 구하세요.

$$●÷26=14⋯♥$$

❶

❷

❸

답 ______________

키워드 문제

4-1 단팥빵 258개를 48명에게 똑같이 나누어 주려고 합니다. 단팥빵을 남김없이 모두 나누어 주려면 단팥빵은 적어도 몇 개 더 필요한가요?

❶ 문제를 풀기 위한 나눗셈식 세우기:

$$258÷48=◻⋯◻$$

❷ 남는 단팥빵 수: ◻ 개

전략 (나누어 줄 사람 수)−(❷에서 구한 수)

❸ 단팥빵은 적어도

$$48−◻=◻ \ (개) \ 더 \ 필요합니다.$$

답 ______________

서술형 高수

4-2 연필 387자루를 25명에게 똑같이 나누어 주려고 합니다. 연필을 남김없이 모두 나누어 주려면 연필은 적어도 몇 자루 더 필요한가요?

❶

❷

❸

답 ______________

↩ 개념 확인: **BOOK ❶** 94쪽

📖 **점 이동하기**

1 점 ㄱ을 왼쪽으로 2칸 이동했을 때의 점을 찾아 쓰세요.

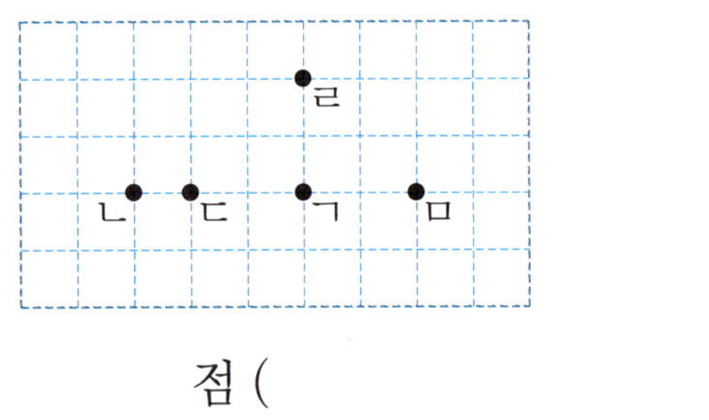

점 (   )

2 점 ㄱ을 주어진 방향으로 3 cm 이동했을 때의 위치에 점 ㄴ으로 표시해 보세요.

아래쪽

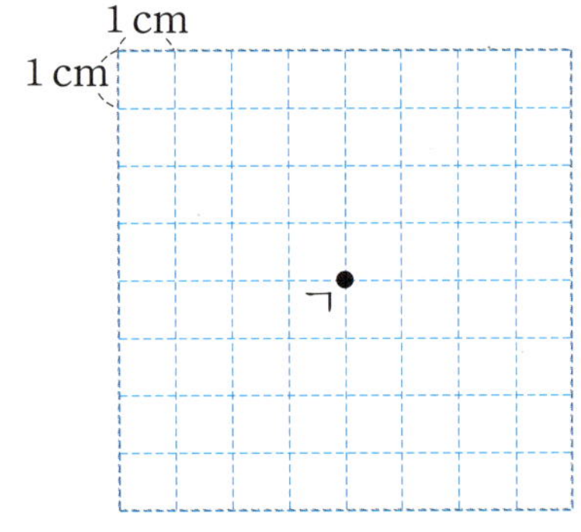

3 점을 어떻게 이동했는지 바르게 설명한 것의 기호를 쓰세요.

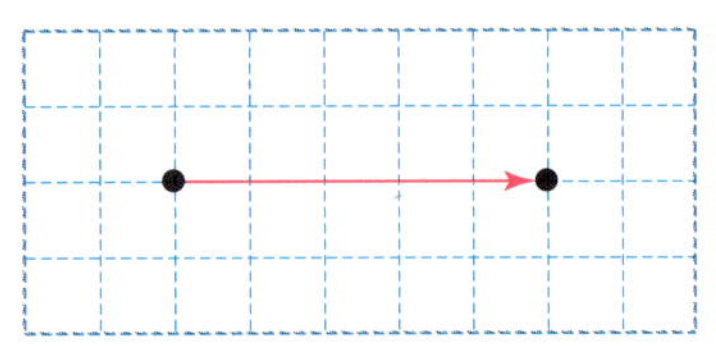

> ㉠ 점을 왼쪽으로 5칸 이동했습니다.
> ㉡ 점을 오른쪽으로 5칸 이동했습니다.

(   )

4 점 ㉮가 점 ㅋ에 도착하려면 어떻게 이동해야 하는지 □ 안에 알맞은 수나 말을 써넣으세요.

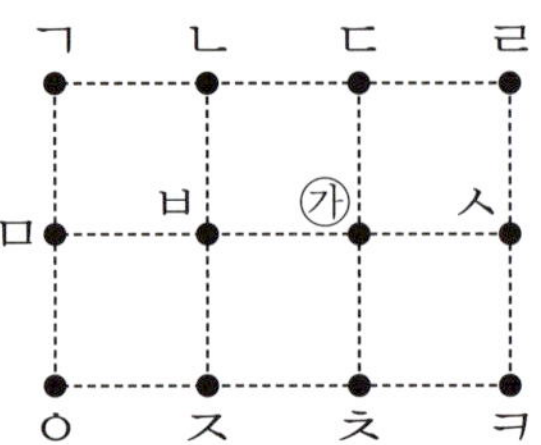

> 아래쪽으로 □ 칸, □ 쪽으로 1칸 이동

⚡ 추론

5 점을 오른쪽으로 3 cm 이동했을 때의 위치입니다. 이동하기 전의 위치를 점으로 표시해 보세요.

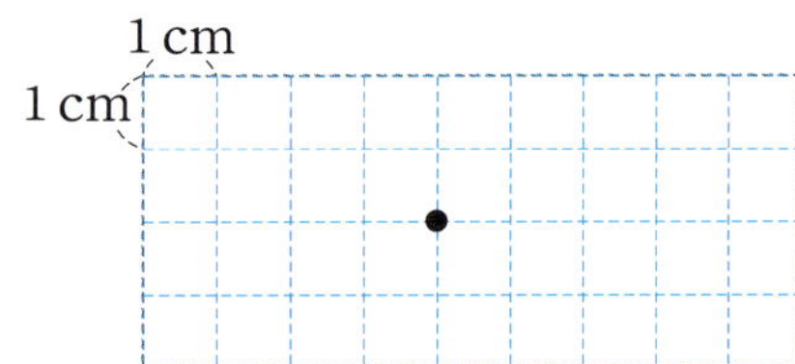

🔵 서술형 中수   문제 해결의 **전략**을 보면서 풀어 보자.

6 점 ㄱ은 처음 위치에서 아래쪽으로 1칸, 왼쪽으로 3칸 이동하여 도착한 점입니다. 점의 처음 위치를 찾아 쓰세요.

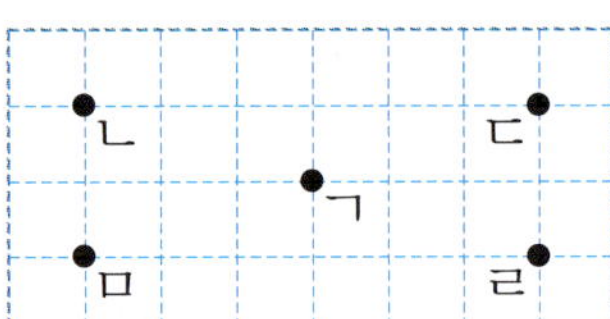

전략 점 ㄱ을 움직인 반대 방향으로 이동하면 점의 처음 위치이다.

❶ 점의 처음 위치는 점 ㄱ을 오른쪽으로 □ 칸, (위쪽 , 아래쪽)으로 1칸 이동한 위치입니다.

❷ 점의 처음 위치: 점 □

답 ___________

🔄 개념 확인 : **BOOK❶** 96쪽

📖 평면도형 밀기

7 모양 조각을 왼쪽으로 밀었을 때의 모양을 찾아 기호를 쓰세요.

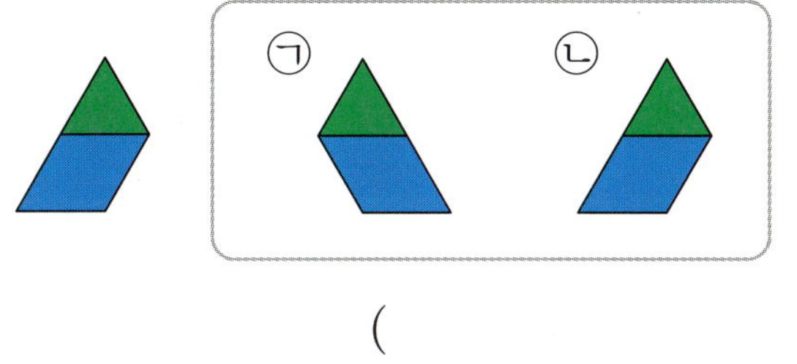

( )

[8~9] 도형을 위쪽으로 7 cm 밀었을 때의 도형을 그려 보세요.

8 **9**

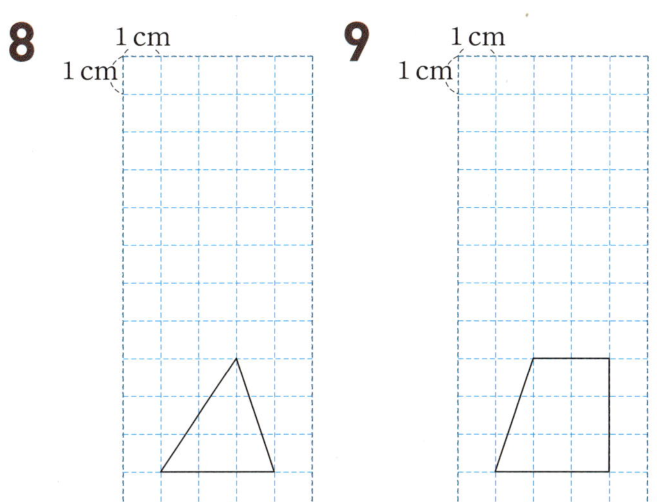

10 ☐ 안에 알맞은 말이나 수를 써넣어 도형의 이동 방법을 설명해 보세요.

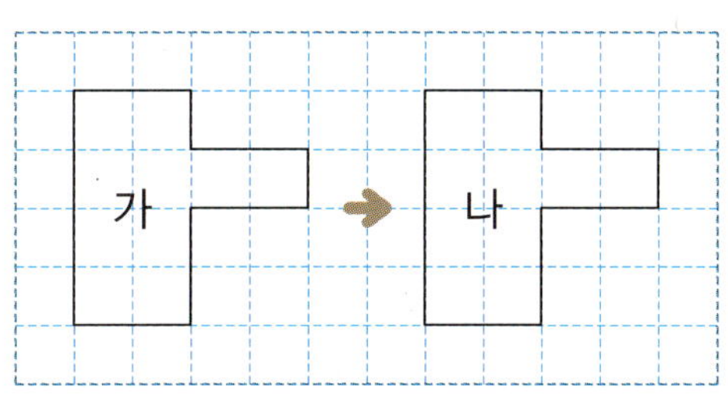

설명 가 도형을 ☐ 쪽으로 ☐ 칸 밀면 나 도형이 됩니다.

11 밀기를 이용하여 정사각형 퍼즐을 맞추고 있습니다. 퍼즐의 빈 곳에 알맞은 조각을 찾아 색칠해 보세요.

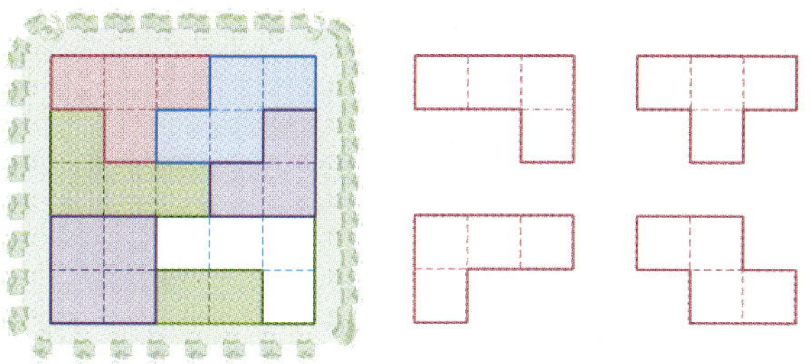

12 도형을 왼쪽으로 7 cm 밀고 위쪽으로 3 cm 밀었을 때의 도형을 그려 보세요.

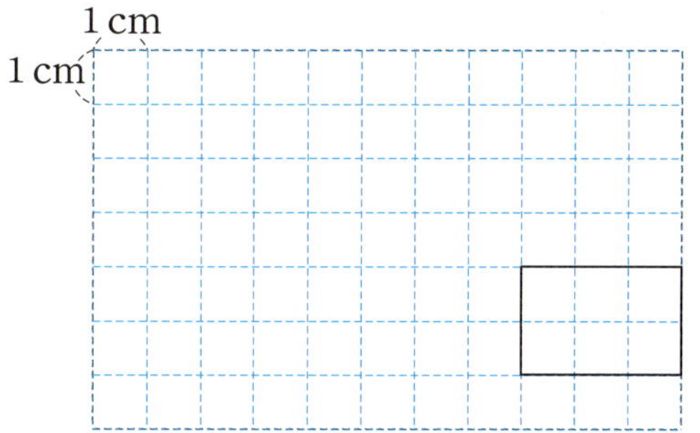

13 도형을 움직인 방법을 바르게 말한 사람은 누구인가요?

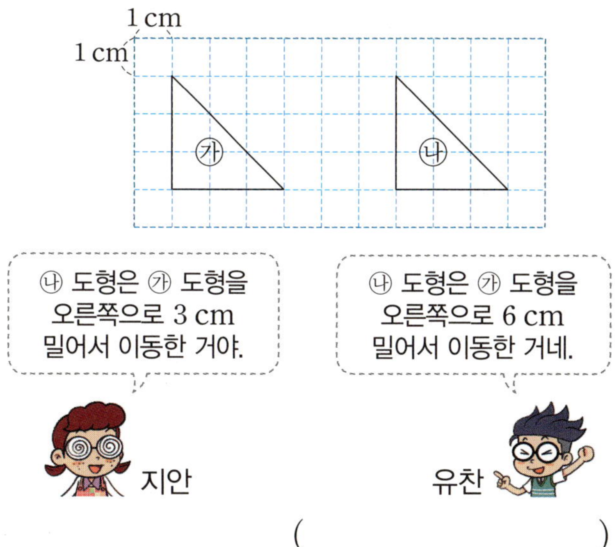

( )

4

평면도형의 이동

27

↻ 개념 확인: **BOOK ❶** 98쪽

📖 **평면도형 뒤집기**

1 모양 조각을 왼쪽으로 뒤집었을 때의 모양을 찾아 ◯표 하세요.

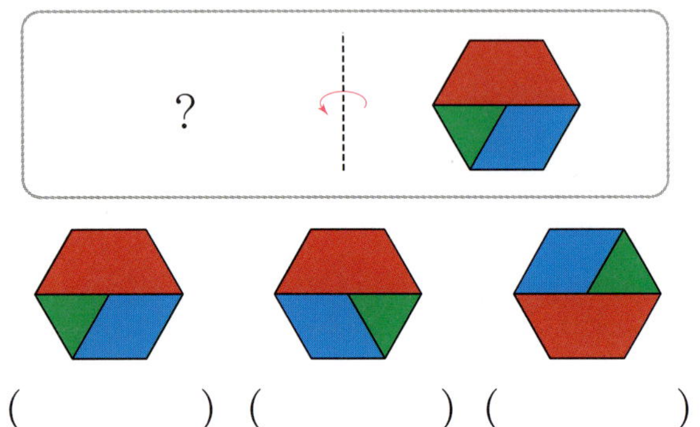

(   ) (   ) (   )

2 가운데 도형을 왼쪽과 오른쪽으로 뒤집었을 때의 도형을 각각 그려 보세요.

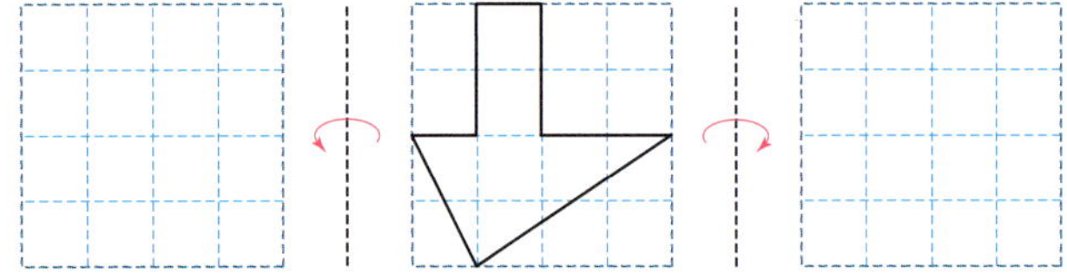

[3~4] 도형을 보고 물음에 답하세요.

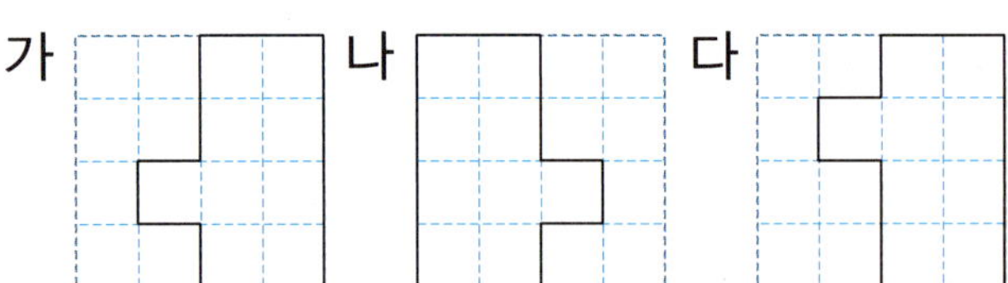

3 나 도형을 오른쪽으로 뒤집었을 때의 도형을 찾아 기호를 쓰세요.

(   )

4 가 도형을 아래쪽으로 뒤집었을 때의 도형을 찾아 기호를 쓰세요.

(   )

5 왼쪽으로 뒤집었을 때의 도형이 처음 도형과 같은 것을 찾아 기호를 쓰세요.

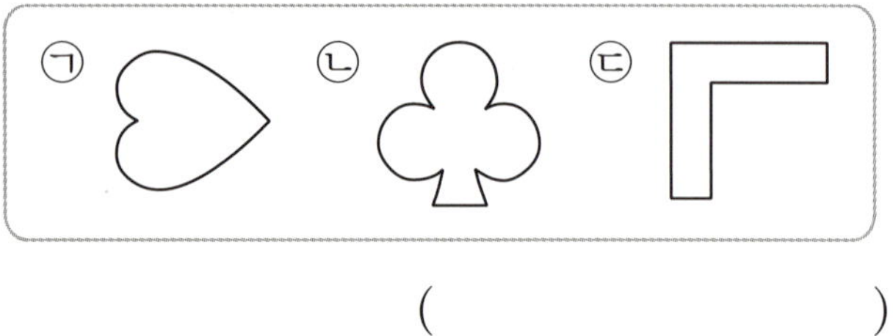

(   )

🔧 **문제 해결**

6 도형을 위쪽으로 뒤집고 왼쪽으로 뒤집었을 때의 도형을 각각 그려 보세요.

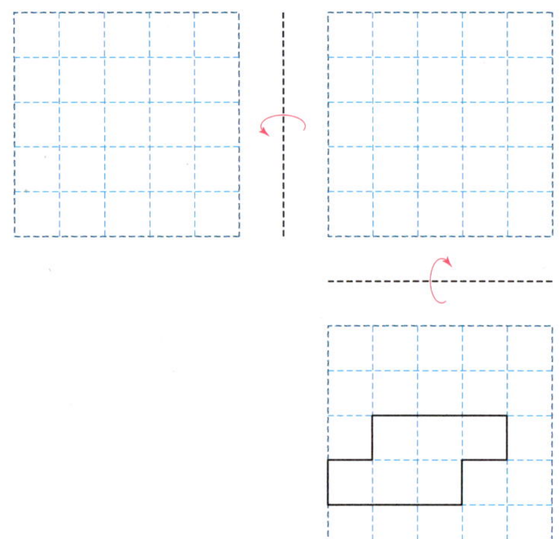

🏅 **서술형** **中수** 문제 해결의 **전략** 을 보면서 풀어 보자.

7 글자 '공'을 오른쪽으로 뒤집고 아래쪽으로 뒤집었을 때 만들어지는 글자를 쓰세요.

전략 오른쪽으로 뒤집으면 글자의 왼쪽과 오른쪽이 서로 바뀐다.

❶ 글자 '**공**'을 오른쪽으로 뒤집었을 때의

모양:

전략 아래쪽으로 뒤집으면 글자의 위쪽과 아래쪽이 서로 바뀐다.

❷ 위 ❶의 모양을 아래쪽으로 뒤집었을

때의 모양:

답 ____________

4
평면도형의 이동

개념 확인: **BOOK❶** 102쪽

📖 평면도형을 시계 방향으로 돌리기

[8~9] 오른쪽 모양 조각을 각 방향으로 돌렸을 때의 모양을 찾아 기호를 쓰세요.

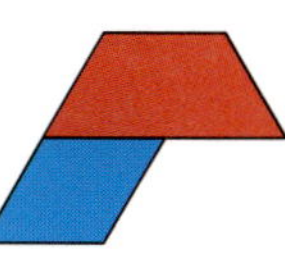

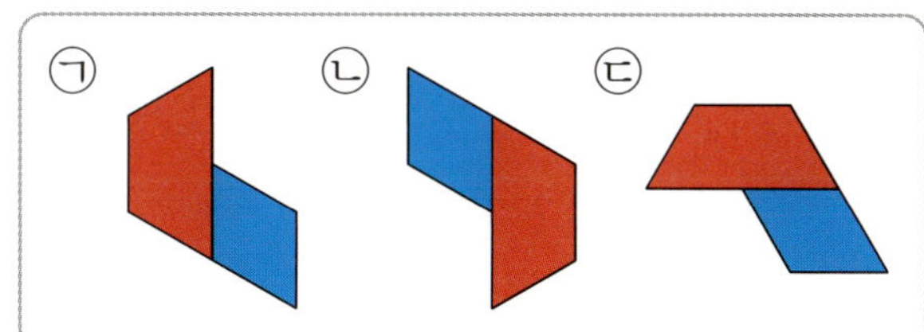

8 시계 방향으로 90°만큼 돌렸을 때의 모양

(　　　　　　　)

9 시계 방향으로 270°만큼 돌렸을 때의 모양

(　　　　　　　)

10 도형을 시계 방향으로 360°만큼 돌렸을 때의 도형을 그려 보세요.

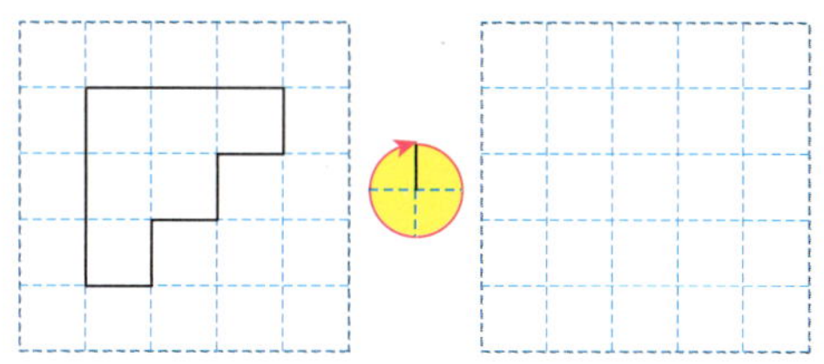

11 도형을 시계 방향으로 90°만큼 2번 돌렸을 때의 도형을 그려 보세요.

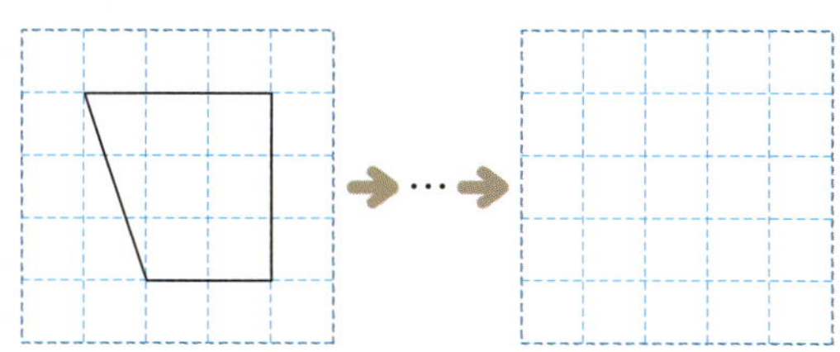

12 도형을 시계 방향으로 주어진 각도만큼 돌렸을 때의 도형을 각각 그려 보세요.

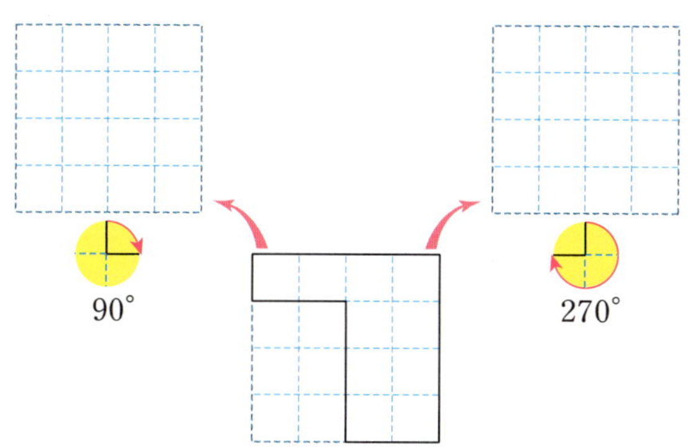

13 어떤 도형을 시계 방향으로 180°만큼 돌린 도형입니다. 처음 도형을 그려 보세요.

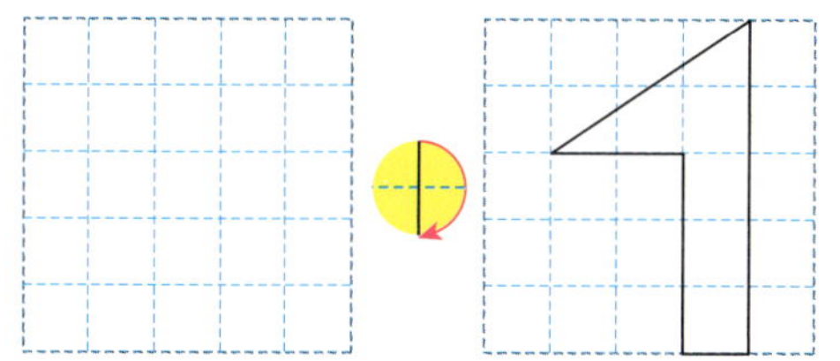

🔺 **추론**

14 다음과 같이 도형을 돌리는 버튼이 있습니다. 버튼을 한 번 눌렀더니 왼쪽 도형이 움직여서 오른쪽 도형이 되었습니다. 누른 버튼의 색을 쓰세요.

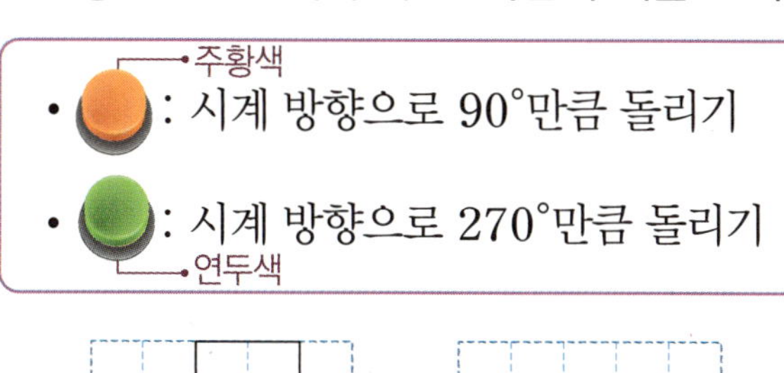

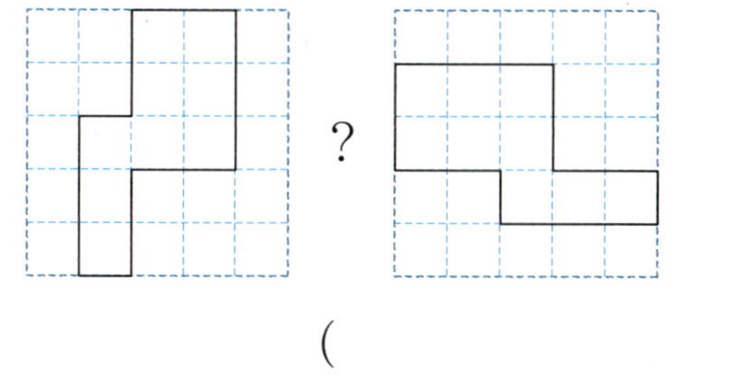

(　　　　　　　)

🔁 개념 확인: **BOOK❶** 102쪽

📖 **평면도형을 시계 반대 방향으로 돌리기**

1 도형을 시계 반대 방향으로 180°만큼 돌렸을 때의 도형을 그려 보세요.

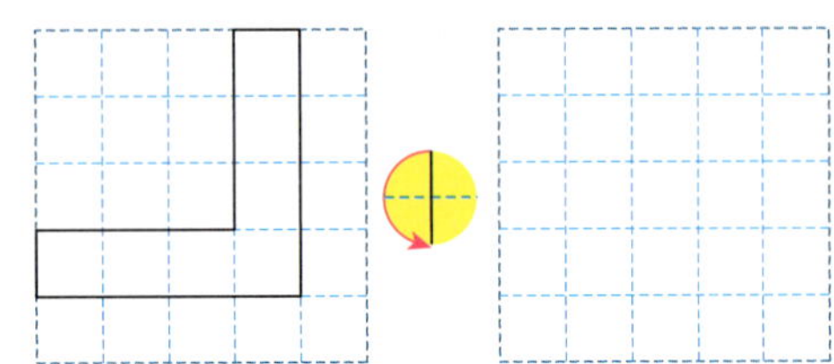

2 보기 에서 알맞은 도형을 골라 기호를 쓰세요.

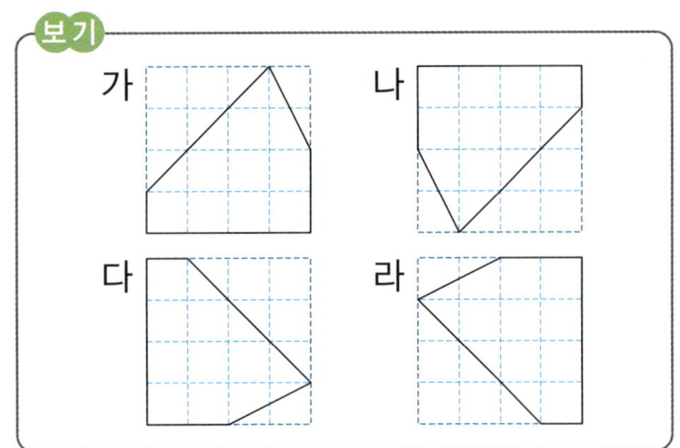

(1) 가 도형을 시계 반대 방향으로 180°만큼 돌리면 ☐ 도형이 됩니다.

(2) ☐ 도형을 시계 반대 방향으로 90°만큼 돌리면 다 도형이 됩니다.

3 오른쪽 모양 조각을 시계 반대 방향으로 돌렸을 때 나올 수 <u>없는</u> 모양을 찾아 ◯표 하세요.

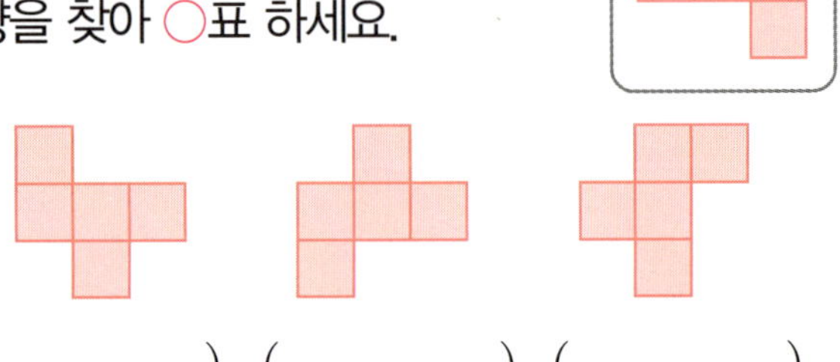

(   ) (   ) (   )

4 어떤 도형을 시계 반대 방향으로 360°만큼 돌렸을 때의 도형입니다. 돌리기 전의 도형을 그려 보세요.

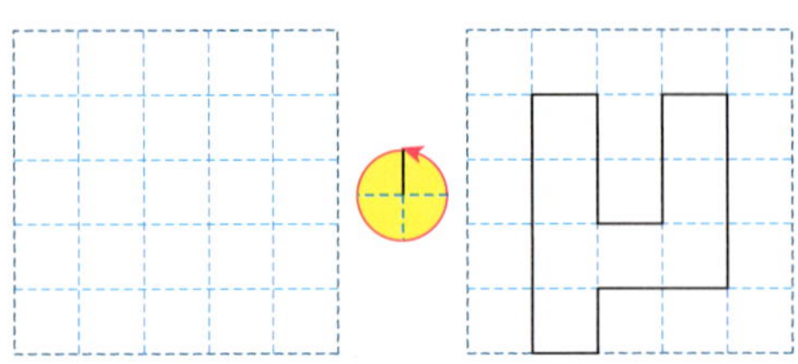

⚡ 추론

5 시계 방향으로 90°만큼 돌렸을 때의 도형과 시계 반대 방향으로 90°만큼 돌렸을 때의 도형이 같은 것을 찾아 기호를 쓰세요.

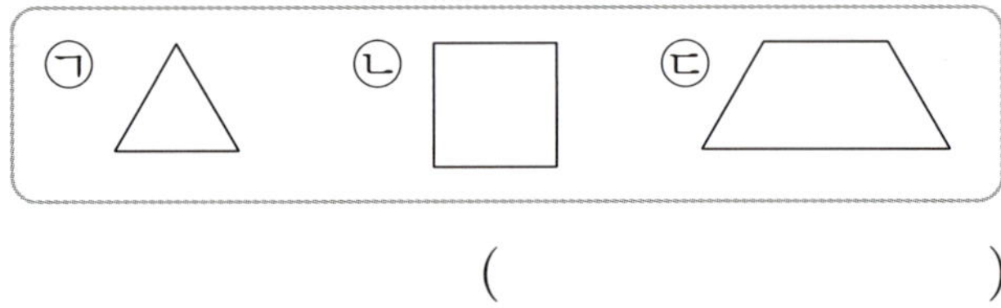

(   )

🏅 서술형 中수   문제 해결의 전략 을 보면서 풀어 보자.

6 세 자리 수가 적힌 투명 카드를 시계 반대 방향으로 180°만큼 돌렸을 때 처음 수와 만들어지는 수의 차를 구하세요.

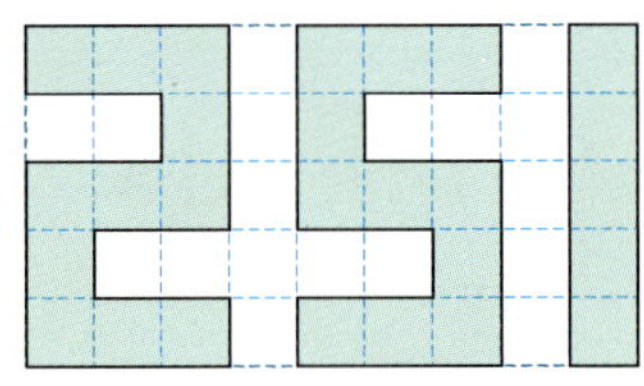

전략 ▶ 시계 반대 방향으로 180°만큼 돌리면 위쪽 부분이 아래쪽으로 이동한다.

❶ 카드를 시계 반대 방향으로 180°만큼 돌렸을 때 만들어지는 수: ☐

❷ 처음 수와 위 ❶에서 만들어진 수의 차:

251 − ☐ = ☐

🟫 답 ______________________

4 평면도형의 이동

↩ 개념 확인: **BOOK❶** 104쪽

 **무늬 꾸미기**

7 밀기를 이용하여 무늬를 만든 것입니다. 어떤 모양으로 만든 것인지 그려 보세요.

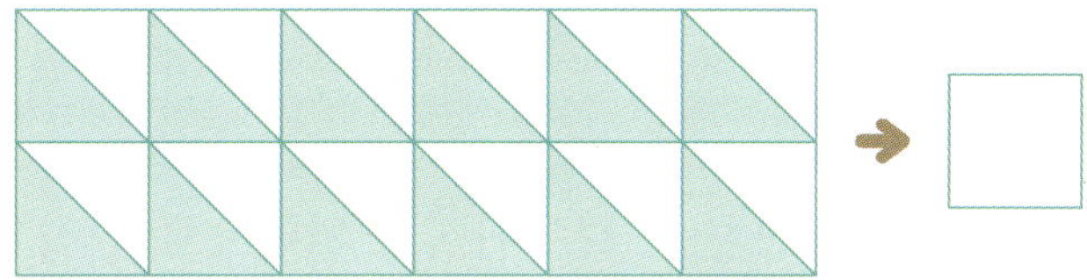

8  모양으로 돌리기를 이용하여 규칙적인 무늬를 만들어 보세요.

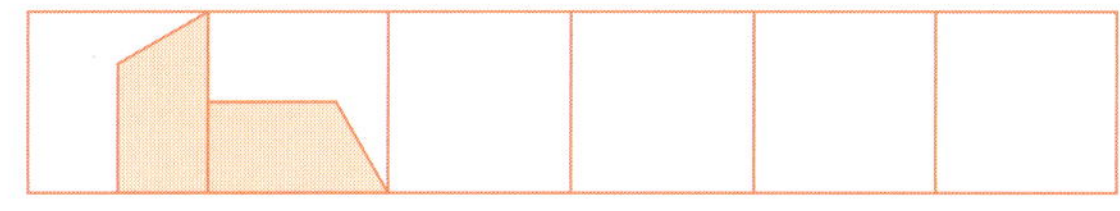

9 모양으로 뒤집기를 이용하여 규칙적인 무늬를 만들어 보세요.

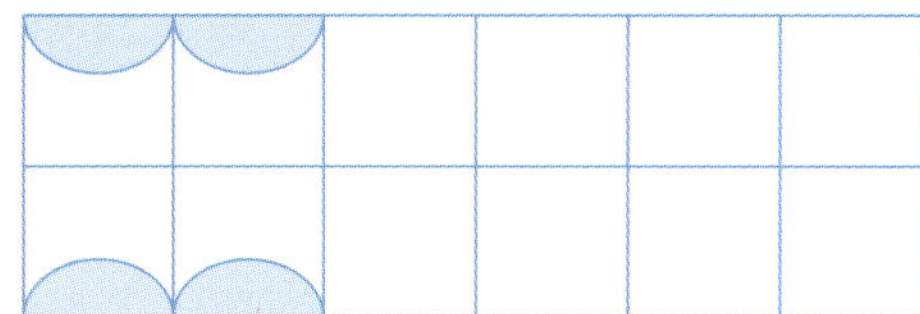

10 소윤이가 말한 방법으로 무늬를 만든 사람은 누구인가요?

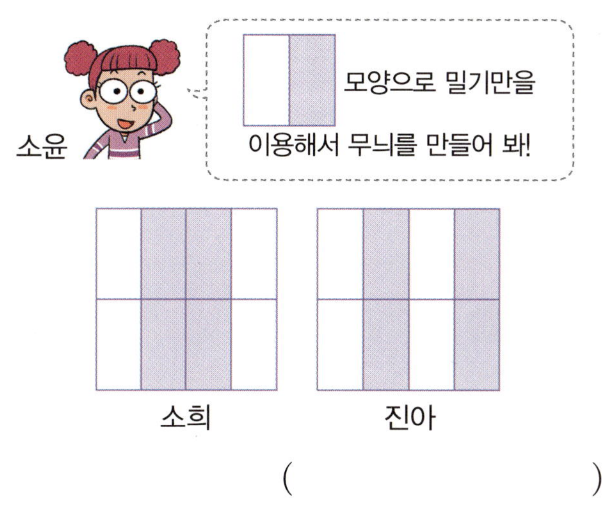

(   )

[11~12] 다음은 일정한 규칙에 따라 만들어진 무늬입니다. 빈칸에 알맞은 모양을 그려 보세요.

11

12

🖊 **서술형**

13 빈칸을 채워 무늬를 완성하고, 무늬가 만들어진 규칙을 설명해 보세요.

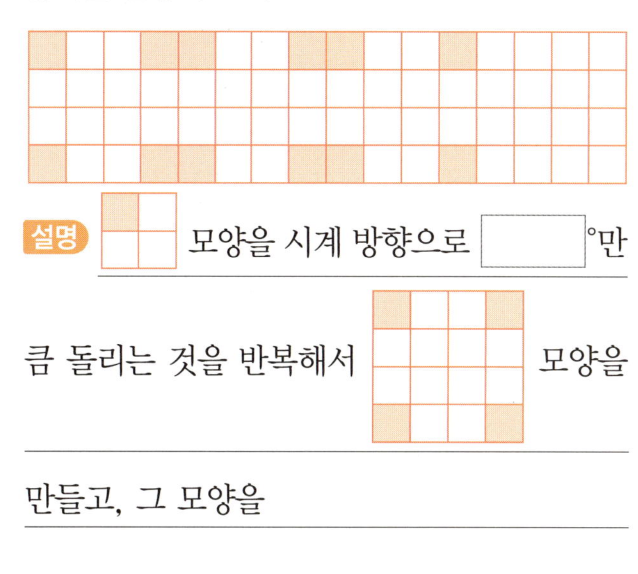

설명 모양을 시계 방향으로 ☐°만큼 돌리는 것을 반복해서 ☐ 모양을 만들고, 그 모양을 _____________

____

🌱 문제에서 핵심이 되는 말에 표시하고, 풀이를 따라 풀어 보자.

✏️ 키워드 문제

1-1 오른쪽 도형을 다음과 같이 움직였을 때, 처음 도형과 같은 것은 어느 것인지 기호를 쓰세요.

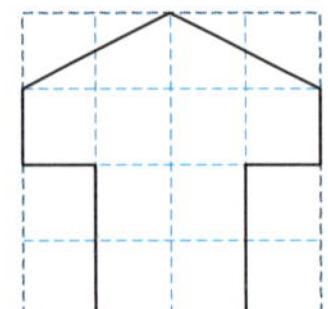

> ㉠ 왼쪽으로 밀고 오른쪽으로 뒤집기
> ㉡ 시계 반대 방향으로 180°만큼 돌리기

전략 ㉠과 ㉡의 설명대로 움직인 도형을 각각 그려 보자.

❶ ㉠   ㉡

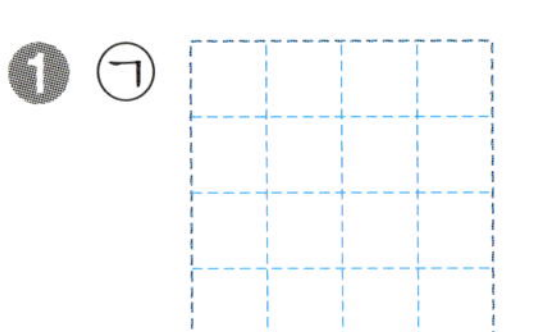 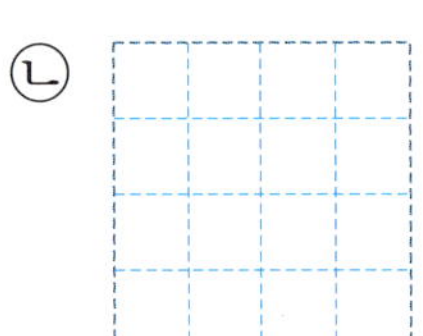

❷ 처음 도형과 같은 것: ☐

답 ___________________

🏅 서술형 高수

1-2 오른쪽 도형을 다음과 같이 움직였을 때, 처음 도형과 같은 것은 어느 것인지 기호를 쓰세요.

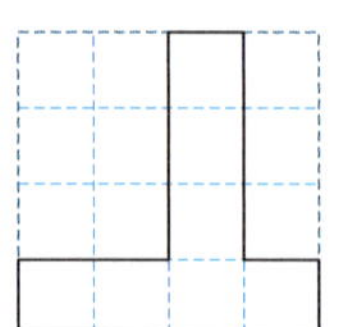

> ㉠ 오른쪽으로 뒤집고 왼쪽으로 뒤집기
> ㉡ 시계 방향으로 180°만큼 돌리기

❶ ㉠   ㉡

 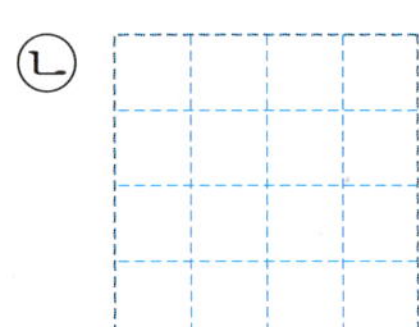

❷ 처음 도형과 같은 것: ☐

답 ___________________

✏️ 키워드 문제

2-1 보기의 도형을 돌린 방법을 쓰고, 보기와 같은 방법으로 도형을 돌렸을 때의 도형을 그려 보세요.

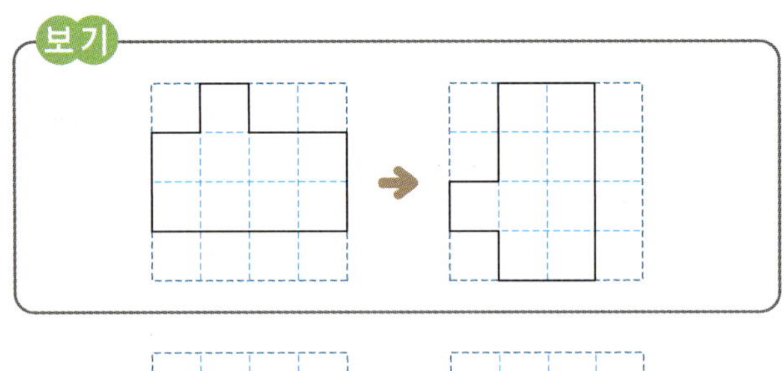

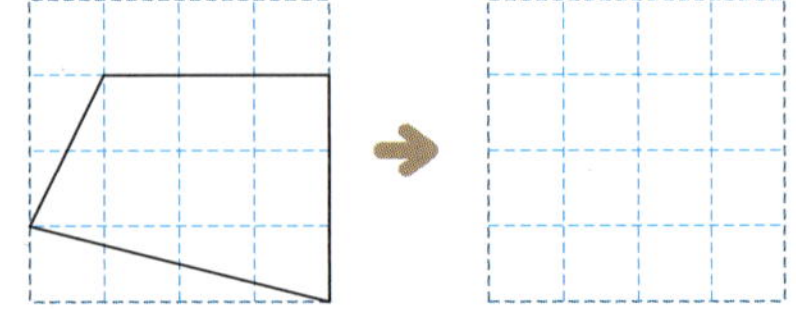

전략 도형의 위쪽 부분이 어느 쪽으로 이동했는지 알아보자.

보기의 도형을 돌린 방법:
도형을 시계 방향으로 ☐°만큼 돌리기 한 것입니다.

🏅 서술형 高수

2-2 보기의 도형을 뒤집은 방법을 쓰고, 보기와 같은 방법으로 도형을 뒤집었을 때의 도형을 그려 보세요.

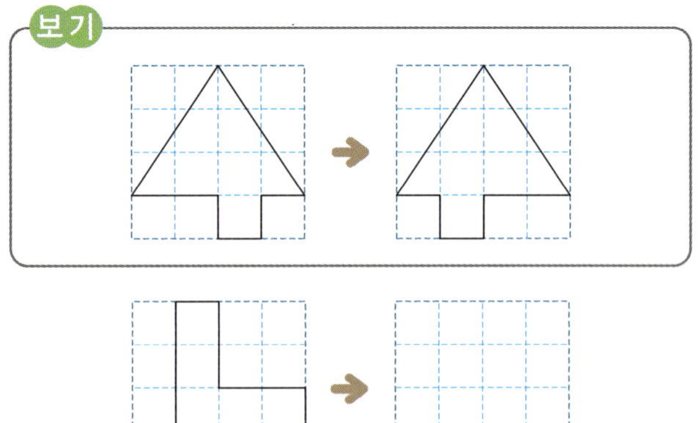

보기의 도형을 뒤집은 방법:

____

____

3-1 덧셈이 적힌 투명 카드를 위쪽으로 뒤집었을 때 만들어지는 덧셈의 계산 결과를 구하세요.

❶ 위쪽으로 뒤집었을 때 만들어지는 덧셈:

☐ + ☐

❷ 위 ❶의 계산 결과: ☐

답 ____________

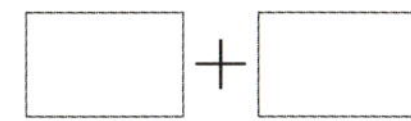

4-1 다음 한글의 자음 중 위쪽으로 뒤집고 시계 반대 방향으로 180°만큼 돌렸을 때의 모양이 처음과 같은 것을 찾아 기호를 쓰세요.

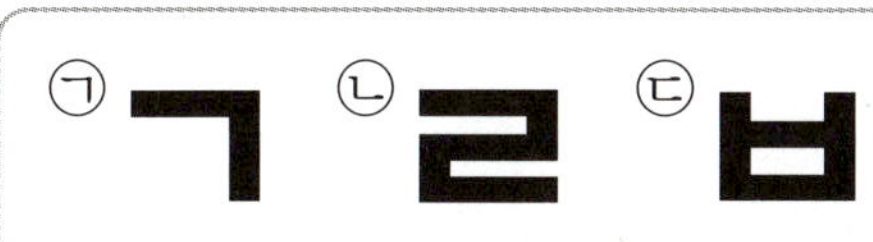

❶ 각 자음을 위쪽으로 뒤집었을 때의 모양:

㉠ ☐　㉡ ☐　㉢ ☐

❷ 위 ❶의 모양을 시계 반대 방향으로 180° 만큼 돌렸을 때의 모양:

㉠ ☐　㉡ ☐　㉢ ☐

❸ 위 ❷에서 그린 모양이 처음과 같은 것의 기호 쓰기: ☐

답 ____________

3-2 덧셈이 적힌 투명 카드를 오른쪽으로 뒤집었을 때 만들어지는 덧셈의 계산 결과를 구하세요.

❶

❷

답 ____________

4-2 다음 한글의 모음 중 왼쪽으로 뒤집고 시계 방향으로 180° 돌렸을 때의 모양이 처음과 같은 것을 찾아 기호를 쓰세요.

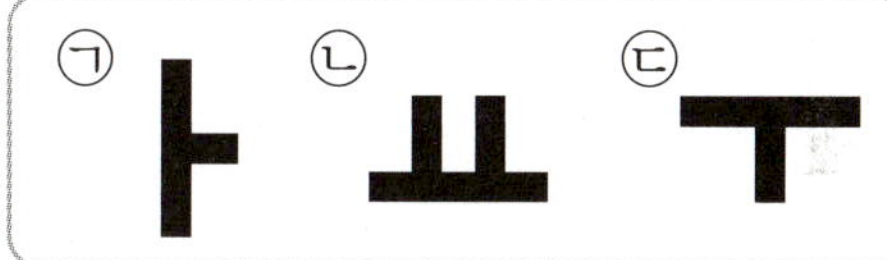

❶

❷

❸

답 ____________

↻ 개념 확인: **BOOK ①** 118쪽

막대그래프 알아보기

[1~4] 호영이네 반 학생들이 좋아하는 음식을 조사하여 나타낸 막대그래프입니다. 물음에 답하세요.

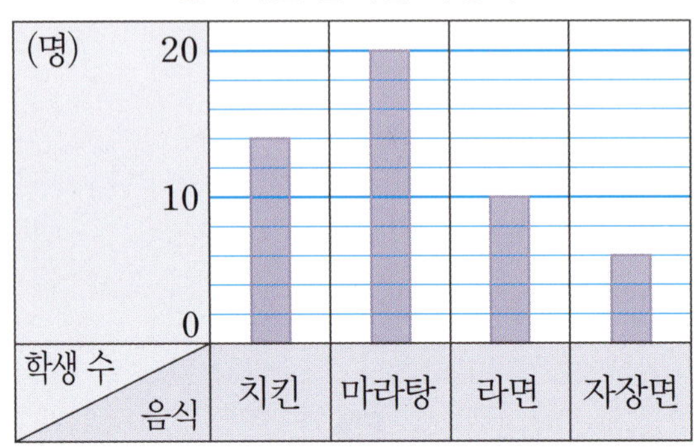

1 막대그래프에서 가로와 세로는 각각 무엇을 나타내는지 쓰세요.

가로 ( )
세로 ( )

2 세로 눈금 한 칸은 몇 명을 나타내나요?

( )

3 라면을 좋아하는 학생은 몇 명인가요?

( )

4 좋아하는 학생이 14명인 음식은 무엇인가요?

( )

[5~6] 다영이네 집에서 기르는 가축 수를 조사하여 나타낸 표와 막대그래프입니다. 물음에 답하세요.

기르는 가축 수

가축	거위	닭	돼지	소	합계
가축 수(마리)	10	12	7	5	34

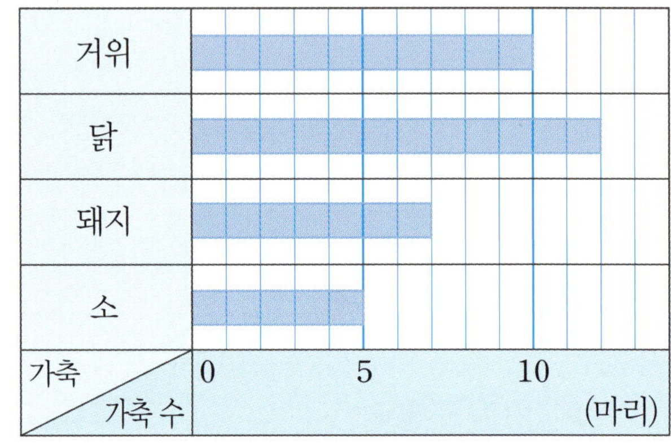

5 가로 눈금 한 칸은 몇 마리를 나타내나요?

( )

🖉 서술형

6 잘못 말한 사람의 이름을 쓰고, 그 까닭을 쓰세요.

잘못 말한 사람 ( )

까닭 ______________________

____

____

5
막대그래프

막대그래프로 나타내기

🔁 개념 확인: **BOOK❶ 120쪽**

[7~9] 현우네 마을에서 한 달 동안 버려진 쓰레기 양을 조사하여 나타낸 표를 보고 막대그래프로 나타내려고 합니다. 물음에 답하세요.

종류별 한 달 동안 버려진 쓰레기 양

쓰레기	음식물	종이류	플라스틱류	병류	합계
쓰레기 양(kg)	80	140	220	160	600

7 가로 눈금 한 칸이 20 kg을 나타낸다면 음식물 쓰레기 양은 몇 칸으로 나타내야 하나요?

(   )

8 위 표를 보고 막대그래프로 나타내 보세요.

종류별 한 달 동안 버려진 쓰레기 양

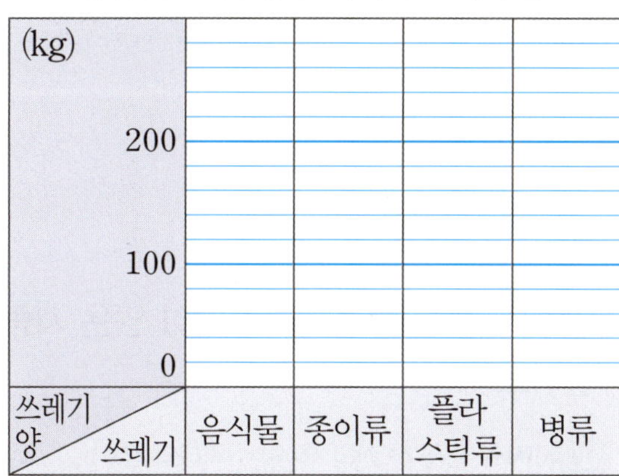

🔧 **문제 해결**

9 쓰레기 양이 적은 것이 위쪽부터 차례로 있도록 막대가 가로인 막대그래프로 나타내 보세요.

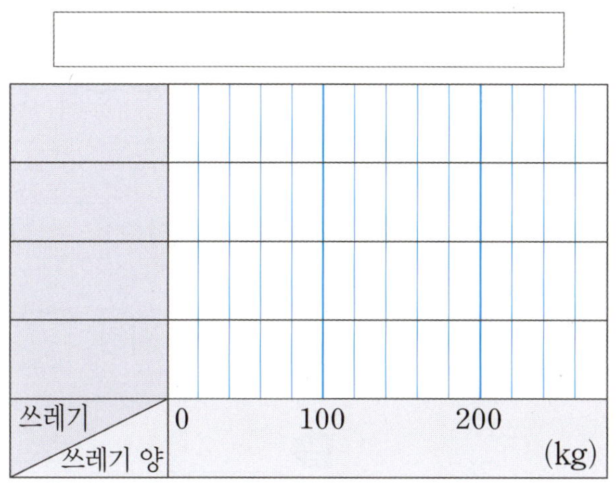

🏅 **서술형 中수**

10 모둠별 단체 줄넘기 기록을 조사하여 나타낸 막대그래프의 일부분이 찢어졌습니다. 학생들의 대화를 읽고 막대그래프를 완성해 보세요.

모둠별 단체 줄넘기 기록

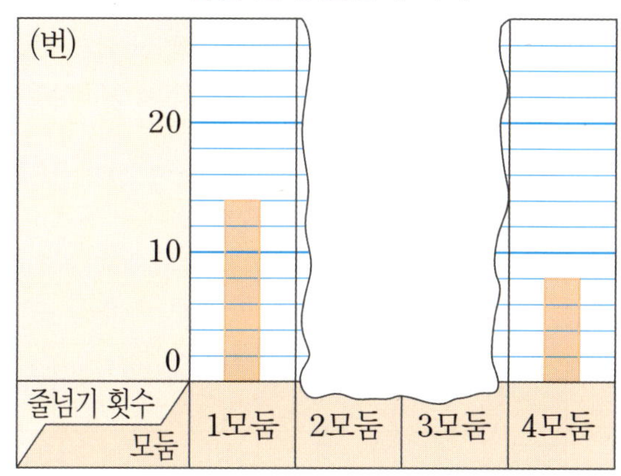

- 태영: 2모둠은 4모둠의 3배를 했어.
- 희주: 3모둠은 1모둠보다 4번 더 많이 했어.

전략 (2모둠의 줄넘기 횟수)=(4모둠의 줄넘기 횟수)×3

❶ 4모둠의 줄넘기 횟수: ☐ 번

➡ (2모둠의 줄넘기 횟수)

= ☐ × 3 = ☐ (번)

전략 (3모둠의 줄넘기 횟수)=(1모둠의 줄넘기 횟수)+4

❷ 1모둠의 줄넘기 횟수: ☐ 번

➡ (3모둠의 줄넘기 횟수)

= ☐ + 4 = ☐ (번)

❸ 막대그래프 완성하기

답 모둠별 단체 줄넘기 기록

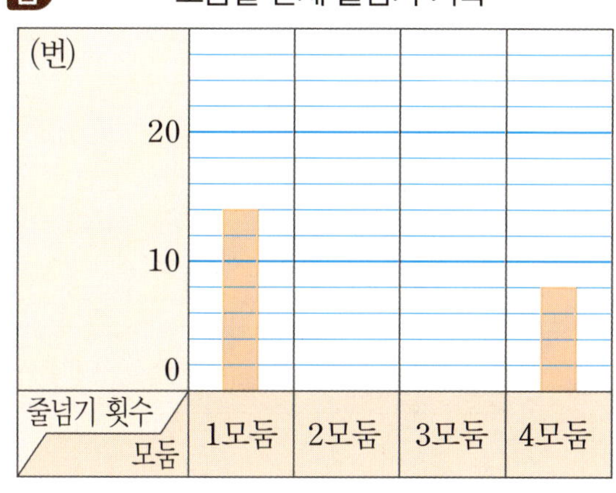

5

막대그래프

↪ 개념 확인: **BOOK❶ 124쪽**

막대그래프로 자료 해석하기

[1~2] 윤주네 반 학생들이 좋아하는 과목을 조사하여 나타낸 막대그래프입니다. 물음에 답하세요.

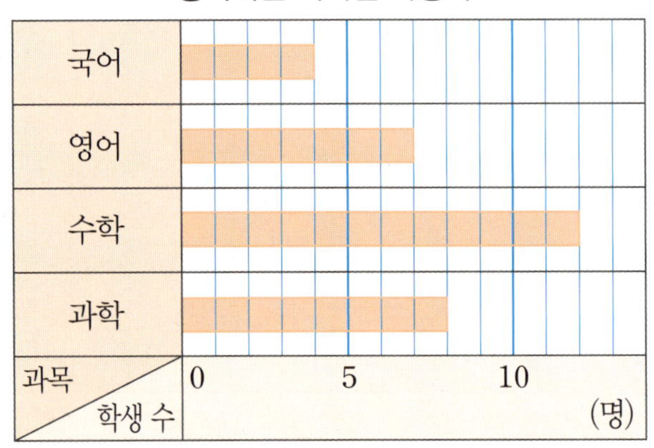
좋아하는 과목별 학생 수

1 좋아하는 학생 수가 영어보다 많은 과목을 모두 찾아 쓰세요.

( )

2 수학을 좋아하는 학생 수는 국어를 좋아하는 학생 수의 몇 배인가요?

( )

추론

3 어느 해에 광화문을 방문한 외국인 수를 조사하여 나타낸 막대그래프입니다. 외국인을 도와 줄 사람을 뽑는다면 어느 나라 말을 잘 하는 사람을 가장 많이 뽑는 것이 좋은가요?

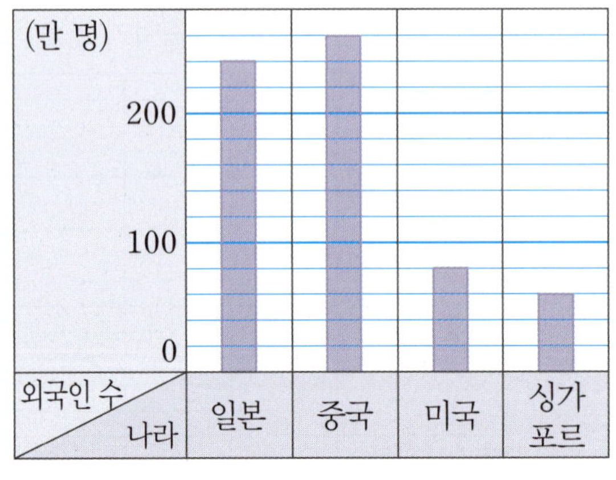
광화문을 방문한 외국인 수

( )

[4~5] 막대그래프 가와 나는 혜리네 모둠이 한 달 동안 읽은 책 수를 조사하여 나타낸 것입니다. 물음에 답하세요.

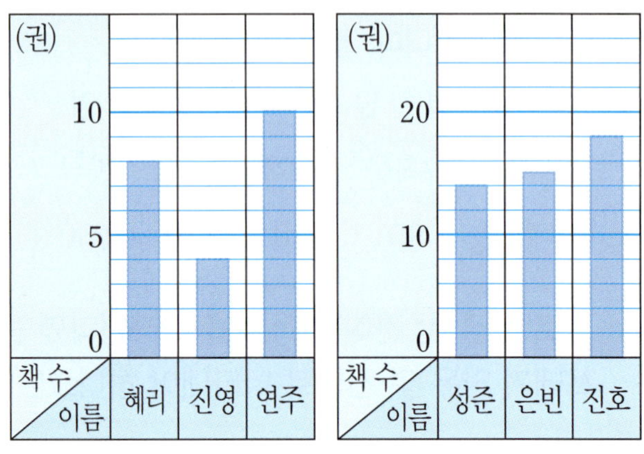
가. 한 달 동안 읽은 책 수   나. 한 달 동안 읽은 책 수

4 막대그래프 가를 보고 읽은 책 수가 많은 사람부터 차례로 쓰세요.

( )

 서술형 **中수**

5 연주와 진호 중 책을 더 많이 읽은 사람은 누구인가요?

전략 (세로 눈금 한 칸의 책 수)×(막대의 칸수)

❶ (막대그래프 가의 세로 눈금 한 칸의 책 수)=☐ 권

➡ (연주가 읽은 책 수)=☐ 권

❷ (막대그래프 나의 세로 눈금 한 칸의 책 수)=☐ 권

➡ (진호가 읽은 책 수)=☐ 권

❸ 읽은 책 수가 더 많은 사람: ☐

답 ______________________

↻ 개념 확인: **BOOK❶** 126쪽

📖 자료를 수집하여 분석하기

[6~8] 시우네 반 학생들이 좋아하는 음악 장르를 붙임딱지 붙이기 방법으로 조사하여 나타낸 자료입니다. 물음에 답하세요.

좋아하는 음악 장르

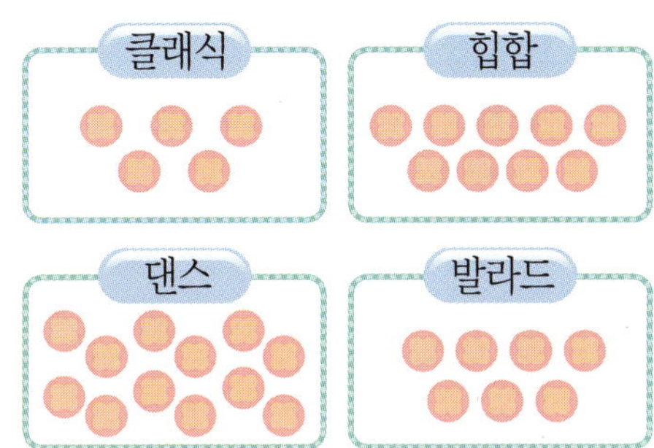

6 조사한 자료를 표로 나타내 보세요.

좋아하는 음악 장르별 학생 수

음악 장르	클래식	힙합	댄스	발라드	합계
학생 수(명)					33

7 위 **6**의 표를 보고 막대그래프로 나타내 보세요.

좋아하는 음악 장르별 학생 수

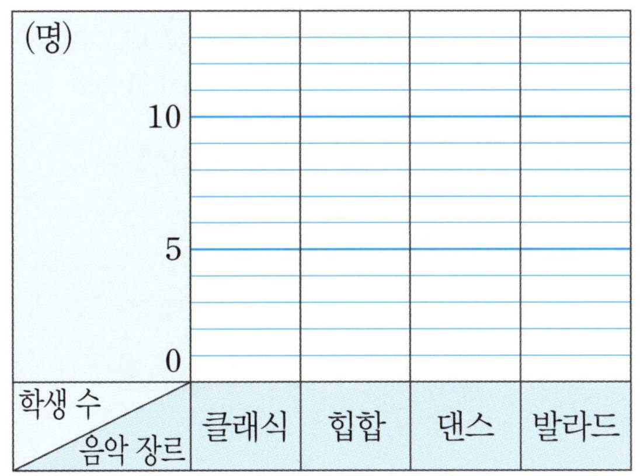

✏️ **서술형**

8 시우네 반 점심 시간에 음악 방송을 한다면 어떤 음악 장르를 선택하면 좋을지 쓰고, 그 까닭을 쓰세요.

음악 장르 (   )

까닭 ________________________________

____

[9~11] 주사위를 40번 굴려서 나온 수를 정리하여 나타낸 표입니다. 물음에 답하세요.

주사위를 굴려서 나온 눈의 수별 횟수

주사위 눈의 수	1	2	3	4	5	6	합계
나온 횟수(번)	5	7	6	11	4		

9 위 표를 완성해 보세요.

10 위 **9**에서 완성한 표를 보고 막대그래프로 나타내 보세요.

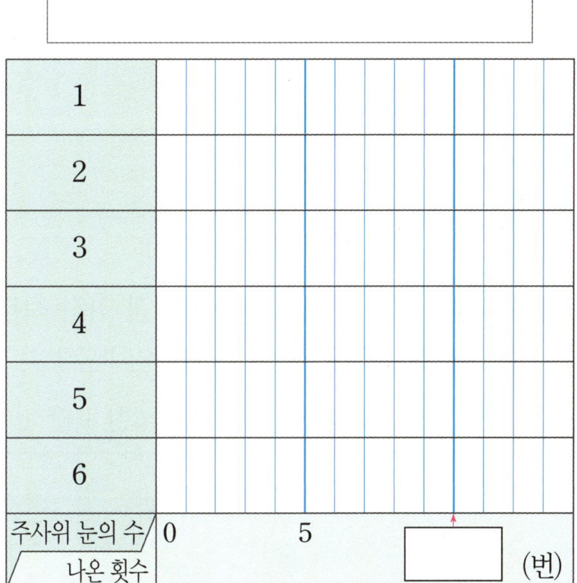

✏️ **서술형**

11 막대그래프를 보고 알 수 있는 내용을 한 가지 쓰세요.

____

____

5 단원 · 서술형 한 번 더 쓰기

문제에서 핵심이 되는 말에 표시하고, 풀이를 따라 풀어 보자.

키워드 문제

1-1 눈금 한 칸이 2초를 나타내는 막대그래프로 나타낼 때, 눈금은 적어도 몇 칸 있어야 하나요?

학생별 오래 매달리기 기록

이름	은혜	준영	보라	태민
기록(초)	24	18	22	20

전략 ▶ 가장 오래 매달린 기록을 나타낼 수 있어야 한다.

❶ 눈금은 적어도 ☐ 초까지 나타내야 합니다.

전략 ▶ 눈금 한 칸이 2초를 나타낸다.

❷ 눈금은 적어도 ☐ ÷2= ☐ (칸) 있어야 합니다.

답 _______________

서술형 高수

1-2 눈금 한 칸이 5 cm를 나타내는 막대그래프로 나타낼 때, 눈금은 적어도 몇 칸 있어야 하나요?

학생별 높이뛰기 기록

이름	민수	지은	예준	소희
기록(cm)	50	45	65	40

❶

❷

답 _______________

키워드 문제

2-1 공부한 시간이 가장 많은 사람과 가장 적은 사람의 공부한 시간의 차는 몇 시간인가요?

학생별 하루 동안 공부한 시간

전략 ▶ 막대의 길이가 길수록 공부한 시간이 많다.

❶ 가장 많이 공부한 사람: 성주 ➡ ☐ 시간

가장 적게 공부한 사람: 미애 ➡ ☐ 시간

❷ 공부한 시간의 차: 6− ☐ = ☐ (시간)

답 _______________

서술형 高수

2-2 학생 수가 가장 많은 특별 활동과 가장 적은 특별 활동의 학생 수의 차는 몇 명인가요?

특별 활동별 학생 수

❶

❷

답 _______________

3-1 우진이와 지영이의 쪽지 시험 점수를 조사하여 나타낸 막대그래프입니다. 3회까지 쪽지 시험 점수의 합이 더 큰 학생은 누구인가요?

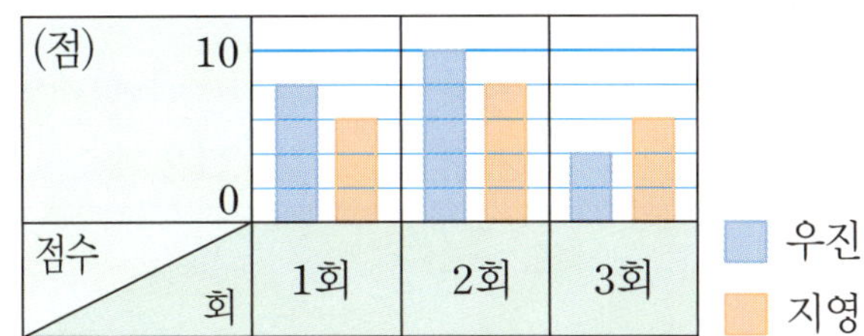

회별 쪽지 시험 점수

전략 각 학생의 (1회 점수)+(2회 점수)+(3회 점수)를 구하자.

❶ (우진이의 쪽지 시험 점수의 합)

$=8+$ ☐ $+$ ☐ $=$ ☐ (점)

(지영이의 쪽지 시험 점수의 합)

$=$ ☐ $+8+$ ☐ $=$ ☐ (점)

❷ 3회까지 쪽지 시험 점수의 합이 더 큰 학생:

☐

답 _______________

3-2 소연이와 재용이의 양궁 점수를 조사하여 나타낸 막대그래프입니다. 3회까지 양궁 점수의 합이 더 큰 사람은 누구인가요?

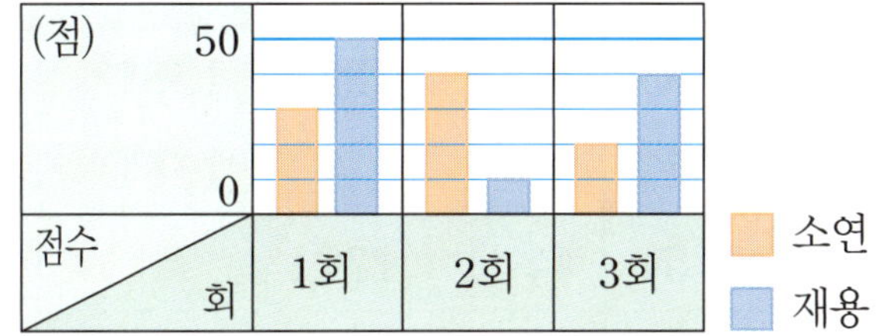

회별 양궁 점수

❶

❷

답 _______________

4-1 위 **3-1**의 막대그래프에서 두 사람의 쪽지 시험 점수의 합이 가장 큰 회의 쪽지 시험 점수의 합은 몇 점인가요?

전략 각 회의 (우진이의 점수)+(지영이의 점수)를 구하자.

❶ (1회 쪽지 시험 점수의 합)= ☐ 점

(2회 쪽지 시험 점수의 합)= ☐ 점

(3회 쪽지 시험 점수의 합)= ☐ 점

❷ 쪽지 시험 점수의 합이 가장 큰 회는 ☐ 회이고, 이때의 점수의 합은 ☐ 점입니다.

답 _______________

4-2 위 **3-2**의 막대그래프에서 두 사람의 양궁 점수의 합이 가장 큰 회의 양궁 점수의 합은 몇 점인가요?

❶

❷

답 _______________

🔁 개념 확인: **BOOK❶** 142쪽

📖 **수의 배열에서 규칙 찾기**

[1~2] 수 배열표를 보고 물음에 답하세요.

1451	1461	1471	1481	1491
1551		1571	1581	1591
1651	1661		1681	1691
1751	1761	1771		1791
1851		1871	1881	1891

1 수 배열표를 보고 규칙을 바르게 설명한 사람의 이름을 쓰세요.

(   )

2 수 배열표의 빈칸에 알맞은 수를 써넣으세요.

3 규칙에 따라 수의 배열을 완성해 보세요.

> **규칙** ↘ 방향으로 1씩 커지고, ↓ 방향으로 3씩 커집니다.

1		
4	2	
7	5	3
	8	6

4 수 배열의 규칙에 맞게 빈칸에 알맞은 수를 써넣으세요.

20010	20011	20012	20013
20110		20112	20113
20210	20211		20213
20310	20311	20312	

⚡ **추론**

5 수 배열표의 일부가 찢어졌습니다. 수 배열의 규칙에 맞게 ▲에 알맞은 수를 구하세요.

4407	4507	4607	4707	4807
5407	5507	5607	5707	5807
6407	6507	6607	6707	6807
7407	7507	7607	7707	7807
8407	8507	8607	8707	8807

▲

(   )

6 벌집 모양 수 배열표를 보고 규칙을 찾아 ㉠과 ㉡에 알맞은 수를 각각 구하세요.

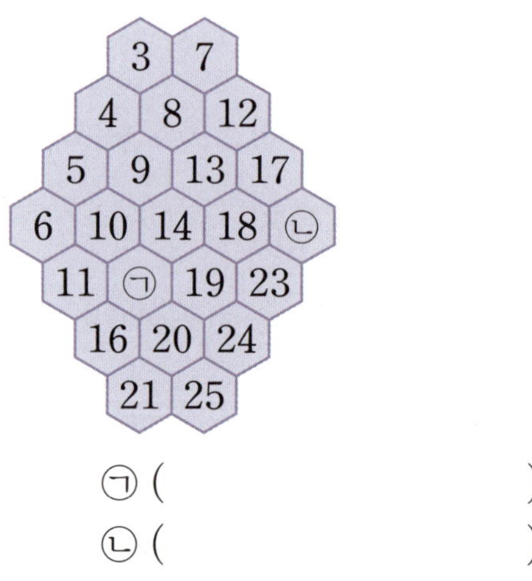

㉠ (   )

㉡ (   )

↩ 개념 확인: **BOOK ❶** 144쪽

📖 규칙을 찾아 수로 나타내기

[7~8] 사각형의 배열을 보고 물음에 답하세요.

첫째　　둘째　　　셋째

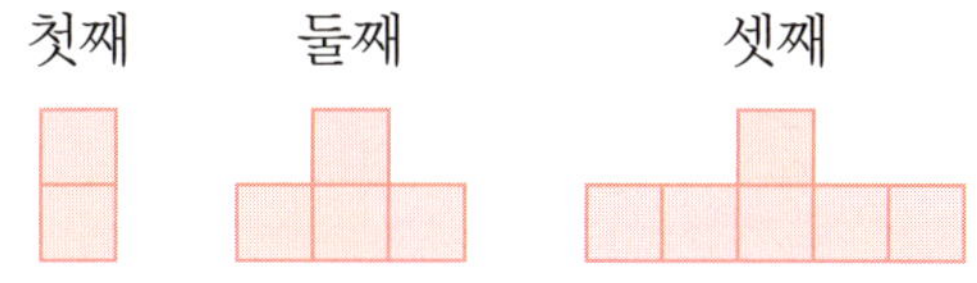

7 사각형의 수를 세어 보고 표를 완성해 보세요.

순서	첫째	둘째	셋째
사각형의 수(개)			

8 넷째에 알맞은 모양에 ○표 하세요.

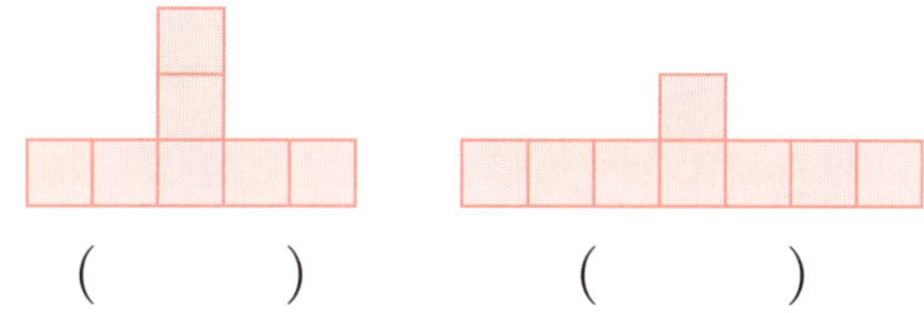

(　　　　)　　　　(　　　　)

[9~10] 원의 배열을 보고 물음에 답하세요.

첫째　둘째　　셋째　　　넷째　　　　　다섯째

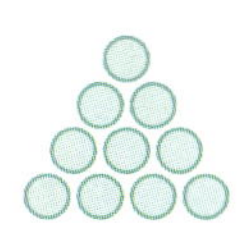
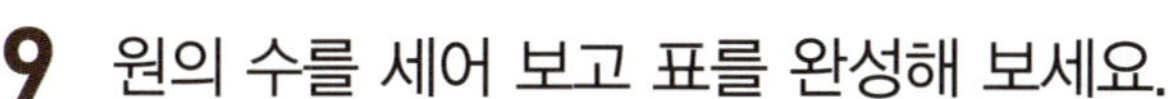

9 원의 수를 세어 보고 표를 완성해 보세요.

순서	첫째	둘째	셋째	넷째
원의 수(개)				

10 다섯째에 알맞은 모양을 그려 보세요.

↩ 개념 확인: **BOOK ❶** 146쪽

📖 규칙을 찾아 식으로 나타내기

[11~12] 모형의 배열을 보고 물음에 답하세요.

첫째　　　둘째　　　　셋째

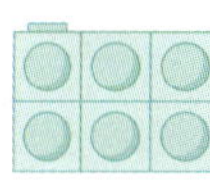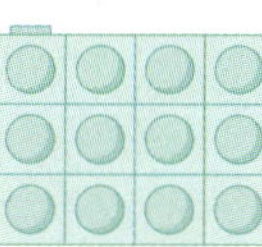

11 모형 수의 규칙을 찾아 표를 완성해 보세요.

순서	첫째	둘째	셋째
식	1×2		

12 넷째 모양을 만드는 데 필요한 모형의 수를 구하세요.

(　　　　　　　　　　)

🏅 서술형 **中수**　　문제 해결의 **전략** 을 보면서 풀어 보자.

13 넷째 모양을 만드는 데 필요한 흰 돌과 검은 돌의 수를 차례로 구하세요.

첫째　　둘째　　　셋째

전략 검은 돌과 흰 돌의 수를 세어 식으로 나타내자.

❶ 검은 돌의 수를 구합니다.

첫째: $1 \times 1 = 1$(개), 둘째: $2 \times 2 = 4$(개),

셋째: $\boxed{} \times \boxed{} = 9$(개)이므로

넷째: $\boxed{} \times \boxed{} = \boxed{}$(개)

❷ 흰 돌의 수를 구합니다.

첫째: 3개, 둘째: $3 + 2 = 5$(개),

셋째: $3 + 2 + \boxed{} = 7$(개)이므로

넷째: $3 + 2 + \boxed{} + \boxed{} = \boxed{}$(개)

답  ＿＿＿＿＿＿＿, ＿＿＿＿＿＿＿

↩ 개념 확인: **BOOK❶** 150쪽

📖 **덧셈식, 뺄셈식의 배열에서 규칙 찾기**

[1~2] 계산식을 보고 물음에 답하세요.

ㄱ

$935-824=111$
$835-724=111$
$735-624=111$
$635-524=111$
$535-424=111$

ㄴ

$213+706=919$
$213+606=819$
$213+506=719$
$213+406=619$
$213+306=519$

1 설명에 맞는 계산식을 찾아 기호를 쓰세요.

> 100씩 작아지는 수에서 100씩 작아지는 수를 빼면 계산 결과는 같습니다.

(   )

2 계산식 ㄴ에서 다음에 올 계산식을 쓰세요.

계산식 ______________________

3 뺄셈식의 배열에서 규칙을 찾아 다섯째에 알맞은 뺄셈식을 써넣으세요.

순서	뺄셈식
첫째	$7450-1130=6320$
둘째	$7450-2130=5320$
셋째	$7450-3130=4320$
넷째	$7450-4130=3320$
다섯째	

4 덧셈식을 보고 규칙적인 뺄셈식을 쓰세요.

$$22+200=222$$
$$22+300=322$$
$$22+400=422$$
$$22+500=522$$

↓

$$222 - 22 = 200$$
$$322 - 22 = 300$$
$$\_\_\_ - \_\_\_ = \_\_\_$$
$$\_\_\_ - \_\_\_ = \_\_\_$$

🏅 서술형  中수

5 계산식의 배열에서 규칙을 찾아 다섯째에 알맞은 계산식을 쓰세요.

순서	계산식
첫째	$200-100+1=101$
둘째	$300-100+2=202$
셋째	$400-100+3=303$
넷째	$500-100+4=404$

전략 계산식의 규칙을 찾아 쓰자.

❶ 100씩 커지는 수에서 100을 빼고, ☐씩 커지는 수를 더하면 계산 결과는 ☐씩 커집니다.

전략 ❶에서 찾은 규칙에 따라 계산식을 쓰자.

❷ 다섯째에 알맞은 계산식:

☐

계산식 ______________________

6 규칙 찾기

↩ 개념 확인: **BOOK❶** 152쪽

📖 곱셈식, 나눗셈식의 배열에서 규칙 찾기

[6~7] 계산식의 규칙을 찾아 ☐ 안에 알맞은 수를 써넣으세요.

$$4 \times 5 = 20$$
$$24 \times 5 = 120$$
$$44 \times 5 = 220$$
$$64 \times 5 = ★$$

$$550 \div 10 = 55$$
$$440 \div 8 = 55$$
$$330 \div 6 = 55$$
$$220 \div 4 = ●$$

6 ★에 알맞은 수는 ☐ 입니다.

7 ●에 알맞은 수는 ☐ 입니다.

[8~9] 나눗셈식의 배열을 보고 물음에 답하세요.

순서	나눗셈식
첫째	$111111 \div 1001 = 111$
둘째	$222222 \div 2002 = 111$
셋째	$333333 \div 3003 = 111$
넷째	$444444 \div 4004 = 111$

8 나눗셈식에서 규칙을 찾아 쓰세요.

규칙 나누어지는 수가 111111씩 커지고, 나누는 수가 ☐ 씩 커지면 계산 결과는 111로 같습니다.

⚡ 추론

9 나눗셈식의 규칙에 따라 7007로 나누었을 때 계산 결과가 111이 될 때의 나누어지는 수를 구하세요.

( )

10 곱셈식의 배열에서 규칙을 찾아 빈칸에 알맞은 곱셈식을 써넣으세요.

$106 \times 5 = 530$
$1006 \times 5 = 5030$
$10006 \times 5 = 50030$
$1000006 \times 5 = 5000030$

11 곱셈식을 보고 규칙적인 나눗셈식을 쓰세요.

$$55 \times 2 = 110$$
$$55 \times 4 = 220$$
$$55 \times 6 = 330$$
$$55 \times 8 = 440$$

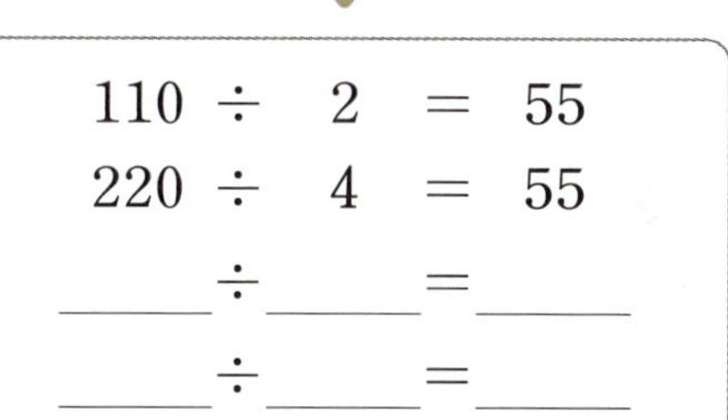

$$110 \div 2 = 55$$
$$220 \div 4 = 55$$
$$\underline{\quad} \div \underline{\quad} = \underline{\quad}$$
$$\underline{\quad} \div \underline{\quad} = \underline{\quad}$$

12 곱셈식의 배열에서 규칙을 찾아 여섯째에 알맞은 곱셈식을 쓰세요.

순서	곱셈식
첫째	$12 \times 99 = 1188$
둘째	$23 \times 99 = 2277$
셋째	$34 \times 99 = 3366$
넷째	$45 \times 99 = 4455$

곱셈식 ___________

↪ 개념 확인: BOOK① 156쪽

📖 등호를 사용하여 식으로 나타내기

1 등호를 바르게 사용한 식에 ◯표 하세요.

$24-9=22-13$	$30+14=20+24$
(　　　　)	(　　　　)

2 그림을 보고 저울 양쪽의 무게가 같도록 등호를 사용하여 식으로 나타내 보세요.

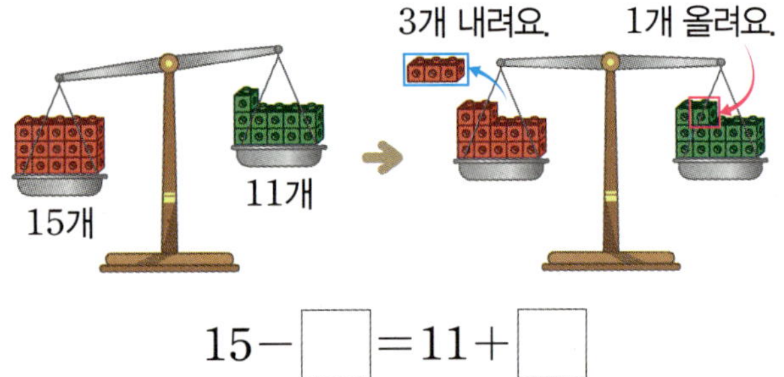

$$15-\boxed{}=11+\boxed{}$$

3 □ 안에 알맞은 수를 써넣으세요.

$$18\times5=9\times\bullet$$

9는 18을 $\boxed{}$ (으)로 나눈 수이므로 ●는 5에 $\boxed{}$ 을/를 곱한 수인 $\boxed{}$ 입니다.

4 식이 옳도록 □ 안에 알맞은 수를 써넣으세요.

(1) $50+\boxed{}=34+50$

(2) $50+22=40+\boxed{}+22$

---

5 □ 안에 5가 들어갈 수 있는 식의 기호를 쓰세요.

㉠ $45-\boxed{}=43-3$
㉡ $32+7=35+\boxed{}$

(　　　　　　　　　　)

🖊 문제 해결

6 5장의 수 카드 중에서 가와 나에 들어갈 수 있는 수 카드는 무엇인지 각각 구하세요.

3	5	6	8	9

$$\boxed{32}-\boxed{\text{가}}=\boxed{27}-\boxed{\text{나}}$$

가 (　　　　　　　　　　)
나 (　　　　　　　　　　)

🏅 서술형 中수

7 ★와 ▲에 알맞은 수의 합을 구하세요.

㉠ $27\times9=9\times$ ★
㉡ $30\times8=$ ▲ $\times16$

전략 등호를 사용한 식은 왼쪽과 오른쪽의 값이 같다.

❶ ㉠ 곱하는 두 수의 순서를 바꾸어 곱해도 계산 결과는 같습니다. ➡ ★ $=\boxed{}$

❷ ㉡ 16은 8에 $\boxed{}$ 을/를 곱한 수이므로 ▲는 30을 $\boxed{}$ (으)로 나눈 수입니다.

➡ ▲ $=\boxed{}$

❸ ★ $+$ ▲ $=\boxed{}+\boxed{}=\boxed{}$

답 

6 규칙 찾기

개념 확인: BOOK❶ 158쪽

실생활에서 규칙적인 계산식 만들기

[8~9] 우편함에 있는 수 배열을 보고 물음에 답하세요.

101	102	103	104	105	106
201	202	203	204		206
301	302	303	304	305	306

8 규칙을 찾아 □ 안에 알맞은 수를 써넣으세요.

$105 + \boxed{} = $ 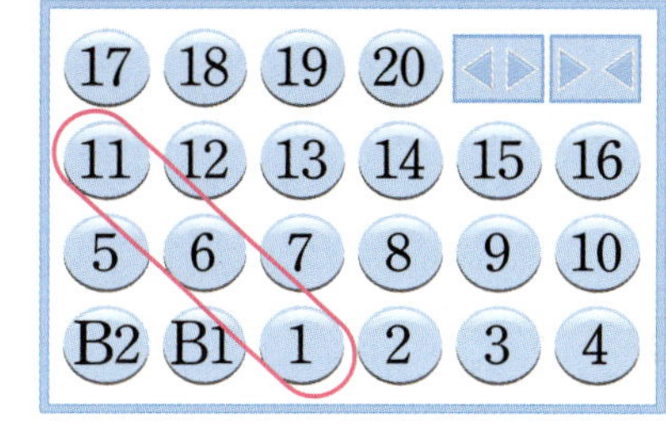

$204 + \boxed{} = $

$305 - \boxed{} = $

9 ↘ 방향과 ↗ 방향의 수 배열에서 규칙적인 계산식을 찾아 쓰세요.

$$101+202=102+201$$
$$102+203=103+202$$

$$\boxed{}$$

[10~11] 달력에 있는 수 배열을 보고 물음에 답하세요.

일	월	화	수	목	금	토
		1	2	3	4	5	6
7	8	9	10	11	12	13
14	15	16	17	18	19	20
21	22	23	24	25	26	27
28	29	30	31			

10 □ 안에 알맞은 수를 써넣으세요.

$$18-7=\boxed{}\,,\ 24-\boxed{}=17$$

11 ⊞로 표시한 부분에서 규칙적인 계산식을 찾아 쓰세요.

$$2+18+4+16=10\times\boxed{}$$

🔍 정보처리

12 승강기 숫자판에서 보기와 같이 세 수를 골라 규칙적인 계산식을 만들어 보세요.

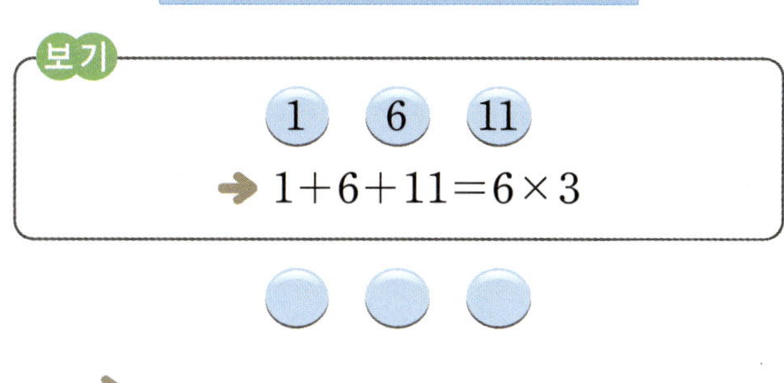

→ ______________

⚡ 추론

13 1부터 6까지의 수를 모두 더하는 덧셈식을 보기와 같이 곱셈식으로 바꾸어 계산할 수 있습니다. 이와 같은 방법으로 1부터 20까지의 수를 모두 더하는 덧셈식을 곱셈식으로 바꾸어 계산하면 얼마인가요?

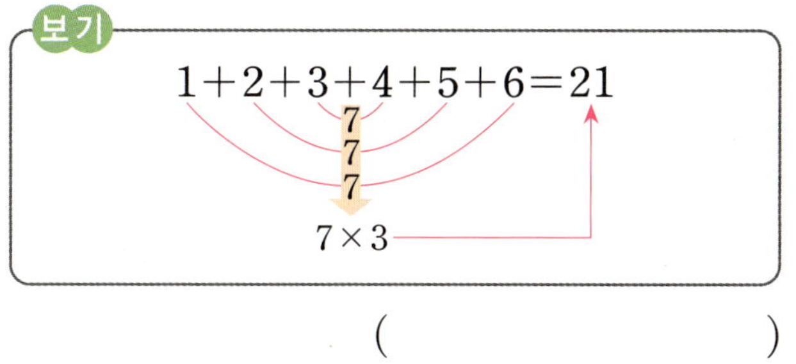

(   )

🌱 문제에서 핵심이 되는 말에 표시하고, 풀이를 따라 풀어 보자.

✏️ 키워드 문제

1-1 수 배열표를 보고 **규칙에 맞게** 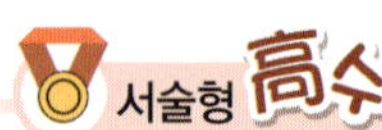 에 알맞은 수를 구하세요.

101	103	105	107	109
201	203	205	207	209
401	403	405	407	409
701	703	705	707	709
1101	1103	1105		1109

❶ ↓ 방향으로 100, 200, ☐ , …씩 커집니다.

전략 707보다 얼마만큼 더 큰 수인지 알아보자.

❷ 에 알맞은 수:

707 + ☐ = ☐

답 __________________

🏅 서술형 高수

1-2 수 배열표를 보고 규칙에 맞게 에 알맞은 수를 구하세요.

1010	1012	1014	1016	1018
1110	1112	1114	1116	1118
1310	1312	1314	1316	1318
1610	1612	1614	1616	1618
2010	2012		2016	2018

❶

❷

답 __________________

✏️ 키워드 문제

2-1 ☐ **안에 알맞은 수가 가장 큰 것**의 기호를 쓰세요.

> ㉠ $15 - 4 = 20 - ☐$
> ㉡ $22 + 5 = ☐ + 22$
> ㉢ $18 - ☐ = 16 - 6$

전략 ❶ 등호를 사용한 식은 왼쪽과 오른쪽의 값이 같다.

❶ ☐ 안에 알맞은 수 구하기:

㉠ = ☐ , ㉡ = ☐ , ㉢ = ☐

전략 ❶에서 구한 세 수의 크기를 비교하자.

❷ ☐ 안에 알맞은 수가 가장 큰 것의 기호: ☐

답 __________________

🏅 서술형 高수

2-2 ☐ 안에 알맞은 수가 가장 큰 것의 기호를 쓰세요.

> ㉠ $28 + ☐ = 9 + 28$
> ㉡ $30 - 16 = 29 - ☐$
> ㉢ $9 + 21 = 20 + ☐$

❶

❷

답 __________________

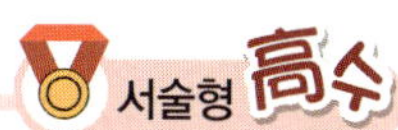

3-1 키워드 문제

덧셈식의 배열에서 규칙을 찾아 여섯째 식의 계산 결과의 0의 개수는 몇 개인지 구하세요.

순서	덧셈식
첫째	$78+23=101$
둘째	$778+223=1001$
셋째	$7778+2223=10001$
넷째	$77778+22223=100001$

전략 계산 결과에서 0의 개수의 규칙을 찾자.

❶ 계산 결과의 0의 개수가 1개부터 시작하여 ▢개씩 늘어나는 규칙입니다.

❷ 여섯째 식의 계산 결과: ▢

❸ 여섯째 식의 계산 결과의 0의 개수: ▢개

답 ____________________

3-2 서술형 高수

곱셈식의 배열에서 규칙을 찾아 여섯째 식의 계산 결과의 1의 개수는 몇 개인지 구하세요.

순서	곱셈식
첫째	$99×89=8811$
둘째	$999×889=888111$
셋째	$9999×8889=88881111$
넷째	$99999×88889=8888811111$

❶

❷

❸

답 ____________________

4-1 키워드 문제

모형의 배열에서 규칙을 찾아 모형이 28개일 때의 모양은 몇째인지 구하세요.

첫째　　둘째　　셋째　　넷째

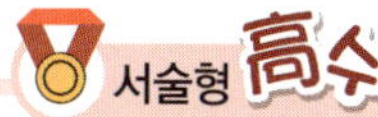

전략 모형의 개수를 세어 몇 개씩 늘어나는 규칙인지 찾자.

❶ 모형의 수는 첫째: 8개, 둘째: 12개, 셋째: ▢개, 넷째: ▢개로 ▢개씩 늘어납니다.

❷ 모형이 28개일 때의 모양: ▢째

답 ____________________

4-2 서술형 高수

모형의 배열에서 규칙을 찾아 모형이 23개일 때의 모양은 몇째인지 구하세요.

첫째　　둘째　　셋째　　넷째

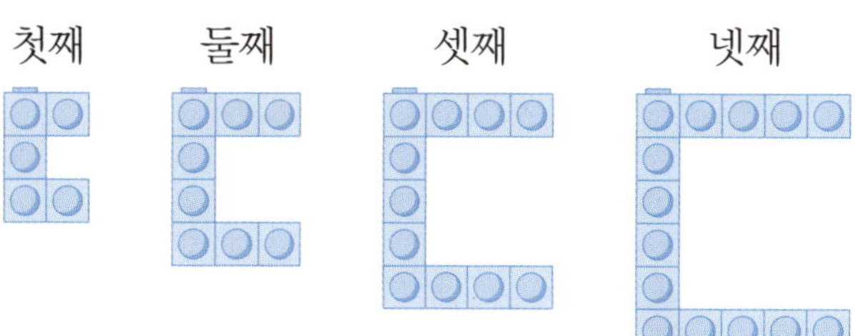

❶

❷

답 ____________________

점선대로 잘라서 파이널 테스트지로 활용하세요.

<table><tr><td>**단원평가 A**</td><td>**1. 큰 수**
4학년   이름 :</td><td>날짜
점수</td></tr></table>

1 □ 안에 알맞은 수를 써넣으세요.

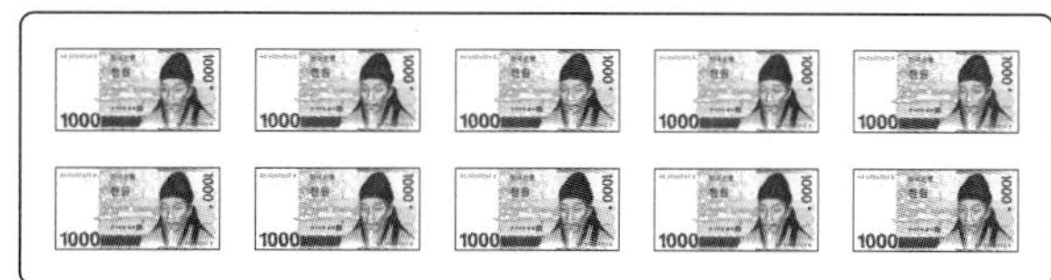

1000원짜리 지폐가 10장이면 □ 원입니다.

2 □ 안에 알맞은 수를 써넣으세요.

84751에서 만의 자리 숫자는 □ 입니다.

3 □ 안에 알맞은 수를 써넣으세요.

10000이 7개 ┐
1000이 5개 │
100이 1개 │ 이면 □
10이 0개 │
1이 4개 ┘

4 수를 읽어 보세요.

4008210370000

➜ __________________________

5 □ 안에 알맞은 수를 써넣으세요.

471659280000은 억이 □ 개,

만이 □ 개인 수입니다.

6 □ 안에 알맞은 수를 써넣으세요.

1조는

┌ 9999억보다 □ 억만큼 더 큰 수입니다.
└ 9990억보다 □ 억만큼 더 큰 수입니다.

7 더 큰 수를 찾아 기호를 써 보세요.

㉠ 348200   ㉡ 359300

(   )

8 □ 안에 알맞은 수를 써넣으세요.

42360000= □ +2000000

+ □ +60000

9 얼마만큼씩 뛰어 세었는지 써 보세요.

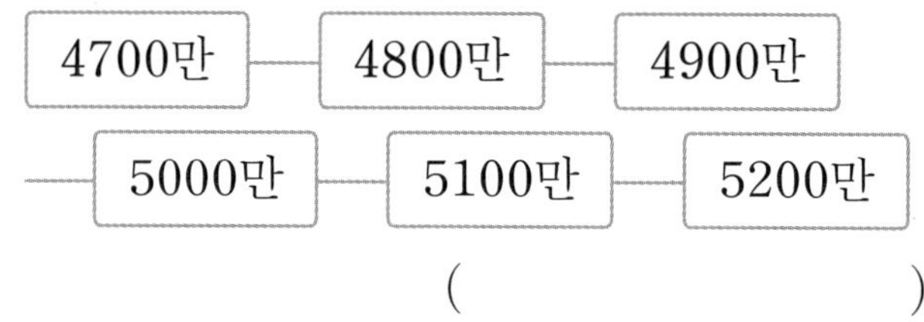

(   )

10 숫자 8이 나타내는 값을 써 보세요.

58490000

(   )

11 두 수의 크기를 비교하여 ○ 안에 >, =, < 중 알맞은 것을 써넣으세요.

1억 6만 ◯ 63800000

 수를 보고 물음에 답하세요. (**12 ~ 13**)

⊙ 796039124   ⓒ 50394129

12 백만의 자리 숫자가 0인 것을 찾아 기호를 써 보세요.

(   )

13 숫자 3이 나타내는 값이 더 큰 것을 찾아 기호를 써 보세요.

(   )

 뛰어 센 규칙에 따라 빈 곳에 알맞은 수를 써넣으세요. (**14 ~ 15**)

14 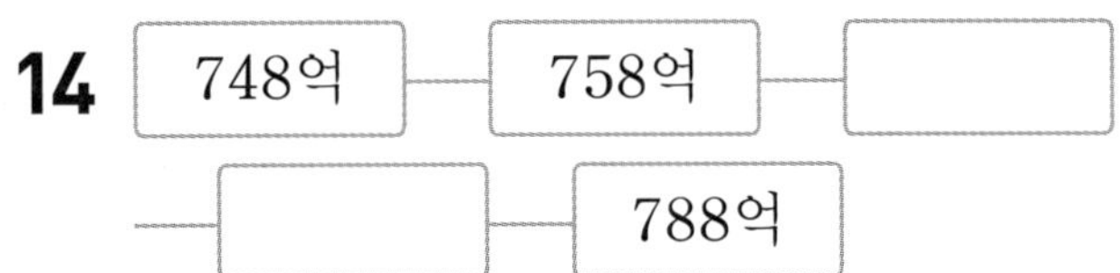

15 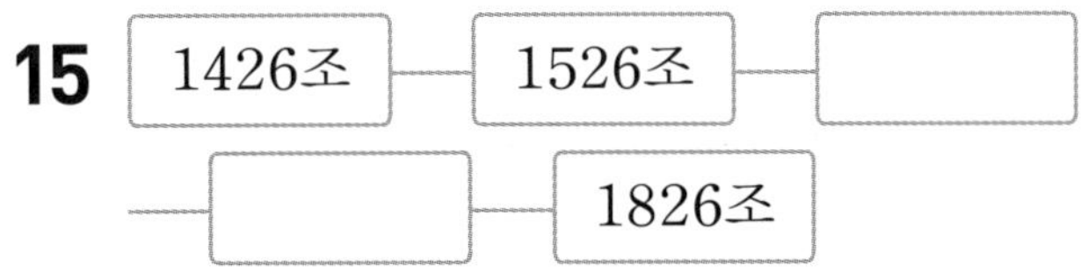

16 읽은 것을 수로 나타낼 때 숫자 0은 모두 몇 개일까요?

삼십사조 팔천구

(   )

17 지호네 삼촌은 여행을 가기 위해 200만 원을 모으려고 합니다. 한 달에 20만 원씩 모으면 몇 개월이 걸릴까요?

(   )

18 0부터 9까지의 수 중에서 □ 안에 들어갈 수 있는 수를 모두 구하세요.

458396 < 4□1653

(   )

19 다음은 자동차의 가격입니다. 가격이 높은 것부터 차례로 써 보세요.

(   )

20 9장의 수 카드 중에서 8장을 뽑아 한 번씩만 사용하여 여덟 자리 수를 만들려고 합니다. 만들 수 있는 수 중에서 십만의 자리 숫자가 9인 가장 큰 수를 구하세요.

(   )

1 만에 대한 설명으로 <u>틀린</u> 것은 어느 것일까요?
………………………………………………… (　　　)

① 1000이 10개인 수
② 9990보다 10만큼 더 큰 수
③ 9000보다 100만큼 더 큰 수
④ 9999보다 1만큼 더 큰 수
⑤ 100이 100개인 수

2 |보기|와 같이 나타내세요.

|보기|
$$74298 = 70000 + 4000 + 200 + 90 + 8$$

$86243 = $ ________________

3 읽은 것을 수로 써 보세요.

오만 이천삼십육

(　　　　　　　)

4 미영이는 만 원짜리 지폐 1장, 천 원짜리 지폐 4장, 백 원짜리 동전 8개, 십 원짜리 동전 5개를 가지고 있습니다. 미영이가 가지고 있는 돈은 모두 얼마일까요?

(　　　　　　　)

5 10000이 1000개인 수를 써 보세요.

(　　　　　　　)

6 수를 읽어 보세요.

63072248

➜ ________________

7 십만의 자리 숫자가 가장 큰 수를 찾아 기호를 쓰세요.

㉠ 1526048
㉡ 860438
㉢ 3264208

(　　　　　　　)

8 유리네 어머니께서는 5200000원을 만 원짜리 지폐로만 찾으려고 합니다. 만 원짜리 지폐는 모두 몇 장 찾을 수 있을까요?

(　　　　　　　)

9 □ 안에 알맞은 수를 써넣으세요.

1000만이 [　　] 개인 수 ⎱ 는 1억입니다.
100만이 [　　] 개인 수 ⎰

10 억이 653개, 만이 2058개, 일이 34개인 수를 써 보세요.

(　　　　　　　)

11 밑줄 친 숫자 6이 나타내는 값은 얼마인지 써 보세요.

$$840061249301005$$

(   )

12 읽은 것을 수로 써 보세요.

사조 구백이십팔억

➜ _______________________________

13 다음 수를 10배 한 수를 구하세요.

조가 426개, 억이 1389개, 만이 8025개,
일이 3417개인 수

(   )

14 50만씩 뛰어 세어 보세요.

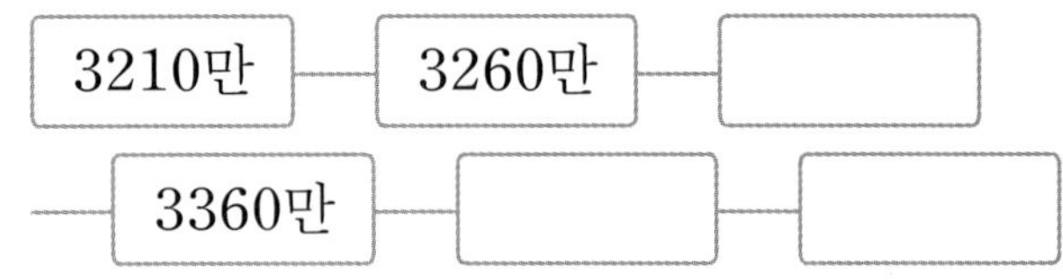

15 뛰어 센 규칙에 따라 빈 곳에 알맞은 수를 써 넣으세요.

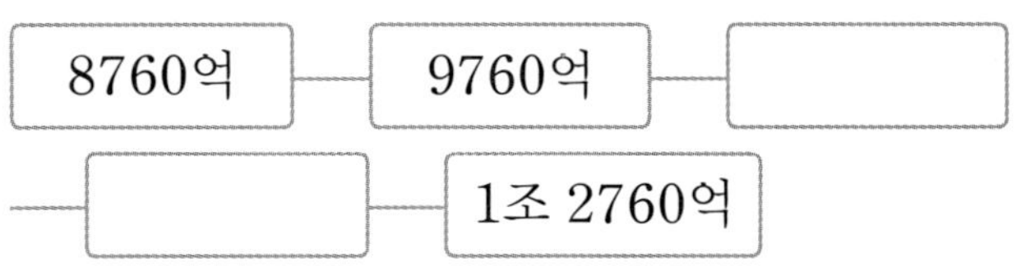

16 세호의 통장에는 458000원이 있습니다. 다음 달부터 매달 2만 원씩 저금할 때 4개월 후 세호의 통장에 있는 돈은 모두 얼마가 될까요?

(   )

⏰ 두 수의 크기를 비교하여 ○ 안에 >, =, < 중 알맞은 것을 써넣으세요. **(17 ~ 18)**

17 37354000 ◯ 310048000

18 8770439283 ◯ 8799834794

19 태양과 행성 사이의 거리입니다. 태양에서 가까운 순서대로 행성의 이름을 써 보세요.

지구	일억 사천구백육십만 km
금성	108200000 km
토성	14억 2700만 km

(   )

20 조건을 모두 만족하는 수를 구하세요.

- 수 카드 1, 2, 3, 4, 5 를 모두 한 번씩만 사용하여 만든 수입니다.
- 43000보다 큰 수입니다.
- 43200보다 작은 수입니다.
- 일의 자리 숫자는 홀수입니다.

(   )

1 두 각 중에서 더 큰 각에 ◯표 하세요.

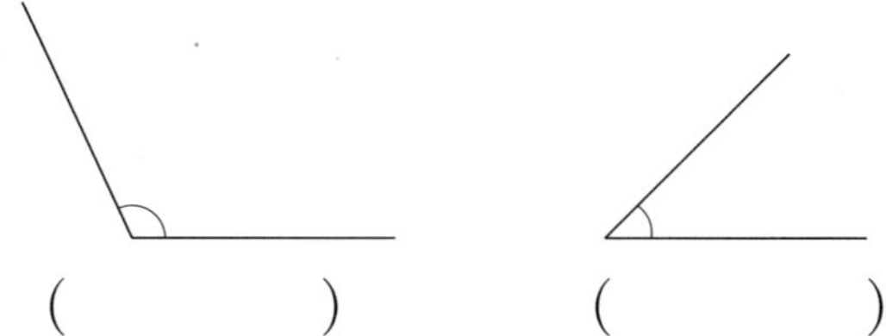

(   )   (   )

2 다음 각이 예각이면 '예', 둔각이면 '둔'이라고 쓰세요.

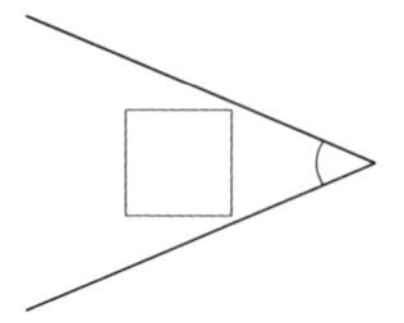

3 각도를 구하세요.

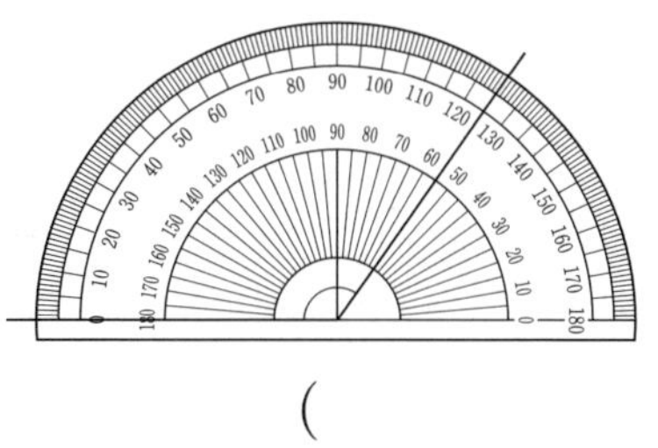

(   )

⏰ 각도의 합과 차를 계산하세요. (**4 ~ 5**)

4 $45° + 75°$

5 $130° - 65°$

⏰ 각도기를 이용하여 각도를 재어 보세요. (**6 ~ 7**)

6

☐ °

7

☐ °

8 두 각도의 합과 차를 각각 구하세요.

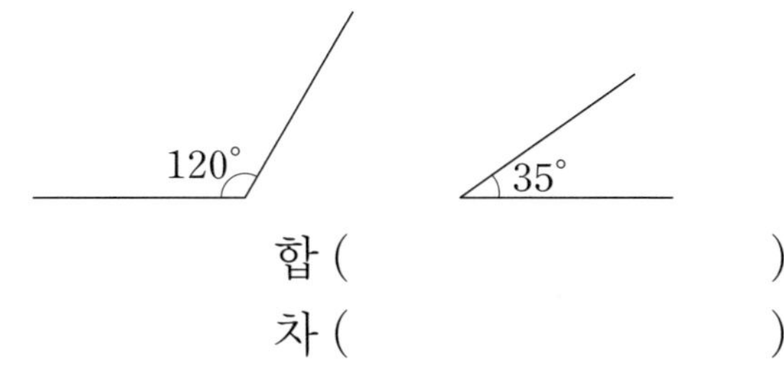

합 (   )

차 (   )

9 주어진 선분을 이용하여 둔각을 그려 보세요.

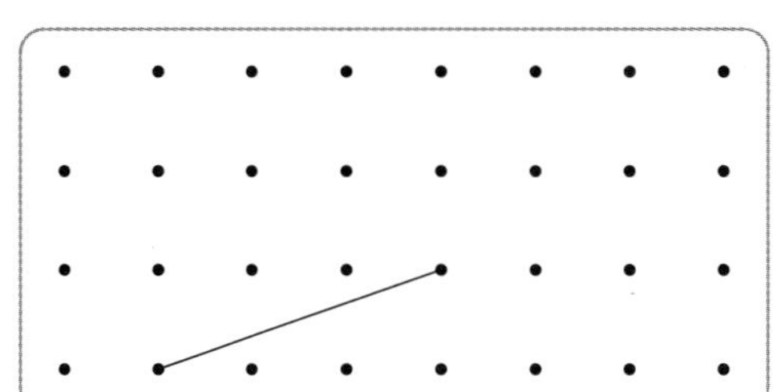

10 ☐ 안에 알맞은 수를 써넣으세요.

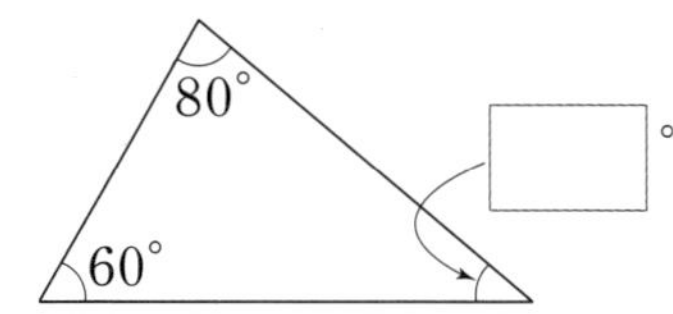

11 오른쪽 각도를 어림하여 보고, 각도기로 각도를 재어 확인해 보세요.

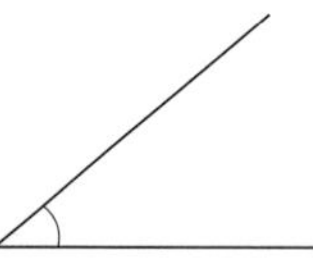

	어림한 각도	잰 각도
각도	약	

12 각도를 비교하여 ○ 안에 >, =, < 중 알맞은 것을 써넣으세요.

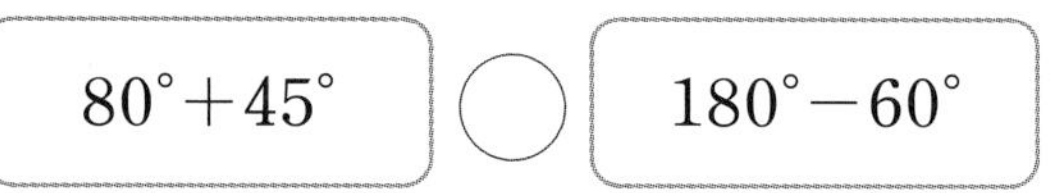

$80°+45°$ ○ $180°-60°$

13 시계의 긴바늘과 짧은바늘이 이루는 작은 쪽의 각이 예각, 직각, 둔각 중 무엇인지 쓰세요.

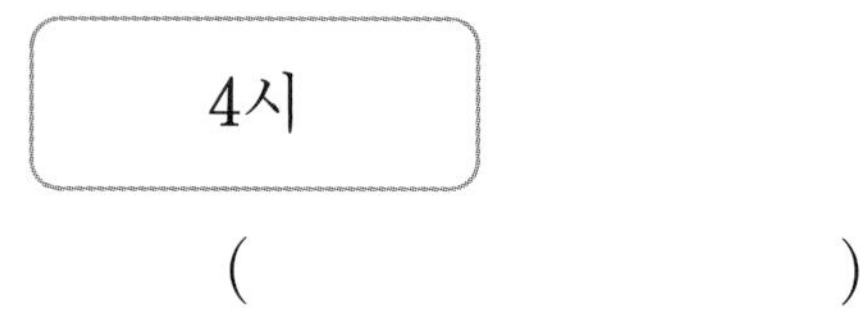

4시

( )

14 ㉠의 각도를 구하세요.

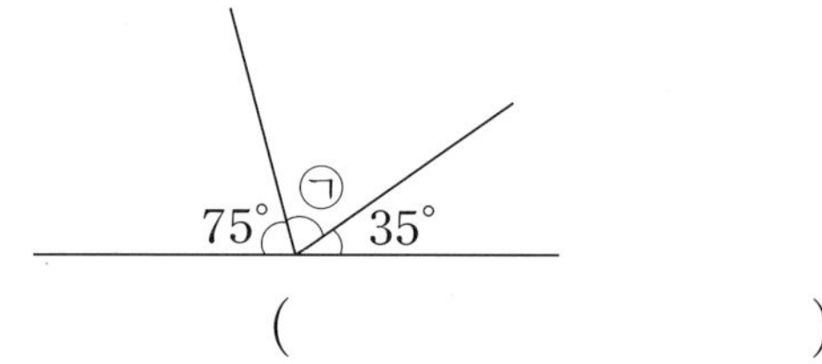

( )

15 ㉠과 ㉡의 각도의 합을 구하세요.

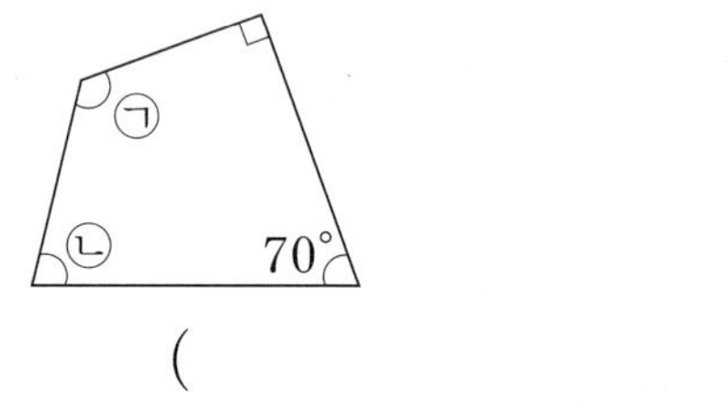

( )

16 서연이와 하준이는 각도를 어림했습니다. 누가 실제 각도에 더 가깝게 어림했을까요?

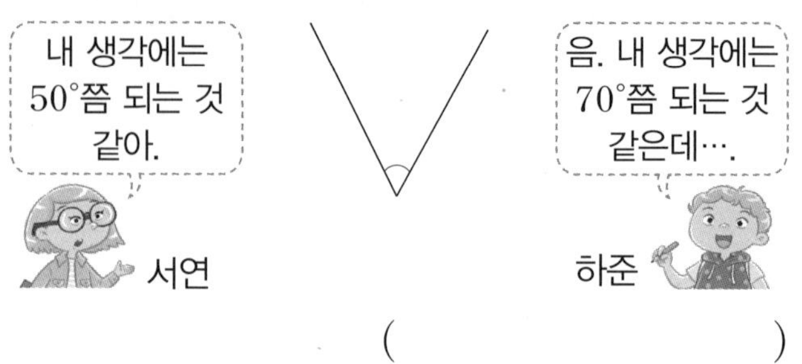

( )

17 네 각 중에서 세 각의 크기가 각각 120°, 80°, 75°인 사각형이 있습니다. 이 사각형의 나머지 한 각의 크기를 구하세요.

( )

18 직각 삼각자 2개를 겹쳐 놓은 것입니다. ㉮의 각도를 구하세요.

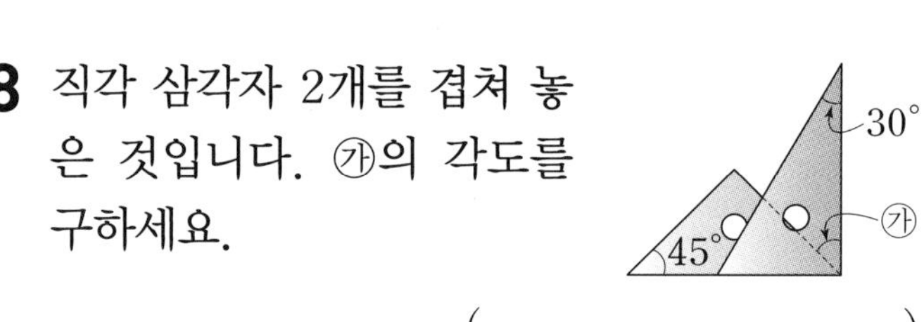

( )

19 □ 안에 알맞은 수를 써넣으세요.

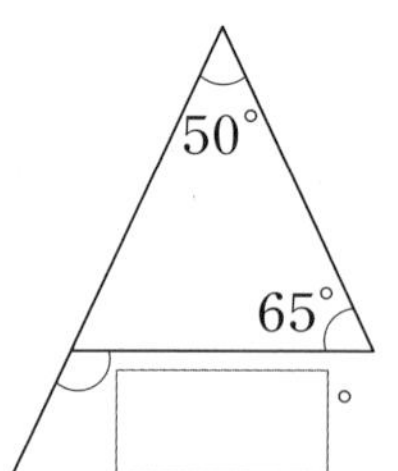

20 오른쪽 도형에서 다섯 각의 크기의 합을 구하세요.

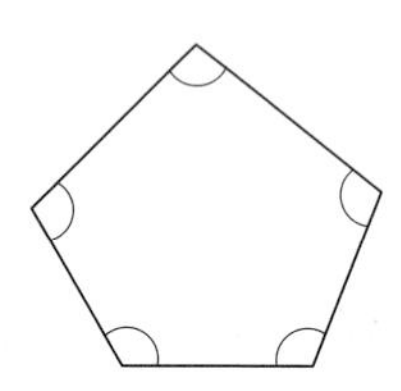

( )

1 시계의 긴바늘과 짧은바늘이 이루는 작은 쪽의 각이 더 큰 것에 ◯표 하세요.

(   )   (   )

2 큰 각부터 차례로 기호를 쓰세요.

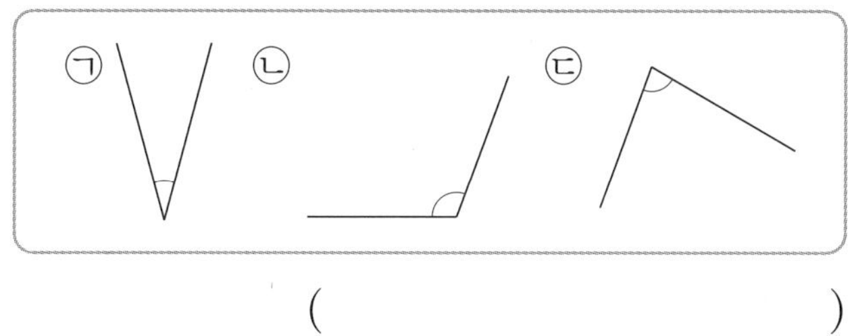

(   )

3 각도를 구하세요.

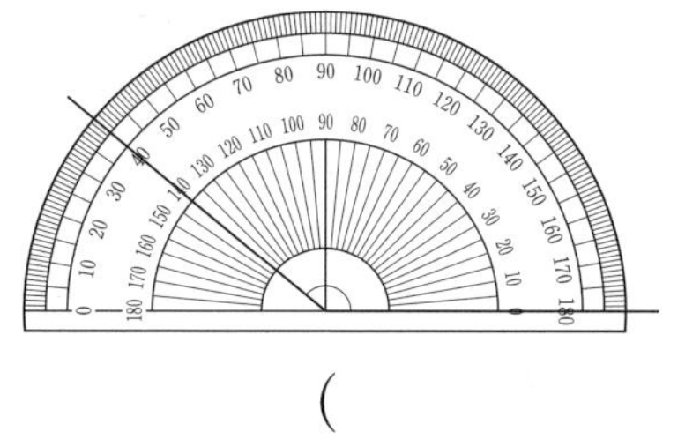

(   )

4 각도기로 각의 크기를 재어 보세요.

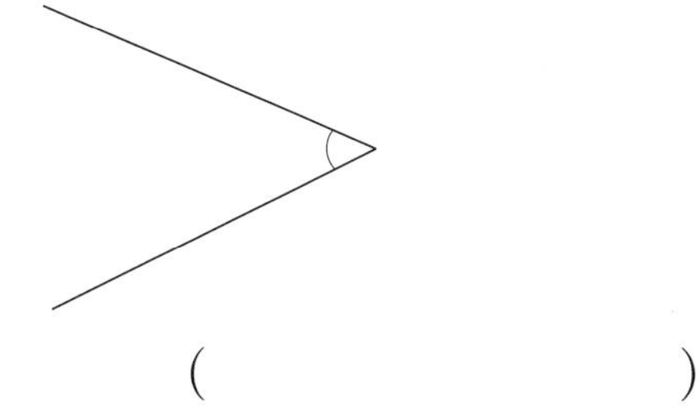

(   )

5 각도기를 이용하여 도형의 각도를 재어 보세요.

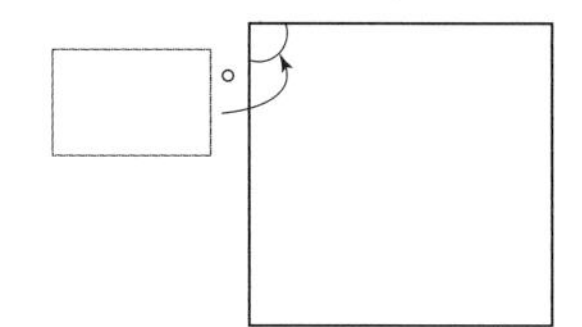

6 다음 각이 예각이면 '예', 둔각이면 '둔'이라고 쓰세요.

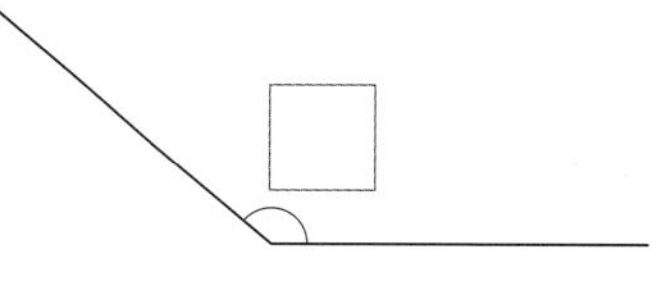

7 알맞은 것끼리 이어 보세요.

45°	130°	82°	105°

예각   둔각

8 부챗살을 이용하여 가와 나의 크기를 재었습니다. □ 안에 알맞은 수를 써넣으세요.

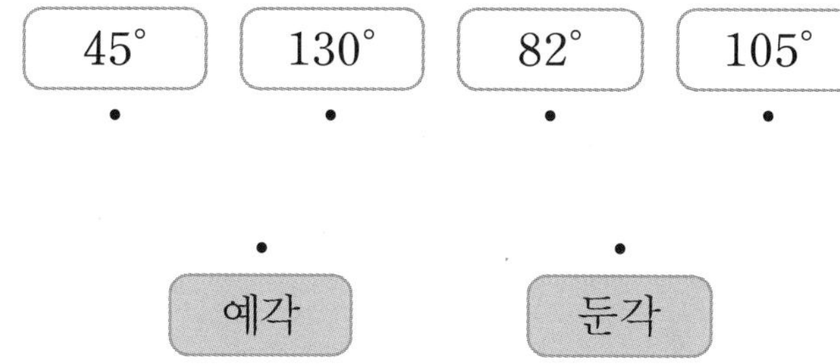

➡ 나의 크기는 가의 크기보다 부챗살 □ 개만큼 더 큽니다.

9 각도의 합과 차를 각각 구하세요.

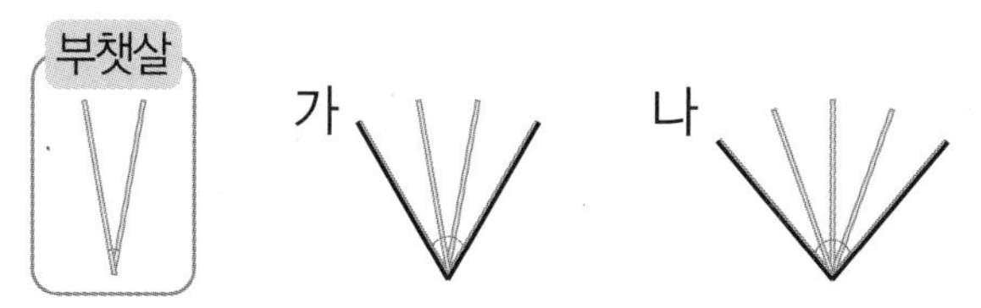

115°, 45°

합 (   )

차 (   )

10 크기를 비교하여 ◯ 안에 >, =, < 중 알맞은 것을 써넣으세요.

180°−80° ◯ 90°

11 각도를 어림하고, 각도기로 재어 확인해 보세요.

어림한 각도: 약 ◻°

잰 각도: ◻°

12 오른쪽 각도를 어림한 것입니다. 누가 실제 각도에 더 가깝게 어림했는지 쓰세요.

이름	어림한 각도
민호	약 75°
찬열	약 90°

( )

13 시계의 긴바늘과 짧은바늘이 이루는 작은 쪽의 각이 예각, 직각, 둔각 중 무엇인지 쓰세요.

9시 40분

( )

14 ◻ 안에 알맞은 수를 써넣으세요.

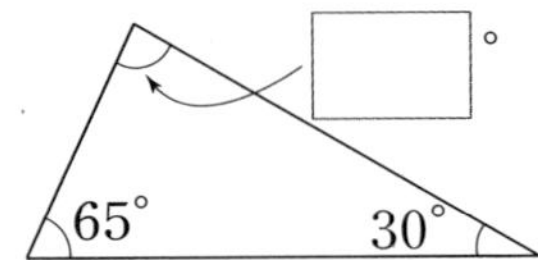

( )

15 가는 피자를 4등분했고, 나는 6등분했습니다. ㉠과 ㉡의 각도의 차를 구하세요.

가   나

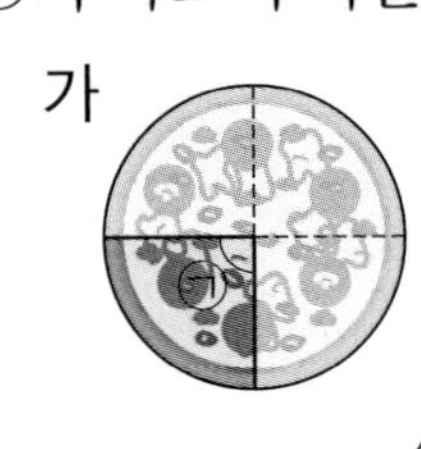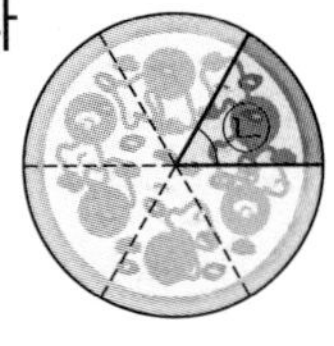

( )

16 그림에서 찾을 수 있는 크고 작은 예각은 모두 몇 개일까요?

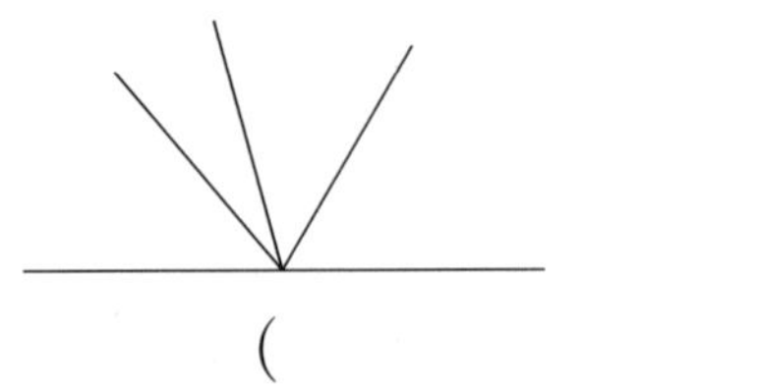

( )

17 ㉠과 ㉡의 각도의 합을 구하세요.

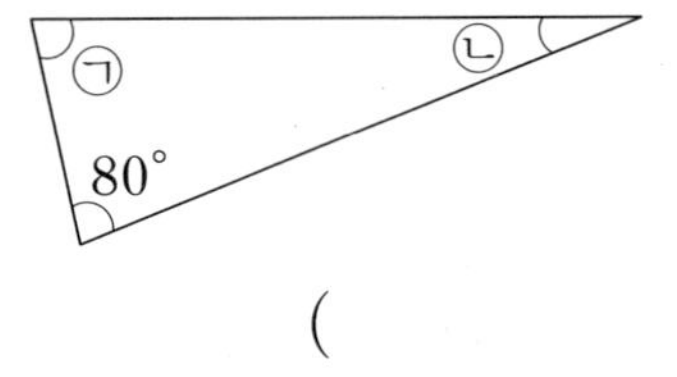

( )

18 직각 삼각자 2개를 겹쳐 놓은 것입니다. ◻ 안에 알맞은 수를 써넣으세요.

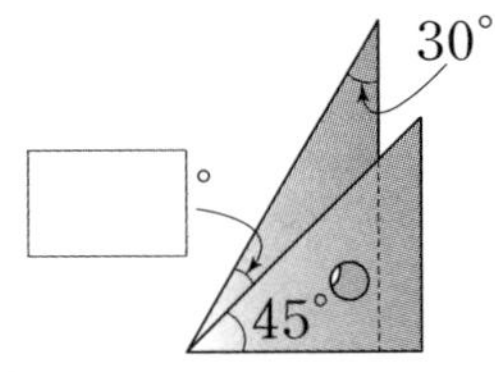

19 ◻ 안에 알맞은 수를 써넣으세요.

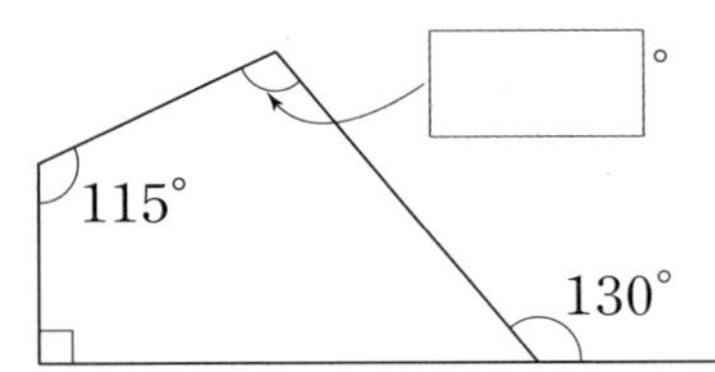

20 ㉠의 각도를 구하세요.

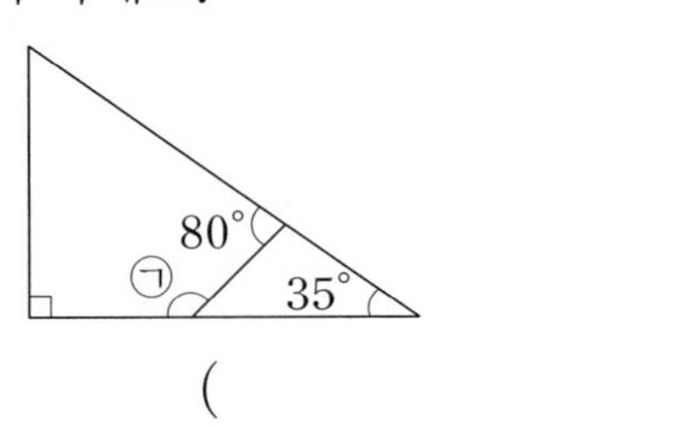

( )

1 □ 안에 알맞은 수를 써넣으세요.

$$300 \times 80 = \boxed{}\,000$$

$$3 \times 8 = \boxed{}$$

2 □ 안에 알맞은 수를 써넣으세요.

$$\begin{array}{r} 2\ 5\ 7 \\ \times\quad 4\ 0 \\ \hline \boxed{} \end{array}$$

3 □ 안에 알맞은 수를 써넣으세요.

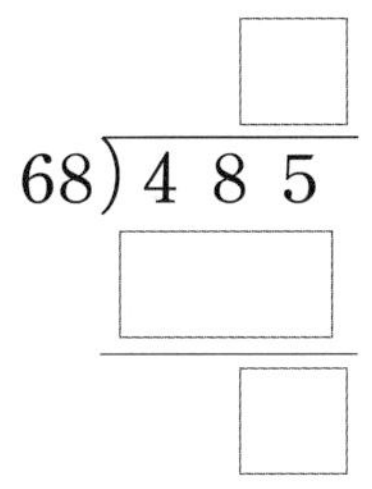

$$68\,)\overline{4\ 8\ 5}$$

4 계산해 보세요.

$$\begin{array}{r} 3\ 4\ 6 \\ \times\quad 4\ 3 \\ \hline \end{array}$$

5 나눗셈을 하고 몫과 나머지를 각각 구하세요.

$$32\,)\overline{4\ 5\ 3}$$

몫 (   )

나머지 (   )

6 두 수의 곱을 구하세요.

| 60 | 900 |

(   )

7 빈칸에 알맞은 수를 써넣으세요.

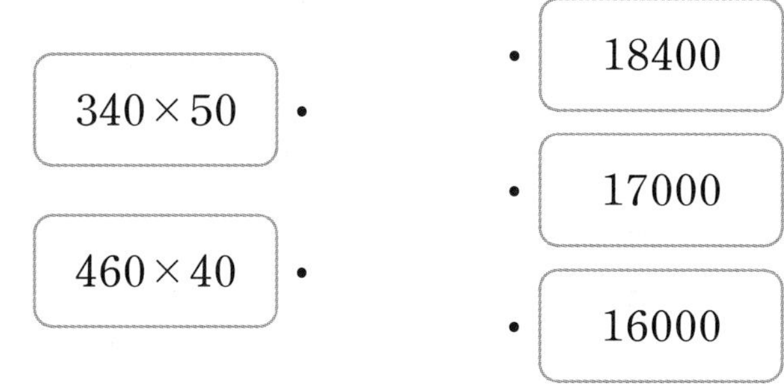

8 계산 결과에 맞게 이어 보세요.

340×50 ·

460×40 ·

· 18400

· 17000

· 16000

9 몫이 두 자리 수인 나눗셈을 찾아 기호를 쓰세요.

| ㉠ 476÷51 | ㉡ 639÷61 |

(   )

10 몫의 크기를 비교하여 ○ 안에 >, =, < 중 알맞은 것을 써넣으세요.

$$539 \div 26 \ \bigcirc\ 814 \div 45$$

11 유리는 한 개에 350원인 지우개를 37개 샀습니다. 유리가 산 지우개의 가격은 모두 얼마일까요?

식 ______________________________

답 ______________________________

12 어떤 수를 36으로 나누었을 때 나머지가 될 수 <u>없는</u> 수는 어느 것일까요?……( )

① 0   ② 1   ③ 24

④ 37   ⑤ 30

13 □ 안에 알맞은 식의 기호를 써넣으세요.

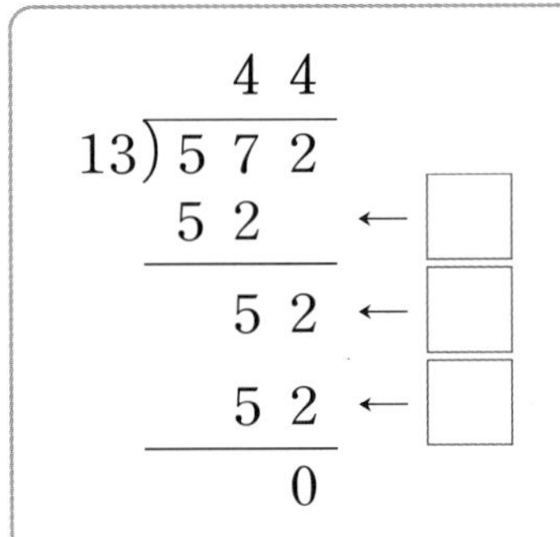

$\bigcirc$ 13×4

$\bigcirc$ 13×40

$\bigcirc$ $572 - 520$

14 잘못 계산한 부분을 찾아 바르게 고쳐 보세요.

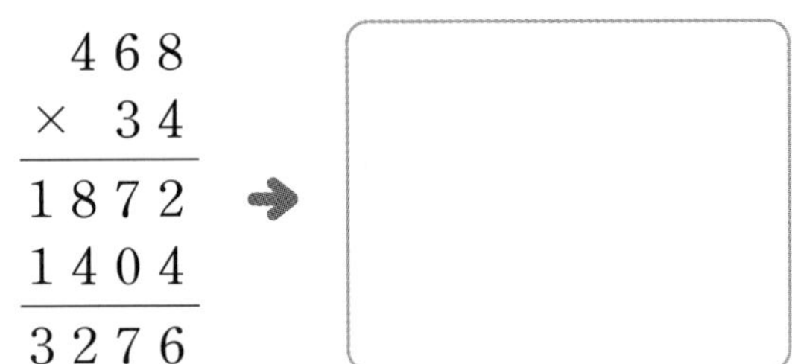

15 '450×32'와 관련된 문제를 완성하고 풀어 보세요.

문제 클립이 한 상자에 450개씩 들어 있습니다.

____

답 ______________________________

16 ㉠에 알맞은 수를 구하세요.

$$㉠ \div 90 = 4 \cdots 20$$

( )

17 어느 학교에서 280명이 수학 체험전을 가려고 합니다. 버스 한 대에 45명씩 탄다면 버스는 적어도 몇 대 필요할까요?

식 ______________________________

답 ______________________________

18 나머지가 큰 것부터 차례로 ○ 안에 번호를 써넣으세요.

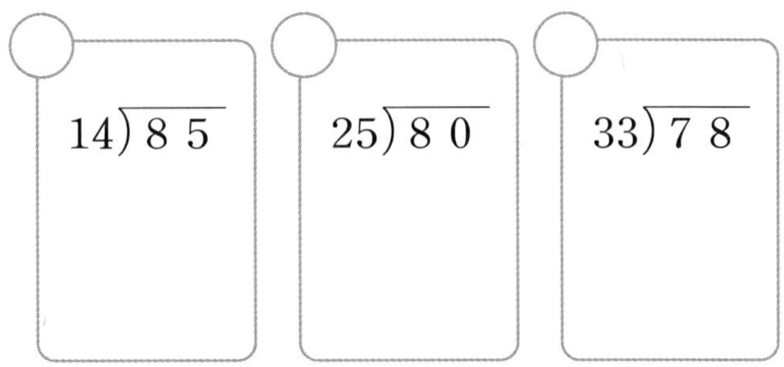

19 지원이네 마을 주민 473명이 광장에 줄을 서 있습니다. 한 줄에 22명씩 섰을 때 남은 사람이 마지막 줄에 서게 된다면 마지막 한 줄에 서 있는 주민은 몇 명일까요?

( )

20 한 상자에 15개씩 들어 있는 감자가 18상자 있습니다. 이 감자를 한 사람에게 6개씩 주려고 합니다. 몇 명에게 나누어 줄 수 있을까요?

( )

3. 곱셈과 나눗셈

4학년   이름 :

날짜
점수

1 □ 안에 알맞은 수를 써넣으세요.

(1) $143 \times 20 =$ ☐

(2) $520 \times 40 =$ ☐

2 바르게 계산한 것에 ○표 하세요.

$900 \times 40 = 3600$	$700 \times 50 = 35000$

(   )   (   )

3 어느 학교에서 학생들이 하루에 마시는 우유는 340개입니다. 20일 동안 학생들이 마신 우유는 모두 몇 개일까요?

식 ________________________

답 ________________________

4 돼지 저금통에 들어 있던 돈은 모두 얼마일까요?

(   )

5 □ 안에 알맞은 수를 써넣으세요.

215×20 215×4

$215 \times 24 =$ ☐ $+$ ☐

$=$ ☐

6 빈칸에 알맞은 수를 써넣으세요.

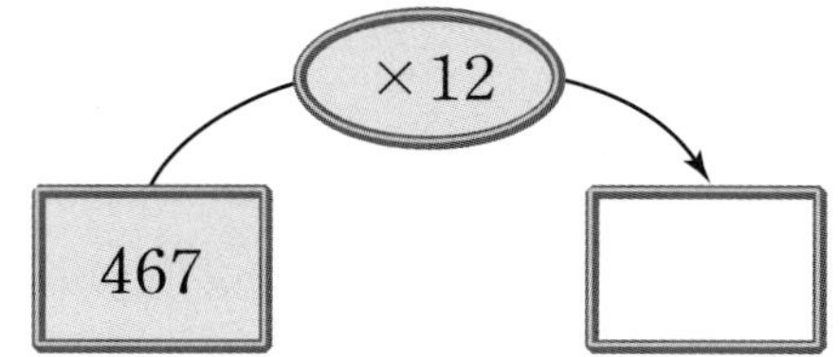

$\times 12$

467 → ☐

7 계산 결과가 더 큰 것의 기호를 쓰세요.

㉠ 527×34	㉡ 605×29

(   )

8 은수는 매일 종이학을 12개씩 접습니다. 1년을 365일로 계산한다면 은수는 1년 동안 종이학을 모두 몇 개 접을 수 있을까요?

식 ________________________

답 ________________________

9 주영이는 가게에서 한 병에 950원인 주스를 11병 샀습니다. 주영이가 주스를 사고 11000원을 냈다면 거스름돈으로 얼마를 받아야 할까요?

(   )

10 빈칸에 알맞은 수를 써넣고 $240 \div 60$의 몫을 구하세요.

$\times 60$	1	2	3	4
	60	120		

$240 \div 60 =$ ☐

11 하연이는 172쪽인 동화책을 모두 읽으려고 합니다. 하루에 20쪽씩 읽으면 며칠 안에 모두 읽을 수 있을까요?

식 _______________________________

답 _______________________________

12 계산해 보세요.

$$21 \overline{)\,9\,4}$$

13 ☐ 안에 몫을 써넣고, ◯ 안에 나머지를 써넣으세요.

14 잘못 계산한 부분을 찾아 바르게 계산하세요.

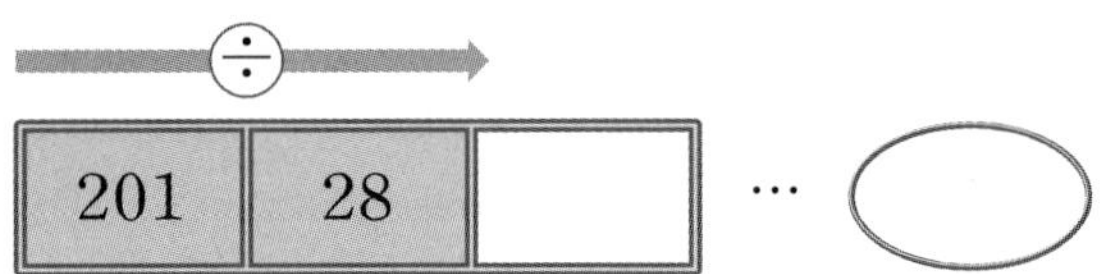

15 ☐ 안에 들어갈 자연수 중에서 가장 큰 수를 구하세요.

$$\boxed{} \div 15 = 6 \cdots ☆$$

( )

16 몫이 큰 순서대로 기호를 쓰세요.

㉠ $512 \div 16$ ㉡ $588 \div 21$ ㉢ $775 \div 25$

( )

17 학생 264명이 케이블카를 타려고 합니다. 케이블카를 타기 위해 12명씩 모둠을 만들려고 합니다. 몇 모둠이 될까요?

식 _______________________________

답 _______________________________

18 나눗셈의 몫과 나머지를 각각 구하세요.

$$681 \div 32$$

몫 ( )
나머지 ( )

19 길이가 780 cm인 테이프를 한 도막이 24 cm가 되게 자르려고 합니다. 24 cm짜리 도막을 몇 개까지 만들 수 있고, 남는 테이프의 길이는 몇 cm일까요?

( ), ( )

20 어떤 수를 42로 나누어야 하는데 잘못하여 24로 나누었더니 몫이 36으로 나누어떨어졌습니다. 바르게 나누었을 때의 몫과 나머지를 각각 구하세요.

몫 ( )
나머지 ( )

1 그림을 보고 알맞은 말에 ○표 하세요.

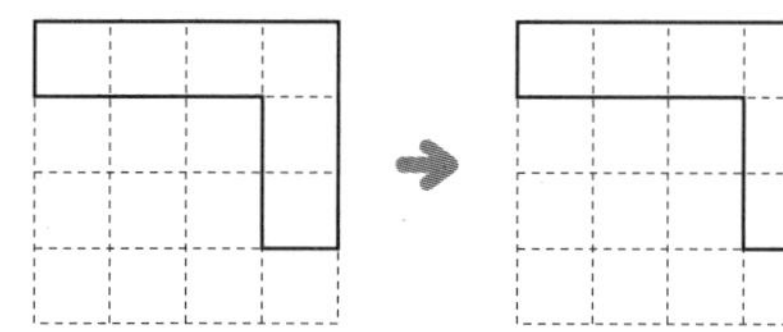

도형을 오른쪽으로 밀면 도형의 모양은
(변합니다 , 변하지 않습니다).

2 점 ㄱ을 위쪽으로 2칸 이동했을 때의 위치에 점 ㄴ으로 표시해 보세요.

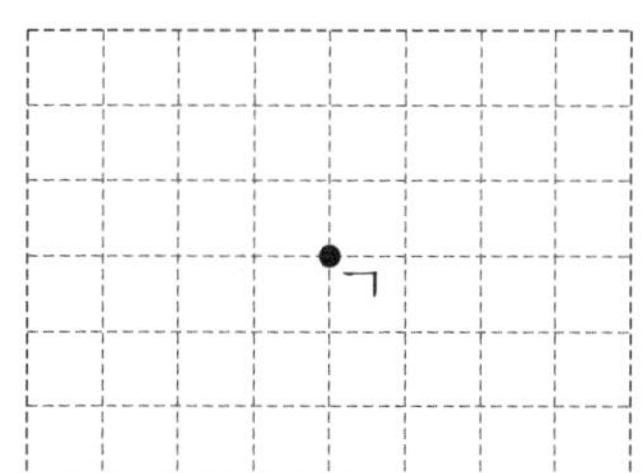

3 왼쪽 모양 조각을 시계 방향으로 180°만큼 돌렸을 때의 모양에 ○표 하세요.

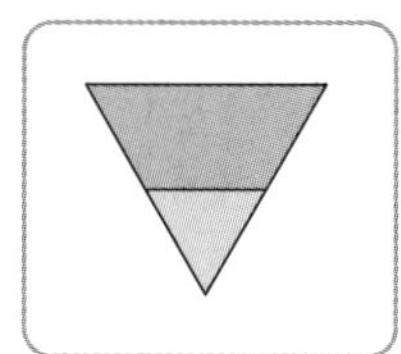 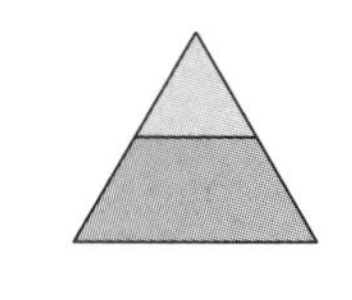 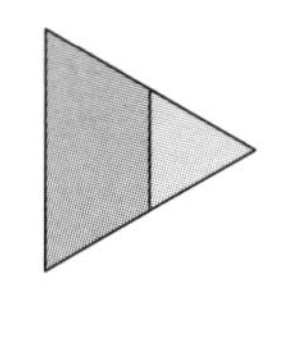

（　　　　） （　　　　）

 도형을 아래쪽으로 뒤집었을 때의 도형을 그려 보세요. (**4 ~ 5**)

4 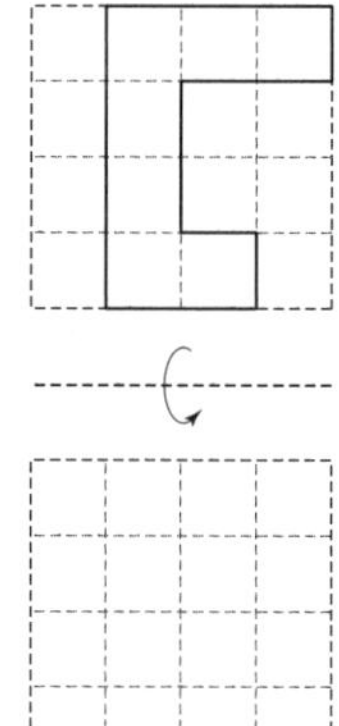

5 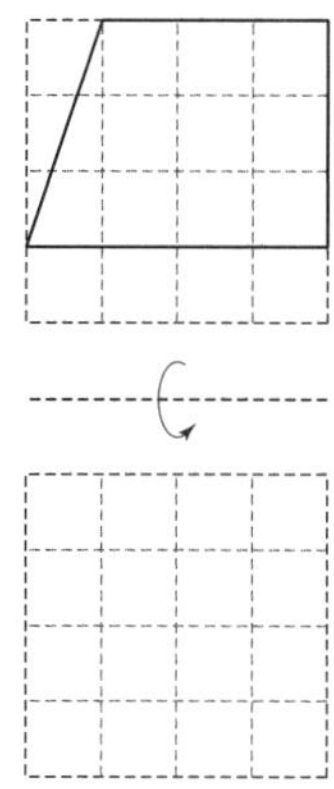

6 도형을 오른쪽으로 5 cm 밀었을 때의 도형을 그려 보세요.

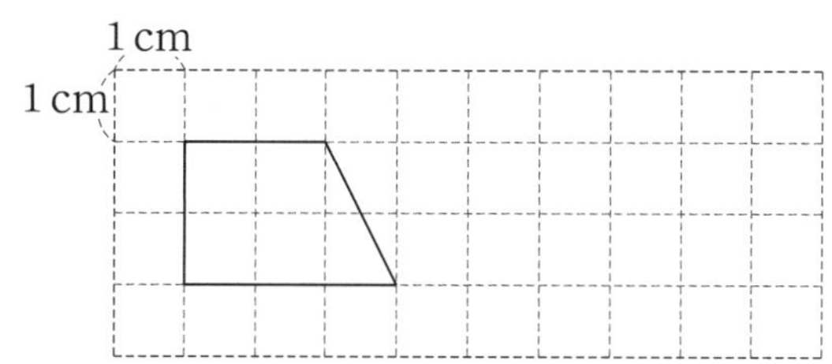

7 밀기를 이용하여 무늬를 만든 것입니다. 어떤 모양을 이용한 것인지 그려 보세요.

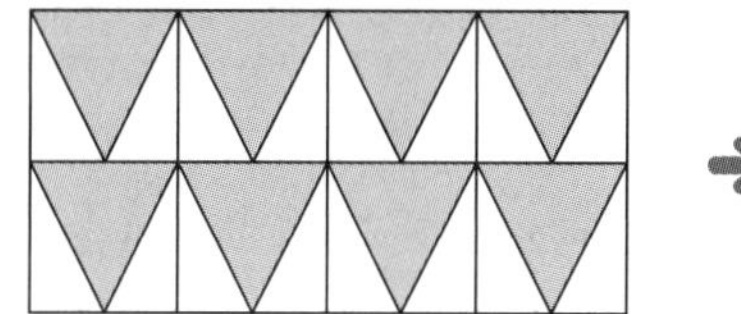 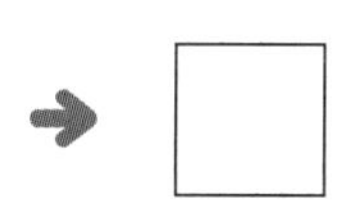

8 도형을 시계 방향으로 90°만큼 돌렸을 때의 도형을 그려 보세요.

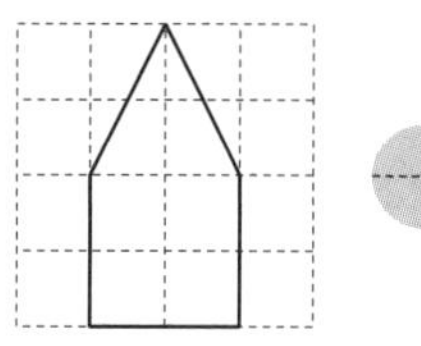 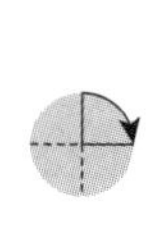 

가 도형을 오른쪽으로 뒤집은 뒤 다시 오른쪽으로 뒤집었을 때의 도형을 각각 알아보세요. (**9 ~ 10**)

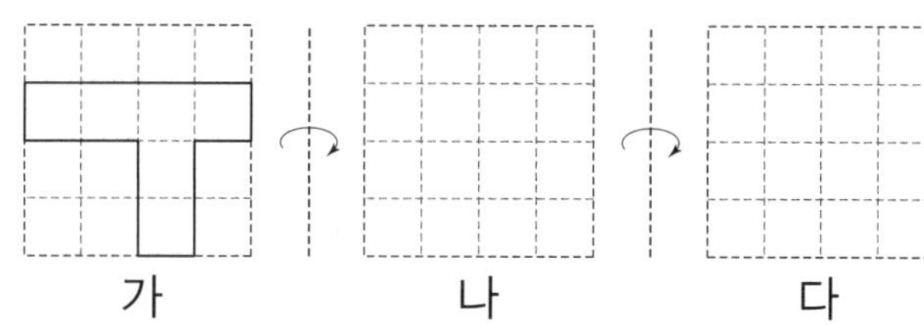

가　　　　나　　　　다

9 나에 알맞은 도형에 ○표 하세요.

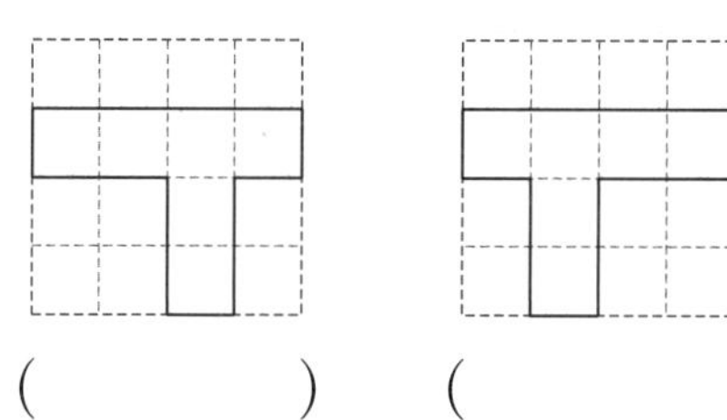

（　　　　） （　　　　）

10 다에 알맞은 도형을 위의 빈 곳에 그려 보세요.

11 도형을 위쪽으로 2번 뒤집었을 때의 도형을 그려 보세요.

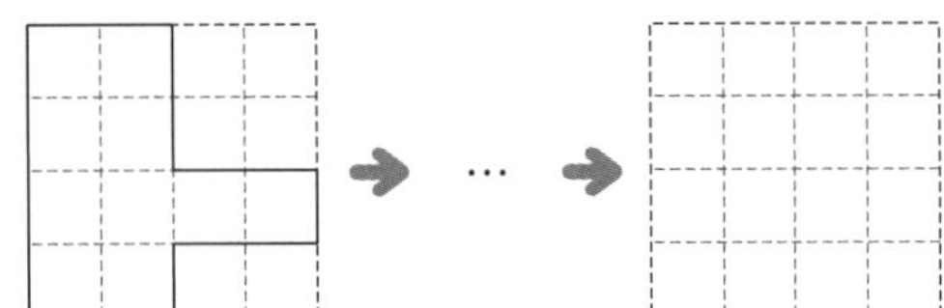

12 점을 왼쪽으로 4 cm 이동했을 때의 위치입니다. 이동하기 전의 위치를 점으로 표시해 보세요.

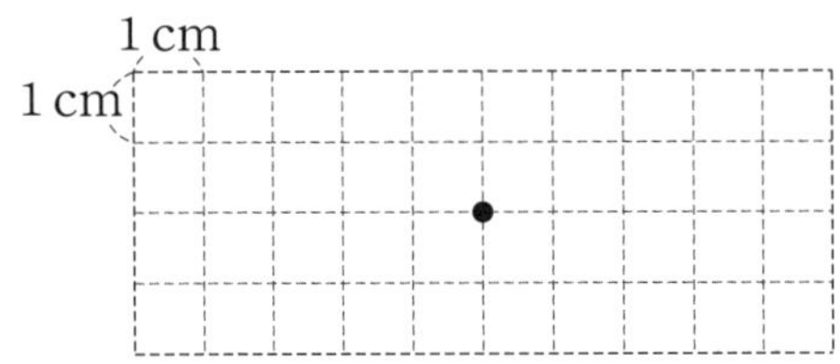

13 왼쪽 도형을 돌렸더니 오른쪽 도형과 같았습니다. 돌린 방법을 바르게 설명한 것의 기호를 쓰세요.

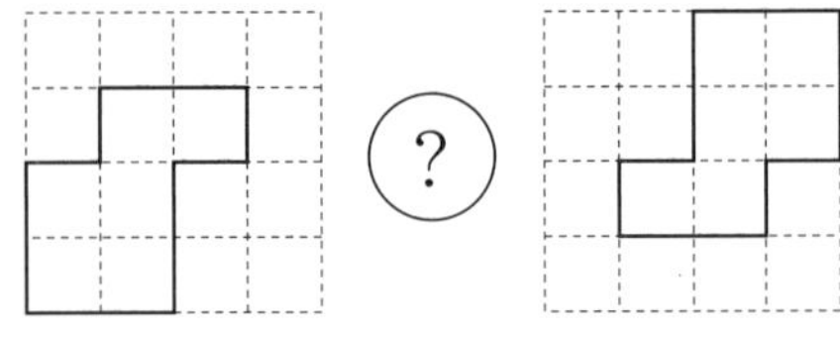

( )

⏰ 알맞은 말에 ○표 하세요. **(14~15)**

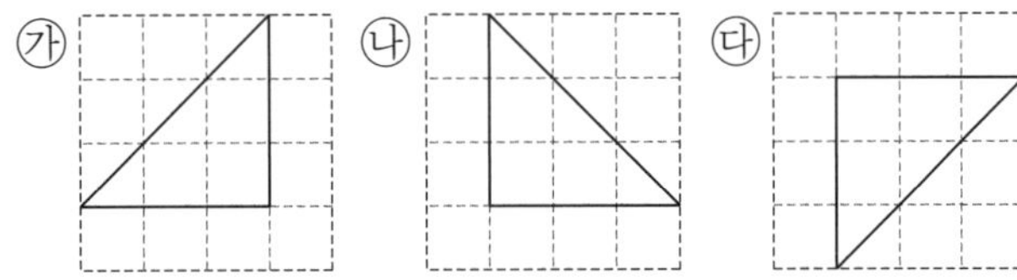

14 도형 ㉮를 오른쪽으로 (밀면 , 뒤집으면) 도형 ㉯가 됩니다.

15 도형 ㉯를 (시계 방향 , 시계 반대 방향)으로 90°만큼 돌리면 도형 ㉰가 됩니다.

16 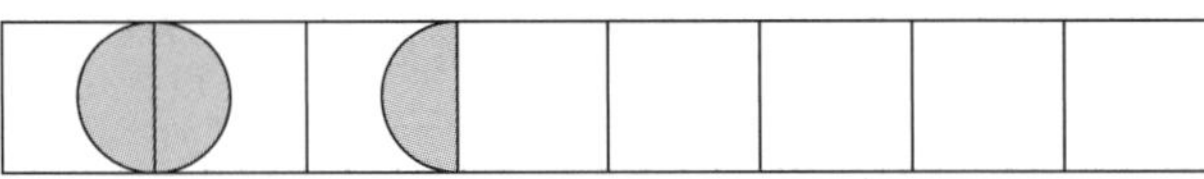 모양으로 뒤집기를 이용하여 규칙적인 무늬를 만들어 보세요.

17 도형을 오른쪽으로 뒤집은 뒤 시계 반대 방향으로 180°만큼 돌렸을 때의 도형을 각각 그려 보세요.

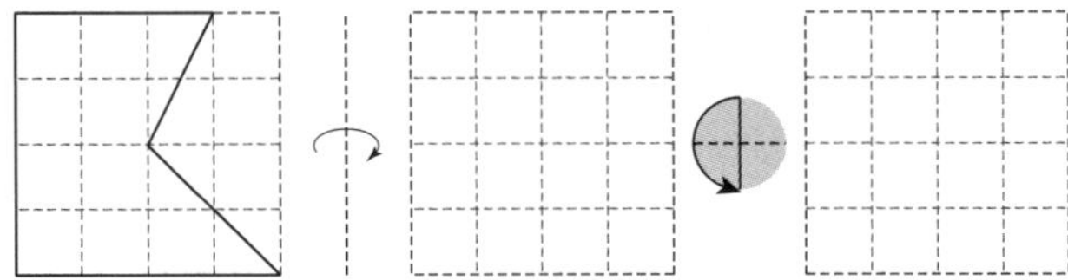

18 일정한 규칙에 따라 만들어진 무늬입니다. 빈 곳에 알맞은 모양을 그려 보세요.

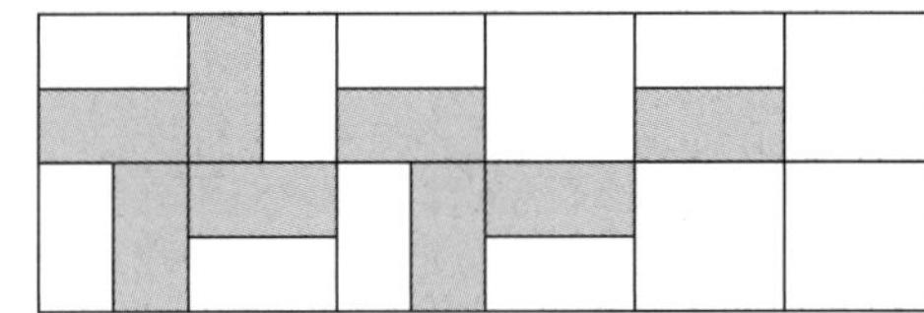

19 도형을 움직인 방법을 설명해 보세요.

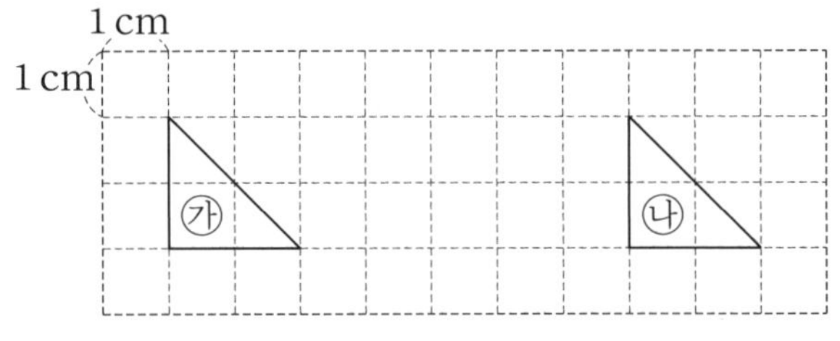

㉮ 도형은 ㉯ 도형을 ___________________

____

20 두 자리 수가 적힌 카드를 왼쪽으로 뒤집었을 때 생기는 수와 처음 수의 차를 구하세요.

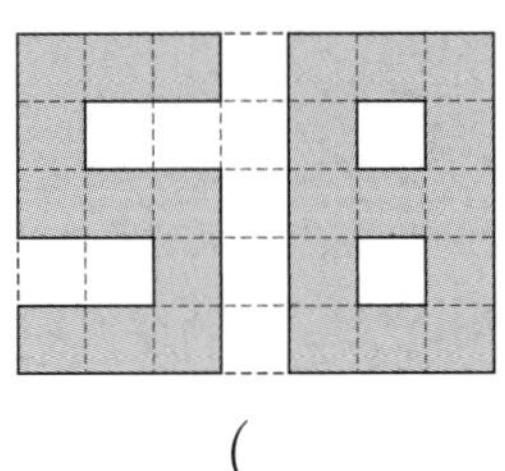

( )

1 점 ㄱ을 왼쪽으로 3칸 이동했을 때의 위치에 있는 과일의 이름을 쓰세요.

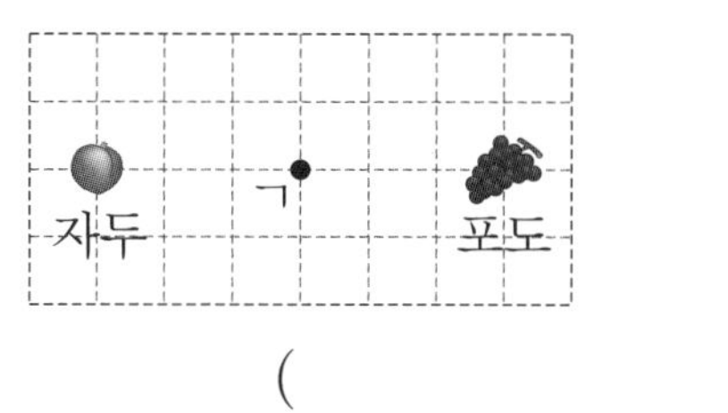

(　　　　　　)

2 왼쪽 모양 조각을 아래쪽으로 밀었을 때의 모양에 ○표 하세요.

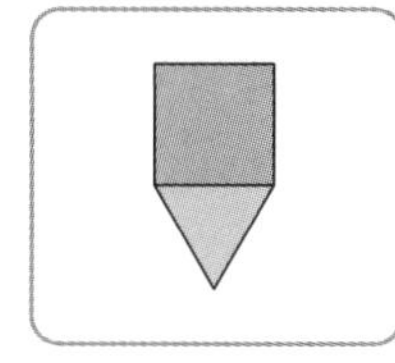 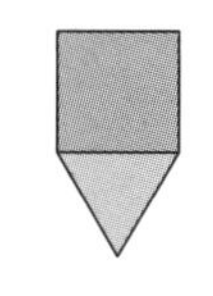 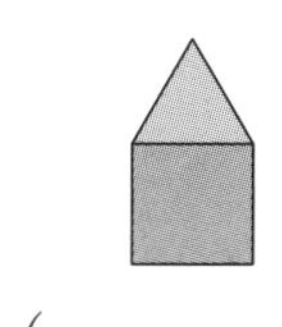

(　　) (　　)

3 도형을 오른쪽으로 6 cm 민 뒤 아래쪽으로 2 cm 밀었을 때의 도형을 그려 보세요.

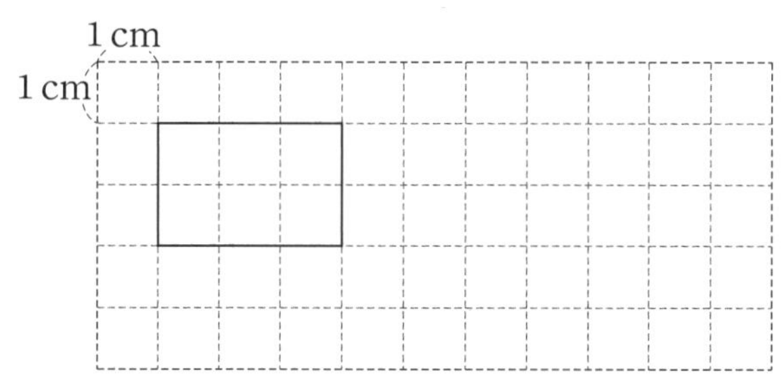

⏰ 도형을 보고 물음에 답하세요. (**4~5**)

가　　나　　다　　라
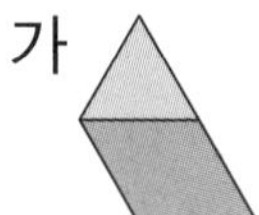 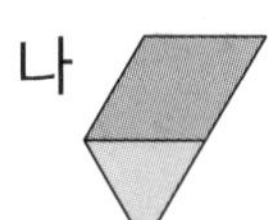 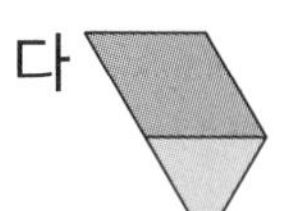  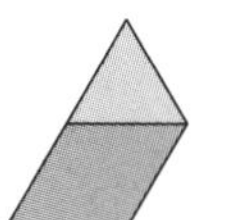

4 도형 가를 오른쪽으로 뒤집었을 때의 도형을 찾아 기호를 쓰세요.

(　　　　　　)

5 도형 나를 위쪽으로 뒤집었을 때의 도형을 찾아 기호를 쓰세요.

(　　　　　　)

6 가운데 도형을 왼쪽과 오른쪽으로 뒤집었을 때의 도형을 각각 그려 보세요.

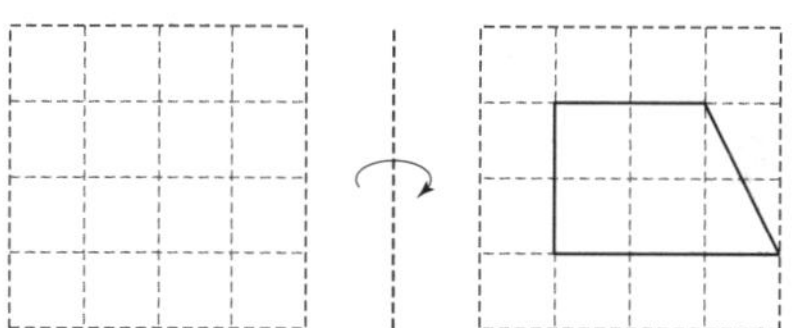

7 왼쪽 도형을 한 번 움직였더니 오른쪽과 같았습니다. 밀기, 뒤집기 중에서 어떻게 움직인 것인지 쓰세요.

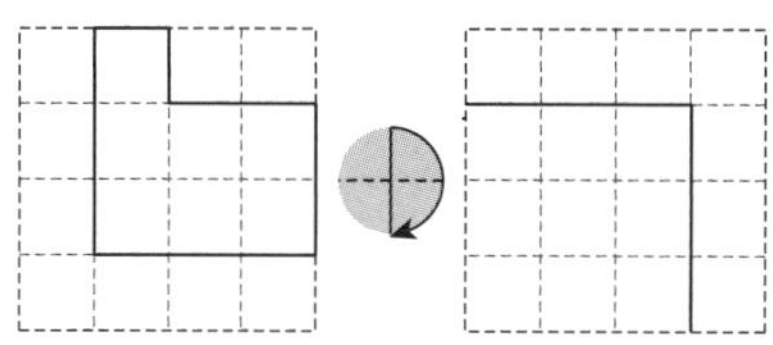

(　　　　　　　　)

8 도형을 오른쪽으로 뒤집었을 때 생긴 도형입니다. 뒤집기 전의 도형을 그려 보세요.

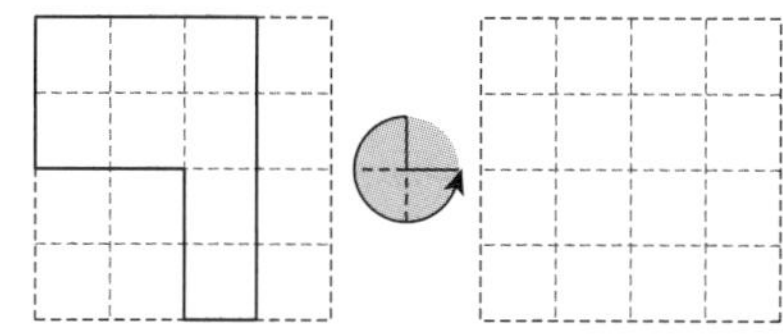

9 도형을 시계 방향으로 180°만큼 돌렸을 때의 도형을 완성하세요.

10 도형을 시계 반대 방향으로 270°만큼 돌렸을 때의 도형을 그려 보세요.

⏰ 어떤 도형을 시계 반대 방향으로 90°만큼 돌린 도형입니다. 처음 도형을 그려 보세요. (11 ~ 12)

11 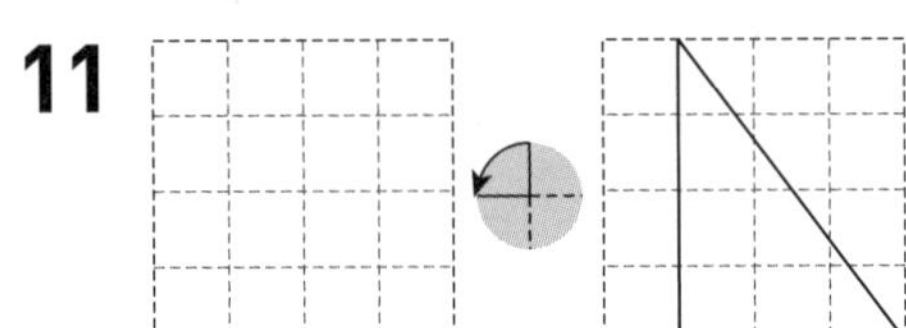

12 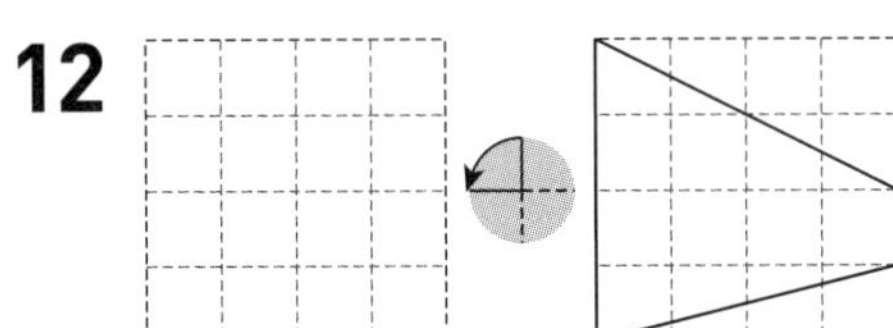

13 도형을 한 번 움직여서 오른쪽 도형이 되었습니다. 움직인 방법을 설명해 보세요.

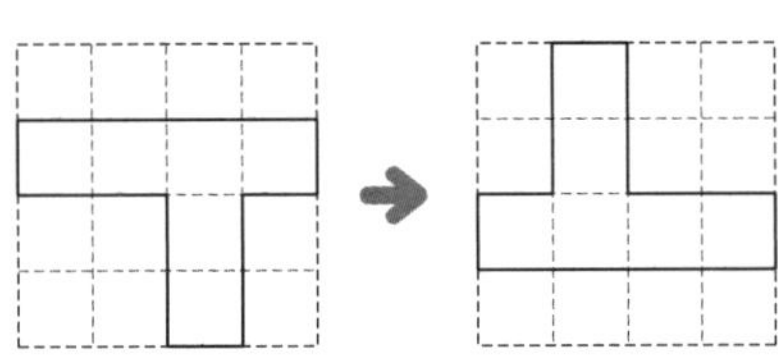

14 세 자리 수가 적힌 카드를 시계 방향으로 180°만큼 돌렸을 때 만들어지는 수와 처음 수의 합을 구하세요.

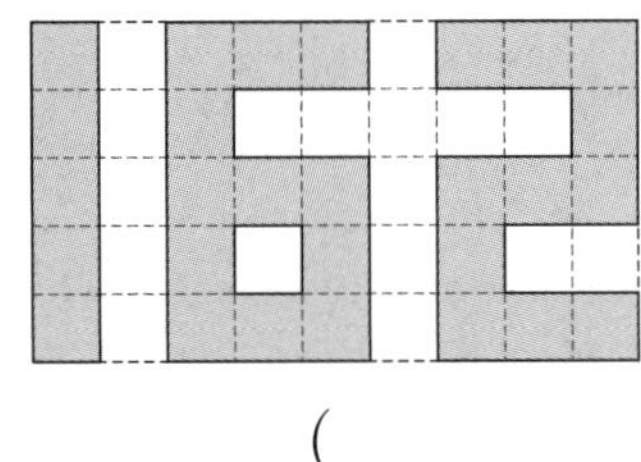

( )

15 그림을 보고 □ 안에 알맞은 것을 써넣으세요.

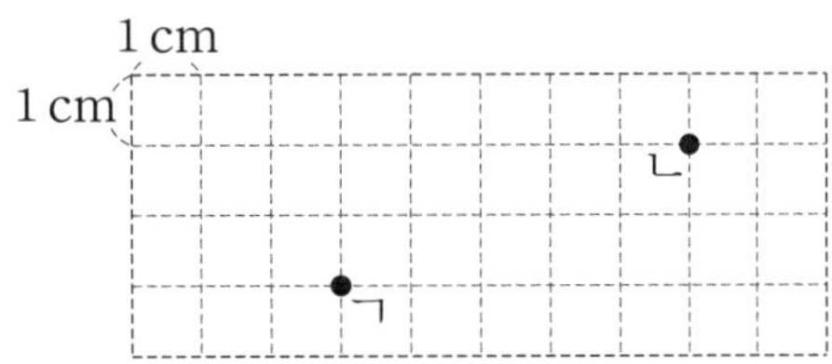

점 ㄱ이 점 ㄴ에 도착하려면 오른쪽으로 ▢ cm, ▢ 쪽으로 2 cm 이동해야 합니다.

16 도형을 시계 반대 방향으로 90°만큼 8번 돌린 도형을 그려 보세요.

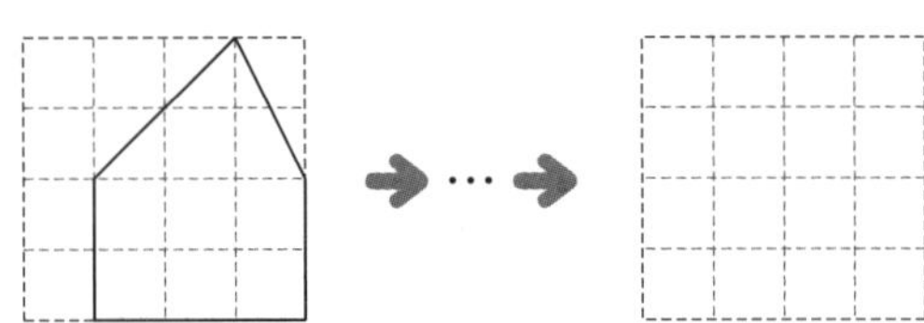

17 도형을 오른쪽으로 뒤집은 뒤 시계 방향으로 90°만큼 돌린 도형을 각각 그려 보세요.

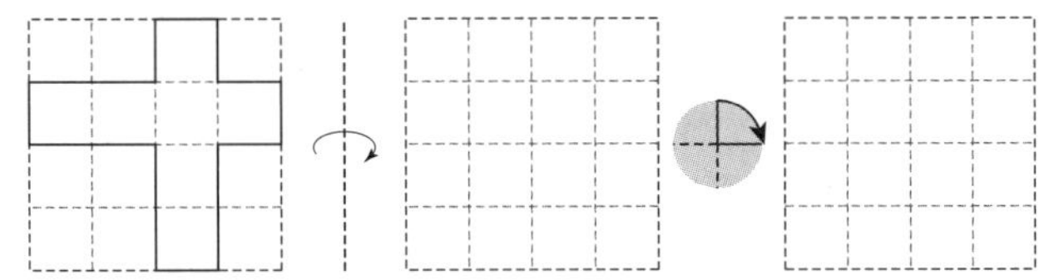

18 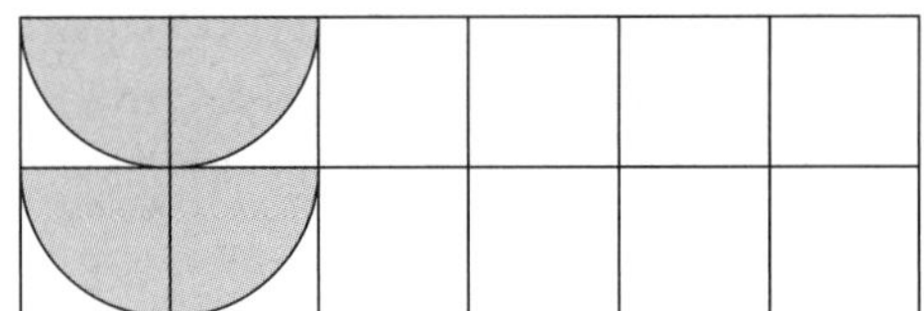 모양으로 규칙적인 무늬를 만들어 보세요.

19 밀기만을 이용하여 무늬를 만든 것의 기호를 쓰세요.

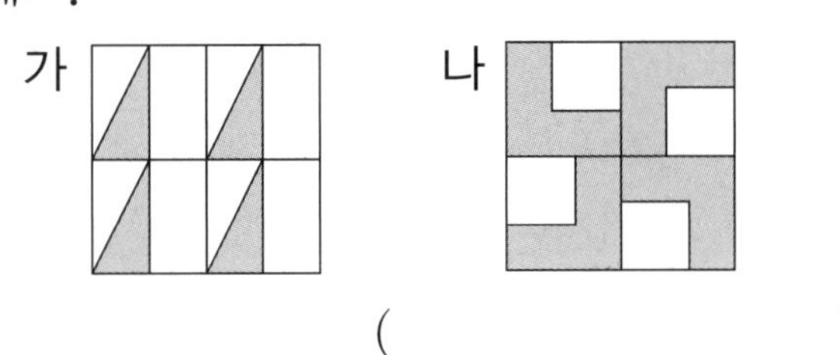

( )

20 일정한 규칙에 따라 만들어진 무늬입니다. 빈 곳에 알맞은 모양을 그려 보세요.

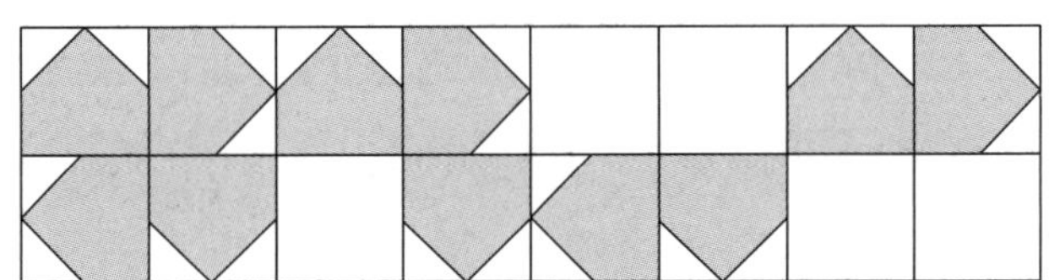

1 □ 안에 알맞은 말을 써넣으세요.

> 조사한 자료를 막대 모양으로 나타낸 그래프를 □ 그래프라고 합니다.

예지네 반 학생들의 혈액형을 조사하여 나타낸 막대그래프입니다. 물음에 답하세요. (2~5)

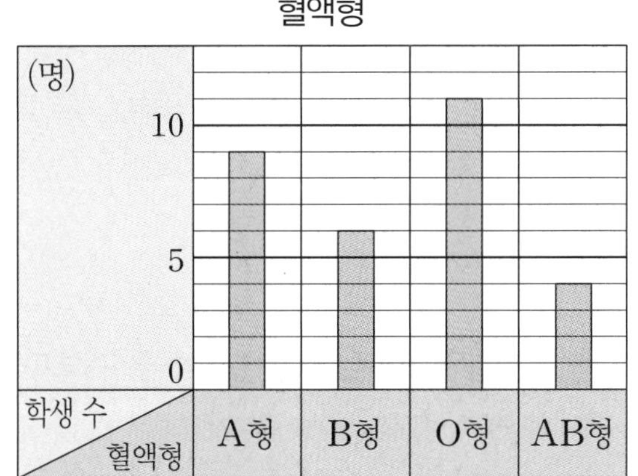

2 막대그래프에서 가로와 세로는 각각 무엇을 나타낼까요?

가로 (　　　　　　　)
세로 (　　　　　　　)

3 세로 눈금 한 칸은 몇 명을 나타낼까요?

(　　　　　　　)

4 막대의 길이가 가장 긴 혈액형은 무엇일까요?

(　　　　　　　)

5 B형인 학생 수는 몇 명일까요?

(　　　　　　　)

송은이네 농장에서 기르는 동물 수를 조사하여 나타낸 표를 보고 막대그래프로 나타내려고 합니다. 물음에 답하세요. (6~10)

기르는 동물 수

동물	돼지	소	닭	오리	합계
동물 수(마리)	8	5	12	9	34

6 송은이네 농장에서 기르는 동물은 모두 몇 마리일까요?

(　　　　　　　)

7 그래프의 가로에 동물을 나타낸다면 세로에는 무엇을 나타내야 할까요?

(　　　　　　　)

8 동물 수를 나타내는 눈금은 적어도 몇 마리까지 나타낼 수 있어야 할까요?

(　　　　　　　)

9 표를 보고 막대그래프를 완성하세요.

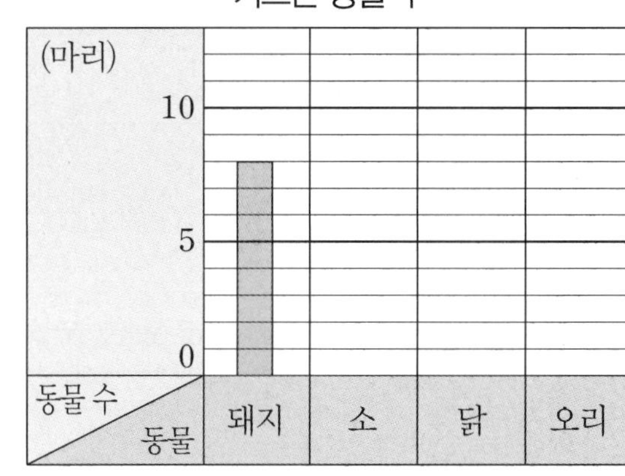

10 가장 많이 기르는 동물을 알아볼 때, 한눈에 쉽게 알아볼 수 있는 것은 표와 막대그래프 중 어느 것일까요?

(　　　　　　　)

⏰ 유리네 반 학생들이 좋아하는 꽃을 조사하여 붙임딱지를 붙인 것입니다. 물음에 답하세요. (**11 ~ 15**)

좋아하는 꽃

튤립	장미	백합	국화
●● ●●	●●●● ●●●● ●●●	●●●● ●●●	●●●● ●●●

11 조사한 학생은 모두 몇 명일까요?

( )

12 조사한 것을 표로 나타내세요.

좋아하는 꽃

꽃	튤립	장미	백합	국화	합계
학생 수(명)					

13 위의 표를 보고 막대그래프를 그려 보세요.

좋아하는 꽃

튤립	
장미	
백합	
국화	

꽃 / 학생 수　0　　5　　10　(명)

14 가장 적은 학생들이 좋아하는 꽃은 무엇일까요?

( )

15 막대그래프를 보고 알 수 있는 사실을 1가지 써 보세요.

____

____

⏰ 창민이네 학교 학생들이 가고 싶어 하는 소풍 장소를 조사하여 나타낸 막대그래프입니다. 물음에 답하세요. (**16 ~ 20**)

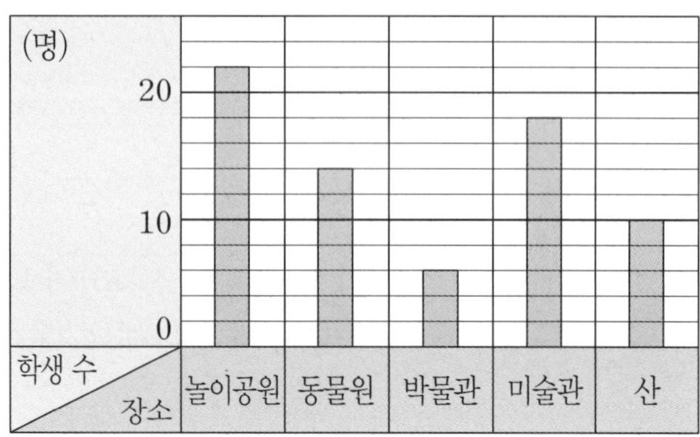

16 박물관에 가고 싶어 하는 학생은 몇 명일까요?

( )

17 동물원에 가고 싶어 하는 학생 수보다 학생 수가 많은 장소를 모두 쓰세요.

( )

18 창민이네 학교 학생들이 소풍을 간다면 어느 곳으로 가는 것이 좋을까요?

( )

19 미술관에 가고 싶어 하는 학생 수는 박물관에 가고 싶어 하는 학생 수의 몇 배일까요?

( )

20 가장 많은 학생들이 가고 싶어 하는 장소는 가장 적은 학생들이 가고 싶어 하는 장소보다 학생 수가 몇 명 더 많을까요?

( )

⏰ 형석이네 반 학생들이 좋아하는 과일을 조사하여 나타낸 막대그래프입니다. 물음에 답하세요. **(1 ~ 5)**

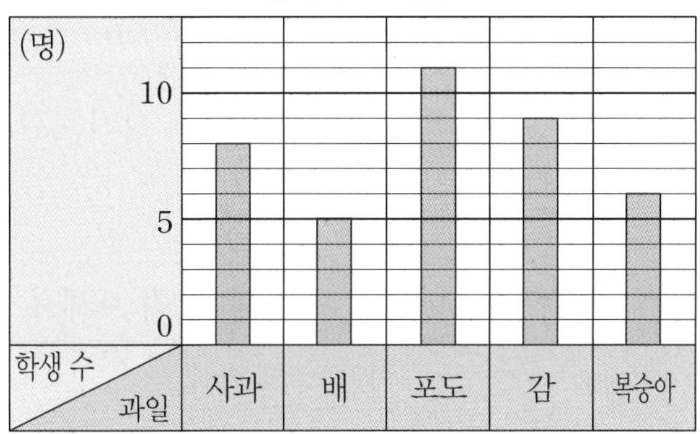

1 막대의 길이는 무엇을 나타낼까요?

(   )

2 세로 눈금 한 칸은 몇 명을 나타낼까요?

(   )

3 사과를 좋아하는 학생은 몇 명일까요?

(   )

4 가장 많은 학생들이 좋아하는 과일은 무엇일까요?

(   )

5 좋아하는 학생 수가 5명인 과일은 무엇일까요?

(   )

⏰ 해법 아파트 상가 주차장에 있는 자동차를 색깔별로 조사하여 나타낸 표를 보고 막대그래프로 나타내려고 합니다. 물음에 답하세요. **(6 ~ 10)**

색깔별 자동차 수

색깔	빨간색	검은색	흰색	은색	합계
자동차 수(대)	4	9	7	11	31

6 그래프의 가로에 색깔을 나타낸다면 세로에는 무엇을 나타내야 할까요?

(   )

7 세로 눈금 한 칸이 1대를 나타낼 때, 은색 자동차는 몇 칸이 될까요?

(   )

8 표를 보고 막대그래프를 그려 보세요.

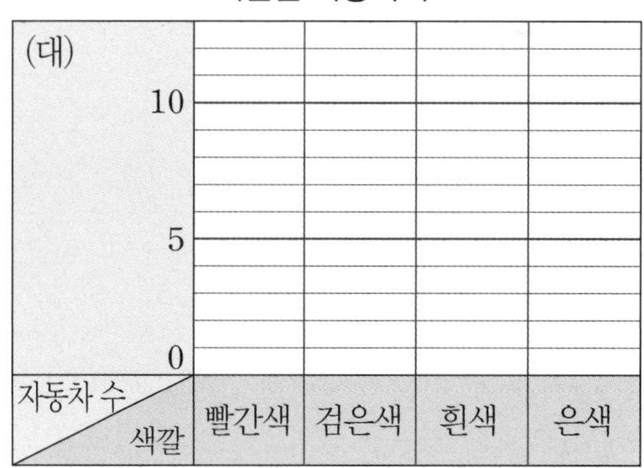

9 가장 적은 자동차의 색깔은 무엇일까요?

(   )

10 전체 자동차 수를 알아보려면 표와 막대그래프 중 어느 자료가 한눈에 더 잘 드러날까요?

(   )

⏰ 은미네 반 학생들이 배우고 싶은 올림픽 종목을 조사하여 나타낸 막대그래프입니다. 물음에 답하세요. (**11 ~ 15**)

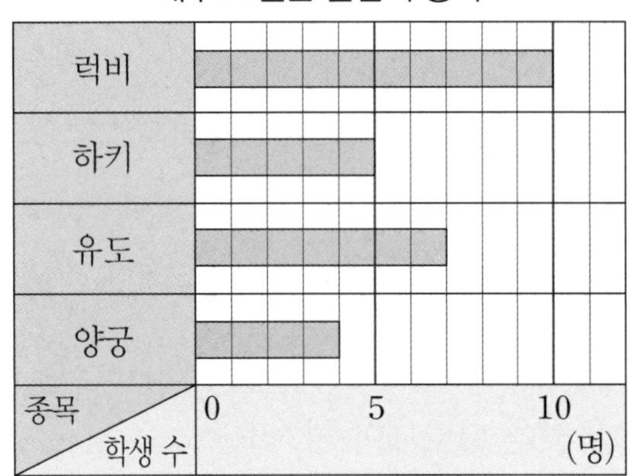

11 막대그래프를 보고 표로 나타내세요.

배우고 싶은 올림픽 종목

종목	럭비	하키	유도	양궁	합계
학생 수(명)					

12 조사한 학생은 모두 몇 명일까요?

( )

13 학생 수가 하키를 배우고 싶은 학생 수의 2배인 종목은 무엇일까요?

( )

14 가장 많은 학생들이 배우고 싶은 종목의 학생 수와 가장 적은 학생들이 배우고 싶은 종목의 학생 수의 차는 몇 명일까요?

( )

15 학생 수가 많은 종목부터 차례대로 막대그래프를 그려 보세요.

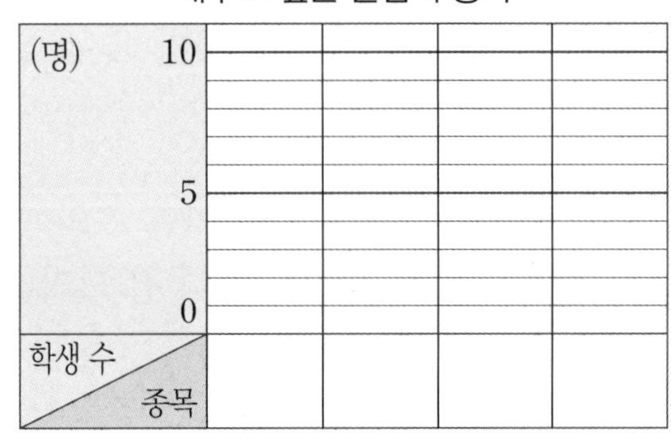

⏰ 어느 가게의 월별 아이스크림 판매량을 조사하여 나타낸 표입니다. 물음에 답하세요.
(**16 ~ 18**)

아이스크림 판매량

월	7	8	9	합계
판매량(상자)	100		60	280

16 8월의 아이스크림 판매량은 몇 상자일까요?

( )

17 위 표를 보고 막대그래프를 그려 보세요.

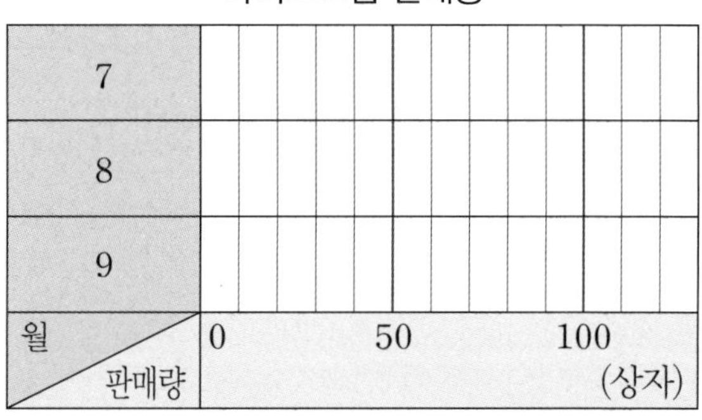

18 위 가게에서는 7~9월 중 몇 월에 아이스크림을 가장 많이 준비해야 할까요?

( )

⏰ 소희네 모둠의 50 m 달리기 기록을 나타낸 막대그래프입니다. 물음에 답하세요. (**19 ~ 20**)

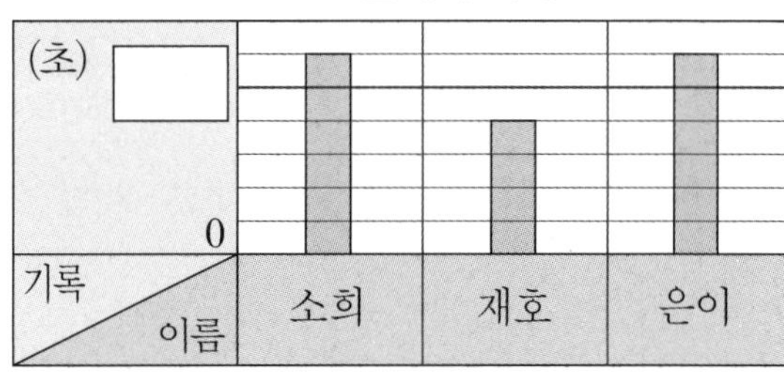

19 막대그래프의 ☐ 안에 알맞은 수를 써넣으세요.

20 50 m 달리기 기록이 가장 좋은 사람은 누구일까요?

( )

6. 규칙 찾기

4학년   이름 :

날짜

점수

⏰ 수 배열표를 보고 물음에 답하세요. **(1~3)**

1005	1105	1205	1305	1405
2005	2105	2205	2305	2405
3005	3105	3205	3305	3405
4005	4105	4205	■	4405

1 ☐로 표시된 줄에 나타난 규칙을 찾아 쓰세요.

> **규칙** 1005부터 시작하여 → 방향으로
> ☐ 씩 커집니다.

2 색칠된 세로줄에 나타난 규칙을 찾아 쓰세요.

> **규칙** 1005부터 시작하여 ↓ 방향으로
> ☐ 씩 커집니다.

3 ■에 알맞은 수를 구하세요.

( )

4 규칙적인 수의 배열에서 빈 곳에 알맞은 수를 써넣으세요.

3214	3314		3514	

5 규칙에 따라 빈칸에 올 모양을 그리고, ☐ 안에 알맞은 수를 써넣으세요.

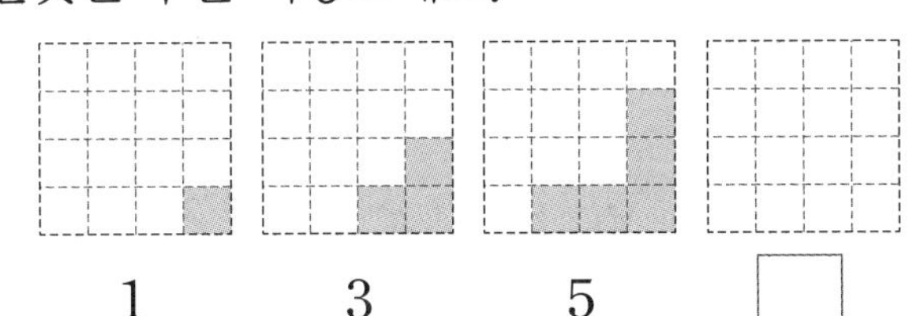

1   3   5   ☐

⏰ 도형의 배열을 보고 물음에 답하세요. **(6~7)**

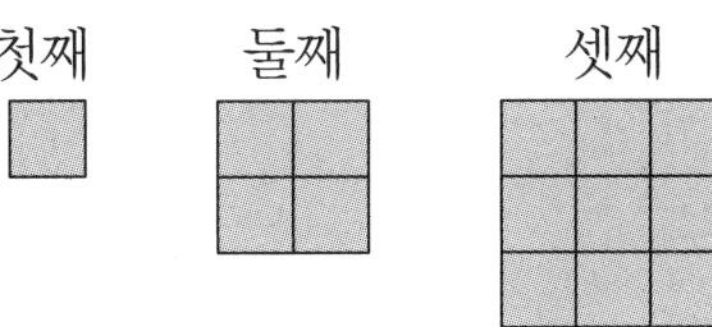

6 도형의 배열 규칙을 찾아 쓰세요.

> **규칙** 사각형의 개수가 1개에서 시작하여 3개,
> ☐ 개, …씩 늘어나는 규칙입니다.

7 넷째에 올 도형에서 사각형의 개수를 구하세요.

( )

8 설명에 맞는 계산식을 찾아 기호를 쓰세요.

> 100씩 커지는 수에서 100씩 커지는 수를
> 빼면 계산 결과는 항상 일정합니다.

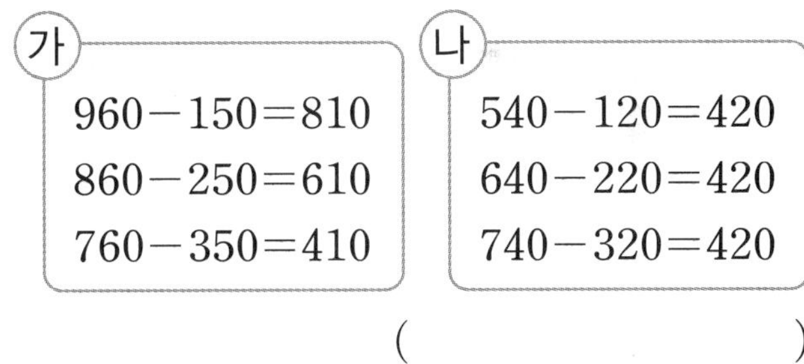

( )

⏰ 오른쪽 승강기 버튼의 수 배열을 보고 물음에 답하세요. **(9~10)**

9 승강기 버튼의 → 방향의 수는 몇씩 커질까요?

( )

10 승강기 버튼의 ↑ 방향의 수는 몇씩 커질까요?

( )

11 저울 양쪽의 무게가 같도록 □ 안에 알맞은 수를 써넣고, 등호를 사용하여 식으로 나타내 보세요.

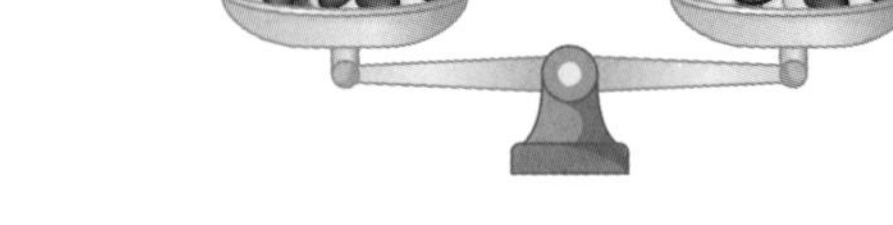

식 _______________________________________

12 등호를 바르게 사용한 식을 모두 찾아 기호를 쓰세요.

> ㉠ 8=18−10
> ㉡ 12+35=13+36
> ㉢ 60−15=59−14

( )

⏰ 계산식 배열의 규칙에 맞게 빈칸에 알맞은 식을 써넣으세요. (**13~14**)

13

> $5000+\ 8000=13000$
> $5000+18000=23000$
> $5000+28000=33000$
>

14

> $6×105=630$
> $6×1005=6030$
>
> $6×100005=600030$

15 식이 옳도록 □ 안에 알맞은 수를 써넣으세요.

(1) $16+$ □ $=12+16$

(2) $40−25=40−10−$ □

16 규칙적인 수의 배열에서 ■, ●에 알맞은 수를 구하세요.

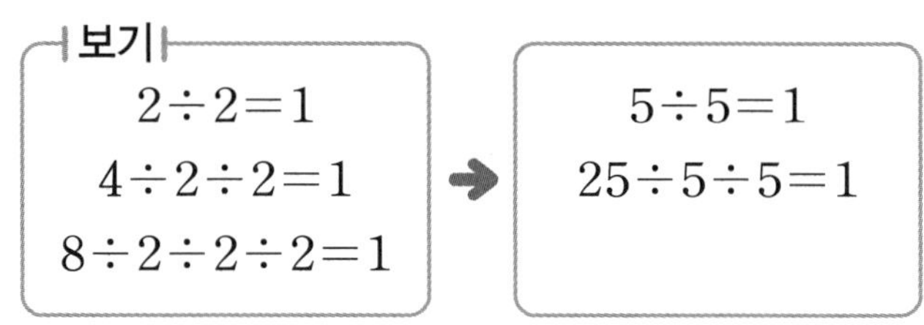

3513	3613	■	3813	
	4713	4813	●	

■ ( ), ● ( )

17 보기의 규칙을 이용하여 나누는 수가 5일 때의 계산식을 1개 더 써 보세요.

보기

> $2÷2=1$
> $4÷2÷2=1$
> $8÷2÷2÷2=1$

➡

> $5÷5=1$
> $25÷5÷5=1$

18 바둑돌의 배열을 보고 다섯째 모양의 바둑돌을 그리고, 수로 나타내세요.

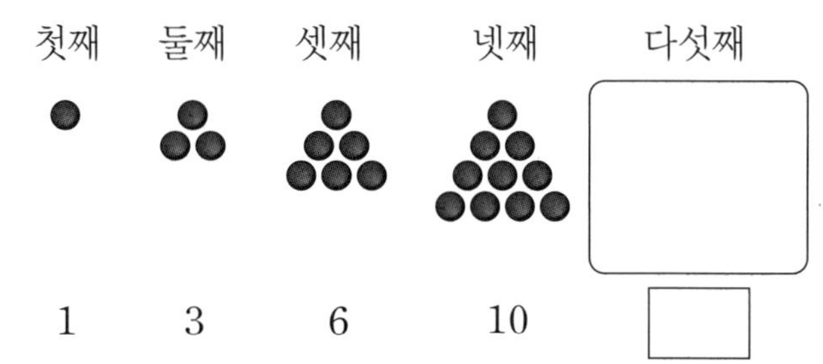

⏰ 규칙적인 곱셈식을 보고 물음에 답하세요. (**19~20**)

순서	곱셈식
첫째	$9×9=81$
둘째	$98×9=882$
셋째	$987×9=8883$
넷째	$9876×9=88884$
다섯째	

19 다섯째에 올 식을 표에 써넣으세요.

20 위의 곱셈식을 보고 계산 결과가 88888887이 나오는 곱셈식을 써 보세요.

( )

⏰ 수 배열표를 보고 물음에 답하세요. (1〜2)

32	34	36	38	40
132	134	136	138	140
332	334	336	338	340
632	634	636	●	640

1 ●에 알맞은 수를 구하세요.

(   )

2 색칠된 세로줄에 나타난 규칙을 찾아 쓰세요.

규칙 38부터 시작하여 ↓ 방향으로 100, ⬚, ⬚, …씩 커집니다.

3 등호를 바르게 사용한 식에 ○표 하세요.

$11+20=21+12$	$21+1=23-1$
( )	( )

⏰ 도형의 배열을 보고 물음에 답하세요. (4〜5)

첫째   둘째   셋째

4 색칠한 모양의 규칙을 쓴 것입니다. ⬚ 안에 알맞게 써넣으세요.

규칙 색칠한 모양은 오른쪽과 ⬚쪽으로 사각형이 각각 ⬚개씩 늘어납니다.

5 넷째에 올 도형을 그려 보세요.

넷째

6 계단 모양의 배열에서 다섯째에 올 모양의 블록은 몇 개일까요?

첫째   둘째   셋째   넷째

(   )

7 오른쪽 수 배열의 규칙에 맞게 빈 곳에 알맞은 수를 써넣으세요.

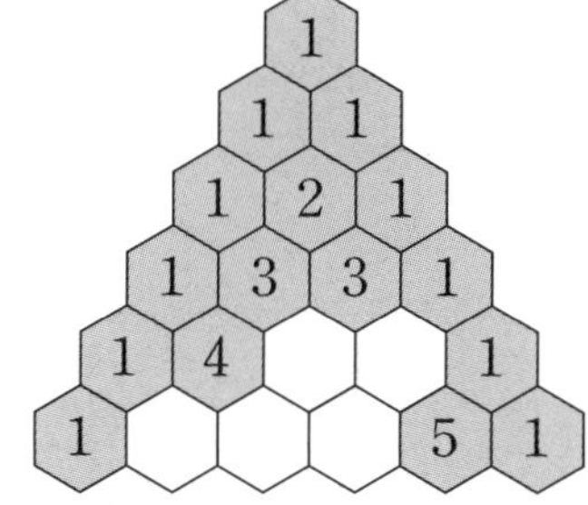

⏰ 계산식을 보고 물음에 답하세요. (8〜9)

㉠
$215+200=415$
$225+210=435$
$235+220=455$

㉡
$980-120=860$
$880-220=660$
$780-320=460$

8 설명에 맞는 계산식을 찾아 기호를 쓰세요.

10씩 커지는 수에 10씩 커지는 수를 더하면 계산 결과는 20씩 커집니다.

(   )

9 다음에 올 계산식이 $680-420=260$인 계산식을 찾아 기호를 쓰세요.

(   )

10 덧셈식의 규칙에 따라 빈칸에 알맞은 식을 써넣으세요.

$800+\ \ 700=1500$
$800+1700=2500$
$800+2700=3500$

11 덧셈식의 규칙에 맞게 넷째 칸에 알맞은 식을 써넣으세요.

순서	덧셈식
첫째	$1+2+1=4$
둘째	$1+2+3+2+1=9$
셋째	$1+2+3+4+3+2+1=16$
넷째	

12 위의 덧셈식의 규칙을 이용하여 합이 49가 되는 덧셈식을 써 보세요.

( )

13 4장의 수 카드 중에서 가와 나에 들어갈 수 있는 수 카드의 수를 각각 구하세요.

2 5 7 8

$$31-가=29-나$$

가 ( ), 나 ( )

⏰ 계산식의 규칙에 따라 □ 안에 알맞은 식을 써넣으세요. **(14~15)**

14
$$5\times102=510$$
$$5\times1002=5010$$
$$\boxed{}$$
$$5\times100002=500010$$

15
$$11000\div5=2200$$
$$8800\div4=2200$$
$$6600\div3=2200$$
$$\boxed{}$$

16 규칙적인 나눗셈식을 보고 72로 나누었을 때 값이 12345679가 되는 수를 쓰세요.

순서	나눗셈식
첫째	$111111111\div9=12345679$
둘째	$222222222\div18=12345679$
셋째	$333333333\div27=12345679$

( )

⏰ 수 배열표를 보고 규칙적인 계산식을 찾아 □ 안에 알맞은 수를 써넣으세요. **(17~18)**

401	403	405	407
402	404	406	408

17
$$401+404=403+402$$
$$403+406=405+404$$
$$405+408=\boxed{}+\boxed{}$$

18
$$401+403+405=403\times\boxed{}$$
$$403+405+407=405\times\boxed{}$$

19 어느 아파트의 승강기 버튼의 수 배열에서 찾을 수 있는 수의 규칙을 한 가지 쓰세요.

규칙 _______________

____

20 달력에서 다음 조건을 만족하는 수를 구하세요.

5월						
일	월	화	수	목	금	토
1	2	3	4	5	6	7
8	9	10	11	12	13	14
15	16	17	18	19	20	21
22	23	24	25	26	27	28
29	30	31				

✚ 안에 있는 5개의 수 중의 하나이고, 5개의 수의 합을 5로 나눈 몫과 같습니다.

( )

반　　　　　이름

4학년 1학기 과정을 모두 끝내셨나요?

한 학기 성취도를 확인해 볼 수 있도록 25문항으로 구성된 평가지입니다.
1학기 내용을 얼마나 이해했는지 평가해 보세요.

차세대 리더

반　　　　　이름

수학 성취도 평가
1단원 ~ 6단원

점수

1 두 각 중에서 더 큰 각에 ◯표 하세요.

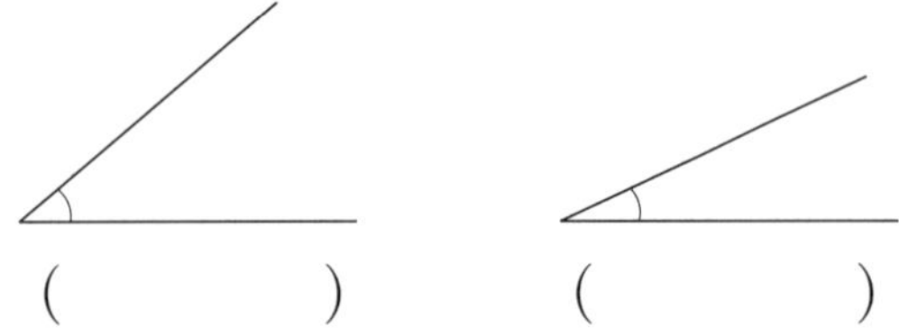

(   )   (   )

2 □ 안에 알맞은 수를 써넣으세요.

9990보다 □ 만큼 더 큰 수는 10000입니다.

3 □ 안에 알맞은 수를 써넣으세요.

$$\begin{array}{r} 5\,2\,4 \\ \times\quad 3\,0 \\ \hline \end{array}$$

4 도형을 오른쪽으로 뒤집었을 때의 도형을 완성하세요.

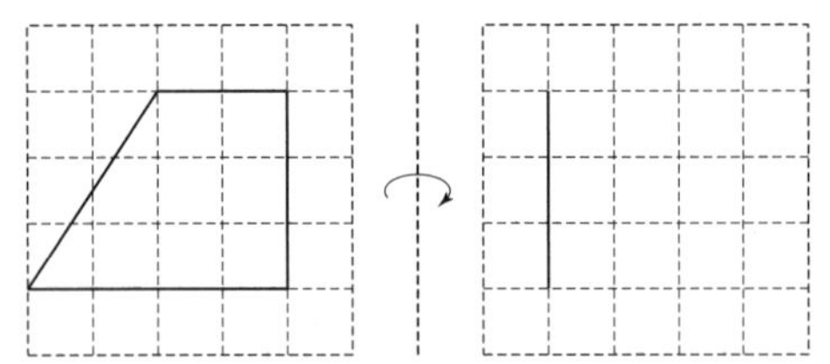

5 계산해 보세요.

$$32\,)\overline{7\,6\,5}$$

6 등호를 바르게 사용한 식에 ◯표 하세요.

$12+20=19+13$ (   )

$35-11=39-14$ (   )

7 둔각을 모두 찾아 기호를 쓰세요.

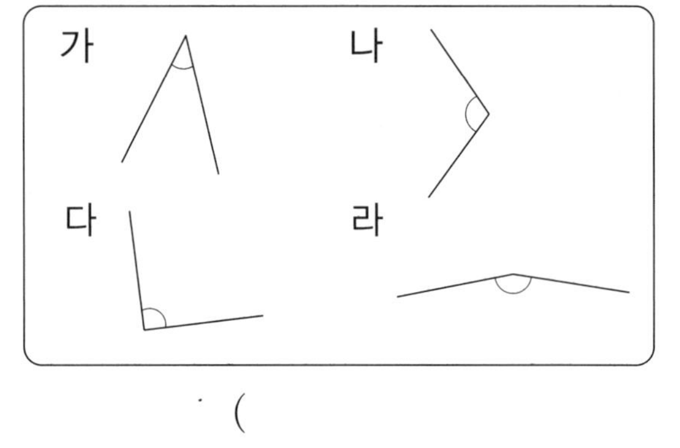

(   )

⏰ 수호네 반 학생들이 좋아하는 체육 활동을 조사하여 나타낸 막대그래프입니다. 물음에 답하세요. **(8~9)**

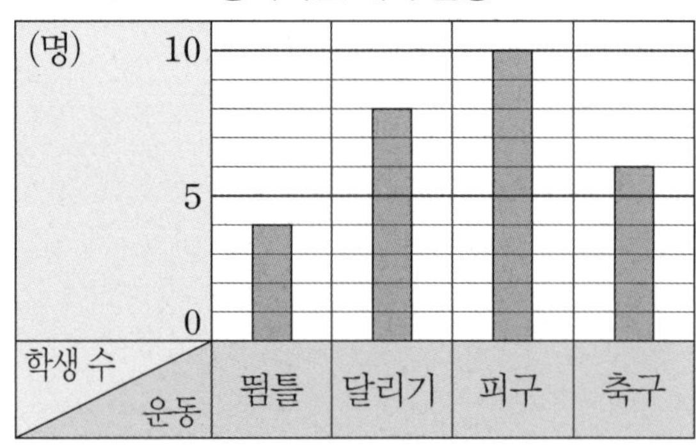

8 달리기를 좋아하는 학생은 몇 명일까요?

(   )

9 가장 많은 학생들이 좋아하는 체육 활동은 무엇일까요?

(   )

10 숫자 5가 나타내는 값을 써 보세요.

$$13526200$$

( )

11 도형을 왼쪽으로 7 cm 밀었을 때의 도형을 그려 보세요.

12 두 각도의 합과 차를 각각 구하세요.

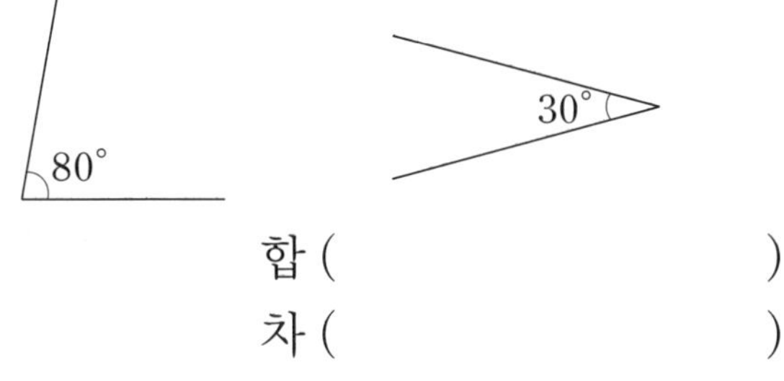

합 ( )

차 ( )

13 계산식 배열의 규칙에 맞게 □ 안에 알맞은 식을 써넣으세요.

$$5000+7000=12000$$
$$5000+17000=22000$$
$$5000+27000=32000$$

$$5000+47000=52000$$

14 두 수의 크기를 비교하여 ○ 안에 >, =, < 중 알맞은 것을 써넣으세요.

423조 5000억 ◯ 424조 1000억

15 재호네 반 학생들이 태어난 계절을 조사하여 나타낸 표입니다. 표를 보고 막대그래프를 그려 보세요.

태어난 계절

계절	봄	여름	가을	겨울	합계
학생 수(명)	11	7	10	5	33

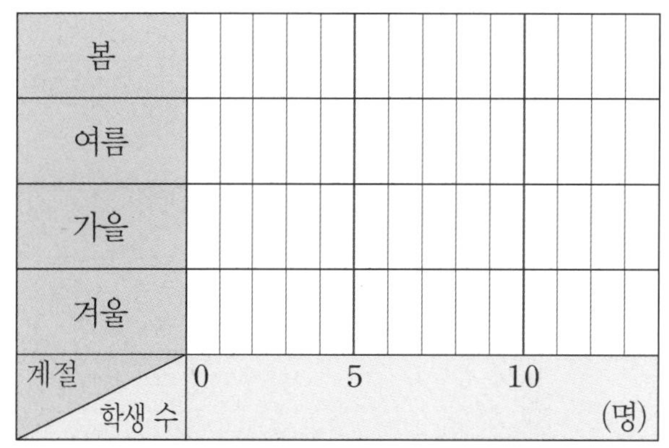

16 연필 110자루를 한 상자에 12자루씩 포장하여 팔려고 합니다. 몇 상자까지 팔 수 있을까요?

( )

17 도형을 오른쪽으로 뒤집은 뒤 시계 반대 방향으로 90°만큼 돌린 도형을 각각 그려 보세요.

18 도형의 배열에서 다섯째에 올 도형을 그려 보세요.

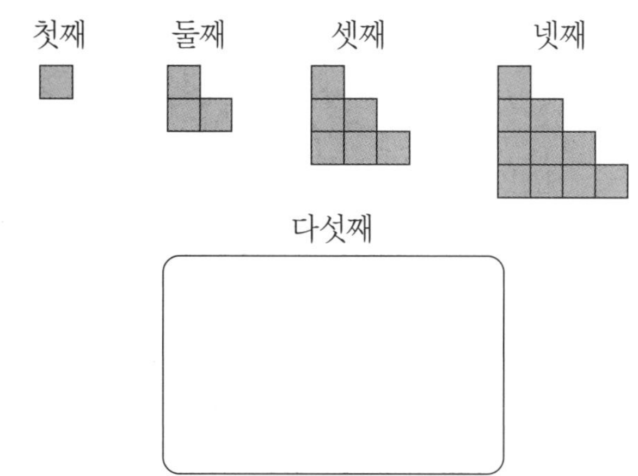

19 □ 안에 알맞은 수를 써넣으세요.

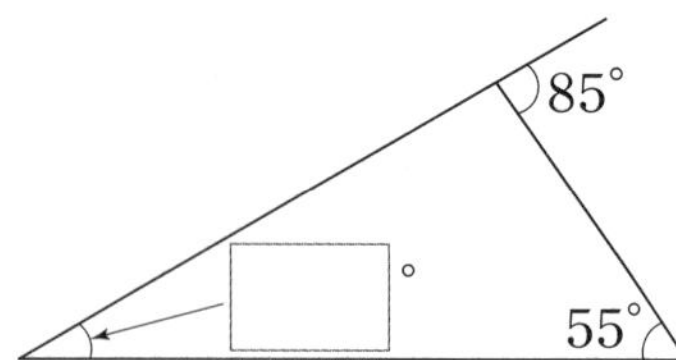

20 규칙적인 계산식을 보고 결과가 8888886의 값이 나오는 계산식을 써 보세요.

순서	계산식
첫째	$9 \times 9 = 81$
둘째	$98 \times 9 = 882$
셋째	$987 \times 9 = 8883$
넷째	$9876 \times 9 = 88884$

( )

21 은성이가 4일 동안 운동한 시간을 조사하여 나타낸 막대그래프입니다. 은성이가 4일 동안 운동한 시간은 모두 몇 시간 몇 분인지 풀이 과정을 쓰고 답을 구하세요.

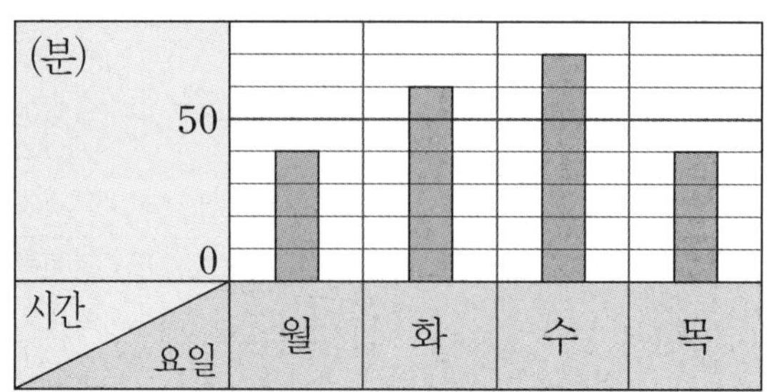

풀이

답 

22 도형에서 여섯 각의 크기의 합을 구하세요.

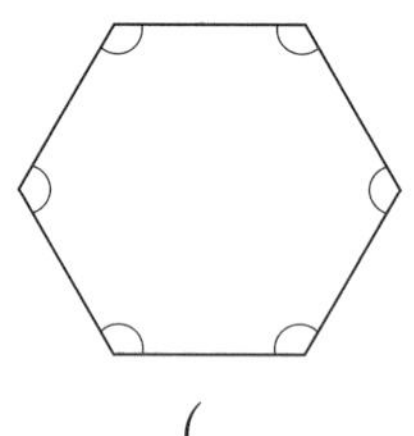

( )

23 조건을 모두 만족하는 수를 구하세요.

- 5부터 9까지의 숫자를 한 번씩 사용하였습니다.
- 87000보다 큰 수입니다.
- 87600보다 작은 수입니다.
- 일의 자리 숫자는 홀수입니다.

( )

24 어떤 수를 12로 나누어야 하는데 잘못하여 21로 나누었더니 몫이 8이고 나머지가 6입니다. 바르게 계산했을 때의 몫과 나머지는 각각 얼마인지 풀이 과정을 쓰고 답을 구하세요.

풀이

답 몫: _______________ , 나머지: _______________

25 세 자리 수가 적힌 카드를 시계 방향으로 180°만큼 돌렸을 때 만들어지는 수와 처음 수의 차를 구하세요.

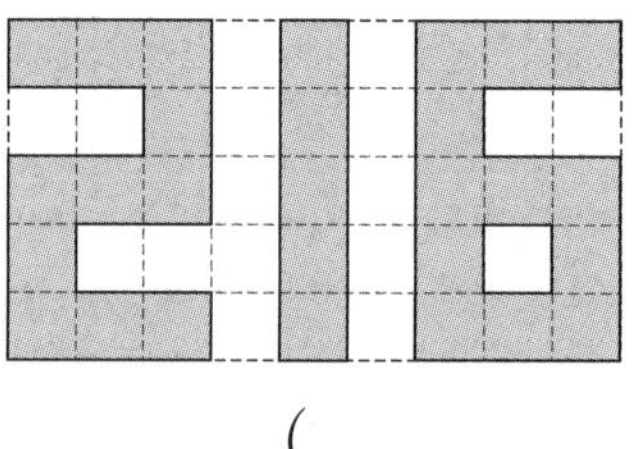

( )

천재교육 초등 수학 로드맵

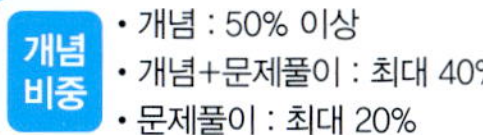

	연산		개념		유형		시험 대비	특수 목적	
	개념+문제풀이	문제풀이	개념	개념+문제풀이	개념+문제풀이	문제풀이	문제풀이	창의 사고력	문해력
기초		계산박사	똑똑한 하루 수학	수학리더 개념 / 개념 해결의 법칙				창의력 수학 노크	
기본	연산력 수학 노크	수학리더 연산	개념클릭	수학리더 기본		수학 더 익힘			
실력	빅터연산			우등생 수학 / 수학의 힘 알파 / 수학의 힘 베타	수학리더 기본+응용	수학리더 유형 / 유형 해결의 법칙 / 수학리더 응용·심화	수학 단원평가	사고력 수학 노크	수학도 독해가 힘이다 / 독해가 힘이다 문장제 수학편
심화	창의융합 빅터연산					최고수준S / 응용 해결의 법칙			
최상위						최고수준 / 최강 TOT / 수학리더 최상위	HME 수학 학력평가		

※ 월간지: Go!매쓰, New 해법수학, 해법수학 개념학습, 메릭스 수학, 해법수학 단원평가 마스터

book.chunjae.co.kr

교재 내용 문의 ·············· 교재 홈페이지 ▶ 초등 ▶ 교재상담
교재 내용 외 문의 ·············· 교재 홈페이지 ▶ 고객센터 ▶ 1:1문의
발간 후 발견되는 오류 ·············· 교재 홈페이지 ▶ 초등 ▶ 학습지원 ▶ 학습자료실

수학의 자신감을 키워 주는 **초등 수학 교재**

난이도 한눈에 보기!

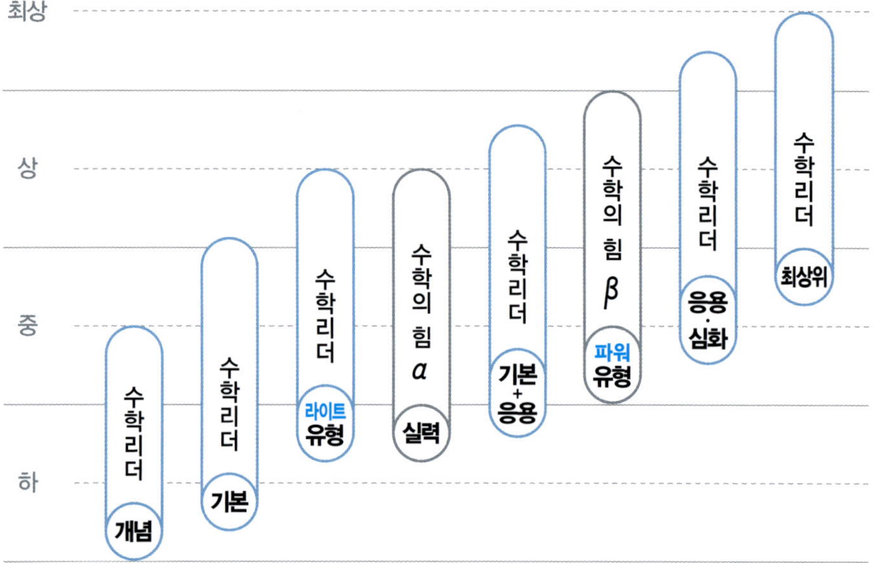

※ **주의**
책 모서리에 다칠 수 있으니 주의하시기 바랍니다.
부주의로 인한 사고의 경우 책임지지 않습니다.
8세 미만의 어린이는 부모님의 관리가 필요합니다.
※ KC 마크는 이 제품이 공통안전기준에 적합하였음을 의미합니다.

차세대 리더

수학리더 기본

해법 첨탑

BOOK 3

4-1

리더가 되기 위한
공부 비법

BOOK 1
지피지기
교과서 개념
+서술형 학습 시스템

BOOK 2
백전백승
익힘책 유형
+서술형+단원평가

천재교육

해법전략 포인트 **3**가지

▶ 혼자서도 이해할 수 있는 친절한 문제 풀이

▶ 참고, 주의, 중요, 전략 등 자세한 풀이 제시

▶ 다른 풀이를 제시하여 다양한 방법으로 문제 풀이 가능

1 큰 수

확인 문제	**한 번 더! 확인**
1 10000 또는 1만	**6** 1000
2 10000	**7** 만 또는 일만
3 해설 참고	**8** 해설 참고
4 100 / 10 / 1	**9** 200 / 300 / 400
5 (1) 1000	**10** 2000, 2000
(2) 1000원	**답** 2000개

2 만을 수로 쓰면 10000입니다.

3 (예) 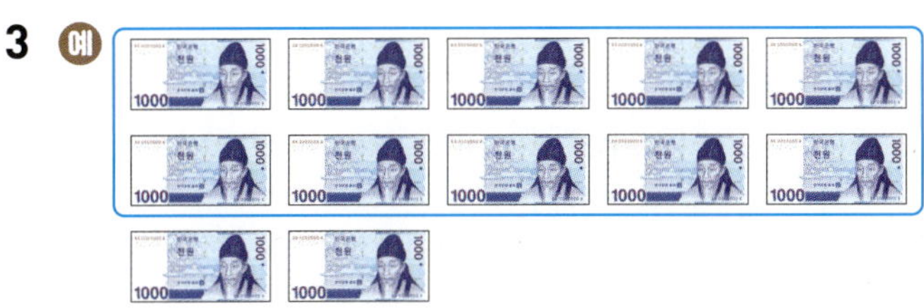

1000이 10개이면 10000이므로 1000원짜리 지폐 10장을 묶습니다.

5 (1) 10000은 9000보다 1000만큼 더 큰 수입니다.
   (2) 10000은 9000보다 1000만큼 더 큰 수이므로 받아야 할 거스름돈은 1000원입니다.

6 10000은 9000보다 1000만큼 더 큰 수입니다.

7 10000은 만 또는 일만이라고 읽습니다.

8 (예)    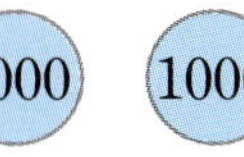 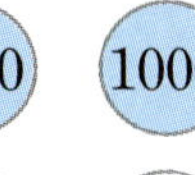   

1000이 10개이면 10000이므로 10개를 색칠합니다.

9 9800보다 100만큼 더 큰 수는 9900이고,
9900보다 100만큼 더 큰 수는 10000이므로
10000은 9800보다 100＋100＝200만큼 더 큰 수입니다.

10 10000은 8000보다 2000만큼 더 큰 수입니다.
따라서 10000개가 되려면 이번 달보다 2000개를 더 팔아야 합니다.

확인 문제	**한 번 더! 확인**
1 68795	**7** 42816
2 (1) 만 사천육십팔	**8** ✕
(2) 삼만 오천사백	
3 50632	**9** 87030
4 (○) ( )	**10** ㉡
5 80000, 700	**11** (위에서부터) 9 /
	50000, 60
6 (1) 30000, 4000	**12** 100, 60, 27160
(2) 34850권	**답** 27160개

1
10000이 6개 ┐
1000이 8개 │
100이 7개 ├ 인 수 ➡ 68795
10이 9개 │
1이 5개 ┘

2 (1) 백의 자리 숫자는 0이므로 백의 자리는 읽지 않습니다.
   (2) 십의 자리, 일의 자리 숫자는 0이므로 십의 자리, 일의 자리는 읽지 않습니다.

참고
숫자가 1인 자리는 자릿값만 읽습니다.
(예) 23154 ➡ 이만 삼천백오십사

3 천의 자리를 읽지 않았으므로 천의 자리 숫자는 0입니다.

4 34195   93216
   └ 십의 자리 숫자   └ 십의 자리 숫자

5 수를 각 자리의 숫자가 나타내는 값의 합으로 나타냅니다.

6 (2) 30000＋4000＋800＋50＝34850(권)

8 숫자가 0인 자리는 읽지 않습니다.

9 백의 자리와 일의 자리를 읽지 않았으므로 백의 자리 숫자와 일의 자리 숫자는 0입니다.

10 ㉠ 76481   ㉡ 14956
   └ 천의 자리 숫자   └ 천의 자리 숫자

12 20000＋7000＋100＋60＝27160(개)

10~11쪽 ②단계 익힘책 바로 풀기

1 10000 또는 1만 / 만 또는 일만
2 9998, 10000 **3** 95712
4 4 / 9 / 8 / 3 / 6 **5** 
6 2, 6, 4, 1, 3 **7** 소윤
8 72315
9 92605＝90000＋2000＋600＋5
10 10000 kg **11** 32540원
12 예준 **13** ㉡
14 3000원
15 ❶ 50000, 1200 ❷ 50000, 1200, 51200
  답 51200개

2 9997보다 1만큼 더 큰 수는 9998이고
9999보다 1만큼 더 큰 수는 10000입니다.

4 49836＝40000＋9000＋800＋30＋6이므로
10000이 4개, 1000이 9개, 100이 8개, 10이 3개, 1이
6개인 수입니다.

5 삼만 사천칠 ➔ 34007, 삼만 사백칠십 ➔ 30470

참고
읽지 않은 자리에는 0을 씁니다.

6 10000이 2개, 1000이 6개, 100이 4개, 10이 1개, 1이
3개인 수는 26413입니다.

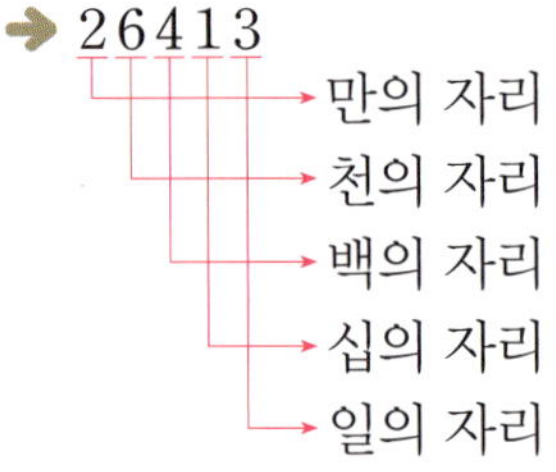

7 10809 ➔ 만 팔백구
  만 팔백 구

참고
만 팔십구를 수로 쓰면 10089입니다.

8 63209 72315 35178
  3000 300 30000

9 92605＝90000＋2000＋600＋5

참고
자리의 숫자가 0인 것은 각 자리의 숫자가 나타내는 값의
합으로 나타내지 않아도 됩니다.

10 100이 100개인 수는 10000이므로 100 kg씩 100상
자는 10000 kg입니다.

11 10000원짜리 지폐 3장: 30000원
  1000원짜리 지폐 2장: 2000원
  100원짜리 동전 5개: 500원
  10원짜리 동전 4개: 40원
  ____
           32540원

12 예준: 10000은 10이 1000개인 수입니다.

참고
10이 100개인 수는 1000입니다.

13 ㉠ 49072 ➔ 나타내는 값: 70
  ㉡ 17538 ➔ 나타내는 값: 7000
  ㉢ 54716 ➔ 나타내는 값: 700

참고
숫자가 같아도 자리에 따라 나타내는 값은 다릅니다.

14 1000이 7개인 수는 7000입니다.
10000은 7000보다 3000만큼 더 큰 수이므로 3000
원을 더 모아야 합니다.

12~13쪽 ①단계 교과서 바로 알기

확인 문제	한 번 더! 확인
1 (1) 10만 (2) 100만	**7** 1000
2 130000 또는 13만	**8** 4780000 또는 478만
3 100000	**9** 10, 1000만
4 9	**10** ( ) (○)
5 8000000	**11** 60000000
또는 800만	또는 6000만
6 (1) 300개	**12** 90, 90
(2) 300장	답 90장

3 1000의 100배 ➔ 100000

4 91654328
  천만의 자리 숫자

5 78460000
  백만의 자리 숫자, 나타내는 값: 8000000

6 (1) 300만은 1만이 300개인 수입니다.
(2) 300만 원은 만 원짜리 지폐 300장과 같습니다.

9 10만의 10배 ➡ 100만
100만의 10배 ➡ 1000만

10 93167432 ➡ 백만의 자리 숫자: 3
17654806 ➡ 백만의 자리 숫자: 7

11 64810000
└ 천만의 자리 숫자, 나타내는 값: 60000000

12 (전략)
만 원짜리 지폐로 찾아야 하므로 주어진 돈은 1만이 몇 개인 수인지 알아봅니다.

90만은 1만이 90개인 수입니다.

14∼15쪽 1단계 교과서 바로 알기

확인 문제	한번 더! 확인
1 1000만에 ◯표	**7** 100만
2 100000000 / 일억	**8** 400000000 / 사억
3 3576	**9** 4763 / 2105
4 오십사억	**10** 이천육백십칠억 팔천만
5 (위에서부터) 4 / 900000000 또는 9억	**11** (위에서부터) 6 / 700000000000 또는 7000억
6 2635000000	**12** 430200000000

3 357600000000
➡ 3576억
➡ 1억이 3576개인 수

4 (참고)
수를 읽을 때는 뒤에서부터 네 자리씩 끊어 읽으면 편리합니다.

5 백억의 자리 숫자는 4입니다.
억의 자리 숫자는 9이고 900000000을 나타냅니다.
억　　만

6 이십육억 삼천오백만
➡ 26억 3500만
➡ 2635000000
　억　　만

11 십억의 자리 숫자는 6입니다.
천억의 자리 숫자는 7이고 700000000000을 나타냅니다.
억　　만

12 사천삼백이억 ➡ 4302억 ➡ 430200000000
억　　만

16∼17쪽 1단계 교과서 바로 알기

확인 문제	한번 더! 확인
1 1조에 ◯표	**7** 일조
2 1000억, 1조	**8** 1억, 1조
3 1	**9** 1000
4 827000000000000, 팔백이십칠조	**10** 46193200000000, 사십육조 천구백삼십이억
5 천조 / 3000000000000000 또는 3000조	**11** 70000000000000 또는 70조
6 (1) 40000000000000 또는 40조, 400000000000000 또는 400조 (2) ㉠	**12** 8000000000000000 또는 8000조, 800000000000000 또는 800조 / ㉡ (답 ㉡)

1 1000억이 10개인 수는
1000000000000 또는 1조입니다.
조　억　만

2 100억의 10배 ➡ 1000억
1000억의 10배 ➡ 1조

5 3425492600000000
조　억　만
└ 천조의 자리 숫자, 나타내는 값: 3000000000000000
조　억　만

6 (1) ㉠ 43800000000000
조　억　만
└ 십조의 자리 숫자, 나타내는 값: 40조
㉡ 415372000000000
조　억　만
└ 백조의 자리 숫자, 나타내는 값: 400조

7 1000000000000는 조 또는 일조라고 읽습니다.
조　억　만

8 1만의 10000배 ➡ 1억
1억의 10000배 ➡ 1조

11 6278450000000000
조　억　만
└ 십조의 자리 숫자, 나타내는 값: 70000000000000
조　억　만

12 ㉠ 8130574000000000
조　억　만
└ 천조의 자리 숫자, 나타내는 값: 8000조
㉡ 852460000000000
조　억　만
└ 백조의 자리 숫자, 나타내는 값: 800조

18~19쪽 2단계 익힘책 바로 풀기

1 ✕

2 구천칠백사십오억 백이십육만

3 90000, 7000   **4** 18035100064

5 100억 / 10억 / 1억   **6** 4

7 36조 7162억 4580만 7432

8 백조 / 800000000000000 또는 800조

9 ㉡   **10** 10개

11 64880000   **12** 9번

13 ㉡

14 6000000000 또는 60억

15 ❶ 70000000 또는 7000만 / 700000 또는 70만
　　❷ 100 📖 100배

---

4 1억이 180개, 1만이 3510개, 1이 64개인 수
➜ 180억 3510만 64
➜ 18035100064

6 594003687321
　　└ 십억의 자리 숫자

8 1826372600000000
　　└ 백조의 자리 숫자,
　　　나타내는 값: 800000000000000

9 ㉠ 100000000
　　㉡ 90010000
　　㉢ 100000000
➜ 나타내는 수가 다른 하나는 ㉡입니다.

10 1조는 1000억이 10개인 수이므로 세균이 1000억 마리씩 있는 실험용 접시는 10개 있어야 합니다.

11 육천사백팔십팔만 ➜ 6488만 ➜ 64880000

12 8504억은 850400000000이므로 0이 9개입니다.
➜ 8504억을 계산기로 입력하려면 0을 모두 9번 눌러야 합니다.

13 ㉠ 40조 ㉡ 400조 ㉢ 4조
➜ ㉡ 400조 > ㉠ 40조 > ㉢ 4조

14 1억이 4869개, 1만이 145개인 수 ➜ 486901450000
486901450000
└ 십억의 자리 숫자, 나타내는 값: 6000000000

15 73759000
　　├ 천만의 자리 숫자, 나타내는 값: 70000000
　　└ 십만의 자리 숫자, 나타내는 값: 700000
➜ 70000000은 700000의 100배입니다.

20~21쪽 1단계 교과서 바로 알기

확인 문제

1 80000, 90000

2 10000씩

3 ㉡

4 ⑴ 1000만씩
　　⑵ 6647만, 7647만

5 ⑴ 2865억, 2895억
　　⑵ 2895억 원

한번 더! 확인

6 217억, 218억

7 100만씩

8 ㉠

9 ⑴ 10만씩
　　⑵ 1조 50만, 1조 60만

10 2 / 30000, 50000,
70000 / 70000
📖 70000 km

---

1 만의 자리 수가 1씩 커지도록 수를 뛰어 세기 합니다.

2 만의 자리 수가 1씩 커집니다.
➜ 10000씩 뛰어 세기 했습니다.

3 ㉠ 조의 자리 수가 1씩 커집니다.
➜ 1조씩 뛰어 세기 했습니다.
㉡ 십조의 자리 수가 1씩 커집니다.
➜ 10조씩 뛰어 세기 했습니다.

4 ⑴ 천만의 자리 수가 1씩 커집니다.
➜ 1000만씩 뛰어 세기 했습니다.

5 ⑴ 십억의 자리 수가 3씩 커지도록 수를 뛰어 세기 합니다.

6 억의 자리 수가 1씩 커지도록 수를 뛰어 세기 합니다.

7 백만의 자리 수가 1씩 커집니다.
➜ 100만씩 뛰어 세기 했습니다.

8 ㉠ 백조의 자리 수가 1씩 커집니다.
➜ 100조씩 뛰어 세기 했습니다.
㉡ 조의 자리 수가 1씩 커집니다.
➜ 1조씩 뛰어 세기 했습니다.

9 ⑴ 십만의 자리 수가 1씩 커집니다.
➜ 10만씩 뛰어 세기 했습니다.

9 10만의 10배 ➡ 100만
100만의 10배 ➡ 1000만

10 93167432 ➡ 백만의 자리 숫자: 3
17654806 ➡ 백만의 자리 숫자: 7

11 64810000
└ 천만의 자리 숫자, 나타내는 값: 60000000

12 
만 원짜리 지폐로 찾아야 하므로 주어진 돈은 1만이 몇 개인 수인지 알아봅니다.

90만은 1만이 90개인 수입니다.

확인 문제	**한번 더! 확인**
1 1000만에 ◯표	**7** 100만
2 100000000 / 일억	**8** 400000000 / 사억
3 3576	**9** 4763 / 2105
4 오십사억	**10** 이천육백십칠억 팔천만
5 (위에서부터) 4 /	**11** (위에서부터) 6 /
900000000 또는 9억	700000000000
	또는 7000억
6 2635000000	**12** 430200000000

3 357600000000
➡ 3576억
➡ 1억이 3576개인 수

4 참고
수를 읽을 때는 뒤에서부터 네 자리씩 끊어 읽으면 편리합니다.

5 백억의 자리 숫자는 4입니다.
억의 자리 숫자는 9이고 900000000을 나타냅니다.

6 이십육억 삼천오백만
➡ 26억 3500만
➡ 2635000000

11 십억의 자리 숫자는 6입니다.
천억의 자리 숫자는 7이고 700000000000을 나타냅니다.

12 사천삼백이억 ➡ 4302억 ➡ 430200000000

확인 문제	**한번 더! 확인**
1 1조에 ◯표	**7** 일조
2 1000억, 1조	**8** 1억, 1조
3 1	**9** 1000
4 827000000000000,	**10** 46193200000000,
팔백이십칠조	사십육조 천구백삼십이억
5 천조 /	**11** 70000000000000
3000000000000000	또는 70조
또는 3000조	
6 (1) 40000000000000	**12** 8000000000000000
또는 40조,	또는 8000조,
400000000000000	800000000000000
또는 400조	또는 800조 / ㉡
(2) ㉠	답 ㉡

1 1000억이 10개인 수는
1000000000000 또는 1조입니다.

2 100억의 10배 ➡ 1000억
1000억의 10배 ➡ 1조

5 3425492600000000
└ 천조의 자리 숫자, 나타내는 값: 3000000000000000

6 (1) ㉠ 43800000000000
└ 십조의 자리 숫자, 나타내는 값: 40조
㉡ 415372000000000
└ 백조의 자리 숫자, 나타내는 값: 400조

7 1000000000000는 조 또는 일조라고 읽습니다.

8 1만의 10000배 ➡ 1억
1억의 10000배 ➡ 1조

11 6278450000000000
└ 십조의 자리 숫자, 나타내는 값: 70000000000000

12 ㉠ 8130574000000000
└ 천조의 자리 숫자, 나타내는 값: 8000조
㉡ 852460000000000
└ 백조의 자리 숫자, 나타내는 값: 800조

18~19쪽　2단계 **익힘책 바로 풀기**

1

2 구천칠백사십오억 백이십육만

3 90000, 7000　　　　**4** 18035100064

5 100억 / 10억 / 1억　　**6** 4

7 36조 7162억 4580만 7432

8 백조 / 800000000000000 또는 800조

9 ㉡　　　　　　　　**10** 10개

11 64880000　　　　**12** 9번

13 ㉡

14 6000000000 또는 60억

15 ❶ 70000000 또는 7000만 / 700000 또는 70만
　　❷ 100　　답 100배

---

4 1억이 180개, 1만이 3510개, 1이 64개인 수
　➡ 180억 3510만 64
　➡ 18035100064

6 594003687321
　　　억　만
　└ 십억의 자리 숫자

8 1826372600000000
　　　조　억　만
　└ 백조의 자리 숫자,
　　나타내는 값: 800000000000000
　　　　　　　　조　억　만

9 ㉠ 100000000
　　　　억　만
　㉡ 90010000
　㉢ 100000000
　　　　억　만
　➡ 나타내는 수가 다른 하나는 ㉡입니다.

10 1조는 1000억이 10개인 수이므로 세균이 1000억 마리씩 있는 실험용 접시는 10개 있어야 합니다.

11 육천사백팔십팔만 ➡ 6488만 ➡ 64880000

12 8504억은 850400000000이므로 0이 9개입니다.
　　　　　　억　만
　➡ 8504억을 계산기로 입력하려면 0을 모두 9번 눌러야 합니다.

13 ㉠ 40조　㉡ 400조　㉢ 4조
　➡ ㉡ 400조＞㉠ 40조＞㉢ 4조

14 1억이 4869개, 1만이 145개인 수 ➡ 486901450000
　　　　　　　　　　　　　　　　　　　억　만
　486901450000
　　억　만
　└ 십억의 자리 숫자, 나타내는 값: 6000000000
　　　　　　　　　　　　　　　　억　만

---

15 73759000
　└ 천만의 자리 숫자, 나타내는 값: 70000000
　└ 십만의 자리 숫자, 나타내는 값: 700000
　➡ 70000000은 700000의 100배입니다.

20~21쪽　1단계 **교과서 바로 알기**

확인 문제	한번 더! 확인
1 80000, 90000	**6** 217억, 218억
2 10000씩	**7** 100만씩
3 ㉡	**8** ㉠
4 (1) 1000만씩	**9** (1) 10만씩
(2) 6647만, 7647만	(2) 1조 50만, 1조 60만
5 (1) 2865억, 2895억	**10** 2 / 30000, 50000,
(2) 2895억 원	70000 / 70000
	답 70000 km

---

1 만의 자리 수가 1씩 커지도록 수를 뛰어 세기 합니다.

2 만의 자리 수가 1씩 커집니다.
　➡ 10000씩 뛰어 세기 했습니다.

3 ㉠ 조의 자리 수가 1씩 커집니다.
　　➡ 1조씩 뛰어 세기 했습니다.
　㉡ 십조의 자리 수가 1씩 커집니다.
　　➡ 10조씩 뛰어 세기 했습니다.

4 (1) 천만의 자리 수가 1씩 커집니다.
　➡ 1000만씩 뛰어 세기 했습니다.

5 (1) 십억의 자리 수가 3씩 커지도록 수를 뛰어 세기 합니다.

6 억의 자리 수가 1씩 커지도록 수를 뛰어 세기 합니다.

7 백만의 자리 수가 1씩 커집니다.
　➡ 100만씩 뛰어 세기 했습니다.

8 ㉠ 백조의 자리 수가 1씩 커집니다.
　　➡ 100조씩 뛰어 세기 했습니다.
　㉡ 조의 자리 수가 1씩 커집니다.
　　➡ 1조씩 뛰어 세기 했습니다.

9 (1) 십만의 자리 수가 1씩 커집니다.
　➡ 10만씩 뛰어 세기 했습니다.

확인 문제

1 >
2 < / <
3 해설 참고 /
　작습니다에 ○표
4 (1) <　(2) >
5 (1) >
　(2) 침대

한 번 더! 확인

6 <
7 > / >
8 해설 참고 /
　51700, 51300
9 (1) <　(2) >
10 같으므로에 ○표 /
　> / > / 서준
　답 서준

1　531900 > 97820
　여섯 자리 수　다섯 자리 수

3

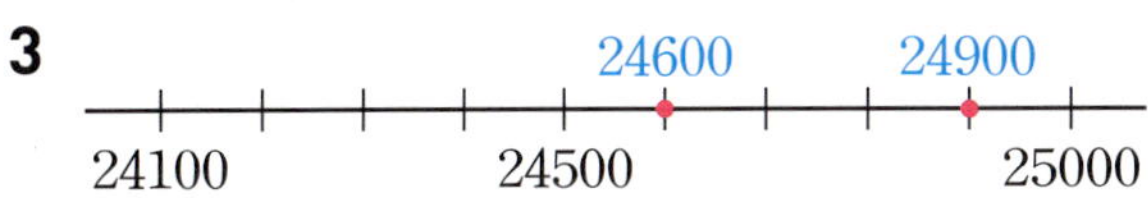

24600　24900

24100　24500　25000

➡ 24600은 24900보다 더 작습니다.

참고
수직선에서 오른쪽에 위치한 수가 왼쪽에 위치한 수보다
더 큰 수입니다.

4 (1) 3271900000 < 38420540000
　　열 자리 수　　　열한 자리 수

　(2) 1697억 > 916억 4000만
　　열두 자리 수　　열한 자리 수

5 (1) 1057800 > 896400
　　일곱 자리 수　여섯 자리 수
　(2) 1057800 > 896400
　　➡ 더 비싼 것은 침대입니다.

6　293100 < 623700
　　　2 < 6

참고
• 두 수의 크기 비교

두 수의 자리 수를 먼저 비교 → 다르면 → 자리 수가 많은 쪽이 더 큰 수

　　　　　　　→ 같으면 → 가장 높은 자리의 수부터 차례로 비교하여 수가 큰 쪽이 더 큰 수

8

51300　51700

51100　51500　52000

➡ 51700은 51300보다 더 큽니다.

9 (1) 7380000000 < 7820000000
　　　　3 < 8
　(2) 126조 500억 > 126조 50억
　　　　500 > 50

---

1 <
2 73500, 83500
3 59억, 79억
4 <
5 100000씩
6

ⓛ 37400　㉠ 37600
37100　37500　38000
/ ㉠, ㉡

7 ㉡
8 2364조, 2564조
9 (　)(○)
10 3개월
11 1조 620억, 1조 820억, 1조 1020억
12 ㉠
13 964320 / 구십육만 사천삼백이십
14 ❶ 57910000, 3 / 2 / 1
　❷ 화성, 지구, 수성　답 화성, 지구, 수성

---

1 자리 수가 많은 쪽이 더 큰 수입니다.
　　86230 < 942500
　다섯 자리 수　여섯 자리 수

2 만의 자리 수가 1씩 커지도록 수를 뛰어 세기 합니다.

3 십억의 자리 수가 1씩 커지도록 수를 뛰어 세기 합니다.

4 761156349 < 2567800123
　아홉 자리 수　　　열 자리 수

5 십만의 자리 수가 1씩 커집니다.
　➡ 100000씩 뛰어 세기 했습니다.

6 수직선에서 오른쪽에 위치한 수가 더 큽니다.
　➡ ㉠ 37600 > ㉡ 37400

7 ㉠ 12조 6972만 < 14조 9510만
　　　　　　2 < 4

8 백조의 자리 수가 1씩 커지므로 100조씩 뛰어 세기 한
　것입니다.

9 5182167 < 6036747
　　　5 < 6

10　70000　80000　90000　100000
　　　10000　10000　10000
10000원씩 뛰어 세기를 3번 해야 100000원이 됩니다.
따라서 100000원을 모으려면 3개월이 걸립니다.

11 백억의 자리 수가 2씩 커지도록 수를 뛰어 세기 합니다.

12 ㉠ 육만 칠천구백오십: 67950
　㉡ 백이십삼만 육천백: 1236100
　➡ 67950 < 687050 < 1236100
　다섯 자리 수　여섯 자리 수　일곱 자리 수

13 수 카드의 수의 크기를 비교하면 9＞6＞4＞3＞2＞0
입니다.
만들 수 있는 가장 큰 수
➡ 964320(구십육만 사천삼백이십)

26~29쪽 〔3단계〕 서술형 바로 쓰기

1-1 ❶ 100만, 10만　❷ 10만, 690만
답 690만

1-2 예 ❶ 눈금 10칸의 크기: 582억－572억＝10억
➡ 눈금 한 칸의 크기: 1억
❷ ㉠이 나타내는 수: 572억에서 1억씩 6번 뛰어
세기 한 수 ➡ 578억
답 578억

2-1 ❶ ＞, 4　❷ 0, 1, 2, 3
답 0, 1, 2, 3

2-2 예 ❶ 십억, 억, 천만의 자리 숫자가 각각 같고 십만의
자리 수의 크기를 비교하면 1＜5이므로 □ 안에는
8과 같거나 8보다 큰 수가 들어갈 수 있습니다.
❷ □ 안에 들어갈 수 있는 수: 8, 9
답 8, 9

3-1 ❶ 3 / 8150억, 8140억, 8130억　❷ 8130억
답 8130억

3-2 예 ❶ 4950조에서 1000조씩 작아지도록 3번 뛰어
세기: 4950조－3950조－2950조－1950조
❷ 어떤 수: 1950조
답 1950조

4-1 ❶ 5　❷ 4, 3 / 5, 4, 3
답 25431

4-2 예 ❶ 조건1 에서 65001부터 65499까지의 수이
므로 만의 자리 숫자는 6, 천의 자리 숫자는 5입니다.
조건2 에서 백의 자리 숫자는 홀수이므로 3, 십의
자리 숫자는 4, 일의 자리 숫자는 남은 수인 2입니다.
➡ 조건을 모두 만족하는 수: 65342
답 65342

4-2 참고
❶에서 사용하고 남은 카드의 수는 2, 3, 4인데 이 중 홀수
는 3이므로 백의 자리에 3을 쓰고, 십의 자리에 4를, 일의
자리에 2를 씁니다.

---

1 10000 또는 1만　　　**2** 63429
3 이천육백사억
4 36915＝30000＋6000＋900＋10＋5
5 ╳　　　　　　　　**6** 546812403650000
7 414조, 415조, 418조　**8** 2000000 또는 200만
9 ＞
10 3 / 3000000000000 또는 3조
11 10000원　　　　　**12** 6월
13 4540000, 5540000, 7540000
14 4개월 후　　　　　**15** 도시락
16 1024578 / 백이만 사천오백칠십팔
17 1000배　　　　　　**18** 63840원
19 예 ❶ 억, 천만, 백만, 십만의 자리 숫자가 각각 같고
만의 자리 수의 크기를 비교하면 □＜4입니다.
❷ □ 안에 들어갈 수 있는 수는 0, 1, 2, 3입니다.
➡ 4개
답 4개
20 예 ❶ 조건1 에서 85001부터 85699까지의 수이
므로 만의 자리 숫자는 8, 천의 자리 숫자는 5, 백
의 자리 숫자는 6입니다.
❷ 남은 수는 7, 9이므로 조건2 에서 십의 자리 숫
자는 9, 일의 자리 숫자는 7입니다.
➡ 조건을 모두 만족하는 수: 85697
답 85697

---

5 10000이 100개인 수 ➡ 100만(1000000)
10000이 10개인 수 ➡ 10만(100000)

6 1조가 546개, 1억이 8124개, 1만이 365개인 수
➡ 546조 8124억 365만
➡ 546812403650000
　　조　억　만

8 2는 백만의 자리 숫자이므로 2000000을 나타냅니다.

9 882543060240＞89015476054
　열두 자리 수　　열한 자리 수

10 423000000000000
　　조　억　만
└ 조의 자리 숫자, 나타내는 값: 3000000000000
　　　　　　　　　　　　　　조　억　만

11 7000보다 3000만큼 더 큰 수는 10000입니다.
➡ 저금통에 들어 있는 돈은 모두 10000원입니다.

12 843181 ＜ 859785
└4＜5┘

13 백만의 자리 수가 1씩 커졌으므로 1000000씩 뛰어 세기 한 것입니다.

14 10000에서 20000씩 뛰어 세기 하면
10000−30000−50000−70000−90000입니다.
무선 이어폰이 90000원이고 10000에서 20000씩 4번 뛰어 세기 하면 90000이므로 4개월 후에 무선 이어폰을 살 수 있습니다.

15 2080000   2651000   953000
일곱 자리 수 일곱 자리 수 여섯 자리 수

┌ 라면 ┐ ┌ 도시락 ┐ ┌ 생수 ┐

➡ 도시락＞라면＞생수

16 가장 작은 수를 만들려면 가장 높은 자리부터 작은 수를 차례로 놓아야 합니다.
수 카드의 수의 크기를 비교하면
0＜1＜2＜4＜5＜7＜8입니다.
가장 높은 자리에는 0을 놓을 수 없으므로 0은 둘째로 높은 자리에 놓아야 합니다.
➡ 가장 작은 수: 1024578(백이만 사천오백칠십팔)

17 ㉠은 백억의 자리 숫자이므로 90000000000을,
㉡은 천만의 자리 숫자이므로 90000000을 나타냅니다.
➡ 90000000000은 90000000의 1000배입니다.

18 10000원짜리 지폐　5장 ➡ 50000원
1000원짜리 지폐 13장 ➡ 13000원
100원짜리 동전　8개 ➡ 　800원
10원짜리 동전 4개 ➡ 　 40원
➡ (나래가 저금한 돈)
　＝50000＋13000＋800＋40＝63840(원)

19

채점 기준		
❶ 자리 수를 비교하여 □ 안에 들어갈 수 있는 수의 조건을 구함.	3점	5점
❷ □ 안에 들어갈 수 있는 수는 모두 몇 개인지 구함.	2점	

20 ❷ ❶에서 사용하고 남은 카드의 수는 7, 9인데 십의 자리 숫자가 일의 자리 숫자보다 더 크므로 십의 자리에 9를, 일의 자리에 7을 씁니다.

채점 기준		
❶ 조건1 을 만족하는 만, 천, 백의 자리 숫자를 구함.	3점	5점
❷ 조건 을 모두 만족하는 수를 만듦.	2점	

2 각도

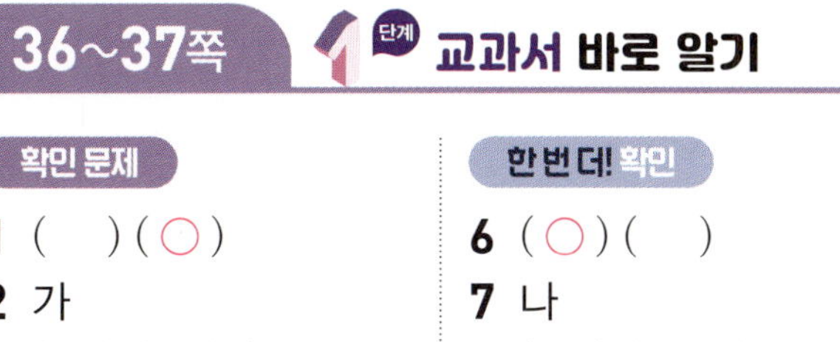

1 두 변이 더 많이 벌어진 각은 오른쪽 각입니다.

참고
각의 크기는 변의 길이와 관계없이 두 변이 벌어진 정도가 클수록 큰 각입니다.

2 투명 종이에 가를 본떠서 나에 겹쳐 보면 더 큰 각은 가입니다.

3 벌어진 정도를 비교하면 오른쪽 부채가 가장 많이 벌어졌습니다.

4 보기의 각보다 두 변이 벌어진 정도가 더 큰 각은 왼쪽 각입니다.

5 (1) 가의 크기는 부챗살 3개의 크기와 같고 나의 크기는 부챗살 2개의 크기와 같습니다.
(2) 부챗살이 이루는 각이 더 적게 들어간 나의 각의 크기가 더 작습니다.

6 두 변이 더 많이 벌어진 각은 왼쪽 각입니다.

8 벌어진 정도를 비교하면 가운데 가위가 가장 많이 벌어졌습니다.

9 보기의 각보다 두 변이 벌어진 정도가 더 작은 각은 ㉡입니다.

10 가의 크기는 부챗살 5개의 크기와 같고, 나의 크기는 부챗살 4개의 크기와 같습니다.
➡ 5개＞4개이므로 더 큰 각은 가입니다.

참고
부챗살의 개수가 많을수록 더 큰 각입니다.

38~39쪽 **1**단계 교과서 바로 알기

확인 문제

1 1°
2 (○) ( )
3 70
4 (1) 130° (2) 80°
5 60°

한 번 더! 확인

6 1, 1
7 ( ) (○)
8 40
9 (1) 75° (2) 155°
10 120°

1 각도기의 작은 눈금 한 칸은 1°를 나타냅니다.

2 각도기의 중심을 각의 꼭짓점에 맞춰야 합니다.

3 전략
> 각의 한 변이 안쪽 눈금 0에 맞춰져 있으면 안쪽 눈금을 읽고 바깥쪽 눈금 0에 맞춰져 있으면 바깥쪽 눈금을 읽습니다.

각의 한 변이 바깥쪽 눈금 0에 맞춰져 있으므로 바깥쪽 눈금 70을 읽습니다.

4 (1) 각의 한 변이 안쪽 눈금 0에 맞춰져 있으므로 안쪽 눈금을 읽으면 130°입니다.
(2) 각의 한 변에 바깥쪽 눈금 0에 맞춰져 있으므로 바깥쪽 눈금을 읽으면 80°입니다.

5 각도기의 중심을 각의 꼭짓점에 맞추고, 각도기의 밑금을 각의 한 변에 맞춘 다음 각의 나머지 변과 만나는 각도기의 눈금을 읽으면 60°입니다.

참고
> 각도를 잴 때는 각도기의 중심을 각의 꼭짓점에 맞추고, 각도기의 밑금을 각의 한 변에 맞춘 다음 각의 나머지 변과 만나는 각도기의 눈금을 읽습니다.

6 직각의 크기를 똑같이 90으로 나눈 것 중의 하나를 1도라 하고, 1°라고 씁니다.

7 각도기의 밑금을 각의 한 변에 맞춰야 합니다.

8 각의 한 변이 안쪽 눈금 0에 맞춰져 있으므로 안쪽 눈금 40을 읽습니다.

9 (1) 각의 한 변이 바깥쪽 눈금 0에 맞춰져 있으므로 바깥쪽 눈금을 읽으면 75°입니다.
(2) 각의 한 변이 바깥쪽 눈금 0에 맞춰져 있으므로 바깥쪽 눈금을 읽으면 155°입니다.

10 각도기의 중심을 각의 꼭짓점에 맞추고, 각도기의 밑금을 각의 한 변에 맞춘 다음 각의 나머지 변과 만나는 각도기의 눈금을 읽으면 120°입니다.

40~41쪽 **2**단계 익힘책 바로 풀기

1 (○) ( )
2 90 / 90
3 60
4 55
5 서아
6 110°
7 70°
8 중심, 꼭짓점
9 나, 가, 2
10
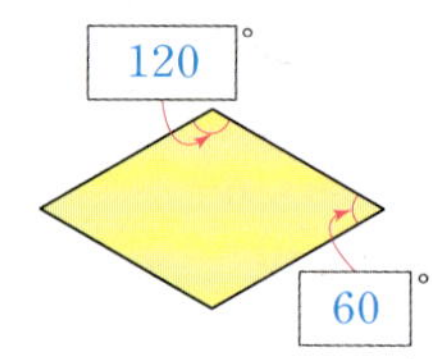

11 나, 다
12
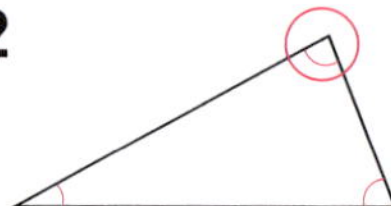
13 나, 95°

14 예 나의 각의 크기가 가장 작고, 다의 각의 크기가 가장 큽니다.
15 ❶ 140, 8 ❷ 10, 80 답 80°

3 각의 한 변이 안쪽 눈금 0에 맞춰져 있으므로 안쪽 눈금을 읽으면 60°입니다.

4 각의 한 변이 바깥쪽 눈금 0에 맞춰져 있으므로 바깥쪽 눈금을 읽으면 55°입니다.

5 각의 크기를 재어 보면 80°입니다.

6 각도기의 중심을 각의 꼭짓점에 맞추고, 각도기의 밑금을 각의 한 변에 맞춘 다음 각의 나머지 변과 만나는 각도기의 눈금을 읽습니다.

9 가의 크기는 보기의 각 4개의 크기와 같고 나의 크기는 보기의 각 6개의 크기와 같습니다.
➜ 나의 크기는 가의 크기보다 보기의 각 2개만큼 더 큽니다.

11 보기의 각보다 두 변이 벌어진 정도가 더 작은 각은 나, 다입니다.

12 두 변이 가장 많이 벌어진 각을 찾습니다.

13 가: 85°, 나: 95°
➜ 85° < 95°이므로 더 큰 각은 나입니다.

14 평가 기준
> 나의 각의 크기가 가장 작고, 다의 각의 크기가 가장 크다고 썼으면 정답으로 합니다.

42~43쪽  단계 교과서 바로 알기

확인 문제	한 번 더! 확인
1 예각	**7** 둔각
2 예	**8** 둔
3 둔각	**9** 예각
4 가, 다, 마 / 나, 라, 바	**10** 가, 다, 마, 바 / 나, 라
5 3개	**11** 2개
6 해설 참고	**12** 해설 참고

1 예각: 각도가 0°보다 크고 직각보다 작은 각

2 각도가 0°보다 크고 직각보다 작으므로 예각입니다.

3 시계의 긴바늘과 짧은바늘이 이루는 작은 쪽의 각은 직각보다 크고 180°보다 작으므로 둔각입니다.

4 각도가 0°보다 크고 직각보다 작은 각: 가, 다, 마
각도가 직각보다 크고 180°보다 작은 각: 나, 라, 바

5 예각은 각도가 0°보다 크고 90°보다 작은 각이므로 70°, 85°, 30°입니다. ➜ 3개

6 예

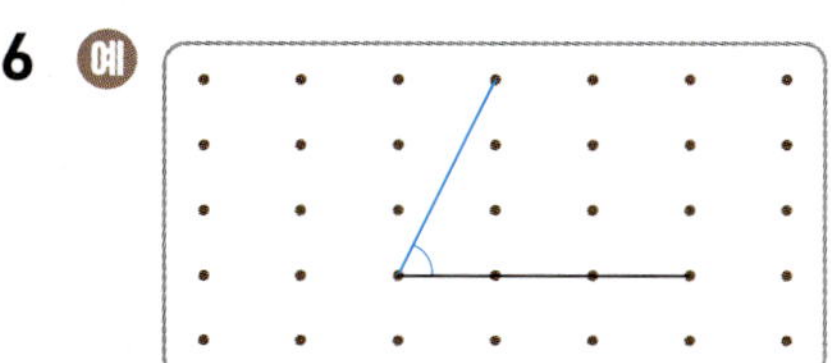

각도가 0°보다 크고 직각보다 작은 각이 되도록 그립니다.

8 각도가 직각보다 크고 180°보다 작으므로 둔각입니다.

9 시계의 긴바늘과 짧은바늘이 이루는 작은 쪽의 각은 0°보다 크고 직각보다 작으므로 예각입니다.

10 각도가 0°보다 크고 직각보다 작은 각: 가, 다, 마, 바
각도가 직각보다 크고 180°보다 작은 각: 나, 라

11 둔각은 각도가 90°보다 크고 180°보다 작은 각이므로 120°, 135°입니다. ➜ 2개

12 예

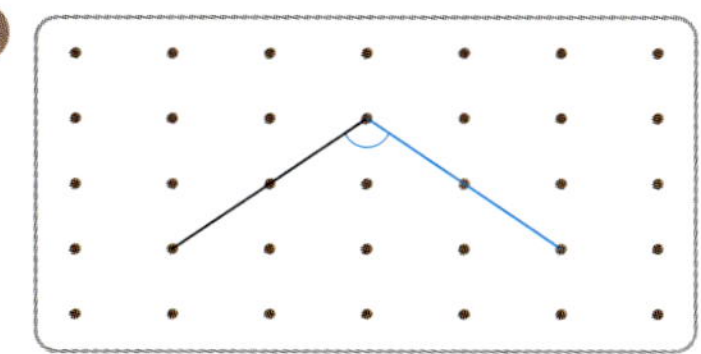

각도가 직각보다 크고 180°보다 작은 각이 되도록 그립니다.

44~45쪽 단계 교과서 바로 알기

확인 문제	한 번 더! 확인
1 예 60°	**6** 예 30°
2 예 45°	**7** 예 45°
3 (1) 예 30 / 30 (2) 예 100 / 100	**8** (1) 예 80 / 80 (2) 예 120 / 120
4 예 130 / 130	**9** 예 60 / 60
5 (왼쪽부터) 예 20, 20 / 예 90, 90	**10** (왼쪽부터) 예 30, 30 / 예 110, 110

1 각도가 직각 삼각자의 60°와 비슷하므로 60°로 어림할 수 있습니다.

2 각도가 직각 삼각자의 45°와 비슷하므로 45°로 어림할 수 있습니다.

46~47쪽 단계 교과서 바로 알기

확인 문제	한 번 더! 확인
1 80	**7** 100
2 60	**8** 40
3 (1) 100 (2) 120	**9** (1) 110 (2) 110
4 (1) 70 (2) 100	**10** (1) 80 (2) 70
5 155° / 45°	**11** 170° / 100°
6 (1) 90° (2) 135°	**12** 뺄에 ○표, 90, 65 답 65°

1 자연수의 덧셈과 같이 계산합니다.
➜ $50° + 30° = 80°$
$50 + 30 = 80$

2 자연수의 뺄셈과 같이 계산합니다.
➜ $80° - 20° = 60°$
$80 - 20 = 60$

5 합: $100° + 55° = 155°$, 차: $100° - 55° = 45°$

6 전략
~만큼 더 큰 각을 구할 때는 각도의 합을 이용하여 구합니다.
직각보다 45°만큼 더 큰 각: $90° + 45° = 135°$

11 합: $135° + 35° = 170°$, 차: $135° - 35° = 100°$

12 직각보다 25°만큼 더 작은 각: $90° - 25° = 65°$

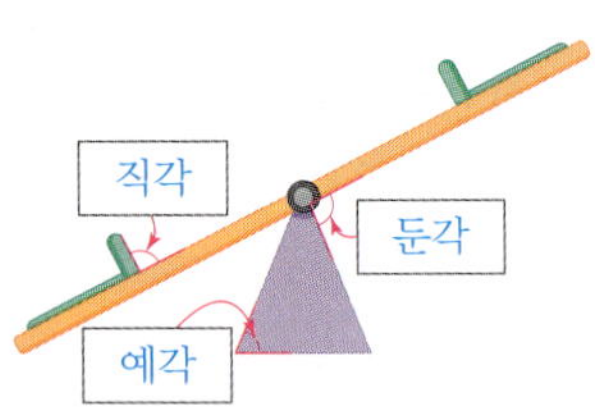

48~49쪽 2단계 익힘책 바로 풀기

1 예각

2 (1) 145   (2) 55

3 

4 ①

5
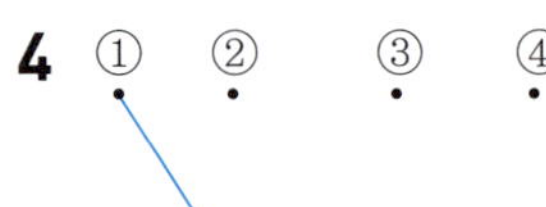

6 예 70 / 70

7 (화살표 순서대로) 90 / 180, 270 / 270, 360

8 <

9 150°

10 50°, 유찬

11 1개

12 예각

13 55°

14 ❶ 95, 125   ❷ 125, 95, 30
답 30°

---

1 각도가 0°보다 크고 직각보다 작은 각을 예각이라고 합니다.

2 (1) 각도의 합은 자연수의 덧셈과 같이 계산합니다.
(2) 각도의 차는 자연수의 뺄셈과 같이 계산합니다.

3 55°, 30°, 48° ➡ 예각, 170°, 115° ➡ 둔각

4
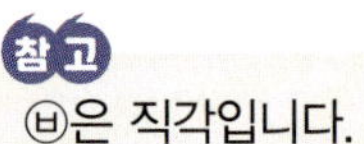

➡ 점 ㄱ과 ①을 이어야 합니다.
점 ㄱ과 ②를 이으면 직각이 되고, 점 ㄱ과 ③, ④를 이으면 예각이 됩니다.

8 45°+60°=105°, 180°−70°=110°
➡ 105°<110°

9 잰 각도: 110°, 40° ➡ 110°+40°=150°

10 어림한 각도와 잰 각도의 차이가 더 작은 유찬이가 실제 각도에 더 가깝게 어림했습니다.

11 둔각: ㉠, ㉡, ㉢ ➡ 3개
예각: ㉢, ㉣ ➡ 2개
따라서 둔각은 예각보다 3−2=1(개) 더 많습니다.

참고
㉢은 직각입니다.

12

➡ 예각

13 직선이 이루는 각도는 180°이므로
㉠=180°−125°=55°입니다.

50~51쪽 1단계 교과서 바로 알기

확인 문제	한번 더! 확인
1 180	**6** 50, 180
2 ○	**7** ×
3 30°, 110°, 180°	**8** 55°, 50°, 180°
4 (1) 45 (2) 70	**9** (1) 60 (2) 130
5 (1) 90° (2) 45°	**10** 180 / 180, 30
	답 30°

3 각도기로 각의 크기를 재어 보면
㉡=30°, ㉢=110°입니다.
➡ ㉠+㉡+㉢=40°+30°+110°=180°

4 (1) 65°+70°+□°=180°
➡ □°=180°−65°−70°=45°
(2) □°+40°+70°=180°
➡ □°=180°−40°−70°=70°

참고
삼각형의 세 각의 크기의 합이 180°임을 이용합니다.

5 (2) ㉠+45°+90°=180°
➡ ㉠=180°−45°−90°=45°

7 삼각형의 모양과 크기가 달라도 모든 삼각형의 세 각의 크기의 합은 180°입니다.

8 각도기로 각의 크기를 재어 보면
㉡=55°, ㉢=50°입니다.
➡ ㉠+㉡+㉢=75°+55°+50°=180°

9 (1) □°+50°+70°=180°
➡ □°=180°−50°−70°=60°
(2) 25°+25°+□°=180°
➡ □°=180°−25°−25°=130°

확인 문제	한번 더! 확인
1 360°	**6** 360
2 95, 360	**7** 75, 360
3 120°, 60°, 120° / 360	**8** 80°, 55°, 130° / 360
4 (1) 65 (2) 125	**9** (1) 95 (2) 80
5 (1) 360 (2) 180	**10** 360 / 360, 190 답 190°

1 네 각을 이어 붙이면 바닥을 채우므로 사각형의 네 각의 크기의 합은 360°입니다.

2 사각형의 네 각의 크기를 모두 더하면 360°입니다.

3 각도기로 각의 크기를 재어 보면
ㄴ=120°, ㄷ=60°, ㄹ=120°입니다.
➡ ㄱ+ㄴ+ㄷ+ㄹ=60°+120°+60°+120°=360°

4 (1) 105°+70°+□°+120°=360°
  ➡ □°=360°−105°−70°−120°=65°
(2) 80°+110°+45°+□°=360°
  ➡ □°=360°−80°−110°−45°=125°

> 참고
> 사각형의 네 각의 크기의 합이 360°임을 이용합니다.

5 (2) ㄱ+ㄴ=360°−80°−100°=180°

6 사각형은 모양과 크기에 관계없이 삼각형 2개로 나눌 수 있고, 삼각형의 세 각의 크기의 합은 180°입니다.
  ➡ (사각형의 네 각의 크기의 합)
   =(삼각형의 세 각의 크기의 합)×2
   =180°×2=360°

8 각도기로 각의 크기를 재어 보면
ㄴ=80°, ㄷ=55°, ㄹ=130°입니다.
  ➡ ㄱ+ㄴ+ㄷ+ㄹ=95°+80°+55°+130°=360°

9 (1) 110°+80°+75°+□°=360°
  ➡ □°=360°−110°−80°−75°=95°
(2) □°+60°+75°+145°=360°
  ➡ □°=360°−60°−75°−145°=80°

10 ㄱ+ㄴ+110°+60°=360°
  ➡ ㄱ+ㄴ=360°−110°−60°=190°

1 180°	**2** 360°
3 360°	**4** =
5 55	**6** 100°
7 ×	**8** 105°

9 예 두 사각형 모두 네 각의 크기의 합이 360°로 같습니다.

10 165°	**11** 105
12 95	**13** 60°, 90°
14 65°	

15 ❶ 90, 45 ❷ 45, 45 답 45°

2 사각형은 삼각형 2개로 나눌 수 있으므로 사각형의 네 각의 크기의 합은 180°×2=360°입니다.

3 표시된 퍼즐 조각은 사각형이므로 사각형의 네 각의 크기의 합은 360°입니다.

4 ㄱ+ㄴ+ㄷ=ㄹ+ㅁ+ㅂ=180°

5 35°+□°+90°=180°
  ➡ □°=180°−35°−90°=55°

6 100°+80°+80°+ㄱ=360°
  ➡ ㄱ=360°−100°−80°−80°=100°

7 100°+80°+120°+90°=390°
  ➡ 사각형의 네 각의 크기의 합은 360°이므로 각을 잘못 재었습니다.

8 ㄱ+75°+ㄴ=180° ➡ ㄱ+ㄴ=180°−75°=105°

9
> 평가 기준
> 두 사각형 모두 네 각의 크기의 합이 360°라고 썼으면 정답으로 합니다.

10 ㄱ+85°+ㄴ+110°=360°
  ➡ ㄱ+ㄴ=360°−85°−110°=165°

11 40°+65°+ㄱ=180° ➡ ㄱ=180°−40°−65°=75°
직선이 이루는 각도는 180°이므로
□=180°−75°=105°입니다.

12 135°+ㄱ+55°+85°=360°
  ➡ ㄱ=360°−135°−55°−85°=85°
직선이 이루는 각도는 180°이므로
□=180°−85°=95°입니다.

13 직각 삼각자의 한 각은 90°입니다.
180°−90°−30°=60°이므로 나머지 다른 한 각의
크기는 60°입니다.

14 ㉠=360°−60°−50°−115°=135°
ㄴ=360°−90°−110°−90°=70°
➡ ㉠−ㄴ=135°−70°=65°

56~59쪽 단계 서술형 바로 쓰기

1-1 ❶ 30 ❷ 115 ❸ 115, 30, 85 답 85°
1-2 예 ❶ (각 ㄱㄴㄹ)=45°
　　　❷ (각 ㄷㄴㄹ)=120°
　　　❸ (각 ㄱㄴㄷ)=(각 ㄷㄴㄹ)−(각 ㄱㄴㄹ)
　　　　　　　　=120°−45°=75° 답 75°
2-1 ❶ 100, 80 ❷ 180, 180, 80, 25 답 25°
2-2 예 ❶ 직선이 이루는 각도는 180°이므로
　　　　(각 ㄱㄷㄴ)=180°−130°=50°입니다.
　　　❷ 삼각형의 세 각의 크기의 합은 180°이므로
　　　　(각 ㄱㄴㄷ)=180°−30°−50°=100°입니다.
　　　답 100°

- - - - - - - - - - - -

3-1 ❶ ㄷ / ㄷ+ㄹ ❷ ㄴ, ㄷ / ㄴ+ㄷ+ㄹ
　　　❸ 4 답 4개
3-2 예

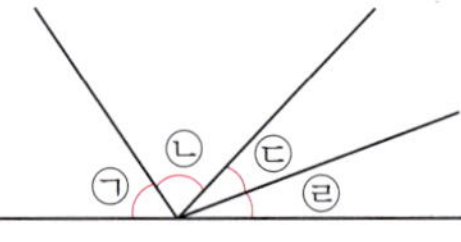

❶ 작은 각을 왼쪽부터 ㉠, ㄴ, ㄷ, ㄹ이라 하면
작은 각 2개로 이루어진 둔각: ㉠+ㄴ, ㄴ+ㄷ
❷ 작은 각 3개로 이루어진 둔각: ㉠+ㄴ+ㄷ,
ㄴ+ㄷ+ㄹ
❸ 그림에서 찾을 수 있는 크고 작은 둔각의 수: 4개
답 4개

4-1 ❶ 3 ❷ 3, 3, 540 답 540°
4-2 예

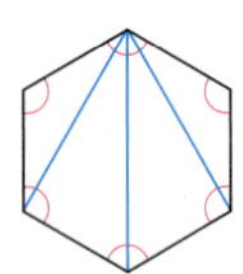

❶ 도형을 삼각형으로 나누면 삼각형 4개로 나눌 수
있습니다.
❷ (도형에서 여섯 각의 크기의 합)
　=(삼각형의 세 각의 크기의 합)×4
　=180°×4=720° 답 720°

---

1 ( ) (○)　　　　**2** 150
3 나　　　　　　　**4** 15, 180
5 65°, 75°에 ○표　　**6** 50°
7 80° / 10°　　　　**8** 예 120 / 120
9 2, 3, 1　　　　　**10**

11 45°　　　　　　**12** 60°
13 현서　　　　　　**14** 70°
15 ㄷ　　　　　　　**16** 15°
17 120°　　　　　　**18** 110°
19 예

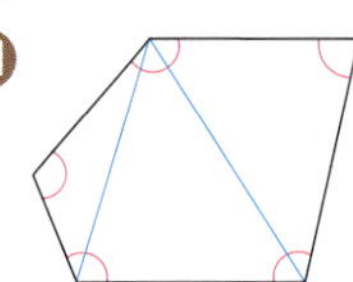

❶ 작은 각을 왼쪽부터 ㉠, ㄴ, ㄷ, ㄹ이라 하면
㉠, ㄴ, ㄷ, ㄹ은 모두 예각입니다.
❷ 작은 각 2개로 이루어진 예각: ㄷ+ㄹ
❸ 그림에서 찾을 수 있는 크고 작은 예각은 모두 5개
입니다.
답 5개

20 예

❶ 한 꼭짓점에서 이웃하지 않은 다른 꼭짓점까지
모두 선분을 그으면 삼각형 3개로 나눌 수 있습니다.
❷ 삼각형의 세 각의 크기의 합은 180°이므로 도형
에 표시된 다섯 각의 크기의 합은 180°×3=540°입
니다.
답 540°

2 각의 한 변이 안쪽 눈금 0에 맞춰져 있으므로 안쪽 눈
금을 읽으면 150°입니다.

3 둔각: 각도가 직각보다 크고 180°보다 작은 각 ➡ 나

4 130°+35°+15°=180°

5 예각: 각도가 0°보다 크고 직각보다 작은 각
➡ 65°, 75°

6 각도기의 중심을 각의 꼭짓점에 맞추고, 각도기의 밑
금을 각의 한 변에 맞춘 다음 각의 나머지 변과 만나는
각도기의 눈금을 읽으면 50°입니다.

7 합: 35°+45°=80°, 차: 45°−35°=10°

10 $60°+80°=140°,\ 155°-25°=130°,$
$75°+45°=120°$

11 $50°+85°+㉠=180°$
$\Rightarrow ㉠=180°-50°-85°=45°$

12 사각형의 네 각의 크기의 합은 360°입니다.
$80°+105°+115°+\square=360°$
$\Rightarrow \square=360°-80°-105°-115°=60°$

13 잰 각도는 70°이므로 어림한 각도와 잰 각도의 차이가 더 작은 현서가 실제 각도에 더 가깝게 어림했습니다.

14 각 ㄱㄴㄷ은 각도기의 바깥쪽 눈금 50에서 120까지이 므로 숫자가 쓰여 있는 큰 눈금이 7칸입니다.
숫자가 쓰여 있는 큰 눈금 한 칸의 각도가 10°이므로 각 ㄱㄴㄷ의 크기는 70°입니다.

15 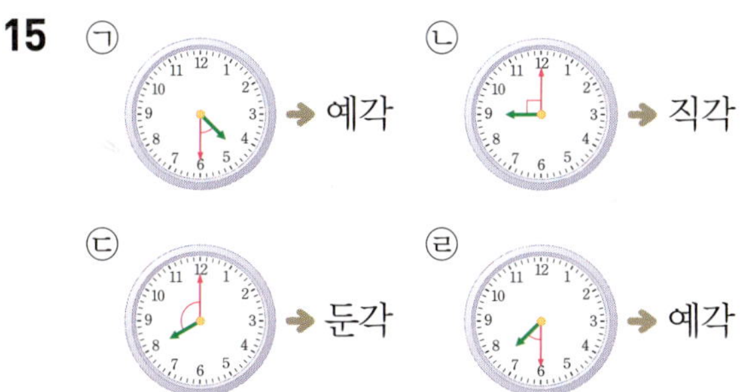

16 직선이 이루는 각도는 180°이므로
$㉠=180°-90°-75°=15°$입니다.

17 $㉠=90°+30°=120°$

18 직선이 이루는 각도는 180°이므로
$(각\ ㄹㄷㄴ)=180°-115°=65°$입니다.
사각형의 네 각의 크기의 합은 360°이므로
$(각\ ㄱㄹㄷ)=360°-100°-85°-65°=110°$입니다.

19

채점 기준		
❶ 작은 각 1개로 이루어진 예각을 찾음.	2점	
❷ 작은 각 2개로 이루어진 예각을 찾음.	2점	5점
❸ 그림에서 찾을 수 있는 크고 작은 예각은 모두 몇 개인지 구함.	1점	

20

채점 기준		
❶ 한 꼭짓점에서 이웃하지 않은 다른 꼭짓점까 지 모두 선분을 그어 삼각형 몇 개로 나눌 수 있는지 구함.	2점	5점
❷ 삼각형의 세 각의 크기의 합은 180°임을 이 용하여 표시된 다섯 각의 크기의 합을 구함.	3점	

❸ 곱셈과 나눗셈

66~67쪽 단계 **교과서 바로 알기**

확인 문제

1 906, 906
2 (위에서부터) 10, 14000
3 (1) 5520 (2) 12550
4
5 58720
6 (1) 20, 4800
　(2) 4800 mL

한번 더! 확인

7 (위에서부터) 10, 978
8 2400, 24000
9 (1) 26160 (2) 45850
10 건우
11 25260
12 식 $500×90=45000$
　답 45000원

---

4 $800×50=40000,\ 500×60=30000$

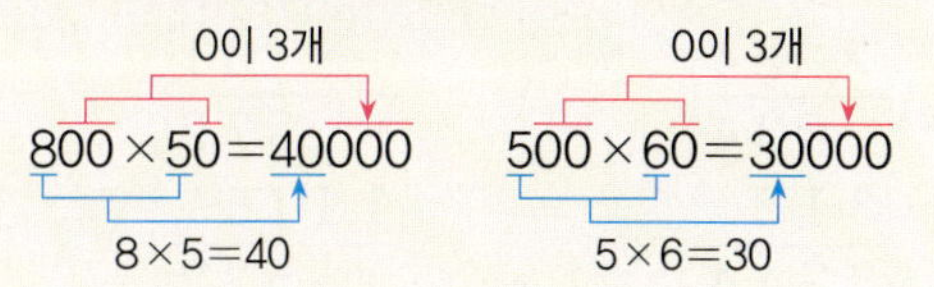

참고 (몇백)×(몇십)을 계산할 때는 (몇)×(몇)의 값에 곱하는 두 수의 0의 개수만큼 0을 붙입니다.

6 (하루에 마시는 우유의 양)×(날수)
$=240×20=4800\ (mL)$

10 $900×40=36000$

12 (동전 한 개의 금액)×(동전 수)
$=500×90=45000(원)$

68~69쪽 단계 **교과서 바로 알기**

확인 문제

1 10240, 768 / 11008
2 954, 57240, 58194
3 (1) 16150
　(2) 44448
4 14418
5 <
6 (1) 47, 6486
　(2) 6486개

한번 더! 확인

7 9300, 372 / 9672
8 864, 864, 9504
9 (1) 3744
　(2) 11532
10 45504
11 ㉡
12 식 $320×25=8000$
　답 8000 km

1 43은 40과 3의 합이므로 256×43은 256×40과 256×3의 합과 같습니다.

3 (1)
$$\begin{array}{r} 475 \\ \times\ 34 \\ \hline 1900 \\ 1425 \\ \hline 16150 \end{array}$$

(2)
$$\begin{array}{r} 926 \\ \times\ 48 \\ \hline 7408 \\ 3704 \\ \hline 44448 \end{array}$$

4
$$\begin{array}{r} 534 \\ \times\ 27 \\ \hline 3738 \\ 1068 \\ \hline 14418 \end{array}$$

5 520×23=11960 ➜ 11960<12000

6 (한 상자에 담은 사과 수)×(상자 수)
=138×47=6486(개)

7 52는 50과 2의 합이므로 186×52는 186×50과 186×2의 합과 같습니다.

9 (1)
$$\begin{array}{r} 156 \\ \times\ 24 \\ \hline 624 \\ 312 \\ \hline 3744 \end{array}$$

(2)
$$\begin{array}{r} 372 \\ \times\ 31 \\ \hline 372 \\ 1116 \\ \hline 11532 \end{array}$$

10
$$\begin{array}{r} 711 \\ \times\ 64 \\ \hline 2844 \\ 4266 \\ \hline 45504 \end{array}$$

11 ㉡ 480×35=16800 ➜ ㉠ 15000<㉡ 16800

12 (하루에 달리는 거리)×(날수)=320×25=8000 (km)

70~71쪽 2단계 **익힘책** 바로 풀기

1 7, 3, 5, 0
2 7720, 772 / 8492
3 28620   **4** (◯)
                           (   )
5 (위에서부터) 10680, 17088
6

7
$$\begin{array}{r} 861 \\ \times\ 35 \\ \hline 4305 \\ 2583 \\ \hline 30135 \end{array}$$
답 30135개

8 27000, 작아야에 ◯표

9 식 950×18=17100 답 17100원

10 예 콜라 36병의 들이는 모두 몇 mL인가요?
/ 식 500×36=18000 답 예 18000 mL

11
②
$$\begin{array}{r} 434 \\ \times\ 77 \\ \hline 33418 \end{array}$$
①
$$\begin{array}{r} 586 \\ \times\ 65 \\ \hline 38090 \end{array}$$
③
$$\begin{array}{r} 816 \\ \times\ 39 \\ \hline 31824 \end{array}$$

12 3

13 ❶ 31 ❷ 31, 3906
답 3906번

---

1 245×3=735 ⎤
245×30=7350 ⎦ 10배

참고
(세 자리 수)×(몇십)은 (세 자리 수)×(몇)을 계산한 후에 10배 합니다.

2 22는 20과 2의 합이므로 386×22는 386×20과 386×2의 합과 같습니다.

3 477×60=28620

4 500×60=30000

5 356×30=10680
356×48=17088

6 600×40=24000
720×30=21600
500×80=40000

7 861×30의 계산 결과 25830에서 일의 자리 0을 생략하여 2583이라고 쓸 때는 십의 자리에 맞추어 써야 합니다.

참고
세로 계산에서 십의 자리의 곱을 쓸 때 일의 자리의 0은 생략할 수 있습니다.

9 (과자 한 봉지의 값)×(과자 봉지 수)
=950×18=17100(원)

10 예 (콜라 한 병의 들이)×(병의 수)
=500×36=18000 (mL)

11

$$
\begin{array}{r}
4\,3\,4 \\
\times\ \ 7\,7 \\
\hline
3\,0\,3\,8 \\
3\,0\,3\,8\ \ \\
\hline
3\,3\,4\,1\,8
\end{array}
\qquad
\begin{array}{r}
5\,8\,6 \\
\times\ \ 6\,5 \\
\hline
2\,9\,3\,0 \\
3\,5\,1\,6\ \ \\
\hline
3\,8\,0\,9\,0
\end{array}
\qquad
\begin{array}{r}
8\,1\,6 \\
\times\ \ 3\,9 \\
\hline
7\,3\,4\,4 \\
2\,4\,4\,8\ \ \\
\hline
3\,1\,8\,2\,4
\end{array}
$$

➡ $38090 > 33418 > 31824$

12

$$
\begin{array}{r}
1\,2\,3 \\
\times\ \ \bigcirc 0 \\
\hline
3\,6\,9\,0
\end{array}
$$

➡ $123 \times \bigcirc = 369$이므로 $\bigcirc = 3$입니다.

<table>
<tr><td colspan="2">72~73쪽   1단계 교과서 바로 알기</td></tr>
<tr><td>

확인 문제

1 3, 3 / 3, 90
2 5, 65 ,5

3 서아

4 (1) 4
   (2) 몫: 3, 나머지: 1
5 3 / 10
6 (1) 12, 8
   (2) 8바구니

</td><td>

한번 더! 확인

7 2, 2 / 2, 80
8 (1) 3, 69, 21
   (2) 2, 38, 7
9 작게에 ◯표
   / 2, 62, 30
10 (1) 3
   (2) 몫: 2, 나머지: 26
11 4, 3
12 식 $87 \div 15 = 5 \cdots 12$
   답 5상자, 12개

</td></tr>
</table>

1 $9 \div 3 = 3$ ➡ $90 \div 30 = 3$

2 13과 어떤 수의 곱이 70보다 작으면서 70에 가장 가까운 곱셈식을 찾으면 $13 \times 5 = 65$입니다.
➡ $70 \div 13 = 5 \cdots 5$

3 나머지가 나누는 수보다 크므로 몫을 1 크게 해야 합니다.

주의
나머지는 항상 나누는 수보다 작아야 합니다.

4 (1)

$$
\begin{array}{r}
4 \\
14\,\overline{)\,5\,6} \\
5\,6 \\
\hline
0
\end{array}
$$

(2)

$$
\begin{array}{r}
3 \\
27\,\overline{)\,8\,2} \\
8\,1 \\
\hline
1
\end{array}
$$

5

$$
\begin{array}{r}
3 \ \leftarrow 몫 \\
12\,\overline{)\,4\,6} \\
3\,6 \\
\hline
1\,0 \ \leftarrow 나머지
\end{array}
$$

---

6 (전체 귤 수) ÷ (한 바구니에 담는 귤 수)
$= 96 \div 12 = 8$(바구니)

7 $8 \div 4 = 2$ ➡ $80 \div 40 = 2$

9 $31 \times 3 = 93$은 나누어지는 수보다 큽니다.
따라서 몫을 1 작게 해야 합니다.

10 (1)

$$
\begin{array}{r}
3 \\
26\,\overline{)\,7\,8} \\
7\,8 \\
\hline
0
\end{array}
$$

(2)

$$
\begin{array}{r}
2 \\
32\,\overline{)\,9\,0} \\
6\,4 \\
\hline
2\,6
\end{array}
$$

11

$$
\begin{array}{r}
4 \ \leftarrow 몫 \\
24\,\overline{)\,9\,9} \\
9\,6 \\
\hline
3 \ \leftarrow 나머지
\end{array}
$$

12 (전체 탁구공 수) ÷ (한 상자에 담는 탁구공 수)
$= 87 \div 15 = 5 \cdots 12$
➡ 5상자까지 담을 수 있고, 남는 탁구공은 12개입니다.

<table>
<tr><td colspan="2">74~75쪽   1단계 교과서 바로 알기</td></tr>
<tr><td>

확인 문제

1 6, 6 / 6, 240
2 5, 150, 7

3 (1) 7
   (2) 몫: 4, 나머지: 11
4 7 / 47
5 
6 (1) 30, 9
   (2) 9도막

</td><td>

한번 더! 확인

7 4, 4 / 4, 320
8 (1) 5, 250, 38
   (2) 9, 630, 22
9 (1) 몫: 8, 나머지: 15
   (2) 몫: 8, 나머지: 44
10 7 / 24
11
12 식 $490 \div 80 = 6 \cdots 10$
   답 6묶음, 10장

</td></tr>
</table>

1 $24 \div 4 = 6$ ➡ $240 \div 40 = 6$

2 30과 어떤 수의 곱이 157보다 작으면서 157에 가장 가까운 곱셈식을 찾으면 $30 \times 5 = 150$입니다.
➡ $157 \div 30 = 5 \cdots 7$

3 (1)

$$
\begin{array}{r}
7 \\
50\,\overline{)\,3\,5\,0} \\
3\,5\,0 \\
\hline
0
\end{array}
$$

(2)

$$
\begin{array}{r}
4 \\
30\,\overline{)\,1\,3\,1} \\
1\,2\,0 \\
\hline
1\,1
\end{array}
$$

4
```
        7 ← 몫
60)4 6 7
    4 2 0
      4 7 ← 나머지
```

5 $560÷70=8$
$360÷60=6$

6 (전체 색 테이프의 길이)÷(한 도막의 길이)
$=270÷30=9$(도막)

7 $32÷8=4$ ➡ $320÷80=4$

9 (1)
```
        8
60)4 9 5
    4 8 0
      1 5
```
(2)
```
        8
80)6 8 4
    6 4 0
      4 4
```

10
```
        7 ← 몫
90)6 5 4
    6 3 0
      2 4 ← 나머지
```

11 · $132÷40=3 … 12$
· $364÷70=5 … 14$

12 (전체 색종이 수)÷(한 묶음의 색종이 수)
$=490÷80=6 … 10$
➡ 6묶음까지 묶을 수 있고, 남는 색종이는 10장입니다.

---

1 180, 240, 300 / 4

2 (1)
```
        7  / 7, 5
12)8 9
    8 4
      5
```
(2)
```
        5  / 5, 35
40)2 3 5
    2 0 0
      3 5
```

3
```
        5  / 확인  80×5= 400
80)4 3 7
    4 0 0
      3 7
```

$400 + 37 =437$

4 5

5 ㉡

6
```
        8
30)2 4 3
    2 4 0
      3
```

7 12에 ◯표

8 식 $80÷16=5$ 답 5개

9 >

10 5 / 12

11 식 $154÷60=2 … 34$ 답 2시간 34분

---

12 24

13
㉠
```
        5
17)9 8
    8 5
    1 3
```
㉡
```
        6
20)1 2 8
    1 2 0
        8
```
㉢
```
        7
50)3 5 6
    3 5 0
        6
```
/ ㉠, ㉡, ㉢

14 ❶ 30, 7, 4 / 7, 4 ❷ 7, 8
답 8일

1 $4×60=240$이므로 $240÷60=4$입니다.

4
```
        5
17)8 5
    8 5
      0
```

5 $450÷90=5$
㉠ $360÷60=6$ ㉡ $400÷80=5$
➡ $450÷90$과 몫이 같은 것은 ㉡입니다.

6 나머지가 나누는 수보다 크므로 몫을 1 크게 하여 계산합니다.

7 나머지는 나누는 수 12보다 작아야 하므로 12는 나머지가 될 수 없습니다.

8 (전체 호두의 양)
÷(호두파이 한 개를 만드는 데 필요한 호두의 양)
$=80÷16=5$(개)

9 $96÷16=6$
$65÷13=5$
➡ 몫의 크기를 비교하면 $6>5$입니다.

10 $82>78>25>14$이므로 가장 큰 수는 82이고, 가장 작은 수는 14입니다.
```
        5  ➡ 몫은 5, 나머지는 12입니다.
14)8 2
    7 0
    1 2
```

11 1시간은 60분이므로 $154÷60=2 … 34$입니다.
➡ 연극 공연 시간: 2시간 34분

12
```
        4
16)7 2
    6 4
      8
```
```
        3
24)7 2
    7 2
      0
```
```
        2
28)7 2
    5 6
    1 6
```
➡ □ 안에 알맞은 수는 24입니다.

13 나머지의 크기를 비교하면 $13>8>6$이므로 나머지가 큰 것부터 순서대로 기호를 쓰면 ㉠, ㉡, ㉢입니다.

  **단계 1 교과서 바로 알기**

확인 문제

1 (위에서부터)
4, 188, 4, 31
2 작게에 ◯표 /
6, 204, 2
3 (1) 8
(2) 몫: 4, 나머지: 30
4 예 $17×9=153$,
$153+3=156$
5 4 / 15
6 (1) 43, 9
(2) 9일

한번 더! 확인

7 (1) 9, 126, 0
(2) 6, 432, 25
8 ㉡
9 (1) 5
(2) 몫: 6, 나머지: 4
10 예 $26×7=182$,
$182+12=194$
11 (위에서부터) 6, 3 /
4, 11
12 식 $146÷24=6 \cdots 2$
답 6자루, 2개

2 $34×7=238$은 나누어지는 수보다 큽니다.
따라서 몫을 1 작게 해야 합니다.

3 (1)
$$32\overline{)256}$$
몫 8, 256, 0

(2)
$$51\overline{)234}$$
몫 4, 204, 30

4 $156÷17=9 \cdots 3$
확인 $17×9=153$, $153+3=156$

참고
나눗셈에서 계산한 결과가 맞는지 확인하는 방법
① 나누는 수와 몫의 곱 구하기
② ①에서 구한 곱에 나머지를 더했을 때 나누어지는 수가
되는지 확인하기

5
$$52\overline{)223}$$
4 ← 몫
208
15 ← 나머지

6 (전체 사료의 양)÷(하루에 주는 사료의 양)
$=387÷43=9$(일)

9 (1)
$$29\overline{)145}$$
5, 145, 0

(2)
$$45\overline{)274}$$
6, 270, 4

10 $194÷26=7 \cdots 12$
확인 $26×7=182$, $182+12=194$

11
$$26\overline{)159}$$
6 ← 몫
156
3 ← 나머지

$$55\overline{)231}$$
4 ← 몫
220
11 ← 나머지

12 (전체 감자 수)÷(한 자루에 담는 감자 수)
$=146÷24=6 \cdots 2$
➜ 6자루까지 담을 수 있고, 남는 감자는 2개입니다.

 단계 1 교과서 바로 알기

확인 문제

1 54, 600, 4
2 (1) 48
(2) 14
3 18 / 9
4 ( ) (◯)
5 (1) 35, 18, 7
(2) 18명

한번 더! 확인

6 (1) 2, 30, 28, 2
(2) 23, 50, 83, 75, 8
7 (1) 몫: 18, 나머지: 16
(2) 몫: 14, 나머지: 20
8 23, 6
9
$$26\overline{)762}$$
29
52
242
234
8
10 식 $385÷11=35$
답 35모둠

2 (1)
$$16\overline{)768}$$
48
64
128
128
0

(2)
$$37\overline{)518}$$
14
37
148
148
0

3
$$37\overline{)675}$$
18 ← 몫
37
305
296
9 ← 나머지

4
$$43\overline{)731}$$
17
43
301
301
0

7 $546 \times 34 = 18564$
→ $18564 < 20320$

8 나머지는 나누는 수보다 작아야 하므로 나머지는 58 보다 작아야 합니다.

9 $210 \div 15 = 14$, $656 \div 41 = 16$

10 ㉠ $252 \div 30 = 8 \cdots 12$
㉡ $153 \div 24 = 6 \cdots 9$
따라서 나머지가 더 큰 것은 ㉠입니다.

11 나머지가 나누는 수보다 크므로 몫을 1 크게 하여 계산합니다.

12 (전체 꿀떡 수)÷(한 봉지에 담는 꿀떡 수)
$= 240 \div 15 = 16$(봉지)

13 (한 봉지의 가격)×(봉지 수)
$= 750 \times 16 = 12000$(원)

14 예 (연필 한 자루의 값)×(연필 수)
$= 680 \times 25 = 17000$(원)

15 나눗셈식에서 몫은 7이고 나머지는 13입니다.
$54 \times 7 = 378$, $378 + 13 = 391$이므로 나누어지는 수는 391입니다.

16 (전체 책 수)÷(한 칸에 정리하는 책 수)
$= 734 \div 52 = 14 \cdots 6$
→ 남은 6권도 정리해야 하므로 책꽂이는 적어도 $14 + 1 = 15$(칸)이 필요합니다.

17 $12 \times \square = 420$이라 생각하면 $\square = 420 \div 12 = 35$입니다.
→ $12 \times \square < 420$에서 $\square < 35$이므로 $\square$ 안에 들어갈 수 있는 자연수 중에서 가장 큰 수는 34입니다.

18 (전체 귤의 수)$= 230 \times 36 = 8280$(개)
(전체 자두의 수)$= 176 \times 48 = 8448$(개)
→ $8280 < 8448$이므로 개수가 더 많은 것은 자두입니다.

19

채점 기준		
❶ 1시간 30분은 몇 분인지 구함.	2점	
❷ 1시간 30분 동안 로봇이 움직인 거리를 구함.	3점	5점

20

채점 기준		
❶ 수 카드의 수의 크기를 비교함.	1점	
❷ 만들 수 있는 가장 큰 세 자리 수와 가장 작은 두 자리 수를 구함.	2점	5점
❸ 만든 나눗셈식의 몫과 나머지를 각각 구함.	2점	

---

4 평면도형의 이동

94~95쪽 단계 1 교과서 바로 알기

확인 문제	한번 더! 확인
1 피망에 ○표	**6** 위쪽에 ○표
2 당근에 ○표	**7** 2에 ○표
3 ×	**8** ㉠
4 해설 참고	**9** ㉰
5 위, 3	**10** 점 ㄱ이 점 ㄴ에 도착하려면 위쪽으로 2 cm, 오른 쪽으로 7 cm 이동해야 합니다.

1 말(♞)을 왼쪽으로 3칸 이동하면 피망에 도착합니다.

2 말(♞)을 오른쪽으로 3칸 이동하면 당근에 도착합니다.

3 점을 왼쪽으로 4 cm 이동했습니다.

4 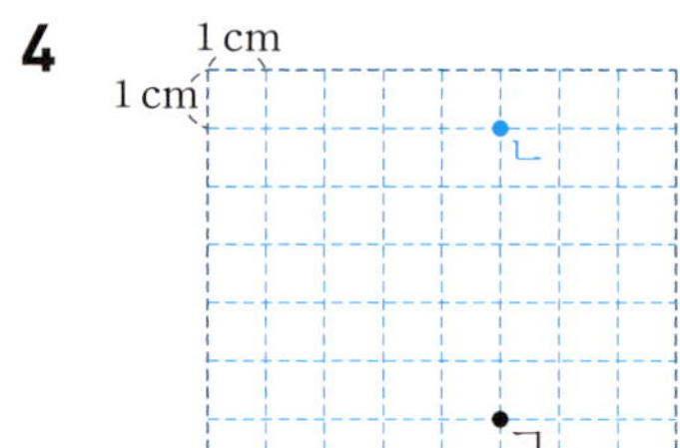

9 점 ㄱ을 오른쪽으로 4 cm 이동하면 점 ㉰의 위치가 됩니다.

참고
점 ㄱ을 왼쪽으로 4 cm 이동하면 점 ㉮의 위치가 됩니다.

96~97쪽 단계 1 교과서 바로 알기

확인 문제	한번 더! 확인
1 변하지 않습니다에 ○표	**6** 위치에 ○표
2 해설 참고	**7** 해설 참고
3 ( )(○)	**8** 가
4 해설 참고	**9** 해설 참고
5 (1), (2) 해설 참고	**10** 해설 참고

1 샌드위치를 오른쪽으로 밀면 모양은 변하지 않습니다.

2 도형을 왼쪽으로 밀어도 모양은 변하지 않습니다.

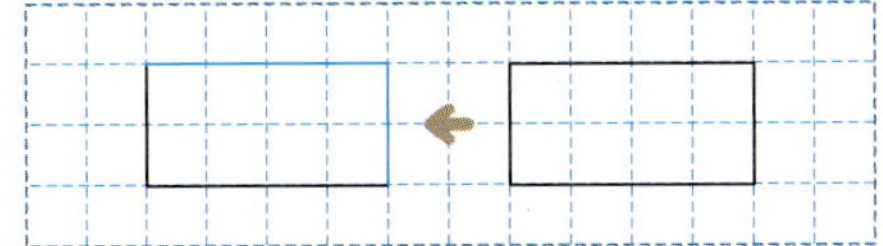

3 모양 조각을 밀면 위치는 바뀌지만 모양은 변하지 않습니다.

4 도형을 아래쪽으로 밀어도 모양은 변하지 않으므로 위쪽 도형과 똑같은 도형을 그립니다.

(1) 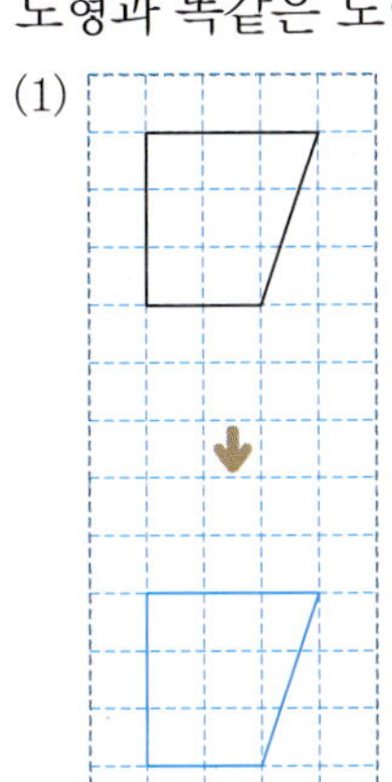　(2) 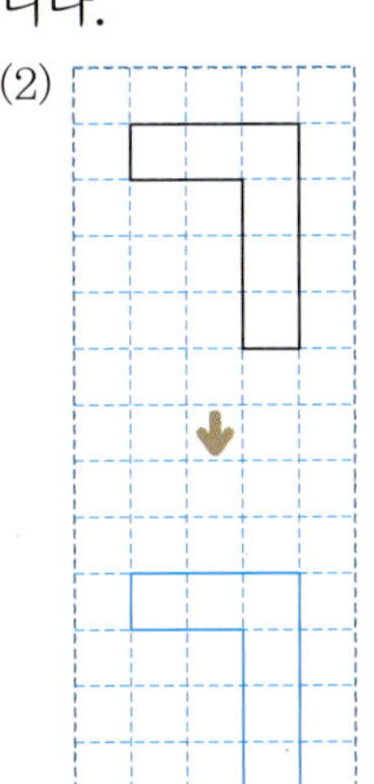

5 한 변을 기준으로 오른쪽으로 6 cm 밀었을 때의 도형을 그립니다.

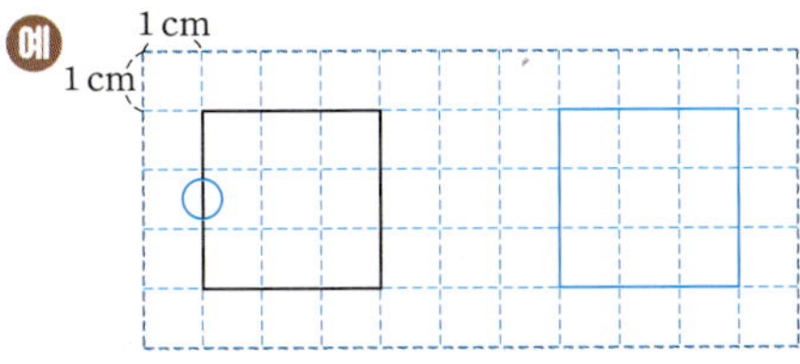

주의

도형 사이의 간격이 6 cm가 되게 그리지 않도록 합니다.

6 자전거를 왼쪽으로 밀면 위치만 변합니다.

7 도형을 오른쪽으로 밀어도 모양은 변하지 않습니다.

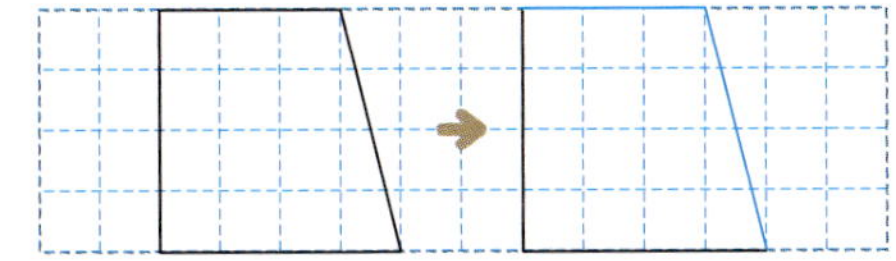

8 모양 조각을 밀면 위치는 바뀌지만 모양은 변하지 않습니다.

9 전략

도형을 위쪽으로 밀어도 모양은 변하지 않으므로 아래쪽 도형과 똑같은 도형을 그립니다.

(1) 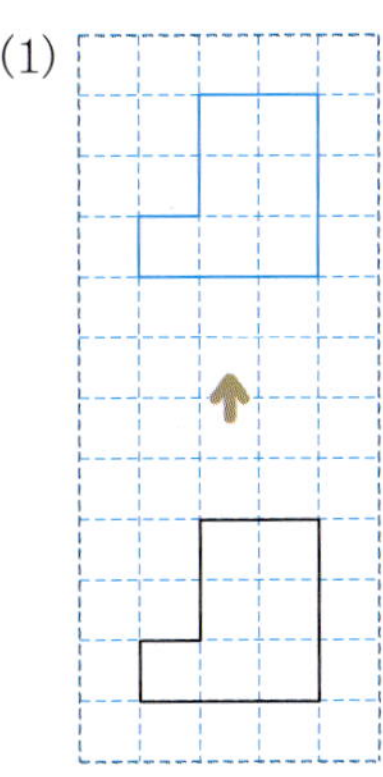　(2) 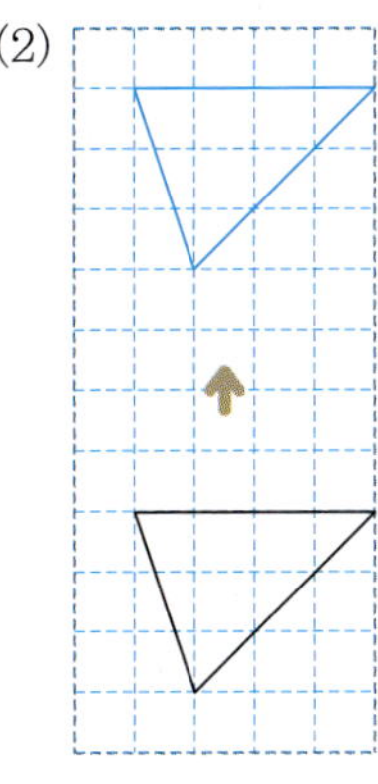

10 한 변을 기준으로 왼쪽으로 9 cm 밀었을 때의 도형을 그립니다.

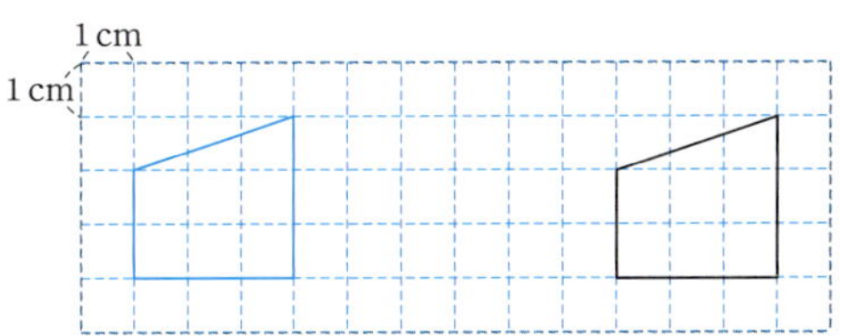

참고

도형을 주어진 방향과 길이만큼 밀 때는 변이나 꼭짓점을 기준으로 밀면 됩니다.

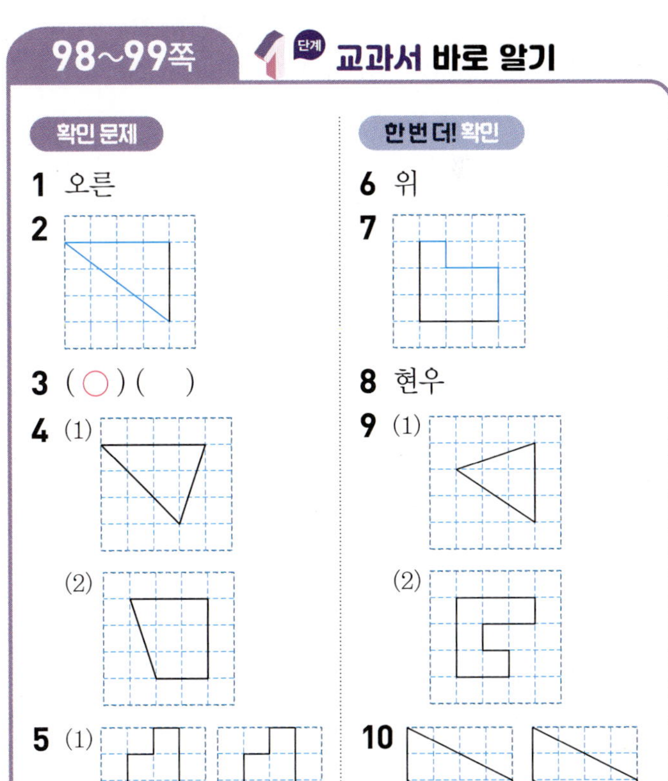

확인 문제

1 오른

2

3 (○) (　　)

4 (1)

(2)

5 (1)

(2) 같습니다에 ○표

한번 더! 확인

6 위

7

8 현우

9 (1)

(2)

10

/ 같습니다

2 도형의 왼쪽과 오른쪽이 서로 바뀝니다.

3 모양 조각의 왼쪽과 오른쪽이 서로 바뀐 모양을 찾습니다.

참고
오른쪽 모양은 모양 조각을 위쪽이나 아래쪽으로 뒤집었을 때 나오는 모양입니다.

4 도형의 위쪽과 아래쪽이 서로 바뀐 도형을 그립니다.

5 ⑵ 도형을 왼쪽으로 뒤집은 도형과 오른쪽으로 뒤집은 도형은 서로 같습니다.

7 도형의 왼쪽과 오른쪽이 서로 바뀝니다.

8 모양 조각의 위쪽과 아래쪽이 서로 바뀐 모양을 그린 사람은 현우입니다.

9 도형의 왼쪽과 오른쪽이 서로 바뀐 도형을 그립니다.

10 도형을 위쪽으로 뒤집은 도형과 아래쪽으로 뒤집은 도형은 서로 같습니다.

100~101쪽 · 2단계 익힘책 바로 풀기

1 (○) ( )

2 

3 키위

4 3, 왼

5

6
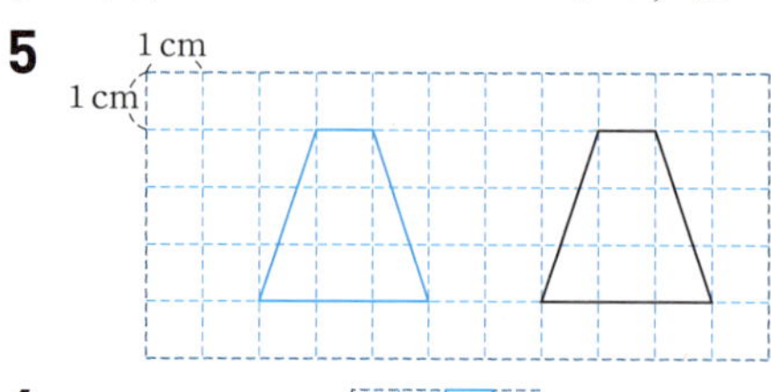

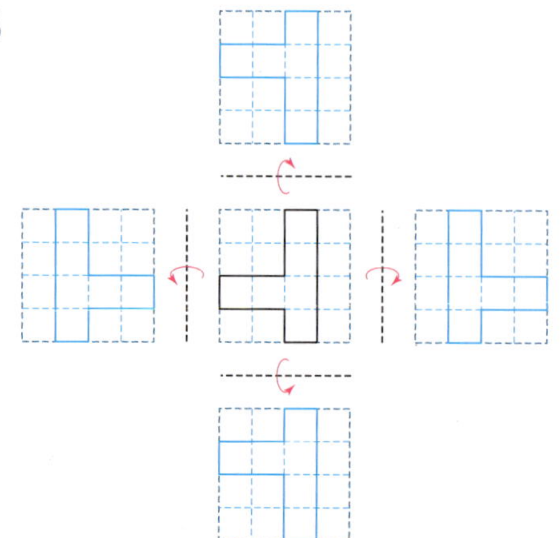

7
/ 같습니다에 ○표

8

9 ㉡

10 왼, 7

11

12

13 ❶ **20** ❷ 20 ❸ 20, 70 답 70

2 점 ㄱ을 왼쪽으로 2칸 이동한 곳에 점 ㄴ으로 표시합니다.

3 오른쪽으로 4 cm 이동하면 키위에 도착합니다.

참고
왼쪽으로 4 cm 이동하면 포도에 도착합니다.

6
참고
(왼쪽으로 뒤집은 도형)=(오른쪽으로 뒤집은 도형)
(위쪽으로 뒤집은 도형)=(아래쪽으로 뒤집은 도형)

7 도형을 오른쪽으로 2번 뒤집었을 때의 도형은 처음 도형과 같습니다.

8 아래쪽으로 뒤집으면 도형의 위쪽과 아래쪽이 서로 바뀌고, 오른쪽으로 뒤집으면 도형의 왼쪽과 오른쪽이 서로 바뀝니다.

9 주어진 도형을 위쪽으로 뒤집었을 때의 도형을 찾으면 ㉡입니다.

10 ㉎ 도형을 왼쪽으로 7 cm 밀면 ㉏ 도형이 됩니다.

11 주어진 도형을 왼쪽으로 뒤집었을 때의 도형을 그립니다.

12 한 변을 기준으로 하여 오른쪽으로 7 cm 밀고 아래쪽으로 4 cm 밀었을 때의 도형을 그립니다.

확인 문제

1 ㉠
2 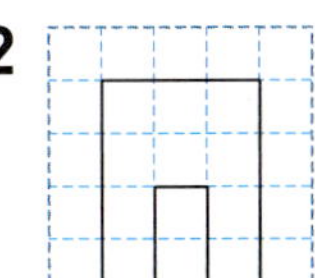
3
4 (1) 해설 참고
(2) 같습니다에 ○표

한 번 더! 확인

5 ( ) (○)
6
7
8 해설 참고 / 같습니다

1 시계 방향으로 90°만큼 돌리면 모양 조각의 위쪽 부분이 오른쪽으로 이동합니다.

> **참고**
> ㉤은 모양 조각을 시계 방향으로 180°(또는 시계 반대 방향으로 180°)만큼 돌린 모양입니다.

2 시계 반대 방향으로 360°만큼 돌렸을 때의 도형은 처음 도형과 같습니다.

3 도형의 위쪽 부분이 아래쪽으로 이동합니다.

4 (1) 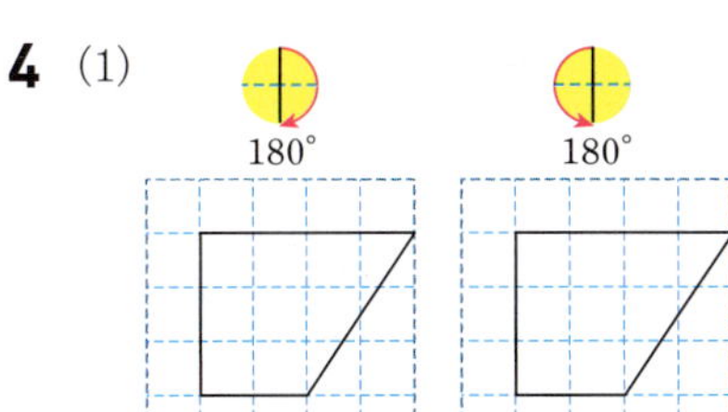

5 시계 반대 방향으로 90°만큼 돌리면 모양 조각의 위쪽 부분이 왼쪽으로 이동합니다.

> **참고**
> 왼쪽 모양은 모양 조각을 시계 방향으로 90°(또는 시계 반대 방향으로 270°)만큼 돌린 모양입니다.

6 시계 방향으로 360°만큼 돌렸을 때의 도형은 처음 도형과 같습니다.

7 도형의 위쪽 부분이 왼쪽으로 이동합니다.

8 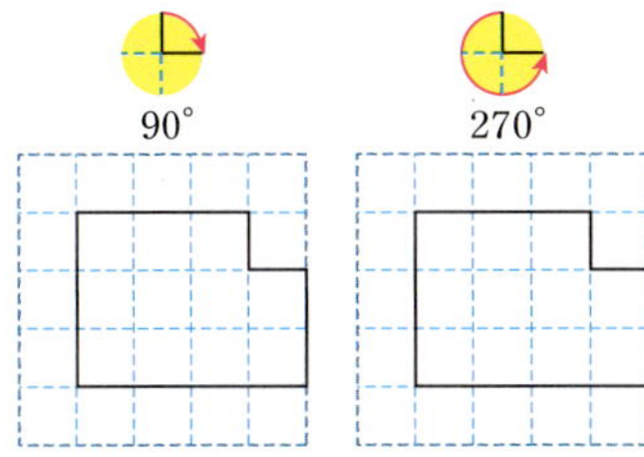

확인 문제

1 (○) ( )
2
3 예
4 예
5 (1) (○) ( )
(2)

한 번 더! 확인

6 ㉠
7
8 예
9 예
10

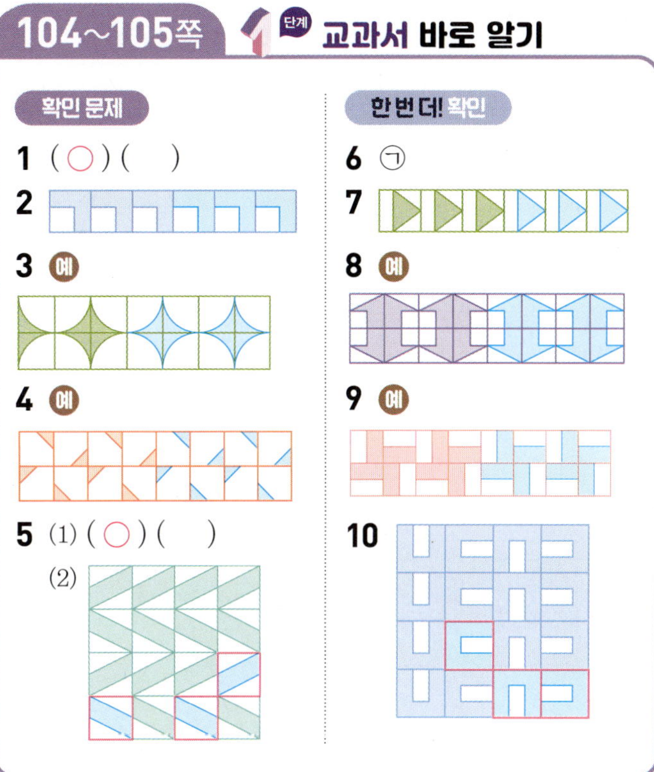

3 주어진 모양을 오른쪽, 아래쪽으로 뒤집는 것을 반복해서 무늬를 만들 수 있습니다.

4 모양을 시계 방향으로 90°만큼 돌리는 것을 반복해서 모양을 만들고 그 모양을 오른쪽으로 밀어서 무늬를 만들 수 있습니다.

5 (2) 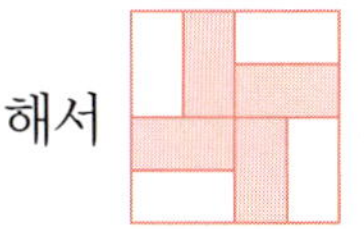 모양을 아래쪽으로 뒤집어서 모양을 만들고 그 모양을 오른쪽과 아래쪽으로 밀어서 만든 무늬입니다.

8 주어진 모양을 오른쪽, 아래쪽으로 뒤집는 것을 반복해서 무늬를 만들 수 있습니다.

9 모양을 시계 방향으로 90°만큼 돌리는 것을 반복해서 모양을 만들고 그 모양을 오른쪽으로 밀어서 무늬를 만들 수 있습니다.

10 모양을 시계 방향으로 90°만큼 돌리는 것을 반복해서 모양을 만들고 그 모양을 아래쪽으로 밀어서 만든 무늬입니다.

1 (○) ( )

3 ㉠

2
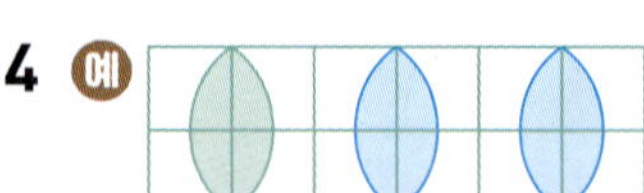

4 예
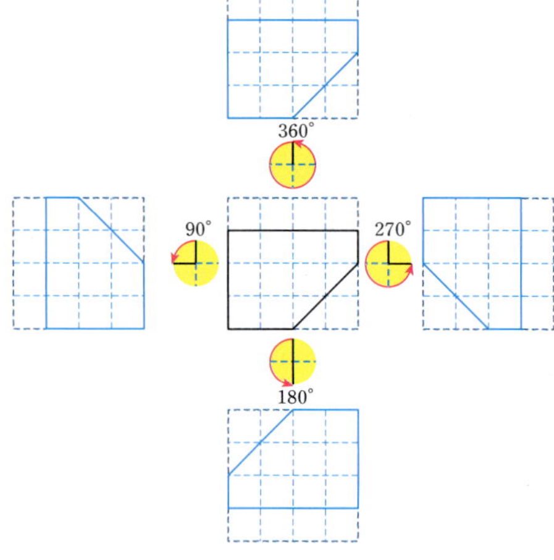

5 90

6
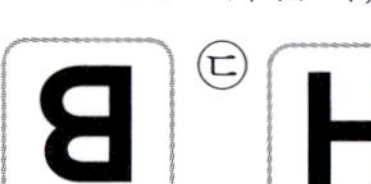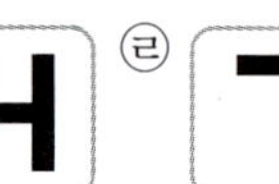

7 돌리기에 ○표

8
9 (1) 다
　　(2) 나

10 ㉢, 90

11 뒤집기, 아래, 밀기

12 ❶ ㉠ ㉡ ㉢ ㉣
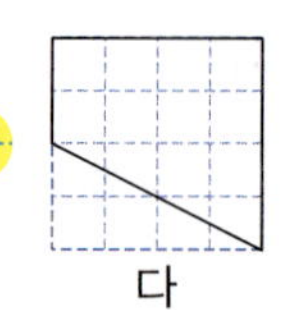
❷ ㉠, ㉢ **답** ㉠, ㉢

---

4 주어진 모양을 오른쪽과 아래쪽으로 뒤집는 것을 반복
해서 무늬를 만들 수 있습니다.

5 도형의 위쪽 부분이 오른쪽으로 이동했으므로 시계 방향
으로 90°만큼 돌린 것입니다.

7 모양을 시계 방향으로 90°만큼 돌리는 것을 반복
해서 만든 무늬입니다.

8 시계 반대 방향으로 180°만큼 돌린 도형을 그립니다.
돌린 도형의 위쪽 부분이 아래쪽으로 이동합니다.

9 (1)
가　　다

---

(2) 다 도형을 시계 반대 방향으로 180°만큼 돌린 도형
을 찾습니다.
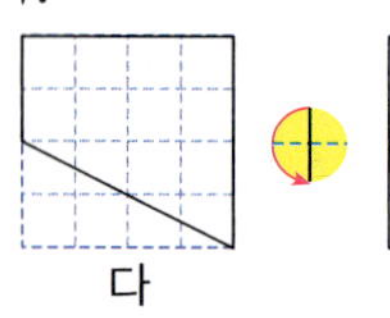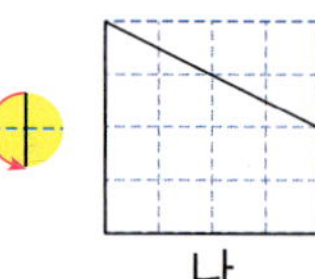
다　　나

1-1 예 시계(시계 반대), 180, 돌리기

1-2 예 도형을 오른쪽으로 뒤집기 했습니다.
(또는 도형을 왼쪽으로 뒤집기 했습니다.)

1-3 예 도형을 시계 반대 방향으로 90°만큼 돌리기
했습니다. (또는 도형을 시계 방향으로 270°만큼
돌리기 했습니다.)

2-1 ❶ 1에 ○표 ❷ 1 **답**
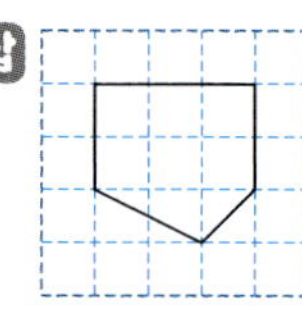

2-2 예 ❶ 왼쪽으로 2번 뒤집었을 때의 도형은 처음
도형과 같으므로 왼쪽으로 4번 뒤집었을 때의 도
형도 처음 도형과 같습니다.
❷ 처음 도형과 같게 그리면 됩니다.
답
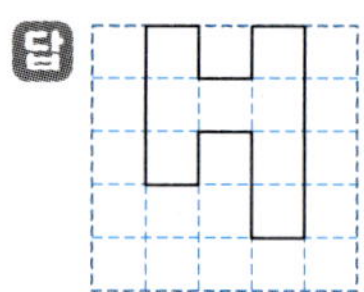

3-1 ❶ 8, 158 ❷ 851 **답** 851

3-2 예 ❶ 수 카드의 수의 크기를 비교하면
1<2<9이므로 가장 작은 세 자리 수: 129
❷ 위 ❶에서 만든 세 자리 수를 시계 방향으로
180°만큼 돌렸을 때 나오는 수: 621 **답** 621

4-1 ❶ 1에 ○표 ❷ 1에 ○표 **답**
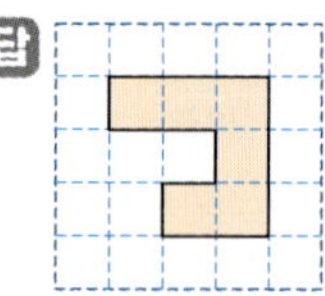

4-2 예 ❶ 시계 방향으로 90°만큼 6번 돌렸을 때의
도형은 시계 방향으로 90°만큼 2번 돌렸을 때의
도형과 같습니다.
❷ ㉡을 시계 반대 방향으로 90°만큼 2번 돌리면
㉠이 됩니다.
답
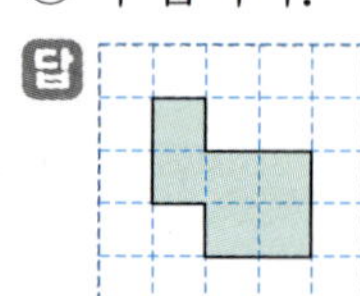

1 ( ) (○) **2** 나
3 오른쪽에 ○표 **4** 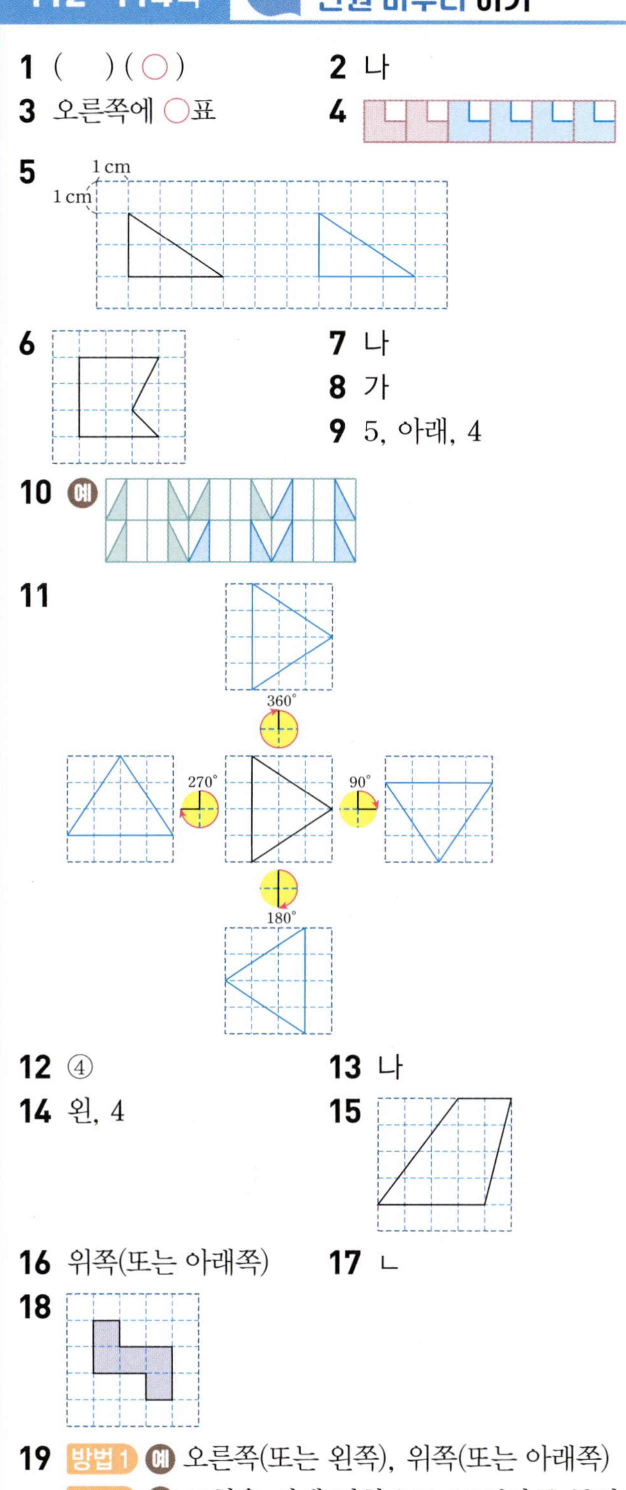
5
6
7 나
8 가
9 5, 아래, 4
10 예
11
12 ④ **13** 나
14 원, 4 **15**
16 위쪽(또는 아래쪽) **17** ㄴ
18
19 방법1 예 오른쪽(또는 왼쪽), 위쪽(또는 아래쪽)
　　　방법2 예 도형을 시계 방향으로 180°만큼 돌리기
　　　　했습니다.
20 예 ❶ 수 카드의 수의 크기를 비교하면
　　　0<6<8이지만 0은 맨 앞에 올 수 없으므로 가장
　　　작은 세 자리 수는 608입니다.
　　　❷ 위 ❶에서 만든 세 자리 수를 시계 반대 방향으로
　　　180°만큼 돌렸을 때 나오는 수: 809
　　　답 809

---

7 시계 방향으로 180°만큼 돌리면 도형의 위쪽 부분이 아래쪽으로 이동합니다.

8 시계 반대 방향으로 270°만큼 돌리면 도형의 위쪽 부분이 오른쪽으로 이동합니다.

10 주어진 모양을 오른쪽으로 뒤집는 것을 반복해서 모양을 만들고 그 모양을 아래로 밀어서 무늬를 만들 수 있습니다.

12 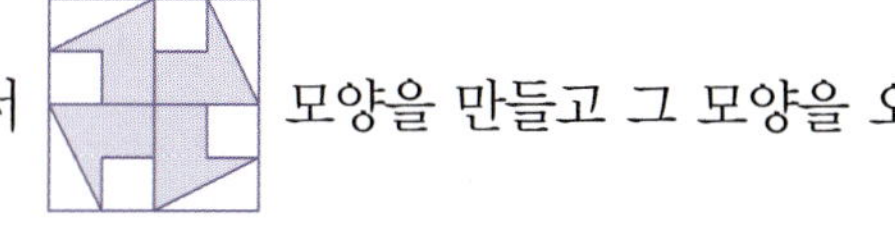 모양을 시계 방향으로 90°만큼 돌리는 것을 반복

해서 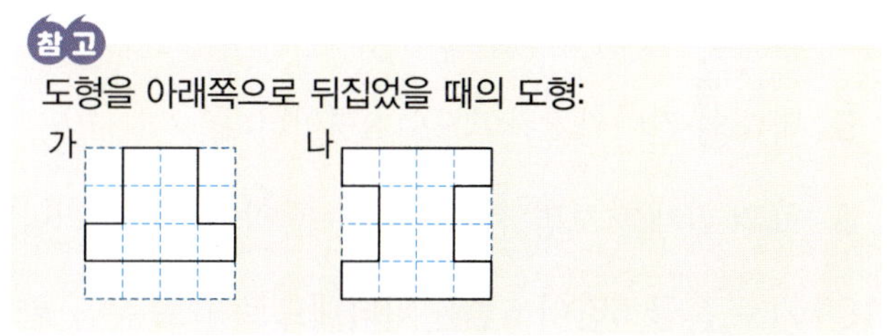 모양을 만들고 그 모양을 오른쪽과 아래쪽으로 밀어서 무늬를 만든 것입니다.

13 위쪽과 아래쪽의 모양이 같은 것을 찾으면 나입니다.

참고
도형을 아래쪽으로 뒤집었을 때의 도형:
가　　　　　나
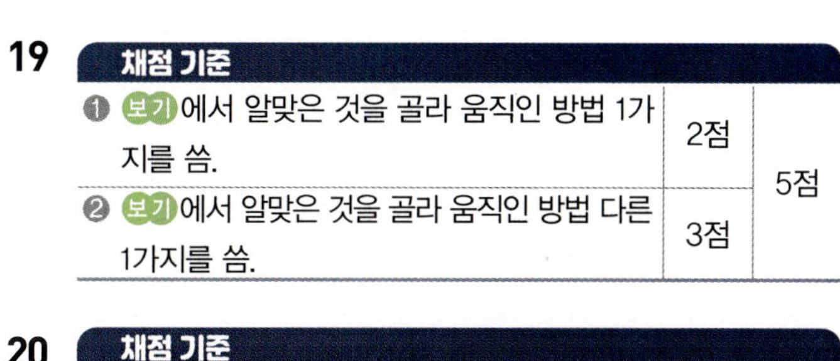

15 위쪽으로 2번 뒤집었을 때의 도형은 처음 도형과 같습니다.

16 도형의 위쪽과 아래쪽이 서로 바뀌었으므로 위쪽이나 아래쪽으로 뒤집은 것입니다.

17 순서에 따라 점을 이동한 후, 이동한 점끼리 순서대로 이으면 ㄴ이 나옵니다.

18 도형을 시계 방향으로 90°만큼 4번 돌리면 처음 도형과 같아집니다. 시계 방향으로 90°만큼 5번 돌렸을 때의 도형은 시계 방향으로 90°만큼 1번 돌렸을 때의 도형과 같습니다.
　→ ⓒ을 시계 반대 방향으로 90°만큼 1번 돌리면 ⓐ이 됩니다.

19

채점 기준		
❶ 보기 에서 알맞은 것을 골라 움직인 방법 1가지를 씀.	2점	5점
❷ 보기 에서 알맞은 것을 골라 움직인 방법 다른 1가지를 씀.	3점	

20

채점 기준		
❶ 수 카드의 수의 크기를 비교하고, 가장 작은 세 자리 수를 구함.	3점	5점
❷ ❶에서 만든 수를 시계 반대 방향으로 180°만큼 돌렸을 때 나오는 수를 구함.	2점	

5 막대그래프

118~119쪽 1단계 교과서 바로 알기

확인 문제

1 막대그래프
2 학생 수에 ○표
3 ✕ (선 긋기)
4 1명
5 8명
6 표

한 번 더! 확인

7 예 막대 모양
8 우유 수
9 학생 수 / 음식
10 1명
11 햄버거
12 막대그래프

4 세로 눈금 5칸이 5명을 나타내므로 세로 눈금 한 칸은 5÷5=1(명)을 나타냅니다.

5 막대의 길이가 8칸이므로 8명입니다.

6 표의 합계를 보면 전체 학생 수를 알아보기 편리합니다.

10 가로 눈금 5칸이 5명을 나타내므로 가로 눈금 한 칸은 5÷5=1(명)을 나타냅니다.

11 가로 눈금 9칸인 음식은 햄버거입니다.

12 막대그래프에서 막대의 길이를 보면 가장 많은 학생이 좋아하는 음식을 한눈에 알아볼 수 있습니다.

120~121쪽 1단계 교과서 바로 알기

확인 문제

1 해설 참고
2 학생 수에 ○표
3 6칸
4 9명
5 해설 참고

한 번 더! 확인

6 해설 참고
7 월
8 5칸
9 220 mm
10 해설 참고

1 좋아하는 색깔별 학생 수

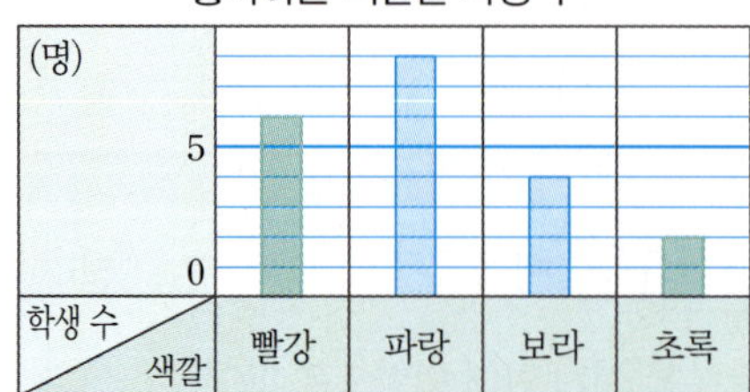

파랑은 8칸, 보라는 4칸인 막대를 그립니다.

3 당근을 좋아하는 학생은 6명이고, 세로 눈금 한 칸을 1명으로 나타낸다면 당근을 좋아하는 학생 수는 6칸으로 나타내야 합니다.

4 상추를 좋아하는 학생이 9명으로 가장 많으므로 적어도 9명까지 나타낼 수 있어야 합니다.

참고

조사한 수 중 가장 큰 수인 9명을 나타낼 수 있도록 눈금 수를 정합니다.

5 예 좋아하는 채소별 학생 수

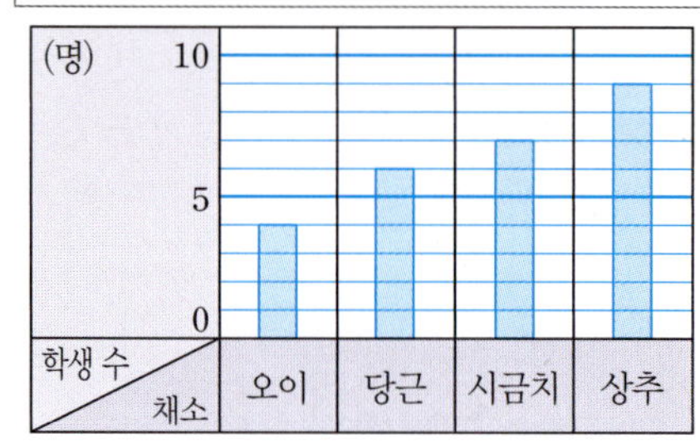

6 가고 싶어 하는 장소별 학생 수

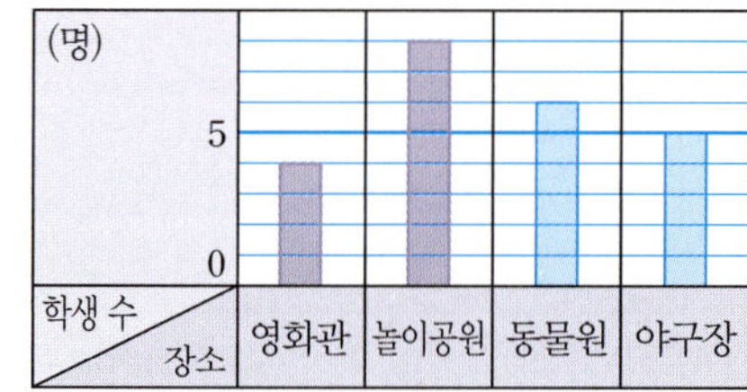

동물원은 6칸, 야구장은 5칸인 막대를 그립니다.

8 6월의 강수량은 100 mm이고, 가로 눈금 한 칸을 20 mm로 나타낸다면 6월의 강수량은 100÷20=5(칸)으로 나타내야 합니다.

9 7월의 강수량이 220 mm로 가장 많으므로 적어도 220 mm까지 나타낼 수 있어야 합니다.

참고

조사한 수 중 가장 큰 수인 220 mm를 나타낼 수 있도록 눈금 수를 정합니다.

10 예 월별 강수량

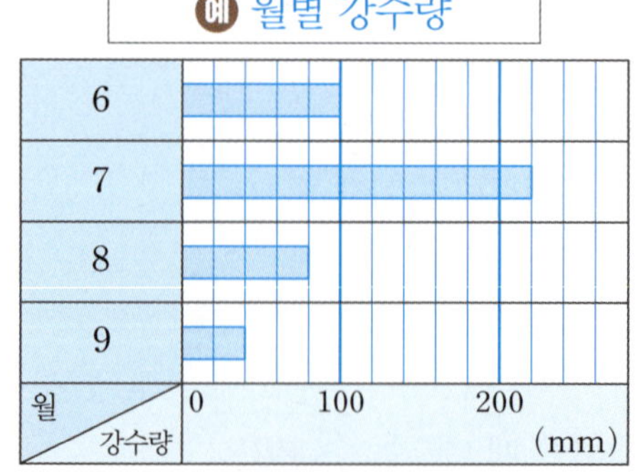

6월은 5칸, 7월은 11칸, 8월은 4칸, 9월은 2칸인 막대를 그립니다.

1 학생 수 / 혈액형   **2** 학생 수
3 1명   **4** 12명
5 A형   **6** 10칸

7

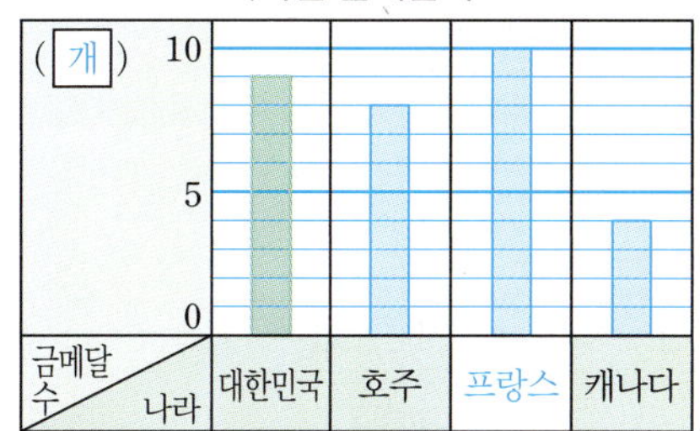

8 예

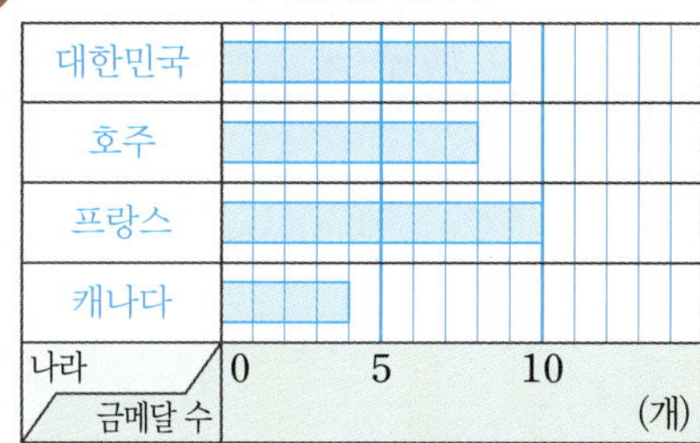

9 표   **10** 12송이

11

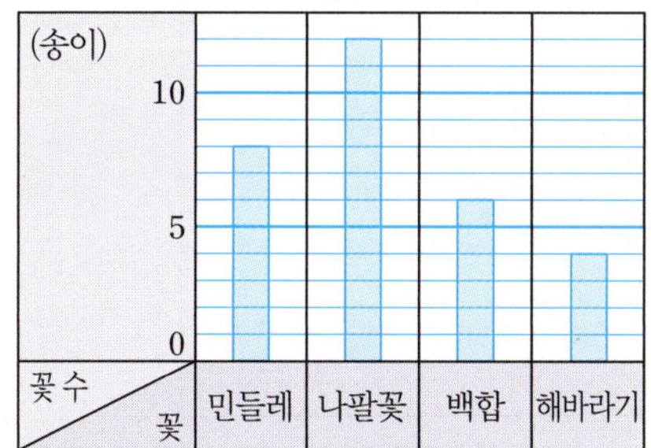

12

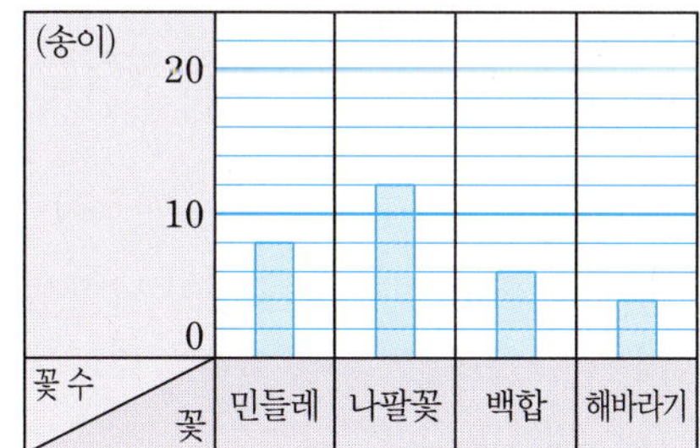

13 ㉡

14 ❶ 3, 6   ❷ 3, 6, 4   ❸ 4
답

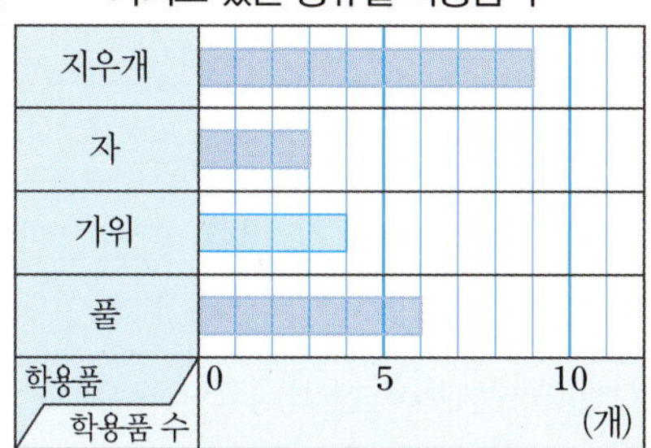

3 가로 눈금 5칸이 5명을 나타내므로 가로 눈금 한 칸은 5÷5=1(명)을 나타냅니다.

4 막대의 길이가 12칸이므로 12명입니다.

5 가로 눈금 8칸인 혈액형은 A형입니다.

7 빠진 부분을 완성하고 호주는 8칸, 프랑스는 10칸, 캐나다는 4칸인 막대를 그립니다.

9 표의 합계를 보면 전체 학생 수를 알아보기 편리합니다.

10 30−8−6−4=12(송이)

11 민들레는 8칸, 나팔꽃은 12칸, 백합은 6칸, 해바라기는 4칸인 막대를 그립니다.

12 민들레는 4칸, 나팔꽃은 6칸, 백합은 3칸, 해바라기는 2칸인 막대를 그립니다.

13 ㉡ 조사한 수 중 가장 큰 수를 나타낼 수 있도록 눈금의 수를 정합니다.

확인 문제	한 번 더! 확인
1 5	**7** 6
2 백조	**8** 한라산
3 1그루	**9** 2마리
4 9그루	**10** 오리
5 느티나무	**11** 소
6 (1) 3그루 (2) 단풍나무	**12** 8, 닭 답 닭

2 막대의 길이가 가장 긴 새는 백조입니다.

3 세로 눈금 5칸이 5그루를 나타내므로 세로 눈금 한 칸은 5÷5=1(그루)를 나타냅니다.

4 세로 눈금 한 칸이 1그루를 나타내므로 전나무는 9그루입니다.

5 막대의 길이가 가장 짧은 나무는 느티나무입니다.

6 (2) 3×2=6(그루)인 나무는 단풍나무입니다.

9 가로 눈금 5칸이 10마리를 나타내므로 가로 눈금 한 칸은 10÷5=2(마리)를 나타냅니다.

10 가로 눈금 한 칸이 2마리를 나타내므로 16÷2=8(칸)인 막대를 찾으면 오리입니다.

12 8×3=24(마리)인 동물은 닭입니다.

126~127쪽 1단계 교과서 바로 알기

확인 문제

1 5, 9 / 해설 참고
2 6, 7, 9, 3
3 해설 참고
4 ㉡

한 번 더! 확인

5 2, 3 / 해설 참고
6 8, 6, 12, 4
7 해설 참고
8 서아

1 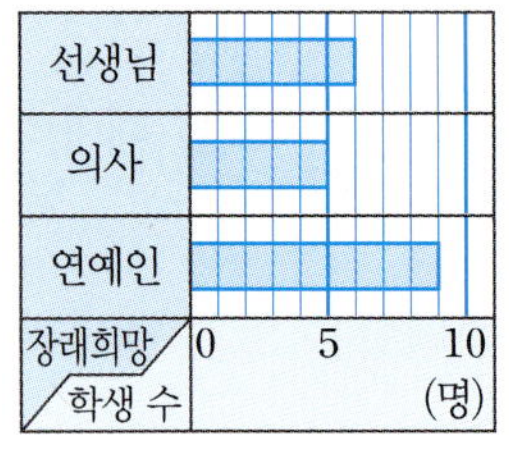
장래희망별 학생 수

2 수를 셀 때 / 표시를 해 가며 학생 수를 세어 봅니다.

3 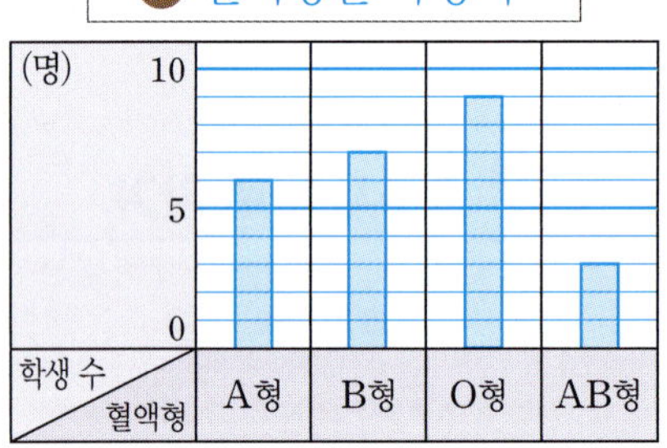
예 혈액형별 학생 수

4 ㉠ O형인 학생 수가 가장 많습니다.

5 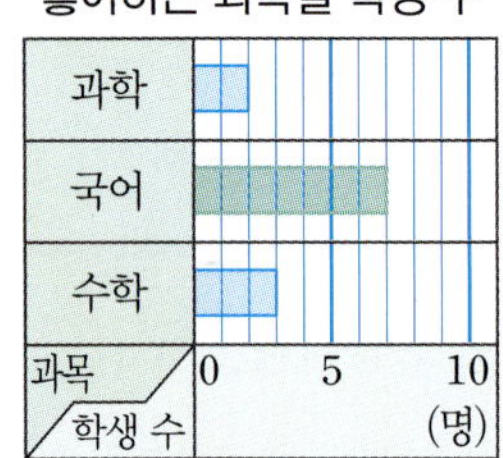
좋아하는 과목별 학생 수

6 두 번 세지 않도록 / 표시를 해 가며 붙임딱지 수를 세어 봅니다.

7 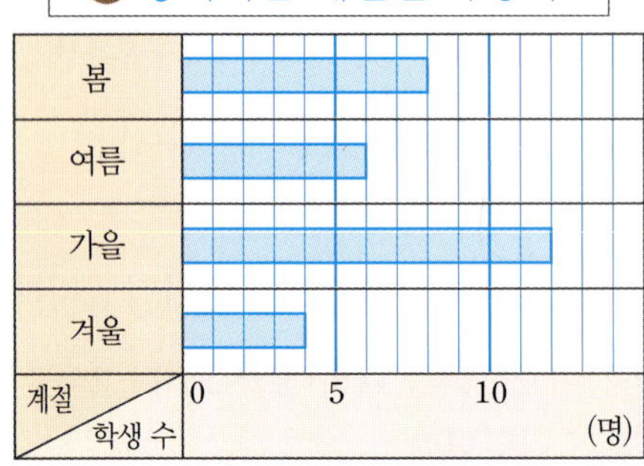
예 좋아하는 계절별 학생 수

8 현서: 가을, 봄, 여름, 겨울 순으로 학생 수가 많습니다.

128~131쪽 2단계 익힘책 바로 풀기

1 팥
2 ○
3 ×
4 ×
5 5, 6, 2
6 5칸
7 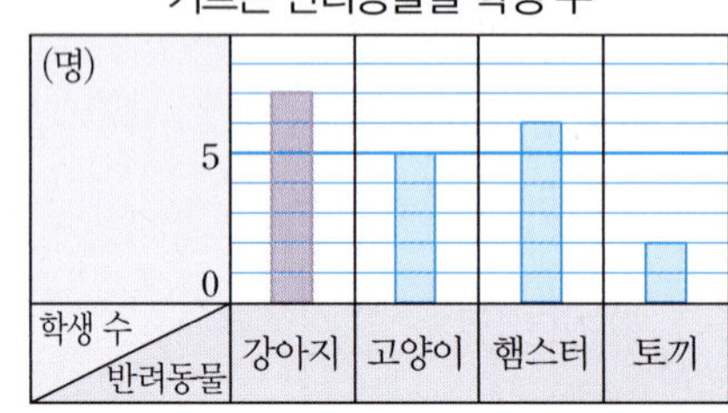
기르는 반려동물별 학생 수

8 4명
9 광어
10 4명
11 6배
12 주미
13 주미, 정태
14 ❶ 9, 5 ❷ 9, 5, 24
　　답 24개

15 22, 26, 8, 16, 72
16 예 2상자
17 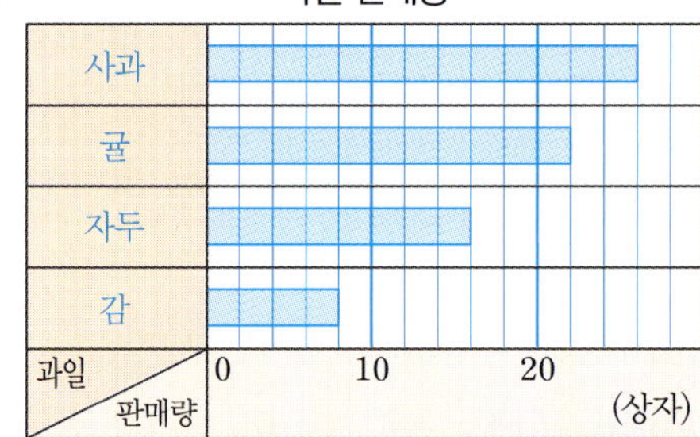
과일 판매량

18 예 사과
19 22초
20 유찬
21 예 성준 / 예 달리기 기록이 가장 빠른 사람은 성준이기 때문입니다.
22 로봇 공학 / 드론 조립
23 예 방송 댄스를 참여하고 싶은 여학생이 남학생보다 더 많습니다.
24 예 남학생
25 ❶ 11, 18 / 9, 22 / 6, 13 / 5, 15
　　❷ 예 제주도
　　답 예 제주도

1 막대의 길이가 가장 긴 맛은 팥입니다.

3 막대의 길이가 만화책보다 긴 것은 위인전이므로 학급 문고에 만화책보다 더 많이 있는 책은 위인전입니다.

4 막대가 11칸인 책은 위인전입니다.

5 수를 셀 때 / 표시를 해 가며 학생 수를 세어 봅니다.

6 고양이를 좋아하는 학생 수가 5명이므로 5칸으로 나타내야 합니다.

7 고양이는 5칸, 햄스터는 6칸, 토끼는 2칸인 막대를 그립니다.

8 세로 눈금 5칸이 10명을 나타내므로 세로 눈금 한 칸은 $10 \div 5 = 2$(명)을 나타냅니다.
따라서 꽁치를 좋아하는 학생은 4명입니다.

9 막대의 길이가 두 번째로 긴 생선은 광어입니다.

10 • 고등어를 좋아하는 학생: 12명
• 광어를 좋아하는 학생: 16명
➡ $16 - 12 = 4$(명)
다른 풀이 고등어와 광어의 막대 길이의 차가 2칸이므로 고등어와 광어를 좋아하는 학생 수의 차는 $2 \times 2 = 4$(명)입니다.

11 • 갈치를 좋아하는 학생: 24명
• 꽁치를 좋아하는 학생: 4명
➡ $24 \div 4 = 6$(배)

12 정태가 모은 붙임딱지 수: 3개
➡ $3 \times 3 = 9$(개)이므로 모은 붙임딱지 수가 9개인 사람은 주미입니다.

13 막대의 길이가 가장 긴 사람은 주미이고, 막대의 길이가 가장 짧은 사람은 정태입니다.

17 판매량이 많은 과일부터 차례로 쓰면 사과, 귤, 자두, 감입니다.

18 오늘 판매량이 가장 많은 과일은 사과이므로 내일 사과를 가장 많이 준비하는 것이 좋습니다.

19 세로 눈금 한 칸은 2초를 나타내므로 민재의 달리기 기록은 22초입니다.

20 지안: 지혜는 성준이보다 더 늦게 달렸습니다.
은우: 민재는 지혜보다 더 빨리 달렸습니다.

21
달리기 기록이 가장 빠른 사람이 성준이기 때문이라고 썼으면 정답으로 합니다.

22 막대의 길이가 가장 긴 수업을 각각 찾으면 남학생은 로봇 공학이고, 여학생은 드론 조립입니다.

23
두 막대그래프를 비교하여 알 수 있는 점을 썼으면 정답으로 합니다.

24 막대그래프에서 로봇 공학을 하고 싶은 남학생 수와 여학생 수를 나타내는 막대의 길이를 비교하면 남학생이 더 깁니다.

132~135쪽   5단계 서술형 바로 쓰기

1-1 ❶ 12, 7, 8, 9 ❷ 수영
답 수영

1-2 예 ❶ (당근을 좋아하는 학생 수)
$= 35 - 3 - 11 - 9 = 12$(명)
❷ 가장 많은 학생이 좋아하는 채소: 당근
답 당근

2-1 ❶ 4 ❷ 4, 10 ❸ 10, 50 답 50

2-2 예 ❶ 민재의 막대의 길이: 세로 눈금 4칸
❷ 세로 눈금 한 칸은 $8 \div 4 = 2$(초)를 나타냅니다.
❸ $\square = 2 \times 5 = 10$
답 10

- - -

3-1 ❶ 2 ❷ 6, 4 ❸ 중국, 4
답 중국, 4 ℃

3-2 예 ❶ 세로 눈금 한 칸의 크기: $50 \div 5 = 10$ (mm)
❷ 도시별 적설량의 차
➡ 인천: 40 mm, 강릉: 50 mm, 포항: 30 mm
❸ 적설량의 차가 가장 큰 도시는 강릉이고, 적설량의 차는 50 mm입니다.
답 강릉, 50 mm

4-1 ❶ 3, 9 ❷ 22 ❸ 22, 44 답 44점

4-2 예 ❶ 넣은 공의 수
➡ 1회: 5개, 2회: 10개, 3회: 2개, 4회: 7개
❷ (1회부터 4회까지 넣은 전체 공의 수)
$= 5 + 10 + 2 + 7 = 24$(개)
❸ (1회부터 4회까지 점수의 합)
$= 24 \times 3 = 72$(점)
답 72점

3-1 ❸ 4 ℃(중국) < 6 ℃(일본) < 8 ℃(대한민국)

3-2 ❸ 50 mm(강릉) > 40 mm(인천) > 30 mm(포항)

136~138쪽 TEST **단원 마무리** 하기

1 막대그래프에 ◯표 **2** 동물

3 4칸

4

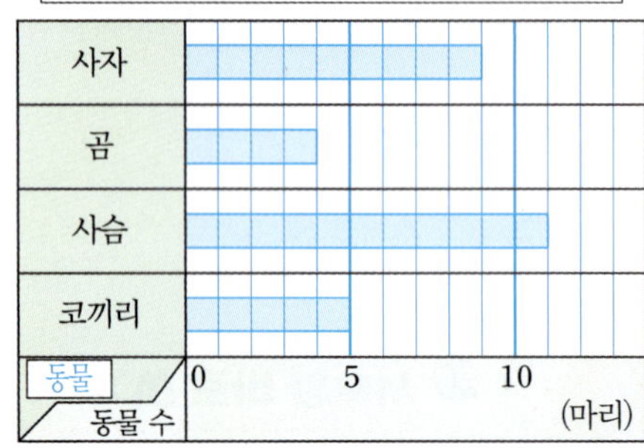

5 4, 9

6

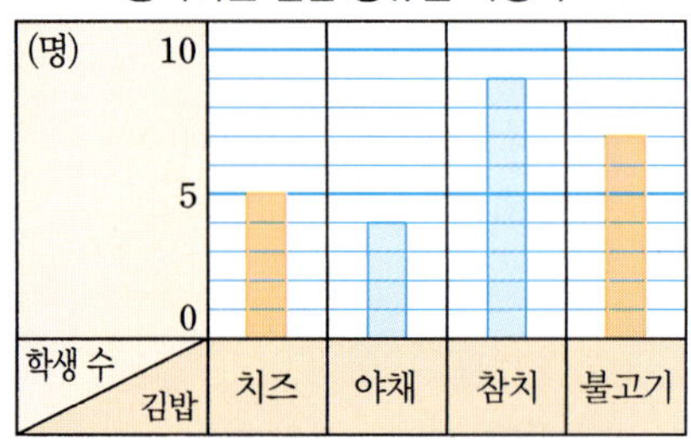

7 막대그래프 **8** 2명

9 16명 **10** 10

11

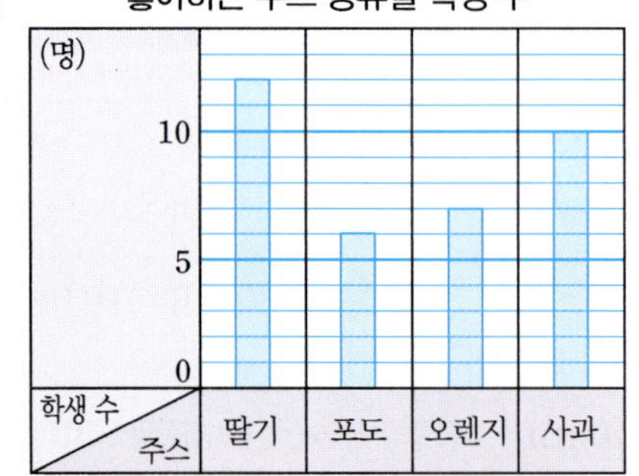

12 120명 **13** 4학년, 5학년

14 60명 **15** 민재

16

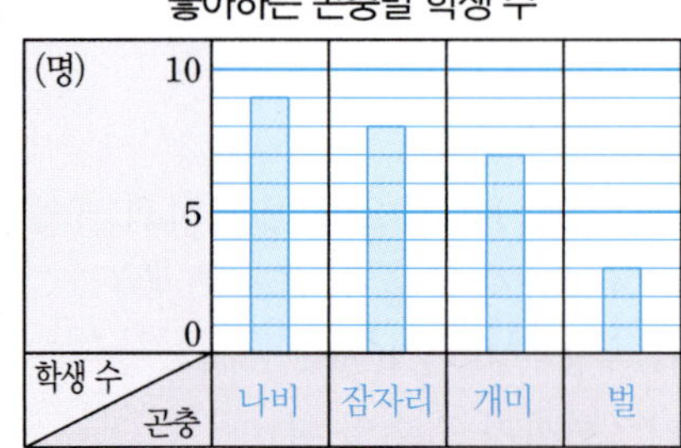

17 32명 **18** 9명

19 예 ❶ (자전거로 등교하는 학생 수)
　　　＝30－12－8＝10(명)
　　❷ 가장 많은 학생이 등교하는 방법: 도보
　　답 도보

20 예 ❶ 노란색 색연필의 막대의 길이: 세로 눈금 6칸
　　❷ 세로 눈금 한 칸은 30÷6＝5(자루)를 나타냅니다.
　　❸ □＝5×5＝25 답 25

9 막대의 길이가 가장 짧은 위인은 장영실이고, 16명입니다.

10 (사과주스를 좋아하는 학생 수)
＝35－12－6－7＝10(명)

11 딸기는 12칸, 포도는 6칸, 오렌지는 7칸, 사과는 10칸인 막대를 그립니다.

12 세로 눈금 5칸이 100명을 나타내므로 세로 눈금 한 칸은 100÷5＝20(명)을 나타냅니다.
➜ (휴대 전화를 가지고 있는 2학년 학생 수)＝120명

13 막대의 길이가 3학년보다 긴 학년은 4학년과 5학년입니다.

14 4학년: 180명, 5학년: 240명
➜ 240－180＝60(명)

15 소윤: 휴대 전화를 가지고 있는 학생 수가 가장 많은 학년은 5학년입니다.

16 학생 수가 많은 곤충부터 차례로 쓰면 나비, 잠자리, 개미, 벌입니다.

17 즐겨 보는 TV 프로그램별 학생 수를 각각 구하면 만화: 9명, 뉴스: 4명, 예능: 13명, 드라마: 6명입니다.
➜ (정우네 반 학생 수)＝9＋4＋13＋6＝32(명)

18 • 가장 많은 학생이 즐겨 보는 TV 프로그램: 예능(13명)
• 가장 적은 학생이 즐겨 보는 TV 프로그램: 뉴스(4명)
➜ 13－4＝9(명)

19

채점 기준		
❶ 자전거로 등교하는 학생 수를 구함.	3점	5점
❷ 가장 많은 학생이 등교하는 방법을 구함.	2점	

20

채점 기준		
❶ 노란색 색연필의 막대의 길이를 구함.	2점	5점
❷ 세로 눈금 한 칸의 크기를 구함.	2점	
❸ □ 안에 알맞은 수를 구함.	1점	

6 규칙 찾기

142~143쪽 단계 교과서 바로 알기

확인 문제	한번 더! 확인
1 10에 ◯표	**6** 10
2 1000에 ◯표	**7** 100
3 4에 ◯표	**8** 1
4 2에 ◯표	**9** 2
5 (1) 1, 100 (2) 205	**10** 3, 1, 2212
	답 2212

1 1001 1011 1021 1031 1041
 +10 +10 +10 +10

2 1001 2001 3001 4001
 +1000 +1000 +1000

3 5 9 13 17
 +4 +4 +4

4 1 3 5
 +2 +2

5 (1) → 방향: 301 302 303
 +1 +1
 ↓ 방향: 301 201 101
 −100 −100
 (2) 201 202 203 204 205
 +1 +1 +1 +1
→ 민재의 좌석 번호: 205

6 101 111 121 131 141
 +10 +10 +10 +10

7 101 201 301 401
 +100 +100 +100

8 7 6 5 4
 −1 −1 −1

9 3 5 7
 +2 +2

10 2203 2206 2209 2212
 +3 +3 +3
→ 서아의 물품 보관함의 번호: 2212

144~145쪽 단계 교과서 바로 알기

확인 문제	한번 더! 확인
1 3, 5	**6** 4, 7
2 2	**7** 3
3 (◯) ( )	**8** (◯) ( )
4 20개	**9** 13개
5 (1) 3	**10** 4, 17
(2) 11개	답 17개

2 첫째 둘째 셋째
 1 3 5
 +2 +2
→ 삼각형의 수가 1개부터 시작하여 2개씩 늘어납니다.

3

순서	첫째	둘째	셋째
바둑돌의 수(개)	4	8	12

→ 바둑돌의 수가 4개부터 시작하여 4개씩 늘어납니다.

참고
사각형의 한 변에 놓인 바둑돌이 1개씩 늘어납니다.

4 넷째: 12+4=16(개)
 다섯째: 16+4=20(개)

5 (1) 사각형의 수가 2개, 5개, 8개로 3개씩 늘어납니다.
 (2) 넷째 모양을 만드는 데 필요한 사각형은
 8+3=11(개)입니다.

7 첫째 둘째 셋째
 1 4 7
 +3 +3
→ 원의 수가 1개부터 시작하여 3개씩 늘어납니다.

8

순서	첫째	둘째	셋째	넷째
모형의 수(개)	3	5	7	9

→ 모형의 수가 3개부터 시작하여 2개씩 늘어납니다.

9 다섯째: 9+2=11(개)
 여섯째: 11+2=13(개)

10 사각형의 수가 5개, 9개, 13개로 4개씩 늘어납니다.
→ 넷째 모양을 만드는 데 필요한 사각형은
 13+4=17(개)입니다.

146~147쪽 1단계 교과서 바로 알기

확민 문제

1 4, 6
2 ( ) (○)
3 12 / 3, 3
4 15개
5 (1) 3×5
　　(2) 식 $4 \times 5 = 20$
　　　　답 20개

한번 더! 확민

6 3, 5
7 ㉠
8 10 / $1+2+3$,
　　$1+2+3+4$
9 15개
10 6×2 / 8, 16
　　답 16개

3 삼각형의 수가 3개씩 늘어나므로
셋째: 3×3, 넷째: 4×3입니다.

4 다섯째: $5 \times 3 = 15$(개)

5 (1) 첫째: $1 \times 5 = 5$(개), 둘째: $2 \times 5 = 10$(개)
　　셋째: $3 \times 5 = 15$(개)
　(2) 넷째: $4 \times 5 = 20$(개)

7 사각형의 수를 세어 보고 식으로 나타냅니다.
첫째: 1, 둘째: $1+2$, 셋째: $1+2+2$

9 다섯째: $1+2+3+4+5 = 15$(개)

10 첫째: $2 \times 2 = 4$(개), 둘째: $4 \times 2 = 8$(개)
셋째: $6 \times 2 = 12$(개) ➡ 넷째: $8 \times 2 = 16$(개)

148~149쪽 2단계 익힘책 바로 풀기

1 (위에서부터) 325, 215, 245
2 10, 100　　**3** 4, 7
4 ( ) (○)　　**5** 3341 / 1331
6 10 / 4　　**7** 2, 4
8 3×3
9 (왼쪽부터) $3+2+2+2$, 9 / 4×4, 16

10

201	202	203	204	205
211	212	213	214	215
221	222	223	224	225
231	232	233	234	235

11 6, 15, 20, 15, 6/ 합에 ○표
12 ❶ 2×3, 3×3 ❷ 3, 12 / 3, 15 답 15개

2 → 방향: 405　415　425
　　　　　　$+10$　$+10$
↓ 방향: 405　305　205
　　　　-100　-100

3 바둑돌의 수가 1개부터 시작하여 3개씩 늘어납니다.

4 셋째보다 바둑돌 3개가 더 많은 모양은 오른쪽 모양입니다.

7 아래에서 둘째 줄: 3　5　7　9　11
　　　　　　　　　$+2$　$+2$　$+2$　$+2$
　셋째 줄: 8　12　16　20　24
　　　　　$+4$　$+4$　$+4$　$+4$

8 초록색의 규칙: 오른쪽과 위쪽으로 사각형이 각각 1개씩 늘어납니다.
노란색의 규칙: 한 줄에 놓이는 사각형이 각각 1개, 2개, ...인 정사각형 모양이 됩니다.

9 초록색: 셋째보다 2개 더 많은 모양입니다.
노란색: 한 줄에 놓이는 사각형이 4개인 정사각형 모양입니다.

10 가장 작은 수 202에 색칠하고
$202+11 = 213$, $213+11 = 224$, $224+11 = 235$에 각각 색칠합니다.

11 $1+5 = 6$, $5+10 = 15$, $10+10 = 20$, $10+5 = 15$, $5+1 = 6$

150~151쪽 1단계 교과서 바로 알기

확민 문제

1 10, 10
2 100, 100, 180
3 뺄셈식
　　$600 - 420 = 180$
4 (1) 1, 101
　　(2) 덧셈식
　　　$501 + 14 = 515$

한번 더! 확민

5 1, 1
6 10, 10, 560
7 덧셈식
　　$440 + 120 = 560$
8 10, 90,
　　$500 - 50 = 450$ /
　　뺄셈식 $500 - 50 = 450$

3 500보다 100만큼 더 큰 수인 600에서 320보다 100만큼 더 큰 수인 420을 빼면 180으로 계산 결과가 같습니다.

4 401보다 100만큼 더 큰 수인 501에 13보다 1만큼 더 큰 수인 14를 더하면 계산 결과는 414보다 101만큼 더 큰 수인 515가 됩니다.

7 430보다 10만큼 더 큰 수인 440에 130보다 10만큼 더 작은 수인 120을 더하면 계산 결과는 560으로 같습니다.

8 400보다 100만큼 더 큰 수인 500에서 40보다 10만큼 더 큰 수인 50을 빼면 계산 결과는 360보다 90만큼 더 큰 수인 450이 됩니다.

152~153쪽  교과서 바로 알기

확인 문제	**한 번 더! 확인**
1 10, 500	**5** 300, 100
2 10, 12	**6** 2, 256
3 나눗셈식 $600 \div 50 = 12$	**7** 곱셈식 $16 \times 16 = 256$
4 (1) 100, 1100	**8** (1) 1110, 30
(2) 곱셈식	(2) $5550 \div 37 = 150$ /
$501 \times 11 = 5511$	나눗셈식 $5550 \div 37 = 150$

3 480보다 120만큼 더 큰 수인 600을 40보다 10만큼 더 큰 수인 50으로 나누면 계산 결과는 12로 같습니다.

4 401보다 100만큼 더 큰 수인 501에 11을 곱하면 계산 결과는 4411보다 1100만큼 더 큰 수인 5511이 됩니다.

7 32의 반인 16에 8의 2배인 16을 곱하면 계산 결과는 256으로 같습니다.

8 4440보다 1110만큼 더 큰 수인 5550을 37로 나누면 계산 결과는 120보다 30만큼 더 큰 수인 150이 됩니다.

154~155쪽  익힘책 바로 풀기

1 100, 100	**2** 460, 510
3 ㉡	**4** 66 / 30
5 20, 100 / 220, 10	**6** 1, 1
7 $6 \times 100003 = 600018$	**8** $512 \div 64 = 8$
9 $660 \div 33 = 20$ / $880 \div 44 = 20$	
10 뺄셈식 $456789 - 12345 = 444444$	
11 10, 10	**12** 70, 60, 133
13 ❶ 1 ❷ 1 ❸ 12345654321	
답 12345654321	

---

4 곱셈식에서 곱해지는 수가 20씩 커지므로
★$=46+20=66$입니다.
나눗셈식에서 계산 결과가 10씩 작아지므로
▲$=40-10=30$입니다.

8 나누어지는 수가 2배가 되고 나누는 수가 2배가 되면 계산 결과는 같습니다.

10 ·빼지는 수의 규칙: 일의 자리 숫자가 9이고, 그 위의 자리의 숫자가 1씩 작아집니다.
·빼는 수의 규칙: 가장 높은 자리의 숫자가 1이고, 그 아래의 자리의 숫자가 1씩 커집니다.
➡ 계산 결과는 빼지는 수와 자리 수가 같고, 모든 자리의 수가 빼지는 수의 가장 높은 자리의 숫자와 같습니다.

12 넷째: $123+60-50=133$
다섯째: $123+70-60=133$

156~157쪽  교과서 바로 알기

확인 문제	**한 번 더! 확인**
1 ( ) (◯)	**5** ㉡
2 4, 2	**6** 3, 1
3 (◯)	**7** ㉡
( )	
4 (1) 5, 5	**8** 4, 4, 5
(2) 7	답 5

2 저울 양쪽의 무게가 같도록 등호를 사용하여 식으로 나타내면 $8+4=10+2$입니다.

3 $31-5=26$에서 두 값이 같으므로 등호를 바르게 사용했습니다.
$15-5=10$에서 두 값이 다르므로 등호를 바르게 사용하지 않았습니다.

6 저울 양쪽의 무게가 같도록 등호를 사용하여 식으로 나타내면 $11-3=7+1$입니다.

7 ㉠ $30+5$와 $33-5$는 두 값이 다르므로 등호를 바르게 사용하지 않았습니다.
㉡ $8+25$와 $9+24$는 두 값이 같으므로 등호를 바르게 사용했습니다.

158~159쪽 ① 단계 교과서 바로 알기

확인 문제	한번 더! 확인
1 1, 1	**5** 7, 7
2 2, 17	**6** 3, 24
3 3, 7	**7** 3, 13
4 3, 4	**8** 2, 2

2 ↘ 방향에 있는 세 수 중 양쪽 끝에 있는 두 수의 합은 가운데 수의 2배와 같습니다.

3 연결된 세 수의 합은 가운데 수의 3배와 같습니다.

4 ↗ 방향과 ↖ 방향에 있는 두 수의 합이 같습니다.

5 아래의 수에서 7을 빼면 위의 수가 됩니다.

6 연결된 세 수의 합은 가운데 수의 3배와 같습니다.

8 ↘ 방향의 세 수 중에서 양쪽 끝에 있는 두 수의 합은 가운데 수의 2배와 같습니다.

160~161쪽 ② 단계 익힘책 바로 풀기

1 (1) > (2) =　　**2** 202, 203

3 102, 204　　**4** (1) 7 (2) 15

5 $3+4+5=7+5$　　**6** 6, 1

7 예 $7+21=14\times2$ / 예 $2+16=9\times2$

8 ∙∙∙ / 식 $24=18+6$, 식 $13=20-7$

9 14 / 식 $35-11=38-14$

10 예 8, 11, 14 ➡ $8+14=11\times2$

11 22

12 ❶ 3　❷ 3, 4, 1 / 4, 1　답 4, 1

4 (1) 오른쪽은 12보다 2만큼 더 작은 수 10에 9를 더했으므로 왼쪽은 9보다 2만큼 더 작은 수인 7을 더해야 양쪽이 같습니다.

　　(2) 왼쪽은 53보다 10만큼 더 작은 수인 43에서 5를 뺐으므로 오른쪽은 5보다 10만큼 더 큰 수인 15를 빼야 양쪽이 같습니다.

5 $3+4+5$와 $7+5$의 계산 결과가 같으므로 두 식을 등호를 사용하여 나타냅니다.

7 ↗ 방향의 세 수 중 양쪽 끝에 있는 두 수의 합은 가운데 수의 2배입니다.

9 검은 돌이 오른쪽 접시에 3개 더 많으므로 왼쪽 접시보다 오른쪽 접시에서 3개 더 많은 14개를 덜어내야 합니다.

➡ $35-11=38-14$

11 $15+21+22+23+29=110$

➡ $110\div5=22$

162~165쪽 ③ 단계 서술형 바로 쓰기

1-1 ❶ 200　❷ 1440, 3870

덧셈식 $2430+1440=3870$

1-2 예 ❶ 나누어지는 수가 111111111씩 커지고, 나누는 수가 9씩 커지면 몫은 12345679로 일정한 규칙입니다.

❷ 다섯째에 올 나눗셈식:
$555555555\div45=12345679$

나눗셈식 $555555555\div45=12345679$

2-1 ❶ 6, 9 / 3　❷ 18　답 18개

2-2 예 ❶

순서	첫째	둘째	셋째
사각형의 수(개)	1	5	9

➡ 사각형의 수가 1개부터 시작하여 4개씩 늘어나는 규칙입니다.

❷ 여섯째 모양을 만드는 데 필요한 사각형의 수:
$9+4+4+4=21$(개)

답 21개

3-1 ❶ 3, 13　❷ 4, 4, 18　❸ 13, 18, 31　답 31

3-2 예 ❶ ↓ 방향으로 5씩 커지는 규칙이므로
㉠$=12+5=17$입니다.

❷ ↘ 방향으로 4씩 커지는 규칙이므로
㉡$=15+4=19$입니다.

❸ ㉠$+$㉡$=17+19=36$　답 36

4-1 ❶ 13, 111111

❷ 일곱 / $8547\times91=7777777$

답 일곱째, $8547\times91=7777777$

4-2 예 ❶ 100씩 작아지는 수에서 10씩 커지는 수를 뺀 후, 1씩 작아지는 수를 더하면 계산 결과가 111씩 작아지는 규칙입니다.

❷ 계산 결과 111은 여덟째 계산식입니다.

➡ 계산식: $200-90+1=111$

답 여덟째, $200-90+1=111$

1 1씩   **2** 1000씩

3 1001씩

4 (위에서부터) 247, 443, 445, 546

5 2   **6** 6, 6

7 $1+2+3+4+5+6+7+6+5+4+3+2+1$

8 22 / 식 $25+10=22+13$

9 4, 4, 5

10 42개   **11** $8\times10005=80040$

12 민재   **13** 22

14 예 $117+120=119+118$

15 3

16 (위에서부터)

/ 4, 5, 5

17 9 / 5

18 예 $3+5+11+17+19=11\times5$

19 예 ❶ 수수깡의 수가 6개, 11개, 16개로 5개씩 늘어납니다.
❷ 다섯째 모양을 만드는 데 필요한 수수깡은
$16+5+5=26$(개)입니다.
답 26개

20 예 ❶ 곱해지는 수는 77로 같고, 곱하는 수의 0과 1이 1개씩 늘어나면 계산 결과의 7이 2개씩 늘어나는 규칙입니다.
❸ 계산 결과가 77777777인 곱셈식:
$77\times1010101=77777777$
곱셈식 $77\times1010101=77777777$

1
$$5005 \xrightarrow{+1} 5006 \xrightarrow{+1} 5007 \xrightarrow{+1} 5008 \xrightarrow{+1} 5009$$

2
$$5005 \xrightarrow{+1000} 6005 \xrightarrow{+1000} 7005 \xrightarrow{+1000} 8005 \xrightarrow{+1000} 9005$$

3
$$5005 \xrightarrow{+1001} 6006 \xrightarrow{+1001} 7007 \xrightarrow{+1001} 8008 \xrightarrow{+1001} 9009$$

4 → 방향으로 1씩 커지고, ↓ 방향으로 100씩 커지는 규칙입니다.

6 덧셈의 가운데 수가 6이므로 덧셈의 결과는 6×6과 같습니다.

7 결과가 7×7과 같게 되는 덧셈의 가운데 수는 7입니다.

8 검은 돌이 오른쪽 접시에 3개 더 많으므로 양쪽 무게가 같으려면 흰 돌이 왼쪽 접시보다 3개 더 적은 22개가 놓여야 합니다. ➡ $25+10=22+13$

9 모형의 수는 1×2에서 곱하는 두 수가 각각 1씩 커지는 규칙입니다.

10 여섯째 모양을 만드는 데 필요한 모형은 가로 6개, 세로 7개로 이루어진 직사각형 모양입니다.
➡ $6\times7=42$(개)

11 8에 0이 하나씩 늘어나는 수를 곱하면 계산 결과도 0이 하나씩 늘어납니다.

12 등호의 왼쪽과 오른쪽의 값이 같은 것을 찾으면 민재입니다.

참고

13 ↘ 방향으로 8씩 커지는 규칙이므로 ㉠$=14+8=22$입니다.

14 ↘ 방향과 ↗ 방향에 있는 두 수의 합이 같습니다.

15 연결된 세 수의 합은 가운데 수의 3배와 같습니다.

16 바둑돌의 수는 1×1에서 곱하는 두 수가 각각 1씩 커집니다. 다섯째 모양의 바둑돌의 수를 식으로 나타내면 5×5입니다.

17 가$+18=22+$나에서 18은 22보다 4만큼 더 작은 수입니다. 등호의 양쪽에 있는 두 수의 합이 같아야 하므로 가는 나보다 4만큼 더 큰 수여야 합니다.
따라서 수 카드에서 차가 4인 두 수를 찾으면 9와 5입니다. ➡ 가: 9, 나: 5

18 부분의 5개의 수를 더한 값은 가운데 수의 5배와 같습니다.
➡ $3+5+11+17+19=11\times5$

19

채점 기준		
❶ 수수깡 수의 규칙을 찾아 씀.	3점	
❷ 다섯째 모양을 만드는 데 필요한 수수깡 수를 구함.	2점	5점

20

채점 기준		
❶ 곱해지는 수, 곱하는 수, 계산 결과의 규칙을 각각 찾아 씀.	4점	
❷ 계산 결과가 77777777인 곱셈식을 씀.	1점	5점

1 큰 수

2~3쪽 1 단원 익힘책 한 번 더 풀기

1 10000원   **2** 100 / 10 / 1
3 10000 또는 1만 / 만 또는 일만
4 9970, 10000   **5** (1) 100 (2) 1000
6 ㉢
7 ❶ 6000, 8000 ❷ 2000, 2000 탭 2000원
8 5 / 8 / 6 / 7 / 3
9 (위에서부터) 사만 오천육백십삼 / 80784
10 94628 / 구만 사천육백이십팔
11 64572
12 74563＝70000＋4000＋500＋60＋3
13 65090개   **14** ㉢
15 33500원

1 1000이 10개이면 10000이므로 1000원짜리 지폐가 10장이면 10000원입니다.

3 100이 100개인 수를 10000 또는 1만이라 쓰고 만 또는 일만이라고 읽습니다.

4 9960보다 10만큼 더 큰 수는 9970이고 9990보다 10만큼 더 큰 수는 10000입니다.

5 (1) 10000은 100이 100개인 수이므로
100원짜리 동전이 100개 필요합니다.
(2) 10000은 10이 1000개인 수이므로
10원짜리 동전이 1000개 필요합니다.

6 ㉠, ㉡ 10000 ㉢ 9370

9 읽지 않은 자리에는 0을 씁니다.

10 10000이 9개
1000이 4개
100이 6개 인 수 ➡ 94628(구만 사천육백이십팔)
10이 2개
1이 8개

11 만의 자리 숫자를 찾아보면 다음과 같습니다.
47936, 52648, 64572

12 74563을 각 자리의 숫자가 나타내는 값의 합으로 나타냅니다.

13 10000이 6개이면 60000, 1000이 5개이면 5000, 10이 9개이면 90입니다.
➡ 60000＋5000＋90＝65090(개)

14 ㉠ 30271 ➡ 백의 자리 숫자, 200
㉡ 42913 ➡ 천의 자리 숫자, 2000
㉢ 28146 ➡ 만의 자리 숫자, 20000
따라서 숫자 2가 나타내는 값이 가장 큰 수는 ㉢ 28146입니다.

15 10000이 2개이면 20000
1000이 13개이면 13000
100이 5개이면   500
33500
➡ 모두 33500원이 필요합니다.

4~5쪽 1 단원 익힘책 한 번 더 풀기

1 85400041 / 팔천오백사십만 사십일
2 7490000
3 5 / 60000000, 300000
4 90000000 또는 9000만 / 900000 또는 90만
5 ④   **6** 은우
7 ❶ 2540 ❷ 2540 탭 2540장
8 100만, 1억   **9** 사천이백삼십육억
10 9000000000 또는 90억
11 지안
12 841조 3906억 4832만 459
13 (위에서부터) 7 / 20000000000000 또는 20조
14 ㉠   **15** 10000배

1 1만이 8540개, 1이 41개인 수
➡ 8540만 41
➡ 85400041

2 칠백사십구만 ➡ 749만 ➡ 7490000

4 92975418
십만의 자리 숫자, 나타내는 값: 900000
천만의 자리 숫자, 나타내는 값: 90000000

5 ①, ②, ③, ⑤ 100만   ④ 1000만

6 은우: 백만 사천 ➡ 1004000(0이 5개)
민재: 오천삼백만 천이백 ➡ 53001200(0이 4개)
➡ 은우가 0을 더 많이 눌러야 합니다.

9 423600000000 → 4236억
억　만
　　　　　　→ 사천이백삼십육억

10 569721583457
억　만
└ 십억의 자리 숫자, 나타내는 값: 9000000000
억　만

11 지안: 16920000000에서 십억의 자리 숫자는 6이고,
억　만
백억의 자리 숫자는 1이므로 더하면 7이 됩니다.
유찬: 32500000000에서 십억의 자리 숫자는 2이고,
억　만
백억의 자리 숫자는 3이므로 더하면 5가 됩니다.

12 841390648320459
조　억　만
→ 841조 3906억 4832만 459

13 백조의 자리 숫자는 7입니다.
십조의 자리 숫자는 2이고 20000000000000를 나타
조　억　만
냅니다.

14 숫자 3이 나타내는 값을 알아봅니다.
㉠ 3000000000000000(3000조)
조　억　만
㉡ 30000000000000(30조)
조　억　만

15 ㉠ 2000000000000000
조　억　만
㉡ 200000000000
억　만
→ ㉠이 나타내는 값은 ㉡이 나타내는 값의 10000배
입니다.

6~7쪽 1단원 익힘책 한 번 더 풀기

1 6300000, 7300000
2 31조 8만, 41조 8만, 51조 8만
3 1억씩　　　　　　　**4** 3560억, 3760억
5 육천억, 칠천억, 조 또는 일조
6 (위에서부터) 88000 / 78000 / 67000, 69000
7 ❶ 88000, 90000, 92000, 94000 / 4
❷ 4　답 4개월
8 (1) <　(2) >
9
㉠64200　　㉡64700　　/ ㉡, ㉠
64100　　64500　　65000
10 놀이공원　　　　**11** ㉡
12 현서　　　　　　**13** 베트남
14 에어컨

---

1 백만의 자리 수가 1씩 커지도록 뛰어 세기 합니다.

백만의 자리 수를 제외하고 다른 자리 수는 변하지 않습니다.

2 십조의 자리 수가 1씩 커지도록 뛰어 세기 합니다.

3
어느 자리 수가 몇씩 커지는지 확인합니다.

억의 자리 수가 1씩 커졌으므로 1억씩 뛰어 세기 했습
니다.

4 200억씩 뛰어 세기 하면 백억의 자리 수가 2씩 커집
니다.

5 8000억−9000억이므로 1000억씩 뛰어 센 것입니다.
→ 5000억−6000억−7000억−8000억
오천억　　육천억　　칠천억　　팔천억
−9000억−1조
구천억　　일조

6 → 방향으로 1000씩 뛰어 세기 했습니다.
↑ 방향으로 10000씩 뛰어 세기 했습니다.

→(←), ↓(↑) 방향으로 수가 몇씩 커지는지 확인합니다.

8 (1) 48253000 < 421329000
여덟 자리 수　　아홉 자리 수
(2) 36억 6042만 → 3660420000
3660427154 > 3660420000
└ 7>0 ┘

9 수직선에서 오른쪽에 위치한 수가 왼쪽에 위치한 수보다
더 큰 수입니다.
→ ㉠ 64200 < ㉡ 64700

10 41800 > 36700 → 놀이공원이 더 멉니다.
└ 4>3 ┘

11 ㉠ 852억 2510만 < 8521억 1520만
열한 자리 수　　열두 자리 수
㉡ 645조 5000억 < 6378조 2000억
열다섯 자리 수　　열여섯 자리 수

12 삼천이백칠십조: 3270조
→ 3270조 < 3680조
└ 2<6 ┘

13
1억과의 차이가 더 작을수록 1억에 더 가깝습니다.

1억과의 차이가 더 작은 베트남의 인구수가 1억에 더
가깝습니다.

14 전략
세탁기의 가격을 수로 나타낸 후 크기를 비교합니다.

세탁기: 112만 ➜ 1120000
1170000 > 1120000 > 528000
따라서 가격이 가장 비싼 전자 제품은 에어컨입니다.

8~9쪽 1 단원 서술형 한 번 더 쓰기

1-1 ❶ 7400 ❷ 7400, 274 ❸ 274
　　 답 274명
1-2 답 31명
2-1 ❶ 120 / 20 ❷ 120, 20, 540
　　 답 540만 원
2-2 답 963만 원
3-1 ❶ 3 ❷ 90000 ❸ 90000, 30000
　　 답 30000원
3-2 답 600000원
4-1 ❶ 3 ❷ 6, 6 ❸ 365421
　　 답 365421
4-2 답 456321

1-2 ❶ 31520000원을 100만 원씩 나누어 주면
　　 31000000원까지 나누어 줄 수 있습니다.
　　 ❷ 31000000은 100만이 31개인 수입니다.
　　 ❸ 100만 원씩 나누어 주면 31명까지 나누어 줄 수
　　 있습니다.

2-2 ❶ 100만 원짜리 수표 7장 ➜ 700만 원
　　 10만 원짜리 수표 25장 ➜ 250만 원
　　 만 원짜리 지폐 13장 ➜ 13만 원
　　 ❷ (전체 돈의 금액)=700만 원+250만 원+13만 원
　　 　　 =963만 원

3-2 ❶ 매월 저금한 금액을 ■원이라 하면 2월부터 5월까
　　 지는 ■씩 4번 저금한 것입니다.
　　 ❷ 4120000에서 6520000으로 2400000이 커졌습
　　 니다.
　　 ❸ ■씩 4번 뛰어 세어 2400000이 커졌으므로
　　 ■=600000입니다.

4-2 ❶ 십만의 자리 숫자: 4
　　 ❷ 만의 자리 숫자: 홀수 1, 3, 5 중에서 가장 큰 수인 5
　　 ❸ 여섯 째 수 중 가장 큰 수: 456321

2 각도

10~13쪽 2 단원 익힘책 한 번 더 풀기

1 ( ) (○) ( )　　　**2** 가
3 은우　　　　　　　**4** 각 ㄷㅁㄹ(또는 각 ㄹㅁㄷ)
5 75　　　　　　　　**6** 40°
7 30°　　　　　　　**8** (왼쪽부터) 120, 60
9 민재　　　　　　　**10** ㉠
11 ❶ ㉠ ❷ 115 답 115°
12 다　　　　　　　　**13** 가, 라
14
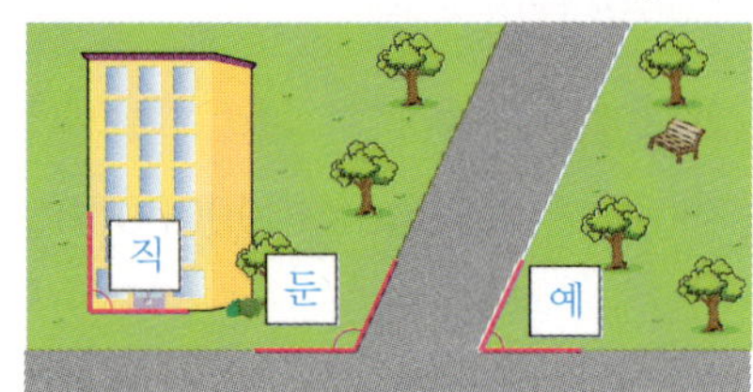

15 45°, 60°

16 예
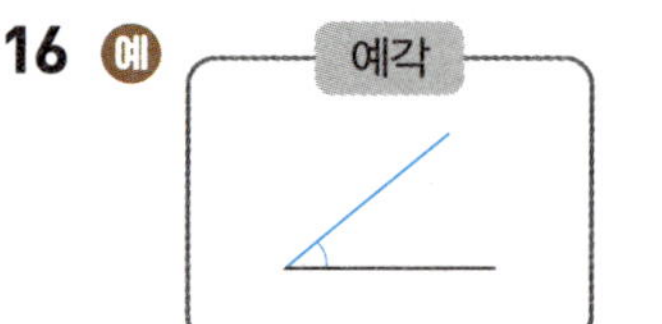

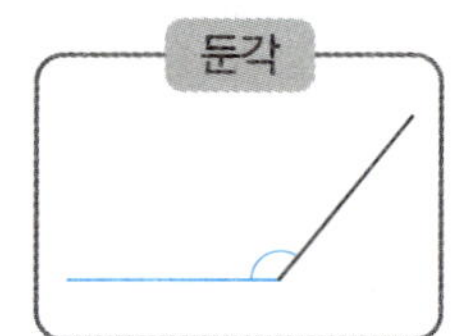

17　　　　　　　　　**18** 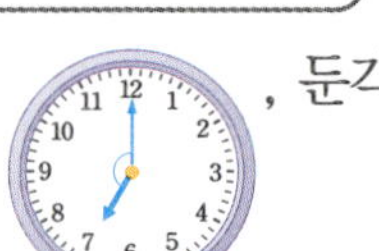, 둔각

19 4개　　　　　　　**20** 예 40°
21 (왼쪽부터) 예 70, 70 / 예 100, 100
22 민서
23 (1) 105 (2) 130
24 160° / 60°　　　　**25** >
26 20°　　　　　　　**27** 120°
28 (1) 55 (2) 125
29 ❶ 180 ❷ 180 / 180, 25
　　 답 25°

1 가장 많이 벌어진 우산은 가운데 우산입니다.

2 두 변이 더 많이 벌어진 각은 가입니다.

3 건우: 가장 작은 각은 ㉡입니다.
　　 서준: 세 각의 크기는 모두 다릅니다.

4 각 ㄱㅁㄴ보다 작은 각은 각 ㄷㅁㄹ(또는 각 ㄹㅁㄷ)입
니다.

5 각의 한 변이 바깥쪽 눈금 0에 맞춰져 있으므로 바깥쪽 눈금을 읽으면 75°입니다.

6 각도기의 중심을 각의 꼭짓점에 맞추고, 각도기의 밑금을 각의 한 변에 맞춘 다음 각의 나머지 변과 만나는 각도기의 눈금을 읽으면 40°입니다.

7 각도기를 이용하여 그림에 표시된 각도를 재어 보면 30°입니다.

9 오른쪽 케이크 조각의 각도는 110°입니다.

10 숫자가 쓰여 있는 큰 눈금 한 칸의 각도가 10°이므로 큰 눈금이 8개인 각을 찾으면 각 ㄱㅇㄴ입니다.

> (참고)
> ⓒ 각 ㄴㅇㄷ은 큰 눈금 7개이므로 70°입니다.
> ⓒ 각 ㄷㅇㄹ은 큰 눈금 3개이므로 30°입니다.

12 둔각은 각도가 직각보다 크고 180°보다 작은 각입니다.
➔ 다

13 예각은 각도가 0°보다 크고 직각보다 작은 각입니다.
➔ 가, 라

15 예각은 각도가 0°보다 크고 직각보다 작은 각이므로 45°, 60°입니다.

> (참고)
> 90° ➔ 직각, 105°, 130° ➔ 둔각

16 예각: 각도가 0°보다 크고 직각보다 작은 각을 그립니다.
둔각: 각도가 직각보다 크고 180°보다 작은 각을 그립니다.

18 7시를 시계에 그려 보면 긴바늘과 짧은바늘이 이루는 작은 쪽의 각은 둔각입니다.

19 

➔ 둔각은 모두 4개입니다.

20 주어진 각도가 45°보다 작으므로 45°보다 작게 어림합니다.

21 각도기를 이용하지 않고 각도가 얼마쯤 될지 어림한 후 각도기로 각도를 재어 봅니다.

22 각도기를 이용하여 각도를 재어 보면 60°입니다.
어림한 각도와 잰 각도의 차이가 더 작은 민서가 실제 각도에 더 가깝게 어림했습니다.

24 합: 50°+110°=160°, 차: 110°-50°=60°

25 55°+45°=100°, 135°-40°=95°
➔ 100°>95°

26 130°-110°=20°

27 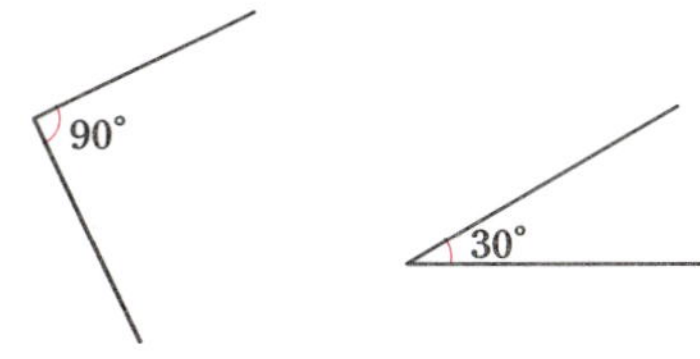

➔ 90°+30°=120°

28 덧셈과 뺄셈의 관계를 이용합니다.
(1) 60°+□°=115°
➔ □°=115°-60°=55°
(2) □°-45°=80°
➔ □°=80°+45°=125°

29 직선이 이루는 각도는 180°이므로
75°+80°+㉠=180°
➔ ㉠=180°-75°-80°=25°

14~15쪽 **2** 단원 익힘책 한 번 더 풀기

1 60, 70, 50 / 180   **2** 30
3 20°   **4** 150°
5 75°   **6** 15
7 ㉡   **8** 110
9 50
10 (예) 사각형의 모양과 크기가 달라도 사각형의 네 각의 크기의 합은 항상 360°로 같습니다.
11 230°   **12** 80°
13 720°
14 ❶ 110 ❷ 110, 110, 140 ❸ 140°

---

1 ㉠+㉡+㉢=60°+70°+50°=180°

2 70°+80°+□°=180°
➔ □°=180°-70°-80°=30°

3 (전략)
> 삼각형의 세 각의 크기의 합은 180°임을 이용합니다.

찢어진 부분에 있던 각도를 □라 하면
115°+45°+□°=180°
➔ □°=180°-115°-45°=20°

4 ㉠+㉡+30°=180°
➔ ㉠+㉡=180°-30°=150°

5
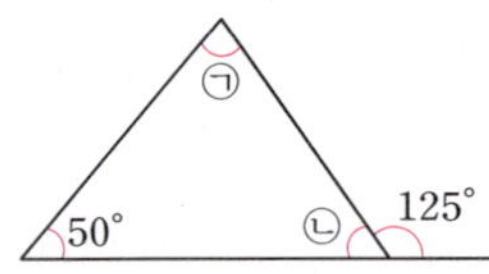

$$© = 180° - 125° = 55°$$
$$\rightarrow ¬ = 180° - 50° - 55°$$
$$= 75°$$

6
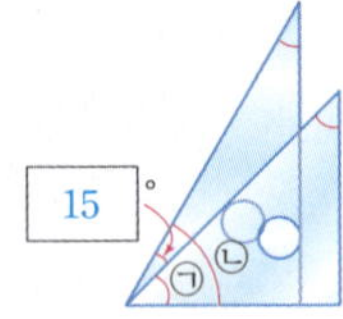

$$¬ = 45°, © = 60°$$
$$\rightarrow \square° = © - ¬$$
$$= 60° - 45° = 15°$$

> **참고**
> 삼각형의 세 각의 크기의 합은 180°이므로 직각 삼각자의 세 각은 각각 60°, 30°, 90°와 45°, 45°, 90°입니다.

7
$$¬ \quad 30° + 45° = 75°$$
$$© \quad 90° + 45° = 135°$$
$$® \quad 90° + 90° = 180°$$

8
$$\square° + 75° + 70° + 105° = 360°$$
$$\rightarrow \square° = 360° - 75° - 70° - 105° = 110°$$

9
$$130° + \square° + 70° + 110° = 360°$$
$$\rightarrow \square° = 360° - 130° - 70° - 110° = 50°$$

10
> **평가 기준**
> 사각형의 네 각의 크기의 합은 항상 360°라고 썼으면 정답으로 합니다.

11
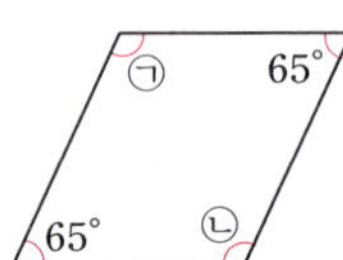

사각형의 네 각의 크기의 합은 360°이므로
¬ + 65° + © + 65° = 360°입니다.
$$\rightarrow ¬ + © = 360° - 65° - 65° = 230°$$

12
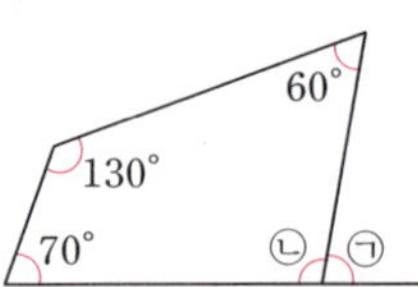

$$© = 360° - 130° - 70° - 60° = 100°$$
$$\rightarrow ¬ = 180° - 100° = 80°$$

13
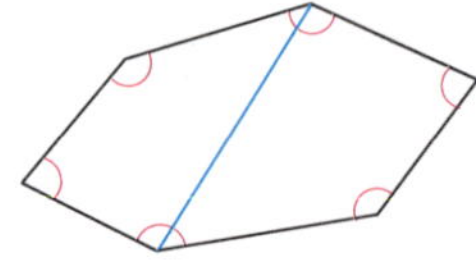

도형은 사각형 2개로 나눌 수 있습니다.
도형에 표시된 여섯 각의 크기의 합은 사각형 2개의 모든 각의 크기의 합과 같으므로 360° × 2 = 720°입니다.

14
> **전략**
> 반으로 접은 종이를 펼쳤을 때의 사각형 모양을 보고 각의 크기를 구합니다.

❶ 종이를 펼쳤을 때의 사각형은 종이를 반으로 접었을 때의 삼각형이 마주 보고 있는 모양과 같습니다.
$$\rightarrow © = ® = 110°$$
❷
$$¬ + © = 360° - © - ®$$
$$= 360° - 110° - 110° = 140°$$

16~17쪽 2단원 서술형 한 번 더 쓰기

1-1 ❶ 6, 30 ❷ 30, 3, 90 답 90°
1-2 답 72°
2-1 ❶ 60 ❷ 120, 40 답 40°
2-2 답 50°
3-1 ❶ 360, 90 / 6, 60 ❷ 60, 150 답 150°
3-2 답 85°
4-1 ❶ 60, 30 ❷ 30, 130 답 130°
4-2 답 110°

1-2 ❶ 직선이 이루는 각도는 180°입니다.
직선을 똑같이 5개의 각으로 나눈 것 중 한 각의 크기: 180° ÷ 5 = 36°
❷ (각 ㄱㅇㄴ) = 36° × 2 = 72°

2-2 ❶ ¬ + © + 30° = 180°
❷ ¬ = © + ©이므로 © + © + © + 30° = 180°,
© + © + © = 150° → © = 50°

3-2 ❶ (파전의 한 조각의 각도)
$$= 360° ÷ 8 = 45°$$
(김치전의 한 조각의 각도)
$$= 360° ÷ 9 = 40°$$
❷ 각도의 합: 45° + 40° = 85°

4-2 ❶ 삼각형 ㄱㄴㄷ에서
© = 180° - 90° - 45° = 45°입니다.
❷ 사각형 ㄱㄴㅁㄹ에서
¬ = 360° - 45° - 90° - 115° = 110°입니다.

> **참고**
> 삼각형의 세 각의 크기의 합은 180°임을 이용하여 ©의 크기를 구한 후 사각형의 네 각의 크기의 합은 360°임을 이용하여 ¬의 크기를 구합니다.

③ 곱셈과 나눗셈

1 (1) 5040   (2) 25020   **2** ( )
  (○)

3 ㉢   **4** 33550

5 ㉡   **6** 70

7 식 245×90=22050   답 22050개

8 커에 ○표 / 없어에 ○표

9 (1) 38592   (2) 66402

10 37051   **11**
```
      4 1 8
   ×    5 6
    2 5 0 8
  2 0 9 0
  2 3 4 0 8
```

12 225×56에 색칠

13 식 285×11=3135   답 3135 m

14
```
      3 2 6
   ×    2 [4]
    1 3 0 4
  6 [5] 2
    7 8 2 4
```

15 ❶ 14, 9100   ❷ 9100, 900   답 900원

---

1 참고
(세 자리 수)×(몇십)은 (세 자리 수)×(몇)을 계산한 후에 10배 합니다.

2 $300×70=21000$
참고
(몇백)×(몇십)을 계산할 때는 (몇)×(몇)의 값에 곱하는 두 수의 0의 개수만큼 0을 붙입니다.

3 397×80의 계산 결과는 397×8의 계산 결과의 10배 이므로 31760입니다.
따라서 숫자 7을 써야 할 곳은 ㉢입니다.

4 671>504>50이므로 가장 큰 수는 671이고, 가장 작은 수는 50입니다. ➡ 671×50=33550

5 400×90=<u>36000</u>
  ㉠ 50×700=35000
  ㉡ 600×60=<u>36000</u>
  ㉢ 800×30=24000
  ➡ 400×90과 계산 결과가 같은 것은 ㉡입니다.

---

6 6×□=42에서 □=7이고 곱의 0의 개수는 3개이므로 □ 안에 알맞은 수는 70입니다.

7 (한 봉지에 들어 있는 땅콩 수)×(봉지 수)
  =245×90=22050(개)

8 400×20=8000이므로 430×20은 8000보다 큽니다.
따라서 서준이는 8000원으로 430원짜리 젤리 20개 를 살 수 없습니다.

9 (1)
```
      5 3 6
   ×    7 2
    1 0 7 2
  3 7 5 2
  3 8 5 9 2
```
(2)
```
      7 1 4
   ×    9 3
    2 1 4 2
  6 4 2 6
  6 6 4 0 2
```

10
```
      5 5 3
   ×    6 7
    3 8 7 1
  3 3 1 8
  3 7 0 5 1
```

11 중요
418×50의 계산 결과 20900에서 일의 자리 0의 표시를 생략하여 2090이라고 쓸 때는 십의 자리에 맞추어 써야 합니다.

12
```
      2 3 9
   ×    5 1
      2 3 9
  1 1 9 5
  1 2 1 8 9
```
```
      2 2 5
   ×    5 6
    1 3 5 0
  1 1 2 5
  1 2 6 0 0
```
➡ 12189<12600이므로 계산 결과가 더 큰 것은 225×56입니다.

13 (1분 동안 가는 거리)×(가는 시간)
  =285×11=3135 (m)

14
```
      3 2 6
   ×    2 ㉠
    1 3 0 4
  6 ㉡ 2
    7 8 2 4
```
• 326×㉠=1304, 6×㉠의 일의 자리 숫자가 4이 므로 ㉠=4 또는 9입니다.
  326×4=1304(○), 326×9=2934(×) ➡ ㉠=4
• 326×2=652 ➡ ㉡=5

20~21쪽 3단원 익힘책 한 번 더 풀기

1 (1) 몫: 3, 나머지: 7 (2) 몫: 2, 나머지: 8
2 13 **3** ㉡
4 6, 7
5 식 $81 \div 27 = 3$ 답 3장
6 $52 \div 23$에 ○표 **7** 86
8 ❶ 14 ❷ 14, 4 답 4쪽
9 (1) 몫: 9, 나머지: 25
　 (2) 몫: 8, 나머지: 34
10 9 **11** 8 / 26
12 식 $420 \div 60 = 7$ 답 7장
13 식 $182 \div 20 = 9 \cdots 2$ 답 9개, 2송이
14 [선 잇기] **15** 샌드위치

---

1 (1) $13 \overline{)46}$ $\frac{39}{7}$ (2) $27 \overline{)62}$ $\frac{54}{8}$

2 $58 > 15$이므로 큰 수는 58, 작은 수는 15입니다.
➡ $58 \div 15 = 3 \cdots 13$ ↑나머지

3 $96 \div 24 = 4$, $75 \div 15 = 5$
➡ $4 < 5$이므로 몫이 더 큰 것은 ㉡입니다.

4 $79 \div 12 = 6 \cdots 7$
➡ 6봉지가 되고, 7개가 남습니다.

5 (전체 스티커 수)÷(나누어 주려는 사람 수)
$= 81 \div 27 = 3$(장)

6 $13 \overline{)47}$ $\frac{39}{8}$ ←나머지　 $23 \overline{)52}$ $\frac{46}{6}$ ←나머지　 $36 \overline{)80}$ $\frac{72}{8}$ ←나머지
➡ 나머지가 다른 하나는 $52 \div 23$입니다.

7 어떤 수를 □라 하면 $□ \div 25 = 3 \cdots 11$입니다.
$25 \times 3 = 75$, $75 + 11 = 86$이므로 $□ = 86$입니다.
➡ (어떤 수)=86

9 (1) $80 \overline{)745}$ $\frac{720}{25}$ (2) $60 \overline{)514}$ $\frac{480}{34}$

---

11 $50 \overline{)426}$ ←몫 8 $\frac{400}{26}$ ←나머지

12 (전체 페트병 수)÷(옷감 1장을 만들 수 있는 페트병 수)
$= 420 \div 60 = 7$(장)

13 (전체 장미 수)÷(꽃다발 한 개에 묶는 장미 수)
$= 182 \div 20 = 9 \cdots 2$
➡ 꽃다발을 9개까지 만들 수 있고, 남는 장미는 2송이입니다.

14 $221 \div 30 = 7 \cdots 11$
$374 \div 40 = 9 \cdots 14$
$417 \div 50 = 8 \cdots 17$

15 $120 \div 30 = 4$, $240 \div 40 = 6$,
$560 \div 80 = 7$, $350 \div 70 = 5$
➡ $7 > 6 > 5 > 4$이므로 식에 이어진 글자를 몫이 큰 순서대로 차례로 쓰면 샌드위치입니다.

22~23쪽 3단원 익힘책 한 번 더 풀기

1 (1) 5 (2) 몫: 8, 나머지: 2
2 $36 \overline{)254}$ $\frac{252}{2}$ 7 / 7, 252 / 252, 2
3 <
4 식 $173 \div 28 = 6 \cdots 5$ 답 6상자, 5개
5 ㉢, ㉡, ㉠ **6** 215
7 ❶ 172, 357 ❷ 357, 9, 24 ❸ 10 답 10대
8 (1) 13 (2) 몫: 26, 나머지: 16
9 ㉠, ㉢, ㉡
10 (위에서부터) 22, 6 / 15, 12
11 식 $482 \div 24 = 20 \cdots 2$ 답 20자루, 2 kg
12 16, 23, 12
13 $14 \overline{)631}$ $\frac{56}{71}$ $\frac{70}{1}$ 몫 45 / 예 나머지가 나누는 수보다 크므로 몫을 1 크게 해야 합니다.
14 식 $874 \div 23 = 38$ 답 38

1 (1) $49\overline{)245}$ 몫 5, 245, 나머지 0　　(2) $24\overline{)194}$ 몫 8, 192, 나머지 2

3 $216 \div 54 = 4$, $185 \div 37 = 5$ ➡ $4 < 5$

4 (전체 곶감 수)÷(한 상자에 담는 곶감 수)
$= 173 \div 28 = 6 \cdots 5$
➡ 6상자까지 담을 수 있고, 남는 곶감은 5개입니다.

5 ㉠ $13\overline{)119}$ 117 나머지 2　㉡ $21\overline{)152}$ 147 나머지 5　㉢ $26\overline{)240}$ 234 나머지 6
➡ 나머지의 크기를 비교하면 $6 > 5 > 2$이므로 나머지가
큰 것부터 순서대로 기호를 쓰면 ㉢, ㉡, ㉠입니다.

6 나머지가 15가 되는 수는 25로 나누어떨어지는 수보다
15만큼 더 큰 수입니다.
200은 25로 나누어떨어지기 때문에 200보다 15만큼
더 큰 수인 215가 200보다 큰 수 중 나머지가 15가
되는 가장 작은 수입니다.

8 (1) $25\overline{)325}$ 몫 13, 25, 75, 75, 0　　(2) $34\overline{)900}$ 몫 26, 68, 220, 204, 16

9 $21\overline{)693}$ 몫 33
$630 \leftarrow 21 \times 30$
$63 \leftarrow 693 - 630$
$63 \leftarrow 21 \times 3$
0

11 (전체 밤의 양)÷(한 자루에 담는 밤의 양)
$= 482 \div 24 = 20 \cdots 2$
➡ 20자루까지 담을 수 있고, 남는 밤은 $2\,\text{kg}$입니다.

12 $27\overline{)324}$ 몫 12, 27, 54, 54, 0　　$19\overline{)437}$ 몫 23, 38, 57, 57, 0　　$32\overline{)512}$ 몫 16, 32, 192, 192, 0

13
나머지가 나누는 수보다 크므로 몫을 1 크게 해야 한다고
썼으면 정답으로 합니다.

14 큰 수부터 차례로 쓰면 $8 > 7 > 4 > 3 > 2$이므로 가장
큰 세 자리 수는 874입니다.
작은 수부터 차례로 쓰면 $2 < 3 < 4 < 7 < 8$이므로 가
장 작은 두 자리 수는 23입니다.
➡ $874 \div 23 = 38$

24~25쪽 3단원 서술형 한 번 더 쓰기

1-1 ❶ 320, 17, 537
　　❷ 537, 12888　답 12888
1-2 답 17568
2-1 ❶ 865, 13　❷ $865 \times 13 = 11245$
　　답 11245
2-2 답 22425
3-1 ❶ 35　❷ 35, 323　❸ 323　답 323
3-2 답 389
4-1 ❶ 5, 18　❷ 18　❸ 18, 30　답 30개
4-2 답 13자루

1-2 ❶ 100이　3개인 수: 300
　　　 10이 16개인 수: 160
　　　 1이 28개인 수:　28
　　　　　　　　　　　488
　❷ $488 \times 36 = 17568$

2-2 ❶ $9 > 7 > 5 > 4 > 3 > 2$
　➡ 가장 큰 세 자리 수: 975
　　 가장 작은 두 자리 수: 23
　❷ $975 \times 23 = 22425$

3-1 참고
❶ 나머지는 항상 나누는 수보다 작으므로 ★이 될 수 있는
가장 큰 자연수는 35입니다.

3-2 ❶ ♥가 될 수 있는 가장 큰 자연수: 25
　❷ ♥가 25일 때 ●의 값:
　　$26 \times 14 = 364$, $364 + 25 = 389$
　❸ ●가 될 수 있는 자연수 중 가장 큰 수: 389

4-2 ❶ 문제를 풀기 위한 나눗셈식 세우기:
　　$387 \div 25 = 15 \cdots 12$
　❷ 남는 연필 수: 12자루
　❸ 연필은 적어도 $25 - 12 = 13$(자루) 더 필요합니다.

4 평면도형의 이동

26~27쪽 4단원 익힘책 한 번 더 풀기

1 ㄷ

2 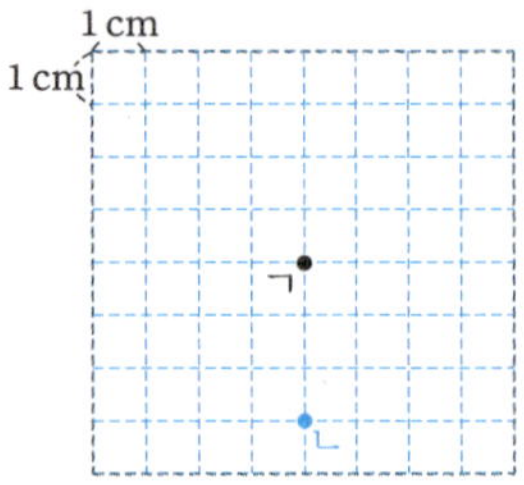

3 ㉡

4 1, 오른

5 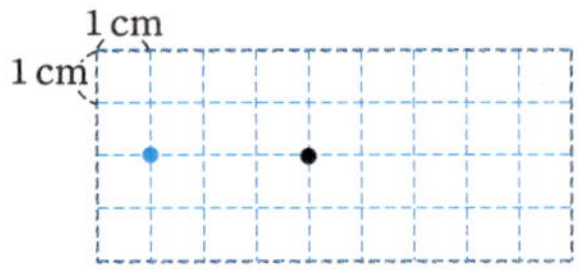

6 ❶ 3, 위쪽에 ○표 ❷ ㄷ 답 점 ㄷ

7 ㉡

8 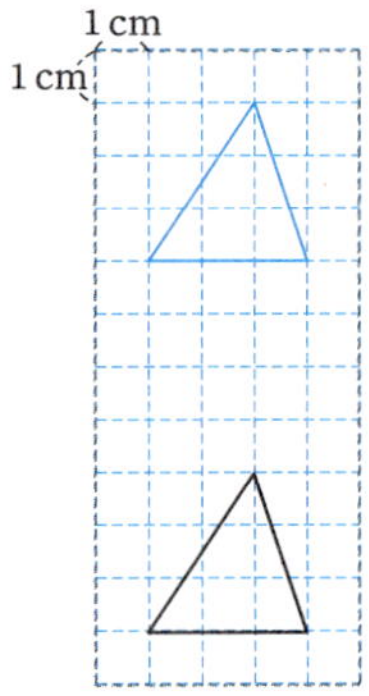

9 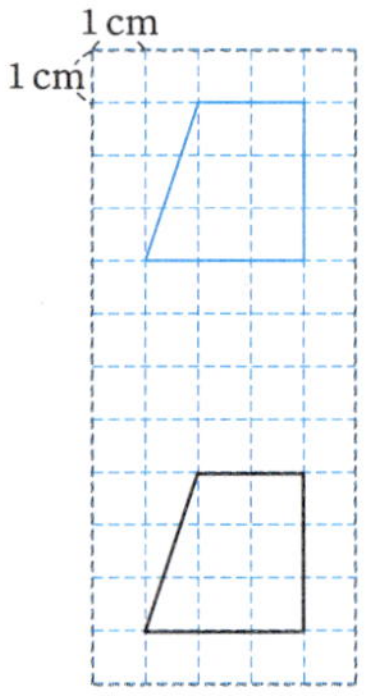

10 오른, 6

11 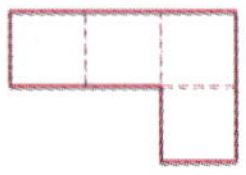에 색칠

12 해설 참고

13 유찬

1 점 ㄱ을 왼쪽으로 2칸 이동하면 점 ㄷ의 위치가 됩니다.

2 점 ㄱ을 아래쪽으로 3 cm 이동한 위치에 점 ㄴ으로 표시합니다.

4 점 ㉮를 아래쪽으로 1칸, 오른쪽으로 1칸 이동하면 점 ㅋ에 위치합니다.

5 점을 움직인 반대 방향으로 이동하면 처음 위치가 됩니다. 따라서 점을 왼쪽으로 3 cm 이동했을 때가 이동하기 전의 점의 위치입니다.

7 모양 조각을 밀면 위치는 변하지만 모양은 변하지 않습니다.

8 도형을 위쪽으로 밀어도 모양은 변하지 않으므로 아래쪽 도형과 똑같은 도형을 그립니다.

11 참고
조각을 밀면 위치는 변하지만 모양은 변하지 않습니다.

12 한 변을 기준으로 하여 왼쪽으로 7 cm 밀고 위쪽으로 3 cm 밀었을 때의 도형을 그립니다.

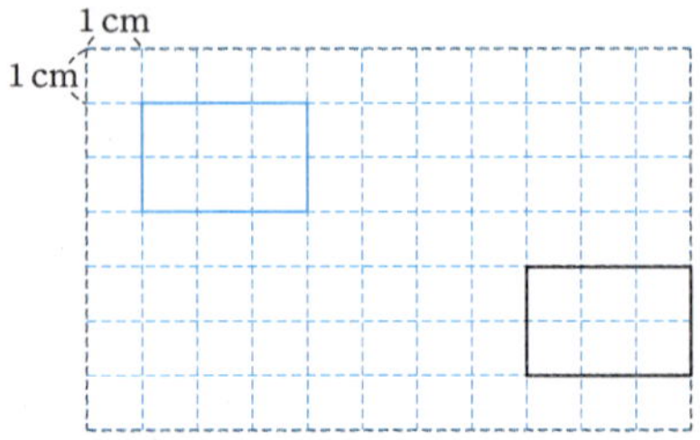

13 ㉯ 도형은 ㉮ 도형을 오른쪽으로 6 cm 밀어서 이동한 것입니다.

28~29쪽 4단원 익힘책 한 번 더 풀기

1 ( ) (○) ( )

2 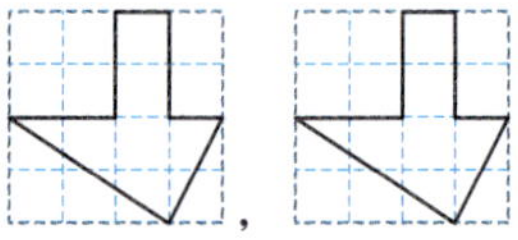

3 가

4 다

5 ㉡

6 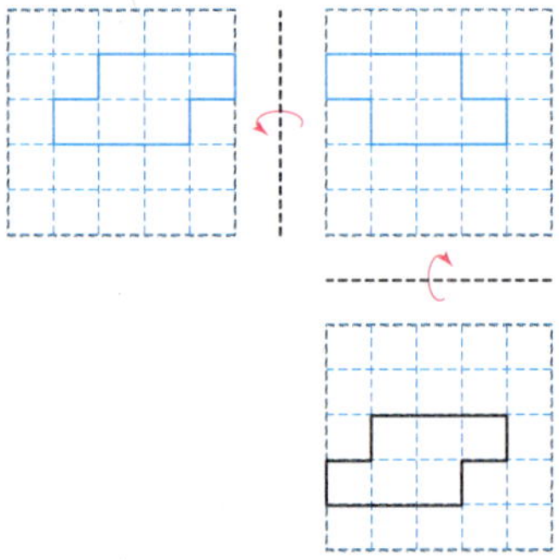

7 ❶ 동 ❷ 운 답 운

8 ㉡

9 ㉠

10 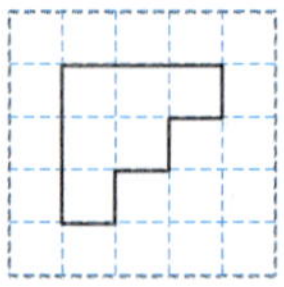

11 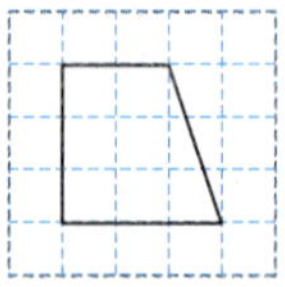

12 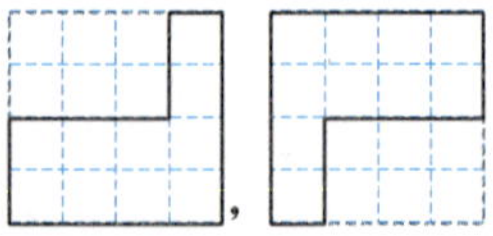

13 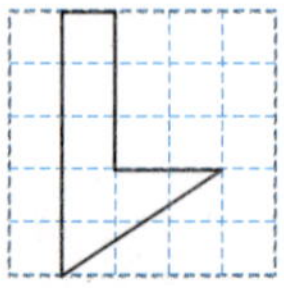

14 연두색

1 모양 조각을 왼쪽으로 뒤집으면 모양 조각의 왼쪽과 오른쪽이 서로 바뀝니다.

2 도형을 왼쪽 또는 오른쪽으로 뒤집으면 도형의 왼쪽과 오른쪽이 서로 바뀝니다.

3 나 도형의 왼쪽과 오른쪽이 서로 바뀐 도형을 찾으면 가입니다.

4 가 도형의 위쪽과 아래쪽이 서로 바뀐 도형을 찾으면 다입니다.

5 왼쪽과 오른쪽의 모양이 같은 도형을 찾으면 ㉡입니다.

6 도형을 위쪽으로 뒤집으면 도형의 위쪽과 아래쪽이 서로 바뀝니다.
도형을 왼쪽으로 뒤집으면 도형의 왼쪽과 오른쪽이 서로 바뀝니다.

7 ❶ 글자의 왼쪽과 오른쪽이 서로 바뀐 모양을 그립니다.
❷ 글자의 위쪽과 아래쪽이 서로 바뀐 모양을 그립니다.

8 모양 조각을 시계 방향으로 90°만큼 돌리면 모양 조각의 위쪽 부분이 오른쪽으로 이동합니다.

9 모양 조각을 시계 방향으로 270°만큼 돌리면 모양 조각의 위쪽 부분이 왼쪽으로 이동합니다.

10 도형을 시계 방향으로 360°만큼 돌리면 처음 도형과 같습니다.

11 도형을 시계 방향으로 90°만큼 2번 돌렸을 때의 도형은 시계 방향으로 180°만큼 돌렸을 때의 도형과 같습니다.

12 • 도형을 시계 방향으로 90°만큼 돌리면 도형의 위쪽 부분이 오른쪽으로 이동합니다.
• 도형을 시계 방향으로 270°만큼 돌리면 도형의 위쪽 부분이 왼쪽으로 이동합니다.

13 시계 방향으로 180°만큼 돌리기 전의 도형을 그립니다.
➜ 돌린 도형의 위쪽 부분이 아래쪽으로 이동합니다.

14 도형의 위쪽 부분이 왼쪽으로 이동했으므로 시계 방향으로 270°만큼 돌린 것입니다.

30~31쪽 4단원 익힘책 한 번 더 풀기

1

2 (1) 나 (2) 나

---

3 ( ) (◯) ( )

4 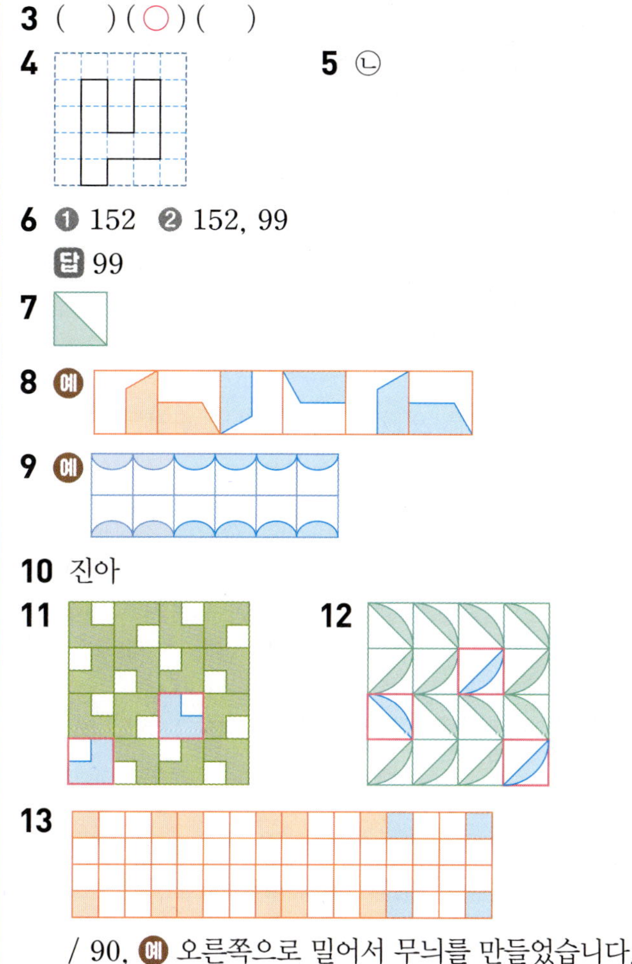
5 ㉡

6 ❶ 152 ❷ 152, 99
답 99

7

8 예

9 예

10 진아

11　**12**

13

/ 90, 예 오른쪽으로 밀어서 무늬를 만들었습니다.

1 도형을 시계 반대 방향으로 180°만큼 돌리면 도형의 위쪽 부분이 아래쪽으로 이동합니다.

2 (2) 다 도형을 시계 방향으로 90°만큼 돌린 도형을 찾습니다.

3 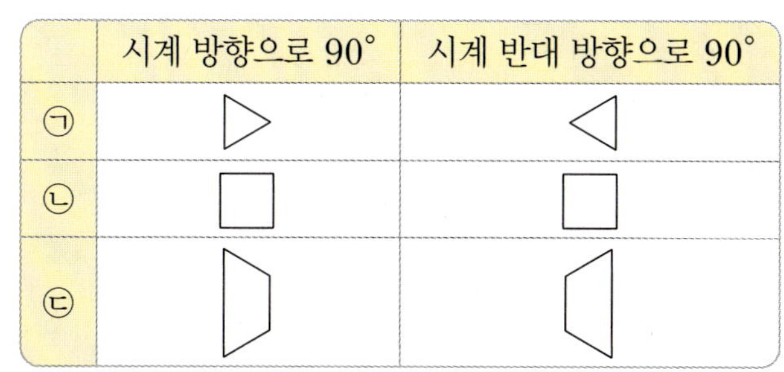 을 시계 반대 방향으로 90°, 180°, 270°, 360° 만큼 돌려서 나오는 모양은 각각 ，，， 입니다.

4 시계 반대 방향으로 360°만큼 돌리면 처음 도형과 같습니다.

5

	시계 방향으로 90°	시계 반대 방향으로 90°
㉠	△	◁
㉡	□	□
㉢		

6 ❶ 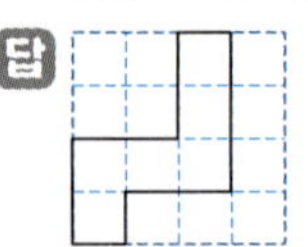

❷ (처음 수)−(만들어진 수)
  =251−152=99

7 모양을 밀면 위치는 변하지만 모양은 변하지 않습니다.

8 주어진 모양을 시계 방향으로 90°만큼 돌리는 것을 반복해서 무늬를 만들 수 있습니다.

9 주어진 모양을 오른쪽, 아래쪽으로 뒤집는 것을 반복해서 무늬를 만들 수 있습니다.

10 밀기만을 이용해서 무늬를 만든 사람은 진아입니다.

11 모양을 시계 방향으로 90°만큼 돌리는 것을 반복해서 모양을 만들고, 그 모양을 오른쪽과 아래쪽으로 밀어서 무늬를 만들었습니다.

> **참고**
> 모양을 돌리는 방향과 각도에 따라 다양한 규칙적인 무늬를 만들 수 있습니다.

12 모양을 오른쪽으로 미는 것을 반복해서 모양을 만들고, 그 모양을 아래쪽으로 뒤집는 것을 반복해서 무늬를 만들었습니다.

13 > **평가 기준**
> 만든 모양을 오른쪽으로 밀어서 무늬를 만들었다는 내용을 썼으면 정답으로 합니다.

32~33쪽 4단원 서술형 한 번 더 쓰기

1-1 ❶ ㉠ㅤ㉡
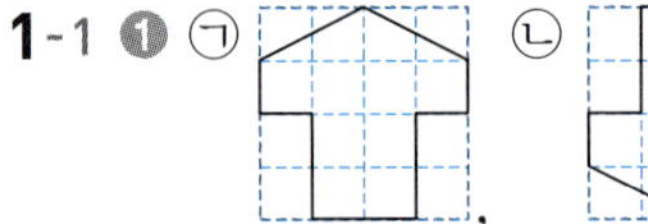
  ❷ ㉠ ㅤ**답** ㉠

1-2 **답** ㉠

2-1 270 **답**
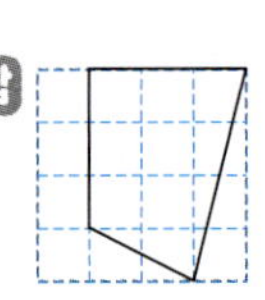

2-2 도형을 오른쪽(왼쪽)으로 뒤집기 한 것입니다.
  답

3-1 ❶ 12+81ㅤ❷ 93ㅤ**답** 93
3-2 **답** 66
4-1 ❶ ㉠ㅤㅤ㉡ㅤㅤ㉢
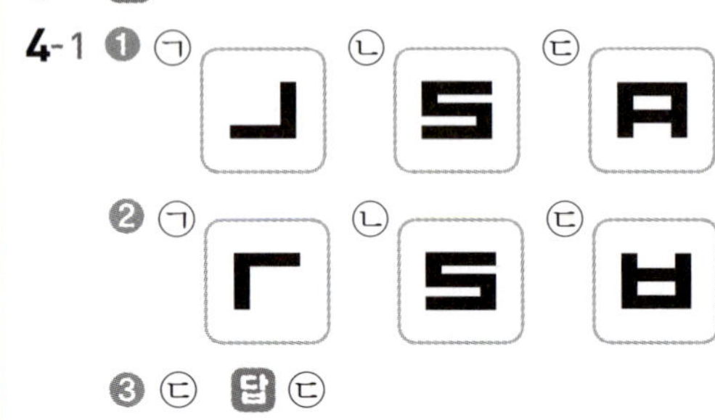
  ❷ ㉠ㅤㅤ㉡ㅤㅤ㉢

  ❸ ㉢ㅤ**답** ㉢
4-2 **답** ㉠

1-2 ❶ 움직인 도형을 각각 그려 봅니다.
  ㉠ㅤㅤ㉡

  ❷ 처음 도형과 같은 것: ㉠

2-1 도형의 위쪽 부분이 왼쪽으로 이동합니다.

2-2 > **참고**
> 도형의 왼쪽과 오른쪽이 서로 바뀝니다.

3-1 ❷ 12+81=93
> **참고**
> 도형을 위쪽이나 아래쪽으로 뒤집으면 도형의 위쪽과 아래쪽이 서로 바뀝니다.

3-2 ❶ 오른쪽으로 뒤집었을 때 만들어지는 덧셈: 11+55
  ❷ 위 ❶의 계산 결과: 66
> **참고**
> ❷ 11+55=66

4-2 ❶ 각 모음을 왼쪽으로 뒤집었을 때의 모양:
  ㉠ㅤㅤ㉡ㅤㅤ㉢

  ❷ 위 ❶의 모양을 시계 방향으로 180°만큼 돌렸을 때의 모양:
  ㉠ㅤㅤ㉡ㅤㅤ㉢
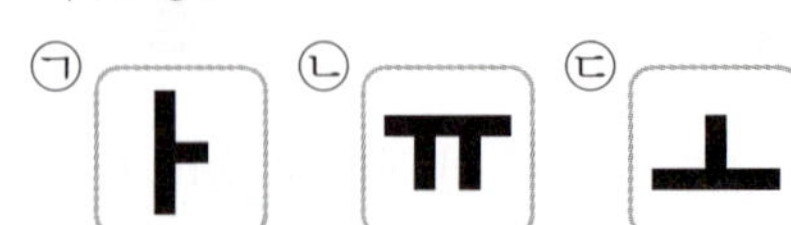

  ❸ 위 ❷에서 그린 모양이 처음과 같은 것의 기호 쓰기: ㉠

---

5 막대그래프

1 음식 / 학생 수

2 2명

3 10명

4 치킨

5 1마리

6 서아 / 예 가장 많이 기르는 가축을 한눈에 알아보기에는 표보다 막대그래프가 더 편리하기 때문입니다.

7 4칸

8
종류별 한 달 동안 버려진 쓰레기 양

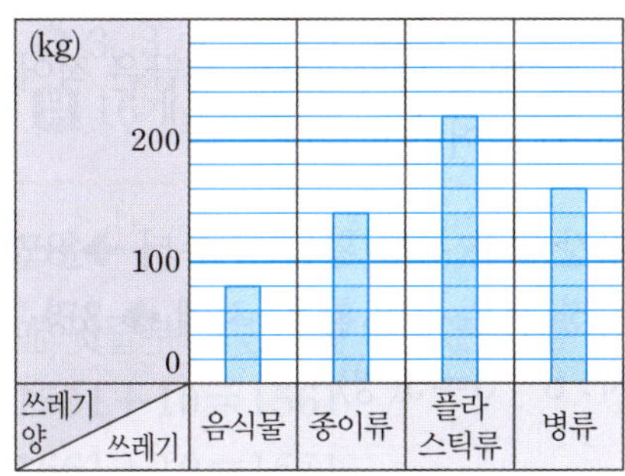

9 예 종류별 한 달 동안 버려진 쓰레기 양

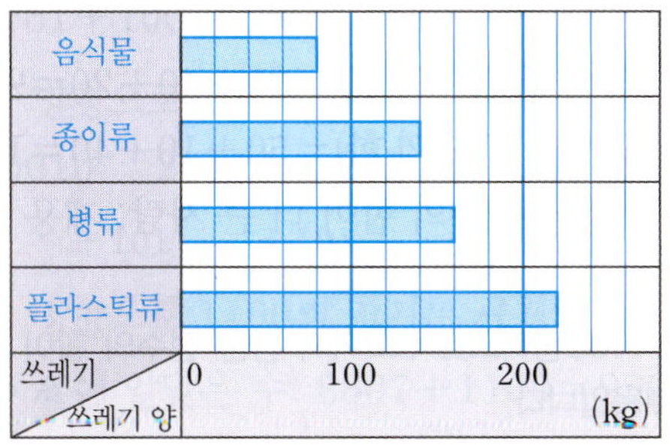

10 ❶ 8 / 8, 24

   ❷ 14 / 14, 18

   ❸ 답
모둠별 단체 줄넘기 기록

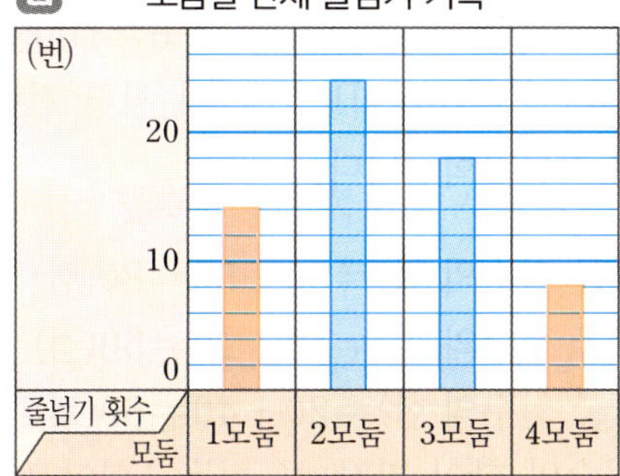

2 세로 눈금 5칸이 10명을 나타내므로 세로 눈금 한 칸은 10÷5＝2(명)을 나타냅니다.

3 막대의 길이가 5칸이므로 10명입니다.

4 세로 눈금 7칸이 14명이므로 세로 눈금 7칸인 음식은 치킨입니다.

주의
세로 눈금 한 칸이 2명을 나타내므로 세로 눈금 한 칸이 1명이라고 생각하지 않도록 주의합니다.

5 가로 눈금 5칸이 5마리를 나타내므로 가로 눈금 한 칸은 5÷5＝1(마리)를 나타냅니다.

6 평가 기준
가장 많이 기르는 가축을 한눈에 알아보기에는 막대그래프가 더 편리하다는 내용을 썼으면 정답으로 합니다.

7 음식물 쓰레기 양은 80 kg이므로 80÷20＝4(칸)으로 나타내야 합니다.

8 음식물은 4칸, 종이류는 7칸, 플라스틱류는 11칸, 병류는 8칸인 막대를 그립니다.

9 쓰레기 양이 적은 것부터 차례로 쓰면 음식물, 종이류, 병류, 플라스틱류입니다.

10 ❸ 2모둠은 12칸, 3모둠은 9칸인 막대를 그립니다.

1 수학, 과학

2 3배   **3** 예 중국

4 연주, 혜리, 진영

5 ❶ 1, 10 ❷ 2, 18 ❸ 진호 답 진호

6 5, 9, 12, 7

7
좋아하는 음악 장르별 학생 수

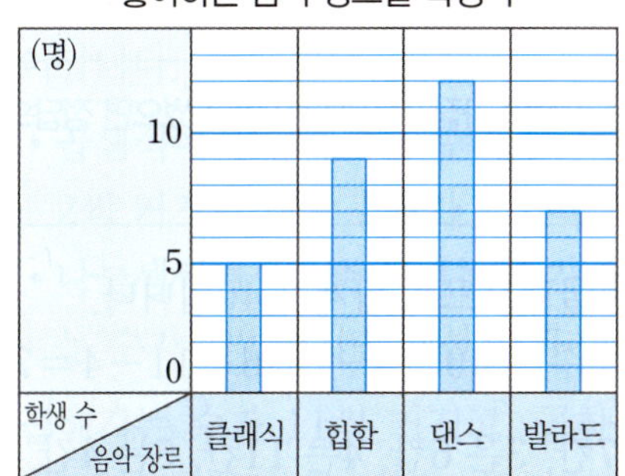

8 예 댄스 / 예 댄스를 좋아하는 학생이 가장 많기 때문입니다.

9 7, 40

44~45쪽 **6** 단원 익힘책 **한 번 더 풀기**

1 ( ) (○)　　　　　**2** 3, 1
3 2, 2, 10　　　　　　**4** (1) 34　(2) 10
5 ㉠　　　　　　　　　**6** 8 / 3
7 ❶ 27　❷ 2, 2, 15
　　❸ 27＋15＝42
　　답 42
8 100, 1, 100
9 예 103＋204＝104＋203
10 11, 7　　　　　　　**11** 4
12 예 3, 8, 13 / 3＋8＋13＝8×3
13 210

1 왼쪽과 오른쪽의 값이 같은 식을 찾으면
30＋14＝20＋24입니다.

2 저울 양쪽의 무게가 같도록 등호를 사용하여 식으로
나타내면 15－3＝11＋1입니다.

3 9는 18을 2로 나눈 수이므로 ●는 5에 2를 곱한 수인
10입니다.

5 ㉠ 45보다 2만큼 더 작은 수 43에서 3을 뺐으므로 □
　안에는 3보다 2만큼 더 큰 수인 5가 들어갑니다.
　㉡ 35보다 3만큼 더 작은 수 32에 7을 더했으므로 □
　안에는 7보다 3만큼 더 작은 수인 4가 들어갑니다.

6 32는 27보다 5만큼 더 큰 수이므로 가는 나보다 5만
큼 더 커야 합니다. 주어진 수 카드에서 차가 5인 두
수를 찾으면 8과 3입니다. ➡ 가: 8, 나: 3

8 우편함에 있는 수 배열은 ↓ 방향으로 100씩 커지고,
→ 방향으로 1씩 커집니다.

9 ↘ 방향과 ↗ 방향의 두 수의 합이 같습니다.

10 아래의 수에서 7을 빼면 위의 수가 됩니다.

11 바깥쪽에 있는 네 수의 합은 가운데 수의 4배와 같습
니다.

13 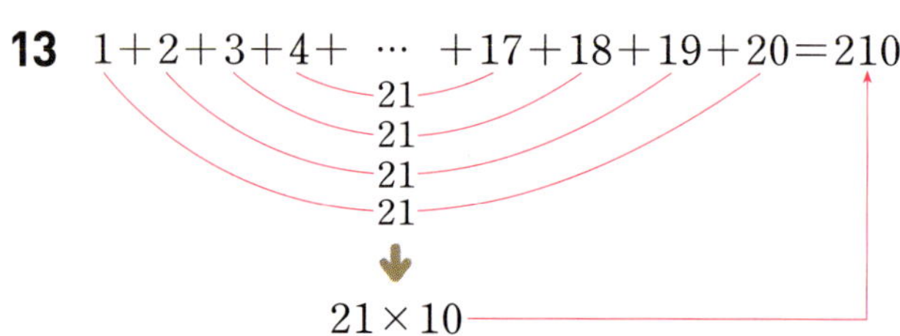

46~47쪽 **6** 단원 서술형 **한 번 더 쓰기**

1-1 ❶ 300　❷ 400, 1107　답 1107
1-2 답 2014
2-1 ❶ 9, 5, 8　❷ ㉠　답 ㉠
2-2 답 ㉡
3-1 ❶ 1　❷ 10000001　❸ 6　답 6개
3-2 답 7개
4-1 ❶ 16, 20, 4　❷ 여섯　답 여섯째
4-2 답 일곱째

1-2 ❶ ↓ 방향으로 100, 200, 300, …씩 커집니다.
　　❷ ☁에 알맞은 수: 1614＋400＝2014

2-1 ❶ ㉠ 15보다 5만큼 더 큰 수인 20에서 4보다 5만큼
　　더 큰 수인 9를 빼야 합니다.
　　㉡ 16보다 2만큼 더 큰 수인 18에서 6보다 2만큼 더
　　큰 수인 8을 빼야 합니다.

2-2 ❶ ㉠ 28＋□＝9＋28에서 □＝9
　　㉡ 30－16＝29－□에서 □＝15
　　㉢ 9＋21＝20＋□에서 □＝10
　　❷ □ 안에 알맞은 수가 가장 큰 것의 기호: ㉡
　　참고
　　㉡ 30보다 1만큼 더 작은 수인 29에서 16보다 1만큼 더 작
　　은 수인 15를 빼야 합니다.
　　㉢ 21보다 1만큼 더 작은 수인 20에 9보다 1만큼 더 큰 수
　　인 10을 더해야 합니다.

3-2 ❶ 계산 결과의 8과 1의 개수가 2개부터 시작하여 각각
　　1개씩 늘어나는 규칙입니다.
　　❷ 여섯째 계산 결과: 88888881111111
　　❸ 여섯째 식의 계산 결과의 1의 개수: 7개

4-1 20＋4＋4＝28이므로 모형이 28개일 때의 모양은 여
섯째입니다.

4-2 ❶ 모형의 수는 첫째: 5개, 둘째: 8개, 셋째: 11개,
　　넷째: 14개로 3개씩 늘어납니다.
　　❷ 14＋3＋3＋3＝23이므로 모형이 23개일 때의 모양:
　　일곱째
　　참고
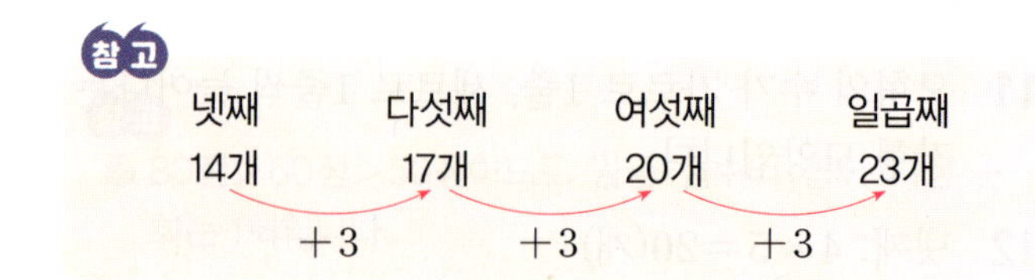

넷째	다섯째	여섯째	일곱째
14개	17개	20개	23개

＋3　＋3　＋3

단원평가

1 10000 **2** 8
3 75104
4 사조 팔십이억 천삼십칠만
5 4716, 5928 **6** 1, 10
7 ㉡ **8** 40000000, 300000
9 100만씩 **10** 8000000
11 > **12** ㉡
13 ㉡ **14** 768억, 778억
15 1626조, 1726조 **16** 10개
17 10개월 **18** 6, 7, 8, 9
19 트럭, 버스, 승용차 **20** 87965432

---

5 471659280000 ➡ 4716억 5928만
　　　억　　　만

6 1000억이 10개인 수를 1000000000000 또는 1조라
　　　　　　　　　　　조　　억　　만
쓰고 조 또는 일조라고 읽습니다.

7 ㉠ 348200 < ㉡ 359300
　　　　└──4<5──┘

9 백만의 자리 수가 1씩 커지므로 100만씩 뛰어 센 것입
니다.

10 58490000
　　　┌만
　　　└백만의 자리 숫자, 8000000

11 1억 6만은 100060000이므로 9자리 수이고
　　　　　　　억　　만
63800000은 8자리 수이므로 자리 수가 더 많은
　　만
1억 6만이 더 큰 수입니다.

12 백만의 자리 숫자에 밑줄을 그어 봅니다.
　　㉠ 796039124, ㉡ 50394129
　　　　억　　만　　　　　만

13 ㉠ 796039124 ➡ 30000,
　　　억　　만　　　만
　　㉡ 50394129 ➡ 300000
　　　　만　　　　만
따라서 숫자 3이 나타내는 값이 더 큰 것은 ㉡입니다.

14 10억씩 뛰어 센 것입니다.
　　➡ 748억─758억─768억─778억─788억

---

15 100조씩 뛰어 센 것입니다.
　　➡ 1426조─1526조─1626조─1726조─1826조

16 삼십사조 팔천구 ➡ 34000000008009이므로
　　　　　　　　　조　　　억　　　만
숫자 0은 모두 10개입니다.

17 20만씩 10번 뛰어 세기 하면 200만 원이 되므로 10
개월이 걸립니다.

18 십만의 자리 수가 4로 같고 천의 자리 수가 8>1이므
로 □ 안에는 5보다 큰 수가 들어가야 합니다.
　　➡ 6, 7, 8, 9

19 214500000 > 193600000 > 69830000
　　억　　만　　　　억　　만　　　　　만
　　➡ 트럭, 버스, 승용차

20 십만의 자리에 9를 놓고 가장 큰 수부터 높은 자리에
차례로 씁니다.

1 ③
2 80000+6000+200+40+3
3 52036 **4** 14850원
5 10000000 또는 1000만
6 육천삼백칠만 이천이백사십팔
7 ㉡ **8** 520장
9 10, 100 **10** 65320580034
11 60000000000 **12** 4092800000000
13 4261389802534170
14 3310만, 3410만, 3460만
15 1조 760억, 1조 1760억
16 538000원 **17** <
18 < **19** 금성, 지구, 토성
20 43125

---

4 만 원짜리 지폐 1장이면 10000원, 천 원짜리 지폐 4
장이면 4000원, 백 원짜리 동전 8개이면 800원, 십
원짜리 동전 5개이면 50원이므로 14850원입니다.

5 10000이 1000개인 수는 10000000 또는 1000만이
라 씁니다.

6 63072248 ➜ 육천삼백칠만 이천이백사십팔
　　　　만

7 ㉠ 1526048　　　㉡ 860438　　　㉢ 3264208
　　　　　만　　　　　　　만　　　　　　　만
➜ 십만의 자리 숫자가 가장 큰 수는 ㉡입니다.

8 5200000은 10000이 520개인 수이므로 만 원짜리
　　　만
지폐는 520장 찾을 수 있습니다.

9 1억은 1000만이 10개인 수입니다.
1억은 100만이 100개인 수입니다.

10 억이 653개, 만이 2058개, 일이 34개인 수
➜ 65320580034
　　억　　　만

11 6은 백억의 자리 숫자입니다.

12 사조 구백이십팔억
➜ 4조 928억
➜ 4092800000000
　　조　　억　　만

13 426138980253417의 10배
　　조　　억　　만
➜ 4261389802534170
　　조　　억　　만

14 3210만부터 50만씩 뛰어 셉니다.

15 1000억씩 뛰어 센 것입니다. 9760억보다 1000억만
큼 더 큰 수는 1조 760억이고, 1조 760억보다 1000억
만큼 더 큰 수는 1조 1760억입니다.

16 458000원에서 20000씩 4번 뛰어 셉니다.
458000－478000－498000－518000－538000
　　　　　1개월 후　　2개월 후　　3개월 후　　4개월 후
따라서 4개월 후 세호의 통장에 있는 돈은 모두
538000원입니다.

17 37354000 ＜ 310048000
　(8자리 수)　　　(9자리 수)

18 두 수가 모두 10자리 수이므로 높은 자리부터 차례로
비교합니다.
8770439283 ＜ 8799834794
　　　　└── 7＜9 ──┘

19 지구: 1억 4960만 km, 금성: 1억 820만 km
토성: 14억 2700만 km이므로
금성＜지구＜토성입니다.

20 43000보다 크고 43200보다 작은 수이므로 백의 자
리 숫자는 1입니다. 일의 자리 숫자가 홀수이므로 일
의 자리 숫자는 5이고 2는 십의 자리 숫자가 됩니다.

---

53 ~ 54쪽	**A**	2. 각도

1 (◯) (　　)　　　　　**2** 예
3 125°　　　　　　　　　**4** 120°
5 65°　　　　　　　　　　**6** 65
7 150　　　　　　　　　　**8** 155°, 85°
9 예

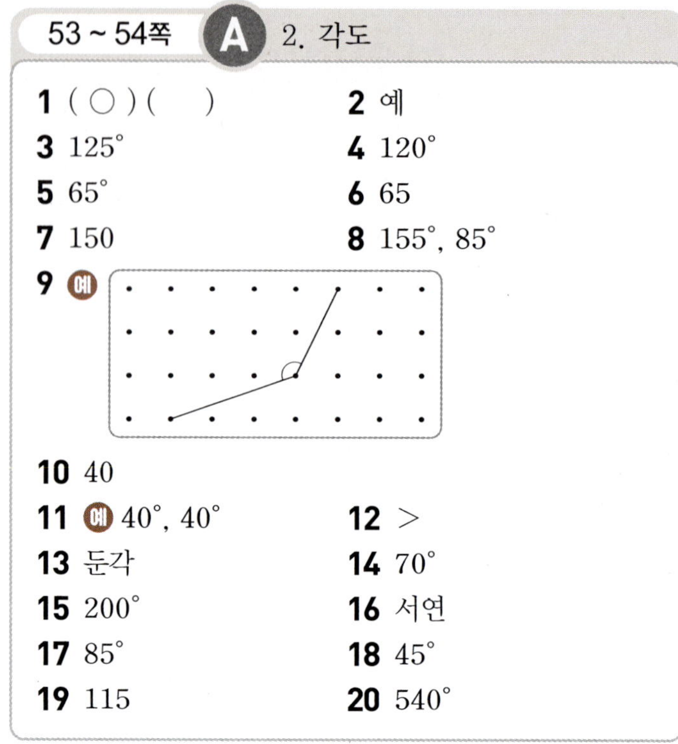

10 40
11 예 40°, 40°　　　　　**12** ＞
13 둔각　　　　　　　　　**14** 70°
15 200°　　　　　　　　　**16** 서연
17 85°　　　　　　　　　　**18** 45°
19 115　　　　　　　　　　**20** 540°

1 변의 길이와 관계없이 두 변이 벌어진 정도를 비교합
니다.

2 각도가 0°보다 크고 직각보다 작은 각이므로 예각입니다.

3 각의 한 변이 바깥쪽 눈금 0에 맞춰져 있으므로 바깥
쪽 눈금 125를 읽습니다. ➜ 125°

4 참고
　각도의 합과 차는 자연수의 덧셈, 뺄셈과 같이 계산합니다.

6 각의 꼭짓점에 각도기의 중심을 맞추고, 각의 한 변을
각도기의 밑금에 맞춘 다음 각의 다른 변이 닿은 눈금
을 읽습니다.

8 합: 120°＋35°＝155°, 차: 120°－35°＝85°

9 주어진 선분을 이용하여 직각보다 크고 180°보다 작
은 각을 그립니다.

10 삼각형의 세 각의 크기의 합은 180°입니다.
➜ □＝180°－80°－60°＝40°

11 각도기를 이용하지 않고 각도가 얼마쯤 될지 어림하여
표에 먼저 적은 후 각도기로 잰 각도를 표에 적습니다.

12 80°＋45°＝125°, 180°－60°＝120°
➜ 125°＞120°

13  ➜ 둔각

---

14 ㉠=$180°-75°-35°=70°$

15 사각형의 네 각의 크기의 합은 360°입니다.
㉠+㉡+$90°+70°=360°$,
㉠+㉡=$360°-160°=200°$

16 실제 각도를 재어 보면 55°입니다.
실제 각도와 서연이는 5°, 하준이는 15° 차이가 나므로
실제 각도에 더 가깝게 어림한 사람은 서연입니다.

17 나머지 한 각의 크기를 ㉠이라 하면
㉠+$120°+80°+75°=360°$
➡ ㉠=$360°-120°-80°-75°=85°$

18 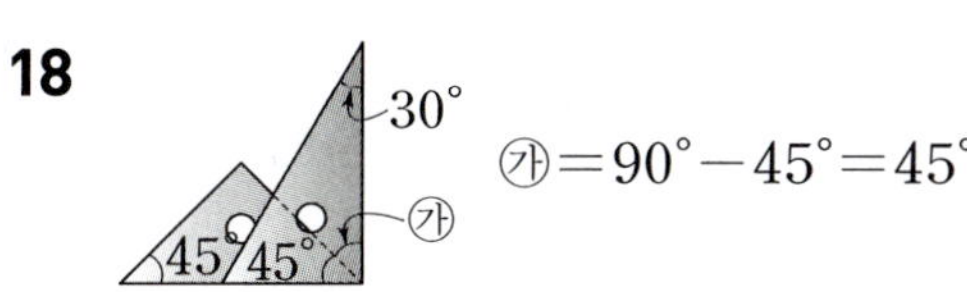
㉮=$90°-45°=45°$

19 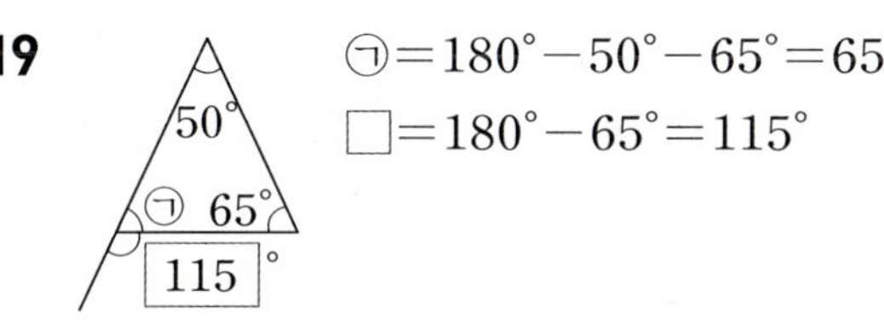
㉠=$180°-50°-65°=65°$
□=$180°-65°=115°$

20 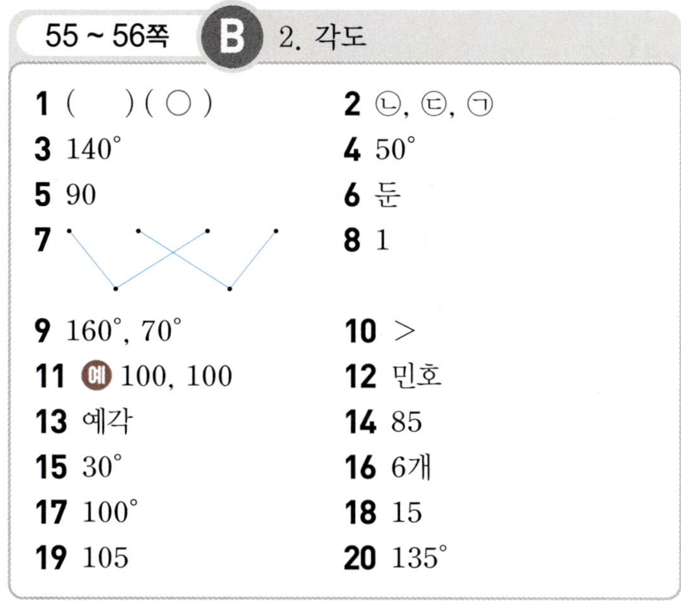
도형은 삼각형 1개와 사각형 1개로 나눌 수 있습니다.

삼각형의 세 각의 크기의 합은 180°이고 사각형의 네 각의 크기의 합은 360°이므로 도형에서 다섯 각의 크기의 합은 $180°+360°=540°$입니다.

---

55 ~ 56쪽　**B**　2. 각도

1 (　) (○)　**2** ㉡, ㉢, ㉠
3 $140°$　**4** $50°$
5 90　**6** 둔
7 　**8** 1
9 $160°, 70°$　**10** >
11 예 100, 100　**12** 민호
13 예각　**14** 85
15 $30°$　**16** 6개
17 $100°$　**18** 15
19 105　**20** $135°$

---

3 각의 한 변이 안쪽 눈금 0에 맞춰져 있으므로 안쪽 눈금 140을 읽습니다. ➡ $140°$

4 각의 꼭짓점을 각도기의 중심에 맞추고, 각의 한 변을 각도기의 밑금에 맞춘 다음 각의 다른 변이 닿은 눈금을 읽습니다.

5 각도기로 각도를 재어 보면 90°입니다.

8 가는 부챗살 3개, 나는 부챗살 4개만큼 벌어져 있습니다.

9 합: $115°+45°=160°$
차: $115°-45°=70°$

10 $180°-80°=100°$ ➡ $100°>90°$

12 실제 각도를 재어 보면 80°입니다. 실제 각도와 어림한 각도의 차가 민호는 5°, 찬열이는 10°이므로 실제 각도에 더 가깝게 어림한 사람은 민호입니다.

13 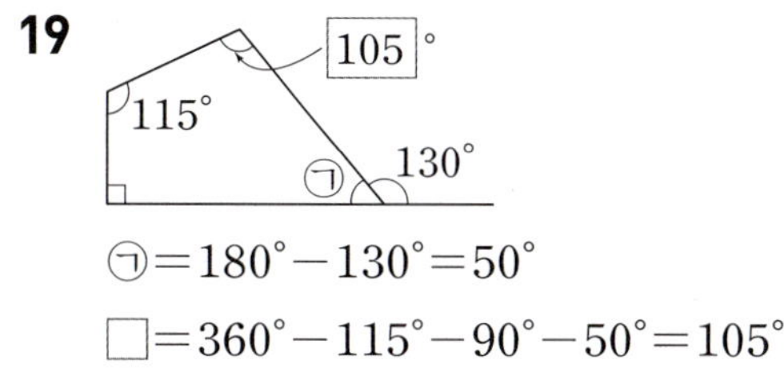 ➡ 예각

14 삼각형의 세 각의 크기의 합은 180°입니다.
➡ □=$180°-65°-30°=85°$

15 ㉠의 각도는 90°이고, ㉡의 각도는 60°이므로 각도의 차는 $90°-60°=30°$입니다.

16 각 1개짜리: 4개, 각 2개짜리: 2개 ➡ $4+2=6$(개)

17 ㉠+㉡+$80°=180°$, ㉠+㉡=$180°-80°=100°$

18 □=$60°-45°=15°$

19 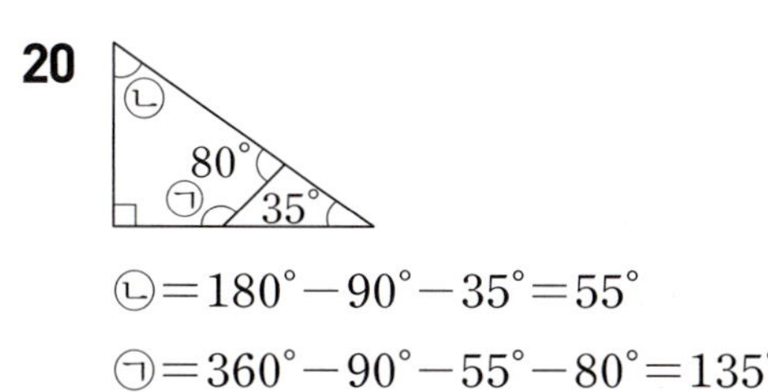
㉠=$180°-130°=50°$
□=$360°-115°-90°-50°=105°$

20
㉡=$180°-90°-35°=55°$
㉠=$360°-90°-55°-80°=135°$

57~58쪽　Ⓐ　3. 곱셈과 나눗셈

1 24, 24　　　　　　**2** 10280
3 7, 476, 9　　　　**4** 14878
5 14, 5　　　　　　**6** 54000
7 3　　　　　　　　**8**

9 ㉡　　　　　　　**10** >
11 $350 \times 37 = 12950$, 12950원
12 ④　　　　　　　**13** ㉡, ㉢, ㉠
14
$$\begin{array}{r} 4\,6\,8 \\ \times \quad 3\,4 \\ \hline 1\,8\,7\,2 \\ 1\,4\,0\,4 \quad \\ \hline 1\,5\,9\,1\,2 \end{array}$$
15 예 32상자에 들어 있는 클립은 모두 몇 개일까요?/
　14400개
16 380
17 $280 \div 45 = 6 \cdots 10$, 7대
18 3, 2, 1　　　　　**19** 11명
20 45명

4
$$\begin{array}{r} 3\,4\,6 \\ \times \quad 4\,3 \\ \hline 1\,0\,3\,8 \\ 1\,3\,8\,4 \quad \\ \hline 1\,4\,8\,7\,8 \end{array}$$

5
$$\begin{array}{r} 1\,4 \leftarrow 몫 \\ 32\overline{)4\,5\,3} \\ 3\,2 \quad\;\; \\ \hline 1\,3\,3 \\ 1\,2\,8 \\ \hline 5 \leftarrow 나머지 \end{array}$$

8 $340 \times 50 = 17000$, $460 \times 40 = 18400$

9 (세 자리 수)÷(두 자리 수)의 계산에서 나누어지는 수의 왼쪽 두 자리 수가 나누는 수와 같거나 나누는 수보다 큰 것은 ㉡ $639 \div 61$입니다.

10 $539 \div 26 = \underset{몫}{20} \cdots 19$, $814 \div 45 = \underset{몫}{18} \cdots 4$
➡ $20 > 18$

11 (지우개 한 개의 가격)×(지우개 수)
　$= 350 \times 37 = 12950$(원)

12 나머지는 나누는 수보다 작아야 하므로 나머지는 36보다 작아야 합니다.

14 34에서 3은 십의 자리 수이므로 세로셈에서 468×3을 계산할 때에는 468×30으로 생각하여 자릿값을 맞춰 써야 합니다.

---

15 예 (한 상자에 들어 있는 클립 수)×(상자 수)
　$= 450 \times 32 = 14400$(개)

16 $90 \times 4 = 360$, $360 + 20 = 380$, ㉠$= 380$

17 $280 \div 45 = 6 \cdots 10$에서 남은 10명도 타야 하므로 버스는 적어도 $6 + 1 = 7$(대) 필요합니다.

18
③
$$\begin{array}{r} 6 \\ 14\overline{)8\,5} \\ 8\,4 \\ \hline 1 \end{array}$$
②
$$\begin{array}{r} 3 \\ 25\overline{)8\,0} \\ 7\,5 \\ \hline 5 \end{array}$$
①
$$\begin{array}{r} 2 \\ 33\overline{)7\,8} \\ 6\,6 \\ \hline 1\,2 \end{array}$$

나머지의 크기를 비교하면 $12 > 5 > 1$입니다.

19 $473 \div 22 = 21 \cdots 11$
주민들이 한 줄에 22명씩 21줄로 서 있고, 마지막 한 줄에는 11명이 서 있습니다.

20 (전체 감자 수)$= 15 \times 18 = 270$(개)
$270 \div 6 = 45$(명)에게 나누어 줄 수 있습니다.

59~60쪽　Ⓑ　3. 곱셈과 나눗셈

1 (1) 2860　(2) 20800　　**2** (　) (○)
3 $340 \times 20 = 6800$, 6800개
4 22500원
5 4300, 860 / 5160
6 5604　　　　　　　**7** ㉠
8 $365 \times 12 = 4380$, 4380개
9 550원　　　　　　　**10** 180, 240 / 4
11 $172 \div 20 = 8 \cdots 12$, 9일
12
$$\begin{array}{r} 4 \\ 21\overline{)9\,4} \\ 8\,4 \\ \hline 1\,0 \end{array}$$
13 7, 5
14
$$\begin{array}{r} 6 \\ 23\overline{)1\,4\,7} \\ 1\,3\,8 \\ \hline 9 \end{array}$$
15 104
16 ㉠, ㉢, ㉡
17 $264 \div 12 = 22$, 22모둠
18 21, 9　　　　　　　**19** 32개, 12 cm
20 20, 24

2 $900 \times 40 = 36000,\ 700 \times 50 = 35000$

3 (하루에 마시는 우유의 수)$\times$(마신 날수)
$= 340 \times 20 = 6800$(개)

4 50원짜리: $50 \times 300 = 15000$(원)
500원짜리: $500 \times 15 = 7500$(원)
➡ $15000 + 7500 = 22500$(원)

7 ㉠ $527 \times 34 = 17918$　　㉡ $605 \times 29 = 17545$
➡ ㉠ > ㉡

8 (1년의 날수)$\times$(하루에 접은 종이학 수)
$= 365 \times 12 = 4380$(개)

9 (주스의 가격)$= 950 \times 11 = 10450$(원)
➡ (거스름돈)$= 11000 - 10450 = 550$(원)

11 $172 \div 20 = 8 \cdots 12$
20쪽씩 8일 읽으면 12쪽이 남으므로 9일 안에 모두
읽을 수 있습니다.

13
$$28 \overline{)201} \quad 7 \leftarrow \text{몫}$$
$$\underline{196}$$
$$5 \leftarrow \text{나머지}$$

14 나머지가 나누는 수보다 크므로 몫을 1 크게 합니다.

15 나누는 수가 15이므로 ☆이 될 수 있는 가장 큰 수는 14
입니다. ➡ $15 \times 6 = 90,\ 90 + 14 = 104,\ \square = 104$

16 ㉠ $512 \div 16 = 32$　㉡ $588 \div 21 = 28$
㉢ $775 \div 25 = 31$ ➡ ㉠ > ㉢ > ㉡

17 (전체 학생 수)$\div$(한 모둠의 학생 수)
$= 264 \div 12 = 22$(모둠)

18
$$32 \overline{)681} \quad 21 \leftarrow \text{몫}$$
$$\underline{64}$$
$$41$$
$$\underline{32}$$
$$9 \leftarrow \text{나머지}$$

19 $780 \div 24 = 32 \cdots 12$
24 cm짜리 도막을 32개까지 만들 수 있고, 남는 테이
프의 길이는 12 cm입니다.

20 어떤 수를 $\square$라 하면
$\square \div 24 = 36,\ \square = 36 \times 24,\ \square = 864$
바른 계산: $864 \div 42 = 20 \cdots 24$

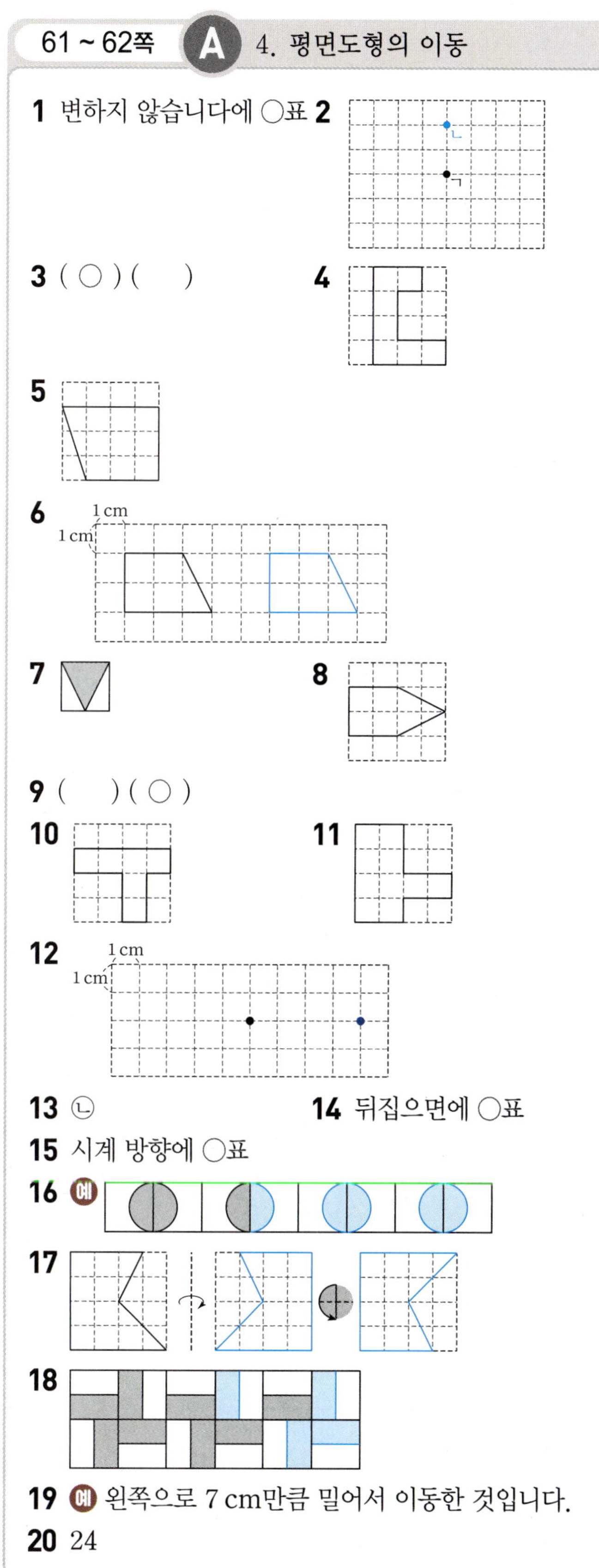

1 변하지 않습니다에 ○표
2
3 (○) (　)
4
5
6
7
8
9 (　) (○)
10
11
12
13 ㉡　　　　**14** 뒤집으면에 ○표
15 시계 방향에 ○표
16 예
17
18
19 예 왼쪽으로 7 cm만큼 밀어서 이동한 것입니다.
20 24

11 도형을 위쪽으로 2번 뒤집으면 처음 도형과 같습니다.

12 점을 움직인 반대 방향으로 이동하면 처음 위치가 됩
니다. 따라서 점을 오른쪽으로 4 cm 이동했을 때가 이
동하기 전의 점의 위치입니다.

13 왼쪽 도형을 시계 방향으로 180°만큼 돌리면 오른쪽 도형이 그려집니다.

14 도형의 왼쪽과 오른쪽이 서로 바뀌었으므로 오른쪽으로 뒤집은 것입니다.

15 도형의 위쪽이 오른쪽으로 바뀌었으므로 시계 방향으로 90°만큼 돌린 것입니다.

16 주어진 모양을 오른쪽으로 뒤집어서 무늬를 만듭니다.

18 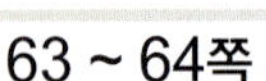 모양을 시계 방향으로 90°만큼 돌리는 것을 반복해서 모양을 만들고 그 모양을 오른쪽으로 밀어서 무늬를 만듭니다.

20 왼쪽으로 뒤집었을 때 생기는 수: 82
→ 82−58=24

| 63 ~ 64쪽 | **B** | 4. 평면도형의 이동 |

1 자두　　　　**2** (○) (　)

3 

4 라　　　　**5** 가

6 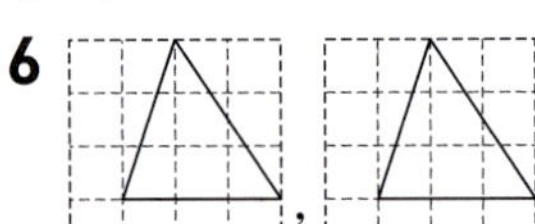

7 밀기　　　　**8** 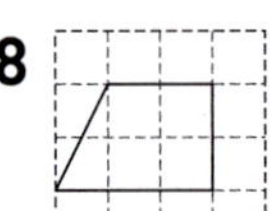

9 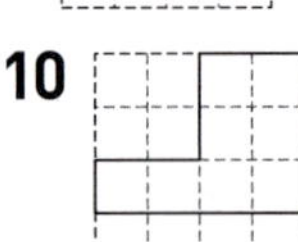　　　　**10** 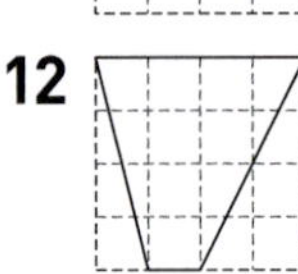

11　　　　**12**

13 예 시계 방향으로 180°(시계 반대 방향으로 180°)만큼 돌렸습니다.

14 453　　　　**15** 5, 위

16 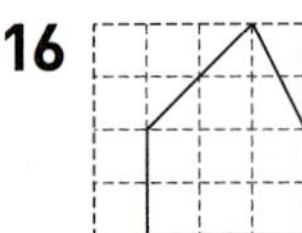

---

17 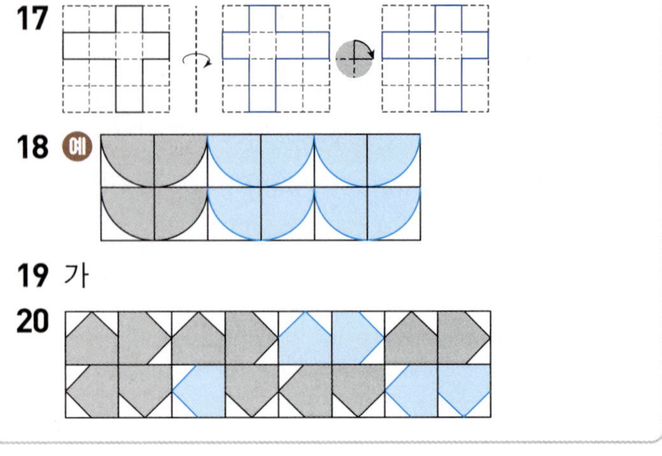

18 예 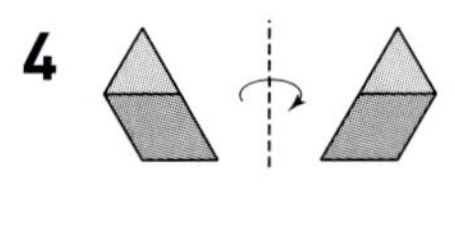

19 가

20 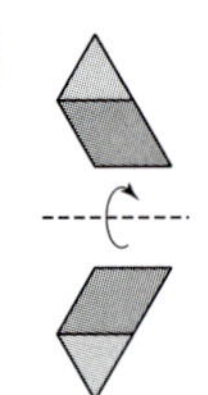

1 점 ㄱ을 왼쪽으로 3칸 이동하면 자두에 도착합니다.

참고 점 ㄱ을 오른쪽으로 3칸 이동하면 포도에 도착합니다.

2 모양 조각을 밀면 위치는 변하지만 모양은 변하지 않습니다.

3 한 변을 기준으로 하여 오른쪽으로 6칸 민 후 아래쪽으로 2칸 밀었을 때의 도형을 그립니다.

4　　　　**5**

7 왼쪽 도형을 한 번 움직였을 때 모양이 변하지 않는 것은 밀기입니다.

8 도형을 왼쪽으로 뒤집은 도형을 그립니다.

9 시계 방향으로 180°만큼 돌리면 위쪽과 아래쪽, 왼쪽과 오른쪽이 모두 바뀝니다.

10 시계 반대 방향으로 270°만큼 돌리면 위쪽이 오른쪽으로 바뀝니다.

11 오른쪽 도형을 시계 방향으로 90°만큼 돌린 도형을 그립니다.

14 시계 방향으로 180°만큼 돌렸을 때 만들어지는 수: 291
→ 291+162=453

16 시계 반대 방향으로 90°만큼 8번 돌린 도형은 시계 반대 방향으로 90°만큼 4번 돌린 도형과 같으므로 처음 도형과 같습니다.

18 주어진 모양을 오른쪽으로 뒤집어서 모양을 만들고, 그 모양을 아래쪽으로 밀어서 무늬를 만들었습니다.

19 밀기만을 이용하여 무늬를 만든 것은 가입니다.

20  모양을 시계 방향으로 90°만큼 돌려서 모양을 만들고 그 모양을 오른쪽으로 밀어서 무늬를 만들었습니다.

---

1 막대　　　　　　　　**2** 혈액형, 학생 수

3 1명　　　　　　　　**4** O형

5 6명　　　　　　　　**6** 34마리

7 동물 수　　　　　　　**8** 12마리

9

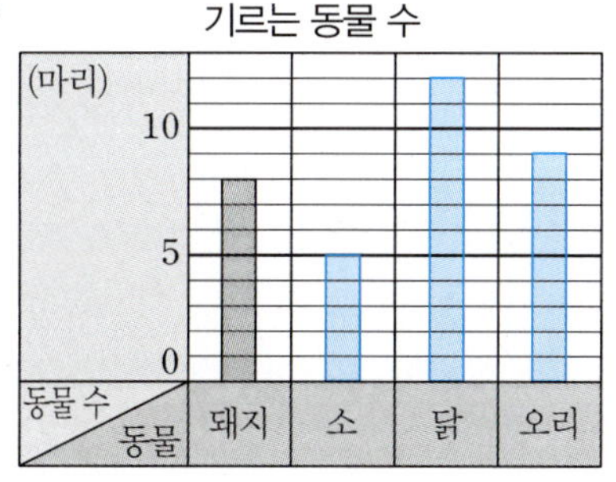

10 막대그래프　　　　　　**11** 28명

12 4, 11, 8, 5, 28

13

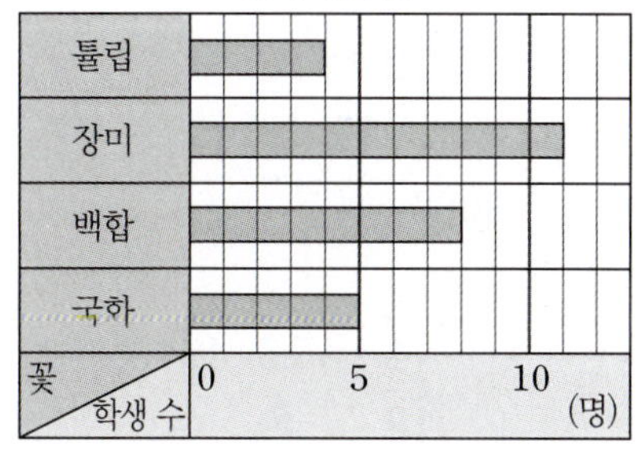

14 튤립

15 🞊 백합을 좋아하는 학생 수는 튤립을 좋아하는 학생 수의 2배입니다.

16 6명　　　　　**17** 놀이공원, 미술관

18 🞊 놀이공원　　　**19** 3배

20 16명

---

3 세로 눈금 5칸이 5명을 나타내므로 세로 눈금 한 칸은 1명을 나타냅니다.

4 막대의 길이를 비교하면 O형을 나타내는 막대의 길이가 가장 깁니다.

5 B형은 막대가 6칸이므로 B형인 학생은 6명입니다.

---

6 표에서 합계를 보면 34마리입니다.

8 동물 수는 12마리가 가장 많으므로 적어도 12마리까지 나타낼 수 있어야 합니다.

9 소는 5칸, 닭은 12칸, 오리는 9칸인 막대를 그립니다.

10 가장 많이 기르는 동물을 알아볼 때 한눈에 쉽게 알아볼 수 있는 것은 막대그래프입니다.

> **참고**
> 표는 전체 기르는 동물 수를 알아보기 편리합니다.

11 ●의 수를 세어 보면 튤립: 4개, 장미 11개, 백합: 8개, 국화: 5개입니다.
따라서 조사한 학생수는 모두 4＋11＋8＋5＝28(명)입니다.

13 튤립은 4칸, 장미는 11칸, 백합은 8칸, 국화는 5칸인 막대를 가로로 그립니다.

14 막대의 길이가 가장 짧은 꽃은 튤립입니다.

15 가장 많은 학생들이 좋아하는 꽃은 장미라고 할 수도 있습니다.

> **참고**
> 막대그래프를 보고 알 수 있는 내용을 여러 가지로 쓸 수 있습니다.

16 세로 눈금 5칸이 10명을 나타내므로 세로 눈금 한 칸은 10÷5＝2(명)을 나타냅니다. 박물관은 3칸이므로 6명입니다.

17 막대의 길이가 동물원보다 긴 장소를 찾으면 놀이공원, 미술관입니다.

18 가장 많은 학생들이 가고 싶어 하는 곳이 놀이공원이기 때문입니다.

19 미술관에 가고 싶어 하는 학생: 18명
박물관에 가고 싶어 하는 학생: 6명
➜ 6×3＝18이므로 미술관에 가고 싶어 하는 학생 수는 박물관에 가고 싶어 하는 학생 수의 3배입니다.

20 가장 많은 학생들이 가고 싶어 하는 장소:
놀이공원(22명)
가장 적은 학생들이 가고 싶어 하는 장소:
박물관(6명)
➜ 가장 많은 학생들이 가고 싶어 하는 장소는 가장 적은 학생들이 가고 싶어하는 장소보다 학생 수가 22－6＝16(명) 더 많습니다.

67~68쪽 B 5. 막대그래프

1 예 각 과일을 좋아하는 학생 수

2 1명 **3** 8명

4 포도 **5** 배

6 자동차 수 **7** 11칸

8
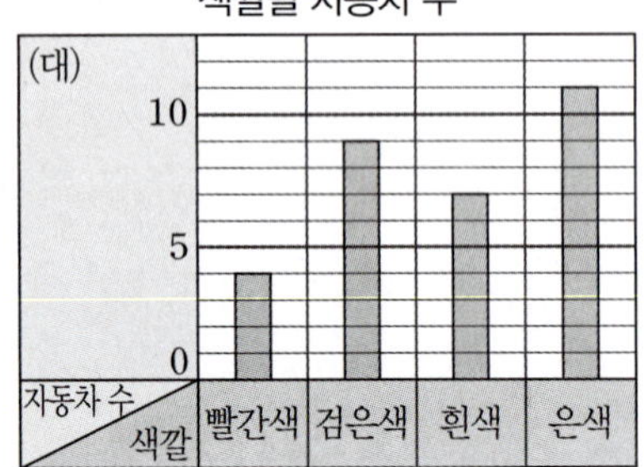

9 빨간색 **10** 표

11 10, 5, 7, 4, 26 **12** 26명

13 럭비 **14** 6명

15
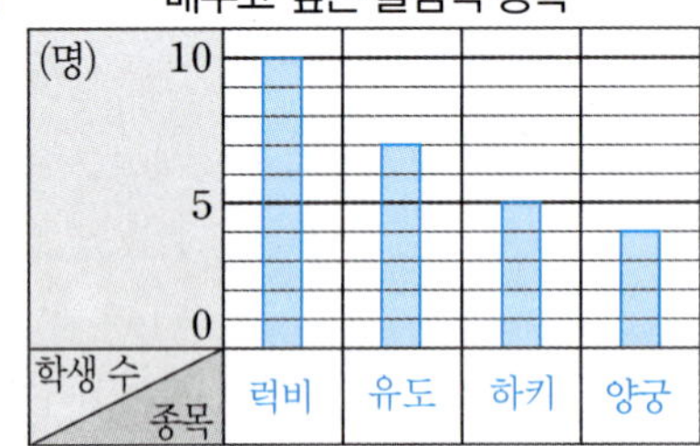

16 120상자

17
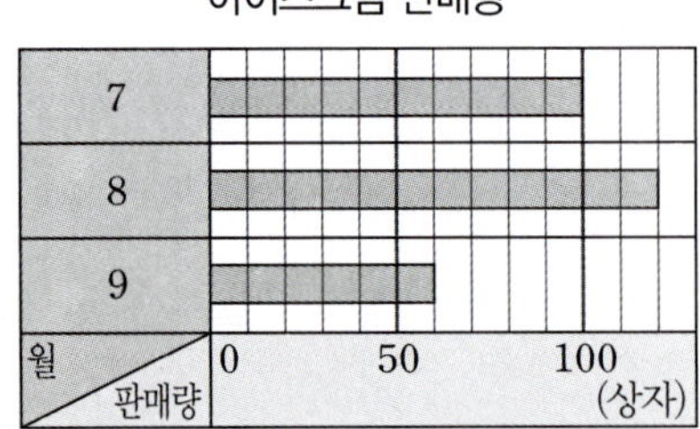

18 예 8월 **19** 예 10

20 재호

---

13 하키를 배우고 싶은 학생: 5명
학생 수가 $5 \times 2 = 10$(명)인 종목은 럭비입니다.

14 가장 많은 학생들이 배우고 싶은 종목: 럭비(10명)
가장 적은 학생들이 배우고 싶은 종목: 양궁(4명)
→ $10 - 4 = 6$(명)

16 (7월과 9월의 판매량)$= 100 + 60 = 160$(상자)
(8월의 판매량)$= 280 - 160 = 120$(상자)

18 8월의 판매량이 가장 높으므로 8월에 아이스크림을
가장 많이 준비해야 합니다.

19 50 m를 달리는 데 10초 정도 걸리므로 ☐ 안에 알맞
은 수는 10이라고 할 수 있습니다.

20 기록이 가장 좋은 사람은 막대의 길이가 가장 짧은 재
호입니다.

69~70쪽 A 6. 규칙 찾기

1 100 **2** 1000

3 4305 **4** 3414, 3614

5 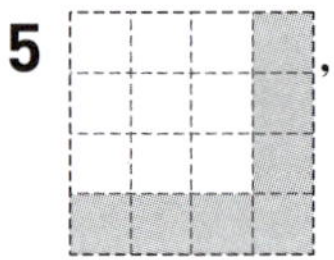 , 7 **6** 5

7 16개 **8** 나

9 1씩 **10** 5씩

11 14 / $24 + 11 = 14 + 21$ **12** ㉠, ㉢

13 $5000 + 38000 = 43000$

14 $6 \times 10005 = 60030$

15 (1) 12 (2) 15 **16** 3713, 4913

17 $125 \div 5 \div 5 \div 5 = 1$ **18**  , 15

19 $98765 \times 9 = 888885$

20 $9876543 \times 9 = 88888887$

---

1 $1005 - 1105 - 1205 - 1305 - 1405$
   $+100 \quad +100 \quad +100 \quad +100$

2 $1005 - 2005 - 3005 - 4005$
   $+1000 \quad +1000 \quad +1000$

3 ■는 4205보다 100 큰 수인 4305입니다.

4 3214부터 시작하여 100씩 커지는 규칙입니다.

5 왼쪽과 위쪽으로 도형이 각각 1개씩 늘어납니다.

---

3 막대가 8칸이므로 사과를 좋아하는 학생은 8명입니다.

4 막대의 길이가 가장 긴 과일은 포도입니다.

5 막대가 5칸인 과일은 배입니다.

8 빨간색은 4칸, 검은색은 9칸, 흰색은 7칸, 은색은 11칸
인 막대를 그립니다.

9 막대의 길이가 가장 짧은 것은 빨간색입니다.

10 항목별 조사한 수나 합계를 알아보기 쉬운 것은 표입
니다.

7 개수가 1개에서 시작하여 3개, 5개...가 늘어나는 규칙이므로 넷째에 올 도형에서 사각형의 개수는 $1+3+5+7=16$(개)입니다.

8 나는 100씩 커지는 수의 뺄셈이므로 차가 일정합니다.

9 $1-2-3-4-5$에서 1씩 커집니다.

10 $1-6-11-16-21$에서 5씩 커집니다.

11 흰 돌이 오른쪽 접시에 10개 더 많으므로 양쪽 무게가 같으려면 검은 돌은 오른쪽 접시에 왼쪽보다 10개 더 적은 14개가 놓여야 합니다. ➡ $24+11=14+21$

12 등호의 왼쪽과 오른쪽의 두 값이 같은 것을 찾으면 ㉠, ㉢입니다.

13 더해지는 수가 같고 더하는 수가 10000씩 커지면 계산 결과도 10000씩 커집니다.

14 곱하는 수의 가운데 숫자 0이 1개씩 늘어나면 곱셈 결과의 가운데 0의 개수도 1개씩 늘어나는 규칙입니다.

15 등호의 왼쪽과 오른쪽의 두 값이 같게 만듭니다.

16 → 방향으로 100씩 커지고, ↓방향으로 1000씩 커집니다.
➡ ■$=4713-1000=3713$
　●$=4813+100=4913$

17 나누는 수 5의 개수를 1개씩 늘려가며 몫이 1이 되도록 나눕니다.

20 8이 7개이므로 일곱째 곱셈식입니다.

| 71 ~ 72쪽 | **B** | 6. 규칙 찾기 |

1 638　　**2** 200, 300

3 ( )(○)　　**4** 아래, 1

5

6 15개

7

8 ㉠

9 ㉢

10 $800+3700=4500$

11 $1+2+3+4+5+4+3+2+1=25$

12 $1+2+3+4+5+6+7+6+5+4+3+2+1$
$=49$

---

13 7, 5

14 $5\times10002=50010$　　**15** $4400\div2=2200$

16 888888888　　**17** 407, 406

18 3, 3

19 ㉢ → 방향의 수는 1씩 커집니다.

20 17

3 등호의 왼쪽과 오른쪽의 두 값이 같은 것을 찾습니다.

6 블록이 1개에서 시작하여 2개, 3개, 4개, ...씩 늘어나는 규칙이므로 다섯째에 올 모양의 블록은 $1+2+3+4+5=15$(개)입니다.

7 왼쪽과 오른쪽 끝에는 숫자 1이 계속 반복되고 왼쪽과 오른쪽 수를 더하면 아래쪽 수가 됩니다.

8 ㉠ 10씩 커지는 두 수를 더하면 계산 결과는 20씩 커집니다.

10 더하는 수가 1000씩 커지면 계산 결과도 1000씩 커집니다.

11 덧셈식 가운데 수가 1씩 커지고 있고 계산 결과는 덧셈식 가운데 수를 두 번 곱한 것과 같습니다.

12 49는 7×7이므로 7이 가운데 오는 덧셈식을 쓰면 됩니다.

13 31은 29보다 2만큼 크므로 가는 나보다 2만큼 커야 합니다. 수 카드에서 차가 2인 두 수를 찾으면 5와 7입니다. ➡ 가$=7$, 나$=5$

14 곱하는 수의 가운데 숫자 0이 1개씩 늘어나면 곱셈 결과의 가운데 0의 개수도 1개씩 늘어나는 규칙입니다.

15 나누어지는 수가 2200씩 작아지고 나누는 수가 1씩 작아지면 계산 결과가 2200으로 같은 규칙입니다.

16 $888888888\div72=12345679$

18 연결된 세 수의 합은 (가운데 수)$\times3$과 같습니다.

19 다른 답

↑ 방향의 수는 4씩 커집니다.

20 (5개의 수의 합)
$=10+16+17+18+24=85$ ➡ $85\div5=17$

수학 성취도 평가

74~76쪽 총정리 1단원~6단원

1 (○) ( ) **2** 10

3 15720

4

5
$$\begin{array}{r} 2\,3 \\ 32\,)\overline{7\,6\,5} \\ \underline{6\,4} \\ 1\,2\,5 \\ \underline{9\,6} \\ 2\,9 \end{array}$$

6 (○)
( )

7 나, 라 **8** 8명

9 피구 **10** 500000

11

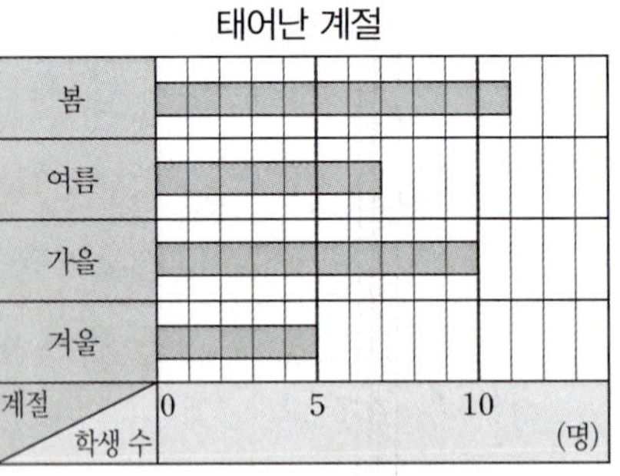

12 110°, 50°

13 $5000+37000=42000$

14 <

15

태어난 계절

계절 \ 학생 수	0				5					10		(명)
봄												
여름												
가을												
겨울												

16 9상자

17

18

19 30

20 $987654×9=8888886$

21 모범 답안 ❶ 월요일: 40분, 화요일: 60분, 수요일: 70분, 목요일: 40분 」+1점
❷ $40+60+70+40=210$(분) 」+1점
❸ 210분은 3시간 30분입니다. 」+1점
답 3시간 30분 」+1점

---

22 720° **23** 87569

24 모범 답안 ❶ 어떤 수를 □라 하면
□$÷21=8…6$ 」+1점
$21×8=168,\ 168+6=174,$ □$=174$입니다. 」+1점
❷ 바른 계산: $174÷12=14…6$
따라서 바르게 계산했을 때의 몫은 14, 나머지는 6입니다. 」+1점
답 14, 6 」+1점

25 696

---

6 등호의 왼쪽과 오른쪽의 두 값이 같은 것을 찾습니다.

7 각도가 직각보다 크고 180°보다 작은 각은 나, 라입니다.

9 막대의 길이가 가장 긴 것은 피구입니다.

10 13526200 ➜ 5는 십만의 자리 숫자이므로 500000을 나타냅니다.
(만)

14 423조 5000억 < 424조 1000억
3<4

16 $110÷12=9…2$
남은 2자루는 팔 수 없으므로 9상자까지 팔 수 있습니다.

18 도형의 개수가 1개에서 시작하여 2개, 3개, 4개...씩 점점 늘어나는 모양입니다.

19

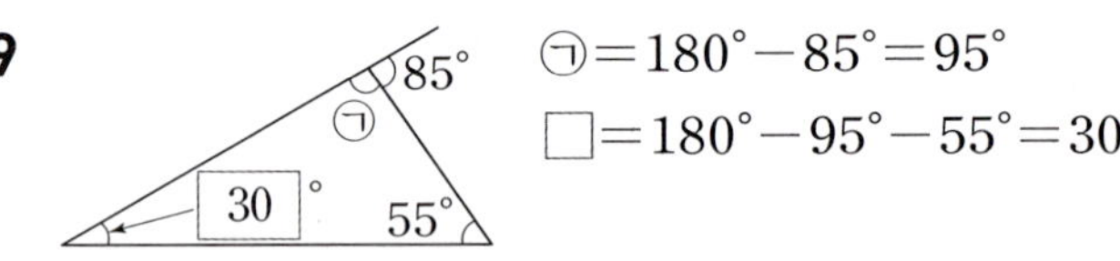

㉠$=180°-85°=95°$
□$=180°-95°-55°=30°$

20 8이 6개이므로 여섯째 계산식입니다.

22 도형은 사각형 2개로 나눌 수 있습니다.
사각형의 네 각의 크기의 합은 360°이므로 도형에서 여섯 각의 크기의 합은 $360°+360°=720°$입니다.

23 87000보다 크고 87600보다 작은 수이므로 백의 자리 숫자는 5입니다. 일의 자리 숫자가 홀수이므로 일의 자리 숫자는 9이고 나머지 수는 십의 자리가 됩니다. ➜ 87569

25 시계 방향으로 180°만큼 돌렸을 때 만들어지는 수: 912
따라서 처음 수 216과의 차는 $912-216=696$입니다.

milk T

천재교과서

디지털학습 1위 밀크T

성적
향상에
강한
밀크T

키즈부터 고등까지
전학년, 전과목 무제한 수강

초등 교과 학습 전문 최정예 강사진

국·영·수 수준별 심화학습

최상위권으로 만드는 독보적 콘텐츠

우리 아이만을 위한 정교한 AI 1:1 맞춤학습

1:1 초밀착 관리 시스템

※ 디지털학습 소비자 조사 기준 (2024.08 기준) 한국갤럽조사연구소

www.milkt.co.kr | 1577-1533

성적이 오르는 공부법
무료체험 후 결정하세요!